普通高等教育农业部“十二五”规划教材
全国高等农林院校“十二五”规划教材

植病研究法

董汉松　主编

中国农业出版社

图书在版编目（CIP）数据

植病研究法/董汉松主编．—北京：中国农业出版社，2012.1（2018.8 重印）
普通高等教育农业部“十二五”规划教材 全国高等农林院校“十二五”规划教材
ISBN 978-7-109-16475-8

Ⅰ．①植… Ⅱ．①董… Ⅲ．①植物病害—研究方法—高等学校—教材 Ⅳ．①S432-3

中国版本图书馆 CIP 数据核字（2011）第 281710 号

中国农业出版社出版
（北京市朝阳区农展馆北路 2 号）
（邮政编码 100125）
策划编辑 李国忠
文字编辑 田彬彬

中国农业出版社印刷厂印刷 新华书店北京发行所发行
2012 年 3 月第 1 版 2018 年 8 月北京第 2 次印刷

开本：787mm×1092mm 1/16 印张：20.75
字数：496 千字
定价：44.50 元

主　编　董汉松（南京农业大学）

副主编　刘志恒（沈阳农业大学）

朱建兰（甘肃农业大学）

参　编　（按姓名汉语拼音排序）

高智谋（安徽农业大学）

吕贝贝（南京农业大学）

宋从凤（南京农业大学）

王建明（山西农业大学）

文景芝（东北农业大学）

徐玉梅（山西农业大学）

薛春生（沈阳农业大学）

鄢洪海（青岛农业大学）

张　猛（河南农业大学）

竺晓平（山东农业大学）

宗兆锋（西北农林科技大学）

审稿人　康振生（西北农林科技大学）

周雪平（浙江大学）

前言

植物病理学的研究内容非常广泛，并且不断丰富，研究手段日益复杂多样，除了本学科的核心技术，还涉及农学、植物学、微生物学、生物化学、分子生物学等领域的各种研究技术原理与试验方法。对农林院校植物保护专业及相关专业本科生在这些技术方面进行教学与实验技能训练，有利于培养适应作物病害防治和农业持续发展需要的合格人才。长期以来，我国一直没有一本适合这一需要、比较系统全面而又简明扼要的教材。根据这种情况，我们借鉴国内外有关教材与专著，特别是植物病理科学泰斗方中达先生编著并先后两次修订的《植病研究方法》这部传世之作，结合编者从事科研工作的经验与体会，编写了这本教材。

编者根据科研专长和教学经验分工编写初稿：刘志恒、薛春生、宋从凤、竺晓平、王建明、鄢洪海依次编写第一、二、四、五、六、九章；第三章的编写由 4 人完成：朱建兰负责第四节、第五节，张猛和徐玉梅合作编写其余 3 节，薛春生补充真菌细胞核染色观察技术；第七章和第八章由 3 人合作完成：宗兆锋编写第七章第二节和第八章第二节、第三节，董汉松负责第七章第一、三、四节，吕贝贝、董汉松合作编写第八章第一、四、五节；第十章由 2 人分工编写，董汉松编写第五节，文景芝编写其余 4 节；附录一和附录二分别由竺晓平和文景芝收集、整理。各章初稿先经过撰稿人相互校验，主、副编磋商，全书统稿，补充、调整了部分章节内容，反馈给撰稿人征求意见。在此基础上，董汉松再次统稿，统一了文字、图表格式，标注了章节之间的相互参见。书稿由董汉松、刘志恒、朱建兰、高智谋进行最后审查，形成终稿。

本教材适用于高等农林院校植物病理专业、植物保护专业和农学相关专业本科生实验教学，侧重植物病理学普遍使用的常规研究方法，适当介绍了研究植物病理学问题经常使用的生物化学和分子生物学等交叉学科的新技术，以便适应学科发展要求，对从事相关科研工作的研究生和教师也有参考价值。每章标题之后首先总结本章涉及的重要概念或主要内容，便于学生抓住要点、全面理解。技术原理和方法介绍注意内容适度、简捷准确，注意对多种方法进行简要评述，以便学生比较鉴别，培养严谨的科学态度和务实的工作作风，训练科学思维、技术综合运用的能力以及分析和解决科研与生产实际问题的能力。

本教材多处涉及如何有效利用有关信息资源，提醒读者特别注意以下 3 个方面。第一，应特别留心网络信息，尤其是生物信息学数据库，涉及有关生物与基因资源的各种信息，与植物病理学研究有密切联系。另外，本教材编写过程中虽然参阅了大量文献，包括专著、教材和论文，但只著录了重要书目，未列论文篇目。因为参阅的论文面广量大，若注明出处，势必拉长篇幅，有碍内容平衡；如果需要，可根据具体内容上网下载。第二，应特别注意试验材料与技术方法相关信息，如试剂盒都是由专业公司出售，公司配套试验指导书，认真阅读、严格遵循，即可保证有效操作。凡此情况，试验操作步骤均未予详细陈述。第三，应特别留心图和表包含的信息，尤其是文字说明；图文对照，有助于理解研究的问题和使用的技术方法，学习如何处理、分析试验结果。很多英文教材都使用图表文字说明以及加框的文字补白等方式提供大量信息，读者在阅读翻译教材时可能不太留意。但这种信息非常重要，可举一反三、触类旁通，收到事半功倍的效果。

编者坦言，我们确实尽力而为，例如插图，无不努力精心制作，极尽微薄之能而一为示例。民谚说庄户无真、学户无假，乃你我父辈祖辈乃至泱泱中华文明之训，意思是农民种粮可粗可细，一般年景收获足以果腹，但读书人则不然，对待学问不可有半点马虎丝毫懈怠，稍微招摇侥幸则贻害子孙后代。泰戈尔说生命是一个圆圈，结束的同时开始；不独个人，还有人类包括你我，世法一律。古今中外，无独有偶，幼吾幼以及人之幼，谁也脱不了干系。扎实老实、认真细致、精益求精，君子务本、不以善小而不为，平心而论，实可学习。

学习，子曰学而时习之。学生以学为主，兼学别样；不单课业要好，学习、科研训练、做事要扎实，综合素质、社会责任更为重要。任何新生事物的成长都是要经过艰难曲折的，人也一样。不仅国际交流竞争日甚，毕业、就业、立业，求学历程之长，从黄童到青年，殊当珍惜；而学业、成长、磨砺不过刚刚开始，道行事业，来日可追，风物常宜放眼量。况中华五千年，师事不晚孔子，梓泽千秋万代，源远流长，及至师生你我，新陈代谢，规律无可逾越。回望三十年前，恰同学少年，踌躇满志或彷徨游移；人生代代，韶华更替，师生互为存照，概莫能外。因此寄语：潮平两岸阔，风正一帆悬；莫等闲，穷十年数十年之功，学有所长，行有所果；对自己有升华，对他人有帮助，对社会有贡献。

承蒙西北农林科技大学康振生教授、浙江大学周雪平教授审查书稿，南京农业大学龙菊英博士负责前期通信联系、收存初稿，植物病理专业博士研究生桑素玲、裴世安提供部分文字素材，李小杰和高蓉提供部分图片并作图，邓本良、李宝燕、田珊等 20 多位同学检查、修改文字与格式错误，谨致衷心感谢！

由于我们水平有限，本书疏漏、不足之处在所难免，敬请指正。

编　者

2011 年 7 月

目录

前言

第一章　植物病理学通用技术

科学研究人员最基本的素质就是遵循科研规则，扎扎实实，孜孜不倦，一丝不苟，精益求精，实事求是。必须从培养皿、试管等器具的洗涤等小事做起，不以善小而不为，这是所有称职和成功的科学家的必由之路。因此，本章介绍植物病理学研究需要遵循的规则以及普遍使用的技术方法。①植物病理学研究需要使用各种仪器设备、试剂和器具，科学操作与安全管理至关重要。②植物病害的症状（symptom）就是植物发病后外部显示的异常表现，包括病状和病征两部分。每种病害都有特定的症状表现，成为描述、命名、识别和诊断病害的重要依据。③植物病害标本是植物病害症状的实物性记载，是识别和描述植物病害的基本依据，是植物病理学工作的基础资料。因而，植物病害标本的采集、制作与保存是植物病理学研究首要的基础工作。④培养基的培养与灭菌是研究病原物基本特性及深入研究的基础。介绍了培养基类别、培养基的选择和制作及其应注意的要点，并讲述了病理实验室常规的灭菌原理及方法。⑤植物病原物的培养是研究病原物基本特性的基础工作，需了解病原物的营养要求。介绍了病原微生物所需要的营养碳源、氮源、无机盐类和生长物质以及微生物的培养特性。⑥植物病原物的接种是诱发病害、了解病害发生发展规律的必要环节，也是柯赫法则证病的重要步骤。介绍了植物病害发生的条件、植物病原真菌接种及其相关知识。

第一节　实验室安全管理与试验研究共同规则

植物病理学常规研究工作经常涉及培养基的配制和灭菌、病菌分离培养和鉴定、病菌孢子产生和萌发、接种病菌致病性和植物抗病性的测定、生理生化反应测定，以及所有使用器具的洗涤、灭菌等一系列实验环节。进行这些工作，必须设有专门的实验场所和相应的设备及仪器，应了解实验室一般操作技术，制定具体的管理措施。实验室的管理关乎工作环境的整洁、安全，以及所用设备、仪器在正常运转使用中的维护等诸多问题，实际工作中应注意下述几点。

一、实验室的管理规则

（一）建立管理制度和操作规则

植物病理实验室的管理，包括其内的各种仪器、设备等的使用，均需建立和健全使用和操作规章制度。诸如水、电、试剂的应用，实验事前和善后的处理，相应的准备工作，对所用仪器、设备的熟知和掌握，常规的管护以及责任的确定，甚至应用物品的计划和购置等，均应有相应的制度规范。

（二）实验室布局合理、环境整洁

实验室的整洁不仅仅是美观问题，还影响到工作效率和工作质量。试验材料和试剂分门别类，器皿、仪器、设备有序布局，物品柜、试剂柜等作标记归类存放，器皿使用前后分类处理和储存，这些非常细致的管理均影响工作成效。因此，实验室应有专人负责管理，并有完善的管理系统和规章制度。

（三）仪器安全运行、及时维护

植物病理学实验所用的仪器种类繁多，常用仪器有各种性能的光学显微镜、荧光显微镜、显微摄影机、天平（粗天平、分析天平、电子天平）、电烘箱、高压蒸汽灭菌器、电热恒温箱、生物培养箱、电冰箱、低温冷柜、生物培养振荡机、离心机、恒温水浴锅、磁力搅拌器、匀浆搅拌机、真空抽气泵、乙醇喷灯、标本切片机、恒温台、超净工作台等等。根据工作需要和条件，还可购置电泳仪、pH 计、分光光度计、溶解氧测定仪、气液相色谱仪等设备。对其中许多精密、贵重的仪器，必须有经过专业训练的专业人员加以管理和维护。使用人员在使用仪器前必须详细阅读其说明书，了解其工作原理和性能，以防出现误差甚至损坏仪器；且应按规定填写使用登记表，及时记载仪器运行状况、性能、出现的问题等情况，以供后续使用者和仪器维修人员了解和参考。维修管理人员应定期检查各仪器设备的运行情况，及时发现问题，排除故障，并随时与厂家及相关专业维修部门沟通，进行必要的检查和维修，保证仪器设备的正常运行。

（四）注意安全操作、健康防护

除了设备安全运行和水电安全等通常的安全事项之外，试剂的安全使用与管理至关重要。常用试剂类别很多，如酸类（无机酸、有机酸和氨基酸等）、碱类、盐类、醇类、糖类、生长素类及其他各种有机、无机试剂，各种染料，切片封固剂（各种胶质类）等。出于需要，实验室会有很多对人体有害的有毒试剂、放射线以及有害的病原物等，所以安全问题至关重要。

1. 基本安全设备　使用挥发性有毒试剂的实验室必须安装合格的通气柜，使用挥发性有毒试剂的实验必须在通气柜中进行操作；还需配有专用的水池、抽气装置和排风系统、淋浴设备、医药箱等。

2. 有毒试剂的使用与管理　有毒试剂应标志明确、专柜存放、专人管理；有毒试剂的使用应制定安全制度。有毒试剂的废液不能随便倒入水池，其容器不能顺手丢弃，应专门或特殊处理。盛装危险病原物的培养皿要灭菌处理后才能洗涤。

3. 防止辐射的基本措施　植物病理实验室常用的紫外灯、荧光显微镜要注意安全应用，有必要的安全防护措施。特殊的同位素在使用时，必须有专门的、指定的场所和安全设施。

二、试验研究的基本规则

与任何其他科学研究一样，植物病理学试验研究务必遵循 3 项基本规则，即对照的设置、研究因子的唯一差异原则、研究数量方面的生物统计学要求。

1. 对照　任何试验研究均应设置对照，这是初学者经常忽视的一个问题。对照类型因研究内容的不同而异。例如，用病菌悬浮液对植物进行接种时，以灭菌水、$MgCl_2$ 溶液（0.2mmol/L）或磷酸缓冲液（0.02mol/L，pH7.2）为对照；测定作物品种抗病性时，待测品种的对照品种或是当地某推广品种，或是已经确认抗病和感病的各 1 个品种。

2. 唯一差异原则　对影响病原物致病性或作物抗病性的某种或几种因子，其他因子或条件，如作物品种、生长期、生长势、环境条件，以及农业管理措施，务必保持一致。

3. 生物统计学要求　包括标准化试验设计，特别是试验重复数，涉及生物统计学对自由度的要求。

第二节 玻璃器皿洗涤

植物病理学研究需要使用各种器具，其中玻璃器皿最为常用。实验室常用玻璃器皿主要包括不同规格的培养皿、试管、三角瓶、烧杯、吸管、量筒、漏斗以及其他各种玻璃器皿如滴管、广口瓶、滴瓶和载玻片、盖玻片等，均需经过洗涤、清洁才能使用。清洁的方法和所用的洗涤剂因目的而不同。各种不同使用类别的器皿应分别处理，以免妨碍洗涤效果。

一、常用洗涤剂

洗涤剂的种类很多，其性能和用途各不相同。水是最常用的，但只能洗去可溶解于水的污物，对于不溶于水的污物需用其他方法除去，然后再用水洗。对要求比较洁净的器皿，清水洗后，尚需用蒸馏水或去离子水冲洗几次方可。洗涤剂的种类可根据具体情况选择。实验室中较常用的有肥皂（包括磷酸钠和合成洗涤剂）、去污粉和重铬酸钾洗液。若配合得当，这几种洗涤剂基本可解决大部分玻璃器皿的洗涤问题。

1. 铬酸洗涤液 常用重铬酸钾（或钠）和硫酸配制，分浓液、稀液两种：

	重铬酸钾（$K_2Cr_2O_7$）	浓硫酸（H_2SO_4）	水（H_2O）
浓液	60g	460mL	300mL
稀液	60g	60mL	1 000mL

其配制方法是：重铬酸钾溶解在定量的温水中，冷却后缓缓加入浓硫酸（注意切勿反顺序将重铬酸钾液倒入硫酸中），且要随之搅动（加入速度太快，反应急促，溶液急剧升温，会使硫酸外溅，易出危险；而且反应不完全，会呈豆腐脑状）。配制良好的溶液呈红色、浓厚，并有均匀红色氧化铬（CrO_3）小结晶析出。

铬酸洗涤液是强氧化剂，去污能力很强，一般可加热到 45～50℃，稀液可以煮沸应用。此液可反复使用，直到药液呈青褐色（此时铬酸已被还原而无去污作用）失效为止。

使用铬酸洗涤液时应注意以下几点：①铬酸洗涤液腐蚀性强，切勿用来清洗金属器皿，更不可用金属器皿盛放。使用时要防止皮肤接触、溅碰到衣服和桌椅上，溅上后要立即用水洗去，再用苏打水（Na_2CO_3）或氨水清洗。②玻璃器皿上若沾有油脂、凡士林和石蜡等，用此洗涤液无效。③玻璃器皿上若沾有钡盐也不宜用铬酸液洗涤，因二者起化学作用生成的硫酸钡（$BaSO_4$）附在玻璃上很难洗去。④玻璃器皿若带有较多的还原物质（如乙醇等还原性有机溶剂），需经水洗后方能用铬酸液洗涤，否则会促使洗液失效。

2. 高锰酸钾液 高锰酸钾液的常用浓度为 5%，若加酸升温后再使用，氧化和去污能力则更强。方法是按 3%～5%的比例将浓硫酸加到高锰酸钾液中，温度会升至 50～60℃（注意勿用盐酸代替硫酸升温，因其会在高锰酸钾液中产生有毒氯气）。

此洗液应用范围很广。但玻璃器皿经其洗涤后，需用清水洗净；有时玻璃上会遗留一层褐色化合物，可用草酸溶液洗除。

3. 酸和碱的配制液 各种酸和碱的不同浓度溶液，可洗去难清洗的油、脂等污物。

（1）*浓硫酸或 40%氢氧化钠溶液* 可溶解器皿上的煤膏、焦油和树脂等污物。一般只要 5～10min，有的需几小时。

（2）*稀释 3 倍的盐酸* 可清洗铁锈、硫酸钡、钙盐及其他金属氧化物的污痕。

（3）稀释3倍的硝酸　用于洗涤塑料器皿和沾污硝酸银的器皿。

（4）5g草酸溶于1 000mL 10%的硫酸溶液　加热后可洗去高锰酸钾留于容器上的棕色二氧化锰。

（5）碱性乙醇溶液　由30%氢氧化钠和乙醇等量配制而成，用于清洗沾有油垢的玻璃或瓷质器皿。此溶液腐蚀性强，浸泡时间不宜过长。使用时应谨防溅到衣服和皮肤上。

4. 有机溶液　常用的有汽油、丙酮、乙醇、乙醚、石油醚、苯、松节油和四氯化碳（氯仿）等，可用于洗脱油脂、树脂、脂溶性染料等污痕。二甲苯可洗脱油漆的污垢。但这些溶剂均较昂贵，多在特殊情况下使用。

5. 其他洗涤剂　肥皂水和洗衣粉都是很好的去污剂，热肥皂水去污能力更强，足以除去器皿上沾污的少量油脂。若油脂太多，可用吸水纸擦去后再用肥皂水洗。此外，去污粉含有硫酸钠和硫酸镁，具有起泡和除油污的作用；硼砂增加摩擦作用，增强去污效能。

二、各种玻璃器皿的洗涤方法

（一）新玻璃器皿

新的玻璃器皿，据其SiO_2含量和耐热性能，有所谓软硬之分。无论是软玻璃还是硬玻璃，均含有游离的碱性物质而影响实验结果。一般先用1%或2%的盐酸浸泡过夜，再用清水洗净；必要时可用肥皂水或铬酸洗涤液洗涤。

（二）使用过的玻璃器皿

1. 一般清污　常用的试管、培养皿、三角瓶、漏斗、烧杯等，洗涤前应先除去其内的污垢残渣，再用肥皂水（可以加热）等洗涤，然后用清水冲洗干净，必要时再以少量蒸馏水冲洗一次，器皿干燥后会更加洁净光亮。

2. 清除微生物污染　沾污有害微生物的器皿，应先用漂白粉溶液等消毒液清洗或加热灭菌（121℃，20～30min）后，再用水洗。

3. 小孔径器皿　滴管、吸管及发酵管等小孔径器皿最好在用后未干燥前即进行洗涤，或者浸在清水中，再用铬酸洗涤液浸1～2h，用水冲净。但连在玻璃管一端的胶管或胶塞切勿沾触洗涤液，否则橡胶吸收洗涤液难以洗除。需要更洁净的器皿，可用浓铬酸洗涤液处理10min后，再用清水充分洗净。

4. 载玻片和盖玻片　一般以清水或肥皂水洗涤即可；也可先用10%的氢氧化钠溶液浸泡30min，清水洗净后以铬酸洗涤液洗涤；若沾有油脂和香脂，可先用肥皂水或合成洗涤剂煮后再洗；经过染色和香脂封盖的玻片，在浓硅酸钠溶液中煮后效果很好。洗净的玻片可用清洁的软布擦干，贮放在95%乙醇中，届时擦干或过火焰烧去乙醇再用。

5. 特殊清洁法　精密的实验宜用硬质玻璃器皿，实验过程中所用的可溶碱性物质也较少，玻璃器皿不仅要洗去表面的污物，还要除去玻璃中的可溶性物质，否则影响实验结果。清除的方法是，先在0.1mol/L氢氧化钾或氢氧化钠溶液中煮1h，水洗后再在0.2mol/L硫酸或盐酸溶液中煮1h，然后用蒸馏水洗几次再泡几小时，干燥后备用。

第三节　植物病害识别与诊断

植物受病原物侵染后，必然发生一系列病理变化，最终在组织和器官上呈现为肉眼可见到的病状。此外，在病部还可以发现病原物的某些结构或分泌物，称为病征。所以，植物病害的症状包括病状和病征两部分（图 1-1）。每种病害都有其特定的症状表现，可以作为病害具体描述、命名、识别和诊断的重要依据。

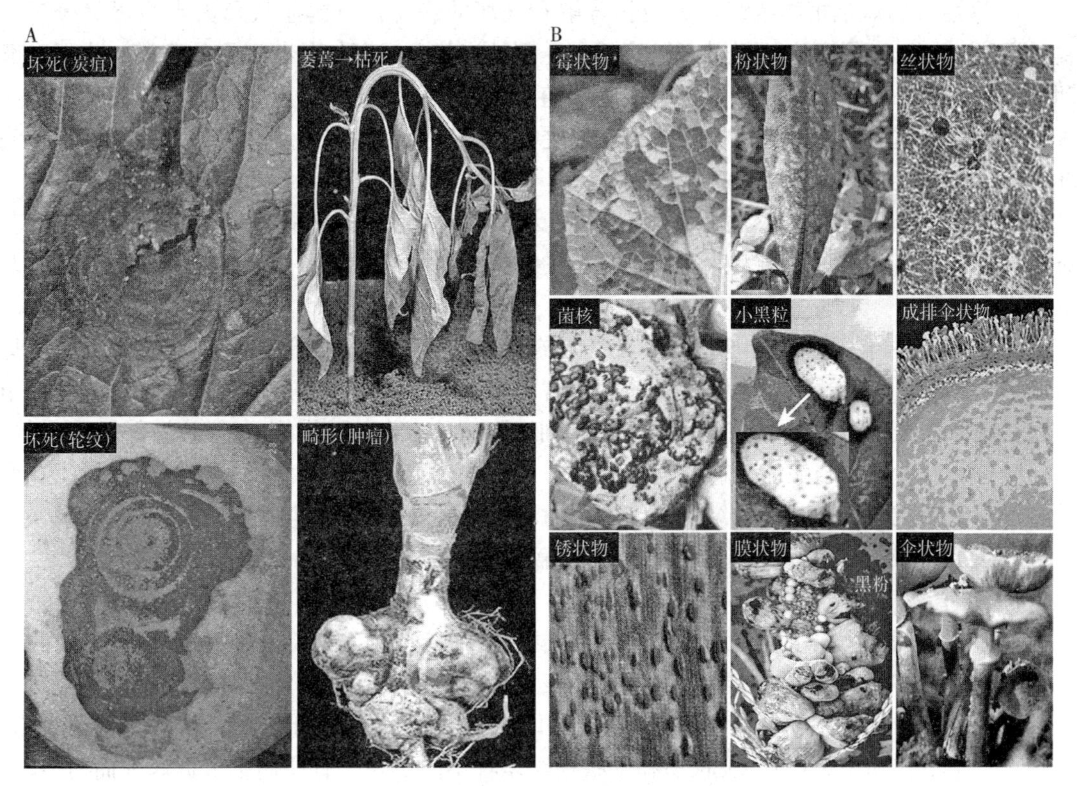

图 1-1 植物病害症状（A）与病征（B）示例
（张猛摄影，高蓉作图）

一、植物病害症状类型

（一）植物病害的典型病状

1. 坏死 坏死是植物感病细胞和组织死亡的表现，主要有 6 类。

（1）斑点 根、茎、叶、花、果实的病部局部组织或细胞坏死，产生各种形状、大小和颜色不同的斑点。如玉米大斑病、玉米小斑病、十字花科蔬菜黑斑病。

（2）枯死 芽、叶、枝、花局部或大部分组织发生变色、焦枯，死亡。如马铃薯晚疫病、大葱叶枯病。

（3）穿孔和落叶落果 病斑外围的组织形成离层，使病斑从健组织中脱落下来，形成穿孔，如桃霉斑穿孔病等；有些植物的花、叶、果等受病后，在叶柄或果梗附近产生离层而引起过早的落叶、落果等。

（4）疮痂 果实、嫩茎、块茎等的受病组织局部木栓化，表面粗糙，病部较浅。如梨黑星病、马铃薯疮痂病等。

（5）溃疡 病部深入到皮层，组织坏死或腐烂，病部面积大、稍凹陷，周围的寄主细胞有时增生和木栓化。多见于木本植物的枝干上的溃疡症状，如杨树溃疡病、橡胶树条溃疡病等。

（6）猝倒和立枯　大多发生在各种植物的苗期，幼苗的茎基或根冠组织坏死，地上部萎蔫以致死亡，立枯发病后立而不倒，猝倒因基部腐烂迅速倒伏。如棉花苗期立枯病、瓜苗猝倒病、水稻烂秧病等。

2. 腐烂　腐烂是植物组织较大面积分解和破坏的表现，根据症状及失水快慢又分为干腐和湿腐。如玉米干腐病、苹果腐烂病都是干腐的症状，湿腐如甘薯根霉软腐病、柑橘贮藏期青霉病、苹果果实的轮纹病等。腐烂还伴随有各种颜色变化的特点，如褐腐、白腐、黑腐等。流胶也是腐烂的一种，桃树等木本植物受病菌危害后，内部组织坏死并腐烂分解，从病部向外流出黏胶状物质，如桃树流胶病。

3. 萎蔫　萎蔫是由于感病植物水分运输受到影响而形成的症状，如棉花枯萎病、棉花黄萎病、瓜类枯萎病等。用刀片斜切棉花枯萎病株的茎基部，注意维管束部分有无变褐色及根部有无变色。

4. 畸形　由于病组织或细胞的生长受阻或过度增生而造成的形态异常。植物病害常见的畸形症状有：①徒长，表现为生长速度超常，如水稻恶苗病；②肿瘤，即病部的细胞或组织因受病原物的刺激而增生或增大，呈现出肿瘤，如玉米瘤黑粉病和十字花科根肿病等；③卷叶，即叶片卷曲与皱缩，有时病叶变厚、变硬，严重时呈卷筒状，如桃缩叶病；④花变叶，即正常的花萼变成叶片状结构，植物因此不能正常开花结实，如玉米霜霉病。

5. 变色　常见于病毒病害，参见第五章第一节。

（二）植物病害病征类型

病征是指病原物在植物病部形成的、肉眼可见的特征性结构。识别各种不同类型的病征，对诊断病害很有帮助。植物病毒病害不表现病征；细菌病害的病征比较简单，主要有菌脓和含有细菌的胶状物或丝状物；真菌病害的病征较为复杂，有霉状物、粉状物、锈状物、粒状物（小黑粒和小黑点）、块状物和伞状物等多种不同形态，有些病害根据病征而命名。

1. 霉状物　主要见于霜霉病、灰霉病、晚疫病、瓜类绵腐病、甘薯软腐病和柑橘青霉病等作物病害。

2. 粉状物　主要见于小麦白粉病、瓜类白粉病、苹果白粉病、小麦散黑粉病、玉米瘤黑粉病和水稻粒黑粉病等作物病害。

3. 丝状物　多为病原真菌或卵菌在侵染部位形成的气生菌丝或孢子梗。

4. 锈状物　见于菜豆锈病、甘蔗锈病、十字花科蔬菜白锈病等作物病害。

5. 煤污状物　主要见于茶煤病、桑污叶病、橘煤污病等作物病害。

6. 小黑粒和小黑点　主要见于小麦白粉病、苹果树腐烂病、棉花轮纹病、菜豆斑点病等作物病害。

7. 菌核和菌索　主要见于水稻纹枯病、水稻小菌核病、稻曲病、油菜菌核病、苹果根朽病等作物病害。

8. 膜状、块状和伞状物　见于木耳、银耳、平菇、灵芝、草菇、马勃等高等真菌。

有些类型的病征可根据其他特征进一步区分，如粉状物可根据其色泽不同，分为白粉、黑粉等作物病害。

二、植物病害症状描述

植物病害的症状复杂多样，常因寄主品种抗性、环境条件以及发病时期的不同而有变化，因此认识病害症状应注意观察其在不同时期和不同条件下的表现。有的病害在一种植物上可以同时或先后表现出两种或两种以上不同类型的症状，这种情况称为综合征。例如稻瘟病在芽苗期发生引起烂芽，成株期侵染叶片则表现枯斑，侵染穗部导致穗茎枯死引起白穗。掌握这些症状特征对于正确诊断病害至关重要。有时由两种或两种以上的病原物（或害虫）同时侵染一株植物时则表现出复合症状。如菜豆白粉菌和锈菌可同时侵染叶片产生复合症状。

在症状观察和描述时，要准备好相机、手持放大镜、解剖显微镜、解剖刀等工具。遇到典型症状时，及时拍照，记录症状，以免标本褪色和变形后影响诊断效果。手持放大镜和解剖显微镜有助于更清晰地观察病症，如真菌产生的孢子和子实体等。有些真菌病害症状表现在植物组织内部，如苹果心腐病、棉花黄萎病等，需用解剖刀先剖切病部再行观察。检查病部前首先应注意病害对全株的影响（如萎缩、畸形和生长习性的改变等）。观察和描述斑点病害时，要注意斑点的形状、数目、大小、色泽、排列和有无轮纹等；腐烂病害，要注意腐烂组织的色、味、结构（如湿腐、干腐）以及有无虫伤等。对于未出现病征的真菌病害，可以用70%酒精棉球进行表面消毒，用无菌水清洗、保湿，出现病征后再行观察描述。

植物病害如病斑、菌类和培养基上的菌落等都需要描述颜色，颜色变化非常复杂，由于各人对每种颜色细化判断的差异，具体描述可能会有偏差，导致相互比较的不一致，因此需借助标准颜色来对比描述。最早使用的颜色标准是黎奇卫（Ridgeway，1912）的标准，包括1 115种颜色，每种颜色都有一个专门的名称。黎奇卫颜色标准的应用很广，尤其是较早的文献一般都是根据该标准描述。后来出版的有戴特（Dade，1943）的颜色标准，以黎奇卫的标准为基础，提出了一套描述颜色的标准拉丁名称。另外还有两种更新的颜色标准（Kornerup 和 Waucher，1967；Rayner，1970），Rayner 提出的颜色标准是专门为真菌学描述设计的。这些颜色标准都有出版物可供使用，要注意爱护，切勿沾污；用时才翻开，用毕合上，以免曝光过久导致褪色。

鉴定一种病害，仅仅观察采集的标本有时是不够的，还要了解这种病害在田间发生的情况。详细的田间记载，对鉴定很有帮助。各种病害在田间的发生和发展有一定的规律，以下这几点特别值得注意：①病害的普遍性和严重性；②病害发展和在田间的分布；③发生时期；④受害寄主和部位。如非侵染性病害与有些真菌病害很相似，甚至在上面还能检查到真菌，当然是后来生长的腐生性真菌。没有完整的田间记载有时很难鉴定准确，最好是就地观察、调查和分析，不能单纯依靠室内的检查。

三、植物病害诊断

单纯依据症状鉴定病害不是绝对可靠的。一般真菌病害经过症状观察和显微镜检查，可以作出初步鉴定，有些还必须经过分离、培养、接种等一系列的工作才能准确鉴定。对新发现的病害进行诊断，对其病原物进行鉴定，普遍遵循柯赫氏法则（Koch's postulate）。利用柯赫氏法则有 4 个要点：①某种微生物经常与某种病害有联系，发生这种病害往往就有这种微生物存在；②从病组织上可以分离得到这种微生物的纯培养，并且可以在各种培养基上研究它的性状；③将培养的菌种接种在健全的寄主上，可诱发出与原来相同的病害；④从接种后发病的植物上能再分离到原来的微生物。显然，柯赫氏法则不适合霜霉菌、白粉菌、植原体和螺原体等目前还不能人工培养的病原物，对这些病原物进行鉴定可以采取其他实验方法（参见第七章第二节）。

第四节　植物病害标本采集与制作

植物病害的标本，是植物病害症状的最直观的实物记载，是识别和描述植物病害症状的基本依据，也是进行植物病理学工作最为直接和基础的试材。对于具体的植物病害的研究，可在田间观察的基础上，在室内作进一步比较鉴定，从而作出准确的诊断、识别和鉴定，这对于掌握病害发生的种类和危害情况，深入研究发生规律，并据此有针对性地制定病害防治的综合措施，均具有重要意义。因此，植物病害标本的采集、制作与保存，是植物病理学教学和研究中的首要工作。

一、植物病害标本采集

室外标本采集是获取植物病害标本的重要途径，也是熟悉病害症状、了解病害发生情况的最好方式。

（一）标本采集的注意事项

植物病害的发病时期与植物的生育期、气候变化和生产条件均有密切关系，所以采集标本时应清楚了解某种病害的发病条件，明确某种病害的寄主植物及其大致生育期，在具体气候条件和生产条件下的始发期和盛发期等情况。具体工作中应注意下述5点。

1. 病状典型　病状是病害诊断的重要依据。一种病害在同一植物上可同时表现不同类型的症状，在植物生长发育的不同时期也可先后表现不同类型的症状。采集病害标本，不仅需要采集某一发病部位的典型病状，还需要采集不同时期、不同部位的病状标本，如稻瘟病，应采集苗瘟、叶瘟、节瘟、枝梗瘟、穗颈瘟、谷粒瘟等各个时期的典型病状，对叶瘟还应注意急性型、慢性型、白点型和褐点型等典型病状类型。

2. 病征完整　为进一步鉴定病害，应注重标本的病征，如细菌性病害往往有菌脓溢出；真菌性病害在感病部位的各种霉状物、粒状物等的存在；有转主寄主的锈病尽量采集到第二寄主标本；病原真菌包括有性和无性两个阶段，应在不同时期分别采集；有的真菌往往在枯死株上才产生病征，故应注意采集地面的枯枝落叶；注意在病原有性阶段产生子实体的时期采集，如白粉病叶片上的粒状物即为由病菌闭囊壳形成的病征。

3. 避免混杂　采集时将容易混杂污染的标本分别用纸包好，如在采集黑粉病类标本及腐烂的果实等时必须注意分装，以免污染其他枝叶类标本，影响鉴定。

4. 记录全面　没有记录或记录不全的标本将失去使用价值；对寄主植物不熟悉的病害仅凭标本识别也非常困难，要采集寄主的叶、花、果实等，以便进一步鉴定。记录内容包括寄主名称、采集日期、地点、采集人姓名、标本编号、分布情况、地理条件、损失率等。除记录本上记载外，还应在标本上挂签标记，注明标本编号、采集时间、地点、采集人姓名等。不同的标本、不同产地的同一标本应分别编号，每份标本的记录与标签上的编号必须相同。宜长期保存纸质记录和电子文档，以便查对。

5. 临时处理　对于容易干燥卷缩的叶部病害标本，如禾本科植物病害标本，易打卷成筒状，应随采随压制作，或用塑料袋装好，并封口，或用湿布包好，采回后马上整形压制，也可在田间用标本纸或吸水性较强的纸张将病叶临时夹压。

（二）标本采集常用的工具

1. 标本夹 用来夹压各种含水较少的枝叶标本，多为木板条制成，长60cm，宽40cm。

2. 标本纸 用标本纸夹置标本，可较快吸收枝叶标本内的水分。标本纸应保持清洁干燥。采集箱多为铁皮制作，用于装纳采集的果实、木质根茎或怕压而在田间来不及制作的标本。

3. 其他 刀、剪、锯等，小的玻璃瓶、玻璃管、塑料袋等，记录本、标签等。

二、植物病害标本制作

采到的新鲜病害标本必须经过制作，才能保存和应用。制作的方法通常根据标本的性质和使用目的而定，但应尽量保持标本的原有特性。

（一）蜡叶标本的制作

将田间采集的新鲜病叶标本用标本夹压平后，经过几次换翻，待标本干燥，即成蜡叶标本。蜡叶标本制作简单、经济，能保持植物病害症状原形，便于交换、鉴定或展览。制作时要求在短时间内把标本压平干燥，使其尽量保持原有的形态和颜色。具体制作时要注意以下两点。

1. 随采随压 采集标本后，要即刻放入标本夹中压制，以保持标本的原形，减少压制过程中的整形工作。有些标本在压制时需作少量的加工，如标本的叶子过多、茎秆或枝条粗大，压制时应把叶子剪掉一部分或将枝条剪去一侧再压制。如玉米大斑病叶，因叶片较宽、较长，可以根据病斑的大小，剪取有病斑的一部分压平，防止过多的叶片重叠或标本受压力不均匀而变色、变形。整株的标本，如水稻、小麦茎叶标本，可折成N形压制。

2. 勤换勤翻 植物本身含水量大，为使其水分易被标本纸吸收，使标本尽量保持原色，要勤换勤翻。标本放到标本夹内后，用标本绳将标本夹扎紧，或用重物压实，将标本夹放在通风处放置，使标本尽快干燥，以便保持原有色泽。若遇高温潮湿天气，标本在纸内容易发霉、变黑。在压制标本过程中，前4天通常每天早、晚各换1次纸，以后每天换1次，直至完全干燥为止。在第一、二次换纸时要对标本进行整形，因经初步干燥后，标本容易展平。幼嫩多汁的标本，如花及幼苗等，可夹在脱脂棉中压制；含水量太高的标本，可置于30～45℃的烘箱内烘干。

（二）浸渍标本的制作

柔软多汁的块茎、块根、果实及肉质的菌类子实体，清洗干净后浸泡在普通防腐性浸渍液中，或根据标本的颜色处理后制作成保绿色、保黄色或保红色标本，再浸泡在普通防腐性浸渍液中保存。浸渍液配方有多种，可根据浸制标本的色泽和浸制目的适当选择。

1. 普通防腐浸渍液 ①5％福尔马林（40％的甲醛溶液）；②75％乙醇；③福尔马林50mL、95％乙醇300mL、水2 000mL混合液。以上三者选一。这3种液体只能防腐，不能保持原色，适宜保存肉质鳞茎、块根、果实等无需保持原色的标本。浸渍时将标本洗净，淹浸在浸渍液中，用线将标本固定在玻片或玻棒上防止标本上浮。若浸泡标本量大，浸泡数日后应更换一次浸渍液。加盖密封保存，标本瓶上贴上标签。

2. 保绿浸渍液 保存植物组织绿色的方法很多，可根据材料的不同选用。

（1）醋酸铜溶液 将50％醋酸放入烧杯中加热，逐渐加入结晶的醋酸铜，直至不再溶解为止（50％醋酸1 000mL、醋酸铜15g左右）。将饱和溶液稀释3～4倍，加热至沸腾，再将洗净的标本投入，当标本褪绿，又经3～4min，铜离子与叶绿素中的镁离子置换、恢复绿色后，取出标本，清水洗净，压成干制标本或保存在5%福尔马林溶液中。醋酸铜溶液保绿色能力较好，适用于能煮沸、加热的茎、叶等标本，但保存的标本有时带蓝色，与植物原来的颜色稍有差异。

（2）*硫酸铜亚硫酸浸渍液* 二氧化硫（SO_2）含量为5%～6%的亚硫酸溶液15mL溶于1 000mL水，或浓硫酸20mL、亚硫酸钠16g溶于1 000mL水。将标本洗净，在5%的硫酸铜溶液中浸泡6～24h，取出后用清水漂洗数小时，然后将标本保存在亚硫酸溶液中。硫酸铜亚硫酸浸渍液适合浸渍不能煮沸的棉铃、葡萄和番茄的果实或块茎、块根类等标本。

3. 保黄和保红浸渍液 含叶黄素和胡萝卜素的果实如梨、苹果、柿、柑橘、红椒、草莓等，可用亚硫酸4%～10%的水溶液浸渍，也可用瓦查保红液（硝酸亚钴15g、氯化锡10g、福尔马林25mL、水2 000mL）浸渍保存。

三、植物病害标本保存

标本的制作是为了尽量保持标本的原有特性及便于日后应用，稳妥的保存方法是达到上述目的的保障。无论用干燥制作法保存标本，还是用浸渍制作法保存标本，都是为了尽量减缓标本变质的速度或避免腐烂霉变。同时，也是为了尽量使标本保持其原色，以延长标本的使用时间和提高标本的保存质量。

（一）蜡叶标本的保存

制作后的标本用0.1%氯化汞或75%乙醇溶液涂抹，或放置小包樟脑球，以防虫蛀或霉变。贮藏中保持干燥，标本柜下可放石灰吸潮。贴好标签，分类保管。

1. 封袋保存 干燥后的标本，可分门别类，连同采集记录放入牛皮纸袋中或用厚绘图纸折成的长方形纸套中制成封袋标本，也可存放在普通纸盒中保存。鉴定记录贴在纸袋上，然后按寄主或病原类别存放，以便于应用。

2. 盒装保存 供长期保存或展览用时，可制成盒装标本。标本盒一般为34cm×27cm或28cm×20cm。盒内标本可用乳白胶或透明胶布固定，也可用脱脂棉做衬垫固定标本。菌核或种子标本也可装入小瓶中，再置于纸盒内，然后贴加标签保存。

3. 台纸保存 干燥后的标本用透明胶或胶水固定在台纸上，若为幼苗病株可以用针线缝在台纸上。台纸为较厚的白纸板，大小为37cm×29cm。粘贴后，在台纸右下角贴标签，上面再覆盖一层玻璃纸，以防损伤或附落灰尘。

（二）浸渍标本的保存

浸渍标本要防止水分蒸发，密封良好，保存在标本柜中。由于浸渍液是用有挥发性或易于氧化的试剂配制，若为长期保持浸渍效果，必须密封瓶口，封口方法有临时封口和永久封口两种。①临时封口法：即将蜂蜡及松香各1份，分别融化后混合，加少量凡士林调成胶状物，涂于瓶盖边缘，将盖压紧封口。也可用明胶加石蜡（4∶1）热熔调成胶状物应用。②永久封口法：即用酪胶和消石灰各1份混合，加水调成糊状物，即可使用。

第五节 培养基配制与灭菌处理

病原微生物种类繁多，从植物病理学角度上研究兼寄生性病原物的基本特性，如培养条件、营养要求特性、孢子产生和萌发与营养的关系，以及其他特性的研究和深入了解等，都离不开人工培养。这就需要掌握微生物营养要求与培养基制作的有关知识，以便在实践中根据情况设计和选择适宜的培养基。

一、培养基配制

微生物生长发育需要各种营养物质，因此，在培养微生物、制作培养基时，就应根据具体类别的生理特性和要求，选择适当原料，以满足其营养和生长的需要。培养基，顾名思义，是根据微生物对营养、水分及酸碱度的要求人工配制而成的培养基质，它是微生物生长和发育的物质基础。

（一）培养基的主要类别

根据用途归纳，有繁殖培养基、保存培养基、加富培养基、分离培养基、鉴别培养基、生理特性测定培养基等区别，但通常根据培养基的原料、物理状态和对微生物的选择性来划分。

1. 根据材料来源分类

（1）*天然培养基*　凡是利用生物组织或其他天然物质（如厩肥、土壤等）及其提取物或制品等配制成的培养基，称为天然培养基。天然物质有植物性的，如马铃薯、稻秸、麦粒等；有动物性的，如蛋白胨、牛肉膏、明胶等；也有微生物来源的，如酵母膏；还有非生物性的，如土壤、厩肥等。这些物质成分复杂，难以完全测知，但它们所含的营养成分丰富、完全，因此适于大多数微生物的生长发育，所以使用广泛。很多一般培养不易产生孢子的真菌（如稻瘟病菌、腐霉菌等），在天然培养基上孢子很容易产生。

（2）*半组合培养基*　半组合培养基是由成分未知的天然物质和成分已知的化学试剂配制的培养基。通常，半组合培养基多以天然材料提供氮源和生长素，附加补充碳源和无机盐类。此类培养基适合于大多数微生物的生长发育，并适于菌种保存。如实验室常用的马铃薯葡萄糖琼脂（PDA）培养基，葡萄糖是已知成分，马铃薯和琼脂则是成分不完全清楚的天然物质。

（3）*组合培养基*　组合培养基又称综合或合成培养基，由成分已知的化学试剂配制而成，实验室常用的液体培养基均为组合培养基。由于琼脂是成分不固定的天然物质，故组合培养基中加入琼脂即为半组合培养基。对组合培养基可以精确掌握各成分的性质和数量，但微生物在其上生长较慢，故常用于微生物的生理、营养、代谢、分类鉴定，以及生物测定、选育菌种、遗传分析等研究工作。

2. 根据物理状态分类

（1）*液体培养基*　液体培养基是将所用材料的抽提物或化学试剂定量溶于水，制成液体状态的培养基。微生物有需氧和厌氧之分，在液体中犹如水生生物一样，有的浮于水面，有的生于水中，故可用来研究微生物需氧或厌氧特性。由于液体培养基成分和浓度已知，又可用来研究微生物生理、营养等特性，还可用以进行生长量测定。实验室中进行微生物的某些生理生化特性的测定、蛋白质或同工酶凝胶电泳分析测定等工作，常使用液体培养基对微生物进行培养。在液体培养基中培养时，微生物可充分接触和吸收营养，利于更好地积累代谢产物，所以微生物大规模工业生产常采用液体培养基。

（2）*固体培养基*　液体培养基加入适量的凝固剂即成为固体培养基。细菌、真菌在固体培养基上可形成一定形态和颜色的菌落，呈现出各种各样的培养特性，因而常用于细菌、真菌的分离、纯化、培养、保存和鉴定等有关研究。培养基中所加的凝固剂以具备以下条件为优：①不被微生物分解变化而液化；②对菌类生长发育无不良影响；③在菌类生长温度范围内保持凝固状态；④成分和结构不因灭菌破坏而丧失凝固性；⑤透明度好，黏着力强，使用方便。实验室中应用的凝固剂有琼脂、明胶、硅胶3种（表1-1），以琼脂最为常用。

①琼脂：琼脂是由石花菜等十几种红藻加工而成的胶体物质。主要化学成分为多糖硫酸酯，多糖主要有两种，即琼脂糖（约70%）和琼脂果糖（约30%），此外还有少量的蛋白质（约0.4%）和矿物质。绝大多数细菌和真菌都不能分解利用琼脂，加之其凝固点高，凝固后可以再熔化，所以是很好的凝固剂。琼脂用量一般为每升培养基加15～20g。

②明胶：明胶即动物胶，是由动物皮、骨、韧带、髓等加水煮熬而成的一种以蛋白质为主的混合物，含有多种氨基酸，含氮量高达18.3%，因而能被很多真菌分解利用。此外，明胶熔点低（28℃），易受一般培养温度的影响，所以使用上较受限制。明胶用量一般为10%～20%。各种微生物对明胶的利用常表现不同的生理特征，故可用于微生物生理特性测定等试验。

表1-1　3种凝固剂的理化特性

凝固剂	琼脂	明胶	硅胶
来源	藻类生物	动物	矿物
化学本质	多糖	蛋白质	硅凝胶
反应	弱酸性	酸性	酸性
熔化点	96℃	28℃	
凝固点	40℃	24℃	
胰朊酶消化	无影响	消化	
凝缩水	有	无	
常用浓度（%）	1.5～2.0	10～12	5～6

③硅胶：硅胶是硅胶钠（Na_2SiO_3、Na_6SiO_7 和 $Na_2Si_3O_7$）与水在压力下共热制成的溶液，俗称水玻璃。硅胶是无机化合物，不含微生物可利用的物质，可避免某些微生物的液化，故可用于特殊营养生理研究，如微生物对碳、氮源的利用。硅胶培养基的配制：将相对密度为1.06～1.08的硅胶和1：10的盐酸稀释液等量混合，搅拌煮沸，倒入培养皿中，数小时即成凝胶；将培养皿放于盆中用水透析或流水冲洗，直至不含氮为止；洗后在沸水中放30min或101kPa压力高压蒸汽灭菌15min；然后加入无菌的无机盐溶液或其他营养液即可使用。注意，硅胶培养基应于湿度较高的环境中应用，以防止干燥开裂。

（3）半固体培养基　半固体培养基又称软琼脂培养基。常用培养基减少琼脂用量，如每升加2～10g琼脂，即制成半固体培养基。此类培养基适于培养微需氧的菌类，一般多用来培养观察细菌的运动性能和发酵性测定、鉴定菌种、测定噬菌体效价等。

3. 根据对微生物的适用性分类

（1）通用培养基　常用的马铃薯葡萄糖琼脂（potato dextrose agar，PDA）培养基和牛肉胨培养基等即属此类，它们含有微生物生长所需的基本营养成分，故又称基础培养基，适于大多数微生物的生长。例如分析土壤微生物群落、检查某些种子带菌类别等，就应选用对真菌、放线菌、细菌生长均较适宜的培养基。

（2）选择性培养基　与通用培养基相对，适用于某种或某类微生物生长的培养基，一般通过添加或减少某些营养物质成分配制而成，用于大量其他微生物混杂的情况下，对某种或某类特定微生物进行分离培养。又有一般选择性培养基和特殊选择性培养基之分。

①一般选择性培养基：用于分离微生物大的类别，如针对真菌、细菌或革兰氏染色反应不同的细菌类别的分离选择。这种培养基，一般采用调节 pH 或添加适当抑制物质的方法配制。例如在分离真菌时，培养基中加乳酸或孟加拉红使其呈酸性反应（多数细菌在 pH4 时不能生长），可抑制细菌生长。

②特殊选择性培养基：用于分离某种或某些特定微生物。因此仅通过调节酸度或利用抑制性物质还不够，需在了解特定微生物生理性状的基础上，通过反复试验设计、改进、调配。常用的调配方法有改变碳源和氮源、应用抗菌素和其他抑制性物质、利用微生物对化学物质浓度的耐性（如对含盐溶液浓度的抗性）、改变培养基的表面张力和氧化还原特性、添加染料或指示剂等，使培养基和菌落呈现特定的颜色。

（二）培养基的性状

培养基的物理和化学性状与被培养微生物的生长发育有着密切关系，需要予以充分了解。

1. 固态和液态　已如前述，培养基有固态和液态之分，主要通过凝固剂的应用与否和用量多少进行调节。通常固态培养基较为常用，适于菌体分离、生长、鉴定、子实体产生及菌种保存等；而液态培养基多用于生理、营养、代谢特性的测定以及菌体繁殖、测定等研究。

2. 成分和浓度　不同成分及其浓度不仅为病原物提供充分的营养，还保证适宜的生长条件，如离子强度和渗透压。

（1）培养基浓度的表述　常用的方式是 1L 水中所加物质的量，如实验室中常用的 PDA 培养基含葡萄糖 18g 和琼脂 17g，是指 1L 水中添加的量。为研究微生物的生理活动，如关于渗透压等问题，可以用分子质量表示浓度。为比较不同氮源或碳源的利用效果，可相应采用含氮量或含碳量表示浓度。

（2）培养基的渗透压　培养基渗透压的大小由全部可溶解物质浓度的总和所决定。微生物本身也有一定渗透压：细菌细胞的渗透压在 304～608kPa，高的可达2 027kPa；真菌菌丝的渗透压多为2 027～4 053kPa，能适应较高的渗透压。生物的渗透压往往高于其所在环境的渗透压，才能吸收养分和水分。常用的培养基渗透压在 50.7～1 013kPa。真菌对渗透压的适应范围较宽，一般水生真菌或低等藻状菌偏好渗透压较低的培养基，高等真菌则适于在渗透压较高的培养基上生长。

据此，在配制培养基时，各种营养物质应用的类别和浓度要适宜。浓度太低，难以满足病菌的生长需要；浓度太高时则渗透压太高，会抑制病菌的生长。

3. 酸碱度和缓冲液　培养基的酸碱度和缓冲液需要根据微生物种类进行调节。

（1）微生物对酸碱度（pH）的适应范围　每种微生物只能在一定的 pH 范围内生长。真菌对于酸碱度的适应范围较广，以在偏酸性的培养基上生长较好；细菌偏好中性至微碱性；而放线菌则在碱性的培养基上生长最好。

（2）培养基 pH 的调节　实验室常用的培养基多为微酸性，适于大多数真菌的生长，一般无需调节酸碱度（特例如禾谷全蚀病菌喜好微碱性，即 pH 7.5 左右），但在培养细菌和放线菌时则要调节到中性至微碱性。此外，也可在培养基中加入磷酸缓冲液进行调节。

（3）缓冲液的影响和调节　微生物生长和代谢，可引起培养基酸碱度的变化，由此往往抑制自身的生长。为维持培养基较恒定的 pH，一般是加入缓冲物质。一般缓冲容量比较大的培养基更适宜微生物的生长；若希望培养基的 pH 很快发生改变，则应少加缓冲物质。培养基缓冲容量的大小取决于其成分，主要成分为糖类的，其缓冲作用低于蛋白质较多的培养基；对于组合培养基，磷酸盐用量大的，其缓冲容量也大。

（三）培养基的配制

培养基的种类繁多，工作的需要使人们不断研推出新的类别，迄今报道的培养基有千种以上。植物病理实验室所用的培养基通常以植物质为多，类别不同，配制要点及配方各不相同。

1. 配制培养基需要考虑的问题　①针对所培养的微生物对营养的要求，适当选择配方。②按所配培养基的总量计算出各种成分的用量。③注意试剂溶解的顺序，可以定量用水或先用少量水溶解后再定量，加入顺序一般是：缓冲化合物→主要元素→微量元素→维生素和生长素等。最好是每种试剂完全溶解后（必要时加热溶解）再加入下种试剂。④配制固体培养基，溶液煮沸后加入琼脂，继续加热至琼脂熔化。加热中需不断搅拌，防止煳底或溢出。⑤培养基加热过程中水分蒸发很多，应在最后补充到总量，搅匀。⑥调节 pH，必要时以 0.05mol/L 或 0.1mol/L 的 HCl 和 NaOH 或乳酸或缓冲剂等进行调节。

2. 分装　培养基配好以后，经过纱布过滤，用漏斗分装试管、三角瓶或耐高温塑料瓶。一般做斜面培养基以不超过试管高度的 1/4、形成斜面时不超过试管长度的 1/2 为宜；三角瓶或耐高温塑料瓶分装量以不超过瓶高 1/3 或 1/2 为宜。分装时应防止培养基黏附管口或瓶口，否则容易污染。

3. 扎捆　盖上试管盖或瓶盖，标注培养基名称及配制日期。试管一般 7 或 10 支扎捆，备以灭菌。

4. 灭菌　培养基配制完毕应立即灭菌。灭菌原理和方法见后。

5. 斜面制作　取已灭菌的试管培养基趁热将管口端垫于适当高度的木棒（木条）上，使成适当斜度，凝固后即成斜面。一般斜面长度以不超过试管长度的 1/2 为宜。

（四）常用培养基配方

下面介绍 16 种常用培养基，并指明适用的病原物类群。培养基配好以后通过滴加 HCl 或 NaOH 溶液，将酸碱度调节至 pH7.2 左右（特殊情况另作说明），然后再作灭菌处理。

1. 马铃薯葡萄糖琼脂培养基　简称 PDA（potato dextrose agar）培养基，若以蔗糖为碳源即为 PSA（potato sucrose agar），主要用于真菌与卵菌的分离和培养。配方为马铃薯 200g，葡萄糖（或蔗糖）15～20g，琼脂 18g，水1 000mL。精密实验需用比较澄清的琼脂培养基。澄清常用的方法是，将制备好的培养基趁热放在大口玻璃容器中，过夜冷凝，培养基底部会出现一层沉淀薄层；倒出培养基削去此沉淀层，再熔化、分装、灭菌。

2. 营养肉汁胨（nutrition broth，NB）**培养基和 NA 培养基**　主要用于分离和培养细菌。配方为牛肉浸膏 5g、蛋白胨 10g，加水至1 000mL，即成 NB 培养基。若用固体培养基，可加琼脂 15～20g，即成 NA 培养基。培养植物病原细菌，可加 10g 葡萄糖或蔗糖，有时可用蛋白胨或酵母膏代替牛肉浸膏。

3. Luria-Bertani（LB）**培养基和 LA 培养基**　主要用来分离和培养细菌。配方为蛋白胨

(peptone) 10g、牛肉浸膏 (beef extract) 5g、NaCl 10g，加水至1 000mL，即成 LB 培养基。若用固体培养基，可加琼脂 17g，即为 LA 培养基。培养植物病原细菌时，可加 10g 葡萄糖或蔗糖。

4. 燕麦片琼脂培养基　用于培养真菌（和放线菌），可促使某些真菌形成孢子和子实体，也适于保存腐霉属（*Pythium*）和疫霉属（*Phytophthora*）等菌种。配方为燕麦片 30g (水浴 1h)，琼脂 17g，水1 000mL。琼脂加到 30g，培养基不易干燥，有利于较长时间培养，又利于促进孢子产生。

5. 玉米粉琼脂培养基　玉米粉 300g；琼脂 17g；水1 000mL。此培养基养分少，缓冲作用小，故一般真菌在其上生长较差，但适于菌种保存。有些真菌在此培养基上能产生孢子和子实体；有些低等鞭毛菌能在其上产生有性世代。

6. 黑麦培养基　含黑麦 50g、蔗糖 20g、琼脂 16g、蒸馏水1 000mL，适合培养疫霉菌。

7. 大麦粒培养基　大麦粒 12g 加蒸馏水 15～20mL，灭菌后主要用来培养稻瘟病菌。

8. 淀粉培养基　含水溶性淀粉 10g、酵母浸膏 2g、琼脂 16g、水1 000mL，是培养稻瘟病菌［*Magnaporthe grisea*（Herbert）Barr］的首选培养基。

9. 丝核菌培养基　①水琼脂培养基：琼脂 20g，水1 000mL；②马铃薯酵母琼脂培养基：25%马铃薯浸汁1 000mL，葡萄糖 20g，酵母膏 1g，琼脂 18g。通常将菌丝转到培养基②上，室温培养 2～3d 后再转移到水琼脂平板边缘上，室温和散射光条件下培养，将产生担孢子。

10. 植物组织和煎汁　许多植物材料如豆荚、茎秆、胡萝卜、种子等，放在试管或三角瓶中，加适量水以保持湿润，灭菌后即可作培养基用。植物煎汁可以满足一些特定微生物的营养要求，可根据需要用作培养液或加琼脂制作固体培养基。经常用的如马铃薯柱斜面，制法是用打孔器或刀削成略细于试管的柱状薯块，切成斜面；试管底部放小团脱脂棉，加约 1mL 水，然后放入薯块斜面灭菌。有些真菌（如镰刀菌属）在其上培养能产生孢子，有些病原细菌也适宜在其上生长。

11. 玉米沙培养基　玉米沙培养基是玉米粉和沙土制成的培养基，在进行土壤接种繁殖真菌时常常用到。配方为玉米粉1 000g，洗净的河沙1 000g，水1 500mL。玉米粉和沙加水混匀，分装三角瓶内，121℃灭菌 2h，冷却后摇动，增加空气间隙。

12. 土壤浸液琼脂培养基　此培养基适于分离和培养许多土壤微生物。土壤浸液配法很多，常用方法是土壤 100g 加水1 000mL，121℃灭菌 20～30min。浸液加滑石粉或碳酸钙（絮凝除掉胶体物质），再过滤澄清，按以下成分配制培养基：土壤浸液 100mL、琼脂 15g、水 900mL。

13. 半组合基本培养基　碳源 10g，天门冬酰胺 2g，KH_2PO_4 1g，$MgSO_4 \cdot 7H_2O$ 2mg，Fe^{3+} 0.2mg，Zn^{2+} 0.2mg，Mn^{2+} 0.1mg（Fe^{3+}、Zn^{2+}、Mn^{2+} 由相应的金属盐提供），生物素 5μg，硫胺素 100μg，蒸馏水1 000mL。灭菌前调节酸碱度到 pH6.0，可用来培养真菌、研究碳源利用。

14. 离体叶培养液　将摘下的叶片，经表面消毒，用无菌水洗净后，浮在 27～60μg/kg 苯并咪唑（benzimidazole）溶液内，供接种病菌、观察病情和病菌发生发展而用。

15. 查氏（Czapek）**培养液**　含 $NaNO_3$ 2g、KH_2PO_4 1g、KCl 1g、$MgSO_4$ 1g、$FeSO_4$ 0.02g、蔗糖 30g、水1 000mL，可以用来对各种真菌进行液体培养。也可加入琼脂 15～

20g，制成固体基质，用来培养多种真菌。

16. 酵母浸膏葡萄糖碳酸钙（YDC）培养基 酵母浸膏10.0g、葡萄糖20.0g、碳酸钙粉20.0g、琼脂15.0g，用蒸馏水定容至1 000mL。葡萄糖需要单独过滤灭菌，与高压蒸汽灭菌的其他化合物混合后使用。另外，碳酸钙需研细才不致迅速沉淀。灭菌培养基在倒平板前应小心摇动，使碳酸钙与培养基混匀悬浮，同时又不引起气泡。

（五）培养基选配原则和注意事项

1. 培养基选择原则 微生物种类繁多，培养基种类也复杂多样，研究目的各有不一，故应选择适合的培养基，以达到实验的预期目的。

（1）培养目的 通常进行真菌等的分离、培养和菌种保存，多采用通用的半组合培养基；为促使真菌孢子和子实体产生，多采用天然培养基或带有植物组织成分的半组合培养基；对于特定类别微生物的分离和培养，利用选择性培养基为优；进行微生物的营养、代谢及毒素产生等生理方面的研究，则常应用带有选择性的组合培养基（液）效果更优。精密实验中，为了避免琼脂的影响，应该用培养液或用硅胶配成的固体培养基。

（2）微生物的营养特点 微生物的生长发育均需要碳、氮、无机盐、生长物质和水分，但又各有偏好。例如，葡萄糖是众多真菌最常用的营养碳源，但对某些镰刀菌属（*Fusarium* spp.）的孢子产生却不及乳糖；分离土壤中的丝核菌（*Rhizotonia*）可少量添加氮源和碳源，而菌核形成时则需高浓度氮源；分离土壤中的轮枝菌（*Verticillium*），可用土壤浸出液，而不加或少加碳源，由此可抑制霉菌生长。

（3）微生物对pH的适应性 一般而言，真菌和卵菌喜微酸性，培养细菌喜好中性或微碱性，放线菌则喜微碱性。

2. 配制培养基时的注意事项

（1）天然材料的应用 植物材料应用时，要以清水洗净，除去污物杂质利于彻底灭菌，又利于真菌生长；植物种子用水浸泡后利于养分释放，尤其是高粱，还可除去影响菌类生长的鞣质成分；应用淀粉类物质（玉米粉、燕麦片等），要经过水浴煮沸过滤后方可应用，以免影响培养基的透明度。

（2）琼脂的处理 琼脂中含有少量的Ca^{2+}、Mg^{2+}、Na^{+}、K^{+}等矿物质和生长素，用前应浸泡洗除，必要时浸泡过夜，以减少无机元素的影响，又可使培养基澄清。有条件的实验室最好使用琼脂粉，以免上述处理麻烦。

（3）水的选择 精密实验、配制组合或半组合培养基，一般要用蒸馏水或去离子水；一般实验、配制天然培养基或大多半组合培养基，普通洁净的自来水即可，而且其中的矿物质及微量元素还有利于微生物的生长，但应了解水的酸度以及是否含有毒害物质；硬水中含有较多的Ca^{2+}和Mg^{2+}等金属离子，配制的培养基沉淀物较多，应避免应用。

二、灭　菌

严格来说，微生物学上的灭菌和消毒的含义不同。灭菌是指用物理或化学的方法完全除去或者杀死所有微生物，即完全灭菌。而消毒是指消灭或减少病菌和有害微生物，并非所有消灭，故又称部分灭菌。灭菌是植物病理研究工作中的基本操作。

（一）灭菌的方法及其原理

灭菌的方法很多，常见的有热力灭菌、过滤灭菌、辐射灭菌等。

1. 热力灭菌　热力灭菌是利用高温使微生物细胞中的蛋白质凝固变性，从而达到杀菌的目的。可分为干热灭菌和湿热灭菌两类。

（1）干热灭菌　直接利用热空气杀灭微生物。原理是使细胞中的蛋白质凝固。

①灼烧灭菌：直接在火焰上灼烧的灭菌方法。此法破坏性大，故只适用于金属物品如接种针、接种环、解剖刀、镊子、剪刀等的灭菌；病菌移植时，试管或三角瓶等用火焰灼烧封口，亦属灼烧灭菌，杀灭对象是瓶口或管口附近的微生物。

②烘烤灭菌：也称加热空气灭菌。此法是借空气对流（或介体传导）传播热力，一般是在电烘箱中进行，其温度可以调节，有的有鼓风设备，使箱内温度均匀。此法的优点是效果可靠、物品保持干燥；缺点是耗时长、温度高而易使某些物品炭化。此法多用于玻璃器皿、金属制品、液体石蜡、土壤等物品的灭菌，常规指标为165℃、60min。

烘烤灭菌的注意事项：①灭菌时间从箱内达到要求温度开始计时；②灭菌过程中不得打开箱门，以免器皿破裂或物品燃烧；③加热温度不得超过180℃，以防箱内纸、棉等物品炭化变焦；④金属制品洗净后再烘烤，否则表面会附着污物炭化；⑤玻璃器皿应完全干燥后灭菌，以防破裂；且灭菌后应待温度降至45℃后取出，以防温度骤降而破裂。

（2）湿热灭菌　通过热的蒸汽或液体凝固菌体蛋白质使其死亡。湿热的渗透力较强，效力优于干热灭菌。而且蛋白质的凝固温度随含水量增高而降低，如含水25%时凝固温度为74～80℃，而干蛋白则需160～170℃才凝固。因此培养基用干热灭菌需160℃、1h，而湿热灭菌121℃、20min即可。湿热灭菌常包括煮沸灭菌和高压蒸汽灭菌等。

①煮沸灭菌：主要靠水的对流传导热力。温度不超过100℃，一般只能杀灭微生物的营养体；若欲达到彻底灭菌，则需要延长时间。此法操作简单，但处理后污染机会多。实验室中的注射器、单孢分离时应用的玻璃针、滴管等器具常用煮沸灭菌。

②高压蒸汽灭菌：在密闭可加压的灭菌器中进行，亦称加压蒸汽灭菌。其原理是，水的沸点随压力增加而增加，据此水在密闭灭菌器内煮沸，使蒸汽不能逸出，致使压力增加，结果使蒸汽温度升高。高压蒸汽灭菌由于温度高、蒸汽穿透力强，可在较短时间内达到彻底灭菌的效果，是热力灭菌中使用最普遍、效果最可靠的方法。高压灭菌时间一般是达到101kPa后维持20～30min，容积较大的物品需灭菌1～2h。

高压灭菌器通常分为手提式、立式、卧式3种，其基本结构原理相似，主要结构部件有压力锅体、消毒桶、压力表、排气阀、安全阀、加水和放水设置及电热部件。使用步骤：加水到指定标度；放入待灭菌物品，密闭锅盖，打开气门；加热，至灭菌器内冷空气完全排除后关闭气门；当压力升到所需指标，开始计时，并保持灭菌压力恒定；达到灭菌时间，停止加热，微开气门，缓慢排气，使压力渐渐下降；待压力恢复至零点（内外压力相等）时，打开锅盖，取出物品。

高压灭菌器使用注意事项：ⅰ．灭菌器内冷空气的排除。灭菌效果取决于温度，灭菌器内若有冷空气存在，会降低蒸汽分压，使实际温度低于压力表所指的温度值；甚至局部空气滞留形成温度分层，使热力难以穿透，由此影响灭菌效果。冷空气排除程度与温度的关系见表1-2。为保证排气完全，在关闭气门后，当压力上升到34kPa时，可再打开气门重复排气1～2次，最好在灭菌器上安装上温度计。ⅱ．灭菌完毕的排气速度。排气速度要适当，太快，灭菌器内的培养基会沸腾而冲脱或沾湿棉塞，还会致使器皿炸裂；太慢，培养基受高温处理时间过长，对有些成分不利。ⅲ．严格安全操作。灭菌器盖以螺丝加固的，两侧对称螺丝拧紧的程度要相同，防止受力不均而崩裂；压力未降到零点时，不得开启压力锅；灭菌过程中不得敲击锅体。

表 1-2　高压蒸汽灭菌器内排气程度与温度的关系

压力（kPa）	冷空气排除不同程度时的温度（℃）				
	全部排除	排除 2/3	排除 1/2	排除 1/3	未排除
34.47	109	100	94	90	72
68.95	115	109	105	100	90
103.42	**121**	**115**	**112**	**109**	**100**
137.89	126	121	118	115	109
172.37	130	126	124	121	115
206.84	135	130	128	126	121

注：黑体表示高压蒸汽灭菌的通常条件。

2. 过滤灭菌　有些溶液含有易被高温处理破坏的物质，如抗菌素、血清、维生素和某些糖类等，可用过滤灭菌方法除去其中的细菌；有的工作需要空气过滤灭菌。

（1）溶液过滤灭菌　用于溶液过滤的细菌过滤器是由孔径极小、能阻挡细菌通过的物质（如陶瓷、硅藻土、石棉或玻璃砂等）制成，用得较多的是赛氏（Seisz）滤器、烧结玻璃滤器和薄膜滤器。

（2）空气过滤灭菌　微生物的深层培养，通入的空气必须经过灭菌；无菌室的空气、超净工作台的洁净空气均需过滤。空气中的微生物如细菌会吸附于微尘上；真菌孢子大小犹如微尘，单独存在于空气中。一般少量空气用过滤管，以棉花、羊毛渣或玻璃纤维作过滤材料过滤，后两者效果更好。

3. 辐射灭菌　辐射灭菌是利用一定剂量的射线，使细胞内核酸、原浆蛋白和酶发生化学变化而杀灭微生物。植物病理实验室常用的为紫外线辐射。紫外线辐射的穿透力较差，几乎不能穿透固体物，甚至 2mm 厚的玻璃亦可阻隔；对液体穿透力也很差，故仅适于空气和物体表面灭菌。此法对真菌效果差，对病毒和细菌灭菌效果强。其杀菌有效波长在 240～280nm，一般应用 15～30W 的紫外灯管，灭菌有效区为 1.2～2m，以 1.2m 内为适。一般情况下，10m^3 左右的空间照射 20～30min 即可。紫外线可损伤人体，引起电光性眼炎，因此勿在开启紫外灯的情况下工作，尤其不要直视开启的紫外灯。

（二）各种物品灭菌处理

1. 玻璃器皿灭菌　玻璃器皿多以干热灭菌，事前洗净、晾干、擦净水迹，一般 160～170℃处理 1h；湿热灭菌则为 121℃处理 20min，灭菌后应干燥使用。

（1）培养皿　玻璃培养皿一般应用专用的灭菌铁桶，或用牛皮纸、报纸包好灭菌；应急时也可湿热灭菌。目前一次性塑料培养皿已渐趋普及，均为出厂包装前已经充分灭菌，封装完好，若质量有保证，可以拆封直接使用。

（2）吸管及移液管　玻璃吸管或移液管可用专门铁桶装好灭菌，装桶前要先在管口处塞少量脱脂棉，然后用纸单支或 5～10 支包好，并注意尖部加厚保护。目前移液器已在大多实验室普及使用，对此只需对塑料吸头进行灭菌即可使用；有条件的也可购买已经灭菌、无菌封装的吸头直接使用。

（3）其他玻璃器皿　如试管、三角瓶、烧瓶等，应先塞好棉塞，并用纸包棉塞再灭菌；

大的玻璃瓶，要用纸包后灭菌，以防温度变化较大而损坏；器皿上连有橡皮塞（或管）的，需用湿热灭菌；临时需用或加热易损坏者，可用浓铬酸洗涤液、0.1%氯化汞溶液、5%福尔马林或70%乙醇等药剂灭菌，药剂灭菌后，用无菌水洗后方可应用。

2. 培养基灭菌　培养基多以高压灭菌，指标为121℃、30min。油脂类（如保存菌种的矿物油）较难灭菌，应用时可单独干热灭菌（165℃、1h）或湿热灭菌（121℃、20min后，加到培养基中再灭菌）。某些培养基成分在高温下易分解破坏，可间歇灭菌或加压处理（115℃、10min）；必要时可将器皿先行灭菌，盛装培养基后再115℃、10min灭菌；也可过滤或化学灭菌后再与灭菌的培养基混合。许多生物材料如植物的枝、叶、残体等，经高温灭菌后性质会发生改变，影响应用。例如，某些作物残体在自然条件下容易使某些真菌产生孢子或子实体，但高温处理后则不能。此类材料可用化学灭菌。

3. 土壤灭菌　土壤比较难以灭菌。薄层土壤干燥灭菌要165℃、几个小时，高压灭菌也需121℃、2h。经过高温处理，土壤的理化性质也有改变，故可用间歇灭菌（每天2h，共5d）；土壤中的病原生物对高温的抵抗力并不强，潮湿土壤70℃灭菌1h，足以杀死其中的病原生物，故也可采用巴斯德灭菌法。此外，还可采用福尔马林、环氧丙烷等化学方法熏蒸灭菌。

此外，对实验室常用的刀、剪等金属器械进行灭菌，可在70%乙醇中浸后，经火焰灼烧灭菌。大量使用时，可将所用器具包扎好，或放入适当容器中，干热灭菌或高压蒸汽灭菌。

（三）灭菌效果检验

检验培养基高压蒸汽灭菌效果时，灭菌后的三角瓶、耐高温塑料瓶或斜面试管在25～30℃下放3d左右，确定无菌后再用。或将灭过菌的PDA斜面培养基（适于真菌生长）和牛肉膏蛋白胨琼脂斜面培养基（适于细菌生长）各取2管放入灭菌场所，灭菌后从中各取1管打开，在空气中暴露30min，盖上试管盖，同对照管一起在30℃下培养，48h后检验有无菌落生长，以无菌落出现为合格。检测紫外线灭菌效果时，在灭菌场所的不同高度和位置同时放2种培养基（PDA培养基和牛肉膏蛋白胨培养基），每处每种放置2个，一个开盖，一个不开盖用作对照，5min后再盖好，在30℃条件下放置48h，以无菌落出现为合格。

第六节　植物病原物营养需求与培养特性

与其他生物一样，植物病原微生物的生长发育必需一定的营养。病原微生物的寄生性不同，所需的营养条件也各有差异。专性寄生物大多数只能寄生活体，则活的植物即是其培养基；而兼性寄生物可以通过人工培养，在死体物质上、人工养料上进行生活。要研究病原微生物生长发育与致病性的关系，必须预先了解其营养要求和培养条件。

一、病原物营养需求

在植物病理学中，根据微生物获得营养的方式，一般将其分为自养型（无机营养型）和异养型（有机营养型）两类，植物病原物大多属于异养类型。从营养角度分析，此类病原微生物所需要的营养主要为水分、碳源、氮源、无机盐类和生长物质。水并非营养物质，但它是构成微生物细胞的成分之一，其含量占生物体的70%～90%。水又是各种营养物质溶解、运输、扩散、吸收的重要媒介，细胞内所进行的各种生化反应如合成代谢、分解代谢，都是在水溶液状态中完成的。

（一）碳源

碳源是微生物首要的营养来源，是构成其细胞组分的主要元素，能提供碳素以合成糖和氨基酸的骨架，同时又是重要的能量来源。微生物可利用的有机碳素化合物很多，其中以糖为最优，氨基酸和蛋白质等次之，油脂类最差，这主要与其分子的大小和可溶性程度有关。在各种糖分中，单糖比多糖好，已糖又优于戊糖。实验室以葡萄糖应用范围最广，蔗糖也较常用。几乎所有真菌都能利用葡萄糖，有些真菌则喜好麦芽糖、乳糖、淀粉，其他如木糖、甘露糖、阿拉伯树胶糖、甘露蜜醇、甘油等碳源利用效果较差。

在研究和分析微生物的碳素营养要求时，应当了解两个问题。第一，微生物对碳源的利用能力属于进化过程中适应形成的性状，往往随环境的改变而有变化。微生物拥有组成酶和适应酶，前者属其固有的，后者则是适应环境产生的。一般认为，组成酶关系到对适宜性碳源的利用，而适应酶则可使微生物在新的环境中利用新的碳源。第二，微生物对一种含碳化合物的利用程度与培养基的理化性状有关，还因培养温度的不同而改变；两种或多种含碳化合物混合使用与单独应用相比，利用程度也有不同。此外，确定的标准也很重要，比较真菌对各种碳源的利用能力，碳源用量在以含碳量、含能量或分子质量计算时结果均有不同；一般以菌体生长量和发育情况作比较标准，若培养某种微生物是为了分析或利用其代谢产物，则除了要测定生长量外，还应以代谢产物的成分和数量等作为比较标准。

（二）氮源

氮源是构成微生物细胞中蛋白质和核酸的必要元素，是生命活动的基础。微生物对氮素的要求各有不同，大部分能利用无机氮和有机氮，有的可利用气态氮。实验室使用的氮源有蛋白胨、牛肉膏、酵母膏、氨基酸、硝酸铵、硝酸钠等，一般不用亚硝酸盐，因为即便微量的亚硝酸盐对微生物都会产生生理毒害作用。

（三）无机盐类

除碳、氮营养外，微生物生长还需要无机矿质营养，包括大量元素和微量元素。大量元素主要包括钾（K）、磷（P）、硫（S）、镁（Mg）等元素，它们通常由溶于水的无机盐类化合物提供，是配制组合培养基的基础物质，若加入适量的碳源、氮源和微量元素，即可用以培养大部分真菌。磷酸钾提供磷和钾，包括 KH_2PO_4、K_2HPO_4、K_3PO_4 3 种化合物，其酸度依次减弱，故可根据对酸度的需要适当选用。真菌大多都能利用无机磷酸盐，有机磷酸盐（酯类）也可被利用。硫酸镁提供硫和镁，硫酸盐是最常用的硫素来源，但并非所有微生物都能利用硫酸盐，有的微生物偏好其他有机硫化合物、硫代硫酸盐、亚硫酸盐、过硫酸盐及硫氰酸盐等硫素化合物。

微生物需要的微量元素主要有锌（Zn）、锰（Mn）、硼（B）、铁（Fe）、铜（Cu）、钠（Na）、钼（Mo）、钙（Ca）等，它们需量甚微，但起着重要的作用，有些关系到维生素的生物合成，一旦缺少，就会导致微生物生长发育不良甚至不能生长。多数微量元素在天然物质中含量丰富，配制培养基时一般无需另行添加。

无机盐类对微生物生长作用很大。例如，磷和硫是构成蛋白质和核酸的必要元素；磷酸盐具有维持生物酶的活性和调节酸碱度的作用；钾、钠、钙、镁、铁、钼等既参与原生质和酶的组成，同时又与原生质膜的渗透性有重要关系。在制备培养基时，对这些无机盐可据菌种的需要适当添加。

（四）生长物质

生长物质参与多种生理生化反应，有的是酶的组成部分，对生物包括微生物的生长发育必不可少。生长物质与一般营养物质和微量元素的性质不同，主要区别有4点：①生长物质是有机物质。②微生物需要生长物质，是由于它丧失了合成它们的能力。③生长物质的用量很小，主要起催化作用。它与酶的作用相似（许多生长物质是酶的组分），在一定范围内，其作用随用量的增加而增强，但超过一定限度会发生抑制作用。④生长物质的作用有专化性，这与其化学结构有密切关系。微生物所需的生长物质多属维生素B型复合体，常用的有维生素B_1（硫胺素）、维生素B_2（核黄素）、维生素B_5（泛酸）、维生素B_6（吡哆醇）、维生素H（生物素）、维生素M（叶酸）、维生素PP（烟酸），以及对氨基苯甲酸、环己六醇等，对生长都有一定的促进作用。很多天然材料及其制品都含有各种维生素，在配制组合培养基或必要时才添加有关的生长物质。常用的酵母膏、蛋白胨、牛肉浸膏、肉汤、麦芽汁等，所含维生素的种类及含量都很丰富。

二、病原物培养特性

在植物病理学研究中，培养病原物的目的主要是观察它的性状和研究环境条件对它的影响，或者大量繁殖用于接种及其他试验。在植物病原微生物中，多数卵菌、真菌和细菌都可以人工培养。培养的方法是，根据试验的要求，将纯化的菌种移植在适宜的固体或液体培养基上，设定条件，促进其生长。

对病原物进行培养，往往需要了解不同种类的培养性状，最好是通过在琼脂平板上培养来观察描述。对细菌，最重要的培养性状是菌落性状、颜色、面积、浓稠程度等。对卵菌和真菌，观察和记载的项目较多，主要有以下9项。

1. 菌落大小　反映生长或发育的速度，通常是测量菌落的直径。

2. 菌落颜色　包括菌落表面子实体、气生菌丝、菌核的颜色，以及有无色素渗入培养基的颜色变化。

3. 菌落表面的纹饰　如皱纹、辐射沟纹、同心环、整个菌落致密或疏松等。

4. 菌落质地　即菌落外观呈毡状、绒毛状、棉絮状、革质状，以及有无成束状或绳状的气生菌丝。

5. 菌落高度　扁平或突起、中心部分突起或凹陷、气生菌丝的高度。

6. 菌落边缘　全缘、锯齿状、树枝状、扇状等。

7. 渗出物　菌落表面有无液滴以及液滴的颜色和数量。

8. 气味　菌落有无特殊气味。

9. 发育进程　各种子实体和休眠机构（厚垣孢子、菌核等）的形成和所需时间。其中对菌落的颜色要持续观察记载，因为其颜色可随着培养时间的延长而变化。

培养性状的描述，要注明培养基的种类、培养温度和有无光照等。真菌培养性状的观察，应多选用几种培养基。有些真菌如镰刀菌属和青霉菌等，在不同培养基上的培养性状的区别，对于分类鉴定等很为重要。

第七节　植物病原物接种技术

用病原物接种植物，在一定条件下诱导植物发病，是植物病理学研究的一个十分重要的环节。其目的主要是：①按照柯赫法则对病害进行诊断；②研究病原物的寄生现象、寄主范围以及病害发生发展规律；③研究病菌与植物之间的相互作用，例如二者的识别与信息交流；④研究防治措施和方法，例如进行药剂筛选、测定和筛选抗病品种等。

一、植物病害发生条件

为诱发病害，首先在理论上要了解病害发生的相关因素。植物病害的发生是病原物与寄主植物相互作用的结果，而作用的双方又都受环境条件所左右。因此，在接种诱发病害时，必须考虑这3个方面的因素。

（一）寄主植物的感病性

人工接种诱发病害，寄主感病是首要条件，其感病性受多方面因素的影响。

1. 品种　寄主的感病性首先因品种而异。进行一般性接种试验，应选用易感病的品种；而在品种抗病性或致病性测定时，则需进行不同品种的比较。应注意，同一品种在不同地区栽培，对病原物的反应会受地域环境的影响，因此试验中还需说明种子的来源，并注意试验地点。

2. 感病部位　植物对不同病害的感病部位各有不同，有的是叶片或茎秆感病，其中又有幼嫩叶、茎或老化叶、茎秆之分；有的是根部感病，又有幼根、胚部或衰老根等感病性的不同；还有的是幼嫩的生长部位如生长点、新芽、花器、穗部感病等等。正确掌握寄主对某种病害的感病部位，是关系到接种效果的因素之一。

3. 感病时期　植物的不同发育时期感病性不同，有的某一发育时期感病，有的则各生育期均可感病；同一寄主对不同病害的感病时期也不尽相同。常见的现象是苗期和成株期存在着感病性的差异，如有的苗期感病而成株期抗病，有的则表现相反。所以，诱发病害必须明了寄主的感病时期，一般需通过不同时期接种测定来了解寄主感病阶段。

4. 生长状况　植物生长状况对抗病或感病性影响很大，通常兼性寄生菌较易侵染衰弱的寄主和器官，而专性寄生菌则要求寄主发育正常。如蔬菜苗期接种猝倒病菌（*Pythium aphanidermatum*）时，需要通过温度调节使幼苗生长衰弱，以便易于诱使发病；而对于小麦锈病菌来说，若选择长势差的麦苗或发黄的叶片，接种就不易成功，只有在长势良好的麦苗上接种才易发病。对此，更应准确掌握接种时机，以获得正确可靠的结果。

应当指出，寄主植物或品种的感病性是由遗传因素决定的，同时也受发育时期、生长状况及其他外因条件如温度、湿度、营养、光照以及土壤的性质、其他病害的侵染、损伤等因素的影响。其中应着重注意感病时期和生长状况的影响。

（二）病原物的致病性

病原物的致病性是在一定条件下对一定的寄主所表现的性状，受许多内在因素和外界条件的影响。要保证接种的病菌具有致病性，必须注意下述问题。

1. 菌系和生理小种　同一病菌会分化出致病性强弱不同的菌系或生理小种，这种现象在专性寄生菌中表现尤为明显，接种时要考虑到这个因素。来自不同地区或不同寄主植物的同一病菌，其致病性也可能强弱不同，接种时应注明菌种来源。即便是单孢分离获得的菌株，也要同时接种几个菌株，才能全面分析其致病性的情况。

2. 培养条件和时间　这也关系到病菌的生活力和致病性。对于在寄主植物上收集的专性寄生菌（如锈菌、黑粉菌、白粉菌、霜霉菌等）的孢子，主要应注意其生活力。在人工培养基上繁殖的兼性寄生菌类，则应注意培养条件和时间。培养时间短且长势良好的致病力较强（菌龄对病原细菌的致病性强弱影响更明显）；而培养较久的病菌，首要应注意其生活力，故接种前需做孢子萌发试验，了解其萌发率、生活力强弱。此外，有的病菌的致病性因培养基营养成分的不同而异。因此，接种时要注明菌龄和繁殖条件。

3. 病菌退化问题　有的病菌经长期人工培养或保存，会发生退化，致病力减弱。这种退化是遗传上的变化，与生活力问题不同。对此，经回接寄主和重新分离，可以恢复其致病力。大多数情况下，重新接种较抗病的寄主植物或品种（置于有利发病的条件下），致病力可以恢复和增强。

4. 接种量　引起发病的最低接种体数量，因病原物种类的不同而异。有的病原物侵染效率很高，如锈菌的单个夏孢子、马铃薯晚疫病菌（*Phytophthora infestans*）的单个游动孢子用来接种即能发病；有的则需大量病原体才能侵染植物，如有些叶斑病半知菌类。因此，接种量关系到病害的发生与否和发生程度。通常，接种量的调节是既要保证发病，又要保证比较准确地表现寄主的反应，还要注意反映自然条件下的发病情况。一般规定，接种的孢子悬浮液的浓度以在低倍镜视野中有20～30个孢子为宜。

（三）影响发病的环境条件

环境条件影响到寄主和病原物双方，促使病害发生的环境条件往往是不利于寄主而有利于病原物生长的条件。

1. 温度　在自然情况下，有些病害发生需要较高的温度，有些则需较低的温度。为满足病菌对温度的要求，大田接种多在温度适宜于该病发生的季节进行，室内接种则需根据具体情况人为控制温度，以保证接种成功。

2. 湿度　植物接种后，在一定时间内保持表面湿润是必要的。大多数病害适宜在高湿度条件，故接种后保持湿润的小环境对发病有利。对真菌或卵菌来说，保湿的目的是为了促进孢子萌发、芽管侵入和菌丝发展，并可抑制寄主组织伤口的愈合，促进发病。有些病害发生于干旱季节，如白粉菌类，需要较低的湿度条件。

保湿的方法主要根据植物大小而定，可使用玻璃罩、塑料膜、保湿箱、人工生长箱等容器，要求严格定量的小环境保湿。保湿时，要注意植物对通气、光照的需求。保湿时间的长短因病害种类而异，从几小时到几十小时不等，一般不超过48h，否则对植物正常生长不利。

3. 光照　大多数情况下，在保湿期间给予适当的光照，有利于植株正常的发育，发病情况能比较准确地反映植物的实际抗感水平。但有些病害喜阴，遮阴可促进病菌侵染。还有少数病害，如麦类锈病等，夏孢子萌发并不需要光，但在接种后芽管侵入则需要光照。

二、植物病原物接种

（一）准备工作

1. 培育接种植物　接种使用的植物可以在温室内或田间栽培。温室环境易于控制，接种结果也比较稳定，但接种试验结果有时需经田间验证。另外，接种试验有时要用无菌条件下培养的植物。为保证接种植株健康不带菌，需在播种植物前进行土壤及种子消毒。种子消毒的方法通常是先用75%的乙醇消毒30s，用无菌水洗5次；再用30%的次氯酸钠消毒3～5min，用无菌水洗5次。必要时，可将消毒种子播在灭菌的大试管、培养皿或三角瓶等器皿中，加培养液供以生长；有些病害的接种可采用离体叶片，以水培或保鲜剂维持其短期的生活力，对于此类，应根据需要提前播种植物，做好相应的准备工作。

2. 准备病菌接种体 接种所需的病菌，有时可以天然收集，但用于致病性测定的病菌大多是人工培养的，通常使用病菌的孢子。多数病菌人工培养容易产生孢子，有些病菌则不易产生孢子，需要人为调节促使孢子产生。不产生孢子的病菌，可用菌丝体接种，作喷雾接种时可用匀浆器将菌丝搅碎而用。病菌的培养方式可根据接种方法来选择。用于土壤接种，采用玉米沙培养基，便于分散，效果较好；有些需液体培养的，利用振荡通气装置能增加生长量并促使孢子产生。

3. 控制环境条件 根据病害发生的环境条件要求，田间接种选择植物适于生长的季节效果最佳，试验地通常称为病圃。具体操作一般利用傍晚多露的时机实施接种，或用喷雾方法增加小环境湿度，病圃最好设有灌溉装置。室内接种利用温室、人工气候室等条件，小量试验可自制保温保湿箱，量材施用，采用塑料膜、玻璃罩等器械，简单易行，也可奏效。必要时，要有定时加光装置。

（二）接种方法

植物病菌种类很多，传染方式各异，接种方法也相应不同。需要了解各种病菌在自然条件下的主要传染方式和侵染途径，模拟自然传染方式进行接种。对传染方式不明的病害，则可试用几种接种方法，由此可反向了解病害的传染方式。

对接种方法的选择，要求给予病害发生的最有利条件，以保证较高的发病率，但也必须尽可能接近自然实际的发病情况，才能正确地反映植物的感病性；否则条件过于有利发病，而不利于植物生长，会加重病菌的致病性，或原来抗病的植物会表现为感病，此时所获得的结果只能作为参考，应有正常接种的结果对照方能做出正确结论。

1. 接种方法分类 常用的接种方法有以下7类。

（1）*喷雾接种法* 主要用于叶部病害的田间或室内接种，真菌孢子、菌丝片段或细菌菌体用蒸馏水或去离子水配制成悬浮液后，用多种类型的喷雾器均匀喷布。悬浮液中常加入吐温-20或吐温-80等表面活性剂促进孢子分散，增强悬浮液在叶片表面的展着性能。悬浮液的孢子浓度可根据接种要求而调节，一般每毫升需有100个以上孢子。配制时可用血球计数板检测。另外，麦类锈病的夏孢子还可用矿物油代替水配制孢子悬浮液。

（2）*喷粉接种法* 锈菌夏孢子等干孢子粉用滑石粉按1∶30左右的比例稀释后用喷粉器喷布。该方法适用于植株地上部分，特别是叶部接种。田间最好在叶片积露时喷粉接种；室内接种时，应先喷以细雾，然后再喷粉接种。

（3）*病植物接种法* 将盆栽发病幼苗按一定间隔放置在田间待鉴定的植株中间，病部产生的病原菌孢子由气流自然传播，侵染待鉴定的植株。该方法适用于锈病、白粉病、霜霉病、多种叶斑病等产生气传孢子的病害接种。室内接种时，可用已产孢的盆栽幼苗在待接种幼苗上方来回抖动或扫动，使孢子降落或黏附在待接种的幼苗叶片上。另外，还可将带菌病残体，如玉米大斑病、玉米小斑病的病叶残体，带有赤霉病菌的玉米残秆等，均匀撒布田间。在进行麦类锈病等气传病害的抗病性鉴定时，还常在病圃小区周围种植感病品种的诱发行，先接种诱发行，诱发行发病产生孢子侵染待鉴定的植株。

（4）直接接种法　病原菌培养物可直接置于植株接种部位，如将长满叶斑病菌菌落的琼脂培养基平板切成小块，黏附在植物叶片上接种。病菌孢子也可置于湿棉球上，把湿棉球固定在叶片上。接种小麦赤霉病菌时，可用滤纸小片或小棉球在孢子悬浮液中浸渍后塞入小麦穗部小花内。麦类叶片用水湿的手指轻轻摩擦除去叶表面蜡粉后，用手指或小毛笔蘸取锈病夏孢子悬浮液在叶面涂抹，然后喷以细雾保湿，这称为涂抹接种法，是温室内接种麦类锈病最常用的方法。苗期侵染的禾谷类黑穗病，可采用冬孢子粉直接拌种的方法接种。

（5）致伤接种法　多数病原细菌和病毒由植物的伤口侵入，可采用致伤接种法接种。常用的针刺接种法是用一组细针蘸取细菌菌液后刺伤植物叶片进行接种；剪叶接种法则是用剪刀蘸取细菌菌液，再剪去叶片尖端造成伤口，供细菌侵入。接种病毒则常用金刚砂摩擦叶片，造成微伤口。接种玉米镰刀菌茎腐病菌和干腐病菌，可用牙签蘸取病菌培养物，插入玉米茎秆内直至髓部。对小麦散黑穗病等花器侵染的病害，可用注射器直接将孢子注入子房内。

（6）介体接种法　多用于接种植物病毒。一般做法是先使介体昆虫在毒源植物上饲毒一定时间后，将规定数量的昆虫转移至待接种的植株上使之取食传毒，经一定时间后喷施杀虫剂杀死介体昆虫。为防止其他毒源污染，接种和鉴定应在防虫温室中进行。对于由土壤微生物如禾谷多黏菌传播的病毒，最简便的方法是直接用含有禾谷多黏菌的病土接种。

（7）土壤接种法　最常用的方法是将土传病原菌的培养物按规定的比例混入土壤。应用此法时，最好采用麦粒沙培养基或玉米粉（燕麦粉）沙培养基，但也可使用液体培养基或琼脂培养基，后者需充分搅拌粉碎后再施用。另外，还可将带菌病残体粉碎后均匀撒布田间或翻埋于土壤内。

2. 种子传染病菌的接种方法　种子传染病菌的接种方法主要有4种。

（1）拌种法　拌种法是针对黑粉病菌类最常用的方法。将定量的种子与定量的病菌孢子拌和均匀，使孢子充分附于种子表面。拌种量一般为种子量的0.1%～0.5%。

（2）浸种法　浸种法常用于炭疽病菌等的接种。浸种时辅以抽气，可促进病菌孢子的渗入，提高接种成功率。人工培养不易产生孢子的真菌，可用搅拌的菌丝悬浮液进行浸种。

（3）花期接种法　花期接种法适用于开花期侵入的病菌，如麦类散黑穗菌、稻粒黑粉菌、稻曲病菌等。一般是用孢子悬浮液注射或喷涂至寄主的花器内，或在植株抽穗前将孢子液注入卷拢的心叶中。对于不经花柱、子房侵入的病菌，如小麦赤霉病菌，可以采用以孢子悬浮液喷洒穗部或个别小花的方法进行接种。

（4）特殊方法　个别病菌如大麦条纹病菌（*Drechslera graminea*），上述3种方法接种率均较低，可采用种子繁殖法，即先在灭菌麦粒上繁殖病菌，待菌丝长满麦粒后，将大麦种子放在菌丝体上培养3～4d，使菌丝附着甚至侵入种子，然后播种，提高发病率。

3. 土壤传染病菌的接种方法　土壤传染病菌的接种方法主要有3种。

（1）拌土法　在播种前将病菌拌在土壤中，这个方法最为常用。接种物可以用自然病株搅碎后拌用，也可人工培养。为便于分散，一般用玉米沙培养基或用液体培养基培养病菌，以匀浆器搅碎后使用。例如，对腐霉菌或某些黑粉病菌的接种就采用这种方法。

需要注意，病菌单独拌土或病菌连同繁殖基质一同拌土，两种方法的接种效果有时不尽一致，在后一种情况下病菌的存活时间通常会长一些，且有再行繁殖增加数量的可能。另外，土壤灭菌与否也影响接种效果，一般接种灭菌土壤的发病率较高，但有时也有相反的现象。

（2）蘸根接种法　将幼苗拔出，使根部稍加损伤，在孢子或菌丝体悬浮液中浸蘸后移植。此法使病菌直接与根部接触，故受土壤微生物的影响较小，同时根上的轻伤利于病菌侵入，所以效果优于拌土接种。此法常用于枯萎病、黑穗病等病菌的接种，对品种抗病性进行测定。

（3）切伤灌根接种法　此法不需拔出植株，用移植铲或其他器具插扦根部附近的土壤，使植株根部受到切伤，然后将孢子或菌丝体悬浮液灌注到插扦部位。此法常用于枯萎病菌。

4. 气流和雨水传播病菌的接种方法　气流和雨水传播病菌的接种方法主要有5种，接种处理后均需要一定时期（通常48h以内）的保湿培养。

（1）喷雾法　喷雾法较为常用，系将孢子或菌丝体悬浮液喷于寄主组织表面。对气孔侵入的病菌应注意喷洒叶背面，叶背面气孔数目多，且利于保湿。对伤口侵入的病菌，喷洒前应先用细沙或金刚砂等摩擦叶表面，制造微伤口。叶面有蜡质层液滴不易黏附，可用手或湿布擦去蜡质层，或在菌悬液中加适量展布剂，如0.03%的Silwet-77。有的孢子萌发需营养物质，可在接种液中加1%葡萄糖或胡萝卜煎汁等营养物质调节。

（2）喷粉法　喷粉法适于接种锈病菌、白粉菌等。接种量小时可将干的病菌孢子撒在潮湿的植物组织表面上，接种量大时可将孢子与滑石粉按1∶10的比例混合后用喷雾器喷撒。在田间病圃，喷粉时间选在傍晚有露时为佳。

（3）涂抹法　麦类锈病菌等接种时常用涂抹法。由于寄主表面和锈菌孢子不易黏附，不适于喷雾接种，故可先用手指、牙签或其他简单器械蘸水涂抹叶片形成水膜薄层，再涂抹孢子粉接种。此法也可用于麦类锈病等的离体叶接种，即取苗龄适当的幼苗新展开的叶片，平置于保湿培养皿中，两端以玻璃条压住，定点涂接病菌孢子，然后用保鲜液（0.1% 6-苄氨基腺嘌呤或0.1mg/mL苯并咪唑等）保鲜培养。

（4）注射法　注射法即将病菌孢子悬浮液用注射器注射到寄主的生长点或其他幼嫩部位。此方法适用于所有细菌以及气流传播、伤口侵染的病菌，如用黄瓜霜霉病菌接种子叶，麦类锈病菌接种茎秆、叶鞘或幼苗，玉米瘤黑粉病菌接种幼嫩的叶、茎或根尖组织部位，葡萄白腐病菌接种果粒等，效果都很好。

（5）针刺法　针刺法用于接种由伤口侵入的病害，如果实、块茎、块根、幼嫩枝干病害等。一般是用灭菌的针刺伤寄主组织表面，然后将病菌接种在伤口内。

（三）接种需要考虑的其他问题

在接种时，如果希望育种材料抵抗的对象是病原物总体而不是其中某一毒性基因型，则应当使用混合菌种接种；如果需要了解对病原物各个毒性类型的抵抗性，就要用单一小种，甚至是单孢菌系接种；有时也接种多个小种的混合菌种，以筛选出兼抗多个小种的材料。

接种时必须掌握适宜的诱发强度。一般情况下，发病程度应近似自然情况下大流行时的病情。发病过轻，会将感病材料误认为抗病；发病过重，可能淘汰有中度抗病程度的材料。

调节诱发强度可从控制接种菌量和调节病圃的环境条件两方面着手。对于低速流行病害如棉花黄萎病、棉花枯萎病、玉米黑粉病、玉米丝黑穗病等，应以调节接种菌量为主来掌握诱发强度；对于流行速度高的病害如小麦锈病、稻瘟病、小麦白粉病等，则应以调节环境条件为主。

为保证接种成功，田间喷雾或喷粉接种应选择傍晚有结露条件时进行或接种后用塑料布覆盖保湿。室内接种后，将接种植株置于保湿箱内保湿 24～48h，然后移至温度、光照适宜的条件下培养。

（四）接种试验的管理和记载

接种后，应根据具体病害的发病条件和要求做好管理工作。需保湿的要做好保湿，保湿时间一般为 24～48h，时间勿过长，否则会影响寄主植物正常的生长发育，而且又易引致杂菌腐生，故到达保湿时间后，即应将植物移到正常环境中生长。另外，需保温的应置于温箱、生长箱或温室内，需遮阴的或辅以光照的应按要求提供所需条件。

应做好接种后的常规和特殊的管理。根据病害种类和工作要求，做好定期或连续观察，对各操作项目等均需做好详细的工作记载，以获取全面的资料。接种试验的记载内容很多，可以根据工作需要设计。接种的植物应用标牌或标签作以标记，通常要标明接种植物的品种、接种的病菌、接种的方法和日期等，必要时记载病菌来源和培养方法、寄主品种来源以及培养条件等。在病害诱发过程中，可以根据要求记载发病时间、接种后的管理条件等有关事项。

思考题

1. 植物病理实验室实验工作中的要点和注意事项有哪些？
2. 实验室玻璃器皿洗涤通常使用哪些主要的洗涤液？应用时的注意事项有哪些？
3. 植物病害标本采集时应注意哪些事项？
4. 请总结高压蒸汽灭菌所应注意的主要事项。
5. 植物病理实验室中易分解的营养物质如何灭菌？
6. 培养及制作后如何检验培养基是否灭菌彻底？
7. 植物病原物对营养的需求主要有哪几方面？
8. 植物病害诱发接种时应着重考虑哪 3 个方面的影响？
9. 植物病理学研究中常用的接种方法有哪些？

第二章　生物显微与组织化学技术

生物显微镜是植物病理学研究的重要工具。掌握普通光学显微镜基本操作方法，有助于提高学习其他类型的显微镜使用方法的效率。激光共聚焦显微镜在植物病理学方面的应用主要集中在对细菌等形态结构的观察以及寄主植物受到病原物侵染后细胞内细胞器以及亚细胞结构的形态特征和基因定位等方面，研究抗病相关与致病相关蛋白的亚细胞定位、植物—病原物互作与分子识别、抗病防卫反应信号传导等问题。组织切片是从组织和细胞层次研究寄主与病原物互作的基本方法，为从形态、组织和细胞学等方面研究植物与病原物的互作提供了可靠保障。其中冷冻切片法是目前常用方法之一，与其他方法相比具有简单、方便和能反映互作本质等特点。原位观察是研究植物—病原物互作机制的有效方法，本章重点介绍了水合氯醛透明结合微分干涉的方法和免疫金标记—银染扩大法。

第一节　生物显微技术简介

使用不同的手段、从不同层次研究寄主植物与病原物互作机制，是阐明植物病理学本质的核心内容。病原物侵染寄主植物后，病原物的形态和寄主在结构和物质方面对病原物抵抗的种种反应，是植物病理学研究的关键过程，能反映出两者互作的本质。在多种研究设备中，显微镜是植物病理学研究中最常用、最重要的工具。植物病原微生物大都个体极小，需借助显微镜放大才能分辨清楚。常用的光学显微镜是利用透镜的放大作用，一般其放大率最高只能达2 000倍，可分辨的物体不小于 0.2μm。光学显微镜的种类很多，除常用的明视野显微镜外，还有暗视野、相差、荧光、偏光等多种功能的显微镜。这些光学显微技术可以用来观察植物与病原物的细胞轮廓，研究两者相互作用的动态。电子显微镜是用高速的电子束代替光束来放大和检视标本，其放大倍数可达 20 万倍，分辨率达到 0.5nm，可以清楚地检测植物和病原物的细微结构及其在相互作用过程中的变化，如植物亚细胞抗病防卫反应、病原细菌的纤毛以及病毒颗粒。而 20 世纪 80 年代兴起的激光共聚焦显微技术则利用激光束聚焦成像，把光学成像的分辨率提高了 30%～40%，利用计算机进行图像处理，可以清晰、形象地观察生物的亚细胞细微结构甚至生物分子。因此，激光共聚焦显微镜广泛应用于生命科学不同学科领域，在植物病理学方面的应用主要集中在抗病相关与致病相关蛋白的亚细胞定位、植物—病原物互作与分子识别、抗病防卫反应信号传导等问题。

一、明视野显微技术

明视野显微镜（bright field microscope）是植物病理实验室最基本、最常用的显微镜，其他光学显微镜均是在此基础上发展起来的。它们的基本结构相同，均包括机械装置和光学系统两部分，只是某些附件作了一些改变，决定着各自不同的功能。实验室中常用的德国蔡司（Zeiss）和莱茨（Leitz）、日本奥林帕斯（Olympus）和我国重庆产的重庆牌显微镜等均属明视野类型。其特点是，光线直接由反光镜或镜座电光源折射进入物镜，使观察视野呈现明亮的区域。下面介绍其主要光学部件的性能、使用方法及使用时的注意事项。

（一）明视野显微镜光学系统各部件的主要性能

1. 物镜　物镜的作用是将标本第一次放大，在目镜的焦平面上形成真像，再经目镜的放大形成能见的实像。物镜是决定成像质量和分辨能力的最重要的部件，其他部件的作用都是使物镜性能得以充分发挥，得到清晰的图像。

光学显微镜的放大能力由其物镜的分辨率（resolving power）即能够分辨出两点的最小距离所决定，而分辨率又取决于光波长（λ）和物镜的数值口径（numerical aperture，NA），即：分辨率＝$0.61\lambda/NA$。

可见，光波越短，显微镜的分辨距离越小，则其分辨能力越强；相应的物镜数值口径越大，其分辨率越高。实践表明，可见光的光波幅度较窄（400～700nm），故从减小其波长来提高显微镜的分辨率有一定的限度；而利用短波紫外线作光源，固然可提高分辨率，但仅适于显微镜摄影而不宜于直接观察。因此，最佳的办法还是增加物镜数值口径。

数值口径是表示从聚光镜发出的锥形光柱（光锥）照射在观察的标本上，被物镜所能聚集的量，其表示公式为：

$$NA = n \cdot \sin(\alpha/2)$$

式中：n——标本和物镜之间介质的折射率；

α——进入物镜光锥的角度，即通过标本发出的光线投射到物镜前透镜有效直径边缘的最大夹角，称镜口角。可见，通过加大物镜透镜口径和缩短物镜焦距，可以加大镜口角 α 值；利用折射率高的介质（空气折射率 1.0，水 1.33，玻璃 1.5，香柏油 1.52），可以提高物镜数值口径以增强分辨率。

物镜的放大倍数越高，其数值口径越大。低倍镜（10×）的数值口径为 0.25，高倍镜（40×）为 0.65，油浸镜（100×）为 1.25。这些数值都刻在物镜上以供操作时参考。

2. 聚光器　聚光器由聚光镜和可变光阑（虹彩光圈）组成。聚光镜的作用是汇聚外来光线增加照明强度，并且加大光锥角度，以提高物镜数值口径，由此提高分辨率；可变光阑用以调节光强度及聚光器口径的大小，使物镜的数值口径和聚光器口径相符合。聚光镜的上下调节和可变光阑的大小调节配合，决定着光照强度和图像清晰度。一般调节聚光器口径等于或稍大于物镜数值口径为宜。如果光圈开得太大，锥形光柱角度超过物镜接受范围，光线将在物镜和镜筒内发生反射，产生光斑，影响清晰度；反之收得太小，减小光锥角度，则降低物镜的数值口径而减弱光亮度，使分辨率下降，反差增大。一般在可行范围内，适当关小可变光阑，可以增加焦深和物像的对比度。

3. 反光镜　反光镜的作用是接收外来光线将其反射至聚光镜进入物镜。一般有聚光镜的显微镜，使用低倍和高倍物镜时均用平面反光镜，而在光线较弱或使用油镜时使用凹面镜。目前使用的显微镜光源多为内置光源。

4. 目镜　目镜是一个放大镜，起着二次放大的作用，即将物镜放大形成的真像，进一步放大形成能见的实像。它与分辨率的提高无关。

5. 滤光片　可见光是由波长各异、颜色不同的光线组成的，若只需某一波长的光线，就需用滤光片调节。选用适当，可以提高分辨率，增强影像的反差和清晰度。滤光片有红、橙、黄、绿、青、蓝、紫等各种颜色，能分别透过不同波长的可见光，可根据标本的颜色相应选择，加在聚光器下面的滤光片架上配合使用。

（二）明视野显微镜的使用方法

1. 低倍镜使用方法

（1）取镜和放置　显微镜平时存放在柜或箱中，用时从柜中取出，右手紧握镜臂，左手托住镜座，将显微镜放在自己左肩前方的实验台上，镜座后端距桌边 3～7cm 为宜，便于后续操作。

（2）光源调节　安装在镜座内的光源灯可通过调节电压以获得适当的亮度。而使用反光镜采集自然光或灯光作为照明光源时，应根据光源的强度及所用物镜的放大倍数选不同的凸、凹面镜并调节其角度，使视野内的光线均匀、亮度适宜。

（3）放置玻片标本　取一玻片标本放在镜台上，一定使有盖玻片的一面朝上，切不可放反，用推片器弹簧夹夹住，然后旋转推片器螺旋，将所要观察的部位调到通光孔正中。

（4）调节焦距　以左手按逆时针方向转动粗调节器，使镜台缓慢地上升至物镜距标本片约 5mm 处，应注意在上升镜台时，切勿在目镜上观察，一定要从右侧看着镜台上升，以免上升过多，造成镜头或标本片的损坏。然后，两眼同时睁开，用左眼在目镜上观察，左手顺时针方向缓慢转动粗调节器，使镜台缓慢下降，直到视野中出现清晰的物像为止。

如果物像不在视野中心，可调节推片器将其调到中心（注意移动玻片的方向与视野物像移动的方向是相反的）。如果视野内的亮度不合适，可通过升降集光器的位置或开闭光圈的大小来调节。如果在调节焦距时，镜台下降已超过工作距离（＞5.4mm）而未见到物像，说明此次操作失败，则应重新操作，切不可心急而盲目地上升镜台。

2. 高倍镜使用方法

（1）选好目标　一定要先在低倍镜下把需进一步观察的部位调到中心，同时把物像调节到最清晰的程度，才能进行高倍镜的观察。

（2）调换镜头　转动转换器，调换至高倍镜头。转换高倍镜时转动速度要慢，并从侧面进行观察（防止高倍镜头碰撞玻片），如高倍镜头碰到玻片，说明低倍镜的焦距没有调好，应重新操作。

（3）调节焦距　转换好高倍镜后，用眼睛在目镜上观察，此时一般能见到一个不太清楚的物像，可将细调节器的螺旋逆时针移动约半圈到一圈，即可获得清晰的物像。注意：切勿用粗调节器。

如果视野的亮度不适宜，可用集光器和光圈加以调节。如果需要更换玻片标本时，必须顺时针（切勿转错方向）转动粗调节器使镜台下降，方可取下玻片标本。

3. 油镜使用方法　①使用油镜之前，必须先经低倍镜、再用高倍镜观察，然后将需进一步放大的部分移到视野的中心。②将集光器上升到最高位置，光圈开到最大。③转动转换器，使高倍镜头离开通光孔，在需观察部位的玻片上滴加一滴香柏油，然后慢慢转动油镜，在转换油镜时，从侧面水平注视镜头与玻片的距离，使镜头浸入油中而又不能压破载玻片为宜。④用眼睛观察目镜，并慢慢转动细调节器至物像清晰为止。如果不出现物像或者目标不理想要重新寻找物像，在加油区之外重找时应按低倍镜→高倍镜→油镜的程序操作；在加油区内重找应按低倍镜→油镜的程序进行，不得经高倍镜，以免油沾污镜头。⑤油镜使用完毕，先用擦镜纸蘸少许二甲苯将镜头上和标本上的香柏油擦去，然后再用干擦镜纸擦干净，或使用显微镜生产厂家提供的清洗剂擦拭。

(三) 明视野显微镜使用时的注意事项

1. 目镜与物镜的配合　显微镜的分辨率与放大倍数有关，但两者有所不同，而提高分辨率是主要的。显微镜的放大倍数是目镜和物镜放大倍数的乘积，若用20×的目镜和20×的物镜，与用10×的目镜和40×的物镜，放大倍数均为400倍，但从提高分辨率角度上来讲，用低倍目镜和高倍物镜配合效果更优，即为了达到一定放大倍数和分辨效果，选用相对高倍的物镜为好。

2. 聚光器的调节　聚光器的调节影响到物像的分辨率和层次。通常，以适当提高聚光镜亮度和适当关小光圈配合，可以增加物像景深、反差和层次，效果相对较好。

3. 非同焦显微镜的使用　实验室常用的显微镜，其一组4个物镜多为同焦的，对于个别的如重庆牌显微镜的低倍物镜（4×和10×）是非同焦的，在物镜应用转换时，要注意上下的适当调节，以防影响观察以及损坏玻片甚至镜头。

4. 止降或止升装置的利用　目前应用的显微镜，大多设有止降（物镜）或止升（载物台）装置，调控得当，对于低、高倍镜头的转换尤其油镜的应用，以及使用镜台测微尺时，非常方便，能有效防止玻片、台尺及镜头的损坏。

二、暗视野显微技术

暗视野显微镜（dark field microscope）也称暗场显微镜，其与明视野显微镜的区别在于，光线照射的方向不同，即直射的方向不同。其直射光线不是直接经聚光器进入物镜，而是以斜射的光线照射物体，使物体表面发出的反射光进入目镜。由此所观察的视野是暗的，而见到的明亮的物像只是物体受光的侧面，是其边缘发亮的轮廓。用暗视野显微镜检查微小透明的活体生物的存在、运动或鞭毛等，效果要优于普通明视野显微镜。

(一) 暗视野显微镜形成的途径

通过调节或增加暗视野聚光器可以使明视野显微镜改装成暗视野显微镜，主要方法有以下3种。

1. 反光镜直接侧面照射　取下聚光器，利用反光镜的凹面镜接收光源，调节照射角度，使光束从侧面斜射在标本上。此法只适于与低倍镜配合应用。

2. 星形虹彩光圈　星形虹彩光圈大小如同显微镜的滤色片，中间为圆形的遮光片。使用时将其置于聚光镜下滤色片槽中，正好遮住反射来的直射光线，只有斜射的光线照射在物体上。

3. 暗视野聚光器　常用的暗视野聚光器有抛物面形和心形两种。其主要原理是在聚光器底部中央加一块遮光板，挡住光柱中部的光线，只有斜射光线照射在物体上。明视野显微镜换用暗视野聚光器即可形成暗视野。

(二) 暗视野显微镜的使用方法及注意事项

暗视野显微镜对低倍镜、高倍镜和油镜的使用与明视野显微镜相同，只是使用暗视野显微镜时应尽量用较强的光线，放大虹彩光圈，上下调节聚光器，以获得最佳效果。另外，检查标本时，宜用较薄的载玻片。暗视野显微镜的不足之处是只能看到活的微生物的轮廓，对于菌体内部透明态的结构则难以看清。

三、相差显微技术

相差显微镜（phase contrast microscope）又称相衬显微镜，它是利用光波干涉的原理，通过专用的相差聚光器（内有环状光阑）和相差物镜（内装环状相位板），把光波的相位差变为振幅差，从而使细胞的不同构造表现出明暗的差异，不经染色即可观察到活细胞内的细微结构。其原理是，光线通过透明物体，一部分光不受影响仍然是直射光，其速度和相位都不改变；另一部分光受到透明物体中密度和折射率不同的物质的影响，光的速度减慢，相位就发生改变。两种光相遇而互相交叉，由于相位的不同发生干扰，而形成衍射光。衍射光的方向发生了改变，与直射光相比，波长也阻滞（推迟）了$\lambda/4$。将通过物体直射光的光波阻滞（或提前）$\lambda/4$，直射光和衍射光相遇时，二者的相位相同（同相），光强度即为二者之和，使振幅加大，亮度增加；反之，如果二者反相（差$\lambda/2$），波峰互相抵消，则振幅减小，亮度降低，因而使原来透明的物体表现出明显的振幅和明暗的差异，反差增加，易于清楚观察。

（一）相差显微镜形成的途径及调节方法

相差显微镜与普通光学显微镜相比，结构上增加了两个附件即环状光阑和相位板，以形成光波的相差。下面介绍这两个附件在形成相差时的作用：

1. 环状光阑　环状光阑（annular diaphragm）位于光源与聚光器之间，作用是使透过聚光器的光线形成空心光锥，焦聚到标本上。大小不同的环状光阑成一转盘，不同光阑标有10×、20×和40×等字样，以便与相应放大倍数的物镜配合使用，符号为0时为明视野非相差的通光孔。

2. 相位板　在物镜中加了涂有氟化镁的相位板（annular phaseplate），可将直射光或衍射光的相位推迟$\lambda/4$。可分为两种：

（1）A+相板　将直射光推迟$\lambda/4$，两组光波合轴后光波相加，振幅加大，标本结构比周围介质更亮，形成亮反差（或称负反差）。

（2）B+相板　将衍射光推迟$\lambda/4$，两组光线合轴后光波相减，振幅变小，形成暗反差（或称正反差），标本结构比周围介质更暗。

相差显微镜形成光线相位差是通过环状光阑、环状相位板及合轴调整望远镜3个附件来调节的。合轴调整望远镜是特制的低倍望远镜，用以调节环状光阑的明环使之与物镜环状相位板的暗环合轴。为了获得更好的观察效果，一般都使用绿色滤光片。相差显微镜多属于消色差物镜，这种物镜只纠正了黄、绿光的球差而未纠正绿、蓝光的球差，使用时采用绿色滤光片效果最好；另外，绿色滤光片有吸热作用，进行活体观察时比较有利。

（二）相差显微镜的使用方法

①将显微镜的聚光镜和物镜换成相差聚光镜和相差物镜，光路上加绿色滤光片。

②聚光镜转盘刻度置0，调节光源，使视野亮度均匀。

③将带有样品的载玻片置于载物台上，先用低倍镜在明视野聚焦。

④将聚光镜转盘刻度置10。注意由明视野转为环状光阑，进光量减少，需要将聚光镜的光圈开大，增加视野亮度。

⑤取下目镜，换上合轴望远镜。用左手指固定望远镜外筒，边观察边用右手转动其内筒，使其下降，对焦使聚光镜中的亮环和物镜中的暗环清晰。当双环分离时，说明不合轴，

可用聚光镜的中心调节螺旋移动亮环，直至双环完全重合。

⑥按上述方法依次对其他放大倍数的物镜和相应的环状光阑进行合轴调节。取下望远镜，换上目镜，选用适当放大倍数的物镜即可观察。

（三）相差显微镜使用时的注意事项

①调节光源使光线均匀、亮度适宜。

②要使用清洁无损的载玻片和盖玻片。载玻片厚度应在1.0mm左右，过厚则环状光阑的亮环变大，过薄则亮环变小。载玻片厚薄不均匀或有划痕、尘埃等也会影响图像质量。盖玻片的标准厚度通常为0.16～0.17mm，过厚或过薄会使相差、色差增加，影响观察效果。

③检查的标本要加水和盖玻片后检视。

④不能用来观察悬滴中的细胞。

⑤经过染色的玻片标本，用相差显微镜检视的效果不好。

四、荧光显微技术

荧光显微镜（fluorescent microscope）利用肉眼不可见的短波紫外线作为光源，使检视的标本产生荧光以供观察。因此，所观察到的颜色不是标本的本色，而是受激发后标本产生的荧光。光源的作用并非照明，而是作为激发荧光的能源。荧光显微镜常用于病理诊断、生理研究、菌物鉴别和特定标记菌株的观察及鉴定等工作。

荧光显微镜检查的标本需能产生荧光，或先涂上一层能发生荧光的物质，所涂用物质称为荧光物。常用的荧光物有吖啶、荧光素、氮蒽橙、氮蒽黄等，处理浓度和时间因材料而异。

（一）荧光显微镜形成的途径

1. 光源　荧光显微镜的光源应用超高压汞灯和高色温溴钨灯。这类灯源，非但光度强，而主要是能产生足够的短波光，来激发荧光的发生。

2. 暗视野聚光器　暗视野聚光器的作用有两方面：其一，可以看清明视野聚光器不容易看清的较弱的荧光；其二，可以偏转掉大部分紫外线，起到保护眼睛的作用。

3. 滤光片调节光波　高压汞灯能产生温度很高的红外线和对人眼有害的紫外线，通常用3种滤光片消除：①隔热滤光片，放在光源与聚光镜之间，消除红外线；②激发滤光片，放在聚光镜下面，只允许能激发荧光物产生荧光的短波光（绿光、蓝光、紫光和紫外线）通过，而其余的光波都被吸收；③屏障滤光片，放在物镜与目镜间，阻挡残余的激发光通过，只允许荧光透过。

（二）荧光图像的记录方法

荧光显微镜所看到的荧光图像，一是具有形态学特征，二是具有荧光的颜色和亮度，在判断结果时，必须将二者结合起来综合判断。结果记录根据主观指标，即凭观察者的目力观察，作为一般定性观察，基本上是可靠的。随着科学技术的发展，在不同程度上采用客观指标记录判断结果，如用细胞分光光度计、图像分析仪等仪器，但这些仪器记录的结果也必须结合主观的判断。

荧光显微镜摄影技术对于记录荧光图像十分必要，由于荧光很易褪色减弱，要即时摄影记录结果。方法与普通显微摄影技术基本相同，只是需要采用高速感光胶片。因紫外光对荧光猝灭作用大，在紫外光下照射30s，荧光亮度降低50%。所以，曝光速度太慢，就不能将荧光图像拍摄下来。一般研究型荧光显微镜都有半自动或全自动显微摄影系统装置。

（三）荧光显微镜使用时的注意事项

①严格按照荧光显微镜出厂说明书要求进行操作，不要随意改变程序。

②应在暗室中进行检查。进入暗室后，接上电源，点燃超高压汞灯 5～15min，待光源发出强光稳定后，眼睛完全适应暗室，再开始观察标本。

③防止紫外线对眼睛的损害，在调整光源时应戴上防护眼镜。

④检查时间每次以 1～2h 为宜，超过 90min，超高压汞灯发光强度逐渐下降，荧光减弱；标本受紫外线照射 3～5min 后，荧光也明显减弱。所以，最多不得超过 2～3h。

⑤荧光显微镜光源寿命有限，标本应集中检查，以节省时间，保护光源。天热时，应加风扇散热降温。新换灯泡应从开始就记录使用时间。灯熄灭后欲再用时，需待灯泡充分冷却后才能点燃。一天中应避免数次点燃光源。

⑥标本染色后应立即观察，因时间过久荧光会逐渐减弱。若将标本放在聚乙烯塑料袋中4℃保存，防止封裱剂蒸发，可延缓荧光减弱时间。

⑦荧光亮度的判断标准一般分为 4 级：一，无荧光或荧光微弱；＋，荧光明确可见；＋＋，荧光明亮；＋＋＋，荧光强烈、耀眼。

五、偏光显微镜使用要点

偏光显微镜（polarizing microscope）在工业科学的晶体和矿石鉴定及医学的药物检验方面应用较多。植物病理学中，主要用于鉴定具有双折射性质的染色体纺锤丝及罹病组织结构的化学性质变化等研究。其原理是将具有三度空间多向振动的自然光，经特定的偏光装置的反射、折射、双折射及吸收等作用，转变成为单一方向振动的偏振光。

（一）偏光显微镜的构成

偏光显微镜上装有两个尼科尔棱镜，其一为偏光镜（起偏镜），置于光源和检视物之间；其二为检光镜（检偏镜），放于物镜与目镜之间。二者配合调节，当两镜的偏振面处于 90°正交位置时，视野完全黑暗；而当两镜振动面的相对位置为 0°时，则视野明亮。由此增强检视物体图像的清晰度和颜色的对比度，提高检视效果。

偏光显微镜必须具备以下附件：①起偏镜；②检偏镜；③专用无应力物镜；④旋转载物台；⑤补偿器或相位片。此外，偏光显微镜在装置上还要求有带有十字线的目镜；为了取得平行偏光，应使用能推出上透镜的摇出式聚光镜；另外还应使用聚光镜光路中的辅助部件伯特兰透镜（Bertrand lens），其作用是把物体所有造成的初级相放大为次级相。

（二）偏光显微镜的使用方法与注意事项

1. 使用方法

（1）正相镜检　正相镜检（orthoscope）又称无畸变镜检，其特点是使用低倍物镜，不用伯特兰透镜，同时为使照明孔径变小，推开聚光镜的上透镜。正相镜检用于检查物体的双折射性。

（2）锥光镜检　锥光镜检（conoscope）又称干涉镜检，这种方法用于观察物体的单轴性或双轴性。

2. 注意事项　①光源最好采用单色光，因为光的速度、折射率和干涉现象由于波长的不同而有差异；②载物台的中心与光轴同轴；③起偏镜和检偏镜应处于正交位置；④制片不宜过薄。

六、体视显微镜使用要点

体视显微镜（stereo microscope）又称解剖显微镜、立体显微镜、实体显微镜，使用范围相当广泛。它观察物体时能产生正立的三维空间像，立体感强，成像清晰而宽阔，具有较长的工作距离。对同一物体可实现连续放大倍率观看，并可根据所观察物体的不同选用反射光照明和透射光照明。

（一）体视显微镜的构成

目前体视显微镜的光学结构是由一个共用的初级物镜对物体成像后的两光束被两组中间物镜—变焦镜分开，并成一体视角再经各自的目镜成像，它的倍率变化是由改变中间镜组之间的距离而获得，因此又称为连续变倍体视显微镜（zoom stereo microscope）。其特点是：①双目镜筒中的左右两光束不是平行的，而是具有一定的夹角，即体视角，一般为12°～15°，因此成像具有三维立体感；②像是直立的，便于操作和解剖，这是由于在目镜下方的棱镜把像倒转过来的缘故；③虽然放大率不如常规显微镜，但其工作距离很长，如Olympus SZX12可达198mm；④焦深大，便于观察被检物体的全层；⑤视场直径大。

（二）体视显微镜的使用方法与注意事项

1. 使用方法　①将所观察的物品放在透明的载物台上，将开关开至EPI时即打开上光源，开至DIA时为只开下光源，开至EPI-DIA时为上、下两个光源同时打开。②通过调节旋钮可以调节镜筒与载物台的距离，从而调节焦距，可看到同一视野内不同层面的物像。通过调节旋钮上的聚焦环（0.7～4），可以放大所要观察的物像。③根据所观察物体结构的不同，可以调节下光源的透光方式。调节载物台左上侧的开关，将其开至D时正下方的光源被遮盖（即暗背景），开至B则正下方的光源被打开（即亮背景）。④通过目镜的调节也可以在一定程度上改变倍数，并可以使左右倍数不同，以适应每位观察者不同的情况。

2. 注意事项　①上光源可以手动调节角度，注意其方向是否与物体放置位置一致。②显微镜的光源极易损坏，尤其是下光源，如果使用时间长，温度逐渐升高，很容易烧坏。

七、激光共聚焦显微技术

激光扫描共聚焦显微镜（laser confocal microscope）是20世纪80年代发展起来的新技术，它是在荧光显微镜成像基础上加装了激光扫描装置，利用计算机进行图像处理，把光学成像的分辨率提高了30%～40%，使用紫外线或可见光激发荧光探针，从而得到细胞或组织内部微细结构的荧光图像，在亚细胞水平上观察诸如Ca^{2+}、pH以及膜电位等生理信号及细胞形态的变化，成为形态学、分子生物学、神经科学、药理学和遗传学等领域中新一代强有力的研究工具。激光共聚焦成像系统能够用于观察各种染色、非染色和荧光标记的组织和细胞等，观察研究组织切片、细胞活体的生长发育特征，研究测定细胞内物质运输和能量转换。

（一）激光共聚焦显微镜工作原理

传统的光学显微镜使用的是场光源，标本上每一点的图像都会受到邻近点的衍射光或散射光的干扰。激光扫描共聚焦显微镜则利用激光束经照明针孔形成点光源对标本内焦平面的每一点进行扫描，使标本上的被照射点在探测针孔处成像，由探测针孔后的光点倍增管或冷电耦器件逐点或逐线接收，迅速在计算机监视器屏幕上形成荧光图像。照明针孔与探测针孔相对于物镜焦平面是共轭的，焦平面上的点同时聚焦于照明针孔和发射针孔，焦平面以外的点不会在探测针孔处成像，这样得到的共聚焦图像是标本的光学横断面，克服了普通显微镜图像模糊的缺点。

（二）激光共聚焦显微镜的应用

激光共聚焦显微镜广泛应用于人类医学、细胞生物学、生物化学、药理学、生理学以及微生物学等不同学科领域，在植物病理学方面的应用主要集中在对细菌等形态结构的观察以及寄主植物受到病原物侵染后细胞内细胞器以及亚细胞结构的形态特征和基因定位等方面。利用激光共聚焦显微镜研究生物学或植物病理学问题时，除了考虑研究材料的荧光背景外，还必须使用融合荧光蛋白。常用的荧光蛋白有绿色荧光蛋白（green fluorescence protein，GFP）、红色荧光蛋白（red fluorescence protein，RFP）、蓝色荧光蛋白（blue fluorescence protein，BFP）和黄色荧光蛋白（yellow fluorescence protein，YFP）。通常把某种荧光蛋白与抗病相关蛋白或致病相关蛋白连接，形成融合蛋白，然后进行观察。利用激光共聚焦显微技术研究植物病理学问题的例子包括：①抗病相关蛋白与致病相关蛋白的亚细胞定位；②植物—病原物互作与分子识别；③抗病防卫反应信号传导，尤其是过氧化氢（hydrogen peroxide，H_2O_2）信号在细胞内外产生与变化的动态。

八、数码生物显微技术

生物显微摄影是显微操作技术与普通生物摄影技术的结合，可了解植物病害的发生、发展，直观地认识寄主的组织病变形态，真实记载病原菌的形态、大小、特征、色泽及其他结构特性等。通过显微摄影可直观、准确、方便、迅速地把实际状况拍摄反映出来，既增加了实用性和准确性，又提高了工作效率。

数码生物显微摄影（digital biological microscopic photography）是生物显微摄影的进一步发展，它集数码照相机、各种类型光学显微镜和计算机于一体的显微成像系统。因此，数码生物显微镜的形成途径包括数码照相机、显微镜和计算机。这些设备结合使用的最大优点是所见即所得，能将玻片所观察到的物像呈现在计算机的显示器上，便于观察和选择，减少了徒手绘图的繁琐和不便。

关于数码生物显微镜的使用方法，现以麦克奥迪公司的 DMBA400 型普通数码生物显微镜为例简述操作步骤：①正常操作显微镜，打开光源，调节聚光镜升降调节手柄，移开聚光镜，低倍镜下找到观察的实物；②逐步增加物镜放大倍数，直至目镜视野清晰；③打开 Motic Images 2.0 软件，点击 Motic Tec 模块，屏幕出现图像采集框；④调节亮度，拍照，保存；⑤调节亮度至最暗，移开物镜，关闭电源；⑥油镜的使用与普通光学显微镜相同。

九、倒置显微镜使用要点

正立式显微镜的镜检方式主要用于切片的观察。而倒置显微镜（inverted microscope）是为了适应生物学、医学等领域中的组织培养、细胞离体培养、浮游生物、环境保护、食品检验等显微观察。由于上述样品特点的限制，被检物体均放置在培养皿（或培养瓶）中，这样就要求倒置显微镜的物镜和聚光镜的工作距离很长，能直接对培养皿中的被检物体进行显微观察和研究。因此，物镜、聚光镜和光源的位置都颠倒过来，故称为倒置显微镜。由于工作距离的限制，倒置显微镜物镜的最大放大率为 60×。一般研究用倒置显微镜都配置有 4×、10×、20×及 40×的相差物镜。由于倒置显微镜多用于无色透明的活体观察，如果观察者有特殊需要，也可以选配其他附件，用来完成微分干涉、荧光及简易偏光等观察。

十、电子显微技术

电子显微技术（electron microscopy）已成为研究生物体细微结构的重要手段。常用的有透射电子显微镜（transmission electron microscope）和扫描电子显微镜（scanning electron microscope）。与光镜相比，电镜用电子束代替了可见光，用电磁透镜代替了光学透镜，并使用荧光屏将肉眼不可见电子束成像。

（一）透射电子显微镜

1. 透射电镜的形成途径　透射电镜是以电子束透过样品经过聚焦与放大后所产生的物像，投射到荧光屏上或照相底片上进行观察。透射电镜的分辨率为 0.1～0.2nm，放大倍数为几万至几十万倍。由于电子易散射或被物体吸收，故穿透力低，必须制备更薄的超薄切片（通常为 50～100nm）。其制备过程与石蜡切片相似，但要求极严格。要在生物体死亡后的数分钟内取材，组织块要小（$1mm^3$ 以内），常用戊二醛和锇酸进行双重固定树脂包埋，用特制的超薄切片机切成超薄切片，再经醋酸铀和柠檬酸铅等进行电子染色。

2. 透射电镜的操作步骤　透射电镜的操作分 6 步进行。

（1）开机　接通电源，使其预热并达到稳定状态，开动真空泵，预抽镜筒，直到镜筒各部分达到高真空状态。具体方法为接通总电源，打开循环水开关，启动仪器，抽真空 30～40min，准备操作灯亮。

（2）电子束调节与聚焦　接通高压开关，选择高压时，灯丝控制钮必须关闭或处于最低位置，防止突然产生电脉冲而引起灯丝或样品损坏。高压稳定后，加灯丝电流，直到荧光屏上亮度和束流达到最大为止。操作时应注意缓慢转动旋钮，切不可将灯丝电压加得过高，影响灯丝寿命。当慢慢增加束流、荧光屏反而变暗时，需调节电子枪合轴钮，使荧光屏亮度增加到最大。更精确地调节中合轴的方法是从饱和点慢慢地减小灯丝电压，用聚光镜聚焦，加入聚光镜活动光阑，这时屏上光斑分解成一种特殊图形即灯丝像。光斑变暗，出现平行线区，在中央线区周围有一椭圆形亮环，调节合轴钮使亮斑对称分布，电子枪合轴完成，然后再加灯丝电压使灯丝像消失，即达灯丝饱和点。

（3）照明系统调整　分 3 步。

①聚光镜合轴调整：调节第一聚光镜电流，同时用第二聚光镜聚焦。

②聚光镜光阑的选择与聚焦：第二聚光镜中设有一多孔的活动光阑，根据需要选择合适的光阑孔，以改变照明角。光阑插入后要进行光阑孔与透镜对中合轴，改变第二聚光镜电流进行聚焦，使焦点周围的光斑应向中心均匀伸缩，若偏心变动应调整光阑 X、Y 方向的调节钮进行校正。

③聚光镜消像散：聚光镜消像散会减弱照明束亮度，并使成像不均匀。聚光镜消像散一般用消像散器调节第二聚光镜电流，在焦点前后变化同时调整消像散器，使椭圆形光斑变圆。

（4）成像系统调整　分 4 步。

①物镜电子束移动补偿：放入膜穴作为样品，选择一个较小的孔洞，移到屏中央，聚好

焦，用亮度钮会聚电子束直径与孔区一致，然后改变物镜电流，得到一个欠焦像，光斑偏离中心孔区，可用合轴平移电子束，使光斑回到中心孔区，然后改变物镜电流使中心孔聚焦，这时光斑又偏离中心孔区，用电子束移动补偿器把光斑对中。

②物镜合轴的调整：利用物镜倾斜调节电流中心使物镜合轴。调节方法是：装入膜穴样品，选择合适倍率，选择 5mm 直径的孔移到屏中心并聚焦，得到一个最明显的像，然后使物镜欠焦，膜穴孔稍转动角度，仍旧留在屏中心，如偏离很远则说明物镜轴不在中心，通过调整聚光镜电子束倾斜钮和样品移动杆达到合轴。

③中间镜、投影镜的调整：退出物镜光阑，使用选区衍射钮，慢慢增加中间镜电流，获得衍射光斑，这时用移动中间镜使衍射点对中荧光屏中心，再调节照相距离，并改变中间镜电流，获得衍射点。若光斑不在屏中心，可移动投影镜使光斑移动至荧屏中心。

④物镜像校正：物镜存在像散，利用消像散器进行消散。

(5) 成像观察和记录　样品装入样品室之前，必须将束流和高压都关掉。先在低倍镜下观察选择切片，充分散焦第二聚光镜，退出物镜光阑，选择低放大倍度钮，利用中间镜电流聚焦，把选择好的网孔置于屏中央，观察。

观察时需注意以下几点：①选择适当的放大倍数：一般电镜拍照时总是降低一些倍数，然后在光学放大时再放大。②聚焦：判断聚集是否精确，通常采用像摇摆法和费涅尔条纹法。③成像记录：一般底片放入电镜之前要求预抽真空，30min 后才能进入镜筒，以保证镜筒不被污染。照相时一般先选好曝光时间，然后调整亮度，当正确曝光指示灯亮时即可曝光拍摄。

(6) 关机　工作完成后，先降低放大倍数，减暗荧光屏亮度，使灯丝束流处于零位，关闭灯丝和高压，切断镜筒电源，10～20min 后关闭总电源和循环水。

（二）扫描电子显微镜

1. 扫描电镜的形成途径　扫描电镜是用极细的电子束在样品表面扫描，将产生的二次电子用特制的探测器收集，形成电信号运送到显像管，在荧光屏上显示物体细胞、组织表面的立体构像，可摄制成照片。扫描电镜样品用戊二醛和锇酸等固定，经脱水和临界点干燥后，再于样品表面喷镀薄层金膜，以增加二波电子数。扫描电镜能观察较大的组织表面结构，由于它的景深长，1mm 左右的凹凸不平面能清晰成像，使样品图像富有立体感。

2. 扫描电镜的操作步骤　扫描电镜的操作分 6 步进行。

(1) 开机　打开电源总开关，向扩散泵供给冷却自来水，打开抽气总开关，使旋转泵、扩散泵和空气压缩机等均开始运转。也可同时打开显示部分电源总开关，使仪器处于准备观察状态。

(2) 装样　使高压及灯丝电源处于关闭状态时，打开放气开关，待空气进入样品室后，拉开样品室门装入或更换样品，关闭样品室，重新抽真空。

(3) 观察条件的选择　主要有 4 个方面。

①加速电压的选择：根据样品的性质、图像要求和观察倍数等来选择加速电压。加速电压高时，电子束能量大，二次电子波长短，对改善分辨率、信噪比和反差有益。

②聚光镜电流的选择：聚光镜电流大小与电子束的束斑直径、图像亮度、分辨率紧密相关。聚光镜电流大，束斑缩小，分辨率提高，焦深增大，亮度不足。亮度不足进而激发的信号弱，信噪比降低，图像清晰度下降，分辨率也受到影响。因此，选择聚光镜电流时应兼顾

亮度、反差，考虑综合效果。

③工作距离的选择：工作距离是指样品与物镜下端的距离，通常为5～40mm。

④物镜光阑的选择：通过选用不同孔径的物镜光阑，可调整孔径角，吸收杂散电子，减少球差，从而达到调整焦深、分辨率和图像亮度的目的。

（4）图像的选择与调整　分4项。

①聚焦与消像散：聚焦和消像散是通过旋动粗、细聚焦旋钮和X、Y方向的消像散钮来调整图像清晰度。调整时，先从低倍开始，聚焦与消像散相互交替进行，逐步提高倍率，直到图像清晰为止。

②亮度和反差：电镜中装有亮度、反差调节装置，只有亮度、反差合适，才能保证图像细节清晰、明暗对比适宜、底片曝光最佳。

③放大倍数：放大倍数与观察视野成反比，应根据实际情况选择，图像既有典型特征又没有其他杂质。

④扫描速度：根据需要选择扫描速度，记录图像时要求质量高，需采用慢扫描。

（5）照相　在比计划摄影高一档的倍率上获得理想图像之后，将倍率缩小一档摄影并记录。

（6）关机　将放大倍率钮、灯丝电流钮旋至零位，关高压开关、显示器、总电源，待扩散泵冷却后，停止供水。

第二节　植物病组织切片技术

组织切片技术是植物病理学的常用研究手段之一，尤其是研究病原物的侵染过程以及寄主植物对病原物侵染后的种种反应。由于用于观察的显微镜种类的不同，对于切片的要求也不尽相同。例如光学显微镜制片首先要尽量保持生物材料的天然状态，避免赝像、变形和失真，因此需将生物材料做固定处理，而且制片方面必须薄而透明，才能在光学显微镜下成像。

一般制片方法包括切片法、整体封片法、涂片法和压片法4类。用于光学显微镜观察的切片厚度在2～25μm之间，一般植物材料的切片以厚度10μm左右最为合适。切片根据包埋剂的不同而有所不同，常用的方法有石蜡切片法、棉胶切片法、冰冻切片法、乙二醇甲基丙烯酸酯法。

一、徒手切片

观察罹病植物组织病变、病原物侵入寄主组织的过程和在寄主体内的扩展以及埋生在寄主组织内的病原菌，需制成徒手切片。即便是有些生于病斑外面的病菌子实体或营养体，用徒手制成切片，观察效果也会更优。此法是教学及研究上都很常用的方法。它不需特殊设备，如果制作得好，效果不亚于石蜡切片。

徒手切片多用剃刀或双面刀片切制材料。选择新鲜、正常的植物器官或贮备材料，分割成长1～2cm的小段，立即进行切片或保存在水中防止萎蔫。切片时，首先将材料的横切面用刀片切平，在刀口和材料断口处抹上清水，然后以左手的拇指和食指夹住材料，食指高出材料上段1～2mm，用右手握刀片，刀口向内作横切面切片。切片时，两只手不要紧靠身体或压在桌上，用臂力（不用腕力）从材料切面的左前方向右后方斜向拉切薄片，中途不应停顿。所切出的切片应薄、均匀、完整。切下的薄片，用毛笔刷到玻皿的水中。在此过程中左手握着的材料不要放下，否则，再切时很难按原位置拿住材料。这时，可以用显微镜简单观察一下看是否符合以上要求，其后进行挑取检视及染色、封固等步骤。

材料粗大而较硬的，可夹在手指中间切。对小叶片、根尖等难于用手夹持的材料，需夹入夹持物中进行切片，常用的夹持物有接骨木髓、胡萝卜、马铃薯条等。木髓或接骨木可以干用，或放在50%乙醇中浸泡保存，清水洗净后湿用。

对一般材料，可采取简单方法切片，即将病组织提前用水浸泡润湿，放在表面很平的小木块上，上面加载玻片（或不加）用手指轻轻压住，随着手指慢慢地向后退，用刀片将材料切成薄片。

徒手切片的缺点是对于微小或过大、柔软、多汁、肉质和坚硬的材料不易切取，另外也不能制成连续切片，切片的厚度也很难一致。

二、石蜡切片

石蜡切片是应用广泛、制作技术比较完善的切片制作方法。它是把材料浸渍和包埋在石蜡中，连同石蜡一起切片，步骤包括固定、包埋、切片、染色、脱水和封固6个关键部分。由于石蜡切片的制作过程较复杂，要经过很多步骤，每一步都对切片质量有很大的影响，因此，每一步都不能马虎，否则极易导致失败。

（一）选材

材料的选择有两个原则，一是完整性，二是典型性，这关系到石蜡切片的质量和研究工作的成败。因此，应尽量选择新鲜、有代表性的材料，在进行石蜡切片之前先制作徒手切片，以确定合适部位，尽量做到所取的材料小而精。

（二）固定

固定的目的是迅速终结生物组织的生命活动，尽可能地固定保存细胞和组织在生活时原有的结构和状态。因此，选择渗透力强的药品，力求在短时间内渗入材料组织中去，迅速杀死细胞，并使原生质的亲水胶体凝固，对细胞起硬化作用。

1. 固定液 常用甲醛—醋酸—乙醇溶液（FAA）、吉尔森（Gilson）固定液、波茵（Bouin）固定液，根据试验材料性质区别选用。

（1）FAA FAA的成分为50%或70%乙醇90mL、醋酸5mL、甲醛5mL，是植物制片中常用的固定液之一，比例可根据材料的不同而改变。对于幼嫩易收缩的材料宜多加醋酸，减少甲醛用量和用较低浓度的乙醇（50%）；坚硬的材料可减少醋酸而增加甲醛，采用较高浓度的乙醇（70%）。FAA是较好的贮藏液，可长时间保存材料，加入5%的甘油后则能防止液体蒸发和材料变脆。

（2）吉尔森固定液 吉尔森固定液常用来固定菌类，尤其是用于柔软多胶质的菌类。吉尔森固定液的成分为60%乙醇50mL、冰醋酸2mL、氯化汞10g、蒸馏水40mL、硝酸7.5mL；固定时间为18～20h。固定后用50%或70%乙醇冲洗，直到无酸味为止。此溶液含有氯化汞，会使材料产生黄褐色沉淀物，应在切片染色前除去，以免影响染色和镜检。方法为：将切片脱蜡后投入50%乙醇中冲洗，转入70%乙醇的稀碘液（KI溶液滴入70%乙醇溶液中，呈淡黄色）中15min，再在0.25%硫代硫酸钠（$Na_2S_2O_3$）水溶液中浸渍20min，流水冲洗 20～30min。

(3) 冷多夫 (Randolph) 改良纳瓦兴 (Navaschin) 固定液　这也是常用的固定液，用于固定感染枯萎病菌的棉花嫩茎等材料时效果较好。固定液分甲、乙两种，甲液成分为铬酸 1.5g、冰醋酸 10mL、蒸馏水 100mL，乙液成分为甲醛 40mL，蒸馏水 60mL，使用时等量混合。一般固定时间为 12～48h，如固定液呈绿色，表明固定作用已经消失，仅有保存作用。固定后可用水或 70%乙醇冲洗 2 次，然后脱水或在 70%乙醇中继续保存。

(4) 波茵 (Bouin) 固定液　波茵固定液适用于固定感病的植物柔嫩组织。波茵固定液也分甲、乙两种，甲液成分为 1%铬酸 25mL、10%冰醋酸 40mL，乙液成分为甲醛 10mL、苦味酸饱和水溶液 25mL，用时甲、乙液按 2∶1 的比例混合。材料固定 12～48h，固定后用 70%乙醇冲洗数次（不能用水冲洗），然后脱水。

2. 固定　取适量材料（根茎类 2～3mm^2，叶片类 2～3mm×2～4mm；不超过固定液体积的 1/20），放入已盛有固定液的青霉素小瓶中，用真空泵缓慢抽气（抽气过程 10min），在真空状态（>2.03×10^{6}Pa）放置 15min 后，缓慢放气（放气过程 10min）。可观察到有空气小泡冒出，样品沉到瓶底。室温放置 16h 后开始脱水。

（三）脱水和透明

固定液都是水溶液，但水不能溶解石蜡。同时，水和许多石蜡的溶剂也不能混合，所以必须经过脱水过程，将材料中的水分除去，然后用可以溶解石蜡的溶剂取代它。脱水剂首先必须是能与水任意混合，理想的脱水剂最好还要能与乙醇混合，并能溶解石蜡，对植物的组织结构无不良影响。到目前为止，只有氧化二乙烯和丁醇这两种溶剂是比较好的，其他常用的脱水剂还有丙酮和甘油等，应用最广的是乙醇。

乙醇不是最理想的脱水剂，它容易使组织细胞发生收缩，使材料变硬，不利于切片，脱水后还需要再用其他有机溶剂除去乙醇才能浸蜡。但由于乙醇价格便宜，方法易于掌握，对人无毒，因此是目前应用广泛的脱水剂，常用的是 95%乙醇。脱水的过程应从低浓度开始，逐渐替换到高浓度乙醇。开始使用高浓度乙醇会使材料收缩或损伤。材料在各级乙醇中停留的时间，根据材料的性质和大小而定，一般 2mm^2 左右的材料，应在各级乙醇中脱水 2～4h，大的或较硬的材料要适当延长时间。步骤如下：50%乙醇 30min，60%乙醇 30min，70%乙醇 30min，85%乙醇 30min，95%乙醇 30min，100%乙醇 30min、重复 2 次。

材料脱水后，还要经过一种既能与脱水剂又能与石蜡互溶的溶剂处理，以便石蜡能够浸入。因为这种溶剂能使材料透明，这一步骤也称为透明。常用的透明溶剂有二甲苯、氯仿、甲苯、苯和丁香油等，而应用最广泛的是二甲苯，它的特点是作用迅速，能溶解石蜡，但易使材料收缩变脆。脱水剂与处理时间如下：1/4 体积二甲苯（100%）与 3/4 体积乙醇（100%）混合液，30min；1/2 体积二甲苯（100%）与 1/2 体积乙醇（100%）混合液，30min；3/4 体积二甲苯（100%）与 1/4 体积乙醇（100%）混合液，30min；90%二甲苯（100%）与 10%氯仿混合液，60min，2 次；最后将 90%二甲苯与 10%氯仿混合液装至青霉素小瓶 1/2 体积。用 90%二甲苯与 10%氯仿混合液的目的是让蜡片浮起，而蜡片在 100%二甲苯溶液中会沉底，压伤组织。

（四）浸蜡

浸蜡是使石蜡慢慢熔于浸透材料的二甲苯，逐渐浸入组织，最后取代二甲苯。要求石蜡完全浸透细胞的每个部分，紧密地贴在细胞壁的内外，成为不可分离的状态，以便于切片。

石蜡浸透必须缓慢地进行才能完全。一般是从低温到高温，从低浓度到高浓度。步骤如下：将 3～5 片蜡片小心投入含 1/2 体积 90％二甲苯与 10％氯仿混合液和样品的小瓶，并将小瓶放置于已调到 42℃的展片台上，大约 15min 后蜡溶解，轻轻摇动小瓶，使溶解的石蜡均匀分布，再加入 3～5 片蜡片。几次后小瓶渐满，保持 30min 后，将材料用镊子迅速转入已放有熔好石蜡（在 60℃上）的新青霉素小瓶中，过夜。浸蜡 2～3d，每天换蜡 2～3 次，每次间隔大于 6～10h。

（五）包埋

包埋即是将材料排列在熔化的石蜡中，把材料稳固地埋在蜡块中，以便于以后的切片。步骤如下：将熔好的蜡片倒入戴手套折好的小船中，用烧热的镊子将材料夹到小船内，摆好位置，并用烧热的镊子烫材料周围的石蜡，驱尽其中的气泡。材料的间隔距离以不影响下一步的分割和修整为宜。待表面的蜡稍凝，将小船迅速浸于已备好的冷水中，放置至少 2h。包埋好的蜡块可用干净容器装好置于 4℃条件下存放。浸蜡和包埋用的石蜡，根据季节而定。夏季温度较高时采用熔点高的石蜡（55～60℃），冬季宜用熔点较低的石蜡（47～52℃）。

（六）切片

将包埋好的蜡块修整成梯形，载蜡台固着面朝上，涂上石蜡，用热的镊柄将已修整好的蜡块，梯形底面朝下黏附在载蜡台上，再用碎石蜡将蜡块黏牢，投入冷水中，捞出再稍加修整即可切片。

切片刀口与材料成 5°～8°角，切面与刀锋平行，接近刀口，但不能超过刀口。切片厚度一般为 10～15μm。摇轮用力要均匀，速度要适中，右手摇轮，左手握毛笔，轻轻将切出的蜡带托起并向外拉出，到蜡带长度达到 20～30cm 时，即可用毛笔挑起安放在盘中的白带上，按顺序排好，以便检查。

（七）黏片

黏片是将切成的石蜡薄片用黏合剂黏在载玻片上。具体操作为：用洗衣粉水浸玻片半天后，用绸布轻轻擦洗，后用清水冲洗 1h 左右。蒸馏水冲洗，晾干。玻片晾干后，观察玻片表面是否清洁，清洁玻片用黏合剂涂片后放于 42℃烘箱中烘过夜。打开展片机电源，温度保持在 42℃，预热、展片 10min。展片后放入 45～50℃的烘箱内的玻片架子上，用一次性手套包好，以免污染。烤片 24h 以上（时间越长越好）。

（八）脱蜡、染色、脱水和透明

脱蜡是将载玻片浸在溶解石蜡的溶剂中，将石蜡除去，再换溶剂把石蜡溶剂除去。一般用二甲苯除蜡，然后逐步转入乙醇或水中。再根据不同的组织和细胞结构选择染色剂。溶剂与处理时间如下：100％二甲苯，20min；100％二甲苯，15min；1/2 体积的 100％二甲苯与 1/2 体积的 100％乙醇混合液，1～5min；100％乙醇，2min；100％乙醇，2min；95％乙醇，1min；85％乙醇，1min；70％乙醇，1min；50％乙醇，1min；蒸馏水，1min；甲苯胺蓝，1h；70％乙醇，30s；85％乙醇，30s；95％乙醇，30s；100％乙醇，1min；100％乙醇，1～2min；100％二甲苯，3min；100％二甲苯，10～30min。注意：二甲苯和乙醇容易挥发，用一段时间后要更新。

（九）封固

封固的目的，一方面为了长期保存标本；另一方面通过有合适折光率的封固剂封固，使经过染色的材料结构更加清晰。常用的封固剂有加拿大胶和甘油明胶等。加拿大胶的折光率与玻璃相近，是目前应用最广的一种封固剂。

封固剂一般选用加拿大胶，或加拿大胶与碳酸氢钠等量混合溶解于二甲苯。封固时，从二甲苯中取出载玻片，放在吸水纸上，有标本的一面朝上，将标本周围的二甲苯擦去，在标本上的二甲苯未干时滴1滴封固剂。如封固剂中有气泡，可将载玻片微微加热以除去气泡。将盖玻片一端与封固剂接触，然后徐徐落下封固。除去盖玻片周围溢出的封固剂，在32℃下烘干或自然晾干。制成的载玻片要及时加标签，存放于避光、干燥处。

三、冷冻切片

冷冻切片法是将新鲜材料，固定或不固定，水洗后置于冷冻台上，快速冷冻到适当硬度时进行切片。它与石蜡、火棉胶切片法相比，具有制作方法简便、节约时间、组织收缩小、能保持生活状态包括某些酶类的活性等优点；与徒手切片相比，具有切片厚度基本一致，能连续切片等优点。缺点是切片时组织易破裂，不易切成很薄的连续切片，冷冻切片适用于含水较多的材料。

1. 操作步骤　制作冷冻切片时提前将冷冻切片机制冷，然后将植物组织材料切成3～5mm^2，如果不立即进行包埋和切片，可储存于FAA固定液中保存；当冷冻室内温度达到－18～－20℃时，用黏合剂将样品垂直固定在托盘中，放回至托盘插口内，用水逐滴包埋，拿出后用刀修整成梯形；整形后样品放置于切片刀上方的材料口内，冷冻数分钟，当冷冻室温度达到－22～－25℃时，转动手柄切片，厚度要求8～16μm，用毛笔刷至培养皿内，自然干燥，即可在显微镜下观察。

2. 注意事项　①通过机体上的温度指示窗调整所需温度，一般在－25℃即可。②如果切片工作没有结束，只是短时间间歇，可将温度调至－15℃，不用关机，下次使用时只需把温度调节至所需温度即可进行包埋、切片。③不操作时，冷冻切片机显示窗显示实际温度，按“P”显示设定制冷温度（上下箭头可调节温度），再按一下显示自动除霜时间，不按10s后恢复正常。按“P”和上箭头手动除霜，10min后开始工作（10min内再按上述箭头，取消除霜），如持续使用，冷冻切片机设置温度以－15℃为宜。

四、电子显微镜制片

电子显微镜在植物病理学上的应用非常广泛，为植物病原物的形态结构、病原物的入侵扩展过程、病原物与寄主植物的互作关系以及寄主植物的防卫反应等方面的研究提供了方便。

从植物病理学角度来说，用于电子显微镜观察的样品需要具有全面、连续和典型等方面的特点，因此要注意取材的时间性和准确性。对于大多数非专性病原物的观察方面，由于可以人工培养，只要连续取样，一般均能达到试验目的。而对于专性寄生的植物病原真菌，或者目的在于研究植物与病原物的互作时，需要人工接种时，应加大接种量以形成更多的侵染结构，以利于切片的定位。对于病原真菌的孢子囊、分生孢子在固定、脱水过程中易从孢子梗或分生孢子梗上脱落或冲洗下去，对此可采用先用无菌水将孢子囊或分生孢子从植物发病部位或培养皿内冲洗到试管内，加入适量的4%戊二醛溶液，随后，将孢子囊或分生孢子悬浮液以700r/min离心10min，弃去上清液，沉淀的孢子用4%戊二醛悬浮，再加入2%琼脂凝固，则可将孢子囊或分生孢子固定在其中。

（一）电子显微镜制片的要求

1. 对材料的要求 ①尽可能保持材料的结构和某些化学成分呈生活时的状态。②材料的厚度一般不宜超过0.1μm。组织和细胞必须制成薄切片，以获得较好的分辨率和足够的反差。③采用各种手段，如电子染色、投影、负染色等来提高生物样品散射电子的能力，以获得反差较好的图像。

2. 对材料处理的要求 扫描电镜以观察样品的表面形态为主，因此扫描电镜样品的制备必须满足以下4点要求。①保持完好的组织和细胞形态。②充分暴露欲观察的部位，因此观察寄主植物体内的真菌菌丝、吸器等菌丝变态或分生孢子器、锈菌性子器、锈孢子腔或夏孢子堆等结构时，必须将其切开，使它们裸露出来。③有良好的导电性和较高的二次电子产额。④保持充分干燥的状态。

（二）透射电镜样品的制备

1. 取样 取材原则为准确、迅速、力求体积小、低温下操作和防损伤等方面。一般常将罹病植物叶片切成1cm×2cm的小条；茎和根可切成小条，也可切成$1cm^2$的小方块。表面有毛刺的植物材料，需先用酶处理使之软化；表面有蜡质的叶片，需在50%乙醇中浸泡几秒至几十秒脱蜡。

2. 抽气 罹病植物材料由于细胞间隙存在空气，通常漂浮在固定液表面，影响固定效果，因此需要对样品进行抽气处理。将样品置于直径为2cm的试管内，随后将4cm×4cm的尼龙网膜置于试管底部，加入戊二醛固定液，使其液面刚淹没尼龙网膜为止。由于尼龙网膜的阻挡，罹病材料不能浮到固定液面，将试管置于与真空泵相连的干燥器中，开泵抽气3～5min，随后关泵，打开进气阀，于3～5min内使干燥器中的气压回升到常压状态。在此过程中，罹病植物材料由绿色渐变为深绿色，表明固定液已渗入组织内，并且叶片最终沉于试管底部，取出材料，于固定液中将材料四周边缘切除，最后将材料切成1mm×2mm的小块，用于固定。

3. 固定 固定的目的是在分子水平上真实保存细胞超微结构的细节，因此要求固定液渗透力强、穿透速度快。固定液的主要作用是防止细胞自溶、稳定细胞物质成分和各种细胞器的空间构型，并提供一定的电子反差。常用的固定液为1%～4%的戊二醛水溶液和1%～2%的锇酸水溶液。戊二醛的优点是具有稳定糖元、保存核酸和核蛋白的特性，尤其是对微管、内质网等细胞膜系统和细胞基质有较好的固定作用，长时间固定的材料不会变黑，宜长期保存样品；缺点是不能保存脂肪，无电子染色作用。锇酸的优点是能固定蛋白质、脂肪、脂蛋白和核蛋白，缺点是不能固定核酸和糖类。固定时需加入缓冲液，目的是把固定液的pH维持在生理值上，保持一定的离子成分，以阻止由于渗透压效应而引起的组织和细胞的收缩和膨胀。常用的缓冲液有磷酸盐、醋酸—巴比妥盐等。固定的方法有两种：一为单固定法，二为双固定法。植物材料常用戊二醛和锇酸进行双固定，即先用戊二醛预固定，而后用锇酸进行后固定。一般植物的叶、幼茎或幼根可用3%戊二醛固定2h，再用1%～2%锇酸固定2～3h。固定的温度一般为0～4℃，固定时间要根据组织种类、特点、样品块大小、固定剂和缓冲液不同而灵活掌握，固定后一定都要用该固定液的缓冲液充分漂洗。

4. 脱水　脱水是指用适当的有机溶剂取代组织细胞中的游离水。常用的脱水剂是乙醇和丙酮。脱水原则为等级系列脱水法，用逐级加大脱水剂的浓度逐步把水分置换出来。采用乙醇和丙酮为脱水剂，脱水剂浓度与处理时间如下：30％乙醇 20min→50％乙醇 30min→70％乙醇 30min→80％乙醇 30min→90％乙醇 30min→95％乙醇 30min→100％乙醇 30min→100％丙酮 30min→100％丙酮 30min。一般认为，在脱水剂浓度低于 70％时组织处于膨胀状态，高于 70％则处于收缩状态，70％乙醇溶液可以保证组织体积变化最小，可停留过夜。

5. 渗透和包埋　了解样本渗透和包埋的目的，选用合适的试剂，这两点很重要。操作技术需非常熟练，只要小心操作，可确保试验成功。

（1）*对渗透与包埋的要求*　渗透的目的是用包埋剂逐渐将组织中的脱水剂置换干净，使细胞内外所有的空间都被包埋剂所填充。包埋的目的是用包埋剂逐步取代组织样品中的脱水剂，并制备出适合机械切割的固体包埋块。理想的包埋剂应具有以下特点：黏稠度低，聚合均一，耐电子束轰击，不升华，不变形，能良好地保存精细结构，在高倍显微镜下不显示结构，有良好的切割性能，切片易染色，以及对人体无害。常用的包埋剂有甲基丙烯酸酯、环氧树脂等。包埋的步骤包括浸透、包埋和聚合。浸透是将材料置入脱水剂和环氧树脂混合物中逐步浸透，其中脱水剂的比例应逐渐减少，用包埋剂取代脱水剂，直至完全取代以至最后进入纯的环氧树脂液中浸透；包埋的方法有常规包埋和定向包埋；聚合是将材料置于恒温箱中聚合。

（2）*包埋剂*　用于植物病组织的包埋剂一般采用以下配方较为适宜：十二烷基琥珀酸酐（DDSA）28.5g、Araldite6005（环氧树脂）11.0g、Epon812（环氧树脂）12.5g、2,4,6-三（二甲氨基甲基）苯酚（DMP-3）0.8mL。配制包埋剂时，先将前 3 种试剂充分混合搅匀，然后加入适量的 DMP-3。需要注意的是 DMP-3 具致癌作用，操作时应加小心。

（3）*渗透与包埋操作*　具体操作分为渗透、包埋和聚合 3 个步骤。

①渗透：样品经无水丙酮脱水后，用不同比例的包埋剂进行浸透。试剂及其处理时间如下：无水丙酮→2/3 无水丙酮＋1/3 包埋剂，1h→1/2 无水丙酮＋1/2 包埋剂，1h→1/3 无水丙酮＋2/3 包埋剂，1h→纯包埋剂，12h 或过夜→包埋处理。

②包埋：向包埋模具小槽内加入少许包埋剂，用牙签将浸透好的材料放入模具槽内，并向槽内加满包埋剂。随后，将模具放于 35℃的恒温箱中，放置 30～60min 后取出，用牙签对模具槽中样品材料的位置和方向加以调整，以利于切片。

③聚合：将包埋后的材料于恒温箱内进行加温聚合，聚合温度为 35℃、45℃、60℃，聚合时间分别为 12h、12h 和 48h。聚合后，包埋剂由凝胶体变为固体，包埋块可用于切片。

在配制包埋剂和包埋操作过程中应注意：环境的相对湿度要求在 60％以下，药品试剂应防潮保存，所用器皿需烘干后使用；操作过程中应戴胶皮手套，避免皮肤与包埋剂接触；聚合好的包埋块应放入干燥器内保存，以免受潮变软而影响切片。

6. 超薄切片　超薄切片是将包埋的材料切成极薄的切片，供电镜观察。包埋块的修整方法有 3 种，包括手工、修块机和超薄切片机修整。修块一般将包埋块修成锥形，锥体顶面为梯形、正方形或长方形，要求截面平整，上下边要平行，修整后的顶面一般为 0.5mm×0.5mm。一般选取银白色的切片较好，既显示一定结构，又有较好的反差；而灰色、暗灰色的切片较薄，虽有较高的分辨率，但反差较差；金黄色的切片反差好，但分辨率低。

7. 切片的染色 由于生物样品中的元素原子序数较低，散射电子的能力较弱，没有明显的电子散射差异，所以捞置于铜网上的超薄切片需要进行电子染色后才利于电镜观察。所谓电子染色是使铀、铅、锇、钨等金属盐类中的重金属与组织中某些成分结合或被吸附，以此达到染色的目的。常用的染色剂有醋酸铀、铅盐染色剂和高锰酸钾等，常用方法包括单染色、双染色、块染色及半薄切片染色等。

超薄切片染色常采用醋酸双氧铀—柠檬酸铅双重染色方法。载网先用2%的醋酸双氧铀（用50%乙醇配成）染液在避光条件下染色15～30min后，将载网在蒸馏水中洗4次。随后，在放置有固体氢氧化钠的密闭器皿内，将载网倒置在柠檬酸铅液上染色20min，用蒸馏水洗3次，将载网置滤纸上，干燥后便可观察。

（三）扫描电镜样品的制备

扫描电镜样品的制备与透射电镜的相似。

1. 固定 采用常规的双重固定方法。先将样品放于装有4%戊二醛（缓冲液，pH6.8，0.025mol/L）的针剂瓶中，真空抽气使叶片沉淀，然后置于4℃下固定6h，再用磷酸缓冲液（pH6.8，0.025mol/L）反复冲洗，置于2%锇酸缓冲液中固定2h，再用磷酸缓冲液冲洗。

2. 脱水 同扫描电镜样本脱水。

3. 干燥 干燥的目的是除去样品中的游离水或取代游离水的脱水剂，使样品中不含有液态物质，达到真正干燥的状态，以便随后的镀膜处理。干燥过程中，样品中所含水分或脱水剂与大气之间存在一个液相与气相的相界面，所以样品受到表面张力的影响，这一影响往往可引起样品变形和结构破坏。因此，干燥时应设法使样品不受或少受表面张力的影响，尽可能维持样品原有的形态与结构。常规的方法为临界点干燥。该方法消除了表面张力来源，在完全没有表面张力影响的条件下使样品干燥，能完好保存样品的形态和细微结构。

临界点干燥处理包括两次置换和临界状态下干燥3个步骤。第一次置换是用转换剂，如醋酸异戊二醛或醋酸戊酯，置换样品中的脱水剂，转换剂既能与脱水剂相溶又能与随后使用的干燥剂相溶。第二次置换在临界点干燥仪内进行，使用液态二氧化碳、固态二氧化碳（干冰）、氟利昂等干燥剂。临界点状态下干燥通过加热作用，使干燥剂在保持临界点状态的情况下，不断将气化的干燥剂排除尽，而使样品干燥。

4. 黏合 黏合是指用具有导电性的双面胶带把干燥后的样品黏合在样品台上。黏样时，应注意使观察的部位朝上，并且分布在同一高度下，以便于观察。

5. 镀膜 镀膜是指在样品和样品台的表面同时喷镀上一层金属膜。镀膜的主要作用有：①镀膜再现了生物样品表面的形态，可以认为扫描电镜观察的是镀膜表面的形态；②样品镀膜后易产生大量二次电子，使图像反差、亮度、分辨率和清晰度都得到改善，从而提高了图像质量；③镀膜能防止或减轻电子束对样品的损伤。

镀膜必须薄而均匀，本身无结构，不掩盖或改变样品表面的细微结构。常采用的镀膜方法有离子溅射法和真空喷镀法，用于镀膜的金属有金、铂、钯和银等。

6. 渗透与包埋 样品经脱水后，用包埋剂逐步取代组织中的脱水剂丙酮，渗透过程如下：在2h内逐步向瓶中滴加包埋剂，直至包埋剂与丙酮的比例达到1∶1；渗透2h后再加包埋剂，使比例升至 3∶1；渗透 4h，再加纯包埋剂渗透 4h，然后将样本置于硅胶塑料模板和胶囊中包埋，60℃下聚合 2d，取出后即为样品包埋块。如果用胶囊进行包埋，则用温水浸泡，除去胶囊层。

7. 切片　样品包埋块经修整，用超薄切片机进行超薄切片，用白金耳勺将漂浮于刀槽液面上的切片捞取于铜网上。

8. 染色和观察　切片经醋酸双氧铀—柠檬酸铅双重染色后，于电镜下观察拍照。

第三节　植物病理原位观察技术

植物病组织或细胞原位观察的目标有病原物、病原物致病相关蛋白或植物抗病相关蛋白以及这两类蛋白相互作用的情况，用来说明植物—病原物互作机制。原位观察的方法很多，如荧光显微技术、激光共聚焦技术、光学显微镜直接观察与免疫金标记技术等，本节对后两种方法作个简单介绍，其他方法参见本书有关章节。

一、微分干涉显微镜检示技术

微分干涉显微镜检示技术出现于 20 世纪 60 年代，用于观察无色透明的物体，不仅能使图像呈现出浮雕状的立体感，而且具有相差显微镜检示方法所不能达到的优点，观察效果更为真实。微分干涉方法能揭示在亲和与非亲和状况下病原物侵染过程的组织学特征，以及植物组织的病变特征。这一技术具有以下特点：①对植物病组织材料处理过程简单，不需染色；②不仅能观察植物体表的病菌结构，而且能观察到寄主细胞间和细胞内的病菌结构，以及寄主细胞的变化特征；③观察效果真实，图像呈现浮雕状立体感。

微分干涉显微镜检示方法是利用特制的渥拉斯顿棱镜来分裂光束，分裂出来的光束的振动方向相互垂直且强度相等，光束分别在距离很近的两点上通过被检物体，在相位上略有差别。由于两光束的裂距极小，而不出现重影现象，使图像呈现出立体的三维感觉。

微分干涉显微镜检示技术所需的特殊部件有起偏镜、检偏镜及渥拉斯顿棱镜 2 块。

微分干涉镜检技术样品制备方法及镜检时注意事项介绍如下。

1. 植物病组织的处理　①按常规方法对植物叶片进行接种，随后根据不同时间间隔取样，观察病菌的侵染过程。②将接种叶片切成 0.5cm×2cm 的条形叶段，于乳酚油乙醇混合液（乳酚油与 95%乙醇按 1∶2 混合）中加热煮沸 3～5min。煮沸的时间视叶片的生育期而定，如小麦成株期的叶片煮沸时间则需延长。叶段经煮沸后于室温下放置过夜。③将煮沸过夜的叶段转入饱和水合氯醛液（配方参见第三章第三节）中浸泡 2～3d，在此过程中更换 1 次水合氯醛液。由于微分干涉相差显微镜检测灵敏度高，叶样处理过程中要特别注意叶表面不能有污物及灰尘。

2. 镜检观察　取出叶段，以 40%甘油作浮载剂制片，选用 1mm 厚标准载玻片，无疵痕。在观察时，通过缓慢旋转中间镜筒的移动旋钮，背景的颜色会发生连续变化，以选用与病组织材料反差最理想的颜色为宜。通常背景采用灰色时，镜检效果最好。

微分干涉镜检时的注意事项：①由于微分干涉灵敏度高，制片表面不能有污物和灰尘；②具有双折射性的物质，不能达到微分干涉镜检的效果；③倒置显微镜应用微分干涉衬时，不能用塑料培养皿。

二、分子免疫定位技术

免疫金染色（immunogold staining，IGS）和免疫金银染色（immunogold silver staining，IGSS）是目前较为理想的免疫定位方法。IGS 和 IGSS 具有特异性强、灵敏度高、定位准确和具有双重标记功能等优点；特别是 IGSS，与 IGS 相比检测灵敏度大幅度提高，最高达 200 倍。近年来，IGS 和 IGSS 技术在植物抗病相关蛋白或病原物致病相关蛋白功能研究方面应用日趋广泛。另外，IGS 和 IGSS 技术在定位和检测一些检疫病原菌方面，国内外已有成功应用。

（一）免疫光镜技术

1. 抗血清的制备 如果待测蛋白已经与荧光蛋白融合，或加上了组氨酸（histidine，His）标签（tag），可以购买荧光蛋白或 His 抗体直接使用。否则，需要针对待测蛋白制备抗体。购买的抗体和制备的抗体有时结合使用，可增加研究结果的说服力。

（1）抗血清的制备 详细步骤参见第五章第四节，此处简述。免疫动物选用 2kg 左右的新西兰大白兔（雄性），第一次将蛋白质抗原（浓度为 2mg/mL）分别与等体积的完全福氏佐剂混合振荡至油包水状态，在兔背部肌肉注射，每周注射 1 次，从第二次开始注射与不完全福氏佐剂混合的抗原，1 个月后耳静脉采血测效价。效价合格即可大量采血，如效价不高，可继续注射抗原，提高效价。大量采血采用心脏采血。将所采血液注入无菌离心管内，斜放，待血液凝固后，置 37℃恒温箱中 30min，使血清充分析出，然后放入 4℃冰箱中。

取凝固血液离心（5 000r/min，20min），取上清即得抗血清。测定抗血清效价后备用。如果长期保存，需加 NaN_3（终浓度为 0.01%），分装于离心管。注明血清名称、效价及日期，置－70℃低温冰箱中保存。

（2）用试管凝集法测定抗血清效价 采用试管凝集法，取 10 支试管，从第一管依次用生理盐水稀释至第九管，倍比稀释，稀释倍数最高1 024倍；第十管不加抗血清加生理盐水作对照。然后从第十管开始，由后向前每支管依次加入等体积的菌悬液，此时血清稀释倍数相应加大 1 倍。把各管混合液振荡混匀，置 37℃水浴箱中水浴 4h 或在室温下过夜，观察凝集结果。

凝集强度表示方法：＋＋＋＋，很强，细菌完全凝集，凝集块完全沉于管底，菌液澄清；＋＋＋，强，细菌绝大部分凝集，凝集块小，沉于管底，菌液轻微混浊；＋＋，中等强度，细菌部分凝集，沉于管底，凝集块呈颗粒状，菌液半澄清；＋，弱，细菌少数凝集，菌液混浊；－，不凝集，菌液混浊，与生理盐水对照管同。血清的效价就是呈现 50%凝集（即＋＋反应）的最高血清稀释倍数。

（3）酶联免疫吸附技术测定抗血清效价 酶联免疫吸附技术（enzyme-linked immunosorbent assay，ELISA）测定抗血清效价操作方法参见第五章第四节，研究示例见图2-1。

（4）交叉反应 相同或相近种属菌株作为交叉反应的检测菌株。可采用试管凝集法，抗血清用生理盐水稀释，从 20 倍开始分别与 50 个菌株的菌体抗原进行凝集试验，若发生凝集，再用 40 倍抗血清与菌株进行凝集试验，以此类推进行逐级凝集。检测抗血清与供试菌株发生凝集反应的最大稀释倍数。也可采用琼脂双扩散法，参见图2-1。

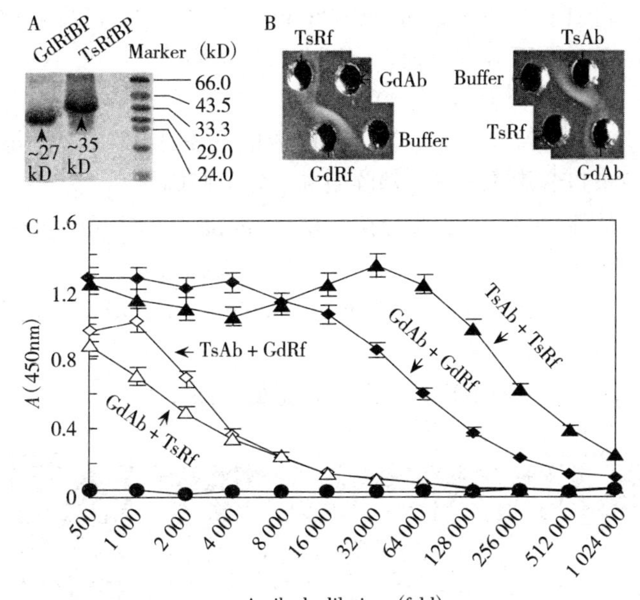

图 2-1　抗血清效价测定示例

A. 用于抗体制备的核黄素受体蛋白（RfBP）纯化。软体海龟 TsRfBP 通过原核表达制备，与家鸡 GdRfBP 通过电泳进行比较。Marker：分子质量标准

B. 琼脂双扩散法测定 GdRfBP（GdRf）与 TsRfBP（TsRf）交叉免疫反应。GdAb 表示 GdRfBP 抗体；TsAb 表示 TsRfBP 抗体；Buffer 是缓冲液，用作对照

C. 用 ELISA 测定 TsRfBP 抗血清效价及其与 GdRf 的免疫交叉反应。Antibody dilution（fold）即抗血清稀释倍数

（董汉松课题组研究结果，高蓉作图）

2. 免疫胶体金定位观察

（1）*植物材料*　试验植物主要有两类：①利用转基因技术产生的植物，转基因的目的是让植物产生待测蛋白；②用待测蛋白处理的植物，处理的目的是让待测蛋白进入植物细胞某个部位，如细胞间隙、细胞膜或细胞器。材料样本可以来自植物的任何部位，但初学者最好使用幼龄植物材料。

（2）*抗体类型与免疫反应原理*根据情况选用荧光蛋白抗体、His 抗体或待测蛋白的抗体。这些抗体无论自行制备还是从市场上购买，都是通过免疫兔子而获得，称为第一抗体（一抗）。相应地有第二抗体（二抗），为羊抗兔抗体，二抗通常标记上了可以显色的分子或某种易于监测活性的酶，如地高辛、生物素或辣根过氧化物酶。一抗一旦与待测蛋白反应，可以通过与二抗结合，直接显色或经过简单的处理以后显色。

（3）*涂片及冷冻切片的制作*　可使用植物任何组织，但最好使用茎尖材料。材料用 1% 戊二醛（用 0.1mol/L、pH7.2 磷酸—柠檬酸缓冲液配制）室温固定 8h 或置 4℃冰箱过夜，经固定的材料可在 1 周内使用。冷冻切片时，先用 30%甘油将组织材料浸泡 20～30min 作冷冻保护处理。用 Leica EM1100 冷冻切片机低温（－25℃）切片，切片控制在 8～10μm，然后黏于甘油明胶（15%甘油、1%明胶）涂布的玻片上。

（4）*胶体金免疫染色*

①切片材料用 0.05mol/L、pH7.4 Tris 缓冲盐溶液（TBS，含 0.8% NaCl 和 0.02% KCl 的 Tris 缓冲液）冲洗 2 遍，每遍 10min。

②用含1%牛血清蛋白（bovine serum albumin，BSA）的TBS（0.02mol/L、pH8.2）在4℃下浸泡1～3h，在4℃下孵育过夜，阻断非特异吸附。

③样本用抗血清（一抗）孵育，在4℃下过夜。

④经过一抗处理的样本用0.05mol/L、pH7.4的TBS冲洗3次，每次10min；继而用0.02mol/L、pH8.2的TBS洗10min，消除阻断非特异吸附。

⑤反应终止的样本用1∶20倍的金标记二抗（Sigma公司10nm金标记羊抗兔抗体）孵育4～8h，或4℃下过夜。

⑥用0.02mol/L、pH8.2的TBS洗10min；0.05mol/L、pH7.4的TBS冲洗3次，每次10min；再用重蒸水洗3次，每次5min。

⑦样本直接观察，即为免疫金标记，或进行银染（图2-2）。

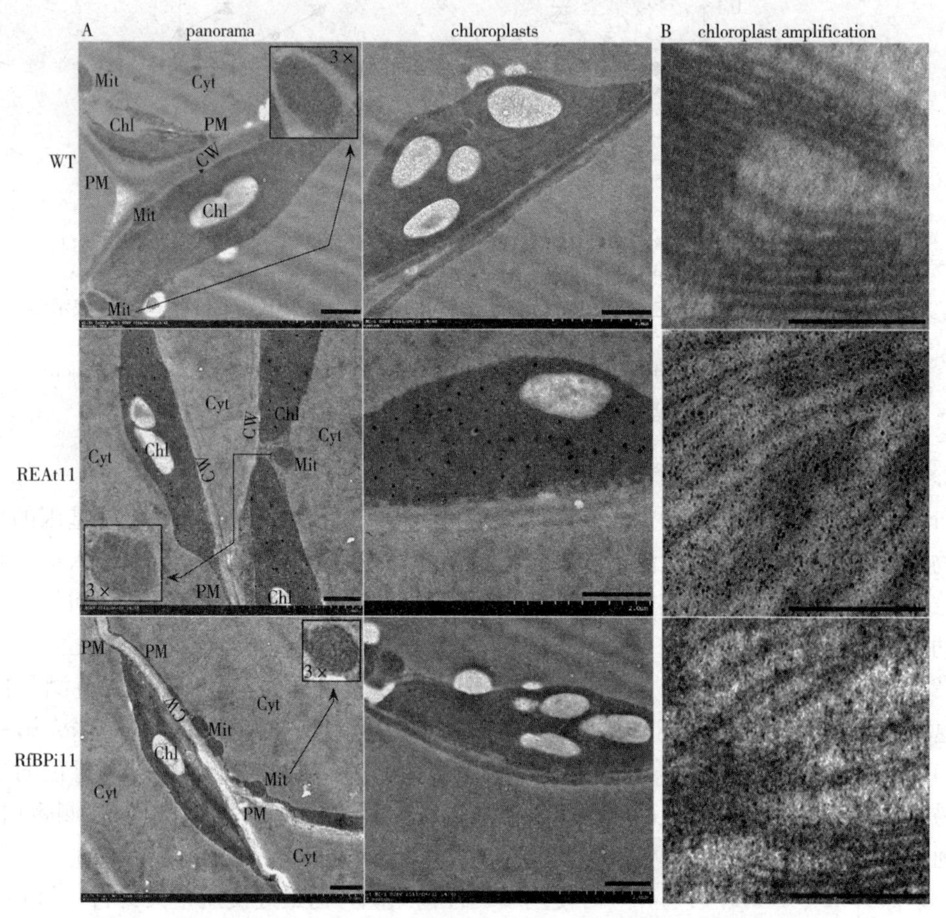

图2-2　用免疫金标记—银染扩大法研究植物抗病相关蛋白亚细胞定位示例

图为扫描电镜照片，显示软体海龟核黄素受体蛋白TsRfBP在转基因拟南芥细胞内的定位。用TsRfBP抗体进行免疫金标记，并用银染放大金粒子。使用的植物材料包括野生型(WT)、产生TsRfBP的转基因植物(REAt11)以及在转基因背景下TsRfBP基因沉默的植物(RfBPi11)。与WT相比，REAt11抗病性增强，RfBPi11表现WT的特性

A. 细胞全景（panorama）和叶绿体（chloroplasts）。Chl. 叶绿体　CW. 细胞壁　Cyt. 细胞质　Mit. 线粒体　PM. 细胞膜　标尺＝10μm

B. 放大叶绿体（chloroplast amplification）。标尺＝100nm

（董汉松课题组研究结果，高蓉作图）

⑧进行银染时，依次使用A、B、C、D 4种溶液。A液为2%明胶，B液为柠檬酸缓冲液10mL（柠檬酸2.55g、柠檬酸钠2.35g，加水至10mL，pH3.5），C液为对苯二酚1.7g溶于2mL水，D液为硝酸银50mg溶于2mL水。染色时A、B、C液依次加入，加热充分溶解，最后加入D液，黑暗反应3～5min。用重蒸水洗3次，每次5min。

⑨光镜观察、照相，可以区别待测蛋白位于细胞内或细胞外，亦可封固长期保存。但最好进行电镜观察，可以区别待测蛋白位于何种细胞器（图2-2）。

（二）免疫电镜技术

免疫电镜技术是免疫化学技术与电镜技术结合的产物，允许在超微结构水平上观察抗原、抗体结合的部位。免疫电镜技术主要分为两大类，一类是免疫凝集电镜技术，先经过抗原抗体凝集反应，再把抗原—抗体复合物进行负染，然后直接在电镜下观察；另一类是免疫电镜定位技术，用带有特殊标记物的抗体与相应抗原相结合，在电子显微镜下观察，由于标记物形成一定的电子密度而指示出相应抗原所在的部位。

免疫电镜技术根据包埋与免疫反应的顺序不同，分为两种：一种是包埋前法（pre-embedding），是先进行抗原抗体反应，然后再进行树脂包埋的方法；另一种是先将样品进行树脂包埋，制成超薄切片后，再在切片上进行抗原抗体反应，此种方法称为包埋后法（post-embedding）。

由于植物或病原微生物材料具有坚固细胞壁成分，考虑到抗体分子的渗透性问题，以包埋后法较为常用。步骤如下：

1. 样本固定　将样品切成大小为1mm×2mm的方块，浸入管式玻璃瓶的固定液中（2～5mL），在4℃下固定4～6h。固定液用2%～4%多聚甲醛和0.1mol/L磷酸缓冲液（pH7.4）。如有必要，可用真空泵抽气。

2. 样本洗涤　固定后，将样品用4℃保存的PBS洗2～3次。

3. 样本脱水　用乙醇系列浓度梯度溶液（30%、50%、70%、90%、95%、100%）脱水，各30～60min。

4. 样本聚合　加入Lowicryl K4M全套树脂试剂中的交联剂（2.7g）和单体（17.3g），用玻棒慢慢搅拌后，再加入引发剂（0.1g），继续搅拌直至完全溶解。在－35℃条件下，将树脂和无水乙醇按1∶1的比例混合，将样品浸入其中，静置1h，然后在树脂和无水乙醇2∶1的混合液和100%树脂中各浸泡1h，最后用100%树脂作为保存液，置－35℃过夜。然后将样品放入明胶胶囊中，待胶囊中装满树脂后加盖。树脂进行紫外线聚合，将胶囊安放在聚合装置中，－25℃聚合24h，然后室温聚合2～3d。

5. 超薄切片及其处理　将聚合好的样品块按常规方法制成超薄切片。将2% BSA滴加在拟薄膜上，再放上载有切片的惰性镍方格网，切片面向下，37℃温浴30min。用镊子夹住镍网，在放有切片的一侧滴下1%的BSA-PBS液清洗镍网膜。

6. 免疫金标记　一抗用1%的BSA-PBS液稀释100～1 000倍，滴加在镍网膜上，有切片的一面向下，使其浮载其上，使其反应1～2h；滴加1%的BSA-PBS液清洗镍网；将二抗标记的胶体金溶液用1%的BSA-PBS稀释10～20倍，滴在镍网膜上，反应1h；用1%的BSA-PBS清洗镍网；再用2.5%的戊二醛在室温下固定15min；用蒸馏水滴洗镍网。

7. 电镜观察　使用雷诺液进行电子染色，用常规方法进行电子显微镜观察。

图 2-2 举例说明免疫金标记—银染扩大法的效果，表明这一技术能提供非常有说服力的结果。

思考题

1. 试述各种显微镜的原理、使用方法及注意事项。
2. 试述各类植物病理组织切片技术的优缺点。
3. 激光共聚焦显微技术可以用来研究哪些植物病理学问题？
4. 可以从有关试剂公司或厂家购买的抗体有哪些？
5. 什么叫一抗、二抗？它们在免疫金标记技术中各有什么作用？

第三章　植物病原真菌和真菌病害常用研究方法

植物病原真菌的分离培养是植物真菌病害鉴定和研究真菌生活史、生理、生态及致病性等问题的基本技术，也是柯赫氏法则的两个基本步骤。真菌分类鉴定要求掌握挑取或切取子实体做玻片、显微镜观察绘图及照相、形态测量描述等基本方法，DNA 核苷酸序列鸟嘧啶与胞嘧啶（GC）含量、DNA-DNA 杂交、随机扩增多态性 DNA（RAPD）、限制性酶切片段长度多型性（RFLP）、扩增性 rDNA 限制性酶切片段多态性（ARDRA）、DNA 扩增片段长度多态性（AFLP）分析、染色体核型分析和核酸序列分析等技术是真菌鉴定方法的必要补充。

真菌鉴定主要是根据子实体和孢子的形态。孢子的萌发实验又是杀菌剂药效测定的主要方法。研究病菌的生活史、病害循环以及病害的发生和流行的条件等，都涉及孢子的产生和萌发问题。因此，促使真菌孢子的产生和孢子的萌发实验，在真菌病害研究中非常重要。

人工处理促使病原物与寄主植物感病部位接触，创造条件使病原物侵入并诱致寄主发病，是证病过程的重要步骤，在研究病原物寄生现象、发病规律、作物品种抗病性、药剂防病效果时都需要接种。因此，致病性测定是植病工作者必须掌握的基本技术环节。

在寄主与病原物互作过程中，植物病原真菌毒素是一类极其重要的致病因子。真菌毒素是由植物病原真菌产生的、对寄主植物有毒性且能够使寄主产生典型症状的一类物质，它既不属于酶类也不属于激素，且在浓度很低的情况下仍表现很强的生理活性。

另外，根据《真菌辞典》第九版和目前我国《普通植物病理学》教材采用的分类体系，原来归属真菌界、真菌门的卵菌纲与真菌分开，归入藻物界，藻物界与真菌界并列。真菌和卵菌研究的方法相似，本章虽以真菌为主，但不可避免涉及卵菌，将随文注明。

第一节　真菌分类与命名

一、植物病原真菌的重要性

真菌的主要生物学特征包括：①有真正的细胞核，故称为真核生物；②营养体简单，绝大多数真菌的营养体为菌丝体，少数为不具细胞壁的原生质团；③营养方式为异养型，包括腐生、共生和寄生 3 种类型；④典型的繁殖方式是产生各种类型的孢子。

真菌在自然界中分布广泛，数量庞大，在 30km 高空至海深 4km 范围的空气、土壤、水及动植物活体和死体上都有着广泛分布。根据 2001 年《真菌辞典》第九版对真菌数量的统计，至 2001 年已知真菌总计80 657种，目前已知真菌约 10 万种。Hawksworth 在 1991 年推算，全世界真菌估计种数应有 150 万种。大部分真菌是腐生的，部分可以引起人、畜、植物的病害。植物病原真菌指的就是那些可以寄生于植物并引致病害的真菌。真菌病害是植物病害中研究最早和种类最多的，至今其中许多还是危害最严重的，如禾谷类的锈病是世界性重要病害。真菌引起的植物病害多达30 000余种，占已知植物病害的70%～80%，几乎每种作物都有几种至几十种真菌病害。

二、真菌分类体系演化

由于植物病原真菌种类繁多，是最为重要的病原物类群，分类系统经过了多次变化，因此先简要介绍一下真菌在生物界的地位及其分类变化。大约50年以前，人们将生物分为动物界和植物界，真菌属于菌藻植物。1969年，威特克（Whittaker）提出生物五界系统，即原核生物界（Monera）、原生生物界（Protista）、植物界（Plantae）、真菌界（Fungi）和动物界（Animalia）。此系统将真菌从植物界中分出来，成为一个独立的生物界，即真菌界；将黏菌（myxomycota）和卵菌（oomycota）置于真菌界中；将丝壶菌（hyphochytridiomycetes）和根肿菌（plasmodiophoramycota）置于原生动物界中。进入20世纪80年代，随着电子显微镜和分子生物学的发展，生物分类系统和理论也有了更新。1981年，卡佛利-史密斯（Cavalier-Smith）首次提出细胞生物八界分类系统，以后逐步完善，并得到多数真菌学家的认可。八界系统包括细菌界（Eubacteria）、古细菌界（Archaebacteria）、古动物界（Achezoa）、原生动物界（Protozoa）、植物界（Plantae）、动物界（Animalia）、真菌界（Fungi）和藻物界（Chromista）。《真菌辞典》（第八版和第九版）已接受并采纳了生物八界分类系统。超微结构、生物化学、分子生物学的研究证明传统真菌属多元化起源和演化，卵菌和黏菌一样在生物演化的早期就与真菌有所分化，因此不属于真菌范畴。1992年，巴尔（Barr）建议把以前隶属传统真菌而目前分属于3个界的生物称为真菌（union of fungi）。

真菌多界系统将归属于真核生物领域的真菌分为3个界：其营养方式为吞食的真菌属原生动物界（Protozoa）；营养方式为非吞食，游动孢子具有茸鞭，细胞壁成分为纤维素的真菌属藻物界（Chromista）；有游动孢子，不具有茸鞭，细胞壁成分为几丁质的真菌属真菌界（Myceteae）。其中原生动物界包括集胞黏菌门（Acraciomycota）、网柱黏菌门（Dictyosteliomycota）、黏菌门（Myxomycota）和根肿菌门（Plasmodiophoromycota）；藻物界包括丝壶菌门（Hyphochytriomycota）、网黏菌门（Lacyrinthulomycota）和卵菌门（Oomycota）；真菌界包括子囊菌门（Ascomycota）、担子菌门（Basidiomycota）、壶菌门（Chytridiomycota）、接合菌门（Zygomycota）和无性态真菌（Anamorphic fungi）。

真菌分类采取自然系统分类法，将亲缘关系相近的种类汇集在一起，其分类单元有界、门（-mycota）、纲（-mycetes）、目（-ales）、科（-aceae）、属（genus）、种（species）。种是真菌分类的基本单元，许多种就归为属，种是某些遗传性状相似的群体，种的建立是以形态为基础，种与种之间在主要形态上应该有显著而稳定的差别。因此，真菌属内种的分类依据主要以形态特征为基础，辅助以生理生化特性、寄生种的寄主范围、生态性状和分子生物学性状。有些专性寄生菌由于寄主范围不同而定为不同的种，例如许多锈菌和黑粉菌，如果不知道它们的寄主植物是很难确定其属于哪一种的。有些真菌如酵母菌种的建立，除形态学的依据外，还必须辅助以生物化学或其他非形态学性状。

三、真菌种下分类单位

种的下面还可以根据一定的形态学差别分为变种（variety，var.），有时种与变种之间还加一级亚种（subspecies）。有些植物病原真菌的种，可以根据对不同寄主植物的适应性，分为若干专化型（forma specialis，f. sp.）。例如，禾柄锈菌（*Puccinia graminis*）危害多种禾谷类作物，到 1966 年已分为 6 个专化型，危害小麦的是小麦专化型（*P. graminis* f. sp. *tritici*）。上述变种、亚种和专化型都是分类单位命名法规正式承认的。此外，植物病理学上专化型以下还可以根据对不同品种的适应性，分为不同的生理小种和根据致病力强弱而分为株系。小种和株系的鉴定是人为的，有的小种下面还分为若干生物型（biotype）。生理小种、生物型和株系都不是正式的分类单元。

四、真菌命名原则

关于真菌的命名，按照国际植物命名法规定，一种真菌只能有一个合法名称；如果一种真菌的生活史中有有性阶段和无性阶段，有性阶段所起的名称是合法的；半知菌中的真菌未发现有性阶段或不产生有性阶段的真菌从实际出发和鉴别上的需要，给无性阶段一个独立的名称也是合法的。真菌的命名采用国际通用的双名法，前一个名称是属名，第一个字母要大写，后一个名称是种名，种名后是定名人的姓，可以缩写。有些真菌命名后，经过后人的研究发现有不妥之处而改为新的名称，原来的名称成为异名，命名时最初的命名人应加括号表示，后面加上最终定名人，例如 *Rhizopus stolonifer*（Ehrenb. ex Fr.）Lind（葡枝根霉）。还有一种情况是两个命名人间用“ex”连接，表示原命名人没有拉丁文的描述，以后其他人补写拉丁文描述，这样就将两人名并列，中间标明“ex”。如 *Mucor* Micheli ex Fries 表示 *Mucor* 属是先由 Micheli 定名的，Fries 补写了拉丁文描述，故将两人名并列。属名和种名用斜体。病害和病菌的名称应符合一定的规范，不能将病害名称与病原物名称等同起来，例如稻瘟病的病原物是稻瘟病菌，从中不能得到任何信息。通常可以把病菌拉丁学名写在病害名称后面，如稻瘟病（*Pyricularia oryzae*）。

第二节　植物病原真菌分离培养与菌种保存

植物病原真菌的分离就是将病原真菌从得病的植物病组织或其他基物中单独分离出来，与其他杂菌分开获得纯菌种。培养是根据该真菌对营养、酸碱度、氧气等条件的要求不同，而供给它们适宜的生活条件，即让病菌生活在适宜的培养基上，或加入某种抑制剂造成只利于此菌生长，而抑制其他微生物生长的环境，从而得到纯培养。

一、植物病原真菌分离

（一）准备工作

1. 仪器及用品准备　需要准备的仪器及用品有超净工作台、培养箱、培养皿、小玻杯、移植针、吸水纸、橡皮筋套、接种铲（针）、接种环（铒）、酒精灯或煤气灯、吸管、解剖刀、纱布、乙醇、解剖剪、蜡笔或记号笔、铗子和表面消毒液等。有些消毒液如氯化汞是剧毒药物，在操作时应特别小心，在配好的液体中加入几滴番红或苯胺蓝为指示剂。

2. 培养基的制作方法　分离真菌最常用的培养基是 PDA 培养基（参见第一章第五节），也可用加寄主组织煎汁的培养基等。分离真菌时经常有细菌污染。将培养基调节到酸性反应，如在 10mL 培养基中加 3 滴 25％乳酸，可使大部分细菌受到抑制，而并不影响真菌的生长。孟加拉红也常用于调节酸度，在配制培养基时每升加 35mg。培养基中加适当的抗菌素是抑制细菌生长很有效的方法。加金霉素（30μg/mL）可抑制多数细菌的生长，加青霉素（20μg/mL）可抑制革兰氏反应阴性细菌的生长，加链霉素（40μg/mL）或氯霉素（50μg/mL）可以抑制大部分细菌的生长。除氯霉素可在灭菌前加入外，其他抗菌素都应在培养基灭菌后并冷却到 45℃左右时加入。

3. 环境和用具的消毒与灭菌 首先，分离和培养的环境应保持清洁。无菌培养室可以通入蒸汽以清除悬浮于空气中的尘埃和微生物，空气中的微生物一般都是附着在尘埃上的。夏天污染多时也可以喷洒福尔马林溶液（40％甲醛溶液）消毒，经过福尔马林消毒的培养室必须经过一定时期才能使用。培养室屋顶装置紫外光灯，对消除空气中的杂菌更有效。如无菌培养室内几个人同时进行大量的工作时，要尽量少走动，保持室内空气相对静止。目前实验室用得比较多的是超净工作台，最好放在比较清洁、离门口远而空气流通不太大的地方操作。超净工作台有单人操作的和双人对面操作的。保持超净工作台的清洁也是很重要的。除工作环境外，也不能忽视工作人员自身的清洁，特别是保持衣服的清洁，以及工作前后用肥皂洗手。做精细的工作时，应穿上经过消毒的洁净的工作服并戴口罩。

工作前将所有实验用具清洗后用消毒剂灭菌消毒，并将所需用的物品都放在工作台上，避免工作时多走动，既浪费时间，又容易带来杂菌。至于一般不需用的物品，不要放在工作台上。在没有超净工作台的情况下，在清洁而空气比较静止的房间，都可以进行分离培养工作，但是桌面应擦洗干净，如有必要时可用 1∶1 000的氯化汞水溶液擦洗，最好工作时在台面上铺一块沾湿的白布。

4. 分离材料的选择 选择新近发病的植株、器官或组织作为分离的材料，可以减少腐生菌的污染。腐生菌容易在生病很久而已经枯死或腐烂的部分滋生，所以从受害的边缘部分或病健交界处分离这一原则，适用于绝大部分真菌病害。采集的材料如已经败坏而沾染大量腐生菌，有时可以采用接种后再分离的方法，即将沾染有腐生菌的病组织作为接种材料，直接接种在健全的植物组织或植株上，等发病后再从病株或病组织分离。特别是引起果实和蔬菜腐烂病的真菌，如腐霉属（*Pythium*）和疫霉属（*Phytophthora*）的真菌，用这种方法进行分离的效果也很好。

（二）材料消毒方法

用于分离病原物的材料通常需要表面消毒，常用的消毒剂有氯化汞溶液、次氯酸钠和乙醇，消毒方法有所不同。

1. 氯化汞溶液 分离病菌时常用的表面消毒剂是 0.1％氯化汞溶液。一般是先配成浓的原液用时再稀释，原液的成分为氯化汞 20g 加浓盐酸 100mL。配制消毒液时，取原液 5mL 加蒸馏水或洁净的水 995mL 稀释。氯化汞消毒液也可以按以下成分直接配制：氯化汞 1g、浓盐酸 2.5mL、水1 000mL，先将氯化汞溶于盐酸中，然后加水稀释。配制氯化汞溶液的水中如含有大量的盐类，容易与氯化汞起作用而发生沉淀，加酸以后可以防止沉淀的产生。此外，酸还能增强它的杀菌能力。氯化汞对人的毒性很强，并且它的水溶液是无色的，为了便于识别，可在氯化汞溶液中加几滴红色的染料或甲烯蓝，使呈红色或蓝色。氯化汞表面消毒所需的时间因材料不同，处理时间通常为 3～5min。

附在寄主组织表面的气泡，会使消毒剂不能与寄主表面直接接触，影响消毒的效果。在用消毒液处理以前可以先在 70％乙醇中浸 5s，可有效去除气泡。病组织表面消毒后，要用灭菌水洗 3～4 次，除去残留的消毒剂，不然可能会影响病菌生长。

2. 次氯酸钠　消毒所用的浓度一般为有效氯 3%～5%的水溶液，消毒时间 5～15min。

3. 乙醇和其他表面消毒剂　用 70%乙醇消毒，只浸很短的时间，不能超过 30s，然后用灭菌水洗；较大的材料往往是在乙醇中浸过后，或用脱脂棉蘸乙醇涂在组织表面，然后在火焰上烧将乙醇除去。

对幼嫩的病组织，表面用药剂消毒时可能会同时杀死其中的病原真菌，消毒时间应尽量缩短。比较安全的方法是不用药剂消毒，而以灭菌水换洗 5 次。

（三）植物病原真菌分离方法

病原真菌的种类繁多，其分离的方法不同，而同一种材料又可用不同的方法分离。常用的分离方法可以分为 3 大类，即直接挑取法、组织分离法和稀释分离法。

1. 直接挑取分离法　多数真菌病害都可以产生病征，即在植物病部形成的肉眼可见的病原物的特征性结构，如霉层、粉状物、孢子角等。通常将产生这些病征的病组织放在体视显微镜下直接挑单孢进行分离，或挑取菌丝、菌索等其他菌组织分离。最容易直接挑取病菌纯化的是病菌的孢子，包括有性孢子和无性孢子。如采到的病害标本还未产生病征，可以用 70%乙醇将标本表面消毒后用无菌水冲洗干净，进行保湿培养，一般 2～5d 后就会长出病菌的子实体。挑取病菌的挑针在酒精灯上烧过以后，最好先在培养基上蘸一下，这样既可以冷却挑针以防烫死病菌，又可以使挑针尖部具有一定的黏性，易于单孢分离。一般每个培养皿放 5～6 个孢子，放于培养箱中 25℃保温，培养 3～4d，选纯菌落转接在试管斜面上保存。

2. 组织分离法　植物病原真菌最常用的分离方法是组织分离法，即取真菌病害的新鲜病叶（或其他分离材料），选择典型的单个病斑，用剪刀或解剖刀从病斑边缘或病健交界处切取小块病组织数块，将病组织放入 70%乙醇中浸 3～5s 后，按无菌操作法将病组织移入 0.1%氯化汞溶液中分别表面消毒 0.5、1、2、3、5min（也可使用其他表面消毒剂），如植物组织柔嫩，则表面消毒时间宜短；反之则可长些。然后放入灭菌水中连续漂洗 3 次，除去残留的消毒剂。经表面消毒和灭菌水洗过以后，移在琼脂培养基平板上培养。切取组织应大小适宜，一般是切取 5mm×5mm 的小块。组织太大，带的杂菌多；组织太小，其中的病菌在消毒时容易被杀死。如未掌握表面消毒时间，经过多次分离未能成功，可试用以下比较安全的方法，就是将较大的组织，在消毒液中消毒后再经灭菌水多次冲洗，再用无菌刀切取中央部分培养。

在将病组织小块移放到平板表面之前，应将其在无菌吸水纸上吸去多余的水分，以大大减少病组织附近出现细菌污染。每个培养皿放 5～6 块 5mm×5mm 大小的病组织，倒置放入 25℃恒温箱内培养。一般 3～4d 后观察待分离菌生长结果。若病组织小块上均长出较为一致的菌落，则多半为要分离的病菌。在无菌条件下，用接种针或接种铲自菌落边缘挑取小块菌落，移入斜面培养基上，在 25℃左右恒温箱内培养，数日后观察菌落生长情况，如无杂菌生长，即得该分离病菌纯菌种，便可置于冰箱中保存。

3. 稀释分离法　稀释分离法是微生物分离使用最早的方法，主要用来分离细菌和酵母菌，很少用来分离植物病原真菌，但适于某些可产生大量孢子的病原真菌分离。应该指出，真菌的孢子往往产生在发病较久的病组织上，而稀释分离一般直接洗脱病组织上的孢子，配成孢子悬浮液，病组织事先一般不作表面消毒，可能掺杂较多的杂菌。因此，病原真菌即使大量产孢，仍从新发病组织进行分离为好。

稀释法分离是将寄主组织受害部分的孢子洗下配成悬浮液，取灭菌的培养皿3个，每一个培养皿分别用吸管加灭菌水1mL，用接种环蘸1滴孢子悬浮液，与第一个培养皿中的灭菌水混合，再从第一个培养皿移1滴加到第二个培养皿内，混合后再移1滴到第三个培养皿中，然后将3管熔化并冷却到45℃左右的培养基分别倒在各个培养皿中，摇匀，使培养基与菌液充分混匀。

倒平板时培养基温度一定要掌握好，过热易将病菌烫死而使分离失败；过冷则倒入培养皿后难以形成平板，而成为起伏不平的表面，不利于分离。为大体估计培养基温度，可将盛培养基的器皿靠在人手背上，如果手背感到烫但尚可以忍耐，则大体为45～50℃。

（四）从不同类型病样分离真菌的方法

各种真菌病害发生的部位和形式不同，其分离要根据具体情况，采用不同的方法。下面介绍几种典型材料的分离方法。

1. 孢子的分离 病斑上已产生大量孢子的病菌如青霉属（*Penicillium*）、链格孢属（*Alternaria*）、小丛壳属（*Glomerella*）、拟茎点属（*Phomopsis*）、茎点属（*Phoma*）等，则可在体视显微镜下直接用挑针挑取孢子放于加乳酸的培养基平板上分离。这是最简便也是最保险的一种方法。特别是对于已知病菌种类的病害，可以在体视显微镜下将病菌与污染菌初步分开。对于病斑上杂菌较多不易把病菌分开的标本，可配制成孢子悬浮液以稀释法或划线法分离。

2. 斑点病病原真菌的分离 选取症状典型的新鲜标本，从病斑的病健交界处切取每边约5mm的病组织块，用70%乙醇浸几秒钟，再在0.1%酸性氯化汞水溶液中浸3～5min，然后用灭菌水换洗3次，将其移置在琼脂培养基平板上培养。

3. 维管束组织内病原真菌的分离 从根茎的维管束组织分离真菌，先将病组织标本清洗干净，用70%乙醇将寄主病部表面消毒后，将表皮组织用灭菌的解剖刀切去，然后切取其中小块变色的维管束组织，移在琼脂培养基平板上培养。表面消毒可用氯化汞或用火烧，以不影响组织内的病菌为度，最常用的消毒方法是在70%乙醇中浸过后将乙醇烧去。

4. 根腐病菌的分离 根腐或茎腐病菌的分离方法，由材料的大小决定。材料小的可以仿照斑点病菌的分离法，材料大的则可采用维管束组织内病原真菌的分离法。

5. 肉质组织中病菌的分离 多肉的茎、根和果实等，可以采用维管束组织内病菌的分离法，先将病组织标本清洗干净，用70%乙醇将寄主病部表面消毒后，除去表面组织，切取内部小块病组织直接放在加乳酸的培养基平板上分离。

6. 种子内病菌的分离 将整粒的种子或种子的一部分用氯化汞或次氯酸钠溶液进行表面消毒，消毒时间可比其他材料稍长一些，然后用灭菌水洗涤后移在琼脂培养基平板上培养。种子如在未破裂的果荚内，可先将果荚表面消毒后，在无菌的条件下取出种子，种子可不经过表面消毒直接移在培养基平板上培养。

7. 其他 许多真菌的孢子在成熟时有弹射的特性，这样就可以将产生孢子的材料放在琼脂培养基平板的下面或者悬挂在上面，使孢子弹射在培养基上而得到纯培养。

（五）土壤中病原真菌的分离方法

土壤中病原真菌的检测是研究真菌病害的重要工作，特别是研究植物土传真菌病害。为了分离土壤中特定的病原真菌，需要用特殊的方法和选择性培养基。下面着重介绍重要的土壤中病原真菌如土壤中腐霉属（*Pythium*）、疫霉属（*Phytophthora*）、镰刀菌属

(*Fusarium*)、轮枝菌属 (*Verticillium*)、丝核菌属 (*Rhizoctonia*) 等真菌的分离技术。

1. 腐霉属和疫霉属病菌的分离　从土壤中分离腐霉属和疫霉属的真菌，往往利用植物的组织或器官作为饵料。方法是将土壤样本放在培养皿或其他玻璃器皿中，加适量的水，然后把植物的种子、瓜果或豆荚等放在土样上，当病菌在上面生长后，再从病组织上分离。为了使土样与饵料接触，也可采用其他方法，如马铃薯晚疫病菌 (*P. infestans*) 的分离，可将马铃薯切成厚约 0.5cm 的薄片，放在保温箱中，每片上加容量约 0.5g 的土样，在表面撒布均匀，保持 20～22℃培养 5～6d，观察孢子囊的产生。

为了避免杂菌生长，分离用的饵料可加抗菌素或其他适当的药剂处理，如分离土壤腐霉菌，可将新鲜马铃薯切成约 $3mm^3$ 的小块，在含 100μg/g 链霉素和 100μg/g 海松素的溶液中浸 1h，然后放在培养皿中的土壤中。土壤加水保持湿润，与一般土壤的含水量相近，保持 30℃，培养 7～12h，将马铃薯小块取出，用水洗净，放在含有 100μg/g 链霉素或海松素的琼脂培养基平板上培养，然后从长出的菌丝上切取顶端部分移植培养。这种方法用于分离黄瓜猝倒病腐霉 (*P. aphanidermatum*) 的效果也很好，分离其他腐霉菌要注意它们对链霉素的抗性不同。

腐霉菌和疫霉菌也可以用选择性培养基直接从土壤中分离，如分离土壤中的烟草黑胫病菌 (*P. parasitica* var. *nicotianae*)，可用没食子酸琼脂培养基，配方为：硝酸钠 ($NaNO_3$) 2.0g、硫酸镁 ($MgSO_4 \cdot 7H_2O$) 0.5g、磷酸二氢钾 (KH_2PO_4) 1g、酵母浸膏 0.5g、硫酸硫胺素 (维生素 B_1) 2mg、没食子酸 425mg、孟加拉红 0.5g、蔗糖 30g、琼脂 20g、蒸馏水 1 000mL，pH4.5。

另外，加细菌、酵母菌生长抑制剂五氯硝基苯 (70%可湿性粉剂) 25mg、青霉素 G 80 000单位、制霉菌素100 000单位。这 3 种抑制剂都是在培养基灭菌后冷却到 42～45℃后加入。培养基的酸碱度调节到 pH4.5。这种培养基也适用于分离土壤中的其他疫霉属及腐霉属真菌。

分离土壤中腐霉菌和疫霉菌的选择性培养基很多，特别是疫霉菌选择性培养基的配方有 30 种以上。下面介绍一种很好的 3-hydsoxy-5-methylisoxa-zole (HMI) 培养基，即将 HMI 加在马铃薯培养基中，再加粉锈宁 (benomyl) 10μg/mL、制霉菌素 (nystatin) 25μg/mL、五氯硝基苯 (pentachloronitrobengeno) 25μg/mL、利福霉素 (rifampicin) 10μg/mL、氨苄青霉素 (ampicilin) 50μg/mL，几乎可以抑制所有细菌和除腐霉科 (Pythiaceae) 外的其他真菌，还能抑制几种腐霉属真菌的生长，而对疫霉属真菌的生长和孢子萌发都没有影响。因此，利用这种培养基可以定量检测土壤中疫霉菌的量，也可用于从植物组织分离疫霉菌。

对土壤中的疫霉，还有用水筛洗的方法分离的。疫霉菌厚垣孢子的大小是 40～135μm，土样经过孔径 149μm、61μm、44μm、38μm 的网筛用水冲洗过筛，最后将洗到的厚垣孢子放在培养基上培养。

2. 镰孢菌属真菌的分离　土壤中的镰刀菌属真菌如菜豆的根腐病菌 (*Fusarium solani* f. sp. *phaseoli*) 可以在选择性培养基上用土壤稀释法分离。土样用 0.1%的琼脂液配成悬浮液，取 1mL 悬浮液均匀涂在琼脂平板上。平板最好是在暗处放 3～5d 后再加土壤悬浮液。培养基的成分为磷酸二氢钾 (KH_2PO_4) 1.0g、蛋白胨 5g、硫酸镁 ($MgSO_4 \cdot 7H_2O$) 0.5g、琼脂 20g、链霉素 300mg、75%五氯硝基苯可湿性粉剂 1g、蒸馏水1 000mL。培养基灭菌后冷却到 42～45℃，加入链霉素和五氯硝基苯，用来抑制细菌和酵母菌的生长或其他真菌菌落的扩展。以上培养基中可再加牛胆汁 1g 和金霉素 50mg，金霉素也是在培养基灭菌冷却后加入。

镰刀菌属真菌的培养滤液不利于其他真菌的生长，可配制选择性培养基用来分离土壤中的镰刀菌属真菌。方法是将菜豆根腐病菌在一般培养液上培养 15d，过滤后在滤液中加 2% 的琼脂灭菌（124℃，15min）；或将培养液用赛氏滤器过滤灭菌后（避免高温灭菌发生的变化）加在熔化的灭菌琼脂中。在倒平板以前，琼脂培养基中加 300μg/g 的链霉素，分离的步骤同上。

3. 轮枝菌属真菌的分离 轮枝菌属真菌（如 *V. albo-atrum* 和 *V. dahliae*）的分离可用土壤稀释法，土壤浸出液选择性培养基配方为：磷酸二氢钾（KH_2PO_4）1.5g、土壤浸出液 25mL、磷酸氢二钾（K_2HPO_4）4g、琼脂 15g、蒸馏水 975mL。培养基中还加金霉素 50mg、氯霉素 50mg、链霉素 50mg 和多半乳糖醛酸 2g 作为抑制剂。除氯霉素外，都是在灭菌后冷却到 42～45℃时加入。土壤浸出液的配法是园土 1kg 加水 1L，蒸 30min 后过滤。在上述培养基上，其他真菌很少生长。轮枝菌属真菌形成颜色很深的菌落，其中有大量微小的菌核。

乙醇琼脂培养基也可用作分离土壤中轮枝菌属真菌的选择培养基。分离的方法是先配成琼脂培养基（琼脂 7.5g、水1 000mL）分盛在容量 200mL 的三角瓶中，每瓶 90mL，灭菌后冷却到 42～45℃，每瓶加浓的链霉素溶液（最后浓度达到 100μg/g）和 0.5mL 无水乙醇。而后每瓶加 1mL 稀释的土壤悬浮液，混合后将琼脂培养基倒在 9 个培养皿中，在 18～23℃暗处培养 10d，在乙醇琼脂培养基上轮枝菌属真菌的菌落上形成大量黑色的微小菌核，很容易与其他真菌区别。

土壤中轮枝菌（*Verticillium*）的定量：轮枝菌在一般培养基上如马铃薯葡萄糖琼脂培养基上生长良好。轮枝菌在土壤中的定量一般采用筛选法（湿筛或粒筛），这里介绍比较简便的湿筛法。取土样在 25℃下风干 7～14d，取风干的土样 10g，在孔径 125μm 和 37μm 的筛上冲洗，残留物在 0.5%次氯酸钠溶液中消毒 10s，洗入烧杯中加水到 15～20mL，然后移出分在 10 个 ESA 培养基（乙醇链霉素琼脂培养基）上培养（22℃黑暗条件），7～10d 后，用水淋洗琼脂平面上的土壤，再培养 2～3d 后可镜检鉴定出现的菌落。每一菌落假如由单个菌核形成，由此可以计算每 1g 土壤中菌核数。ESA 培养基的配法如下：琼脂 1.6g，在 200mL 蒸馏水中灭菌 20min，冷却至 50℃，加入 27mg 硫酸链霉素（75%）和 1.2mL 乙醇。硫酸链霉素需先在 2mL 灭菌水中溶化。以上配成的培养基正好倒 10 个培养皿。

轮枝菌在马铃薯葡萄糖琼脂培养基、麦芽或玉米琼脂培养基上可存活（20℃）1～2 年，菌核风干后（22～26℃）在低湿度条件下（相对湿度 70%以下）保存在玻璃容器中。*V. dahliae* 在马铃薯葡萄糖琼脂培养基上的菌核，可在干燥器中以无水氯化钙脱水干燥后（22～25℃，72h）放在信封中保存。

4. 丝核菌的分离 土壤中的丝核菌（*Rhizoctonia solani*）可以用不同的方法分离。一种是埋管分离法，具体方法是用塑料离心管，上面打许多直径约 5mm 的孔，然后用透明胶带将离心管包好，塑料管中加琼脂培养基约至 4cm 深处，加试管盖以后灭菌。使用时用烧红的粗针，穿通胶带到琼脂培养基，而后将塑料离心管埋在土壤中。经过 4～6d 后取回，除去胶带露出孔口。每露出一孔，随即用扁头移植针将小块琼脂移植到适当的培养基上培养，培养基中可加孟加拉红调节酸碱度，以抑制细菌的生长。

还可从土壤作物残余颗粒上分离，方法是取土样 100g 加水2 500mL 配成悬浮液，沉降30min 后，上部液体用孔径 250μm 的筛过滤。沉降下来的土壤再悬浮在1 000mL 水中，沉降 30min 后过滤。重复进行悬浮和过滤 5～8 次，直到上部液体中没有作物残余的颗粒为止。最后将筛中的草子、大的土粒、沙粒和木质化组织滤去，把得到的作物残余颗粒放在滤纸上干燥 1h，然后放在琼脂平板上培养。分离用的培养基是琼脂培养基，用磷酸将酸碱度调节到 pH4.8。琼脂倒平板后，翻转平板放入温箱中培养 72h，除去表面的水层，然后在平板上等距离加 4 滴链霉素溶液（浓度是 20mg/mL)。经过 1h，在每个加链霉素的地方放一块上面过筛到的作物残余颗粒，在 24℃条件下培养 24～96h 可出现丝核菌的菌落，一般在 48h 后出现。

5. 小菌核属真菌的分离　对土壤中小菌核属真菌（如 *Sclerotium rolfsii*），可用过筛的方法取得其菌核。土样用孔径 2mm、841μm 和 420μm 的筛洗，菌核一般都能通过 2mm 的网筛，将土粒完全洗去后，把留在 841μm 和 420μm 网筛上的洗出物放在大白瓷盘中，加水深度约 2cm，在强光下检查，菌核容易与其他杂质区别。而后将检出的菌核放在未灭菌的筛过的泥炭土上，保持湿润，在 30℃条件下培养 5d，如菌核是存活的，其上可以看到有菌丝生长。根据真菌菌核的大小，可以选用适当细度的网筛，如分离洋葱小菌核菌（*S. cepivorum*），可用孔径 595μm 和 250μm 的网筛。土壤悬浮液还可用组织捣碎器低速处理 30s 后再过筛。

网筛上残留物可用 0.5%次氯酸钠溶液处理 10min，能促进土粒的分散，并且对其他杂质有漂白作用，便于检查到菌核。检查到的菌核，可再用 0.5%次氯酸钠溶液处理 2min，移在马铃薯葡萄糖琼脂培养基上培养，测定菌核是否存活。

分离工作有时不很顺利，失败的原因很多，以下几点值得首先加以考虑：①材料是否新鲜，标本中的病菌是否存活，其中杂菌滋生的情况；②表面消毒所用的药剂和处理方法是否适宜；③培养基是否适当，包括它的化学性状和物理性状；④培养的条件是否适宜，受低温、高温和其他因子的影响；⑤病原生物的生物学特点，它对于腐生条件的适应能力。分析失败的原因，改变工作方法，不断地进行试验，是解决分离问题的唯一途径，并且也是一定可以解决的。目前几乎所有的病原真菌都可以分离和培养，即使是所谓专性寄生的真菌，有的也已经可以在人工培养基上培养。

二、真菌菌种纯化

微生物无处不在，分离真菌时，稍有疏忽，杂菌就会混在目标菌种中，即使没有疏忽，分离材料中除了病菌外，还可能存在内生真菌，也可混在菌种中。同种病菌中也存有不同菌系的可能性。因此，对一种真菌在进行深入研究以前，菌种的纯化是必要的。此外，研究真菌的遗传和变异、性征和同宗或异宗配合等现象，都要求菌种从单个孢子（或小段顶端菌丝）繁殖而来。菌种纯化的方法很多，可以根据不同的材料和设备条件选择最合适的方法。

（一）直接挑单孢纯化法

待培养基上产孢后，在体视显微镜下观察目标菌和污染菌的产孢表型，不同真菌的产孢表型不同，可以将目标菌与污染菌区分开。然后用细的挑针在体视显微镜下挑出病菌的孢子，最好是单个孢子，如孢子较小，也可以挑单个分生孢子梗、分生孢子盘、分生孢子器、子囊壳、子囊盘等单个产孢体上的多个孢子，也可保证挑出的菌为纯菌种。挑取病菌的挑针在酒精灯上烧过以后，最好先在培养基上蘸一下，这样既可以冷却挑针以防烫死病菌，又可以使挑针尖部具有一定的黏性，易于黏着孢子。一般每个培养皿放 5～6 个孢子，放培养箱中，保温 25℃左右，培养 4～5d，检查是否纯化成功。

（二）稀释纯化法

将带杂菌的孢子悬浮液加适量的灭菌水，不断稀释到每一小滴悬浮液中大致只有 1 个孢子。由于几率的不同，有的小滴中可能没有孢子或有 2 个及以上孢子。滴在灭菌的载玻片上，在显微镜下检查。经过检查后，将确实只有 1 个孢子的小滴孢子悬浮液移植到适当的培养基上培养。此方法操作比较麻烦，但是比直接挑单孢纯化法可靠。

（三）琼脂平板表面单孢子挑取法

一般操作步骤是利用接种环将少量孢子悬浮液或干孢子，点或者划线和涂匀的办法加在琼脂平板表面上。如果孢子较大，可以直接将琼脂平板放在体视显微镜下，从琼脂平板正面检视，寻找目的病菌，如病菌周围没有杂菌孢子，就可以用接种环将带有小块单孢子的琼脂培养基切下，再用接种针移植到适宜的培养基上生长。如病菌孢子与杂菌孢子离得很近，可以先用尖挑针将病菌孢子拖到干净的地方再分离。如病菌孢子较小，颜色也较淡，可以保温（25℃左右）培养 12～18h，等到孢子萌芽产生短芽管后再挑取，孢子萌芽后容易看到和挑取，还可以保证分离到的孢子是活的。

挑取孢子的另一种方法是从培养皿的反面检查，前面操作步骤相同，用低倍镜从培养皿反面检查，如发现在视野内只有 1 个孢子，同时附近也没有孢子存在，就用记号笔在培养皿底部（孢子存在位置）画一个小点作记号，用接种环将带有小块单孢子的琼脂培养基切下，再用接种针移植到适宜的培养基上生长。

（四）玻璃毛细管分离法

将长 15～20cm、内径 2～3mm 的玻管一端先在火焰（用一般酒精喷灯）上拉细到内径 0.5mm 左右，再进一步拉得更细，然后将它的顶端折断而制成平口的毛细管。毛细管的内径应大于分离孢子或菌丝。

分离的时候，将孢子悬浮液放在灭菌的载玻片上，在体视显微镜下检视，孢子可因毛细作用进入玻管内，然后将孢子吹在培养基上培养。玻管的另一端可以连一根橡皮管，操作的时候，橡皮管的一端含在口中，手持毛细管寻找单个孢子，然后用口吸到毛细管内。

真菌不产生孢子的或者产生的孢子不容易分离的，可用毛细管切取菌丝顶端的方法纯化。真菌在琼脂平板上培养，在体视显微镜下寻找单独的菌丝顶端，将毛细管从菌丝顶端徐徐插入，连同培养基将菌丝顶端切下，然后将此一段带有菌丝的培养基吹在琼脂平板或斜面上培养。为了便于找到单独分开的菌丝顶端，最好是从移植和培养后不久的琼脂平板上分离。

三、真菌培养和生长量测定

病原真菌培养的目的主要是观察它的性状和研究环境条件对它的影响，或者是大量繁殖后用于接种或其他试验。培养的方法是将纯化的菌种，根据不同菌种和试验的要求，移植在适当的固体或液体培养基上培养，后者可以静止或振荡培养。

（一）真菌培养性状观察

观察真菌的性状，最好是先在琼脂平板上培养，待形成单个菌落后观察和描述。观察和记载的项目主要是：①菌落正面和背面的颜色，有无色素渗入培养基中；②菌落的质地，菌落是否凸起，有无成簇的菌丝体；③形成成堆的孢子是干的或黏性的；④各种子实体和休眠结构（厚垣孢子、菌核等）的形成和所需的时间；⑤有无特殊气味；⑥菌落中有没有部分呈扇状；⑦生长率的快慢，如菌落长到一定直径所需的时间。菌落的颜色也要不断地观察，它的颜色是随着培养时间而改变的。对这些培养性状的描述，要注明培养基的种类、培养温度和有无光照等。另外，真菌培养性状的观察，最好多用几种培养基。有些真菌，如镰刀菌属（*Fusarium*）和青霉属（*Penicillium*）等，在各种培养基上的培养性状在鉴定上是很重要的。

（二）真菌生长量测定

植物病原真菌在生长发育过程中，大都产生菌丝体和各种孢子，由于孢子的量一般要比菌丝体的量少得多，因此真菌生长量的测定，主要是测定菌丝体的生长量。①测定菌落的半径或直径。这种方法比较简便。一个菌落经过定期测量能够看出真菌生长的过程与变迁。它的缺点是没有顾及菌丝体生长的厚薄和疏密，以及菌丝体内物质积累量的多少，所以并不是很准确的方法，只能作为初步测定的一种方法。②测定湿重。这种方法一般用来测定振荡或通气搅拌培养的真菌。取一定时期的培养物用双层滤纸过滤后用水洗，以后可以将菌丝体从滤纸上取下用吸水纸吸取表面水分直接称重。菌丝体的湿重一般是干重的2.5～5.0倍。③测定干重。生长量可以用比较精确的干重测定，将上述湿菌体挑在铝铂制成的小碟中，干燥后称重。铝碟是事先准备好的，刻上号码，每个铝碟的重量是已知的。菌丝体干燥的方法很多，但前后试验要用相同的干燥方法。常用的方法是在80℃或100℃的（也有将温度提高到110℃的）恒温箱中烘干到恒重。此外，还有用五氧化二磷在室温下真空干燥或者在80℃真空干燥箱中干燥。干燥一般需要几小时，要求达到恒重。

四、真菌菌种保存

分离纯化并已鉴定的真菌要用适当的方法保存，以保持它的生活力和原有的性状，并避免杂菌和螨类的污染，以便今后进一步研究和对比之用。保存的菌种要用标签注明种、菌系（或编号）和保存日期。菌种保存的方法很多，针对所研究的对象，工作者最好是查阅有关文献，根据工作条件选择较为适宜的方法。通常都采用部分抑制或完全抑制病原真菌的生长和代谢活动的方式以延长其存活期，并减少变异。常用的菌种保存方法有6种。

1. 室温保存　斜面培养或其他容器培养的真菌，在室温下保存是最常用的方法。只要将培养好的真菌放在温度变化不大的室温（10～15℃）条件下，放在玻璃橱内即可。每隔3～6个月要移植一次，对于低等藻菌则间隔时期还要短一些，每隔2个月就要移植一次。为了防止真菌在培养保存过程中致病力的退化和变异（如失去致病力、菌丝体变为黏液状、失去产孢能力等），常使用天然培养基，尽量减少糖的用量，有的直接放在灭菌的土壤中保存。室温保存的优点是简便易行，无需特殊设备；缺点是培养基易干燥，需要经常移植。

2. 低温保存　将菌种保存在4～8℃的冰箱中，可以降低真菌的生长率，培养基也不容易干燥，所以存活时期较长，大部分真菌可以间隔6～8个月移植一次。同时，螨类在低温下处于不活动状态，引起污染的可能性较小，这是最常用的保存菌种的方法。如能放在－20℃或－60℃冰箱中或液氮罐中，则存活期可以更长。但是放在－20℃或－60℃冰箱中的材料，尤其是放在液氮中的培养物，外面必须密封，以防冻裂或破损。疫霉不耐低温，通常是保存在10℃的温箱中。

3. 石蜡油保存 石蜡油保存方法是将利用高压灭菌器在120℃下灭菌2h的矿物油（液体石蜡）灌在斜面菌种的表面，其油面高度应超过斜面顶部1cm，以隔绝斜面上菌种与空气的接触，使之处于无氧条件下，以抑制菌种的生长与代谢活动，而培养基也不会干燥。这是使用较广的一种方法，无需特殊的设备。一般可保藏2年以上不死，有些真菌存活期可达10年。加石蜡油的菌种在室温下或冰箱中都可保存。当重新需要菌种时，只要用移植针从油面下挑取小块菌体在无菌水中洗一下后，重新放在斜面或平板上即可恢复生长。

4. 灭菌蒸馏水保存 方法是将保存的真菌先在琼脂培养基平板上培养，然后切取小块琼脂培养基（连同上面生长的真菌）放在灭菌的蒸馏水中保存。灭菌的蒸馏水可以盛在有螺盖的冻存管中或者用橡皮塞密封的试管中。经过试验的几百种真菌，用这种方法在室温下保存,可以存活许多年，并且不会退化和发生变异。这是目前最简便、最经济的真菌保存方法。

5. 土壤中保存 土壤保存法一般用于产生孢子的真菌，有两种不同的方法。一种方法是将孢子悬浮液加在试管内灭菌的土壤中，任其干燥后保存，或将干的真菌孢子与试管内灭菌的干土壤混合后保存。另一种方法是试管中放5g含水量70%的土壤，灭菌后加1mL孢子悬浮液，在适温下培养10d后保存。土壤保存的菌种，一般都是放在冰箱中。这种方法要求土壤绝对无菌，灭菌时将土壤盛在试管内，连续3d，每天用高压灭菌器在120℃处理30min。

6. 干燥保存 真菌的孢子和菌丝体用适当的方法干燥，可以长期存活。干燥以后的真菌孢子或菌丝体，可以与干燥的沙、土壤或硅胶等混合，抽真空后密封保存。常用的材料是硅胶。取有螺盖的小玻瓶，放入6～22筛目的清洁硅胶至玻瓶的3/4处，180℃干热灭菌90min，放在干燥的场所。盛有硅胶的玻瓶，使用前在冰浴中放30min，以防止硅胶吸水时温度升得过高而影响孢子的存活。用5%的灭菌脱脂牛奶从斜面上将孢子洗下，或用长移植针将培养基上的孢子刮下，配成很浓的孢子悬浮液。将孢子悬浮液加在冷却的硅胶中，加入的量大致能使3/4的硅胶润湿，然后立即将玻瓶放回冰浴中冷却15min左右。玻瓶螺盖不要旋紧，在室温下干燥约7d，当摇动玻瓶时硅胶结晶很容易分散为止。旋紧螺盖，放在盛有硅胶的干燥器中，在室温或低温室中保存。

第三节 植物病原真菌制样与显微观测方法

真菌病害标本和培养的真菌在进行显微镜检查时，主要是观察菌丝体和其他营养体的形态和结构、孢子的形态和着生方式、子实体的形态结构和产生部位等，有的还要检查病菌寄生的部位及寄主细胞和组织的变化。对于真菌病害标本或培养的真菌，应根据材料的不同而采取不同方法进行检视。

一、菌丝体和子实体挑取或刮取检视

（一）取样方法

生于标本或培养基表面的菌丝体或子实体，一般是直接用挑针挑取少许或用三角拨针

（针端三角形，两侧具刃）刮取病菌，放在加有 1 滴浮载剂的载玻片上并涂均匀，加盖玻片在显微镜下检视。浮载剂的作用是防止干燥和光线扩散，有些浮载剂还有封固作用。

（二）浮载剂

实验室常用的浮载剂有以下 6 种。

1. 水　水是常用的浮载剂，缺点是容易干燥，只适用于临时检查，也不能进一步封固保存，并容易形成气泡。检查的材料放在 1 滴 70%乙醇中，将乙醇除去后再加水作浮载剂，可以除去气泡。干燥的菌丝体先在明胶水（5%）或稀肥皂（或洗涤剂）水中浸过，洗净后再放在水滴中也可避免气泡的发生。水中可加 0.5%焰红或 1%天青 A 染色。由于渗透作用的影响，细胞在水中将稍微膨胀，所以也有用 5%氯化钠水溶液作浮载剂的，但观察真菌孢子萌发时必须用水作浮载剂。

2. 乳酚油　除水以外，用得最多的浮载剂是乳酚油，其成分为苯酚结晶（加热熔化）20mL、乳酸 20mL、甘油 40mL、蒸馏水 20mL。配成的合剂为油状黏稠液体，具杀死和固定病原物的作用，可使干瘪的真菌孢子膨胀复原，还可使病组织变得略为透明。乳酚油如不经常使用，应放在暗处。由于乳酚油不易干燥，标本封片后可半永久保存。

如果观察淡色的真菌，可在乳酚油中加入 0.05%～0.10%的染料制成棉蓝乳酚油、藏红乳酚油等，还能使菌丝或孢子略微着色，更便于观察。苯胺蓝是酸性染料，可染真菌的原生质，而不染细胞壁。因此，有些分隔很难看清的真菌孢子（如壳针孢属），染色后可以看得很清楚。

乳酚油有许多缺点，除去容易使玻片上发生气泡外，还可影响某些真菌孢子的大小，甚至有时可以使孢子破裂。乳酚油中含酸，可溶解真菌的色素，使保存的标本褪色。乳酚油能与许多封固剂起作用，盖玻片也易滑动，不易封固。虽然可以用沥青封固，但不仅费事而且不易干燥。采用华勒（Waller）封固剂可以克服这些缺点，所用材料是等量的蜂蜡和达马胶（Dammar balsam）。配法是将蜂蜡放在玻璃或瓷制器皿中，用水浴加热熔化，避免用高温，也可将达马胶放在铁罐中直接加热熔化，也需避免加热过度，然后将熔化的蜂蜡倾入熔化的达马胶中搅匀即成。为增进其与玻璃的黏附力，可加入少量（不超过 5%）的贴金胶水。制成的封固剂，贮于铁罐中备用。封固标本时用一个 L 形的铜棒或烙铁，在酒精灯火焰上烧热后，蘸少许封固剂在盖玻片周围封固。封固后可以立即干燥。制成的玻片标本应平放，可以经久不坏。

乳酚油虽然存在一些缺点，但是有使用方便和易于制片保存等优点，并且在真菌学方面长期使用，许多真菌的描述都是根据在乳酚油下观察的，到目前还是主要的浮载剂。但是由于它的致癌作用，已经逐渐被淘汰而改用甘油乳酸液。

3. 甘油乳酸液　甘油乳酸液的成分为乳酸 500mL、甘油1 000mL、蒸馏水 500mL。观察淡色孢子时甘油乳酸液中也可以加苯胺蓝等染料，将标本放在载玻片上加甘油乳酸液后稍微加温则染色效果更好。

4. 水合氯醛液　水合氯醛液的成分为水合氯醛 100g、碘化钾 5g、碘 1.5g、水 100mL。碘与碘化钾混合，加水溶解，然后与水合氯醛混合。这是一种良好的浮载剂，能使真菌组织透明并染色。其光学性能很好，能看清细胞壁和其他结构。玻片用这种浮载剂可保存几天，但不宜于永久保存。检视以后，除去碘液，可用甘油乳酸液浮载剂封固保存。

5. 甘油明胶　甘油明胶的成分为明胶 5g、甘油 35mL、水 30mL。明胶在水中浸透，加热至35℃熔化，加甘油搅和，纱布过滤后盛在玻瓶中。真菌的孢子和徒手切片等标本都可用甘油明胶制片。标本不经染色或染色后，先用甘油脱水，干燥的或含水分很少的标本则无须脱水。挑取小团甘油明胶放在玻片上，微微加热，待熔化而气泡消失后，将脱水的标本从甘油中取出，用吸水纸吸取多余的甘油，移入熔化的甘油明胶中，加盖玻片后轻轻向下压，擦去盖玻片周围多余的甘油明胶。制成的玻片平放十几天，干燥后可长期保存。如用香脂或其他封固剂封固，可以永久保存。

甘油明胶用于含水分高的标本，要经过较费时的甘油脱水过程；用于保存干燥标本，往往会有许多气泡。为了避免以上缺点，可先用醋酸钾甘油浮载剂处理，成分为2%醋酸钾水溶液300mL、甘油120mL、95%乙醇180mL。标本放在载玻片上加小滴浮载剂，微微加热除去气泡，并蒸去大部分浮载剂，趁热加入小团甘油明胶，熔化后加盖玻片，以下步骤同上。

6. 氧化二乙烯 氧化二乙烯适用于封藏真菌的分生孢子梗和分生孢子。用玻棒蘸少许加拿大胶，在玻片上筑起一直径约1cm的圆圈，内径0.5cm，圈中滴无水的氧化二乙烯2滴，用针挑取少许材料（为避免损坏实体，可以连同少许培养基或寄主组织挑取），放在圈内的氧化二乙烯中，必要时适量补充氧化二乙烯使材料充分浸透，静置数分钟后，加盖玻片（直径2.0cm）轻压，用加拿大胶封固。制成的玻片标本应平放使加拿大胶逐渐溶于氧化二乙烯，并渐渐浸透标本，待干燥变硬后即成。这样一些霉菌的产孢表型（分生孢子梗和分生孢子）可以保持原状不变，玻片标本不易变形，可以长期保存。制成的玻片，未干燥时要平放。

浮载剂的种类和玻片标本的制作方法很多。检视标本时，还有用3%的氢氧化钾水溶液作浮载剂的，以使干缩的菌丝体和孢子湿润和膨胀；还有用纯乳酸作浮载剂的，以使干缩标本复原和透明，还可防止分生孢子从分生孢子梗上脱落。

二、叶面真菌粘贴检视

有些叶片表面的真菌如白粉菌和其他霉菌等的产孢结构较柔软，在挑和刮的时候容易破坏其产孢结构，通常采用粘贴的方法将其固定，再做片观察。常用的粘贴方法有下面几种。

1. 透明胶带粘贴 最简单的做法是将小段透明胶带贴在有真菌生长部位的叶面上，真菌即黏在胶带上。而后，将胶带取下放在载玻片上的1滴乳酸甘油中，上面再加1滴乳酸甘油，加盖玻片检视。

2. 醋酸纤维素粘贴 制备醋酸纤维素的丙酮溶液时，将醋酸纤维素加到丙酮与双丙酮醇（4∶1）的混合液中溶解，其中双丙酮醇含1%的松香酸苄酯和1%的甘油三醋酸醋，醋酸纤维素加入的量应达到适当的稠度。使用时，将以上溶液滴在叶片上，干燥5～30min，然后将薄膜取下滴1滴纯甘油镜检。如要永久保存，则在薄膜上加少量丙酮溶去醋酸纤维素，再用吸水纸吸去标本周围多余的丙酮，这样反复洗几次后封固即可。

3. 火棉胶和其他粘贴剂粘贴 将5%～5.5%火棉胶溶于乙醇和乙醚（1∶2）混合液，再加40%蓖麻子油，配成火棉胶液。17%～20%明胶水溶液，或35%阿拉伯树胶水溶液加30%甘油配成胶液，也可用来粘贴。使用时，用玻棒将胶液涂在植物表面，经过2～2.5h完全干燥后，将干膜剥下。火棉胶膜、明胶膜、阿拉伯树胶膜分别用95%乙醇、水和60%甘油作浮载剂，加盖玻片检视。

三、组织整体透明检视

如果要观察组织内部的病菌菌丝、吸器、子实体等，可以将病组织透明后整体检查。透明的方法很多，最常用的是水合氯醛透明法。

1. 水合氯醛透明　为了观察病叶表面和内部的病菌，可将小块叶片在等量的乙醇（95%）和冰醋酸混合液中固定24h，然后浸在饱和的水合氯醛水溶液中。待组织透明后取出用水洗净，经稀苯胺蓝（0.1%～0.5%）水溶液染色，用甘油浮载检视。

2. 甘油乳酸液水合氯醛透明　将小块标本或切片放在乙醇和冰醋酸混合液中固定，待叶绿素褪去后，将标本移在载玻片上，加含有1%酸性品红的甘油乳酸液几滴染色，徐徐加热到发烟为止。而后，除去残余的甘油乳酸液，加几滴不含染料的甘油乳酸液（并加热），洗去多余的染料，移在水合氯醛的饱和溶液中，组织透明后即可检视。如要永久保存，可以用水合氯醛的饱和溶液作浮载剂，用贴金胶水或磁漆等封固。

3. 乳酸透明　病组织在75%乳酸溶液中浸几天后即透明，组织中有颜色的菌丝体和子实体都可以看到。病菌结构如果是无色的，可用加0.5%～1.0%苯胺蓝的甘油乳酸液染色后检视。

4. 吡啶透明　将幼嫩病叶切成小块浸渍在10～20mL吡啶溶液中，并更换吡啶溶液数次，约经1h即可透明。透明以后，用乳酚油棉蓝液染色，经过水洗或者直接放在甘油乳酸液中进行检查。

四、玻片培养检视

琼脂培养基表面的真菌，直接挑取检视往往会破坏某些真菌的产孢结构，尤其是破坏青霉属（*Penicillium*）和曲霉属（*Aspergillus*）等半知菌的分生孢子梗和分生孢子的排列即产孢表型。采用以下方法可较好地保持真菌的产孢表型。在培养好的平板上挑取一小块带菌培养基放在灭菌的载玻片上在适温下培养。如需培养的时间较长，就要注意保湿，防止琼脂培养基过早干燥。保湿的方法是在培养皿中放一张滤纸，用灭菌水或20%甘油润湿，上面放两根细玻棒，载玻片架在玻棒上。经过一定时期的培养，当部分菌丝体和孢子结构已经生长到并且附着在载玻片上时，除去琼脂培养基，加1滴适当的浮载剂检视。

五、徒手切片检视

许多植物病原真菌具有腔室结构，而且埋生或半埋生于植物组织中，用一般的挑和刮的方法不能观察到完整的病原结构，也就无法进行准确鉴定，通常需要制作完好切片后再鉴定。切片的方法有徒手切片、石蜡切片和冷冻切片等。在教学和研究上用得最多的是徒手切片技术，不需要特殊的设备，简便易行。

徒手切片可用剃刀或刀片。材料粗大而比较坚硬的，夹在手指之间切；细小柔软的可以夹在木髓、新鲜的胡萝卜或马铃薯薯块中间切。木髓可以干用，或放在50%乙醇中，清水洗净以后湿用。一般材料的徒手切片，是将病组织沾湿，放在表面很平的小木块上，上面加载玻片用手指轻轻压住，随着手指慢慢地向后退，用刀片将材料切成薄片。切下的薄片，随即放在盛有清水的染色皿中或载玻片上的水滴中，用接种环挑选好的进行镜检。

徒手切片要切得很薄，要切到待检查的结构，但并不一定要求切片的完整。木质化茎干徒手切片，要切得既完整又很薄的横切面是比较困难的，通常要用切片机来切。

六、显微计测和记录

病菌的孢子、菌丝体、子实体以及其他形态结构的大小和形态是真菌鉴定的重要指标。因此在显微镜检查时，往往要计测其大小，还要在显微镜下照相或描绘其形态特征。通过计测和描绘，将观察的结果用数字或图来表示，才能把工作中见到的相似、相近的病菌加以区别和鉴定，也有利于与前人以及国内外同行工作者的工作进行比较。

（一）显微计测的方法

显微计测的方法很多。显微镜上有十字推进器的，可以计测较大的物体，精细的十字推进器，可以测量到 100μm，所以物体在 100～200μm 或者更大一些的，可以量得比较准确。至于更加精确的计测，应采用测微尺测量。

1. 接目测微尺计测法 接目测微尺是一有刻度的圆玻璃，上边每一格所代表的距离因显微镜放大倍数和镜筒的长短而不同，所以要用镜台测微尺校定后才能用来计测。镜台测微尺是一玻片，中间有一圆圈，圆圈中央刻有一尺，长度是 1mm，分为 10 大格和 100 小格，故每小格为 0.01mm（10μm）。校定接目测微尺的步骤如下：①将显微镜筒放在 160mm 处，或调节到固定的长度。②将接目测微尺放在接目镜内，由镜头向下看，上面的格纹看得很清楚。③将镜台测微尺放在镜台上。④先用低倍镜观察，当镜台测微尺的任何两条线与接目测微尺的任何两条线吻合时，即记下每一尺上的格度。如此观察 3 次，计算接目测微尺每格的长度：

	镜台测微尺	接目测微尺
第一次观察	12 格	25 格
第二次观察	6 格	13 格
第三次观察	30 格	64 格

接目测微尺每格为 4.71μm。

⑤同样在高倍镜下校定接目测微尺每格的长度。⑥校定的数值只适用于固定的显微镜。接目测微尺换用在其他显微镜上或者镜头和镜筒的长度有所改变，必须重新校定。

2. 显微绘图仪计测法 显微绘图仪计测的方法是先用显微镜绘图仪描绘计测的孢子，然后根据镜台测微尺描一已知长的标度，以它们的比例计算孢子的大小；另一种方法是按照这一标度绘一量尺来计测孢子的大小。用显微绘图仪计测不需要接目测微尺。

3. 螺旋测微计计测法 螺旋测微计与接目测微尺的作用是相同的，其中有一可移动的尺，计测时是用移动的尺量固定的物体。螺旋测微计必须经过校定，确定每旋转一圈相当于若干微米，然后才能用于计测。螺旋测微计比较适用于计测小的真菌孢子。

4. 放映计测法 用显微放映器或显微摄影机，将孢子放大后用尺量。如果放大倍数调节到1 000倍，用尺量得放大后孢子的长度为 15mm，则此孢子原来的长度就是 15μm。

真菌孢子计测时应注意：①挑的孢子包括年幼的、成熟的、老熟的，测量时一定要选择正好成熟的壮年孢子，这样才能反映种的稳定特征。②真菌的孢子大多数都有一定的变幅，至少应测量 30 个以上的孢子，找出最大值、最小值和平均值。③干燥标本上的孢子做片后，应稍加热，等孢子充分舒展再测量，否则孢子偏小。④培养基上培养的真菌，计测时应注明菌种的来源、培养基种类、培养时期和培养温度等。⑤计测所用的载浮剂可能影响计测的结果，特别是对于一些小孢子，应用无菌水作载浮剂。

（二）显微绘图和照相

1. 显微绘图　在显微镜检时，可以徒手描绘，但是较准确的是用显微描绘仪。显微描绘仪的种类很多，它们都是利用棱镜折光的原理，操作的关键是要调节光线，当显微镜中病菌上的光亮度与绘图纸上笔尖上的光亮度相接近时，就能按实物的形状描绘。在使用时应注意：①反光镜的角度应保持45°角；②在未画完时切勿移动描绘仪和绘图纸；③描绘用的铅笔笔头要削尖；④调节显微镜光的强度，使所描绘的物体与笔尖都能同时看得很清楚；⑤先用描绘仪绘出草图，然后再作精细的修整；⑥在相同放大倍数条件下，画出标尺。

2. 显微照相　现在许多实验室都有带数码照相系统的显微镜，在显微镜检时可以直接将看到的真菌照下来，同时要在相同条件下将镜台测微尺照下来，用以测量孢子等的大小。照好的照片可以用Photoshop等图像处理软件处理和组图，组图时应在适当的位置将标尺画上。

通过显微计测、显微绘图和照相的病原真菌，可以查阅相关的真菌分类鉴定文献资料进行比对鉴定。

七、真菌细胞核染色观察

观察细胞核对了解真菌生活史、致病性的变异等非常重要，对无孢目半知菌如丝核菌的鉴定有特殊的作用。细胞核染色的方法很多，制片技术大致相同。菌丝的检视方法是蘸取少许0.2%的琼脂培养基于灭菌的载玻片上，凝固后在灭菌条件下接种待检菌种的菌丝体，保湿培养2～3d，染色后用蒸馏水冲洗，加盖玻片镜检。芽管的检视方法是将孢子抖落或接种在玻片的琼脂培养基上，在保湿的条件下放置数小时，待孢子萌发后染色镜检。孢子细胞核的检视方法是将孢子抖落或放置在不加琼脂培养基的玻片上直接染色观察。

（一）化学染色液配方

此处介绍5种常用染色液的配方。

1. 50%绍丁氏（Schaudin’s sluid）**固定液**　50%绍丁氏固定液的配方是：饱和氯化汞水溶液100mL、无水乙醇50mL、冰醋酸6mL、蒸馏水150mL。在室温下，先将饱和氯化汞水溶液、无水乙醇和蒸馏水三者混合摇匀，再加冰醋酸。

2. 4%铁矾媒染液　4%铁矾媒染液200mL、冰醋酸2mL、浓硫酸0.24mL，各成分依次混匀，然后微微加热过滤即成。

3. 0.5%海登汉氏（Heidenhain’s）**苏木精染液**　苏木精1g、96%乙醇10mL、蒸馏水190mL、碘化钠0.1g，依次混合，微微加热使之充分溶解，过滤后备用。

4. 0.25%橘红G无水乙醇溶液　橘红G 0.5g加200mL无水乙醇，搅拌溶解后过滤。

5. 分色剂（稀释乳酚油）　分色剂的配方是：乳酸100mL、苯酚（加热溶化）10mL、甘油35mL、蒸馏水10mL。

（二）用Giemsa染色法观察真菌芽管或菌丝细胞核

1. 样品前期准备　从已培养好的马铃薯葡萄糖琼脂培养基平板上取直径约0.5cm的待测菌块，置于涂有2%琼脂的载玻片上，放入培养皿中，加少许无菌水保湿，25℃下培养。待菌落直径长到约2cm时，用Giemsa染色液染色处理。

2. Giemsa染色观察　Giemsa染色液母液的配方：Giemsa粉0.5g、甘油32mL、甲醇

33mL。在研钵内先用少量甘油与 Giemsa 粉混合，研磨直至无颗粒（约 1h）为止，再将剩余甘油加入，混匀，56℃水浴 2h 后，加入甲醇，棕色瓶内保存。缓冲液选用磷酸缓冲液（pH7.4，0.2mol/L）。进行染色处理时，取 Giemsa 母液 1 份、缓冲液 9 份，混匀后吸管吸取滴在菌落边缘，染色 30min 后，清水冲洗，镜检菌丝细胞核的数目及细胞隔孔器的有无，同时进行显微拍照。

（三）海登汉氏苏木精染色法观察真菌孢子细胞核

1. 样品准备　将孢子置于表面皿上，放在装有净水的干燥器中，在 18～25℃温度下处理 6～12h，使其充分吸水膨胀。将载玻片在刚熔化的 2%琼脂培养基上平蘸一下，随即翻转朝上，水平放置，冷却后备用。按常规准备保湿培养皿，将玻片培养基放于支架玻璃棒上，把水化好的孢子用毛笔轻轻蘸起，然后均匀弹落在玻片培养基上，根据孢子类别确定培养温度和时间，待芽管生长至孢子直径的 5～7 倍时取出。

2. 固定　将有萌发孢子的玻片放入绍丁氏固定液中固定 1h。

3. 干燥　固定的样本用蒸馏水小心漂洗 2 次后，将玻片放入 42℃恒温箱中干燥 6～24h。

4. 媒染　干燥后取出玻片用蒸馏水冲洗 1min 后，在 4%铁矾媒染液中媒染 10h。

5. 染色　媒染毕，以蒸馏水冲洗后，在 0.5%海登汉氏苏木精染液中染色 8h。

6. 脱水　染色后，以蒸馏水冲洗，然后依次在 50%、70%、95%及 100%的乙醇水溶液中逐级脱水，每种浓度中脱水 3～5min。

7. 负染　在 0.25%的橘红 G 无水乙醇溶液中负染 5min 后，用无水乙醇冲洗。

8. 分色　将玻片置于显微镜台上，小心滴加分色剂，相应观察，当细胞质的颜色基本消褪、细胞核染成蓝黑色明显可见时，立即滴加 2 滴纯甘油停止褪色，加盖玻片镜检。

9. 封固　完成褪色后，滴加甘油，吸去分色剂，用甘油明胶封固，即成半永久性玻片。

（四）荧光染色观察真菌细胞核

由于上述方法染色程序较为繁琐，难以在短时间内处理观察大量试材，以下介绍的方法不仅染色过程快速，在 3～5min 内即可完成染色过程，同时，适应范围广，对常见的植物病原真菌的菌丝、分生孢子、孢子囊、夏孢子以及芽管等的核均有良好的染色效果。

1. 荧光显微镜标本制作要求

①载玻片的厚度应在 0.8～1.2mm，太厚的玻片，一方面光吸收多，另一方面不能使激发光在标本上聚集。载玻片必须光洁、厚度均匀、无明显自发荧光。有时需用石英玻璃载玻片。

②盖玻片厚度在 0.17mm 左右，要求光洁。为了加强激发光，也可用干涉盖玻片，这是一种特制的表面镀有若干层对不同波长的光起不同干涉作用的物质（如氟化镁）的盖玻片，它可使荧光顺利通过而反射激发光，这种反射的激发光可激发标本。

③组织切片或其他样本不能太厚，否则激发光大部分消耗在标本下部，而物镜直接观察到的上部不能充分激发。另外，细胞重叠或杂质掩盖会影响判断。

④封裱剂常用甘油，必须无自发荧光、无色透明，pH8.5～9.5 时荧光较亮，不易很快褪去。所以，常用甘油与 0.5mol/L、pH9.0～9.5 的碳酸盐缓冲液的等量混合液作封裱剂。

⑤一般用暗视野荧光显微镜和用油镜观察标本时，必须使用镜油，最好使用特制的无荧光镜油，也可用上述甘油代替，液体石蜡也可用，只是折光率较低，对图像质量略有影响。

⑥在镜检时眼睛切勿直接观看荧光显微镜汞弧灯发出的光，以免灼伤视网膜。尽量避免重复启停电源开关，否则会缩短汞弧灯的使用寿命。

2. 染色剂的配制　常用的荧光染料有双苯并咪唑和4,6-二氨基-2-苯基吲哚（4,6-diamido-2-phenylindol，DAPI）等。由于染料仅能作用于核酸中的碱基，因而其染色作用有高度的特异性，并且染色要求的浓度较低（3～5μg/mL），即可获得较好的染色效果。荧光染料的配制：可先用pH6.8～7.4的磷酸缓冲液（0.1mol/L）将染料配成浓度为50μg/mL的母液，于4℃下保存备用，使用时再用磷酸缓冲液将母液稀释成5μg/mL的染色液。

3. 样品染色

（1）菌丝染色　菌丝用灭菌载玻片蘸取少许0.2%琼脂培养基或马铃薯葡萄糖琼脂培养基，凝固后在无菌条件下接种待检菌种，保湿培养3～5d后，在具菌落的部位滴加2滴染液，染色2～3min后，用蒸馏水冲洗，加盖玻片镜检。也可直接从培养皿中或植物发病部位取菌丝，置干净玻片上染色。

（2）芽管染色　芽管按上述方法，先制备具琼脂培养基的玻片，然后将病菌的孢子抖落在玻片上，于高温条件下放置数小时，待孢子萌发后，在具芽管的部位滴加1～2滴染液，染色2～3min后，用蒸馏水冲洗，加盖玻片镜检。

（3）孢子染色　先在干净的玻片上滴加2滴染液，随后将病菌孢子直接抖落在染色液上，加盖玻片，室温放置2～3min。

4. 镜检　荧光显微镜的激发滤光片应为365nm，阻碍滤光片应为418～432nm，真菌菌丝细胞核和隔膜均发出淡蓝色荧光，易于辨认。

（五）病原菌细胞核和隔膜双重染色技术

使用荧光染料DAPI等对植物病原菌染色时，虽然可清楚地观察到菌丝细胞核，但不能观察到菌丝隔膜，因而无法统计每个菌丝细胞中的核数目。荧光染料Calcoflour white对真菌细胞壁和隔膜具特异的染色作用，使用此染料可观察到细胞中核的数量。

1. 样品的前期准备　用灭菌载玻片蘸取少许0.2%琼脂培养基或马铃薯葡萄糖琼脂培养基，凝固后在无菌条件下接种上述菌种（除小麦白粉菌外）。在28℃或室温条件下保湿培养3～5d后备用。小麦白粉菌可直接从发病的小麦叶片上刮取，置于载玻片上用于染色处理。

2. 样品染色　在涂有菌落的载玻片上，分别向菌落部分滴加2～3滴0.000 1%～0.1%的Calcoflour white染色液，染色2～3min后，用蒸馏水冲洗，加盖玻片镜检。DAPI和Calcoflour white染色程序和染色时间的确定：第一步在具菌落的部位先滴加5μg/mL的DAPI染液5μL，染色1～3min后，用蒸馏水冲洗。然后，再滴加0.001%的Calcoflour white染色液5μL，染色1～3min后，蒸馏水冲洗，加盖玻片镜检。第二步用0.001%的Calcoflour white对样品进行染色1min，经蒸馏水冲洗后，再用浓度为0.001%的Calcofloar white和5μg/mL的DAPI混合液对样品进行染色2～3min。

3. 样品观察及照相　荧光显微镜的激发滤光片为U激发，阻碍滤光片的波长为435nm，曝光时间为8～15s。

第四节　真菌孢子的产生与萌发

子实体和孢子的形态是真菌或卵菌鉴定的主要依据，大多数植物病原真菌或卵菌都能在病组织或人工培养基上产生孢子或子实体。通过人为措施促使孢子产生和萌发，除了用于病菌鉴定，还可用来研究病菌生活史、病害循环、病害发生流行规律以及杀菌剂药效测定等多方面的问题。

一、真菌孢子产生的条件

真菌要在一定的条件下才能产生孢子。在自然界往往可以发现这样的现象，就是许多子囊菌在营寄生生活时产生无性孢子（分生孢子），而当寄主组织死亡以后才能形成有性孢子（子囊孢子）。

真菌营养生长和产生孢子繁殖要求的条件不同，但营养生长积累了为产生孢子所需要的养分。真菌产生孢子是由它的遗传特性决定的，同时受环境条件的影响很大。一般来说，产生孢子的条件要比生长的条件严格，产生有性孢子的条件又比产生无性孢子的条件严格。

由于真菌生殖机制的差异，相同的环境因素如营养条件、温度、光照、pH 和通气情况等，对真菌的生长和繁殖有不同的影响。有利于生殖的条件往往不利于生长；适应生长的环境条件往往比生殖条件更广泛。Hawker 1966 年（邢来君，1999）根据环境对真菌繁殖的影响提出了 5 点规则：①菌丝生长的最适环境条件对其无性繁殖可能是最适的，但对其有性生殖一般不适合。②任何特殊的允许形成孢子的条件范围都比允许菌丝生长的范围窄，适合有性生殖的条件范围比无性生殖的也要窄。③孢子形成，特别是有性生殖，在营养要求方面比菌丝生长的要求严格。④利于启动生殖的条件对于随后生殖体的发育和成熟并非同样有利。⑤因为营养生长、无性繁殖和有性生殖所需的条件不同，因而从理论上讲，通过恰当地调整环境条件来控制生长类型是可能的。

二、促使真菌孢子产生的途径

真菌在自然条件下是比较容易形成子实体和产生孢子的，如寄生性的真菌在病组织上一般都能发现它们的孢子。当然，发生的量、产生孢子的类型和形态，以及孢子形成的快慢等，都受寄主和环境等条件的影响。与自然生长情况不同，真菌在培养基上经常很少产生或者不产生孢子。有些病原真菌经过连续的人工培养，失去了形成孢子的能力，这是病菌与寄主相互选择、长期进化过程形成的选择作用。有些真菌通过一定的培养方法和途径可促进产生孢子。下面介绍几种促使培养真菌产生孢子的途径。

（一）改善培养基的种类和成分

培养基与孢子产生的关系最大，采用不同的培养基或者改变它们的成分，是促使孢子产生最主要的途径。

1. 降低养分的浓度 培养基中营养物质浓度对孢子产生的影响很大，营养物质太多或者浓度过高，菌丝体生长很好，但很少产生孢子。在高营养浓度的培养基中，真菌生长迅速，分泌大量的代谢产物而改变培养基性质，影响繁殖。一般来说，适当降低培养基中养分的浓度，或者将真菌在养分很高的培养基中培养以后，再移植到养分较低的培养基中，都能促进孢子的产生。后一种突然降低营养物质的方法，用来促进酵母菌产生子囊孢子和许多其他真菌产生孢子，效果都很好。其方法是先在养分丰富的培养基上培养一定时间，然后将菌丝体移植在灭菌的蒸馏水或者养分较少的培养基中，尤其以移植在养分较少的培养基中的效果最好。

2. 改变碳源、氮源 适宜于菌丝生长的碳氮源未必有利于孢子的产生，碳氮源比例不同也影响孢子的产生。复杂的糖类未必有利于菌丝生长，但有利于孢子产生。例如，葡萄糖和果糖很容易被利用，但不利于孢子的产生。复杂的糖类经过水解后形成葡萄糖，但水解的过程缓慢，因此培养基中葡萄糖的浓度不宜太高。对于孢子的产生，蔗糖一般比葡萄糖好，用蔗糖、乳糖和淀粉代替葡萄糖，有时可以促进孢子的产生。许多促使孢子产生的培养基都用淀粉作为主要碳源，当然也有相反的情况。氮源对孢子产生的影响没有碳源显著。通常硝酸盐、尿素特别是氨基酸是真菌繁殖的合适氮源。有些真菌能较好地利用 1 种专一的氨基酸或几种氨基酸，混合的氨基酸一般比单一的氨基酸好。

3. 选用不同的培养基　用不同的培养基，尤其是植物质培养基，可得到很好的结果，如燕麦琼脂培养基可促进许多真菌产生孢子。利用植物的组织或它们的煎汁作培养基，可以促进有些真菌孢子的产生。但是植物组织经过热力灭菌后，成分发生了改变，因而许多真菌虽然在寄主组织上产生孢子，但是在灭菌后的组织上就不一定能产生孢子。因此，必要时可用化学和物理的方法灭菌。

植物组织利用的另一种方式是切成小块，混在琼脂培养基中灭菌后倒在培养皿中，真菌就比较容易在植物组织上或其周围产生孢子。例如，清水加琼脂（1 000mL 水中加 17g 琼脂）加热熔化，在试管中盛切碎的胡萝卜（占试管高度 2.5cm），每管加熔化的琼脂约 10mL，灭菌后倒在培养皿中，用来培养腐霉，可以促使卵孢子产生，这种培养基很洁净，并且便于在显微镜下检查。类似的方法是将经过表面消毒的寄主组织放在琼脂培养基（在试管中或培养皿上）表面，真菌在寄主组织上也容易产生孢子。如在琼脂培养基中加灭菌（辐射灭菌）的香石竹叶片，长约 1cm，一般每皿加 5～6 块，可促使镰孢菌产生孢子。

4. 使用微量元素和维生素　如用化学纯的试剂配成组合培养基，加微量元素和维生素等，可以促进孢子的产生。如锌和铜与黑曲霉（*Aspergillus niger*）孢子形成的关系密切。许多真菌需要维生素，特别是维生素 B_1。此外，某些真菌［如绵霉属（*Achlya*）真菌］在生殖时，要有刺激生殖的激素等。

（二）改善培养基的理化性状

除了养分外，培养基的其他理化性状也影响孢子的产生。①合理选用固体和液体培养基：许多真菌在固体或半固体培养基上比在液体培养基上容易产生孢子，这可能与培养基的通气和蒸发有关。②改变氢离子浓度：改变培养基的酸碱度能影响孢子的产生，在一定限度内，增加酸度可以促使某些真菌产生孢子。③正确使用灭菌方法：培养基的灭菌方法也能影响孢子的产生，热力灭菌改变了培养基的成分，改用过滤或化学灭菌法，有时可以促使真菌产生孢子。

（三）改善培养条件

改善培养条件主要是改善温度和光照条件。①调节温度：适宜于真菌产生孢子的温度范围，比适宜于它生长的范围窄。在高温或低温下培养，或高温与低温交替培养，有时可以促进孢子的产生。温度还影响产生孢子的种类，同一种真菌在产生无性孢子和有性孢子的过程中需要的温度不同。②改善光照条件：光照影响许多真菌的繁殖，它可以激发和抑制繁殖结构和孢子的形成。根据对光的反应可把真菌分成 5 种类型：对光不敏感；暴露在光下阻止和降低孢子形成；光照和黑暗交替能促使孢子形成；在光照下大量形成孢子，在完全黑暗下也能形成孢子；需要光照产生繁殖结构和孢子。

光对真菌繁殖的效应是非常复杂的，相近种或同一种不同的分离株对光的反应也可能不同。光的强度、持续时间和质量在光对繁殖的效应中起着一定的作用。例如，将白腐核菌

（*Sclerotinia sclerotiorum*）在琼脂培养基上形成的菌核移在盛有很厚一层清琼脂培养基的三角瓶中，在阳光下（不是直接）照射，经过1～2个月就能产生子囊盘和子囊孢子；或在自然光下长出子囊柄后，再移入日光灯下照射数天即可产生子囊盘和子囊孢子。

光波长短对孢子的产生也有不同的影响，一般影响真菌繁殖的波长大多接近紫外、紫色或蓝色的光谱范围内（320～490nm），有时黄色、红色或远红外区的波长也可影响繁殖。如黑光灯（365nm）下照射处理马铃薯葡萄糖琼脂培养基平板上培养的苹果轮纹病菌（*Botryosphaeria berengeriana*）气生菌丝5～7d，能产生大量分生孢子器，部分孢子器溢出孢子。有些真菌，如番茄早疫病（*Alternaria solani*）的病菌需要有紫外线的照射才能产生孢子，如果温室或塑料大棚采用能使紫外线不能透过的薄膜，就能控制该病害的发生。

光照的时间与孢子的产生也有关系。对光敏感的真菌，有的始终在黑暗下或有光照的条件下培养都不能或很少产生孢子。最好是用12h有光和12h无光交替照射的方法。一般是在移植后3～4d，真菌开始生长以后开始照射，菌丝还没有生长就照射是没有意义的，但是如果照射得太迟，菌落已经生长得很老，对光照也不再敏感。另外，实验时还要注意培养皿或其他器皿的透光性。例如，一般4mm厚的窗玻璃，低于300～350nm的光波很少能透过；一般厚2mm的硬质培养皿，波长低于260～270nm的光就不能透过；至于塑料培养皿，则波长300nm以下的就不能透过；透明的石英玻璃，则波长低于150nm的都不能透过。

（四）改变培养方法

有4种培养方法可以选用。①通气和振荡：许多真菌接种在适当的培养液中，用通气、搅拌或振荡培养的方法，可以促进生长和产生孢子。②移植方法：繁殖菌种时，如挑取孢子而不用菌丝体移植，有时也可以促使产生更多的孢子。最好的方法是配成浓的孢子悬浮液，用弯曲成L形玻棒涂在琼脂平板上，培养后往往产生大量的孢子，其菌丝则很少，这种方法在做孢子萌发试验时是很有用的。当然不是所有的真菌都能用这种方法移植来产生大量的孢子。③培养时间：菌种在同一培养基上长时间培养，或者使菌种逐渐干燥，也能促使某些真菌产生孢子。④菌落划伤：为了促使孢子的产生，可将琼脂平板表面的菌落划碎或刮磨，使菌丝体受到损伤，可以诱导一些真菌产生孢子。如马铃薯早疫病菌（*Alternaria solani*）培养中，用刮磨方法或切碎，可看到分生孢子梗从断裂的菌丝中长出。

同一种真菌或卵菌的不同菌株和菌系产生孢子的能力是有差别的，在促使有性孢子产生时，要特别注意以下3点：①有的卵菌异宗配合，某些疫霉菌（*Phytophthora* spp.）卵孢子经过异宗配合才能繁殖。②有些疫霉菌即使是同宗配合的，卵孢子的产生还需要有甾醇刺激，但浓度不宜太高。③有的真菌必须经过休眠、干湿交叠或户外越冬才能形成有性世代。

三、真菌孢子的萌发

植物病原真菌孢子的萌发试验在植物病害的防治研究方面有着重要的作用，因为孢子萌发的方式是某些真菌鉴定的依据，研究病原真菌的生活史及环境与发病的关系、进行药效测定，以及在人工接种之前检查孢子的存活力等都需借助于孢子萌发试验。

（一）影响孢子萌发的因素

植物病原真菌孢子的萌发与否、萌发率的高低、萌发势的强弱，以及萌发的方式等既受病菌内在因素的影响，又受外界环境条件的制约。

1. 内在因素 内在因素包括孢子的成熟度、寿命和生活力等。

（1）孢子的寿命和生活力　孢子的寿命和生活力与萌发有密切的关系。各种真菌孢子寿命长短不一。一般来说，无性孢子寿命较短；黏菌孢子、某些黑粉菌厚垣孢子和一些担子菌的担孢子寿命比较长，有的可存活几十年；有些孢子的寿命很短，如藻菌的游动孢子和锈菌的小孢子只能存活几天或几小时，短的只能存活 10min 左右；锈菌的锈孢子和夏孢子的寿命居中。当然，孢子的寿命长短还与环境条件、保存方法有关。如秆锈菌夏孢子的寿命不长，但是在低温和低湿的条件下可以保存很长时间。此外，孢子的寿命和生活力与孢子形成时的环境有关。例如在低温下形成的小麦条锈菌的夏孢子，比在高温下形成的寿命长，生活力也较强。在生理学上发芽较差、发芽速率较慢和呼吸力较低等都是孢子衰老的特征。

（2）孢子的成熟度和休眠期　真菌孢子成熟度与萌发能力有密切关系。一般情况下，孢子不成熟对环境敏感，刚形成时不能正常发芽，只有成熟后才获得较强的萌发能力。如秆黑粉菌的新鲜厚垣孢子不能萌发，经过贮藏或者在浓硫酸上干燥 48h 后即能萌发。真菌无性孢子一般无明显休眠期，在适宜条件下，孢子形成后即可萌发。而某些真菌的有性孢子或经过有性过程形成的孢子，通常都有一定的休眠期。孢子休眠与结构有一定关系。没有休眠期的孢子细胞壁薄，水和空气容易渗透；细胞壁厚而不易透水的孢子对环境的抵抗力也较强，往往有休眠期。但孢子的结构并不是休眠的唯一原因，如许多高等担子菌的担孢子细胞壁并不厚，有的也有一定的休眠期。许多真菌的孢子经过高温或高低温交替处理，可打破休眠状态。有的可用光照或其他物理和化学方法处理，缩短休眠期。

2. 外界环境因子　外界环境因子包括温度、光照、湿度、营养条件等（表 3-1）。

表 3-1　常见作物病害病菌孢子的萌发适温

病菌种类	孢子类型	萌发适温范围（℃）
小麦条锈病菌（*Puccinia striiformis*）	夏孢子	9～13
小麦叶锈病菌（*P. triticina*）	夏孢子	18～22
小麦秆锈病菌（*P. graminis*）	夏孢子	15～24
小麦矮腥黑穗病菌（*Tilletia controversa*）	厚垣孢子	8～13
小麦散黑穗病菌（*Ustilago nuda*）	厚垣孢子	23
大麦条纹病菌（*Drechslera graminea*）	分生孢子	25
麦类赤霉病菌（*Gibberella zeae*）	分生孢子	25～26
麦类白粉菌（*Blumeria graminis*）	分生孢子	10
稻瘟病菌（*Pyricularia grisea*）	分生孢子	25～28
稻胡麻斑病菌（*Bipolaris oryzae*）	分生孢子	24～30
稻恶苗病菌（*Gibberella fujikuroi*）	分生孢子、子囊孢子	25～26
玉米瘤黑粉病菌（*Ustilago maydis*）	厚垣孢子	26～34
粟粒黑穗病菌（*Ustilago crameri*）	厚垣孢子	20～25
玉米大斑病菌（*Exserohilum turcicum*）	分生孢子	23～25
马铃薯晚疫病菌（*Phytophthora infestans*）	游动孢子囊	4～30
棉花炭疽病菌（*Colletotrichum gossypii*）	分生孢子	25～30
油菜菌核病菌（*Sclerotinia sclerotiorum*）	菌核	15
油菜霜霉病菌（*Peronospora parasitica*）	孢子囊	7～13
油菜白锈病菌（*Albugo candida*）	孢子囊	10
瓜类炭疽病菌（*Colletotrichum orbiculare*）	分生孢子	22～27
黄瓜霜霉病菌（*Pseudoperonospora cubensis*）	孢子囊	15～22
梨黑星病菌（*Fusicladium virescens*）	分生孢子	22～23
苹果腐烂病菌（*Valsa mali*）	分生孢子	23～28

(1) 温度　温度是最重要的条件，影响孢子萌发的快慢、萌发的百分率和芽管的生长。各种真菌孢子萌发的最适温度不同，适宜于在低温下萌发的孢子，如小麦腥黑穗病的厚垣孢子，温度过高（通常超过 21℃）就不能萌发；霜霉属（*Peronospora*）卵菌也喜较低的温度，许多锈菌的夏孢子也是在 22℃或更低的温度下发芽最好；小麦矮腥黑穗病菌（*Tilletia controversa*）厚垣孢子萌发的最适温度是 8～13℃，要在有光照的条件下，经过 21～42d 才能萌发。有些真菌不同菌系和生理小种的孢子萌发对温度的敏感度亦不同。如瓜类白粉菌（*Erysiphe cichoracearum*）的同一种的不同菌系孢子萌发的最适温度为 15～28℃；小麦条锈菌（*Puccinia glumarum*）和腥黑粉菌属（*Tilletia*）种的一些生理小种的孢子萌发对温度的敏感程度不同。另外，真菌孢子萌发对温度敏感性与其他因素有一定关系。果生核盘菌（*Monilinia fructicola*）的分生孢子如果 pH 不适宜，只能在 13～29℃时发芽；在 pH2.4 时，适应温度范围则较宽。葫芦科炭疽菌（*Colletotrichum lagenarium*）在营养培养基中发芽的最低温度比在水中为低，当相对湿度对孢子发芽不利时，温度范围变得更窄。

(2) 湿度　真菌的孢子一般要在水中才能萌发，而且有些真菌的孢子只有在液态水中才能萌发，如霜霉菌的无性孢子；有些真菌的孢子在湿度很高的条件下即使没有水滴也能萌发，如青霉菌的孢子在 80%的相对湿度下可以萌发，也有些真菌的孢子在 90%～95%的相对湿度下可以萌发，而不需要液态水；有少数真菌的孢子，如白粉菌的分生孢子，在相对湿度很低的条件下也能萌发，有的甚至在相对湿度低于 0 还能萌发，在水滴中反而萌发不好。

水分的多少有时还决定孢子萌发的形式。例如，黑粉病菌的厚垣孢子和锈菌的冬孢子，在水滴中萌发往往只产生初生菌丝而不形成小孢子；有些藻菌的孢子囊，水分充足的条件下萌发产生游动孢子，水分不足则只形成芽管。另外，休眠期的孢子有时经过干湿处理可以促使它们萌发。

(3) 空气　孢子萌发时要有空气，在自然条件下真菌孢子萌发不会因 O_2 的缺乏而受到阻碍。在室内测定时，在水滴表面的要比沉在水滴中的孢子萌发要好。土壤水分太高，空气不流通，黑粉菌的厚垣孢子就不容易萌发。空气的流通也决定萌发的方式，在缺少 O_2 的条件下，许多藻菌的孢子囊形成游动孢子，不直接萌发产生芽管。一定浓度的 CO_2 可以促进孢子萌发，但高浓度的 CO_2 则抑制萌发。

(4) 氢离子浓度　真菌孢子一般是在酸性条件下萌发较好，萌发最适宜的 pH 往往低于最适宜生长的 pH。在自然条件下，酸碱度不是影响萌发的决定因素。大多数真菌的孢子在 pH4.5～6.5 时发芽最好，pH 低于 3 或高于 8 则不能萌发。但酸碱度对真菌孢子萌发的影响还受多种因素的影响：①不同真菌种类和菌系对酸碱度的敏感性不同；②缓冲液的类型影响孢子对酸碱度的敏感性；③营养物质不同，影响孢子对酸碱度的敏感性。

(5) 养分和其他刺激萌发的物质　真菌孢子萌发时对养分有着不同的要求，有些真菌的孢子本身贮藏的养分不够，萌发时必须由外界供给养分。真菌孢子萌发时对养分的需求与其致病力有一定的关系，侵入早期还不能从寄主吸取养分，必须依靠孢子的养分储备。因此，在侵染的早期给以适当的养分，可增强其致病力。

孢子萌发时需要养分的例子很多，如厩肥的浸出液可以促进黑粉菌（*Ustilago striiformis*）厚垣孢子的萌发；植物的组织常常用来促进孢子的萌发，即在孢子萌发的水滴或孢子悬浮液中加一些切碎的植物组织或者它们的汁液（如橘汁等）；稀释的植物组织煎汁也能促进孢子的萌发。小麦秆黑粉菌（*Urocystis tritici*）厚垣孢子在打破休眠后，还需要土壤溶液的浸润以及麦苗组织渗出物质的刺激，才能正常迅速地萌发。经过低温处理的小麦秆枯病菌（*Gibellina cerealis*）的子囊孢子，如有小麦组织的刺激，其萌发率可以提高数十倍。植物的组织或浸出液的刺激作用来自生长素或其他挥发性物质，适合某些真菌孢子萌发对有生长素的要求。但利用成分复杂的天然物质来促进孢子的萌发，很难区分是养分作用还是刺激作用。

（6）*光照*　光可以刺激或抑制有些真菌孢子的萌发，而多数真菌孢子的萌发与光的关系不大。光可以刺激许多黑粉菌厚垣孢子的萌发，而对许多锈菌夏孢子的萌发有抑制作用。光波长短对孢子萌发也有影响。光波越短，孢子越易萌发。一般以蓝光对许多真菌孢子的刺激作用最显著。也有些真菌对长光波较敏感，有的对红外线更加敏感。用紫外光处理可以缩短休眠期。一般来说，对湿润的孢子，光照才有刺激萌发的作用。

（7）*孢子浓度*　孢子密度过大，会抑制孢子的萌发，称自体抑制。因有些真菌可产生1种或几种抑制物质，能够抑制孢子萌发。

（二）促进孢子萌发的方法

1. 孢子萌发试验需要考虑的因素　了解病菌生活力强弱、生存期长短、有效传播距离、抗药性、生活史以及环境与发病的关系等问题，都必须进行孢子萌发试验。孢子萌发通常需要碳源、氮源以及适宜的温度和pH。

萌发试验的要求因工作目的不同而异，如果目的是观测孢子存活与萌发能力、芽管形态，要求相对简单；如果目的是研究萌发生理或进行药效测定，萌发试验就需要严格一些。另外，萌发试验方法最好满足同时大量孢子进行测定的要求，提高结果可靠性。

孢子萌发试验即使材料和方法相同，有时也会得到不同的结果，因此要注意以下几点：①玻璃器皿的清洁；②孢子的来源和成熟度；③孢子悬浮液的浓度；④萌芽基质的性状；⑤杀菌剂和其他刺激物质的浓度和纯度；⑥温度的高低；⑦萌发时间的长短等因素。

2. 促进孢子萌发的方法　介绍如下常用方法。

（1）*悬滴法*　悬滴法可用有凹陷的载玻片，或用玻环黏固在载玻片上代替。玻环的内径为15～18mm，高9～10mm。黏固剂可以用蜂蜡或凡士林，黏固时，蜂蜡等加热熔化，载玻片在火上稍微加热，然后将玻环的下缘在熔化的蜂蜡中浸一下，立即放在载玻片上任其冷却。做萌发试验时，在玻环上缘涂上凡士林，在盖玻片上加1滴培养液（或其他用来使孢子萌发的溶液），玻环中加5滴相同溶液，用接种环取少许供试孢子悬浮液放在盖玻片的培养液中，将盖玻片翻转而放在玻环上，置培养皿中，在适宜温度下使孢子萌发。

另一种方法是在培养皿中放一张滤纸，滤纸上有4～6个圆孔，大小比玻环稍微大一些，玻环就放在纸孔中。灭菌后培养皿中加适量灭菌水（或培养液），使玻环的下部被水密封。将加有1滴孢子悬浮液的盖玻片，翻转盖在玻环上，放在适宜的温度下使孢子萌发。盖玻片不必密封或者在玻环口上加少许水封固。这种方法不用黏固剂，观察后洗涤比较方便，还能避免黏固剂可能含有一些挥发性物质而影响孢子的萌发。也可在培养皿盖的里面直接悬滴，即用玻璃笔在皿盖里面画方格，在方格中央滴孢子悬浮液，然后慢慢翻转皿盖，盖在盛有少量蒸馏水（或培养液）的皿底上，保温保湿培养，此法的优点是简便，而且适用于大量孢子萌发测定。

悬滴法是观察孢子萌发的较好的方法，孢子在这种条件下大都萌发很好，可在显微镜下观察萌发的过程。缺点是一次测定的孢子数目较少，空气的供应有时不足，孢子在水滴中的萌发不很均匀，在水滴边缘的萌发较多，并且孢子还有集中到水滴边缘的趋向。

（2）*在载玻片上萌发* 培养皿中放一张滤纸（或清洁纸巾），在滤纸上打两个孔，上面放一载玻片，用干热灭菌。使用时，在载玻片上加2滴孢子悬浮液，滴到滤纸的孔上，培养皿加适量水，湿润滤纸并除去载玻片下滤纸空隙处的气泡。萌发后打开皿盖，在显微镜下观察。

类似的方法是在培养皿内放一井字形或U形玻棒，皿底加蒸馏水少许或衬上吸水纸或加几个脱脂棉球吸水保湿，玻棒上放载玻片，其上分别滴25μL孢子悬浮液，盖好皿盖，置于适宜温度中培养，观察方法同上。

（3）*在培养皿中萌发* 将100mL适当稀释的孢子悬浮液加在平底的培养皿中，萌发后在显微镜下直接观察或取出一定滴数的萌发孢子液，在载玻片上观察。此法的优点是一次可以测定大量孢子的萌发率。

（4）*培养基法* 对于某些不适于直接在水滴中萌发的真菌可采用此法。将洁净的载玻片，在熔化并冷却至50℃左右的2%琼脂培养基中蘸一下，待凝成薄层后，去掉一面琼脂培养基，将有琼脂培养基的一面朝上，平放在培养皿的U形玻棒上，再将供试孢子轻轻弹落或涂抹在琼脂平面上。为了避免杂菌的生长，可以直接在培养皿中做成的琼脂平板上进行。此方法适合许多真菌孢子的萌发试验，尤其是干的粉状孢子，如锈菌的夏孢子、白粉菌的分生孢子和黑粉菌的厚垣孢子等。

（5）*其他方法* 在培养皿中放一根V形或U形玻棒，其上放一载玻片，再取一个宽1cm、长4cm的滤纸条放在皿内。灭菌后皿底加少许灭菌水，将滤纸条横放在载玻片上，绷紧，两端拖入水中，吸滴水，再在纸上滴供试的孢子悬浮液，盖上皿盖培养。另外，培养皿上铺一层清洁的沙或脱脂棉，润湿后撒上腥黑穗病菌厚垣孢子，是促使其萌发很好的方法；白粉菌的分生孢子，可以撒在载玻片上，置保湿皿中萌发；许多锈菌冬孢子的萌发方法是将带有冬孢子的植物组织（如茎秆等）在水中浸几小时，悬在保湿箱中，冬孢子即萌发产生小孢子。

3. 促进孢子萌发的方法示例

（1）*小麦秆黑粉病菌（Urocystis tritici）厚垣孢子的萌发方法* 先将孢子置32～34℃温度及40W灯光照射下36h，促进孢子后熟，然后将孢子打落于85%土壤浸出液（土壤浸出液用麦田耕层表面下3～4cm深处土壤过筛，称重，在室温下浸渍36h，过滤）表面，置19～21℃温箱内预浸5d后，加入刺激物，如鲜嫩麦芽组织，再经48h，即可正常萌发，孢子萌发率可高达98%。

（2）*麦类白粉菌（Blumeria graminis）分生孢子的萌发方法* 将成熟的分生孢子打落于载玻片上，置培养皿内保湿，在10～18℃、无光条件下进行萌发，效果较好。

（3）*游动孢子囊的萌发方法* 在发病季节，观察粟白发病菌、黄瓜霜霉病菌和马铃薯晚疫病菌等游动孢子囊的萌发和游动孢子，可在早晨自病叶上取新鲜孢子囊，用悬滴法，一般经30min后即可萌发。

（4）*油菜菌核病菌（Sclerotinia sclerotiorum）菌核的萌发方法* 将病菌菌核置培养皿内的湿沙上，在15℃左右的温度下，半个月后即可开始萌发，1个月时最盛。菌核萌发不需光照，但萌发后必须在足够的散射光下或一定时间的日光灯照射下才能长成子囊盘。从菌核萌发生小突至形成子囊盘约需5d。

（5）小麦秆枯病菌（*Gibellina cerealis*）子囊孢子的萌发方法　将经过0～2℃冷冻9个月以上的病秆上的子囊壳刮下，磨碎，离心取得孢子，然后置培养皿内的蒸馏水中预浸2～3d后，加入小麦幼苗叶碎片，大部分孢子7～10d后即可萌发。

（6）棉花枯萎病菌（*Fusarium oxysporum* f. sp. *vasinfectum*）大孢子的萌发方法　在棉花生长后期，从发病的棉秆上直接刮取棉花枯萎病菌大孢子，或从病秆上分离培养长出大孢子，先稀释成（100倍显微镜下）每视野有10～20个孢子的悬浮液，滴1滴于涂有琼脂的载玻片上（琼脂厚度为2～3mm），用玻棒均匀涂满整个载玻片，然后将载玻片置于大培养皿中的井字形玻棒架上，皿底加一定量的灭菌水，加盖后置28℃恒温箱中培养，24h后观察孢子萌发情况，48h萌发率达80%以上。

（三）孢子萌发的记载

1. 孢子萌发鉴别　孢子萌发时先吸水、适度膨大，然后生出芽管。随后，芽管不断生长而形成菌丝。有些孢子萌发时只形成突起或很短的芽管，不易确定是否萌发。当芽管长度超过孢子半径的一半，一般认为孢子已经萌发。

2. 孢子萌发力计测　计算孢子萌发一般是从开始萌发起，经过一定时间检查萌发百分率。这一方法的缺点是孢子不是同时萌发的，不同处理萌发率虽然相同，但所用时间可能差别很大。因此，一般以孢子萌发达到一定百分率所需的时间为准，此法可与萌发率结合使用。有时用芽管平均长度衡量孢子萌发能力，也有不足之处。芽管长度虽然与孢子萌发能力有一定关系，但芽管生长已经属于营养生长。因此，评价孢子萌发能力主要使用萌发率。计测萌发率的方法是，孢子萌发一定时间后，随机取一定数目（至少500个）的孢子，检查萌发的孢子数，求出萌发百分率，如果用该法记录两种或几种不同处理时，要注意严格掌握检查时间。在既定的时间内，部分孢子形成一个芽管；一般所选择的时期是能允许所有的活孢子全部发芽。

（四）孢子计数

孢子萌发和接种试验通常需要计测悬浮液中孢子的含量；估测植物种子带菌或受病菌侵染的程度时，也往往需要把孢子洗下来，然后计数。

1. 计数器计数法　孢子的计数最好是用计数器。计数器的种类很多，其中何尔德（Howard）计数器比较简单，它没有分为小格的刻度，但加盖玻片后的深度是0.1mm，从显微镜视野的直径和视野中孢子的数目，可计算每毫升孢子悬浮液中孢子的数目。显微镜视野的直径决定于镜头（物镜和目镜）的放大倍数和镜筒的长度，可用镜台测微尺测定。从视野的直径，可以计算视野的面积，就可进一步求得视野内液体的容积。

2. 孢子混浊度计数法　此法只适用于孢子较小而产生量多的情况。由于从培养基或其他基质上洗下的孢子往往混杂有菌丝体或产孢结构（如分生孢子梗等），有时真菌色素也溶解在悬浮液中，都可能影响透光度。虽然用细绸布过滤和离心洗的办法可以排除这种干扰，但操作费事而准确度低，所以一般很少采用。

3. 显微细胞分析仪全自动计数　该仪器由全自动菌落分析仪、高清晰度电子目镜、生物显微镜和专业分析软件等构件组成。同时具备菌落总数统计、显微细胞分析、抑菌圈自动测量、纸片法药敏分析等多种功能，可满足多种研究需要。

4. 玻片镜检计数法　孢子悬浮液充分稀释，用移液器取5μL孢子悬浮液，滴在载玻片上，直接在显微镜下计数，重复3～5次，经过计算，测得单位体积中孢子个数的平均数。

这个方法最为简便，也比较精确。

第五节　真菌毒素的研究方法

植物病原真菌毒素是对寄主植物具有一定毒性的小分子化合物，既不属于酶也不是激素，但与酶或激素类似，即使浓度很低也有很强的生理活性。

一、真菌毒素类别

（一）寄主专化性差别

植物病原真菌毒素可分为寄主专化性毒素（host-specific toxin，HST）和非寄主专化性毒素（non-host-specific toxin，NHST）两大类。寄主专化性毒素（亦称寄主选择性毒素）对病菌寄主植物种或栽培品种具有特异生理活性，即使浓度很低，也能引起植物的特异性反应，不同的寄主植物对毒素产生菌的抗性或敏感性有明显差异。非寄主专化性毒素（亦称非寄主选择性毒素）对病菌寄主植物种或栽培品种具有一定程度的非专化生理活性，浓度较高是可以引起寄主植物的敏感反应，这种反应也能用来区分抗病性差异。已知至少有 18 种真菌产生寄主专化性毒素，11 种寄主专化性毒素的化学结构已确定（表 3-2）。

表 3-2　寄主专化性毒素及产毒素真菌

毒　素	真　菌
十字花科植物黑斑病菌毒素（AB）	*Alternaria brassica*
粗皮柠檬黑斑病菌毒素（ACR）	*A. citri*
宽皮橘黑腐病菌毒素（ACT）	*A. citri*
草莓黑斑病菌毒素（AF）	*A. fragariae*
梨黑斑病菌毒素（AK）	*A. kikuchiana*
番茄茎枯病菌毒素（AL）	*A. alternata* f. sp. *lycopersici*
苹果轮斑病菌毒素（AM）	*A. mali*
烟草赤星病菌毒素（AT）	*A. longipes*
玉米圆斑病菌毒素（HC/BC）	*Helminthosporium carbonum*（*Bipolaris carbonum*）
玉米小斑病菌 T 毒素（HMT/BMT）	*H. maydis*（*B. maydis*）
甘蔗眼斑病菌长蠕孢糖苷（HV/BV）	*H. sacchari*（*B. sacchari*）
燕麦疫病菌维多利亚毒素（PC）	*H. victoriae*（*B. victoriae*）
高粱买罗病菌毒素（PC）	*Periconia circinata*
玉米黄叶枯病菌毒素（PM）	*Phyllosticta maydis*
番茄轮斑病菌毒素（CC）	*Corynespora cassiicola*
烟草枯萎病菌毒素（FON）	*Fusarium oxysporum* f. sp. *nicotiana*
小麦褐斑病菌毒素（PTR）	*Pyrenophora tritici-repentis*
大麦网斑病菌毒素（PT）	*Pyrenophora teres*

（二）毒素的化学性质

下文涉及已在表 3-2 中出现的毒素，为寄主专化性毒素；此外，有其他真菌毒素则属于非寄主专化性毒素。

1. 肽和蛋白类　能产生肽类毒素的真菌较多，如十字花科植物黑斑病菌产生的一种环状肽和玉米圆斑病菌产生的环状四肽都是肽类毒素。小麦褐斑病菌产生的 PTR 毒素和棉花黄萎病菌产生的 VD 毒素都属于蛋白类毒素。

2. 糖肽和糖蛋白类　稻瘟病菌产生的一种诱发白穗的毒素以及柑橘干枯病菌产生的致病毒素为糖肽类毒素，而烟草枯萎病菌毒素和烟草黑胫病菌毒素则为糖蛋白类毒素。

3. 多糖及糖苷类　棉花黄萎病菌（*Verticillium dahliae*）除了产生蛋白类毒素外还产生多糖类毒素，甘蔗眼斑病菌（*Helminthosporium sacchari*）产生的长蠕孢糖苷则为糖苷类毒素。

4. 脂类和酯类　炭疽菌中的瓜类刺盘孢（*Colletotrichum orbiculare*）2号小种产生脂类毒素，甜菜尾孢菌（*Cercospora beticola*）产生植物弱毒性甘油三酯。

5. 芳环、杂环化合物及其衍生物类　这一类毒素大多为非寄主专化性毒素，种类较多。百日草链格孢菌（*Alternaria zinniae*）可产生一种取代苯百日草酚，危害番茄的链格孢菌（*A. alternata*）能分泌链格孢酚，根丛赤壳（*Nectria adicicola*）则产生根酚。从立枯丝核菌中分离出了带有苯环的芳香酸毒素，包括苯乙酸、羟基苯乙酸和羟基苯甲酸。致病疫霉（*Phytophthora infestans*）产生的香豆素，栗疫菌（*Endothia parasitica*）产生的栗疫菌素以及其他一些病菌如菊池链格孢菌（*A. kikuchiana*）、核盘菌（*Sclerotinia sclerotiorum*）、黑麦草核腔菌（*Pyrenophora lolii*）产生的毒素皆为酚衍生物香豆素类毒素。叶点霉菌（*Phyllosticta*）、桑担卷菌（*Helicobasidium mompa*）、三侧毛壳菌（*Chaetomium trilaterale*）和豌豆腐皮镰刀菌（*Fusarium solani* f. sp *pisi*）等可产生醌类和半醌类毒素。

6. 萜、类萜及甾类　这类毒素研究较为广泛。扁桃壳梭菌（*Fusicoccum amygdali*）产生的壳梭孢素、长蠕孢菌产生的蛇孢腔菌素、麦根腐长蠕孢菌（*Helminthosporium sativum*）产生的倍半萜、茄腐镰刀菌（*Fusarium solani*）产生的茄镰刀吡喃酮、根状葡柄霉（*Stemphylium radicinum*）产生的根状素、链格孢菌（*A. alternata*）产生的链格孢酚-甲基醚和链格孢烯等吡喃酮的衍生物以及镰刀菌产生的单端孢霉烯类皆为萜类或类萜化合物。尾孢菌（*Cercospora*）产生的苯芘衍生物类毒素、西瓜枯萎病菌（*Fusarium oxysporum* f. sp. *niveum*）产生的一种毒素以及从其他一些病菌中分离到的非醌类和非酚类毒素则都为甾类毒素。

7. 氨基酸衍生物类毒素　较为简单的衍生物有几种镰刀菌（*Fusarium* spp.）和藤仓赤霉菌（*Gibberella fujikuroi*）产生的镰刀菌酸和脱氢镰刀菌酸，稻瘟菌（*Pyricularia oryze*）产生的σ吡啶羧酸，以及温特曲霉菌（*Aspergilus uentill*）产生的1-氨基-2-硝基环戊烷羧酸。这些物质可导致植物生长失调。较复杂的衍生物则有镰刀菌产生的番茄萎蔫素，以及盘长孢状刺盘孢菌（*Colletotrichum gloesporioides*）和尖孢镰刀菌（*Fusarium oxysporum*）产生的曲霉萎凋素A和B。此外，链格孢菌产生的细链格孢酮酸（TA）也为氨基酸类衍生物。

8. 其他　核盘菌（*Sclerotinia sclerotiorum*）产生的草酸、根霉菌（*Rhizopus* spp.）产生的延胡索酸为有机酸类毒素；梨黑斑病菌（*Alternaria kikuchiana*）产生的AK毒素、镰刀菌产生的玉米赤霉烯酮类毒素和长蠕孢产生的德氏霉烯醇毒素都含有不饱和碳链；番茄茎枯病菌（*A. alternaria*）产生的AL毒素都含有丙三羧酸和氨基戊醇两个部分；玉米小斑病菌（*H. maydis*）T小种产生的HMT毒素以及玉米黄叶枯病菌（*Phyllosticta maydis*）产生的PM毒素为直线状的多酮醇组成的混合物；小茎点霉菌（*Phoma exigua*）产生的细胞松弛素B是由一个大内酯环稠合于高度取代的八氢化异吲哚体系而组成的。

二、真菌毒素提取方法

（一）活体内毒素的提取

先用病原真菌的分生孢子悬浮液接种寄主叶片，出现典型症状后，取新鲜叶片，在冰箱内（－20℃）冰冻24h后研磨，置沸水内立即除去热源，置25℃恒温箱内16h，过滤、离心制成病叶提取液。用这种方法提取的提取液，在制备过程中没有化学药物参与，提取液的内含物成分虽然比较复杂，但比较接近自然情况。缺点是接种和提取的定量以及不同批样幼苗的生长都难求一致。

（二）活体外毒素的提取

将适量的培养基用高压灭菌器在101kPa、121℃下灭菌30min，然后在超净工作台上操作接入菌片，在适温下静置（恒温培养箱）或振荡（摇床或振荡器）培养，一定时间后用纱布或细菌过滤器于无菌条件下过滤，即可得到毒素的培养滤液。

1. 液体培养法 用定量的病原真菌菌丝体或孢子悬浮液接种在定量的液体培养基内，振荡培养一定时间后，将培养物的过滤液煮沸，以杀死过滤液内的菌丝和孢子。此方法比常规的抽滤法大大缩短了提取时间，程序也较为简化。

2. 固体培养法 常用的有玉米粒、大麦粒、小麦粒、高粱粒、绿豆粒等培养基。将病原真菌接种到上述固体培养基质中，在一定温度条件下培养一定时间，用蒸馏水或溶剂浸泡提取，过滤后，获得含有毒素的滤液。

3. 毒素的粗提纯 根据许多毒素既溶于水又溶于某些有机溶剂的特点，用氯仿、丙酮、乙酸乙酯、甲醇、乙醇等溶剂，将待测病菌培养滤液进行粗提纯。方法有：①培养滤液直接用有机溶剂溶解，然后减压蒸发除去有机溶剂；或将培养滤液先浓缩到一定体积，再用有机溶剂如上述方法溶解提取，后一方法可节省溶剂。②固体培养基的培养物用水或有机溶剂浸泡提取。

（三）毒素分离和纯化的一般方法及步骤

病菌经一段时间培养后，经过滤即可得到全毒培养液。全毒培养液或病菌的其他培养物浸提液经萃取和初步层析后可得到粗毒素。由于萃取层析过程中消除了许多其他成分，粗毒素所含成分就相对简单多了，但它仍不是单一的毒素，很可能是多种有毒成分的混合物。粗毒素再经薄层层析或高效液相层析等方法进一步分离纯化，即可得到更纯的毒素。

1. 培养滤液的体积浓缩 因为毒素大多为低分子质量物质，都具有一定的水溶性或脂溶性，故常采用有机物进行萃取，以将水相和有机相分离。但是培养滤液中毒素纯品的含量可能很小，所以一般将其浓缩一定的倍数后，再加有机溶剂，这样既可获得浓度较高的毒素粗提液，又可以节省大量的有机溶剂。浓缩的方法一般有直接加热法、旋转蒸发法和低温冷冻法3种，通常可根据毒素对热的稳定程度选择相应的浓缩方法。

（1）*直接加热浓缩* 直接加热法是一种最简便易行的方法，即在室温下将毒素的培养滤液加热煮沸，待液体蒸发浓缩至所需的量时即可停止。

（2）*旋转蒸发浓缩* 采用旋转蒸发器以真空密闭方式以及冷凝系统将溶剂在低压条件下以气体的方式蒸发出去，并冷凝回收。旋转蒸发器一般由加热槽、旋转体、旋转器、蒸发瓶、冷凝瓶、收集瓶等构成。

（3）*低温冷冻干燥浓缩* 采用仪器为低温冷冻干燥机，该仪器同旋转蒸发一样采用真空密封系统，所不同的是，冷冻干燥机可以使体系内温度达到－50℃以下，能够将样品内的自由水（溶剂）以升华的方式由固态（冰）直接到气态，从而抽出。需要注意的是，样品需要预冻数小时，而且浓缩所需要的时间与样品的厚度、表面积成一定的正相关。该方法适用于对热敏感，常温或高温下易失活的物质。

2. 离心去沉淀　根据各毒素的性质不同，有些毒素在进行一系列的有机物萃取后会产生一些无机盐，以沉淀的方式沉积下来，如果不及时除去，很可能会直接影响到分离及纯化的最后结果。一般采用离心法去除这些沉淀。离心机有常温和冷冻离心两种，可根据物质的性质进行选择。

3. 毒素纯化　一般采用层析法（包括柱层析、薄板层析、凝胶过滤层析、液相层析等）来分离毒素。层析法也叫色谱法，是一种物理的分离方法。它是利用混合物中各组分的物理化学性质的差别，使各组分以不同程度分布在两个相中，其中一个相为固定的（称为固定相），另一个相则流过此固定相（称为流动相）并使各组分以不同速度移动，从而达到分离的目的。

（1）*薄板层析法*　将支持物在玻璃板上均匀地铺成薄层，把待分析的混合物加到薄层上，然后选择合适的溶剂进行展开，而达到分离鉴定的目的。

（2）*凝胶层析法*　凝胶层析亦称凝胶过滤，是20世纪60年代发展起来的一种简便有效的生物化学分离分析方法。这种方法的基本原理是用一般的柱层析方法使分子质量不同的溶质通过具有分子筛性质的固定相（凝胶），从而使物质分离。凝胶一般有多种，如交联葡聚糖（商品名为Sephadex，由Pharmacia生产）、琼脂糖等。

（3）*高效液相层析法*　高效液相层析法又称高效液相色谱法，是在经典的液相柱色谱法与气相色谱法的基础上于20世纪60年代发展起来的一种色谱法。

三、真菌毒素生物活性测定与应用

研究植物病原真菌毒素，如何对其活性进行快速、精确测定是极其关键的一个环节。目前用于毒素活性测定的方法很多，有生物的、生理生化的和物理的。但不同方法有时却可能得出不同的结果，在测定过程中，一定要有对照，并采用不同方法进行比较。

（一）毒素的生物活性检测

毒素的生物活性检测是一种最传统、最普遍适用、检测结果最直观的方法。寄主大至整株植物、离体器官、某一组织，小至单个细胞、原生质体、细胞器或亚细胞都可作为生测材料。前一类生测材料要求毒素量大才有可能表现出明显的毒害症状，但方法简便，不需大型的仪器和设备；后一类生测材料则适用于那些不易大量制备毒素的检测，灵敏度高，效果也好。

1. 整株水平的生物测定　整株水平的生物测定即幼苗浸渍法。用2～3叶期的植物水培苗，也可直接从土壤中挖取生长一致的植株幼苗，洗净根部，经无菌水处理后移入盛有致病毒素液的试管或其他器皿内，在24～26℃自然光下进行处理，观察幼苗发生萎蔫的时间与致萎程度，测定时也可将根部切去即用切根苗进行试验。此方法可用来测定棉花枯萎、棉花黄萎、小麦根腐、小麦赤霉、稻瘟、西瓜枯萎、烟草黑斑和烟草赤星等病菌产生的毒素，评价寄主品种的抗病性水平。

2. 组织器官水平的生物测定　下面介绍11种方法，可根据具体研究选用。

（1）*离体叶片浸渍法* 在培养皿中铺上一层滤纸，并加入5mL致病毒素使滤纸完全浸湿，取4～5叶期植株的第2～3叶并将它们切成小段（20mm×10mm），平摆在滤纸上（正面向下），叶片上最好再覆盖一小片滤纸以免叶片上卷，最后置25～26℃光照条件下处理，从18h后连续观察叶片的病理变化情况。

（2）*叶片针刺、涂抹及喷布测定* 取生长4～5叶期的植株幼苗，用浸有致病毒素的脱脂棉在叶片上涂抹，为提高其发病效果，也可加少量金刚砂或用昆虫针刺造成伤口，12h后定时观察叶片的病变情况。此方法可以用来进行毒素的致病活性测定，主要用于叶部病害病菌毒素的测定。

（3）*成熟叶组织生物测定法* 在7cm见方的塑料盒侧面切3个3cm长的横切口，然后将4～5叶期的植株第4～5叶通过切口穿入盒内，每张叶片的两面用针穿透中脉，并用刮刀轻微摩擦，最后注入0.3mL毒素液，保湿72h后，测定坏死病斑的长度。用此法可测定小麦根腐病菌毒素对小麦叶片组织的伤害能力，效果较好。

（4）*叶轮生物测定法* 用吸管吸取一定量的毒素注入生长4～5叶期的植株叶轮（0.2mL/株），然后观察心叶的病变情况。

（5）*叶肉、心叶和穗苞注射法* 用微量移液器刺伤植物叶肉、心叶和穗苞并注入致病毒素，一定时间后可见叶肉、心叶和穗苞以及其他器官会出现病理变化。

（6）*离体穗浸泡法* 取小麦扬花后期的小麦主穗（长度为25cm），然后将其插入含有赤霉素液的试管或其他容器内，在25℃条件下潜育处理，观察穗部小穗护颖的张开和病变情况，解剖处理穗组织，观察维管束组织内部病变情况。

（7）*种子根伸长测定法* 植物种子用清水漂洗汰除病、劣和杂粒，加水浸泡12～24h，倒去水并用清水冲洗数遍后再置于25～26℃恒温条件下催芽。待主根长约2mm时，胚向下摆在事先已铺有毒素浸湿的纱布（或滤纸）的皿内，再在种子上覆盖2层同样处理的纱布（或滤纸），置25～26℃黑暗下培养48h，测量主根长度并计算抑制百分率。种子根伸长测定方法简便、快速，已广泛应用于多种病害病菌毒素的测定。

抑制百分率＝（对照的根长－毒素处理的根长）÷对照的根长

（8）*种子萌发抑制法* 用毒素浸泡植物种子4～8h，然后移至铺有湿滤纸的培养皿中，3d后记载种子萌发率，根长超过种子直径为萌发。以100%、50%、25%3种浓度毒素抑制种子萌发的平均值为毒素指数。

（9）*根尖离体生长测定法* 小麦种子萌发后、幼根长于5mm时，幼根用毒素处理24h，然后取出5个根尖，经0.1%氯化汞水溶液消毒后放在PDA培养基上，在25℃条件下培养5d，测量根的长度。

（10）*胚芽鞘测定法* 植物种子用次氯酸钠或氯化汞进行表面消毒，无菌水冲洗后，先在20～23℃黑暗条件下培养3d，再移至5℃下放置3～6h，最后又回到20～23℃黑暗下培养4～6h，取15mm长的黄化芽鞘，切去尖端4mm后再切取5mm的芽鞘置于无菌器皿内。取致病毒素（事先加入pH5.8的磷酸—蔗糖缓冲液）3mL移到试管内，并投入10个胚芽鞘，置于25℃条件下处理24h，测定芽鞘的长度及其萎蔫情况。此方法是一种敏感、简便的方法，除可用于毒素生物活性测定外，还可用以测定植物生长抑制剂、刺激剂和新的代谢产物的生物活性。

（11）*植物愈伤组织测定法* 来自不同植物组织器官的愈伤组织在特殊类型含有致病毒

素的培养基上可以进行毒素的生物测定，因为毒素可以诱致愈伤组织变褐枯死。也可以将愈伤组织直接放到毒素液中以观察其病理变化。

3. 细胞水平的生物测定　下面介绍两种方法。

（1）*离体根冠细胞测定法*　种子表面消毒并用水冲洗后，再用清水浸泡24h，倒掉水再重复用水冲洗3～4次，将胚向下摆在培养盘内置25～26℃恒温下催芽，待根长达10～15mm时，用微水流冲洗并放到锥形瓶内进行振荡分离（振荡器上振荡10min），然后以3 000r/min的速度离心5min，弃去上清液，并在根冠细胞沉淀物中加入致病毒素置25～26℃黑暗条件下进行处理，一定时间后用活体染色剂中性红进行染色，并在显微镜下计数细胞存活情况。

（2）*花粉萌发测定法*　采集新鲜的植物花粉放在特殊的（其中含0.7%～1%琼脂和病菌毒素液）培养基上，观察花粉萌发情况，最后用乳酸苯胺蓝染色固定，测量花粉管长度。

真菌毒素的生物活性测定除以上植株和组织器官水平及细胞水平的生物测定方法外，还有细胞器水平、酶及代谢水平的生物测定方法。

（二）影响真菌毒素作用的因素

病原真菌在寄主体外产生毒素直接受培养基成分和外界环境条件等因素影响。

1. 菌株　同一病菌的不同菌株的致病力及其所产毒素的毒素作用差异较大，而且有的菌株极易发生变异，毒素作用的稳定性也不同，所以筛选适用的菌株是研究工作的基础。

2. 继代培养　多数病原真菌长期在人工培养基上继代培养后，其致病力和所产生的毒素作用会呈现下降趋势。如玉米小斑病菌连续培养一般超过10d致病毒素作用就会显著下降，而在活体上连续培养变化不大。因此，应将这类病菌保存在病叶上，培养的病菌经一段时间后要进行复壮，避免菌株致病力的退化。

3. 接种量　在产毒培养时，病菌的接种量不同，所产生的毒素作用差异很大。一般是接种量大，则毒素作用强。

4. 培养时间　不同病原真菌在培养过程中，开始产生毒素和产生毒素的持续时间是有差异的，往往是随培养时间的延长而逐渐增多，培养到一定时间后达到最大值，以后就不再增加或增加很少。如玉米大斑、玉米小斑、玉米圆斑和小麦赤霉病菌体外培养的产毒高峰期一般在20d左右，小麦根腐病菌在14h左右。

5. 培养方式　真菌培养方式不同会影响毒素的产生，如玉米大斑病菌、玉米小斑病菌在25℃黑暗条件下静止培养20d的毒素产量高，活性最强；大丽轮枝菌、镰刀菌和小麦长蠕孢菌在振荡培养条件下产毒量高，活性强。

6. 培养基及其成分　不同培养基及培养基的组分如培养基内的碳源、氮源、矿物营养和天然有机物与毒素产生的关系较为密切。例如，适于小麦根腐病菌产毒的碳源是淀粉，而适于玉米大斑病菌和玉米小斑病菌产毒的碳源则是蔗糖。

（三）真菌毒素的应用

真菌毒素的研究不仅对揭示病害致病机理有重要意义，而且有着广泛的实际应用价值。

1. 在抗病品种选育中的应用　利用毒素代替病菌对待测材料进行作用，可以简单快速选出具有初步抗病作用的材料。在杂交育种中，用毒素处理过的花粉受精可明显提高后代对毒素的忍耐力。利用植物病菌产生的毒素进行植物抗病性鉴定已在不少作物病害如甘蔗眼斑病、水稻胡麻叶斑病、小麦赤霉病等有过成功的报道。

2. 在植物病害化学防治上的应用 植物病菌毒素的研究为开发新型杀菌剂提供了理论上的依据。杀菌剂的作用方式可以是抑制病菌产生毒素或是钝化毒素，也可以是使寄主细胞的毒素受体失活。在弄清毒素化学结构的基础上，利用合成的与病菌毒素相拮抗的化学物质以毒攻毒的方式防治真菌病害。

3. 在真菌分类上的应用 利用毒素对寄主作用的专化性不同，辅助进行真菌分类。真菌产生毒素的特征是由基因所调控的，有的毒素只由1种真菌产生，甚至某个致病变种或致病型所产生，据此可作为某些病原真菌分类的依据。

4. 毒素物质的利用及开发 某些病菌可产生胞外多糖、杂环类化合物、有机酸、蛋白质、多糖等人工难以合成的具天然活性的复杂化合物类毒素，在商业上具有一定的开发应用前景。非寄主专化性毒素不仅对寄主有毒害作用，对其他一些植物也有一定的毒性，可进一步研究开发生物除草剂。

思考题

1. 在田间如何观察病害症状？如何观察和了解病害在田间的发生情况？
2. 如何进行病原真菌的分离？
3. 真菌菌种纯化的方法有哪些？
4. 真菌的培养性状有哪些？真菌的生长量如何测定？
5. 促使真菌孢子产生的途径有哪些？
6. 影响真菌孢子萌发的因素有哪些？
7. 影响真菌接种试验的因子有哪些？
8. 试述人工接种的方法。
9. 影响真菌毒素作用的因素有哪些？

第四章　植物病原细菌和细菌病害常用研究方法

细菌属于原核生物，多为单细胞，分为革兰氏阴性和革兰氏阳性，目前归为30个属的植物病原细菌也包括革兰氏阴性和革兰氏阳性两类。植物病原细菌属的鉴定主要依据细菌形态结构鉴定与生理生化反应，其中鞭毛、荚膜、芽孢和晶体是细菌所特有的形态特征，血清学反应与噬菌体特性也是细菌鉴定的重要依据。细菌形态结构和生理生化性状与致病性密切相关。例如，鞭毛是细菌的游动器官，决定病菌细胞对寄主植物的接触与后续侵入过程；分解果胶、纤维素、蛋白质等化合物的能力决定植物症状类型。致病性通常根据病菌侵染方式、借助人工接种试验进行测定，接种有喷雾、注射等多种方法。致病性通常根据寄主植物发病程度加以判断，同时根据病菌在寄主植物组织内的繁殖能力进行定量分析，定量为植物单位重量的病菌菌落形成单位（colony forming unit，cfu）。除细菌外，植物病原原核生物还有植原体和螺原体，它们对四环素类抗生素高度敏感，这是鉴定的重要依据。

第一节　植物病原细菌类群与细菌病害鉴别

一、植物病原细菌主要类群

细菌分革兰氏阴性和革兰氏阳性两类，长期以来，我国植物病理学相关教材介绍的植物病原细菌主要限于5个属，包括革兰氏阳性棒状杆菌属（*Clavibacter*）和革兰氏阴性土壤杆菌属（*Agrobacterium*）、欧文氏菌属（*Erwinia*）、假单胞菌属（*Pseudomonas*）和黄单胞菌属（*Xanthomonas*）。近年来，由于细胞学、遗传学和分子生物学的相互渗透促进了细菌分类学的发展，细菌分类系统与真正反映亲缘关系的自然体系日趋接近，这种变化集中体现在《伯杰氏系统细菌学手册》（Bergey's Manual of Systematic Bacteriology）最新版本，即2001—2011年出版的第二版。根据《伯杰氏系统细菌学手册》第二版，植物病原细菌属的变化主要表现在一些新属的建立和原有属中部分成员归为新的属。目前，植物病原细菌主要类群归为30个属，至少20个属具有重要经济价值，其中革兰氏阴性植物病原细菌归入土壤杆菌属（*Agrobacterium*）、噬酸菌属（*Acidovorax*）、布克氏菌属（*Burkholderia*）、欧文氏菌属（*Erwinia*）、韧皮部杆菌属（*Liberobacter*）、泛菌属（*Pantoea*）、果胶杆菌属（*Pectobacterium*）、假单胞菌属（*Pseudomonas*）、劳尔氏菌属（*Ralstonia*）、根杆菌属（*Rhizobacter*）、黄单胞菌属（*Xanthomonas*）、木质部小菌属（*Xylella*）、噬木质菌属（*Xylophilus*）；革兰氏阳性植物病原细菌归入节杆菌属（*Arthrobacter*）、芽孢杆菌属（*Bacillus*）、棒形杆菌属（*Clavibacter*）、短小杆菌属（*Curtobacterium*）、拉塞氏杆菌属（*Rathayibacter*）、红球杆菌属（*Rhodococcus*）、链霉菌属（*Streptomyces*）。

二、植物细菌病害鉴别特征

（一）症状识别

鉴别植物细菌病害首先依据症状，包括坏死、萎蔫、腐烂和畸形。湿度较高时多数细菌病害有菌脓溢出，这是细菌病害的病征，但并不是所有的细菌病害都有菌脓排出。菌脓为淡黄色或灰白色乳液，可与植物的吐水相区分。菌脓干涸后成为菌膜或小颗粒黏附在植物的表面。坏死症状类型多以叶片和果实上出现的斑点、枯斑为最多，在发病初期常可见到水渍状浸润斑。病斑发展后在病斑的周围常有黄色晕圈出现，这也是细菌病害的诊断特征之一。坏死斑扩展后成为条斑或枯死斑，如水稻的细菌性条斑病和白叶枯病。病斑的发展也可受到木栓化组织的限制，在产生离层后病斑中心部分脱落而形成穿孔状，如桃的细菌性穿孔。如果木栓化组织不脱落，就会形成疮痂状。发生在枝条、花柄或果实上的坏死斑常扩大成为溃疡状或疮痂状，也可造成枝枯、顶枯的症状。萎蔫症状是细菌侵染植物后危害了维管束组织后所造成的，剖秆后可见维管束坏死。发生萎蔫症状的植株当湿度高时，将茎基切断，挤压横剖面，可见菌脓从维管束组织流出，这是发生萎蔫症状的细菌性病害如马铃薯环腐病和植物细菌性青枯病的特征。腐烂是细菌病害较为特有的症状类型，多由果胶杆菌属和一些欧文氏菌属的细菌侵染所致。细菌病害引起的腐烂多伴有恶臭。畸形大多发生在木本植物的根冠或茎基、枝条上，主要由土壤杆菌和部分假单胞杆菌侵害所致。

（二）喷菌现象

鉴别植物细菌病害更可靠的方法是观察感病组织喷菌现象。由于在受害部位的维管束或薄壁细胞组织中有大量的细菌存在，因此可以通过检查喷菌现象来进行诊断。方法是：切取小块病组织，平放在玻片上的水滴中，加盖玻片在低倍镜下检查，观察有无大量的细菌从组织中流出。

检查细菌溢时需要注意下列问题：

①植物细胞中的颗粒状内含物有时也从切口流出，但是这种颗粒比较大，大小不一致，数量比较少而且分散。细菌溢的颗粒比较小而且均匀，大量集中流出。另外，也可以通过设定无病组织对照来进行排除。

②取病健交界处的组织进行镜检，病变枯死或腐烂的组织上检查到的细菌溢有可能是腐生菌。

③细菌引起的肿瘤，并不是任何部位都能检查到细菌溢，要从内部新鲜病组织中检查，并且一般细菌溢的量也比较少。

检查到细菌溢的载玻片将植物组织移去，水滴干燥后通过火焰固定，再用革兰氏染色法染色，观察菌体的形状、大小和染色反应。植物组织中的细菌一般要比培养基上生长的细菌要小一些。这种涂片染色的方法对诊断是很有帮助的。例如，马铃薯的环腐病和青枯病都引起萎蔫，前者的菌体是棒杆状，革兰氏染色呈阳性；后者的菌体是杆状，革兰氏染色反应阴性。

第二节　植物病原细菌的分离和保存

一、植物病原细菌的分离

分离植物病原细菌与分离植物病原真菌一样，首先需要进行植物材料的表面消毒。用灭菌解剖刀切取病斑扩展部位的组织，用无菌水冲洗或用30%次氯酸钠溶液表面消毒3min，经无菌水冲洗后用来分离病原细菌。植物病原细菌的分离方法主要有培养皿稀释分离法和平板划线分离法。病原细菌在组织中的数量很大，稀释分离法可以使病原细菌与杂菌分开，形成分散的菌落，容易分离得到纯培养。细菌分离需要使用不同的培养基，普通培养基配方与配法参见第一章第五节，特殊培养基另作说明。

（一）分离用的植物材料

1. 新鲜病样　一般情况下，要从新鲜病害标本和新的植物病斑上分离病原细菌，取样时应选取病斑的病健交界处。存放太久的标本，其中的病原细菌的生活力减弱，而腐生性细菌则滋长很快，影响分离效果。

2. 接种后分离　保存较久的标本不容易直接分离成功，可以先接种再分离。方法是将病组织在水中磨碎，滤去粗的植物组织，离心后用下面浓缩的细菌悬浮液针刺接种在相应的寄主上，发病后从新病斑上再分离。许多植物病原细菌的分离都可以采用这种方法。例如，分离木本植物的冠瘿细菌，由于病原细菌数量少，而杂菌多，如果直接分离不成功，可将冠瘿病组织塞在相应的草本寄主植物（如向日葵、番茄等）的茎内，或者将病组织的浓缩细菌液针刺接种。草本植物的冠瘿病发病快，并且很容易从这种组织上分离。另外，分离土壤中的病原菌时也可以通过先接种，然后从发病的组织中再分离的方法。

3. 诱饵诱发培养后分离　如果分离解果胶杆菌（*Pectobacterium carotovora* subsp. *carotovora* 和 *P. carotovora* subsp. *atroseptica*），即软腐病菌，最好的方法是通过诱饵诱发培养，然后从培养的诱饵材料上进行分离，有两种做法。

（1）*胡萝卜诱饵法*　煮熟的胡萝卜是最适合软腐病菌生长繁殖的自然营养来源，胡萝卜诱饵法主要用来分离土壤存活的软腐病菌。胡萝卜可以完整、去皮或切成条，经过沸水煮成半熟，放入土壤，在环境温度20～28℃的条件下，经过2～3d自然培养，土壤所含少量软腐病菌以胡萝卜为营养进行繁殖，种群数量增加，这个过程称为细菌种群富集。取出胡萝卜诱饵，剥去附土层，按通常的消毒、分离方法进行处理，分离富集的软腐病菌。

（2）*浸水厌气培养分离法*　软腐病菌属于兼性厌气性细菌，无论 O_2 充足还是缺乏，都可以正常生长繁殖。根据这一特性，可以采用植物材料厌气培养的方法分离软腐菌。一般来说，所有植物材料都可以使用，但辣椒最好。如果辣椒田有发生软腐病的历史，辣椒即使不表现症状也可以使用。将充分成长的辣椒果实连同果柄一起采下，放入体积适当的烧杯中，烧杯加水淹没辣椒果实与果柄，置25℃左右保育3d。如果辣椒携带软腐病菌，果柄与果实表面就会出现水渍转软腐斑点，此时，软腐斑的表皮一般仍然表现完好。将辣椒从水中取出，晾干，在超净工作台上和无菌条件下操作，从果柄靠近果实的一端选取病斑，滴加75%乙醇溶液进行表面消毒，晾干，然后用灭菌的接种针挑破病斑表皮，再用接种环挑取软腐组织，在NA培养基平板上按3个方向划线，各占1/3的平板面积，把软腐组织均匀涂到培养基上。培养基平板置25℃左右保育2～3d，一般确保菌落全部都是 *P. carotovora* subsp. *carotovora*，挑取单菌落保存备用。按柯赫氏法则的要求应该进行接种试验，但通过浸水厌气培养分离法从辣椒上分离的 *P. carotovora* subsp. *carotovora*，可酌情而定。

（二）选用适宜的培养基

当某种植物病害初步诊断为细菌病害，细菌种类尚未鉴定时，使用NA或YDC培养基进行分离一般可保成功。对特定属病原细菌进行分离，使用选择性培养基效果更好。以下培养基除所指化合物外，均加蒸馏水定容至1 000mL，酸碱度调到 pH 7.2 左右。

1. 甘露糖醇培养基 甘露糖醇培养基适于土壤杆菌属细菌，含甘露糖醇 15g、硝酸钙（$CaNO_3 \cdot 4H_2O$）20mg、氯化锂 6g、溴百里酚蓝 0.1g、硝酸钠 5g、磷酸氢二钾（K_2HPO_4）2g、硫酸镁（$MgSO_4 \cdot 7H_2O$）0.2g、琼脂 15g。甘露糖醇培养基呈深蓝色，土壤杆菌菌落圆形、凸起、发亮，最初浅蓝色，以后深绿色。溴百里酚蓝抑制革兰氏阳性细菌，氯化锂抑制假单胞菌属细菌。以甘露糖醇作为碳源是它的特点。

2. 金氏 B（King's B，KB）**培养基** KB 培养基适合产生荧光的假单胞菌，配方为水解蛋白胨 20g、K_2HPO_4 1.5g、$MgSO_4 \cdot 7H_2O$ 1.5g、甘油 10mL、琼脂 15g。荧光假单胞菌在 KB 培养基上产生可扩散的青色或褐色的色素，紫外线照射显示青到蓝色。KB 培养基也可用于欧文氏菌属（*Erwinia*）细菌的分离。

3. 2,2,3-三苯基四唑氯（TTC）**琼脂培养基** 先将蛋白胨 10g、葡萄糖 10g、酪朊水解物 1g、琼脂 18g 与1 000mL 蒸馏水加热溶解，充分混合，用 500mL 三角瓶分装，200mL/瓶，常规高压蒸汽灭菌。在倒入培养皿之前，向每只三角瓶 200mL 培养基中加 1%的 TTC 溶液各 1mL，置暗处备用，TTC 溶液事先需过滤灭菌。TTC 琼脂培养基是植物青枯病菌（*Ralstonia solanacearum*）专用的选择性培养基，用来初步判断致病性，筛选具有致病性的菌株。青枯菌在 TTC 琼脂培养基上生长 2d 后，致病力强的野生型菌落呈白色，或中间有一淡红色的菌落；致病力弱或丧失致病力的菌落呈深红色，边缘带蓝色。

4. 蔗糖蛋白胨琼脂培养基 培养基配方是：蔗糖 20g、蛋白胨 10g、K_2HPO_4 5g、$MgSO_4 \cdot 7H_2O$ 0.25g、琼脂 17g。这是分离黄单胞菌属（*Xanthomonas*）细菌最常用的培养基，也适用于假单胞菌属、欧文氏菌属和有些棒杆菌属的细菌。

5. Schaad and White（SW）**琼脂培养基** 培养基配方是：可溶性淀粉 10g、牛肉浸膏 1g、氯化铵 5g、KH_2PO_4 2g、琼脂 17g。适用于分离可以水解淀粉的 *X. campestris* 的致病变种。必要时还可以加 1%甲基紫 B 溶于 20%乙醇的溶液 1mL、1%甲基氯水溶液 2mL 和环己酰胺（cycloheximide）250mg，提高选择性。

6. 结晶紫聚果胶（crystal violet pectin，CVP）**培养基** 将搅拌器预热，加 500mL 煮沸的蒸馏水，用低速搅拌，依次加入以下成分：10%结晶紫水溶液 1.0mL、1mol/L NaOH 4.5mL、新鲜配制的 1%氯化钙（$CaCl_2 \cdot 2H_2O$）4.5mL、琼脂 2g、硝酸钠（$NaNO_3$）1.0g；随后将聚果胶酸钠加入，高速搅拌 15s，分装后灭菌（121℃，15min）后要立即倒入培养皿中制成平板。CVP 培养基专门用来分离具有果胶酶活性的植物病原细菌，主要是果胶杆菌属（*Pectobacterium*）细菌，这类细菌在 CVP 培养基上形成中间有凹陷的菌落。

7. 酵母膏葡萄糖矿物盐琼脂（yeast extract-glucose-mineral agar，YGM）**培养基** 培养基配方是：酵母浸膏 2g、葡萄糖 2.5g、K_2HPO_4 0.25g、KH_2PO_4 0.25g、$MgSO_4 \cdot 7H_2O$ 0.1g、$MnSO_4$ 0.15g、NaCl 0.05g、$FeSO_4 \cdot 7H_2O$ 5mg、琼脂 17g。YGM 培养基适于分离、培养 *Clavibacter michiganense* subsp. *sepedonicusm* 和其他棒杆菌，也适用于黄单胞菌属的细菌。

（三）分离方法

1. 培养皿稀释分离法 取 3 个灭菌培养皿，向每皿中加灭菌水 0.5mL，切取约 4mm 见方的小块病组织，经过表面消毒和灭菌水 3 次冲洗以后，放在第一个培养皿的水滴中，用灭菌的玻棒将病组织研碎，然后用移液器从第一个培养皿中取 50μL 组织液到第二个培养皿中，充分混合后从第二皿中移 50μL 到第三皿中。然后将熔化的琼脂培养基冷却到 45℃左右，倒在 3 个培养皿中。培养基凝固后，将培养皿翻转，在培养皿的底部用记号笔标注分离材料、日期和稀释编号，将培养皿放在适温下（通常 28℃）培养。类似方法是稀释滴注，参见第八章图 8-3。

2. 平板划线分离法 取小块病组织经过表面消毒和灭菌水冲洗后，放在灭菌的 Eppendorf 小试管中，加少量灭菌水，用灭菌小研棒研碎。用移液器吸取 5μL 组织液放到琼脂平板上，用灭菌的接种环在液滴上来回划线，目的是将液体涂散开，然后将平板水平旋转一定的角度，将接种环火焰灭菌后，从第一次所划线的末端划过，顺序划出几条线，然后再水平旋转平板，用同样的方法依次划线。

划线分离的关键是琼脂培养基平板表面要干，没有可流动的水分。另外，用于研碎病组织的灭菌水量要少，研磨后可静置 5min，使细菌充分进入水中。划线分离法实际上也是一种稀释分离的方法，通过划线，使细菌分散开，以便在平板上形成单个菌落。

(四) 细菌分离物纯化

如果分离结果比较理想，菌落形态和大小比较一致，则可挑选 1～2 个菌落保存。如果菌落类型多于 1 种，应仔细辨别是否有主次菌落之别。如果有主次菌落，应分别挑选不同的菌落保存，记载菌落的生长情况，并对每种菌落进行培养，通过接种测定致病性。如果菌落的类型比较多，且分不清主次，很可能没有分离到病原细菌，可以考虑重新分离。如果事先对于将要进行分离的病害病原有所了解，则可以根据病原菌的某些特征特性来判别出现不同菌落时，哪种菌落是目的病原的菌落。例如，黄单胞菌的菌落颜色为淡黄色，如果分离出现的菌落颜色是白色的或灰色的，则肯定不是目的菌落，但即便是黄色的菌落也不一定就完全是黄单胞菌属，仍需进一步鉴定。分离得到的单菌落仍可能含有杂菌，这时可以对单菌落进行再一次的划线分离，观察新获得的单菌落是否形态、大小和颜色一致。

从浸水厌气处理的辣椒上分离的软腐病菌是个例外，一般确保纯分离，只需根据菌落特征即可确认。软腐病菌在 NA 培养基上的菌落为乳白色、均匀平滑的半圆形突起，用双目镜观察可见菌落表面呈均匀的网格状，如果分离物来自辣椒并表现这两种菌落特征，可以确认分离物是软腐菌。但是，用浸水厌气法从茄子上分离到的细菌与软腐病菌菌落特征非常相似，但茄子分离物都不是软腐菌。分离物是否是软腐菌，通过 CVP 培养基培养观察，或接种大白菜，25℃诱发软腐病，即可确认。

二、植物病原细菌的保存

植物病原细菌的保存包括分离材料的保存和分离到的菌种的保存。

1. 植物材料保存 叶斑病标本中的细菌可以保存在干燥的叶片上，最简便的办法是叶片用吸水纸吸干水分保存，这也是邮寄标本很好的方法。至于根、茎等组织，可以放在塑料袋内，在－20℃下保存。

2. 斜面保存 经常使用的工作菌株可以短期保存在培养基试管斜面上，但试管斜面不适合菌种长期保存。多数细菌在斜面上不断生长，因此保存期不超过 1～10 周。另外，由于不断生长和移植，细菌的致病力容易发生变化。

3. 在灭菌蒸馏水中保存 适用于青枯病菌（*Ralstonia solanacearum*），方法是把新鲜培养的菌落用灭菌水制成菌悬液，置室温或 4℃冰箱中保存。

4. 加甘油保存 细菌用NA培养基或适合生长的其他培养基培养繁殖以后，加入灭菌甘油，使终浓度为15%，置−20℃的冷柜中保存。如果温度更低，细菌存活期会更长，有条件的可用−70℃超低温冰箱。

5. 冻干保存 冷冻干燥是保存细菌最好的方法，世界各国的植物病原细菌收藏中心都是采用冷冻干燥的方法。用10%的无菌脱脂牛乳将菌体从平板上洗下，转入无菌的安瓿中，冷冻后插入到真空冷冻干燥器上冷冻干燥。安瓿封口后在室温或冰箱中保存。菌种的恢复，是将安瓿用乙醇消毒后打开管口，加入适量的灭菌水或培养基悬浮，然后吸出液体，用划线法划线培养。

6. 干燥保存 土壤保存法也适用于细菌，特别是产生芽孢的细菌。将细菌悬浮液加在灭菌的土壤中，室温下干燥后放在冰箱中。邮寄大量的菌种，比较简单的方法是将细菌液滴在灭菌的小纸碟上，干燥后密封在灭菌的小塑料袋中，一般细菌可以存活6个月左右。

第三节 植物病原细菌鉴定

植物病原细菌属的鉴定包括形态的观察、生理生化性状、血清学反应、遗传性状以及噬菌体等方面，下文介绍鉴定的原理和方法。

一、形态结构鉴定

植物病原细菌大多为短杆状，0.5～0.8μm×1～3μm，少数为球状。部分细菌如链霉菌（*Streptomyces* spp.）会产生类似真菌菌丝的结构。用于鉴定细菌形态的特征主要有革兰氏染色、鞭毛染色、荚膜染色、芽孢和晶体染色。

（一）革兰氏染色

革兰氏染色反应是细菌分类和鉴定的重要性状。革兰氏染色的方法很多，常用的是结晶紫草酸铵染色法。

1. 结晶紫草酸铵染色

（1）染剂、负染剂和碘液

①染剂：溶液Ⅰ，结晶紫2g溶于95%乙醇20mL；溶液Ⅱ，草酸铵0.8g溶于80mL蒸馏水。溶液Ⅰ和溶液Ⅱ分别配成，然后混合。

②鲁戈氏（Lugol）碘液：配方为碘1g、碘化钾2g、蒸馏水300mL。碘和碘化钾在研钵中充分研磨成粉，溶于水，贮放在有色磨口玻璃瓶中。

③负染剂：2.5%藏红O溶于95%乙醇的溶液10mL，加蒸馏水100mL。

（2）染色与观察 细菌培养24～48h，涂片固定→结晶紫染剂染色1min→水洗（可忽略此步）→碘液处理1min→水洗→95%乙醇褪色，约30s→吸干以后，用负染剂染色10s→水洗，吸干，油镜镜检。

（3）革兰氏反应的区别 革兰氏阳性反应的细菌染成紫色，阴性反应的染成红色。在测定一种未知细菌的革兰氏染色反应时，要用已知反应的细菌作对照，而且对照的细菌和测定的细菌最好是涂在同一载玻片上染色，这样可以减少染色过程中各种因素的影响。

2. 氢氧化钾染色 利用3%氢氧化钾来测定细菌的革兰氏反应是简单有效的方法。用牙签挑取菌落放在载玻片上与3%氢氧化钾液滴搅拌，1～2min后，慢慢地拉出牙签，看有无黏丝出现。革兰氏阴性菌的细胞壁易被碱液溶解而拉出丝状物，革兰氏阳性菌则不被溶解而无丝状物出现。

（二）鞭毛染色

细菌鞭毛染色可以观察鞭毛的有无、数目和着生的部位。一种病原细菌经过革兰氏染色和鞭毛染色，大致已经可以确定它的属。鞭毛染色的方法有多种，这里介绍常用的西萨-基尔染色法。

1. 染剂配制 分别配制媒染剂和苯酚品红染液。

（1）*媒染剂* 配方为鞣酸 10g、氯化锌 10g、氯化铝（$AlCl_3 \cdot 6H_2O$）18g、碱性品红 1.5g、60%乙醇 40mL。配制时将固体药品加 10mL 乙醇放在研钵中研碎，然后加入剩余乙醇混匀。媒染剂要新鲜配制，使用前用蒸馏水稀释2倍，染色时经滤纸过滤，滤液直接滴在涂片上。

（2）*苯酚品红染液* 溶液Ⅰ为碱性品红 0.3g 溶于 95%乙醇 10mL；溶液Ⅱ为结晶苯酚 5g 溶于 95mL 蒸馏水。溶液Ⅰ和溶液Ⅱ分别配制后混合。

2. 载玻片处理 选用新的或没有划痕的干净玻片。新玻片要放在浓铬酸洗液中浸泡 4～5d，取出后用洗涤剂溶液浸泡洗涤，用清水洗净后，再放入酸性乙醇溶液（粗硫酸与 95%乙醇等量混合）中浸泡 24～48h，取出后用清水洗涤，再用蒸馏水洗净，然后浸泡在 95%乙醇溶液中备用。

3. 染色与观察

①涂片：用微吸管在斜放的载玻片上端加 2～3 滴细菌悬浮液，使其流到载玻片的下端，多余的菌液用纸吸去，载玻片在空气中干燥。

②媒染：媒染剂过滤后滴在载玻片上，处理时间约 5min。用水洗去媒染剂，玻片在空气中晾干。

③染色：加苯酚品红染剂染色 5min，水洗，晾干，用油镜镜检，观察鞭毛的有无、数量和着生位置。在染色时需要设置已知有鞭毛细菌作为对照。

（三）荚膜染色

荚膜是由细菌细胞壁分泌的多糖类衍生物、糖朊或多肽聚集而成。它们与染料的结合能力差，所以染色后往往表现为在细胞周围有一个没有着色的圈。但植物病原细菌一般都没有荚膜。

1. 绘图墨汁显示法 用接种环在洁净载玻片的一端加 1 小滴 6%葡萄糖溶液，加少量培养的细菌，然后再加 1 滴绘图墨汁，充分混合后用载玻片的边刮成薄膜。干燥后，加纯甲醇固定 1min，洗去甲醇后用 0.5%藏红 O 染液（藏红 O 先溶于 95%乙醇中，配成 2.5%的乙醇溶液，然后加蒸馏水稀释到 0.5%的溶液）染色 30s。倾去染液，立即吸干液体，镜检。细菌染成红色，荚膜无色，背景黑色。

2. 硫酸铜染色法 结晶紫 0.1g 溶于 100mL 蒸馏水，加冰醋酸 0.25mL，即成荚膜染液。细菌涂片在空气中干燥后固定，染剂染色 4～7min，用 20%的硫酸铜溶液洗，用吸水纸吸干后镜检，细菌染成深蓝色，荚膜呈浅蓝紫色。

（四）芽孢染色

细菌的芽孢可直接用相差显微镜观察，在镜下细菌暗色，芽孢则因折射而发亮。革兰氏染色的细菌，菌体呈红色或紫色，芽孢则不着色。用孔雀绿藏红染色可使菌体和芽孢呈现不同的颜色，便于观察。

1. 染剂配制 染剂Ⅰ为 5%孔雀绿水溶液，染剂Ⅱ为 0.5%藏红水溶液或 0.05%碱性品红水溶液。

2. 染色与观察 涂片固定，加染剂Ⅰ，加热染色 1min，勿使染液沸腾和干燥，水洗；加染剂Ⅱ染色 15s，水洗，吸干后镜检。菌体染成红色，芽孢染成绿色。

(五) 晶体染色

用于生物防治的部分芽孢杆菌（*Bacillus*）的致死作用与菌体内的晶体（多肽类毒素）有关。晶体在菌体形成芽孢以后检查，一般是用苯酚品红染色，染剂成分为碱性品红 0.1g、95%乙醇 10mL、3%苯酚水溶液 90mL。将碱性品红先溶于乙醇中，然后加苯酚水溶液。染色方法是：涂片固定，染剂染色 1min，水洗，吸干，镜检观察染成红色的菱形晶体。

二、生理生化鉴定

生理生化性状是细菌鉴定和分类的重要依据，影响病原细菌的生长发育和致病性。因此，生理生化性状测定经常是研究植物病原细菌的必需试验内容。如果待测菌株数目很大或测定性状很多，试验规模很大而且条件许可，可以使用 BIOLOG 系统，该系统配有专门试验指导，本书不予介绍。如果待测菌株数目或测定性状较少，可按下述方法进行小规模试验。

(一) 细菌的好氧性和厌氧性测定

根据生长与空气之间的关系，植物病原细菌都是好氧性的或兼性好氧性的，这种特性可以用培养基加指示剂进行观察测定。

1. 培养基 培养基成分为蛋白胨 2g、磷酸氢二钾 0.2g、氯化钠 5g、琼脂 3g、蒸馏水 1 000mL、1%溴百里酚蓝水溶液 3mL，pH7.2。灭菌后加无菌的葡萄糖，使终浓度为 1%。将培养基分装到试管中，使深度达 4～5cm。这种软琼脂培养基，从底部缺氧状况逐渐过渡到顶部有氧状况。

2. 培养观察 当琼脂凝固后将培养 24h 的菌用针刺接种法接种到管底；或将培养基冷却到 39～40℃，滴入一定量的细菌液，充分混合后任其冷却凝固。取 2 管接菌的，上面加一层灭菌的石蜡油与凡士林等量混合物，深度约 1cm，用来隔绝空气（闭管）；另外 2 管接菌的则不加石蜡油与凡士林混合物（开管）；分别设定开管和闭管不接菌的对照。在适温下培养 1d、2d、4d、7d 和 14d，观察并记载结果。该方法用来区别细菌在含糖培养基上产酸是由于氧化作用还是发酵作用。氧化产酸只在开管的上部产酸，酸使指示剂颜色改变；发酵产酸则在开管和闭管中都可以产酸。如果还产生气体，则在琼脂柱内可以看到气泡。另外，如果菌只在开管的上部生长，则为好氧性的细菌；如果在开管的上下部都能生长，则为兼性厌氧性细菌；如果只在开管的下部和闭管中生长，则为厌氧性细菌。

(二) 碳素化合物的利用和分解

1. 发酵试验 细菌种类不同，对糖类、醇类和糖苷的利用能力与代谢产物也有所差别，有的不产酸也不产气，有的只产酸不产气，少数植物病原细菌既产酸又产气，这些特征可用于细菌的鉴别。测定的方法是：待测碳素化合物过滤灭菌或高压蒸汽 115℃灭菌 10min，按 1%的浓度添加到基本培养基中，经过培养，测定酸和气体的产生。

细菌产酸试验测定的碳素化合物应根据细菌不同属和种的需要而定，常用的碳素化合物有葡萄糖、乳糖、蔗糖、麦芽糖、甘油、甘露糖醇、水杨苷等。使用不同培养基优势会得出不同结果，为了对比不同研究者的试验结果，应注意培养基、培养温度和时间要相同，最好选用典型的菌系作对照。

（1）*常用基本培养基*　一般采用组合培养基，其成分和缓冲能力大小是已知的，有助于了解某一细菌是否能利用待测碳素化合物作为唯一的碳素营养来源。利用不同碳素化合物作为唯一碳源和能源，对鉴定假单胞菌属的细菌特别有用；其他植物病原细菌属对有机酸的利用也常用作鉴定性状。培养基的试剂必须是分析纯等级，琼脂粉质量也要有保证。

①Ayers 培养基：配方为磷酸二氢铵 1.0g、氯化钾 0.2g、硫酸镁（$MgSO_4 \cdot 7H_2O$）0.2g、蒸馏水1 000mL、溴百里酚蓝 1.6%乙醇溶液 1.5mL，必要时可补充 0.2g 酵母浸膏促进生长，pH7.0。

②Dye 培养基 C：配方为氯化钠 5.0g、磷酸二氢铵 0.5g、磷酸氢二钾 0.5g、硫酸镁（$MgSO_4 \cdot 7H_2O$）0.2g、酵母膏 1.0g、溴百里酚蓝 1.6%乙醇溶液 1.5mL、蒸馏水 1 000mL，pH7.0。

③无机盐基本（SMB）培养基：配方为磷酸氢二钠（$Na_2HPO_4 \cdot 2H_2O$）4.75g、5%柠檬酸铁铵溶液 1.0mL、磷酸二氢钾（KH_2PO_4）4.53g、0.5%氯化钙（$CaCl_2$）溶液 1.0mL、氯化铵（NH_4Cl）1.0g、琼脂粉 17g、硫酸镁（$MgSO_4 \cdot 7H_2O$）0.5g、超纯水 900mL，pH7.0。

基本培养基灭菌后加入过滤灭菌或高压蒸汽灭菌（115℃，10min）的碳素化合物溶液（0.2%），培养基制成平板，用接种环蘸细菌液（10^6cfu/mL）点接细菌，测定的细菌事先要在只含简单碳源（葡萄糖）的培养基上移植 2～3 次。测定时应以不加碳素化合物基本培养基作为对照，在适温下观察记载细菌生长情况，直至 2 周。

（2）*细菌产气产酸能力测定*　培养基装入通常规格的试管，试管内放入一只小玻管（图 4-1），高压蒸汽灭菌。培养液应在适温下放置 4～5d，证明确实无菌后再接菌测定。接菌时，一般每 5mL 培养液接种 0.1mL 菌悬液（10^8cfu/mL），适温培养 3～4 周，定期观察、记录细菌产酸、产气情况。如以溴百里酚蓝为指示剂，产酸时培养液变为黄色，产碱时则变为蓝色。如果细菌产气，则小玻管内培养液被部分排出，上部出现空隙（图 4-1）。

图 4-1　细菌产气观察
（仿方中达，1998）

2. 丙二酸盐的利用　培养液的成分为丙二酸钠 3g、酵母膏 1g、氯化钠 2g、硫酸铵 2g、磷酸二氢钾 0.4g、磷酸氢二钾 0.6g、溴百里酚蓝 0.025g、蒸馏水1 000mL，pH 7.4。灭菌后接菌培养，培养液由绿色变为蓝色，表示丙二酸被利用（阳性反应）。

3. 甲基红试验　试验目的是测定糖代谢物的变化，即测定从葡萄糖产生的酸能否将培养液的 pH 降到 4.2 以下。一般用蛋白胨葡萄糖磷酸盐培养液，其成分包括蛋白胨 7.0g、葡萄糖 5g、磷酸氢二钾 5g、蒸馏水1 000mL。如待测细菌属于芽孢杆菌属，则用 5g 氯化钠代替磷酸氢二钾。培养基接菌后，适温培养 48～96h。如反应为阴性，观察和测定的时间可适当延长。取以上的培养液 5mL，加甲基红指示剂（0.1g 甲基红溶于 300mL 95%乙醇，再加蒸馏水到 500mL）3 滴，培养液呈明显的红色则为阳性反应，呈黄色则为阴性反应。

4. 七叶苷水解试验　七叶苷可被细菌产生的β-葡萄糖苷酶水解，生成葡萄糖和七叶素。七叶素与铁离子反应生成黑色化合物，使培养基变黑。七叶苷培养基成分为蛋白胨 5.0g、酵母膏 1.0g、蔗糖 5.0g、七叶苷 1.0g、柠檬酸 0.5g、琼脂 17g、蒸馏水1 000mL，pH7.0。

培养基斜面接菌，培养3～14d或更长时间，培养基变为黑色或棕黑色者为阳性。也可不加琼脂，在培养液中接菌振荡，培养至1个月左右，待七叶苷完全水解后，在紫外灯下检查荧光的消失。

（三）氮素化合物的利用和分解

1. 硝酸盐和亚硝酸盐的还原 硝酸盐还原是细菌的重要鉴定性状。硝酸盐还原反应包括两个途径，一个是在合成代谢过程中，硝酸盐还原为亚硝酸盐和铵离子，再由铵离子转化为氨基酸和细胞内其他含氮化合物；另一个是在厌氧情况下，有些好氧菌能以硝酸盐代替分子氧作为氢的受体进行厌氧呼吸，将硝酸盐还原为气态氮，这个过程称为脱氮作用或反硝化作用。试验的方法是将含有硝酸盐的培养液接种待测的细菌，通过培养进行观察测定。

（1）*半固体培养基测定法* 培养基配方为蛋白胨10g、硝酸钾1g、酵母膏3g、琼脂3g、蒸馏水1 000mL，pH7.2。培养基分装试管，每支试管装5mL，灭菌。每个菌株针刺接种数管，其中2～3管在培养基上加3%琼脂3mL封管，27℃条件下培养2周。若在封管的琼脂下面有气泡产生，表示有脱氮作用。未封管的试管在培养3d、5d、7d后用下述方法测定亚硝酸盐还原反应。

（2）*亚硝酸盐还原的测定* 使用两种试剂，试剂A为对氨基苯磺酸8g溶于1 000mL醋酸溶液（5mol/L，即286mL冰醋酸加715mL水）；试剂B为二甲基-α-萘胺6g溶于1 000mL醋酸溶液（5mol/L）。测定细菌对亚硝酸的利用时，每试管加试剂A和试剂B各1mL，如呈现红色，表示有亚硝酸根。本试验的阴性反应有3种可能的原因，一是细菌不能还原硝酸盐；二是亚硝酸盐继续被分解，生产氨和氮；三是培养基不适合细菌生长。因此，在测定亚硝酸根的同时还需要测定硝酸根是否存在。测定硝酸根的方法是取少许锌粉加入试管培养基内，若现出红色表示有硝酸根存在。如果因细菌不能生长而造成的阴性反应，应当调整试验用培养基后再测定。

2. H_2S试验 许多细菌可以分解含硫的有机化合物产生H_2S。常用含蛋白胨培养基进行测定，但使用半胱氨酸所得结果更为稳定。常用培养基有两种：①Dye半胱氨酸培养液，配方为磷酸二氢铵（$NH_4H_2PO_4$）0.5g、磷酸氢二钾0.5g、硫酸镁0.2g、氯化钠5g、酵母膏5g、半胱氨酸盐酸0.1g、蒸馏水1 000mL，pH7.0；②蛋白胨胱氨酸培养液，配方为蛋白胨10g、胱氨酸硫酸盐0.1g、硫酸钠0.5g、蒸馏水1 000mL，pH7.0。培养液二者选一，分装试管，每支试管装5mL，灭菌，接种细菌后，用醋酸铅滤纸条夹在棉花塞和试管壁之间，使纸条悬在培养液面上，但不要碰到培养液，在适温下培养2周左右，纸条变黑表示有H_2S产生。准备醋酸铅滤纸时，裁剪适当尺寸（如5mm×5mm）的白色滤纸，用5%醋酸铅溶液浸泡，空气干燥后放入试管中，试管加塞后置于120℃烘箱内烘1h即可。

3. 吲哚试验 有些细菌具有色氨酸酶，能分解培养基中的色氨酸，产生吲哚。胰蛋白胨培养基（胰蛋白胨10g、酵母膏5g、蒸馏水1 000mL）灭菌后接菌，使用试纸进行测定。试纸为用饱和草酸溶液浸泡的滤纸条，烘干灭菌（120℃，1h）后使用。试纸夹在棉花塞和管壁之间，使滤纸条悬挂在培养液面上，但不接触培养液，如有吲哚产生则滤纸变淡红色。

（四）大分子化合物的分解

1. 明胶液化 明胶在30℃以上呈液态，20℃以下可凝固。细菌分泌的明胶酶可分解明胶，使之丧失凝固的能力而液化。在 NB 培养液中加 12%的明胶，明胶酸性，熔化后调节酸碱度到 pH7.2。培养液分装试管，5mL/管，高压蒸汽灭菌（121℃，15min），冷却后用穿刺接种法接菌，适温下培养 3d、7d、14d、21d，试管放入 4℃冰箱中，使明胶凝固，观察明胶是否因分解而液化，观察结果时应以未接种的明胶培养基为对照。

2. 淀粉水解（淀粉酶活性测定）　测定细菌淀粉酶活性的方法是在 NA 培养基中加 0.2%的可溶性淀粉，待测细菌用划线或牙签点接在培养基平板上，培养 2～5d 后在培养基上加一层碘液（革兰氏染色用）。培养基呈深蓝色，菌落周围有无色透明圈者为阳性。

3. 脂肪分解（脂酶活性测定）　吐温-80 是一种水溶性长链脂肪酸酯，经过细菌分解后释放出脂肪酸，脂肪酸遇氯化钙形成脂肪酸钙沉淀，在培养基中以白色沉淀形式表现出来，这一反应可用来测定细菌脂酶活性。先制备培养基，配方是蛋白胨 10g、氯化钙（$CaCl_2 \cdot 2H_2O$）0.1g、琼脂 17g、蒸馏水1 000mL，pH 7.4。同时，吐温-80 高压蒸汽灭菌后取 10mL 加入培养基，充分混匀，制成平板，点接细菌，适温下培养 7d，观察结果。如果菌落周围有不透明白色沉淀区出现，表示吐温-80 被水解，为阳性反应。

4. 石蕊牛乳反应　石蕊牛乳培养基用脱脂牛乳1 000mL 与 4%石蕊液 15～20mL 配制而成，应为类似丁香花的紫色。培养液经 115℃灭菌 10min。培养基接种细菌于 28℃下培养，以不接种的为对照，定期观察 4～6 周，记录反应。①产酸：石蕊牛乳变为粉红色，表示从乳糖产生酸。②凝固：酪朊凝固有两种情况，一种是由于从乳糖产生酸的量使牛乳的酸度达到 pH4.7，酪朊即凝块，如乳糖发酵时还产气，则凝块开裂。另一种情况是牛乳不产生或仅产生少量酸，酪朊也可以有凝乳酶的作用而凝固，凝块收缩与乳清分离。③胨化：解朊酶分解酪朊，使牛乳变澄清，这种反应往往从表层开始。④产碱：石蕊牛乳变蓝，一般牛乳胨化常呈碱性反应，如果酪朊没有明显的分解，可能是牛乳中的柠檬酸盐被利用所致。⑤还原：石蕊变为无色，有时要在产酸和酪朊凝块后，石蕊才还原。

（五）其他反应的测定

1. 氧化酶试验　氧化酶又称细胞色素氧化酶，是细胞色素呼吸酶系统的末端呼吸酶。测定细菌氧化酶的试剂可用 1%二甲基对苯二胺盐酸盐或 1%四甲基对苯二胺盐酸盐。做氧化酶试验时，氧化酶并不直接与试剂起反应，而是首先使细胞色素 C 氧化，氧化型细胞色素 C 再使对苯二胺氧化，产生颜色反应。

测定时培养皿中放大小合适的滤纸，加适量的以上试剂，正好使滤纸润湿。用白金接种环挑取 NA 培养基上新鲜培养的细菌，涂在滤纸上，在 5～10s 内呈现玫瑰红到暗紫色是阳性反应，10s 以后出现则是延迟反应。挑取细菌必须用白金接种环，不然可能产生假阳性。如果没有白金接种环，可用玻棒代替。试剂容易氧化，要放在冰箱暗处保存，可用 2 周左右。

2. 过氧化氢酶　具有过氧化氢酶的细菌，能催化过氧化氢分解为水和初生态氧，继而形成分子氧，以气泡形式溢出。测定方法是，挑取固体培养基上生长 24～48h 的菌落置于干净的玻片上，滴加 3%过氧化氢，观察结果。30s 内有大量气泡产生的为阳性，不产生气泡者为阴性。亦可直接将试剂滴加于固体培养基上的菌落，观察结果。

三、血清学鉴定

血清学反应简单说就是抗原和抗体的反应。血清学包括两方面的内容，即抗血清的制备和如何利用抗血清进行各种血清学反应测定。抗原是能够引起动物免疫反应的异体物质，这种特性称为免疫原性。细菌的抗原物质有多种类型，按细菌结构分为荚膜抗原（K 抗原）、鞭毛抗原（H 抗原）、菌毛抗原（F 抗原）和菌体抗原（O 抗原）。抗体是动物在抗原刺激下产生的特异性球蛋白，又称免疫球蛋白（Ig）。它能识别特异的抗原，并与抗原进行特异性的结合。在制备抗体时，含有抗体的血清为抗血清，从抗血清中可以纯化出抗体。

（一）抗体准备

1. 自备抗血清 在原核表达体系和分子标签技术使用之前，或由于抗体尚无商品化来源，研究使用的抗血清都需要用抗原组分免疫动物进行制备。

（1）*抗原类型* 在植物病原细菌研究中应用的抗原可分为 3 种类型，即非纯化抗原、纯化抗原、已鉴定的纯化抗原。

①非纯化抗原：活的细菌细胞和热处理的细菌细胞以及超声波破碎的菌体等都属于这个类型。由此制备的抗体特异性差，常在不同的细菌间发生交叉反应。用 60℃处理 1.5h 或 100℃处理 1h 的细菌细胞作抗原，因破坏了荚膜抗原和鞭毛抗原，提高了血清的特异性，常用于细菌不同种的鉴别。

②纯化抗原：纯化抗原包括用戊二醛或福尔马林固定的细菌细胞、以脱氧胆酸钠浸提的核蛋白成分，以及核糖体、膜蛋白和糖蛋白等。其中核蛋白作抗原制备的抗血清在凝集试验和琼脂双扩散试验中均表现属的特异性，上述其他成分具有种和亚种的特异性。

③已鉴定的纯化抗原：纯化的果胶水解酶、L-天冬酰胺酶制备的抗血清在欧文氏菌属细菌研究中表现种水平上的特异性。

（2）*抗体制备的技术要点* 一般来说，抗原的制备物影响抗血清的特异性程度，糖蛋白和膜蛋白在菊欧氏菌、油菜黄单胞菌油菜致病变种、青枯菌中均表现为种和亚种特异性的水平，但同一种抗原制备物在不同细菌中也可能表现为不同的特异性水平，如福尔马林或戊二醛固定的细菌细胞分别在菊欧文氏菌和胡萝卜软腐欧文氏菌黑胫亚种中均表现种和亚种的特异性，然而二者在油菜黄单胞菌油菜致病变种中均与其他菌表现有交叉反应。

一般抗血清通过免疫家兔而制备，免疫注射选用体重 2～3kg 的健康家兔，最好是雄兔。在选择兔子时首先需要从兔子的耳静脉采血约 5mL，测定注射前的正常血清能否与测定细菌发生凝集反应。如果血清稀释 40～80 倍后仍有反应，则不适用于免疫注射。注射抗原一般采用静脉注射。免疫注射方案可因不同抗原制备物而异，一般全细胞抗原免疫家兔可采用抗原制备物先加不完全佐剂乳化后肌肉注射 2 次，以后改为无佐剂的耳静脉注射 2～3 次，每次间隔 1 周，直到最后一次注射后 1 周采血，测定效价。抗原浓度一般为 10^9 cfu/mL，注射剂量为 0.5mL、1.0mL、1.5mL、2.0mL。抗原经过适当处理可刺激抗体产生，如在静脉或肌肉注射前先将抗原用福氏完全佐剂处理，可使抗体产量大大提高。特异性较强的抗血清通常采用短期免疫法获得，长期连续的免疫过程可以提高抗血清的滴度，但同时也使共同抗原的抗体增多，影响抗血清的特异性。

有些植物病原细菌对家兔有很强的毒性，特别是通过静脉注射时毒性更明显。在这种情况下，一般先采用皮下注射或肌肉注射，然后再从静脉注射。

将经过免疫处理后的家兔血液收集在大口试管中，在室温下使血液凝固，然后分出血清，比较好的方法是将血块和残留的血球离心沉落，收集血清。血清很难保持无菌，应该低温保存，温度越低越好。为了安全，可以向血清中加入防腐剂。例如，每毫升血清中加 5%

苯酚 0.1mL，或向 40mL 血清中加 1∶250 的硝酸苯汞溶液 1mL。抗血清盛放在安瓿中封口，在冰箱中可贮藏几年而不降低效价。

2. 分子标签和荧光蛋白抗体　目前，细菌细胞表面具有免疫原性的结构成分归为病原物关联分子模式（pathogen-associated molecular pattern，PAMP）。PAMP 用来表述病菌与寄主植物之间的相互作用，是指可以由植物细胞表面受体分子识别的病原物细胞表面的保守性组分，这种分子识别可以通过血清学方法进行研究。由于许多细菌 PAMP 及其植物受体均已得到细致研究，可以通过原核或真核表达体系进行制备（参见第八章第五节），无论是原核还是真核表达体系，都可以在目的蛋白氨基酸序列 C 端加上分子标签。分子标签是氨基酸序列已知、易于检测、并有志于目的蛋白分离纯化的特殊短肽，主要有组氨酸（histidine，His）标签（His-tag；参见第八章第五节）和谷胱甘肽巯基转移酶（glutathione S-transferase，GST）标签（GST-tag；参见第八章第四节）。除分子标签的使用之外，原核或真核表达体系还普遍使用荧光蛋白，如绿色、红色、黄色荧光蛋白（green，red，and yellow fluorescent protein＝GFP，RFP，and YFP；参见第八章第四节）。无论分子标签或荧光蛋白，抗体都是从专业试剂公司购买。

（二）血清学反应

血清学在植物细菌病害研究上主要用于细菌的鉴定和研究细菌之间的亲缘关系。血清学反应类型主要有：①凝集性反应，包括凝集反应和沉淀反应；②标记抗体技术，主要包括酶标记抗体、荧光标记抗体和同位素标记抗体；③单克隆抗体技术。

1. 凝集反应　将活的或死的细菌注射到动物体内，可以促使在它的血清中产生一种称为凝集素的抗体。含有凝集素的抗血清与注射细菌或有亲缘关系的悬浮液混合，细菌凝集成团而沉落下来，此即凝集反应。凝集反应的测定方法是将一定浓度的细菌悬浮液与不同稀释度的抗血清起作用，测定可以发生凝集反应的最大稀释度。测定方法有载玻片法和试管法。

（1）*载玻片法*　载玻片法是一种快速测定方法，但是不能定量和测定效价。在清洁的载玻片上加 2 滴生理盐水，用接种环挑取少量培养的细菌与生理盐水充分混合，再用接种环取少量抗血清与其中 1 滴细菌悬浮液混合，另用 1 滴不加抗血清的作为对照。经过 3～5min 后，可以看到原来均匀悬浮的细菌凝集成团，对照则不发生这种变化。

（2）*试管凝集反应*　将一定浓度的细菌悬浮液与一系列不同稀释度的抗血清起作用，测定可以发生凝集反应的最大稀释度即抗血清的效价。取 10 支小试管，每管加 1mL 生理盐水，在第一支试管中加入 1∶5 的抗血清 1mL，并在一系列试管中做连续的倍比稀释直至第九管，从第九管中吸出多余的 1mL 稀释抗血清，第十管中不加抗血清作对照。每试管中再加入 1mL 细菌悬浮液（约 10^9 cfu/mL），充分混合后，放在 50～60℃的恒温水浴中 2h 后取出，在冰箱中放一夜再记载。根据试管底部的沉淀多少和上部液体的澄清度分级，标准如下：＋＋＋＋，完全凝集，上部液体完全澄清；＋＋＋，有明显凝集，但上部液体稍有混浊；＋＋，部分凝集，上部液体混浊；＋，很少凝集，上部液体混浊；－，无凝集，液体混浊。发生＋＋凝集反应的最大稀释度就是抗血清的效价。

（3）*沉淀反应*　若以分子状态的抗原注射动物，动物血液中产生一种称为沉淀素的抗体。促使产生沉淀素的抗原如细菌的外毒素、内毒素、菌体裂解液、多糖、蛋白质、脂类等。在适量的电解质存在下，与相应抗体（又称沉淀素）结合，形成肉眼可见的白色沉淀。

常用的沉淀反应测定方法有下列几种：

①环状沉淀反应：环状沉淀反应即用小型的试管，分别先后加入抗体和抗原，在两层液面交界处出现白色环状沉淀。本法常作为抗原的定量试验。

②絮状沉淀反应：絮状沉淀反应是在普通试管中混合抗体和抗原，在电解质下形成抗原—抗体复合物的沉淀。在抗原—抗体最适比例时，沉淀物出现最快，沉淀最多。

③琼脂双扩散：琼脂是一种含有硫酸基的多糖体，高温时能溶于水，冷却后凝固形成凝胶。琼脂凝胶呈多孔结构，其孔径大小决定于琼脂浓度，一般用0.8%～1.0%的琼脂凝胶，其孔径能使抗体和各种抗原在其中自由扩散。抗原和抗体在凝胶中扩散形成浓度梯度，抗原和抗体在比例适当处发生沉淀反应。由于沉淀颗粒较大，在凝胶中不再扩散而形成沉淀带。琼脂双扩散主要用于抗原的比较和鉴定。

琼脂板的制备是用生理盐水配成0.8%～1.0%的琼脂，再加入0.15%叠氮化钠，加热熔化后倒入直径6cm的培养皿（约加入5mL左右的琼脂），使琼脂板厚度为3mm左右。然后用打孔器在琼脂上打孔，一般按梅花形或长方形打孔，小孔间距相等，孔径一般是5mm。中间小孔加入已知抗血清，周围孔加入待测的抗原。放在密闭容器内保湿，并于27～30℃温箱中保持1d以上，观察沉淀线的出现，并记载结果（参见第二章第三节图2-1B）。

2. 标记抗体技术 由于肉眼无法观察到微量的抗体—抗原结合，通常借助易于检测的化合物，如酶、荧光素或放射性同位素，将这类化合物标记到抗体上，可用特殊方法进行检测。根据抗体—抗原特异性结合的特性，就可按照标记抗体来测定抗原的存在和存在的部位。标记抗体技术发展很快，不断有新的技术和方法出现，下面介绍两种比较常用的方法。

（1）*酶联免疫吸附技术（ELISA）* 酶与抗体或抗原结合后，既不改变抗体—抗原的免疫反应特性，也不影响酶的生物学活性。常用的酶联免疫标记酶有辣根过氧化物酶和碱性磷酸酶，在酶标记的抗体—抗原反应时可以与酶相应的底物作用产生某种酶解产物，这种产物在适当的显色剂的作用下，即可产生特殊的有色产物，而能用肉眼观察或酶联检测仪记录。

测定过程是在微量测定板平底的小孔内进行，一般是用双抗体夹心的方法。标记的抗体为抗抗体（一般用羊抗兔的酶标记抗体），可以购买得到。测定步骤如下：①用经碳酸盐缓冲液（0.1mol/L，pH 9.5）稀释的抗血清包被小孔，处理1h；②加入测定抗原（用磷酸缓冲液稀释），处理2h；③加酶标记抗体，处理1h；④加底物显色；⑤加适量2mol/L的硫酸终止反应。肉眼观察颜色反应结果，或使用酶联检测仪测定、记录读数。整个测定过程可在30℃下进行，每次加样量都应一致，每一步骤之间都必须用含0.05%吐温-20的磷酸缓冲液（pH7.4）洗3次。

（2）*荧光抗体技术* 抗体与荧光素结合后形成荧光抗体，在抗原抗体反应时，形成抗原—抗体—荧光素复合物，在荧光显微镜下观察即可看到发出的荧光。如果样本中不存在这种荧光抗体的抗原，荧光抗体就不能与抗原结合并被水冲洗掉，所以荧光显微镜下不能看到荧光反应，从而达到鉴别抗原、检测和诊断细菌的目的。荧光抗体技术还可以检测抗原的所在部位，进行抗原的定位测定。

荧光素的种类很多，但常用来标记抗体的荧光素是异硫氰酸荧光素（FITC）。通常是用抗体的IgG来标记异硫氰酸荧光素的。所以首先需要从抗血清中分离纯化IgG。在碱性条件下异硫氰酸荧光素的异硫氰基与IgG自由基结合，形成IgG与荧光素的结合物。抗体的荧光素标记可以采用透析法或直接标记法制成标记抗体。制成的标记抗体还需要进行纯化（以除去游离荧光素和未标记上或过度标记的 IgG），以及染色滴度和特异性鉴定等，然后低温冰冻或冻干保存备用。

荧光抗体染色方法可以分为直接法和间接法两类。直接法是直接将荧光标记的抗体滴于标本切片或涂片上，于 37℃染色 30min 左右，然后用大量磷酸缓冲液（pH7.0～7.2）漂洗 15min，晾干，即可用荧光显微镜观察结果。直接法应设对照，包括自发荧光以及阳性和阴性材料 3 种对照。间接法是将抗抗体进行荧光标记，试验时先将抗原与抗体结合，再加标记的抗抗体 37℃染色 30min，然后漂洗、干燥，荧光显微镜下观察。试验时需要设置多种对照，包括样品直接加标记抗抗体（无中间层对照）和中间层用阴性血清代替（阴性血清对照）。间接法的优点是可以制备商品化的标记抗抗体，用于多种抗原抗体系统的检测。

四、噬菌体鉴定

噬菌体是侵染细菌、真菌或卵菌的病毒。噬菌体侵染细菌时，培养的细菌发生明显的变化，如原来是混浊的细菌悬浮液逐渐变为澄清，在琼脂平板上则出现透亮的无菌空斑，称为噬菌斑。运用噬菌体能够快速鉴定病原细菌，鉴别同一种细菌的不同菌系。目前噬菌体多用于细菌病害流行学的研究。

噬菌体都有一定的寄主范围，有的寄主范围广，可侵染一个属中不同种的细菌，甚至不同属的细菌，称为多价噬菌体；有的寄主范围很窄，只能侵染同一种细菌的个别菌系，称为单价噬菌体。一般植物病原细菌的鉴定利用单价的专化性噬菌体，而多价噬菌体有时在研究细菌亲缘关系方面有一定的意义。

任何噬菌体用于细菌鉴定之前必须测定其寄主范围，需要测试的细菌类别包括同种但不同寄主和地理来源的已知菌株，其他关系较近的植物病原细菌及相关的附生细菌。菌株数量至少 10 个，如果噬菌体与其他来源的相似菌株有交叉感染，测定的菌株要更多。

1. 噬菌体分离　植物病原细菌的噬菌体可以从病叶或其他病组织、病残株、发病田的土壤或田水中分离获得。从土壤中分离噬菌体时，必要时可将培养的细菌加于土壤中，诱发噬菌体的产生，经过一定时间再从土壤中分离这种细菌的噬菌体。从病组织中分离时，可将病组织切碎或剪碎后加水研磨，滤纸过滤后在试管中加滤液 5mL 和氯仿 1～2mL，加塞后充分摇匀，静止 30～60min，待氯仿分层后，用灭菌吸管将上层的提取液吸入灭菌的试管中作分离用。用琼脂平板法进行分离，即在灭菌的培养皿中，加提取液 1～2mL 与 10^9cfu/mL 细菌悬浮液 1mL 的混合液，再加冷却至 45℃左右的肉汁胨蔗糖琼脂 10mL 左右，培养基凝固后，在 26～28℃条件下培养，如果有噬菌体，10～12h 后琼脂平板上即可见噬菌斑。

分离噬菌体要用适宜的培养基。一种细菌生长良好的培养基，一般对它的噬菌体的繁殖也是适宜的。分离时所用寄主细菌菌龄的关系很大，菌龄过长，噬菌体即使能够吸附和侵入，也不会繁殖和释放出噬菌体，因而分离不到需要的噬菌体。细菌可以用固体培养基或培养液振荡培养繁殖，最好是用对数增长阶段终止前的细菌，一般是用菌龄 24～48h 的细菌。

2. 噬菌体纯化与繁殖　分离到的噬菌体可能不纯，必须经过纯化、繁殖才能用于研究。噬菌体的纯化方法是：首先挑选单个噬菌斑，用灭菌的接种环挑取小块噬菌斑，放在约 1mL 灭菌的 0.1％蛋白胨水或肉汁胨蔗糖培养液中，配成噬菌体悬浮液，按 1∶10 的比例用 0.1％蛋白胨水稀释若干次，然后用琼脂平板法培养，一般按照上述步骤纯化 2～3 次就可以得到纯的噬菌体。

少量噬菌体初步繁殖可用小三角瓶或培养皿振荡培养寄主细菌，培养24～48h后，接种小块噬菌斑，再继续培养一段时间，待混浊的细菌悬浮液变澄清后用细菌滤器除去残留的细菌。若需要较大量的繁殖，可用大三角瓶或长颈瓶振荡培养繁殖寄主细菌，并用初步繁殖的噬菌体滤液接种，这样繁殖后达到的效价一般为10^7～10^9cfu/mL，噬菌体悬浮液在4℃条件下保存。

3. 噬菌体效价的测定 噬菌体效价就是指噬菌体浓度。琼脂平板上形成的每一个噬菌斑是由单个噬菌体的侵染并经过多次再侵染而引起的，因此根据噬菌斑的数目就可以测定样本中噬菌体的数目。测定噬菌体的效价，首先要将样本按1∶10的比例稀释若干次，才能在平板上测定。样本稀释的倍数要根据原来样本中噬菌体数量的多少而定。一般以最后一个稀释度在琼脂平板上形成几十个到一二百个可数的噬菌斑为宜，用分离噬菌体的琼脂平板法进行测定。

4. 利用噬菌体鉴定细菌的方法 用噬菌体鉴定细菌的方法与噬菌体寄主范围测定的方法相同。如果噬菌体的样本比较多，则可在含菌培养基平板上点滴噬菌体悬浮液。一个平板上可以测定多个噬菌体样本，培养后观察是否有噬菌现象。如果测定的细菌种类很多，则可以制备加噬菌体的培养基平板，然后将各种测定的细菌在该平板上划线，培养后观察测定的细菌能否生长。根据上述方法，用专化于一种植物病原细菌的噬菌体可以快速鉴定出测定的细菌是否是这种植物病原细菌。

5. 噬菌体保存 最简单的方法是将噬菌体存放在0.1%蛋白胨或肉汁胨蔗糖培养液中，经过滤、灭菌去除细菌后，装在密闭的玻璃容器内，在4℃冰箱中保存，噬菌体可以在此条件下保存数月或数年。噬菌体也可以保存在氯仿上面，方法是先加少量氯仿在试管中，然后在上面加保存的噬菌体悬浮液，两者的比例为1∶10～20，对氯仿敏感的噬菌体不能用此方法保存。一般冷冻干燥法会降低噬菌体的存活率，很少用来保存噬菌体。

第四节 植物病原细菌致病性的测定

从病组织上分离到的细菌，确定它的致病性是对这种细菌鉴定的关键。对病原细菌的鉴定一般的工作顺序是先测定其致病性，完全符合柯赫氏法则的要求，然后再研究细菌学和生理生化性状。

一、过敏反应测定

为了确定分离到的大量细菌哪些是有致病性的，用常规方法接种比较费事，有的从接种到发病要经过相当长的时间。利用植物的过敏反应可以进行快速筛选。致病性细菌最常用的试验是烟草的过敏反应。此外，还有一些植物接种试验，包括豆荚、果实和植物组织片接种等。严格地讲，这些并不算致病性测定，但利用这些方法也能筛选和鉴别一些植物病原细菌，如菜豆豆荚接种试验可鉴别不同的菜豆病原细菌；核果类和仁果类果树的病原细菌可通过果实接种反应加以区别；马铃薯片软腐试验是植物病原荧光假单胞菌的一种鉴别试验；利用落地生根植物或胡萝卜片接种，可鉴别根癌土壤杆菌和发根土壤杆菌。

烟草的过敏反应测定方法是先用针头在叶片上扎点，即在注射点先用针头轻轻点破烟草叶片的表皮，但不使其穿破叶片，然后将浓度 10^7cfu/mL 的细菌悬浮液用无针头的注射器压到烟草叶片下表皮的细胞间（参见第七章第一节图 7-1）。致病性细菌往往在 6～24h 内就在注射点周围出现过敏性枯斑，而腐生性细菌则不表现这种反应。过敏性反应测定只能作为一种参考性状，以此可以初步区别分离到的菌种是否具有致病性，但是它的致病性的最后确定，一般还要用常规的接种方法。

二、细菌致病性测定的常规方法

（一）接种物的制备

一般都是用在固体培养基上生长的新鲜细菌加灭菌水配成细菌悬浮液作为接种物，培养液振荡繁殖的细菌也可以用于接种，但需特别注意杂菌的污染。细菌悬浮液的浓度一般为 10^7～10^8cfu/mL。浓度太低，有时接种不易成功；浓度太高，容易引起过敏反应。接种用细菌要注意菌龄，菌龄老的细菌致病力显著减弱。

（二）接种方法

接种方法有多种，应根据病害的传播方式和病原细菌的侵入途径等特点而选用适宜的方法。

1. 针刺接种　用接种针从琼脂上挑少许细菌直接穿刺叶片或果实，为了提高接种效率，也可用多针接种法，将多个针固定在软木塞上，蘸取细菌悬浮液接种，也可在接种部位滴 1 滴浓细菌液，用消毒针通过菌液穿刺寄主组织接种。如番茄青枯病，在幼苗期接种，是在顶部向下第三中叶的叶腋间加 1 滴细菌悬浮液（2×10^{10}cfu/mL），然后用针通过菌液穿刺茎部接种。接种后的植物不一定要求保湿，但有时保湿的效果要好一些。

2. 喷雾接种　适用于通过自然孔口侵入的细菌病害。细菌悬浮液的浓度一般为 10^6～10^7cfu/mL。喷雾时一般压力为 147kPa，喷过的叶片组织充水而呈水渍状。植物在接种后要保湿 24～48h，如接种前也保湿 24h，使气孔张开，则效果更好。

3. 剪叶法　有些叶斑病或叶枯病的细菌除从自然孔口侵入外，也能从伤口侵入，并在维管束蔓延。如水稻白叶枯病，可用剪叶法，即用消毒剪刀蘸细菌悬浮液后剪去叶尖即可，此法简单，一般在傍晚接种可不保湿。

4. 注射接种　肿瘤、萎蔫病害多用注射细菌悬浮液的方法接种，叶斑和叶枯型的细菌病害也可将细菌悬浮液注射到叶片组织，茎腐病可用向心叶中灌注细菌液的方法接种。

5. 伤口接种　植物茎部维管束病害，特别是木本植物，注射不易成功时，可用消毒刀在茎部斜切，将细菌悬浮液滴入，或用灭菌棉球蘸菌液塞入伤口，再用透明胶布包扎。木本植物青枯病、肿瘤病等都可采用此法。

6. 组织薄片接种法　腐烂病一般都用针刺或伤口接种。胡萝卜、萝卜或白菜茎等洗净用 70%乙醇擦洗，通过火焰干燥，切成 1～2cm 薄片，直接滴细菌悬浮液接种，或用灭菌棉球蘸菌液涂抹薄片，组织薄片放于垫有湿滤纸的灭菌培养皿内在 28℃条件下保湿培养。

7. 根部接种法　通过植株根部侵入的细菌病害如青枯病等可用细菌悬浮液蘸根或灌注土壤的方法接种。

第五节　植物植原体与螺原体病害研究方法

植物植原体（phytoplasma）和螺原体（spiroplasma）是两类很小的原核生物，有原生质膜，没有细胞壁，不能合成细胞壁肽聚糖。植原体和螺原体菌体形态多样，从球形或梨形到分枝状螺旋形丝状体，能通过细菌滤器。菌体革兰氏染色反应阴性，对青霉素及其衍生物有抗性，但对四环素类抗生素高度敏感。植原体不能运动，螺原体可以游动、翻动和变形等方式运动。植原体尚不能在离体条件下成功培养，螺原体在添加甾醇的培养基上形成外形似煎蛋的菌落。

一、植物植原体病害

植物植原体病害自 1956 年被发现以来研究进展很快，迄今为止，全世界已经发现近 300 种植物上有植物植原体病害，我国报道的有 57 种，对生产影响最大的是桑萎缩病、枣疯病、泡桐丛枝病和柑橘丛枝病。

（一）植物植原体病害的诊断

由于植物的植原体还不能在培养基上培养，不能像其他病原生物经过分离培养和接种试验进行鉴定，因此对它的诊断有所不同。

1. 症状诊断 植物植原体病害表现各种症状，如黄化、矮化、丛枝、花变叶等，其中黄化症状更为突出。因此，症状是识别和诊断植原体病害的重要性状。但是植原体引起的黄化症状需要与病毒病、虫毒和栽培条件引起的生理性黄化相区分。

植物植原体病害很容易与病毒病相混淆。诊断可以从下面几个方面相区分：超薄切片的电子显微镜观察是最直观的方法，病毒病害在病植株的细胞内可以看到典型的病毒粒体，而植原体病害可以看到植原体的颗粒。另外，植原体粒体大，不能通过细菌滤器，经过1 800 r/min 离心 10min 可以沉降下来，而病毒可以通过细菌滤器。

虫毒是某些刺吸式口器的昆虫和螨类产生的对植物有害的分泌物，总称虫毒。传播植原体的叶蝉可以产生虫毒。有些虫毒的危害局限于取食点附近。植物受害后一般表现为叶斑、叶烧、缩叶、组织的木栓化、流胶、丛枝和肿瘤等局部危害状。有的虫毒可以转移和影响到其他部位，以至于全株出现黄化、褪色、变色、脉明、脉突、条斑、韧皮部坏死、萎蔫等类似病毒病的症状。虫毒在发展到非常严重以前，除去或杀死上面产生虫毒的昆虫，病状可以逐渐恢复。而植原体病害则没有这种特性。另外，测定病害是传染性还是非传染性可以将植原体病害与营养条件所引起的生理性病害和药害以及虫毒区分开。

2. 四环素等抗菌素的治疗 用四环素等抗菌素可以初步诊断植原体病害。植原体对四环素及其他抗菌素如新霉素、卡那霉素、链霉素、氯霉素、红霉素等都很敏感，抑制浓度都在 0.1～100μg/g，但对青霉素的抗性是很强的，抑制生长的浓度超过 20mg/g。四环素的处理方法是喷雾、浸根、浸枝或枝干注射等，使用浓度一般在 100～1 000μg/g。喷药使用在春夏枝叶萌发时，每隔几天喷一次，直到症状消失为止。但四环素的疗效是暂时的，停止施药后，症状可能恢复发展。加入四环素有疗效，同时施用青霉素没有疗效，则可以初步判断是植原体病害。

（二）植物植原体的显微镜检查

植原体病害的诊断，必须经过荧光显微镜或电子显微镜检查。

1. 荧光显微镜检查 植原体用一般光学显微镜是检查不到的。荧光染料 4,6-diamidino-2-phenylindole（DAPI）和 Hoechst33258 染剂（bisbenzimidazole）对植原体的 DNA 有特异亲和力，而对植物细胞和线粒体 DNA 的亲和力不大，因而可以对植原体进行荧光显微镜检查。方法是将带韧皮部的组织切小段，放在用 0.1mol/L 磷酸缓冲液配成的 5%戊二醛中 4℃固定 2h，然后用冷冻或徒手切片，切成厚 20～30nm 的切片，用蒸馏水冲洗，用 1μg/g 的 DAPI 或 Hoechst 溶液处理，室温染色 20～30min。试样在荧光显微镜下检查，使用阻拦滤片 K430、激发滤片 BG3 和 UG1。

2. 电子显微镜检查 在荧光显微镜初步诊断的基础上，必须进行电子显微镜检查，进一步诊断植原体病害。电子显微镜检查需要制作超薄切片，方法参见第二章第二节。

(三) 接种试验

确定植物植原体病害，最终还要经过接种试验。汁液摩擦接种不能传染植原体病害，但可以嫁接的方式传染。因而也可以通过菟丝子传染给长春花，植原体可以在其中大量繁殖而表现一定的症状。另外，植原体病害大都还可通过昆虫介体传染，主要的昆虫介体是叶蝉，叶蝉非但传染病害，植原体也可在叶蝉体内大量繁殖。

(四) 植物植原体的保存

由于植原体不能在人工培养基上培养，它的保存成为突出的问题，目前只有 3 种方法：①定期接种，维持病株。长春花是容易繁殖和培养的植物，并且它能感染多种植原体，所以一般作为保持植原体的通用寄主。②饲养叶蝉，将植原体保持在介体内。③将带有植原体的叶蝉低温（－70℃）保存，接种前，将它体内的植原体注射到健康的叶蝉体内使它能传染，再接种在健康的植物上。

二、植物螺原体病害

螺原体形状多样，主要为螺旋形，也有球形或梨形的。螺原体兼性厌气，生长适温20～41℃。螺原体生长需要有甾醇，可以在含甾醇的培养基上进行培养。螺原体的主要寄主是双子叶植物和昆虫。植物病原螺原体只有 3 个种，即柑橘螺原体（*Spiroplasma citri*）、玉米螺原体（*S. kunkelii*）和蜜蜂螺原体（*S. melliferum*），分别引起柑橘僵化病、玉米矮化病和蜜蜂的爬蜂病。柑橘僵化螺原体不仅侵染柑橘，还能侵染豆科植物等多种寄主。柑橘受害后表现为枝条直立，节间缩短，叶变小，丛生枝或丛生芽，树皮增厚，植株矮化，且全年可开花，但结果小而少，果实多畸形，易脱落。螺原体通过叶蝉传染，叶蝉从吸食到传染需经 2～3 周的循回期，接种后到发病的时间为 4～6 周。螺原体可在多年生宿主假高粱的体内越冬存活，也可在介体叶蝉体内越冬。

思考题

1. 简述植物细菌病害鉴别的方法和依据。
2. 植物病原细菌分离培养使用的选择性培养基有哪些？
3. 如何保存细菌菌种？
4. 用于鉴定植物病原细菌属的形态特征与生理生化性状有哪些？如何进行试验测定？
5. 血清学反应有哪些测定方法？目前在进行细菌血清学研究时，是否需要自己制备抗体？为什么？
6. 如何分离、繁殖、保存细菌噬菌体？如何利用噬菌体对植物病原细菌进行鉴定？
7. 举例说明植物植原体和螺原体病害的特征与鉴定方法。

第五章　植物病毒与病毒病害常用研究方法

植物病毒病的症状分为内部症状和外部症状，也可分为局部症状和系统症状。最常见的内部症状是病毒在植物细胞内形成的内含体，是病毒鉴定的一个重要依据。外部症状的基本特征是褪绿、花叶和畸形，但表现形式复杂多变，从褪绿、花叶到畸形通常是病害逐渐加重的结果。坏死症状也比较常见，通常是植物防卫反应的结果。

植物病毒的分离是一种生物纯化过程，即把一种病毒或株系同其他病毒或株系分离开来，接种到健康寄主上进行繁殖，从而获得纯毒株。病毒的提纯是一种理化提纯，是根据病毒与寄主植物细胞组分的理化性质差异，除去寄主组织中的其他非病毒成分，提取出高纯度的保持侵染力的病毒粒体的过程。

病毒的鉴定和检测主要针对病毒的生物学特征、血清学性质、形态和理化特征、核酸特性来开展。利用鉴别寄主、抗原抗体反应、电镜观察、PCR 和分子杂交等方法检测和鉴定病毒。

类病毒、卫星 RNA 或卫星 DNA 等亚病毒，由于自身不编码外壳蛋白，不能通过血清学方法鉴定，生物学鉴定有一定困难。鉴定检测主要针对其核酸序列，常用 cDNA 探针和 PCR 技术以及双向聚丙烯酰胺凝胶电泳等方法。

第一节　植物病毒病害鉴别

植物病毒进入寄主植物细胞后，只能依靠寄主提供的能量、酶、核酸、氨基酸等进行自我复制和增殖。病毒在复制增殖的过程中，不但掠夺寄主的能量和物质，同时破坏和干扰了寄主植物正常的生理代谢活动，导致寄主植物出现不正常的生长发育，出现变色、坏死和畸形等外部症状，以及内含体、生理紊乱、组织病变等内部症状。

内部症状是植物体内细胞形态或组织结构发生病变，如常见的内含体（inclusion body），除个别情况，一般通过电子显微镜才能观察到。外部症状是患病植物外表肉眼能够识别的种种病变，植物病害外部症状可区分为病状和病征，病状指病部植物自身的异常状态，病征是病部产生的特征性病原物子实体。但植物病毒是存在于细胞内的分子生物，不像真菌和细菌那样存在细胞结构，不会在病部产生病征，因此，植物病毒病只有病状没有病征。

植物病毒的症状又分局部症状（local symptom）和系统症状（systemic symptom）。局部症状主要出现在侵染或接种部位，常表现为坏死，如烟草花叶病毒、萝卜花叶病毒侵染心叶烟出现的局部枯斑症状。系统性症状主要出现在新生叶片上，多表现为花叶，如马铃薯 Y 病毒（potato virus Y，PVY）和烟草花叶病毒（tobacco mosaic virus，TMV）侵染普通烟草引起的症状。

一、外部症状

（一）变色

变色（discolouration）包括以下几种。

1. 花叶、斑驳、褪绿　寄主受病毒侵染后叶片叶绿素合成减少，造成叶片颜色深浅不一，叶片上呈现深绿、浅绿、黄绿相间的斑块，相互混杂镶嵌在一起称为花叶（mosaic）。花叶的前期由于褪绿深浅相间交界处不明显，往往称为斑驳（mottle）。其实花叶和斑驳均可以看做是褪绿（chlorosis）的一种，都是局部组织褪绿造成的。如烟草花叶病毒侵染烟草、芜菁花叶病毒（turnip mosaic virus，TuMV）侵染白菜后发生症状都是花叶。

2. 明脉和镶脉　植物病毒病的前期常出现短期叶脉变得透明、颜色变淡的现象，称为明脉（vein-clearing）或脉明，如马铃薯Y病毒侵染普通烟的早期症状；有些病毒病会沿着叶脉两侧形成带状的褪绿或绿色变深的现象，称为镶脉（vein-banding）或沿脉变色，如烟草脉带花叶病毒（tobacco vein banding mosaic virus，TVBMV）侵染烟草的症状。

3. 条纹、线条和条点　单子叶植物被病毒侵染后，症状受叶脉限制，出现长条形褪绿斑和点所组成的条纹（stripe）、线条（streak）、条点（striate）症状，如大麦条纹病、小麦梭条斑花叶病、小麦条点病等。葱和大蒜上的病毒病也多呈现条纹症状。

（二）畸形

畸形（malformation）是由组织不正常生长造成的寄主器官的形态异常，常见的主要有以下几种。

1. 皱缩　皱缩（shrink）表现为叶面皱褶凹凸不平，整个叶面面积收缩变小。如烟草花叶病毒侵染烟草引起的叶片皱缩。

2. 蕨叶　蕨叶（fern leaf）表现为叶肉组织退化，叶片变窄小似蕨类植物叶片。如黄瓜花叶病毒（cucumber mosaic virus，CMV）侵染番茄引起的蕨叶病。

3. 卷叶　卷叶（leaf roll）表现为叶片不同程度的上卷、下卷、横卷或纵卷。如葡萄扇叶病、番茄黄化曲叶病毒病、马铃薯卷叶病的症状。

4. 小叶、小果　小叶（little leaf）、小果（little fruit）表现为叶片、果实整体变小异常。

5. 丛枝、丛簇　丛枝（witches broom）和丛簇（rosette）表现为在一个生长节点抽生出许多弱细枝条，似扫帚状。前者多指木本植物，后者多用于草本植物。如小麦丛矮病毒引起的寄主小麦的分蘖增多。

6. 矮化和矮缩　矮化和矮缩（stunt and dwarf）表现为病株明显比正常植株矮化，整体比例也缩小。如玉米矮花叶病、玉米粗缩病等。

7. 耳突或脉肿　在病叶背面出现似耳朵状的突起物称为耳突（enation）。如番茄黄化曲叶病毒侵染番茄在叶片背面出现的耳突。在茎部或叶脉由于病毒侵染出现的突起物称为脉肿（vein swelling）。如水稻黑条矮缩病的病茎和叶脉出现蜡烛泪状的突起。

（三）坏死

坏死（necrosis）是指染病植物局部或全株细胞和组织的死亡。局部坏死的情况较多，如烟草花叶病毒侵染心叶烟引起的过敏性坏死（hypersensitivity）、番茄条斑病的条形坏死（necrotic streak）、马铃薯Y病毒侵染普通烟引起的沿脉坏死（vein necrosis）和顶梢坏死（top necrosis）等。系统性坏死较少见，如芜菁花叶病毒侵染洋白菜引起的整株死亡、菜豆普通花叶病毒侵染菜豆引起的系统性坏死等。

环斑（ringspot）也属于一种坏死症状，表现为受侵染的叶片或果实表面形成圆形或同心轮纹状的封闭或不封闭的环或半环症状。环线经过的寄主组织往往表现褪绿变黄、变褐、坏死。如烟草蚀纹病、石竹环斑病等。

二、内部病变

1. 组织和细胞的坏死 组织和细胞受损，在多元酚氧化酶的作用下细胞变褐，木栓化程度增加。如果是维管束细胞坏死，直接导致运输功能丧失。

2. 激素水平变化 生长素、分裂素等激素水平被病毒侵染扰乱后，外部症状表现畸形的往往是组织细胞退化、缺失或分裂活动异常所致，个别情况细胞异常肥大、胞壁增厚。通过测定激素水平和超薄切片观察可以发现上述内部变化。

3. 叶绿体等细胞器功能丧失 外部症状表现褪绿、花叶等变色病变的，主要是寄主细胞中叶绿体等细胞器受到破坏，导致基质外流，合成叶绿素的功能丧失。

4. 形成内含体 被病毒侵染植物体内会出现含有病毒粒体成分的一些形态各异的结构物质，这些具有侵染性的微小机构称为内含体。内含体的成分除了病毒颗粒外，还有寄主的蛋白质等成分，其形状和大小不一，不同属的病毒产生不同类型的内含体，可以作为鉴别不同病毒的依据之一。内含体大小多在3～4nm×20～30nm，大的可以在光学显微镜下观察到，小的只能在电子显微镜下看到。根据在细胞中的存在部位分为核内含体（nuclear inclusion）和细胞质内含体（cytoplasmic inclusion）两类。核内含体一般由蛋白或病毒粒体构成为晶体结构，多为不定形或晶体形。细胞质内含体在形状、大小、组成和结构上的差异很大，主要分为不定形内含体、晶状体内含体、准晶体内含体和风轮状内含体等。

三、症状变化

植物病毒病病害症状比较复杂，并非是固定不变或只有一种症状，其表现是复杂多变的，有的在病害发展过程中可能会出现几种不同的症状，或者在不同的寄主植物上表现不同的症状；有的几种植物病毒病在不同或相同的寄主上表现相似或相同的症状。

1. 症状的发展 寄主植物病毒病害症状有一个随时间而发展的过程，在症状出现的前期、中期、后期不同的病毒表现不一，有些始终是一种症状，有些不同时期症状不同。如西瓜花叶病毒侵染甜瓜后，首先在心叶上出现明脉，随后发展为系统花叶和畸形。

2. 复合侵染症状 田间常常出现一种寄主植物被两种或更多种病毒复合侵染的情况，则其症状就更加复杂，如田间马铃薯常被马铃薯X病毒、马铃薯Y病毒、烟草花叶病毒、黄瓜花叶病毒等复合侵染。复合侵染往往出现两个结果，一种可能是彼此干扰而使得症状减轻；另一种可能出现相互促进从而加重症状的协生现象（synergism）。后者出现的较多，如马铃薯X病毒和马铃薯Y病毒复合侵染的烟草，花叶症状明显加重，如果马铃薯Y病毒是坏死株系，则叶脉坏死症状也加重。

3. 隐症现象 有些病毒侵染寄主植物后，并不表现肉眼能观察到的外部症状；有些感病的植物在症状出现后，进入到一定时期或由于环境条件的改变症状消失，过一段时间或环境条件恢复后症状重又出现的现象称为隐症（masking symptom）。隐症的寄主植物仍是病毒携带者。如苹果上的多种潜隐病毒侵染苹果树，但外观没有明显的症状。马铃薯Y病毒侵染烟草显症后，遇夏季高温天气，往往症状消失，气温下降后症状又恢复出现。隐症的受侵寄主植物可以通过分子生物学或血清学技术检测带毒情况。

第二节　植物病毒传染接种试验

一、病毒汁液机械传染

机械传染是指带有病毒的汁液，通过植物表面的机械微伤侵入细胞而引起发病。这是一种简便易行的基本方法，最为常用，适用于花叶型、环斑型病毒病。有些介体传播的病毒病不能用此法接种成功。机械接种需要满足两个条件，一是病毒在汁液中有活性；二是被接种的植物表面要有微伤口，因此机械接种时要加入磨料来制造伤口，一般用400～800筛目的金刚砂（碳化硅），其他如硅藻土、氧化铝、硅酸镁等也能用作磨料。机械接种的方法很多，主要有摩擦接种法、喷枪接种法、病组织接种法、注射接种法、浸根接种法和快速擦伤接种法等，但以汁液摩擦接种法最常用。

1. 汁液摩擦接种法　选用症状明显的病叶，加入2～10倍适量蒸馏水或缓冲液，研碎过滤或离心获得病汁液作为接种材料。接种时先撒少量磨料在被接种叶面上，随即用左手托住接种叶片，用右手的手指或持消毒灭菌的棉球、纱布、毛笔等，蘸取病毒汁液轻轻在接种叶面上来回摩擦，摩擦后随即用清水冲洗多余的汁液和磨料，然后放在防虫的温室或网室中，观察记载发病情况。

2. 喷枪接种法　汁液制备同上，在100mL病株汁液中加入12g金刚砂，用绘图喷枪喷射被接种植物的叶面。喷射压力为147～196kPa，边喷射边摇动，防止磨料下沉。此方法适宜大量接种植株。

3. 病组织直接接种法　病组织直接接种法无须制备病毒汁液，直接取小块病叶或其他病组织，在砂纸上稍加摩擦或直接稍用力挤压后，随即在撒有磨料的叶面上轻轻摩擦接种；或将数片叶片叠齐，用刀片切出伤口，立即将切面在撒有磨料的叶面上摩擦接种，接种后也要用清水冲洗接种的叶面。该法适用于离体后不稳定的病毒或病组织材料很少的接种材料。

注意：影响汁液机械接种效果的因素主要有5种。①接种材料选择：一般选择症状明显的或病毒浓度含量较高的嫩叶制备毒源汁液，如果叶片中抑制物质较多，也可以接种块茎、块根或花器。②病汁液制备：病汁液要随配制随接种，病毒离体时间越长其活性越低。③水洗效果：接种后立即用水冲洗，可以提高侵染率。有些病毒在接种后立即用吹风干燥，效果反而更好，如用黄瓜花叶病毒、烟草花叶病毒和番茄斑萎病毒（tomato spotted wilt virus，TSWV）接种后，快速干燥的侵染率平均提高36倍，而用水冲洗仅为13倍。④缓冲液的使用：使用缓冲液可增强接种效果。缓冲液的种类和pH常因病毒和接种植物而异，病汁液中加入1%磷酸氢二钾（K_2HPO_4），可以提高许多病毒的接种效率。病汁液中也可以加入还原剂、植物碱等防止病毒钝化的物质。⑤磨料：使用磨料可以显著增加侵入点。一般用金刚砂作为磨料，细度为400～800目。硅藻土或氧化铝等细度相当的惰性物质均可用作磨料。

二、嫁接传染

系统性感染的植物病毒病都可以嫁接传染。用其他接种方法未能接种成功的病毒，又是表现系统性感染的，可尝试采用嫁接传染接种。嫁接传染的成败取决于病毒与组织的关系，如局限于韧皮部的病毒，则需接穗与砧木间维管束连接愈合；而分布于薄壁组织的病毒，只要组织能愈合，病毒即可通过胞间连丝传染。一般情况下，要想嫁接植物成活，维管束及形成层均要对齐愈合，因此植株只要嫁接成活就能成功传毒。

嫁接传染试验的方法很多，一般与园艺嫁接技术相同。常用于病毒接种的是芽接和靠接（图 5-1），其次是舌接、叶接、皮接等。常用接穗作为病毒的供体，如果用砧木作为供体，则容易使接穗产生生理紊乱而影响了症状的观察。

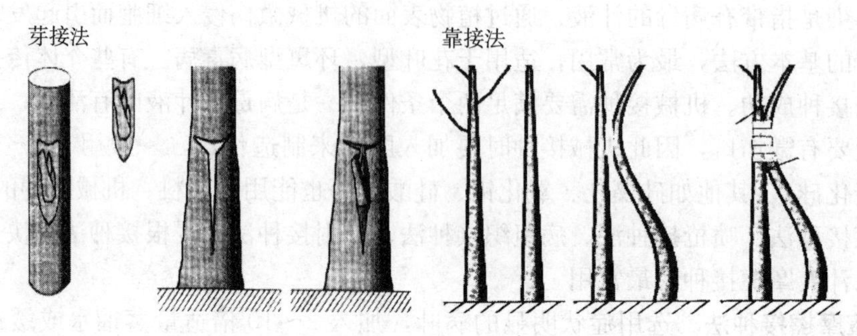

图 5-1　芽接法和靠接法

芽接法是应用最广泛的嫁接方法，春、夏、秋三季均可进行，方法简单易掌握，愈合好，成苗快。具体方法有丁字形芽接、工字形芽接、嵌芽接等。其中丁字形芽接最为常用，嫁接时，先在砧木上光滑无疤痕部位切一丁字形，然后再削取病植株上的接芽，用刀从芽的下方 1.5cm 处削入木质部向上纵切长约 2.5cm，再从芽的上方 1cm 左右横切一刀，用手捏住芽一掰即可取下芽片。插接芽时，用刀柄先将接口挑开，将芽片由上向下插入，然后用 1cm 宽塑料条绑缚即可。

靠接法即将两株植株的茎部表层除去大小相同的块，使切面形成层暴露，然后将两植株的切面贴合在一起并使形成层对接，将对接处用塑料条绑缚即可。一般在其他方法嫁接不能成功时常用靠接法。

三、种子和花粉传染

由种子传播的病毒不多，约占植物病毒种类的 10%，以豆科、葫芦科和菊科植物较为普遍。有些种子感染病毒后可以存活很长时间，如菜豆种子携带的普通花叶病毒经过 30 年仍然有侵染力，李坏死病毒、烟草环斑病毒在种子上 6 年后仍有活性。种子传毒分为种子外部带毒和内部带毒两类。外部带毒主要是果肉带毒污染了种子，如番茄种子上常有果肉残屑带有番茄花叶病毒；内部带毒又分为种胚内部带毒和胚乳带毒两种，此类病毒多为系统侵染。种子带毒的寄主有一些是由于花粉被病毒侵染后花粉带毒，再通过授粉而使种子带毒，如侵染菜豆的菜豆普通黄花叶病毒、侵染樱桃的樱桃坏死环斑病毒、侵染大麦的大麦条纹花叶病毒等。

种子传毒测定的具体做法是分别从病株和健株收集种子，选取 300～500 粒种子播种到灭菌土壤中，待出苗后定期检查发病情况，并通过血清学、分子生物学方法检测鉴定。

测定花粉是否带毒可以仿照人工杂交的方法，将无病的母本去雄，取病株的花药或花粉授粉，得到的种子播种后观察发病与否。测定母株的病毒能否进入种子而传毒，可将有病的母株去雄，取健株的花药和花粉授粉，然后获得种子再播种观察。

四、介体传染

传毒的生物介体主要有昆虫、线虫、真菌、螨和寄生性种子植物，其中由昆虫传播的病毒较多，多由刺吸式口器昆虫传毒，如蚜虫、叶蝉、飞虱、蓟马等。许多病毒病的防治主要就是解决介体传毒的问题。介体传毒的专化型很强，一些病毒只能由叶蝉传播，一些则只能由蚜虫传播，由真菌传毒的一般不能通过昆虫传播。因此，弄清病毒介体的种类及其传毒特性，在病毒诊断、鉴定上具有特别重要的价值。

（一）昆虫传染

目前已知的昆虫介体种类很多，70%属于半翅目的蚜虫类、叶蝉类和飞虱类，共有 400 种，其中 200 种属于蚜虫类，130 多种属于叶蝉类。根据获毒和持毒时期将蚜虫传播的病毒分为非持久性、半持久性和持久性传播 3 类。①非持久性传播：即口针带毒传播。此类昆虫最多，昆虫从病株上获毒取食时间很短，只要几秒钟到几分钟，取食时间越长，传毒效率反而越低，获毒后立即可以传毒，但很快即不能传毒，经过一次蜕皮后也不能传毒。病毒在昆虫体内没有循回期，提前饥饿处理能提高传毒效率。②持久性传播：特点是介体从病株上获毒取食时间很长，从 10min 到 2h，时间越长，传毒效率越高。病毒在昆虫体内有循回期，即昆虫获毒取食后不能立即传毒，需要一段时间才能传毒。循回期是从获毒取食开始，昆虫吸取病毒后进入消化系统和血淋巴循环后，再回到唾液腺，经口针进入植物而使得昆虫能传毒的过程。持久性但病毒不能在介体内增殖的，属循回型非增殖型传播；持久性且可增殖的，属循回型增殖型传播。一般获毒后传毒时间能保持 7d 以上，少数可终身传毒。③半持久性传播：获毒取食时间为数分钟，取食时间增加可提高传毒效率，没有循回期，病毒在体内能保持 1～3d，但蜕皮后即不传毒，饥饿处理不能提高传毒效率。

1. 介体昆虫的采集与饲养　介体昆虫主要有蚜虫、叶蝉和飞虱，采集和饲养的方法各不相同。

（1）*蚜虫*　蚜虫很少通过卵传毒，因此可利用单个孤雌胎生蚜或卵生蚜在健康植株或对病毒免疫的植物上加以繁殖，从而获得无毒的蚜虫。也可从田间植株采集所需要的蚜种。一般可用吹气或端部蘸湿的软毛笔轻轻触动蚜虫尾部，令其口针从植物组织中收回，然后将蚜虫转移到新的寄主或盛于培养皿内的纸片上，最后转移到温室或培养箱内的新寄主植物上。

蚜虫的少量饲养可以通过营养钵加笼罩的方法进行，笼罩最好采用透明材质的有机材料或玻璃灯罩，上端蒙以防虫网纱，下端插入盆土中。盆土表面可以加一层塑料膜或塑料板、泡沫板隔离水汽，以避免罩内湿度太大而使得蚜虫蘸湿或蚜霉滋生（图 5-2）。

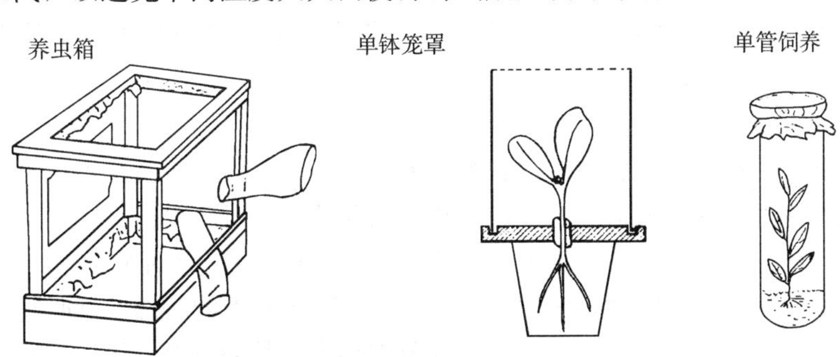

图 5-2　蚜虫饲养用具

蚜虫的大量饲养采用较大的养虫箱或在网室内，辅以必要的人工光源。养虫箱和网室的结构类似于桌上型超净工作台，用木材或铝合金做成方形的框架结构，四周蒙上网纱，其中一面或两面做成可开合的门结构便于取放东西，一面纱网上留有一到两个纱网做成的袖筒便于操作时手伸进去（图 5-2）。

无论少量和大量饲养，均要提供一定的温度和光照，饲养温度一般在 20～30℃，并保持 15～18h 的光照，必要时要人工辅助照明。试验都用无翅蚜，无翅蚜活动性不大，转移比较方便，务必防止产生有翅蚜，以免逃出到处散播病毒。为此，应把蚜虫养在营养充足的幼苗上，当蚜虫数量增长过快时，及时分散蚜虫，避免蚜群过于拥挤。

（2）叶蝉、飞虱　这两种昆虫的采集可从田间用捕虫网捕捉，捕回的虫子先挑选所需要的叶蝉或飞虱的种类，再分离出无毒虫和带毒虫。采集叶蝉时可利用它的趋光性，在养虫箱的一侧加光照，抖动饲养的植物，叶蝉飞集在一边的网纱上，然后通过养虫箱的袖套用吸虫器（图 5-3）捕捉或用大号试管套取。对于带毒介体昆虫，为验证介体是否经卵传毒，可将其所产的卵块分别收集，待其孵化后再次接种到健苗上，验证发病情况。

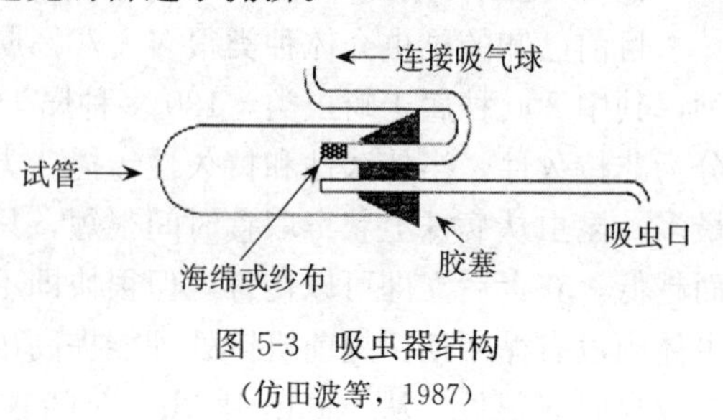

图 5-3　吸虫器结构
（仿田波等，1987）

饲养时最好将雌雄虫分开，用鉴别寄主的幼苗接种证明不带病毒，每次接种移出的幼苗均应种在严格防虫条件下，观察发病情况。然后将雌雄虫并笼交配繁殖得到无毒叶蝉。饲养时可采取个体饲养和群体饲养。个体饲养采取单虫单苗单管法，即取大号试管养虫，每管放 1 株寄主幼苗、1 头虫，管口扎缚纱网（图 5-2）。接种也可在单管条件下进行，在单管中放入昆虫接种 2～3d，重复接种 2～3 次，再移出幼苗到严格防虫条件下观察发病情况。群体饲养同蚜虫一样放到养虫箱中饲养，根据需要，养虫箱可大可小。饲料植物最好专门培养，挑选健壮、营养丰富的植物，饲养环境要求光照充足、通风条件好，温度以 25～28℃为适宜。

2. 毒源植物和供试植物的准备　毒源植物最好是严格人工分离纯化的发病植物，做传毒试验时选择症状明显、生长幼嫩的病株作为毒源，顶端的幼嫩叶片也含有较高的病毒浓度。供作传毒接种的植物必须是无病健康植物。供试植物多用无病无毒种子播种到经消毒灭菌处理的育苗基质盘或营养钵中，并在严密防虫条件下培植。传毒试验时，多选择高度感病的植物品种或症状明显易观察的鉴别寄主，供传毒介体取食的植物最好是 1～3 片真叶龄期的幼嫩植株，对于单子叶植物可在 2～3 片真叶展开时，双子叶植物可在 1 片真叶展开时进行接种。

3. 虫传试验步骤

（1）获毒取食　将无毒昆虫放在毒源植物上取食一段时间，使其获得病毒并能传毒，称获毒取食，也称得毒饲育。无毒昆虫在毒源植物上开始取食至获得传毒能力所需的时间，为获毒取食时间。获毒取食时间的测定因不同病毒和介体种类而有所不同。

对于没有循回期的获毒取食时间的测定，如某些蚜传病毒的获毒取食时间测定是将一批无毒蚜同时放在毒源病株上取食，每隔 1～2h 分别移到同龄健苗上，72h 后喷药杀虫，然后记载苗的发病情况。发病率最高一批的时间为最适获毒取食时间，发病最早一批的时间为最短获毒取食时间。为节省时间，最好先测定较大范围的 1～2 个时间，测出大致范围后，再进一步缩小范围测定。口针带毒型病毒的获毒取食时间很短，有的甚至只要 20～60s，但要通过上述方法在不同植株间转移蚜虫比较困难，可以剪下幼嫩病叶置小玻皿中，放上蚜虫，以放大镜观察，用秒表计算取食时间，分别移到同龄健苗上测定。对获毒取食时间长的病毒，往往只从昆虫放到毒源病株上时起算，而未从实际开始取食时计算，这种情况所测结果应为获毒接触时间。

对于有循回期的获毒取食时间的测定要考虑循回期的影响。如叶蝉、飞虱传播病毒时多有循回期（只有传播水稻东格鲁病毒时没有循回期），测获毒取食时间时，一般都选择 1～2 龄低龄若虫做测试，可以获得更高的获毒虫率。先将无毒若虫放在毒源病株上取食，然后分批按一定间隔（例如 1min、5min、15min、30min、1h、4h、12h、24h、48h 等）移到健苗上饲养，饲养时间视循回期而定，待循回期结束时，以单虫单苗（寄主健苗）单管接种，每次接种 1～2d，重复 3～4 次，根据发病情况确定最短获毒取食时间和最适获毒取食时间。测试前可以进行饥饿处理 1～4h，时间长短视虫龄和介体种类而定。

（2）接种取食　将获毒昆虫放在健苗上取食并使其传毒，称为接种取食，也称接毒饲育、传毒或接毒。不是所有的昆虫都能传毒，能够传毒的个体数占传毒取食昆虫总数的百分比，称为传毒虫率。

获毒昆虫在健苗上开始取食至能传毒所需的时间为接种取食时间或接毒取食时间。将获毒昆虫（如有循回期，需待循回期将结束时）同时放在多批同龄的幼苗上饲育，每批 10 株，单虫单苗，令其取食不同的时间后，分批杀死幼苗上的昆虫，然后观察接种苗发病情况。不同介体昆虫间隔的时间不一样，蚜虫间隔时间可短些，如几秒钟到 60s，几分钟到 1h、2h、4h、8h；叶蝉、飞虱的间隔时间应长些，如 1min、5min、15min、30min、1h、4h、12h、24h、48h 等。介体杀死最早而发病的一批的时间为最短接种取食时间，发病率最高一批的时间为最适接种取食时间。

（3）传毒持续期测定　证明昆虫可以传毒后，最好接着测定其传毒持续期。介体昆虫获毒取食后从开始传毒到停止传毒的那段时间为传毒持续期。测定方法是将传毒的昆虫移到健康寄主幼苗上接种，分别间隔一定时间移一次，最后一批发病的时间间隔就是其传毒持续期。对于有循回期的病毒的传毒持续期测定要在循回期行将结束时开始测定。介体昆虫传毒的持续期长短与其传毒能力有关。

（4）循回期测定　测定循回期时将低龄无毒虫群体放在毒源植物上，令其获毒取食 1～2d，饲育期要满足获毒取食时间，然后分别将虫转移到已提前放入寄主健苗的系列大试管中，令其接种取食，每管 1 虫，逐日更换试管苗，持续至虫死。将每天换下的被取食苗种在严格防虫条件下，并逐日观察记载发病情况。发病苗的接种日期与获毒取食日期之间相隔的天数，即为循回期。每头虫的循回期并不相同，一般应测 50～100 头，测算最短循回期、最长循回期和平均循回期。

（5）经卵传染　如果带毒雌虫产卵孵化后若虫仍能传染病毒，则为经卵传染。确定是否是经卵传染，需要将传毒昆虫的卵孵化后立即转移到健康寄主上接种测定发病情况。为详细确定雌雄成虫对经卵传染的影响，需要做不同的配对来测试，组合包括带毒雌虫与带毒雄虫、带毒雌虫与不带毒雄虫、不带毒雌虫与带毒雄虫、不带毒雌虫与不带毒雄虫（对照）。分别将不同组合在无病植物上交配产卵，待卵孵化后将若虫移到健苗上接种，或直接将卵块连同组织取下移到健苗上，根据发病情况确定经卵传染结果。如要明确经卵传染子代若虫何时开始能够传毒，则需从孵化当天起直至羽化为成虫止，单虫单苗单管逐日换苗加以测定。如要弄清经卵传染的有效代数，在严格防虫条件下，杜绝昆虫从外界获毒的机会，将带毒群体饲育在无病植株上，逐代检测其传毒能力。

（二）线虫传染

植物寄生线虫类似蚜虫有口针，主要用于穿刺寄主组织，有些线虫的口针能插到寄主的木质部。当线虫刺吸时，病毒汁液通过口针进入食管，病毒粒体被特异识别吸附到食管壁上，当线虫再次刺吸时，病毒粒体随唾液进入到健康寄主体内完成传毒。传毒的线虫在经过蜕皮后便完全丧失了传毒能力，除非重新获毒。能传播病毒的线虫主要集中在矛线虫目，如矛线虫亚目（Dorylaimina）长针线虫科（Longidoridae）的长针线虫属（*Longidorus*）、拟长针线虫属（*Paralongidorus*）及剑线虫属（*Xiphenema*）的一些种类，主要传染球形病毒；膜皮线虫亚目（Diphtherophorina）的毛刺线虫属（*Trichodorus*）、拟毛刺线虫属（*Paratrichodorus*）等，可以传染烟草脆裂病毒。线虫的获毒、传毒测定试验可参照蚜虫传毒试验方法进行。

（三）菟丝子传染

菟丝子是寄生性种子植物，其维管束与寄主的维管束相互衔接，病毒可以通过菟丝子从病株传到健株上，其传毒原理与嫁接类似。有些不亲和不能相互嫁接的植物，可以利用菟丝子传毒。菟丝子寄主范围很广，可以把病毒传到更多的寄主上去。常用 3 种菟丝子即草地菟丝子（*Cuscuta campestris*）、亚苞菟丝子（*C. subinclusa*）和加州菟丝子（*C. californica*）来做传毒试验。

具体做法是将菟丝子种子（种子一般不带毒）在温室中发芽，待长到 2～4cm 时，将其下端浸入或扎在紧挨带病寄主的短玻管的清水中或土壤中，上端新梢引向寄主植物，过几小时或更长时间则菟丝子通过形成吸盘侵染植株并获得病毒；然后将菟丝子的顶端缠绕到健株上，再次形成吸盘侵染植株从而传播病毒。接种时，病株和健株要靠近，使菟丝子将它们缠绕在一起，同时将健株稍遮光以促进营养物质和病毒从病株向健株疏导，提高传毒效率。

第三节 植物病毒提纯与定量测定

一、植物病毒的分离

田间发病的植物很多情况下是两种或两种以上不同病毒或同种病毒不同株系混合侵染的结果，因此在提纯和检测鉴定前，首先要分离到这种病毒，并且加以纯化，确认被接种植物中只有 1 种病毒，提纯和鉴定工作才能开始。这种从混合感染的植物中排除其他病毒或株系，通过接种而获得所需单一病毒的过程，称为病毒的分离纯化。无论是用哪一种方法得到的分离物，都需要经柯赫氏法则验证。

分离的主要方法是利用各种传染途径和特殊的寄主植物把所需病毒从混合侵染的植株上分离出来，并将分离后的单一病毒在合适的寄主植物上繁殖。病毒的分离与提纯是两个不同的过程，分离是通过技术手段使发病植物中只含有所需的单一病毒或株系，是生物学纯化；而提纯是将寄主植物组织中除病毒以外的其他成分全部去除而获得纯的病毒粒体的过程，属于理化纯化。分离的方法主要有枯斑寄主分离法、物理属性差异分离法及传毒介体分离法等。

（一）枯斑寄主分离法

1. 原理　进行生物分离时首先要具备有待分离病毒的分离寄主，枯斑寄主植物最适合用作分离寄主，它们受到待分离病毒侵染时，只产生局部枯斑，一个枯斑往往是一个侵染点，只能由一种病毒侵染所致，因此，将单个枯斑中的病毒分离出来，再次转接到另外一种该病毒系统侵染的寄主植物上繁殖，就获得了该病毒的纯毒株。可以连续多次单斑分离，进一步确保所分离病毒的纯性，结合其他生物学测定、血清学、电镜检测手段确定纯毒株所带的病毒。

如马铃薯X病毒和马铃薯Y病毒都可通过汁液摩擦接种，但是马铃薯X病毒在千日红上引起局部病斑，马铃薯Y病毒则在酸浆草上形成局部病斑。因此可以通过不同寄主上的枯斑分离，得到单一病毒的毒源。又如烟草花叶病毒（TMV）和黄瓜花叶病毒（CMV）在心叶烟上表现出不同的症状（表5-1），前者表现局部枯斑，后者表现系统花叶，可以通过单个枯斑分离而获得烟草花叶病毒的单一纯毒源。

表5-1　黄瓜花叶病毒和烟草花叶病毒生物与物理特性差异比较

病　毒	普通烟	心叶烟	蚜传	钝化温度
黄瓜花叶病毒	系统花叶	系统花叶	传	70℃10min
烟草花叶病毒	系统花叶	局部枯斑	否	93℃10min

2. 操作步骤　从复合侵染烟草花叶病毒、黄瓜花叶病毒的烟草病株上，通过下列步骤分离获得单一的黄瓜花叶病毒和烟草花叶病毒毒源。①取复合感染烟草花叶病毒和黄瓜花叶病毒的烟草叶片少许，加入10倍量（*m*/*V*）的0.01mol/L、pH 7.0的磷酸缓冲液，在研钵内研碎，病汁液供接种用。②采用常规摩擦接种法，接种两株心叶烟，每株接2～4片叶，置温室内培养观察。③取1片表现枯斑症状的心叶烟（3～5d后），用剪刀将单一枯斑取下，置毛玻璃片上，滴1～2滴缓冲液，用玻棒研磨匀浆，供接种用。分离4～5个单斑，用同样的方法获得匀浆供接种用。④取1片表现系统症状的心叶烟上部叶片，在研钵内研磨，供接种用。⑤将上述③、④步所得的毒源分别接种心叶烟，其中枯斑分离的每一单斑接种1株。⑥待心叶烟出现枯斑症状或系统症状后，重复接种3～5次。⑦最后将心叶烟上的枯斑（烟草花叶病毒）和系统花叶叶片（黄瓜花叶病毒）分别接种它们的系统寄主普通烟，则分别得到烟草花叶病毒和黄瓜花叶病毒的纯毒株，可以用于下一步的保存和扩大繁殖。

（二）物理属性差异分离法

1. 原理　混合侵染的两种病毒如果都可以通过机械传染，可以利用它们的致死温度和稀释限点的差异进行分离。如烟草花叶病毒的致死温度在90℃以上，黄瓜花叶病毒是60～70℃，病株汁液在接种前用70～90℃的高温处理，可以钝化黄瓜花叶病毒而分离到烟草花叶病毒。

2. 操作步骤　①从复合感染烟草花叶病毒和黄瓜花叶病毒的烟草上分离烟草花叶病毒，得到单一感染烟草花叶病毒的毒源。取复合感染烟草花叶病毒和黄瓜花叶病毒的烟叶2g，加入10倍量（*m*/*V*）的0.01mol/L、pH 7.0的磷酸缓冲液，匀浆后双层纱布过滤，3 000r/min离心10min，取上清液。②将上清液分装4个薄壁小试管，每管1mL，留1管作对照，其余3管分别在水浴锅内经80℃、85℃、90℃处理各10min，立即用凉水冷却。③将上述各处理及对照（未经加热处理）分别接种普通烟，置防虫室内培养观察，热处理后出现系统花叶症状的即为烟草花叶病毒单一纯毒源。

（三）传毒介体分离法

1. 原理 复合侵染的病毒中若一种病毒是虫媒传染的，另一种虫媒不能传染，则可以利用虫媒将它们分开。如马铃薯Y病毒可以由桃蚜传染，而马铃薯X病毒则尚未发现虫媒传染，利用桃蚜传染接种就可以从混合物中分离到马铃薯Y病毒。若两种都是虫媒传染的病毒，由于介体传染有较强的专化性，即一种病毒或株系往往只能由1种或几种介体传播，可以用不同种的虫媒，或者利用它们的获毒饲育时间长短将它们分开。如大麦黄矮病毒（barley yellow dwarf virus，BYDV）的GPV株系由麦二叉蚜（*Schizaphis graminum*）、禾谷缢管蚜（*Rhopalosiphum padi*）传播，RMV株系仅由玉米蚜（*Rhopalosiphum maidis*）传毒，因此根据介体的专化性就可以将该病毒的不同株系区分开来。

2. 操作步骤 通过传毒介体分离法将混合感染烟草花叶病毒和黄瓜花叶病毒的烟草中的黄瓜花叶病毒分离出来，分3步。①将无毒桃蚜用毛笔移入培养皿内饥饿处理2h，然后移至烟草花叶病毒和黄瓜花叶病毒复合感染的病烟草植株上获毒饲育4h。②小心地将获毒蚜移到健康普通烟苗上，每株接5头获毒蚜，接毒饲育24h。为避免毛笔污染，可先在健康普通烟叶上放一个小纸片，将获毒蚜移到纸片上，使蚜虫自行爬到叶片上去。③蚜虫移植24h后喷杀虫剂灭蚜。将接种植株置防虫网室内7～15d后观察症状，因为烟草花叶病毒不能通过蚜虫传染，故所获得的发病株为单一的黄瓜花叶病毒毒源。

二、植物病毒的保存

分离到的植物病毒分离物要进行妥善保存。短期（几天）保存，可将新鲜病组织如叶片、果实等放到冰箱的冷藏或冷冻室中，如果是－80℃低温冰箱，保存期可长达数月到1年。长期保存的方法主要有脱水保存法、冷冻干燥保存法、寄主组织保存法。脱水保存法是将叶片用氯化钙（$CaCl_2$）或变色硅胶等干燥剂干燥脱水后，储存于低温冰箱中。具体做法是将颗粒状的氯化钙或变色硅胶（用量为叶片量的3倍）装入试管底部，其上放置两层纱布或滤纸，然后将剪成细条状的病叶放入，用塞子塞紧并用蜡或胶条密封后放入1～4℃冰箱冷藏室中脱水一段时间，脱水后放入冷冻室中保存。冷冻干燥保存法是将过滤的病汁液或提纯的病毒粒体加7%的D-葡萄糖或蛋白胨，在安瓿中冷冻干燥，随即封口，在室温或冰箱中保存。寄主组织保存法是在活的寄主组织中保存病毒。如种子传染的病毒可以用带毒种子保存，种子不死，病毒即能存活。在生长的寄主植物上保存病毒也是实际工作中常用的保存方法，但由于接种次数较多，病毒可能有变异而丧失病毒分离物最初的性状，同时毒源污染也是经常遇到的问题。

三、植物病毒的提纯

在研究植物病毒时，往往需要把病毒从寄主组织内提取出来加以纯化，以用于研究病毒的理化性质、分子生物学特性及制备抗血清等。由于病毒既不能像其他微生物那样能用培养基来培养，更不能像细菌那样在培养基上测定其生理生化特性。因此，必须将病毒组分从寄主组织中分离纯化出来。植物病毒的提纯主要指理化提纯，即利用各种理化方法，根据病毒和寄主细胞组分的理化特性差异，使病毒与植物中的其他组分分开，得到具有侵染力的、纯度较高的病毒。

对某种病毒的生物学性状的了解，有助于对该病毒的提纯工作。机械传染和虫媒传染的病毒，提纯的方法不同。有些形状和大小等性质相近的病毒，是可以用类似的方法提纯的。

病毒能否提纯成功涉及病毒在植物体内的浓度、病毒形态和大小、稳定性等内在因素，及缓冲液浓度、pH、附加成分、澄清剂、离心力和离心方式的选择等外在因素。植物病毒的提纯过程一般分为将所要研究的病毒进行繁殖，病毒汁液的匀浆抽提，提取液的澄清、浓缩及精提纯等步骤。该提纯过程至今对所有病毒是普遍适用的，只不过是根据情况，所用的具体方法有所不同。

（一）植物病毒的提纯方法

1. 病毒的毒源繁殖　对于分离获得的较纯的病毒，选择一个合适的繁殖寄主来扩大病毒繁殖是非常重要的，因为合适的病毒繁殖寄主可在较短时间内产生大量病毒粒体。作为病毒繁殖寄主应具备以下条件：①必须是系统侵染寄主，能产生较高浓度的病毒；②寄主组织内不含有大量的抑制病毒或不可逆的沉淀病毒的物质，如酚类化合物、有机酸、黏液和胶质等；③各种寄主成分的大小和物理性质与病毒粒体显著不同，不影响病毒的分离与提纯，也不吸附在病毒粒体表面；④易培养，生长迅速，在温室条件下不感染其他病害，对杀虫剂等不敏感；⑤病毒易接种与感染。

烟草、番茄、黄瓜、豇豆、苋色藜、南瓜和矮牵牛是最常用的繁殖寄主。马铃薯病毒大多用烟草和番茄作为繁殖寄主。许多木本植物，由于叶片中含有许多鞣质，往往难以提纯病毒，有些核果类植物的病毒，是在发现它们可以侵染黄瓜后，在黄瓜上繁殖提纯的。在选择好繁殖寄主后，还应注意接种时植物的年龄和营养，以及发病后感病植物的采收时间。另外，感病植物的不同部位，病毒的含量各不相同。大多数病毒的提纯用感病叶片，但有时根也是很好的提纯材料，如甜菜病毒的提纯常用植物根部。也有少数在病株中浓度很低的病毒，如马铃薯卷叶病毒（PLRV）和大麦黄矮病毒（BYDV）等，可以从介体昆虫中提取。

病毒的繁殖量受许多其他因子的影响。植株接种后，其中病毒的量逐渐增加，含量达到最高点后，有的病毒可以保持相当长时间，有的会显著降低，因此要根据经验和病毒的定量，在适当时期取样提纯。为了得到较高的繁殖量，要促使繁殖寄主生长快，并防止过早的老化。叶片症状表现重的，其中病毒的含量也高。温度和光照也影响病毒的繁殖，温度过高不但影响病毒的繁殖，并且还有诱发突变的可能性。接种后的植物，根据具体情况，适当遮阳降低光照度（如降低20%或以上），可以增加繁殖量和减少其中的抑制性物质。

2. 病毒汁液的抽提　新鲜或新鲜冰冻的感病植物组织，在适宜的缓冲液存在下，采用研磨或匀浆机中捣碎、匀浆。将匀浆液用2～3层纱布过滤，获得植物粗汁液。匀浆抽提过程中，缓冲体系及其附加成分对病毒的稳定起到很重要的作用。

（1）*缓冲液*　植物病毒提纯需要加入的缓冲液体积通常是植物材料重量的1～3倍，例如，1g植物组织需要加1～3mL缓冲液。缓冲液能强烈抵抗周围环境中pH的改变，而且缓冲液之间不起化学反应。缓冲液是一种弱酸及其盐溶液，或是一种弱碱及其盐溶液，提取某种病毒所用最适宜的缓冲液因病毒的种类而不同。缓冲液的浓度也非常重要，有些病毒在低浓度下不稳定，但也有相反的情况。常见的缓冲液主要有磷酸、硼酸和柠檬酸及其盐溶液。最常用的是0.1～0.5mol/L范围内的磷酸盐缓冲液（PB），pH 7.0～8.0。其次为硼砂盐缓冲液（0.05～0.5mol/L、pH7.6～8.5）、醋酸—醋酸钠缓冲液（0.1～0.5mol/L、pH

4.5～6.2）、柠檬酸钠缓冲液（0.1～0.5mol/L、pH 6.0～7.4）、Tris 盐酸缓冲液（0.1mol/L、pH 7.2～8.4）等。提取不同的病毒时，常借鉴相关植物病毒的提纯方法，经预备试验确定选用不同的缓冲液和浓度。

（2）缓冲液中的附加成分　附加成分主要包括还原剂、病毒聚集抑制成分及螯合剂等。

①还原剂：在植物细胞破碎和提纯过程中，许多对病毒有害的物质也一起释放出来，如使病毒氧化而钝化的多酚氧化酶等。为了保护病毒粒体的完整性和侵染性，要加入某些保护剂，并在低温条件下进行抽提。常用的保护剂有亚硫酸钠、巯基乙醇、二硫苏糖醇、半胱氨酸、抗坏血酸等还原剂，还有二乙胺二硫代氨基甲酸等多酚氧化酶抑制剂。

②病毒聚集抑制成分：在病毒提纯过程中，一些病毒粒体，特别是长杆状和线状病毒十分容易聚集。因为病毒粒体在聚集时常常变性，不易或不可能以一种不变性方式重新悬浮，这样也造成在低速离心时会沉降而损失。在提纯芜菁花叶病毒（TuMV）、莴苣花叶病毒（LMV）、芋花叶病毒（DMV）、大豆花叶病毒（SMV）等马铃薯 Y 病毒属病毒时，通过提高盐浓度（0.5mol/L 的磷酸缓冲液），并在缓冲液中加入氯化镁（0.01mol/L）和脲（0.5～1.0mol/L）的方法能够有效地防止线状病毒的聚集（周雪平等，1994）。曲拉通（TritonX-100）和吐温（Tween-20 或 Tween-80）等去垢剂对分散线状病毒的聚集也有作用。

③螯合剂：螯合剂可以除去寄主中的核糖体，还可与双价阳离子结合，使需要金属离子的多酚氧化酶失活，而且金属离子对病毒的溶解也有影响。乙二胺四乙酸（EDTA）是一种螯合剂，常用其浓度为 0.01mol/L 的钠盐，可以除去抽提液中的 Ca^{2+}、Mg^{2+}。但使用 EDTA时必须小心，因为一些病毒如苜蓿花叶病毒（AMV）在二价阳离子存在时才稳定，一些马铃薯 Y 病毒属病毒等线状病毒粒体的柔软性和长度也受二价阳离子存在的影响。

④能沉淀酚和鞣质的物质：聚乙烯吡咯烷酮（polyvinyl pyrrolidone，PVP）可以与鞣质很好地结合形成沉淀。其他如尼古丁及硫酸烟碱、咖啡碱等也有应用。还有一些添加剂如活性炭、硅藻土、膨润土等能吸附和除去寄主核糖体、色素及细胞中的其他成分。

3. 提取液的澄清　从感病组织中获得粗汁液后，首先要澄清提取液，这一步骤非常关键。澄清的目的是为了使病毒粒体与细胞组分分开而获得尽可能少含杂质的病毒沉淀。在得到提取液和植物组织的匀浆后，第一步用细纱布过滤，然后6 000～8 000g 低速离心 10～15min，以除去较大的植物残余物而使病毒留在上清液中。液体中残留的是病毒和较小的植物组分，再加入有机溶剂进行第二步澄清。有机溶剂可以释放病毒，还可以使汁液中的有些成分凝集而得到澄清。

澄清汁液的有机溶剂，有些是水溶性的，如乙醇和正丁醇，可直接加到提取的汁液中。乙醇的用量是使其在提取汁液中浓度达到 20%～25%，加的时候需用力搅拌；正丁醇的用量是每 100mL 提取液加 8mL。乙醇和正丁醇都能释放病毒和凝集蛋白质等，是很有效的澄清剂，但是有些病毒可能被钝化。

另一类澄清汁液的有机溶剂是水溶性很低的，如氯仿、乙醚、四氯化碳以及乙醚和四氯化碳的等量混合液等，抽提液中有机溶剂的比例一般在 10%～40%。这些有机溶剂可以加在汁液中，也可以在研碎组织时加到缓冲剂中使用。这些有机溶剂与植物汁液混匀乳化，低速离心后水相（缓冲液）与有机相（有机溶剂）分层，病毒就留在水相中，植物的蛋白和其他杂质留在有机相中，通过去除有机相而使提取液澄清。

在具体病毒的提纯过程中，还加入其他试剂来作为澄清剂，如在提纯芜菁花叶病毒（TuMV）、莴苣花叶病毒（LMV）、芋花叶病毒（DMV）、大豆花叶病毒（SMV）等马铃薯Y病毒属病毒时，用TritonX-100作为澄清剂，代替广泛使用的氯仿和正丁醇，获得了理想的效果。在提取液中加入镁皂土可以结合核糖体，另外加热或冰冻提取液可以使寄主蛋白凝集，都成功地应用于一些病毒提取液的澄清。

4. 病毒浓缩　当病毒提取液达到最大限度澄清后，病毒浓缩过程可以进一步除去上清液中大量的寄主组织杂质。用聚乙二醇（PEG）沉淀浓缩病毒已被广泛应用，在一定的盐（如NaCl）浓度下，PEG可以使病毒沉淀，相对分子质量为6 000的PEG（PEG6000）效果最好。PEG沉淀病毒的优点是设备简单，方法简便、经济，对病毒的破坏较少，同时便于推广使用，不必受超速离心机等设备的限制；缺点是它只能沉淀部分病毒，同时也沉淀部分寄主蛋白。PEG的用量与病毒种类有关，如4%的PEG可以使杆状的烟草花叶病毒（TMV）沉淀下来，球状病毒一般用6%的PEG，而一些线状病毒，如水稻草矮病毒（RGSV）则需要8%的PEG，甜菜花叶病毒（BMV）则需要11%的PEG。随着PEG用量的增加，一些非病毒的物质也一起沉淀下来，不利于病毒的浓缩。

用PEG沉淀病毒的操作是在磁力搅拌器缓慢搅拌下，将一定量的PEG和NaCl缓慢加入病毒提取液中，一般为2～4h，待其完全溶解后，于4℃冰箱中静置2h以上，或过夜。经低速离心，收集沉淀后，再以低浓度缓冲液悬浮，使病毒重新溶解。有时可在重新溶解的悬浮液中加PEG再重复沉淀一次。依附在PEG上的病毒是难以溶解的，使沉淀重新悬浮溶解到缓冲液中的逆反应比较慢。在重悬浮液中可适当加入一定量的TritonX-100，有助于分散PEG沉淀时聚合的病毒。

5. 病毒的精提纯　粗提纯的病毒样品中仍有少量的寄主球蛋白粒体，和一些与病毒粒体大小相似的寄主细胞内含物。要获得高纯度的病毒制品，则需要在粗提纯样品的基础上，进行植物病毒的精提纯。病毒精提纯最常用的是差速离心法和密度梯度离心法。

（1）*差速离心法*　差速离心的依据在于，粒体因为大小和密度不同，沉降速度存在差异，通过将样品交替进行低速离心和高速或超速离心，反复数次，使病毒与其他杂蛋白和细胞内含物分开。用该法提纯病毒时，常以低速（8 000r/min以下）及中速（10 000～12 000r/min）离心除去较大的植物组织碎片、细菌和其他杂质，然后高速（20 000r/min）及超速（28 000r/min）离心1～2h，可沉淀大部分病毒。为了彻底除去提取液中的寄主组分，需要差速离心2～4次。有些较长的线状病毒，当受到大的离心力时，容易受到破坏。在这种情况下，在离心管底部置入一定体积的20%～40%蔗糖溶液（称蔗糖垫）或甘油溶液（称甘油垫），能保护病毒粒体的完整，还可以促进病毒的纯化。

进行差速离心时应注意：①应根据不同病毒种类，确定转速和离心时间。球状病毒粒体大小一般为20～80nm，杆状和线状病毒粒体一般为100～900nm，因此用16 000～4 0000r/min的速度离心就可使病毒完全沉降下来。病毒粒体越大，离心时间越短。②在差速离心时，根据不同病毒粒体的沉降系数，低速离心时除去沉降快的大分子，再选合适的离心速度使上清液中的病毒粒体沉降。③一些沉降系数相差不大的不同物质，如病毒和核糖体就不能分开，不应选择太大的离心速度，否则病毒粒体由于沉降在离心管底部，并被沉降速率更小的粒子覆盖而不易悬浮，导致病毒大量损失。

（2）*密度梯度离心法*　密度梯度离心就是在离心管中制备由底部到顶部浓度逐渐减小的

梯度溶液，然后将要纯化的病毒样品加在梯度溶液的顶端，高速离心（50 000～70 000*g*，5～10min），不同的粒体就因沉降速度和浮力密度的不同而聚集停留在某一个区带上，然后用一定的方法（如针头弯曲的注射器）将区带中集聚的单一成分的病毒粒体取出，再经超速离心即获得精提纯病毒。目前最常用的梯度溶液为蔗糖，其次为氯化铯（CsCl）或硫酸铯（Cs_2SO_4）。蔗糖成本低，氯化铯、硫酸铯效果好但成本较高。

蔗糖密度梯度的制备可以通过蔗糖密度梯度仪来自动完成，可以形成一个连续密度梯度，分离效果好。但多数情况用手工制备，即首先要配制不同浓度的蔗糖溶液，其浓度分别为40%、30%、20%、10%。先把高浓度的放在离心管底层，依次把浓度低的放在顶层，经过层间渗透（几小时或过夜后），形成由底部到顶部密度由大到小的蔗糖密度梯度，然后将病毒粗提纯液加在密度梯度离心管顶部，经过几小时的高速离心后，可使病毒粒体与其他组织蛋白等内含物分开，获得纯化的病毒样品。

（二）几种植物病毒的提纯程序

以下列举几种有代表性的病毒的提纯程序，提纯的分别是杆状的烟草花叶病毒、弯曲线状的马铃薯Y病毒属病毒、球状（等轴体）的黄瓜花叶病毒和丝状的纤细病毒属的水稻条纹病毒（rice streak virus，RSV）。

1. 烟草花叶病毒的提纯 烟草花叶病毒是烟草花叶病毒属（*Tobamovirus*）的代表种，病毒粒体为杆状，大小为18nm×300nm，基因组为单链RNA（ssRNA）。

①取80g新鲜或冷冻病叶，加入等量0.5mol/L磷酸盐缓冲液（Na_2HPO_4-KH_2PO_4，pH7.4，含1%巯基乙醇、0.01mol/L EDTA），于组织捣碎机中匀浆，双层尼龙纱布过滤，加入8%（终浓度）的正丁醇，经振荡乳化，5 000*g*离心25min，取上清液。

②加入4%的PEG6000和0.2mol/L NaCl，搅拌溶解，静置1～4h或过夜，8 000*g*离心20min，取沉淀。

③用16mL 0.01mol/L磷酸盐缓冲液（pH7.4，内含0.01mol/L EDTA）悬浮，8 000*g*离心10min，取上清液。

④再加入4%的PEG6000和0.2mol/L NaCl，搅拌溶解，静置1～2h，8 000 *g*离心15min，取沉淀。

⑤用16mL 0.01 mol/L磷酸盐缓冲液（pH7.4）悬浮，4 000*g*离心20min，取上清液；上清液78 000*g*超速离心100min，离心管底加有10%甘油垫。沉淀用1～2mL 0.01mol/L磷酸盐缓冲液（pH7.4）悬浮。

⑥悬浮液低速离心（8 000*g*，10min）后，所得上清液即为病毒提纯液。

2. 马铃薯Y病毒属病毒的提纯 马铃薯Y病毒属（*Potyvirus*）病毒粒体呈弯曲线状，大小为11nm×680～900nm，基因组为ssRNA。常见的有马铃薯Y病毒、芜菁花叶病毒、甘蔗花叶病毒等。提纯分4步进行。

①每100g新鲜或冷冻病叶中加入200mL磷酸盐缓冲液（0.5mol/L，pH7.5，含0.01mol/L Na_2-EDTA和0.1%巯基乙醇），匀浆2min后用双层尼龙纱布过滤，滤液6 000r/min离心20min，去除植物组织残渣。

②所得上清液边搅拌边滴加2.5%的TritonX-100、4%的PEG6000和0.1mol/L NaCl，4℃下静置4h以上或过夜，离心（11 000r/min，15min）后取沉淀。

③沉淀用0.5mol/L磷酸盐缓冲液（pH7.5，含0.01mol/L $MgCl_2$和0.5mol/L脲）充

分悬浮，离心（6 000r/min，15min）后吸出上清液置于离心管，沉淀再悬浮离心，反复3次。

④合并上清液，超速离心（33 000r/min，10min），所得沉淀悬浮后离心（8 000r/min，15min），上清液再超速离心（33 000r/min，100min），离心管底加有20%～30%蔗糖垫，所得沉淀用0.5mol/L磷酸盐缓冲液（pH7.5，含0.01mol/L $MgCl_2$）悬浮，悬浮液即为病毒提纯液。

3. 黄瓜花叶病毒的提纯　黄瓜花叶病毒是黄瓜花叶病毒属（*Cucumovirus*）的代表种，病毒粒体为等轴对称的二十面体，直径约29nm，基因组为三分子线性ssRNA。提纯分5步进行。

①新鲜或冷冻病叶200g加入200mL磷酸钾盐缓冲液（0.5mol/L，pH7.4，含0.1%巯基乙醇、2% TritonX-100、0.01mol/L EDTA），4℃匀浆1～2min，加入10%氯仿与正丁醇（1∶1）混合液，匀浆1～2min。

②8 000*g*离心20min，取上清液。样本置4℃下，加入6%的PEG6000和0.1mol/L NaCl，沉淀6h。

③8 000*g*离心20min，弃上清液，沉淀用0.02mol/L磷酸钠盐缓冲液（pH7.4，含1% TritonX-100、0.01mol/L EDTA）充分悬浮。8 000*g*离心10min，收集上清液，沉淀重新悬浮1～2次，合并上清液，4℃下78 000*g*离心100min，取沉淀。

④沉淀用磷酸缓冲液（0.02mol/L，pH7.0）充分悬浮，8 000*g*离心10min，收集上清液；沉淀重复悬浮1～2次，合并上清液至总体积为5mL左右。

⑤4℃下在10%～40%的甘油梯度中78 000*g*离心2h，沉淀悬浮于5mL左右磷酸缓冲液（0.02mol/L，pH7.0）中，即可得到病毒提纯液。

4. 水稻条纹病毒的提纯　水稻条纹病毒是纤细病毒属（*Tenuivirus*）的代表种，病毒粒体为丝状，大小约为8nm×2 000nm，基因组类型为ssRNA，由4个片段组成。提纯分5步进行。

①取300g人工接种病株，加900mL磷酸缓冲液（0.01mol/L，pH7.2）研磨，纱布过滤，4 500*g*离心30min，上清液加20%氯仿，在破碎乳化机中乳化1min（15 000r/min），4 500*g*离心30min。

②上清液加6%的PEG6000和1%的NaCl，冰浴搅拌40min，8 000*g*离心30min，沉淀加20mL磷酸缓冲液（0.01mol/L，pH7.2）悬浮，低速离心去除沉淀。

③上清液加到10%～40%的连续蔗糖密度梯度上，79 000*g*离心2h。

④将离心管中的溶液分成4部分，分别取出，各用磷酸盐缓冲液稀释后，分装到各离心管中，60 000*g*离心70min。

⑤沉淀分别用0.5mL磷酸缓冲液（0.01mol/L，pH7.2）充分悬浮，低速离心去除沉淀后，上清液即为病毒提纯液。

四、植物病毒的定量测定

在研究植物病毒病时，经常需要知道病毒的含量及其变化情况，如病毒在寄主体内的繁殖和移动、环境条件对病毒繁殖的影响、病毒的协生作用、病毒的提纯及病毒对物理化学因子的反应等，都需要对病毒的量进行测定。

(一)生物学方法

侵染力测定法是将病毒样品接种在特定植物上，根据对其侵染力的大小来定量。该方法反应较灵敏，是测定病毒含量最常用的方法。针对机械传染的病毒，局斑计数法是常用的手段，简便易行。系统侵染的病毒，用汁液摩擦接种在局部病斑寄主上，通过测定局斑的数量来间接测定接种汁液中病毒的含量。在一定浓度范围内，接种汁液中病毒浓度的大小与接种局斑寄主产生的局斑数成正相关。定量用的局部病斑寄主，最好是形成明显局部枯斑或环斑的。

植物病毒的侵染需要大量的粒体，如烟草花叶病毒要有 10^4～10^5 个病毒粒体才能引起1个局部病斑。因此，1个局部病斑并不代表1个病毒粒体，只代表1个侵染单元。每个侵染单元所需病毒粒体数，因病毒种类和其他条件而不同。因此，局部病斑法定量的准确性是相对的。如果先用浓度已知的病毒悬浮液配成不同的稀释度接种植物，分别计数局部病斑得到一个标准曲线，就可以作为测定浓度未知病毒样本的标准。

一个待测样品在局斑寄主上所形成病斑的数目，除取决于接种物中病毒的浓度外，还受试验植物种类、缓冲液、具体的接种方法、环境条件和接种物中是否含有病毒抑制物质等因素的影响。为了减小由于叶片反应不同造成的误差，一般是用半叶法，即将两个比较的样品分别接种在同一叶片主脉的左右两侧。

虫媒传染的病毒用侵染测定法进行定量就比较困难，可通过人工薄膜饲养或注射的方法，用含有待测病毒的样本或样本提取液饲养或注射传毒昆虫，然后将传毒昆虫移在一组测定的植株上，从表现症状植株的数目，判断样本中病毒的含量。总的看来，这样的定量方法不但操作费事，而且准确性受植物和虫媒两方面的影响，并不是很理想的方法。

(二)物理和化学方法

充分提纯的病毒，可以用理化分析的方法定量。例如，密度梯度离心提纯的病毒可以用紫外线吸收的方法测定含量。用分光光度计测定提纯病毒在 260nm 的光吸收值 [A (260nm)]，再根据该病毒的消光系数 [即用 1cm 光路的比色杯测浓度为 1mg/mL 某病毒溶液所得到的 A (260nm)]，通过计算得到某样品中病毒的浓度。如以烟草花叶病毒浓度计算为例，如果提纯后烟草花叶病毒的 A (260nm) 为 0.765，由于烟草花叶病毒的消光系数是 3.1，则提纯病毒的浓度是 $0.765 \div 3.1 \times 1$mg/mL$=0.25$mg/mL。其他几种病毒的消光系数是：黄瓜花叶病毒 5.0，马铃薯 X 病毒 2.97，马铃薯 Y 病毒 2.8，烟草脆裂病毒 3，香石竹环斑病毒 6.46，烟环斑病毒 12.8，烟坏死病毒 5.6。

第四节 植物病毒鉴定

植物病毒的检测鉴定绝大多数情况下是为了了解发生病毒病的植物中是否携带某种特定的已知病毒，个别情况下有可能发现新病毒，需要进一步解决它的分类地位问题。涉及分类就要确定病毒的 3 种基本性状：①组成病毒的基因组和核酸类型（正链或负链，RNA 或 DNA)；②核酸是单链还是双链；③是否存在脂蛋白包膜。本节主要讲述针对已知病毒的常用检测和鉴定方法。目前常用的植物病毒检测鉴定方法主要有生物学检测、血清学检测、分子生物学检测以及电子显微镜观察等。由于植物病毒个体微小、结构简单、对寄主的依赖性强，从而增加了检测鉴定的难度，对工作条件和技术水平要求较高。

一种病毒存在不同的株系，其粒体的形态和结构大致相同，但是核糖核酸和蛋白质衣壳的成分可能有所不同，血清学反应往往表现有一定的亲缘关系，有时相互有交叉保护作用。它们的寄主范围大致相同或完全不同，而症状表现的不同是最为明显的。例如，烟草花叶病毒侵染番茄会引起番茄斑驳或花叶，但是它有不同的株系，番茄条纹病毒（tomato streak virus）是它的一个株系，侵染番茄后会在叶和果实上引起坏死斑。因此，在病毒的鉴定工作中，如果只从症状和寄主范围等性状考虑，而不是对各方面的性质作全面分析，有时会将一种病毒的株系鉴定为不同的病毒。由此可见，病毒的株系与真菌和细菌的菌系的概念有所不同。真菌和细菌的菌系，主要表现为生理性状和致病力强弱的不同。当然，一种病毒也有致病力强的和弱的株系，其性质类似真菌和细菌致病力强弱不同的菌系。

一、病株汁液体外性状测定

不同的病毒对外界条件的稳定性不同。对机械传染的病毒，可通过在病株汁液中的体外性状，即病毒的钝化温度（thermal inactivation point，TIP）、稀释限点（dilution end point，DEP）和体外保毒期（longevity in vitro，LIV）的测定，作为检测鉴定的一项依据。对介体昆虫传染的病毒，也可通过病株汁液人工注射或膜饲介体昆虫来测定。

（一）钝化温度

病毒在病株汁液中，经恒温水浴处理 10min 后丧失侵染力的最低温度称为该病毒的钝化温度。大多数病毒的钝化温度在 55～70℃，最低的是番茄斑萎病毒，只有 45℃。烟草花叶病毒比较特殊，钝化温度高达 93℃。

测定钝化温度的具体操作，以烟草花叶病毒为例加以说明。取 1g 病叶组织加 1.5mL 0.01mol/L 磷酸缓冲液（pH7.0），用研钵磨碎，低速离心去除沉淀杂质，分装于 6 个薄壁小试管中。设置 95℃、90℃、85℃、80℃、75℃、70℃共 6 种恒温水浴，从高到低依顺序将盛有病汁液的薄壁小试管放入水浴中，并用搅拌器使温度分布均匀，处理 10min。然后将盛有样本的试管立即放在冰水中冷却，立即摩擦接种心叶烟，接种后不产生枯斑的处理温度即钝化温度。根据初步测定结果，再进一步缩小范围精确测定。

（二）稀释限点

某一病毒在病株汁液中，经若干倍数的稀释后仍能保持其侵染力的最大稀释倍数，称为稀释限点。稀释限点测定法的具体操作，以烟草花叶病毒为例加以说明。

1. 制取表达汁液　用与上述同样的方法得到病株汁液。并准备数支试管，分别标记稀释度 10^{-1}、10^{-2}、10^{-3}、10^{-4}、10^{-5}。

2. 稀释　用 10mL 吸管吸取蒸馏水，每支试管加入 9mL。取 1mL 病汁液加入到标记 10^{-1}的试管中混匀后得到 1∶10 的稀释液，从 10^{-1}的试管中取 1mL 加入 10^{-2}试管中混匀得到 1∶100 的稀释液，依此类推得到其他稀释度的稀释液。

3. 接种　将每个稀释度的病汁液分别在植物上接种测定。接种后不发病的前一个稀释度为稀释限点。

（三）体外保毒期

将病毒的病株汁液置于 20～25℃室温下，能够保持侵染力的最长期限即为体外保毒期。操作方法如下：①将病株汁液分装到一套小试管中，每管盛 0.5mL；②试管在室温下或 20℃恒温箱中存放；③每隔 1d、2d、4d、8d、16d 取 1 个样本在植株上测定；④根据初步测定的结果，再决定进一步测定的期限，或缩短时间间隔。接种后不发病的前一个日期即体外保毒期。

在这些测定中，钝化温度是比较稳定的。稀释限点和体外保毒期的测定结果容易受许多因素的影响。例如，病株汁液中病毒含量不同，稀释限点也有差异；病株汁液中抑制性物质的存在和试验过程中微生物的污染，都可以影响它的体外保毒期。由于植物病毒其他鉴定性状和手段的不断发现，体外性状的测定已不像早期鉴定工作中那样重要，但仍然对病毒鉴定有一定的参考价值。

二、植物病毒生物学鉴定

1. 鉴别寄主测定原理 病毒生物学检测的内容除了前面提到的症状观察、传播方式测定外，鉴别寄主指示植物测定是最常使用的方法。另外，汁液体外稳定性测试也可归到生物学鉴定方法的范畴。

病毒有一定的寄主范围，寄主范围广的病毒可侵染许多分类上相近或极不相近的植物。通过寄主范围的测定，可发现对待测病毒有特殊反应的寄主。利用这些寄主反应可以将待测病毒与其他病毒区分开来，这种有鉴别作用的寄主植物称为鉴别寄主。用来鉴定病毒的几种鉴别寄主组合常称为鉴别寄主谱，一般包括 3 种不同反应类型的植物，即系统侵染寄主、局部侵染寄主和对一方免疫对其他病毒感病的植物（表 5-2）。在这 3 种类型中，第二种最为重要。在生物学鉴定时，需将病毒接种到这些鉴别寄主指示植物上，然后观察症状表现。常用的人工接种方法包括汁液摩擦接种、嫁接传染、虫媒传染等。

表 5-2 十字花科植物 3 种常见病毒的鉴别寄主反应

病毒	普通烟	心叶烟	白菜	黄瓜
芜菁花叶病毒（TuMV-K1）	局部枯斑	系统花叶	系统花叶	不感染
黄瓜花叶病毒（CMV）	系统花叶	系统花叶	不感染或系统花叶	系统花叶
烟草花叶病毒（TMV）	系统花叶	局部枯斑	系统花叶	不感染

鉴别寄主谱的方法简单易行，反应灵敏，重复性较好，同时所用的毒源材料较少；但比较耗时，需要较大的温室，工作量的投入也较大。较常用作病毒鉴定的多为藜科、茄科、豆科、葫芦科等的植物。一般采用汁液摩擦接种法。

2. 鉴别寄主生物测定操作 在普通烟上均表现系统花叶症状的烟草花叶病毒和黄瓜花叶病毒感病植株的区分鉴别，包括 4 个步骤。

①从待检的发病植株上取一定量的组织，如叶片、根或皮，加入 5 倍体积的 0.01mol/L 磷酸盐缓冲液（pH7.0），在研钵内研磨并获得病汁液。

②用肥皂水洗手，用手指蘸取汁液在撒有金刚砂的供试指示植物（心叶烟、白菜、黄瓜）叶片上轻轻摩擦，接种完毕立即用蒸馏水冲洗净叶片上的残留物，同时做好标记。

③接种后的指示植物一般放在 22～28℃、并具有防虫网的温室中培养。

④接种 2d 后开始定期观察并记录指示植物的症状反应。根据症状表现，区分感染发病植株的病毒种类。

当待检测样品为木本植物时，在提取缓冲液中加入一定浓度的抗氧化剂如 0.02mol/L 巯基乙醇或 2.5%烟碱等，以降低寄主植物中多酚及鞣质等的氧化产物对病毒的钝化作用，可以提高接种成功率。

三、植物病毒电子显微镜观察

病毒粒体的形状和大小是病毒鉴定的重要依据。但由于病毒粒体过于微小，不能用光学显微镜观察到，只能通过电子显微镜进行观察。电子显微镜的分辨率要比光学显微镜高1 000倍以上，有透射电镜和扫描电镜等种类，常用透射电镜观察病毒形态。

电子显微镜与光学显微镜的原理不同，但结构相似，都有光源系统、成像聚焦系统等。电子显微镜的光源由电子束组成，由电子枪发射电子束，类似于阴极射线管（cathode ray tube，CRT）的电子枪；其聚焦系统是通过光路中的电磁场聚焦，称为电子透镜，与光学显微镜中的透镜作用相似。电子束经过聚焦后通过较薄的样品时，会由于样品各部位密度不同而产生不同的散射，然后通过电子透镜放大，投射到荧光屏上，轰击荧光粉而产生可视图像。样品中密度大的部分在图像中较暗，密度小的部分较亮，通过荧光屏和照相系统观察记录样品图像。

（一）支持膜的制作

电子显微镜观察的样品不能如光学显微镜那样用载玻片作为载体，因为玻璃太厚，电子束不能透过。电子显微镜观察用的样品载体是带有透明支持膜的铜网，其中的支持膜相当于载玻片，本身在电镜显像中没有结构，但由于很薄需要贴在一个硬的支撑物上，常用圆形筛状的铜丝网作为支撑物，称为载网，规格为100～300筛目，直径3mm。铜网已标准化生产，无须自制。新铜网用前要用乙醇清洗，干燥后备用。用过的旧铜网由于附有支持膜，要先用醋酸戊酯浸泡1～3d，溶去膜后再用乙醇清洗备用。

支持膜常用福尔马膜（Formvar，聚乙烯醇缩甲醛树脂）和火棉胶膜来制备，前者应用较普遍。支持膜要求厚薄均匀，亲水性强便于样品附着，厚度不能超过20nm。做好后尽快使用，放置时间越长效果越差。

常用的福尔马膜的制备方法如下：①用三氯甲烷（$CHCl_3$）配制0.2%～0.3%（m/V）的福尔马溶液，储存于4℃冰箱中。②将洁净的载玻片垂直浸入福尔马溶液中，静置片刻后慢慢取出，垂直立放于滤纸上，自然干燥后玻片上即形成很薄的膜。③用刀片沿玻片四周边缘划一道闭合的刻痕，然后将玻片以45°角从一端向另一端慢慢浸入盛满水的培养皿中，薄膜在张力作用下即与玻片分开漂浮于水面上。④用镊子将铜网排放于膜上，然后将滤纸轻放到膜上（铜网夹于滤纸和膜之间），小心将滤纸从一端提起并翻转捞出，晾干备用。

（二）负染制片

染色是为了增强反差，便于使密度较小的生物样品在电子显微镜下观察得更清晰。正染法是用染色剂对生物样品进行染色，例如用对核酸非常专化的醋酸双氧铀对核酸进行染色，样本用它的1%的乙醇或甲醇溶液染30min，洗去多余染液后即可用于观察。但有些生物样品不能用正染的方法处理，如病毒等蛋白质样品，重金属盐不能对其染色，但可以使重金属盐类染色剂在病毒的周围沉积，同样亦可以造成反差，由于周围背景为高密度的重金属盐而变暗，病毒容易被电子束透过而变亮。这种染色剂沉积到背景的染色法称为负染法，是病毒观察中最常用的方法。利用负染不但能观察到病毒的大小和形态，还能观察到病毒的亚单位机构。负染法有快速简单、样品用量少、适用样品范围广、超微结构清晰等优点。

除了染色法外，还有真空喷涂法，是指在真空条件下，加热金属使其蒸发，使金属粒子投射覆盖到样品表面造成一定角度投影，形成明暗反差，提高图像清晰度的方法。由于成本、设备、技术等原因，现在已不再使用这种方法观察病毒。

染色剂主要有4个特点：密度高，电子散射能力强；耐高温，在电子束的冲击下不熔化和升华；不与生物样品发生化学反应；分子小，易渗透分布且不影响观察。

常用染色剂主要有两种，一是1%～4%的磷钨酸（$P_2O_5 \cdot 24WO_3 \cdot nH_2O$，PTA）水溶液（pH6.0～7.2），是最常用的负染染色剂。二是2%～3%醋酸双氧铀［$UO_2(CH_3COO)_2 \cdot 2H_2O$］水溶液（pH4.0～5.2）。负染剂要求避光保存。

染色分两步。①用尖头镊子夹住铜网边缘，取病毒提纯液或病汁液1滴，直接滴在支持膜面向上的铜网上，室温下停留5min，用滤纸吸去多余液体。②加1滴染液负染5min，洗去多余染液，自然干燥或在37℃下干燥0.5h左右即可观察。如果用病汁液直接观察，则在滴加染料前用双蒸水冲洗10滴左右，以洗去杂质，使视野更清晰。

负染结果常以照片形式保存，通过测量和计算病毒粒体的形状和大小，为病毒的分类和鉴定提供重要依据。对于杆状和线状病毒，由于提纯时会发生断裂、聚合等情况，测量时去掉过长和过短的粒体，然后在一个长度分布较窄的范围内选取100个粒体，求其平均值。对于正二十面体病毒（球形病毒），由于粒体直径变化较小，不存在断裂的问题，可随机取50个粒体求其平均值。

（三）免疫电镜技术

免疫电镜技术是电镜技术和免疫学技术相结合的一种方法，使抗原抗体反应成为可见，常用于病毒的检测和鉴定。免疫电镜技术具有操作时间短、灵敏度高、抗原和抗体用量微小、准确性高等优点。

免疫电镜技术主要有免疫吸附法（又称捕捉法）和免疫修饰法两种。前者是先用抗血清（抗体）包被支持膜，然后用包被后的支持膜特异性地吸附捕捉病毒粒体；后者是先将病毒吸附到支持膜上，然后再加上抗血清，使抗体分子修饰或覆盖病毒粒体，从而放大和修饰了病毒粒体，易于在电子显微镜下观察和分辨。免疫电镜技术比较适合检测混合感染不同病毒的样品，在电镜视野中，混合的病毒粒体中被修饰的病毒就是待检测的对象。

1. 免疫修饰法 ①将病汁液滴加到带有支持膜的铜网上，悬浮1～3min。②用20滴双蒸水冲洗后吸去多余水分。③加1滴稀释的抗血清于铜网上，室温下保持15min，用双蒸水滴洗数次，并用滤纸吸去多余液体。④用负染剂染色后观察。如为阳性反应，则病毒粒体周围有深色物质聚集（图5-4）。修饰法快速准确、简单有效，最为常用。

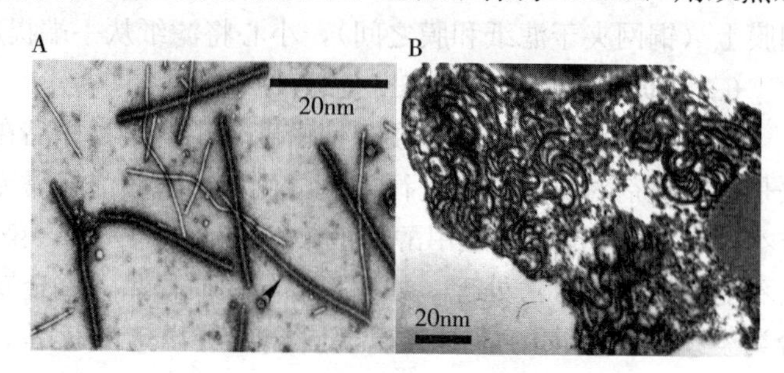

图5-4 植物病毒粒体和内含体电镜观察
A. 免疫电镜观察抗体结合的黑色条状病毒粒体
B. 植物组织超薄切片电镜观察，显示风轮状病毒内含体
（竺晓平课题组试验结果，高蓉作图）

2. 免疫吸附法 ①将覆膜的铜网在稀释的抗血清中悬浮包被，培育5～10min。②用20滴双蒸水滴洗铜网，用滤纸吸去多余液体。③滴加病毒样品，铜网在室温下培育15min。④用20滴双蒸

水滴洗，去除多余抗原，用滤纸吸去多余液体。⑤染色后电镜观察。吸附法是对样品中病毒粒体进行选择性特异结合。

（四）超薄切片技术

超薄切片技术可以用来研究病毒侵染后寄主的病理变化，如内含体的观察、病毒的细胞内定位、病毒在寄主体内的转运等。因此，超薄切片技术有着无可替代的优势。超薄切片不同于普通切片（3.0～8.0μm），要求厚度小于0.1μm，才能适用于电镜观察。超薄切片的制作非常复杂和细致，主要包括取材、固定、脱水、浸透与包埋、聚合、切片、染色和观察等步骤。

1. 取材　要求材料有代表性，新鲜不失活。选取好部位后，用刀片切成0.5～1.0mm^3见方的小方块，如果作横切样品，则切成宽1mm、长10mm的细条。取好材后尽快投入到固定液中，以保持其组织结构的完整。

2. 固定　常用的固定剂有锇酸（四氧化锇，OsO_4）和戊二醛（$C_5H_8O_2$）。锇酸是强氧化剂，电子染色作用强，对蛋白质、脂质固定效果好；戊二醛是还原剂，对核酸固定效果好，渗透作用强，但电子染色作用差，戊二醛对细胞组织有较好的保护作用，组织可以在其中保存较长时间。通常将两种固定剂结合使用，采用戊二醛和锇酸双固定法。先用戊二醛做前固定，再用锇酸做后固定。使用时戊二醛用0.1%磷酸缓冲液（pH7.0）配制成3%～6%的溶液，锇酸用蒸馏水配制成1%～2%的溶液。

固定分4步进行。①前固定：将样品放入盛有2～5mL戊二醛溶液的干净医用青霉素小瓶中，将小瓶放入真空干燥器，用真空泵抽气20min。也可用普通医用注射器插入橡胶瓶盖抽气，以促进固定剂渗入组织。抽气后放入4℃冰箱中固定4～12h。②漂洗：为避免戊二醛的还原作用对后面用的氧化剂锇酸的影响，在后固定前要进行彻底漂洗。用0.1%磷酸缓冲液（pH7.0）漂洗15min，共漂洗3次。③后固定：漂洗后，加2mL锇酸溶液，固定2～4h。④漂洗：倒尽固定液，用蒸馏水漂洗3次，每次15min，漂洗时稍振荡。

固定的基本要求有3点，一是固定液能迅速而均匀地渗入组织细胞内部，并能立即杀死细胞；二是能稳定各种结构成分，以保证在后续的各种处理中不溶解和流失；三是对细胞没有收缩和膨胀，也没有人工假象，以保持生活时期的原始形态，保证电镜观察的真实再现。

3. 脱水　为保证包埋介质完全渗入内部，必须脱去内部的水分，因此需要一种与水和包埋渗透剂都能相溶的惰性液体如乙醇、丙酮来作为脱水剂取代组织内的水。为避免急剧脱水引发的细胞收缩，常采用逐级提高脱水剂浓度的方法进行脱水，浓度梯度为10%、30%、50%、70%、90%，每级停留20～30min。最后用无水乙醇或无水丙酮脱水20～30min，重复2～3次。80%浓度以下在4℃冰箱中操作，80%浓度以上在室温下操作。70%浓度是组织体积变化最小的状态，可以停留过夜。70%浓度以下组织处于膨胀状态，70%浓度以上处于收缩状态。

4. 浸透与包埋　用包埋剂将脱水剂置换出来，使脱水后的细胞骨架完全被包埋剂填充，从而保持细胞结构的完整性，并能经受刀片切割、镜检操作等各种外力的作用。采用逐级浸透的方法，将脱水后的材料放入环氧树脂与脱水剂（乙醇或丙酮）按1∶3、1∶1、3∶1比例混合的液体中，室温或37℃温箱中分别放置1～4h，最后浸入纯的树脂液中，在50℃温箱中停留4h或过夜。浸透时可采用倾斜旋转振荡或抽真空等方法提高效率。

（1）*包埋剂*　环氧树脂是最常用的包埋剂，国产的商品有618，进口的有Epon812和ERL-4206。环氧树脂是热塑性树脂，呈淡黄色半液体，在硬化剂、加速剂和高温作用下可形成交链聚合物固体。硬化剂常为酸酐类物质，加速剂常为胺类物质。为了增强聚合后的韧性和弹性，有时加入一种酯类增塑剂以改善其切割性能。

（2）国产618环氧树脂的配制　国产618环氧树脂的常用配方为618树脂10g、硬化剂（顺丁烯二酸酐）4g、增塑剂（邻苯二甲酸二丁酯）0.2～2mL、加速剂（二乙基苯胺）0.6mL。配制方法是首先将树脂放入烧杯中，在70℃水浴中加热，然后加入硬化剂并充分搅拌约20min，溶解后冷却至室温，再加入增塑剂搅拌均匀，使用前30min加入加速剂混匀即可使用。

（3）包埋方法　制备包埋块时，要始终保持环境的相对湿度在60%以下，试剂要防潮，且所有器皿要充分干燥使用，否则将影响包埋块的质量。一般用空心医用胶囊作为包埋的模具，有常规包埋和定向包埋两种方法。常规包埋是用牙签将已浸透的组织放到滤纸上，吸干后再置于胶囊底部中心处，然后沿壁缓缓注入新鲜配好的包埋剂，加满后沿壁放入注明标号的小纸条，加盖。定向包埋主要是针对那些条形、棒状材料，用常规包埋法很难直立在胶囊底部中央。简便易行的定向包埋方法有两个，一是进行二次包埋，即把第一次包埋的样品削成条形，然后放到胶囊中重新包埋；二是夹条包埋，即用一个宽度与胶囊直径相同的双层纸片，将条形材料夹在纸片中间，垂直插入胶囊，使材料正好立在底部中间，注满包埋剂即可，由于纸片的宽度与胶囊直径吻合，因此不会倒伏而保证材料的直立。

5. 聚合　将包埋好的材料置于恒温箱中，37℃、45℃、60℃依次升温聚合，时间分别为12h、24h、48h。

6. 切片、染色和观察　切片、染色和观察一般由专业技术人员完成或在专业人员协助下完成。

四、植物病毒血清学鉴定

血清学技术是植物病毒检测的快速、简便、灵敏、经济的手段，可用于病毒病的快速鉴定、病毒株系的鉴别和亲缘关系的分析，研究病毒病的流行，测定病毒病在田间的分布，以及虫媒带毒情况等。与电子显微镜技术结合的免疫电镜技术可以很灵敏地检测组织材料中的病毒，血清学检测技术既可以定量又可以定性检测植物病毒。

血清学方法主要通过病毒抗原与其对应的抗体发生特异结合，形成抗原—抗体复合物，通过观察复合物的沉淀现象或通过对抗体标记显色的方法，来检验、鉴定病毒。病毒为核蛋白，有很好的抗原性，抗原性由其外壳蛋白的氨基酸组成和高级结构决定，称为抗原决定簇。将病毒注射到动物机体，刺激动物产生免疫应答，从而产生特异抗体。抗体多在动物血液的血清中存在，因此含有抗体的血清称为抗血清。一种抗体只对应一种抗原，抗体上存在与抗原物质的抗原决定簇互补的结合位点，它们的结合是特异的。

（一）植物病毒抗血清的制备

利用植物病毒外壳蛋白的抗原特性，可以制备病毒特异性的抗血清。首先将提纯的植物病毒注射动物如家兔、鼠等，经过几次注射免疫（间隔一定时间）后采血，即可获得该病毒的特异抗血清。要制备特异性强、效价高的抗血清需要符合3个条件，即高度纯化的提纯病毒、合适的试验动物、正确的免疫方法。免疫注射最好是用精提纯的病毒，以保证有较高的浓度和排除寄主抗原的影响。试验动物可供选择的很多，如家兔、马、羊、天竺鼠、鸡等。常用的为半周岁、体重2～3kg的雄性家兔，选择健康、自然抗体阴性的日本大耳兔和半垂耳家兔等品种。大量生产诊断用抗血清时可选用马进行免疫，它一次注射抗原可达30mL，采血1 500mL。

抗血清制备技术包括免疫注射、采血以及抗血清的析出、收集和保存几个步骤。

1. 免疫注射　免疫注射需进行数次，第一次一般是皮下注射，后面几次可以从家兔耳静脉注射或肌肉注射。肌肉注射时，选择兔子的后腿，在其内侧或外侧肌肉发达处用 70% 乙醇消毒后，以 9 号针头垂直插入肌肉内注射。注射次数一般以 2～4 次为宜，间隔 1 周左右。注射的量逐渐增加，从 0.5mL 逐次增加到 2mL。肌肉注射一般是在病毒注射液中（等量或按一定比例）加福氏佐剂（Freund's adjuvant）以乳化抗原，可以促进抗原吸收，增强抗血清滴度。福氏佐剂又分为完全福氏佐剂和不完全福氏佐剂。福氏佐剂的配制：羊毛脂和石蜡油以 1∶5 的比例混合均匀，分装后经高压灭菌，4℃保存备用。用前加入 3～4mg/mL 的卡介苗，即为完全福氏佐剂；不加卡介苗为不完全福氏佐剂。在将抗原和佐剂混合时，为了充分混合，可用一注射器装抗原，另一注射器装佐剂，二者用聚乙烯塑料管（可用医用静脉点滴一次性注射器的塑料软管代替）连接，然后来回反复抽吸，直到滴于水面上后完全不扩散，表明乳化完好，然后可作注射动物用。

2. 采血　免疫后期可以不断从耳静脉少量采血测定抗血清的效价（滴度），一旦效价达到要求即可停止注射，并大量采血获得血清。耳静脉采血的方法，先将兔子用木制的只露出兔子头部的固定箱固定（也可以用乙醚麻醉），用乙醇将耳朵里、外消毒后，用剃须刀剃去耳上的毛，消毒后，用 50℃的热水管（袋）紧贴耳缘里面的静脉处，使血管充分扩张，再用刀片纵向将耳静脉切开 1～2mm，血即自然流出，收集于灭菌试管或烧杯中，收集过程中血液可能凝固，可以用酒精棉球擦拭伤口促进血液流动。大量采血可采用颈动脉和心脏采血，采血前只给免疫兔子提供饮水，停食 12～24h，因为禁食后血液中脂类大大减少，可得到清亮的血清。对一只成年兔来说，每天取 15～20mL，可连续采血 3d。心脏采血的方法为：先将兔子麻醉后，剪去第三、四肋之间的毛，用拇指和食指成虎口式摸住心脏跳动最强处，经碘酊消毒后，用 50～100mL 的注射器，7 号或 9 号针头直接刺入心脏，上下稍微提拉使血涌入注射器筒内。

3. 抗血清的析出、收集和保存　采到的血液用洁净的玻璃器皿收集，置于 37℃温箱 2～3h凝固后，抗血清自动析出，吸出已析出的抗血清后，再用灭菌玻棒将血凝块从试管壁剥离开，置冰箱 4℃下过夜，使其继续析出抗血清，再用吸管吸出。吸出溶液经4 000r/min 离心 10min，得到的淡黄色无血球的清亮的上清液即为抗血清。抗血清可能达到的效价决定于病毒种类、注射抗原的纯度等因素，有的可以达到 1∶2 560，有的只能达到 1∶128 或1∶256 以上。抗血清加入 0.01%叠氮化钠（NaN_3）可以短期保存；也可将抗血清与等量的甘油混合保存在－20℃的低温下或冷冻干燥保存，保存时间较长。

（二）植物病毒血清学鉴定方法

目前用于进行血清学鉴定的方法很多，主要分 3 类，即沉淀反应、凝集反应和标记抗体反应。病毒等可溶性抗原与抗体反应形成白色絮状沉淀，称为沉淀反应；而细菌等颗粒性抗原与相应抗体结合后出现团状的凝集块，称为凝集反应；标记抗体主要是通过将抗体用酶、放射性同位素或荧光物质进行标记，抗体抗原反应后，利用酶－底物颜色反应、同位素放射自显影或荧光显微观察来检测结果。具体方法有试管沉淀反应、毛细管沉淀试验、免疫扩散技术、免疫电泳技术、微量沉淀反应、环状沉淀试验、直接凝集反应、间接血球凝集试验、乳胶凝集试验、荧光抗体技术、放射免疫测定反应、酶联免疫吸附实验、免疫电镜技术、单克隆抗体技术等，最常用的主要有试管沉淀反应、乳胶凝集反应、琼脂双扩散反应、酶联免疫吸附反应等。

1. 沉淀反应 将可溶性抗原与相应的抗体混合，当比例合适并有盐类存在时即可出现白色沉淀物，这种反应称为沉淀反应。沉淀反应根据反应基质不同分为液态基质沉淀反应和半固态基质沉淀反应两大类。试管沉淀法、微量沉淀法、玻片沉淀反应属于前者，琼脂双扩散反应属于后者。

（1）*试管沉淀反应法* 试管沉淀反应法（test tube precipitation test）的操作步骤为：①将抗血清1.25mL加生理盐水（0.85% NaCl）至10mL稀释到1/8，混匀后用同样的方法配制1/16、1/32、1/64…1/2 048等不同浓度。②将病毒样品用的磷酸缓冲液（0.01mol/L，pH7.0）稀释成1/2、1/4、1/8、1/16…1/128倍比系列。③用直径约7mm的小玻管，分别加不同稀释度的抗血清1mL和等量的病毒悬浮液，充分混合后将玻管放在37℃的恒温水浴中，水面高度为试管液面的一半，以促进对流混合。④经过1～2h检查沉淀的产生，即可确定抗血清的效价。试验时以正常血清为阴性对照比对分析。

试管沉淀法常用来进行抗血清的效价测定，能与病毒起反应的抗血清的最大稀释倍数即为抗血清的效价。如沉淀产生的最大稀释倍数为1 024，则效价以1∶1 024或1/1 024表示，也可以直接以1 024表示，稀释倍数越高表明效价越高。

分级判断标准：－，无反应；±，沉淀反应不明显，反应慢；＋，轻微沉淀反应，反应快；＋＋，中度沉淀反应，反应快；＋＋＋，强度沉淀反应，反应快。＋及以上判断为阳性反应。

（2）*微量沉淀反应法* 微量沉淀反应法（micro-precipitation）由于在培养皿中反应，也称为平皿微量沉淀法。由于试管沉淀反应消耗的血清量较大，为了节省抗血清并能同时进行大量测定，常用微量沉淀法代替，其准确性不低于试管测定法，已经成为效价测定的常用方法。如用60～100倍的暗视野显微镜检查沉淀的产生，可以提高测定的灵敏度。

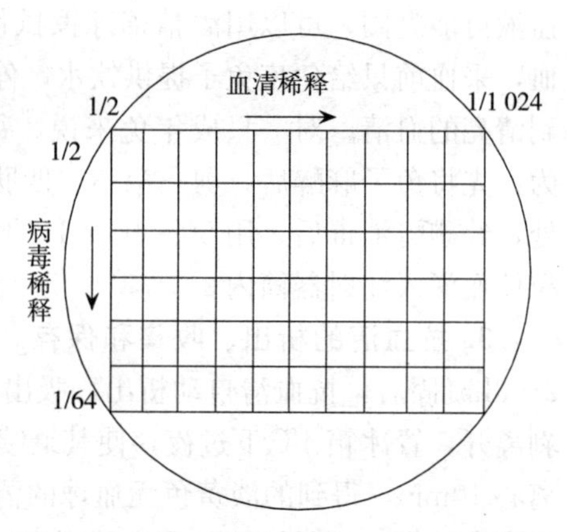

图5-5 培养皿微量沉淀反应方格布局

微量沉淀反应法的操作：①稀释血清和病毒样品。在微量离心管中将血清稀释成1/2、1/4、1/8…1/1024，将病毒样品按系列倍比稀释成1/2、1/4…1/64备用。②在培养皿底部用记号笔画出边长为7mm的方格，排列如图5-5所示。③用微量加样器或注射器针头在方格中加入1滴或10～30μL血清和病毒样品。④从培养皿边缘缓慢倒入石蜡油并完全覆盖所有液滴，25℃放置1～2h。⑤将培养皿放到解剖镜下并将背景调暗后观察沉淀生成情况，记载并分级，分级标准同上。

（3）*玻片沉淀反应法* 玻片沉淀反应法（slide precipitation test）操作简便、快速，试验所用的抗血清和抗原材料较少，非常适合田间大量样品的快速检测。操作方法：①载玻片上先加1滴30～50μL按一定比例稀释的抗血清，边上加1滴等量澄清的测定病毒抗原或粗提的病汁液。对照可以用正常植物汁液。②用玻棒将抗血清和病毒抗原或病汁液充分混合，载玻片放在保温皿中，温度保持在25℃，15～45min后在暗视野显微镜下检查结果。

（4）*琼脂免疫双扩散法* 琼脂免疫双扩散法（agar immune double diffusion test）是在

半固体介质上测定沉淀反应的方法，一般用琼脂作介质，所以又称琼脂扩散法。琼脂免疫扩散反应又可分为单扩散和双扩散两个基本类型。将抗血清或抗原混合于凝胶层中，即在制备凝胶过程中，将抗原或抗血清加入凝胶液中，再倒入皿内制成凝固的琼脂层，在琼脂层上打孔或条沟后，加入抗血清或抗原，从侧边扩散进入，与凝固在琼脂层中的抗原或抗血清进行直接接触，形成沉淀反应，这种扩散反应称为单扩散法。双扩散是指琼脂凝胶层中不存在抗原或抗血清，抗原及抗体是从凝胶的两侧进入，然后扩散并发生沉淀反应。检测植物病毒最常用的方法是琼脂免疫双扩散法。

琼脂凝胶具有分子筛的作用，可以允许相对分子质量由十几万到几千万的大分子物质自由通过。而抗原和抗体的相对分子质量均在 20 万以上，因此抗原和抗体在扩散过程中受到的阻力极小，几乎等于自由扩散。抗原和抗体在琼脂胶介质中扩散、相遇并达到适宜的浓度比例时，就产生沉淀复合物而形成可见的沉淀线，根据沉淀线的有无和形状的走向可以判断分析抗原与抗体间的关系。双向扩散法可以同时在相同的条件下测定几个抗原。此法对球形病毒粒体的检测效果较好。

琼脂免疫双扩散法的操作步骤如下：

①用生理盐水（0.85% NaCl）或 0.01mol/L 磷酸盐缓冲液（pH7.0）配制 0.8%～1.5%的琼脂或琼脂糖凝胶，每 100mL 加叠氮化钠（NaN_3）50mg，在沸水浴中加热使琼脂完全熔化。

②吸取适量熔化的琼脂液，加在培养皿中或玻片上（玻片上加熔化的琼脂时，要尽量保持其表面张力，以避免琼脂液流失），厚度分别控制在 2～3mm 和 1mm，室温下放置至少 25min 使其凝固。

③用打孔器在琼脂平板中央打 1 个直径 2～5mm 的孔，周围打 6 个同样大小的孔呈梅花状排列（也可以根据自己的设计而排列），孔间距与孔径相同或略大，根据具体情况可以从 1mm 到 5mm 进行调整。

④用长针头挑去孔中的凝胶，动作要迅速。为了封闭孔底部的缝隙，可以用酒精灯火焰从底部稍微加热凝胶，使之局部熔化，再冷却凝固而封闭孔底缝隙。

⑤中间的孔加抗血清，周围的孔则加不同稀释度的病株汁液或其他测定的病毒抗原，可根据试验需要调整。每组均有健康植物汁液作阴性对照，用已知病毒为阳性对照。

⑥保持 25℃或室温，保湿，1～3d 后检查沉淀线的形成情况，如必要可保留观察 1～2 周。

病毒抗原和抗血清的浓度最好是接近最适宜的比例，这样形成的沉淀线细长清晰。如果浓度与最适宜比例差别过大，形成的沉淀带的轮廓就显得模糊。抗血清孔周围有时形成圆环形沉淀线，往往是由于抗血清纯度和特异性不高而形成的非特异反应沉淀，应该比对阴性对照判别。

琼脂双扩散形成的沉淀线对形成它的相应抗体和抗原是不可透过的，而对其他抗原和抗体则是可透过的。因此，两种相同的抗原从两个不同的孔扩散，当与第三个孔扩散的抗体相遇反应时，彼此将以一定的角度形成融合的沉淀线，表示两者的抗原性一致（图 5-6 左）。在同样条件下，两种有亲缘关系但又不完全一样的抗原在这种条件下形成的沉淀线，有交叉也有部分融合，形成相切的沉淀线（图 5-6 中）。另外，两种无共同抗原决定簇的抗原与它们的抗体反应时，彼此将以一定的角度形成两条交叉的沉淀线，表明两者抗原性完全不同（图 5-6 右）。

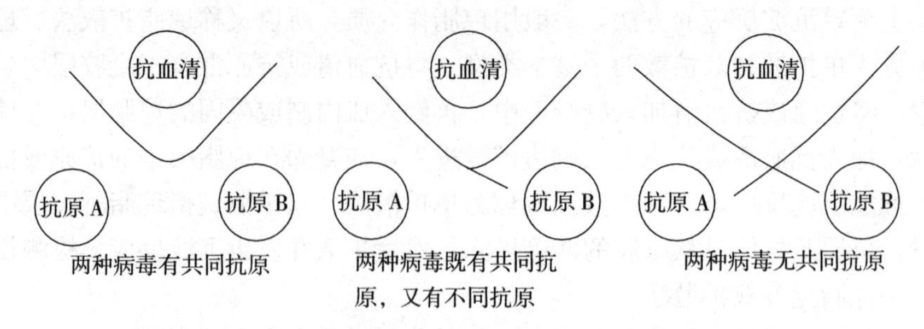

图 5-6　琼脂免疫双扩散反应沉淀线判断图

2. 间接凝集反应　将病毒或抗体吸附在较大的与免疫无关的大颗粒（如叶绿体、藻土、胶乳、红血球等）上，在一定浓度盐离子存在的情况下，抗原与抗体结合，形成肉眼可见的凝集块，使少量的抗原或抗体通过结合物的放大成为容易分辨观察的形式，称为间接凝集反应。因此，这种反应的机制是放大了的免疫反应，可以几十到成百倍地增强检测的灵敏度。该方法最早在医学领域应用，操作方法简单方便，便于大量样品的检测。常用的方法是玻片乳胶凝集法，乳胶多用聚苯乙烯乳胶，有商品供应，它是一种由 0.6～0.8μm 的颗粒所组成的胶体溶液，具有良好的吸附蛋白质的性能。

（1）*致敏乳胶制备*　操作分两步进行。第一步，乳胶液制备。取聚苯乙烯乳胶 0.1mL，加灭菌蒸馏水 0.40mL，再加 2mL 0.02mol/L 硼酸缓冲液（pH8.2，含硼砂 6.67g、硼酸 8.04g，加水至1 000mL），混合后制成为 25 倍稀释的乳胶液。第二步，乳胶致敏。在上述乳胶液中滴加稀释的抗体 0.2～0.7mL，边加边摇，当出现肉眼可见的颗粒后，仍继续加血清，直至颗粒消失，成为均匀的乳胶悬液为止。显微镜下检查应无自凝，并与一定稀释度的相应抗原出现阳性反应，与生理盐水出现阴性反应为合格。加入 0.01%叠氮化钠或 0.01%硫柳汞防腐剂后，于 4℃冰箱内保存。

（2）*玻片乳胶凝集法*　操作分两步进行。首先制备抗原，病叶片组织加入 2～3 倍体积的 0.02mol/L 硼酸缓冲液（pH8.2）研磨，5 000r/min 低速离心 10min，取上清液，稀释成一定比例备用。然后，取待测抗原和抗体致敏乳胶各 1 滴，在玻片上混匀，阳性样品一般在 5min 内即可出现明显凝集，为避免遗漏弱阳性，在 20min 时需要再观察一次反应结果。由于乳胶系乳白色，观察时最好在玻片下衬一张黑色薄膜或使用黑色玻板。

3. 酶联免疫吸附测定法　酶联免疫吸附测定法（enzyme-linked immunosorbent assay，ELISA）从 20 世纪 70 年代开始应用于植物病毒检测鉴定，具有灵敏度高、特异性强、操作简便省时、适合大量样品检测等优点，因此得到广泛应用。

（1）*ELISA 技术原理*　ELISA 测定法是免疫反应与酶的高效催化反应的有机结合。主要原理是：用化学方法将酶与抗体结合成酶标记抗体，用该抗体检测植物病毒（抗原），当发生抗原抗体反应时就形成带有酶标记的免疫复合物，通过加入相应酶的底物而产生颜色反应，根据目测或分光光度计检测光吸收值，定性、定量确定病毒（抗原）。判断结果的标准是当样品与阴性对照的光吸收值的比值等于或大于 2 则为阳性，小于 2 则为阴性。病毒量越大，反应产生的颜色越深，光吸收值越高，而没有与抗体发生特异反应的其他病毒或杂质样品，则颜色显示与阴性对照一致。最常用来标记的酶是碱性磷酸酶（AP）和辣根过氧化物酶（HRP），常用底物分别是对硝基酚磷酸（测定波长 400nm 或 405nm）和邻苯二胺（测定波长 492nm 或 450nm）。反应在多孔的聚苯乙烯微皿板上进行，常称为酶联板，多用 48 孔和 96 孔两种规格，也有可拆卸的组装式酶联板。

（2）ELISA 方法种类　ELISA 应用方法很多，根据酶标记抗体是否是被检测病毒的特异抗体，分为直接法和间接法两大类。如果所用酶标记抗体是病毒的特异抗体则为直接法，需要针对不同病毒特异抗体进行酶标记。由于直接法需要对病毒的特异抗体进行酶标记，每检测一种病毒就要对其特异抗体进行标记，操作过程比较繁杂。抗体是球蛋白，具有双重性，它既是抗体（对相应抗原而论），又是抗原（对异种动物来说），可以利用其作为抗原免疫其他动物来制作这种抗体的抗体（第二抗体或抗抗体）。抗抗体只对该种动物的免疫球蛋白有特异性，而与由该种动物所制备的抗体特异性无关。如羊抗兔是用健康兔血清或免疫球蛋白作为抗原免疫羊制备的抗体，它可以与任何兔血清（如对应各种病毒的特异兔抗血清）发生抗原抗体反应。将这种抗体的抗体进行酶标记，具有通用性，可以大大节省试验的时间。ELISA 中如果酶标记抗体是通用的酶标记羊抗兔或酶标记羊抗鼠，检测病毒时是间接通过与病毒特异抗体结合的酶标第二抗体显色来进行的，则为间接法。

常用的方法除直接法（抗原包被反应板）和间接法（抗原包被反应板）外，还有抗体夹心法（也称双抗体夹心法，抗体首先包被反应板，特异抗体直接酶标记，本质属于直接法），另外还有双夹心法（也称三抗体夹心法，本质属于间接法）等。夹心法可以使灵敏度提高 2～5 倍。

以直接法（抗原包被反应板）的操作流程为例。首先将待测抗原或病株汁液加入酶联板的孔中，37℃孵育，使抗原吸附于孔壁上，将未吸附上的多余抗原用洗涤液洗涤下来。用含有牛血清蛋白的封闭液包被封闭反应板的空白部分，使空白部分不再结合后面的特异抗体而影响结果。洗涤后在反应孔中加入特异性的酶标抗体，使酶标抗体与抗原结合而形成抗原＋酶标抗体复合物，然后洗涤除去未发生反应的酶标抗体。接着加入酶的底物产生颜色反应，显色后在孔中加入终止液终止反应。通过目测或用酶联免疫标定仪测定光吸收值，对样品中病毒的种类和数量进行定性和定量分析。

可将直接法（抗原包被反应板）的流程概括为：反应板中加入抗原→孵育后洗涤→封闭后洗涤→加入特异抗体（酶标记）→孵育后洗涤→加入酶的底物→显色反应后检测结果。

间接法（抗原包被反应板）的流程为：反应板中加入抗原→孵育后洗涤→封闭后洗涤→加入特异抗体（没有酶标记的第一抗体）→孵育后洗涤→加入第二抗体（酶标记羊抗兔或羊抗鼠，一抗为兔抗体则用羊抗兔，一抗为鼠抗体则用羊抗鼠）→孵育后洗涤→加入酶的底物→显色反应后检测结果（图 5-7）。

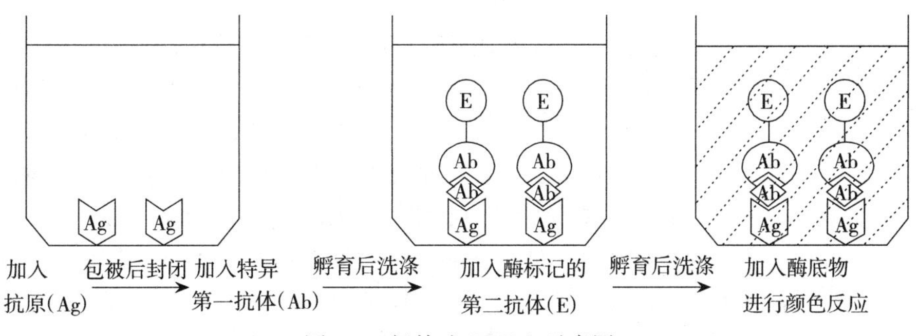

图 5-7　间接法 ELISA 示意图

抗体夹心法（抗体包被反应板）的流程为：反应板中加入特异抗体（没有酶标记）→孵育后洗涤→封闭后洗涤→反应板中加入抗原→孵育后洗涤→加入酶标记特异抗体→孵育后洗涤→加入酶的底物→显色反应后检测结果。

虽然ELISA的方法很多，但由于间接法方便省时，通用的酶标记羊抗鼠和酶标记羊抗兔商品化，给试验带来很大的便利，使间接法得到广泛应用，成为试验研究中最常用的方法。

（3）间接法ELISA操作方法

①包被：用0.05mol/L碳酸盐包被缓冲液（1.59g Na_2CO_3、2.93g $NaHCO_3$，加水至1 000mL配制，pH9.5）将健株（阴性对照）及病株样品汁液稀释成一定稀释度（根据需要选择，如1：10、1：50、1：100等），按设计在酶联板上加样，每孔200μL，37℃孵育2～4h或4℃冰箱中过夜。

②洗涤：将反应孔中的样品倒尽甩干，用洗涤液（0.02mol/L磷酸盐缓冲液，pH7.2，含0.05%的吐温-20）洗涤3次，每次3min。

③封闭：每孔加200μL封闭液（含1%牛血清蛋白的包被缓冲液），37℃孵育2h。

④洗涤：同步骤②。

⑤与一抗反应：用抗体稀释液（洗涤液中加入0.2%牛血清蛋白）将病毒的特异兔抗体稀释成一定倍数（根据效价确定，事先测定效价），加入反应孔，每孔200μL，37℃孵育2～4h或4℃冰箱中过夜。

⑥洗涤：同步骤②。

⑦与二抗反应：每孔加入200μL酶标记羊抗兔溶液（根据产品说明配制），37℃孵育2～4h。

⑧洗涤：同步骤②。

⑨显色：每孔加入200μL底物溶液，放置一段时间充分显色后（10min至几十分钟），加1滴（约50μL）反应终止液终止反应。

⑩结果分析：参照阳性和阴性对照，根据颜色深浅目测或用酶联免疫标定仪记录光吸收值并判断结果。

（4）注意事项　①每个酶联板均设空白对照（只加缓冲液，不加植物汁液）、阴性对照（健康植物样品）和阳性对照（已知病毒样品），每个样品设立3～4个重复。②显色反应结束后立即测定光吸收值，不可放置过久。③抗体的效价要提前测定，便于确定反应时的稀释度，羊抗兔的稀释度可根据说明书配制或略低于说明书的稀释倍数。抗原抗体的工作浓度要提前用不同稀释度的组合进行测定。④阳性的判断标准为，待测样品与阴性对照光吸收值比率等于或大于2则为阳性，小于2则为阴性。

（5）溶液配制　如果标记的酶是碱性磷酸酶（AP），则酶标仪的测定波长为405nm，反应终止液是3mol/L的NaOH溶液，底物为对硝基酚磷酸（pNPP），底物缓冲液为二乙醇胺缓冲液（二乙醇胺9.7mL，加水约80mL，混合后用浓盐酸调pH9.8，再加水至100mL）。使用时，取硝基酚磷酸6mg溶于10mL上述缓冲液中，即为底物缓冲液，现配现用，避免变色失效。如果标记的酶是辣根过氧化物酶（HRP），则测定波长为492nm，反应终止液是2mol/L的H_2SO_4溶液，底物溶液为pH 5.0的邻苯二胺（OPD）溶液，用磷酸—柠檬酸底物缓冲液（将0.2 mol/L Na_2HPO_4 25.7mL与0.1mol/L柠檬酸24.3mL混合，pH5.0）配制。上述溶液10mL加邻苯二胺4mg，溶解后加入10μL 30%过氧化氢，反应前随用随配。

另外，也可用3,3,5,5-四甲基联苯胺（TMB）溶液，TMB溶液用二甲基甲酰胺（dimethyl-formamide，DMF）或无水乙醇配成1%浓度，4℃保存半年以内使用。使用前，用pH5.0的磷酸—柠檬酸底物缓冲液9.9mL加入0.1mL（1mg TMB）1% TMB溶液，再按每毫升加入1μL 30%过氧化氢混匀后立即使用。反应经2mol/L H_2SO_4 终止后，测定波长450nm的光吸收值。

4. 斑点免疫结合测定法　斑点免疫结合测定法（dot-blot immunobinding-assay，DIBA）的原理与传统酶联法相似，操作步骤基本一致，只是用硝酸纤维素膜代替酶联板进行ELISA试验，所用的底物也不同，酶催化的底物反应产生不溶性的有色物质，沉淀于膜上带病毒的部位，而ELISA中酶底物反应为可溶性物质。这种方法使用抗原和抗体的量都比较小，并且只要2～3h即能得出反应结果，不但省时，而且节省材料，灵敏度也较高。

（1）操作步骤

①选择适当大小的硝酸纤维素（NC）膜或醋酸纤维素膜，用铅笔纵横画出0.5cm见方的方格，方格数量根据需要而定。如果样品数量少，也可以将硝酸纤维素膜裁成1cm×9cm条状，再用铅笔或打孔器画格或刻上印痕。

②将硝酸纤维素膜浸入0.2mol/L磷酸盐缓冲液（pH7.0）中，5min后用滤纸吸干。

③用微量加样器在方格或打孔器印痕中加入抗原或病汁液，每格加5μL，37℃保湿孵育10～20min，晾干。

④将硝酸纤维素膜浸入含2%牛血清蛋白和2%聚乙烯吡咯烷酮（PVP）的0.02mol/L磷酸盐缓冲液（pH7.0，含0.05%吐温-20）中，封闭未结合病毒抗原的空白部分，置37℃温箱中保育10～20min。

⑤浸入洗涤液（0.02mol/L磷酸盐缓冲液，pH7.2，含0.05%吐温-20）中洗涤3次，每次5min，用滤纸吸干。

⑥每格加入30μL根据工作浓度稀释的针对抗原的特异兔抗体，置37℃温箱中保湿孵育30min或室温保湿孵育1h。

⑦再次洗涤3次。

⑧加入二抗即酶标记羊抗兔抗体，置37℃温箱中保湿孵育30min或室温保湿孵育1h。

⑨再次洗涤3次，并用滤纸吸干。

⑩每格加入30μL与标记酶对应的底物溶液，保湿反应20～40min。水中冲洗3次终止反应，每次5min。然后自然晾干并观察颜色反应结果。

（2）溶液配制　不同的标记酶所用的底物溶液也不同，要根据需要选择。

①碱性磷酸酶底物溶液：需事先配制3种溶液，用前按比例混合。氮蓝四唑（NBT）溶液：在10mL 70%的二甲基酰胺中溶解0.5g NBT。5-溴-4-氮-3-吲哚磷酸（BCIP）溶液：在10mL 100%的二甲基酰胺中溶解0.5g BCIP。碱性磷酸酶缓冲液：100mmol/L NaCl、5mmol/L $MgCl_2$、100mmol/L Tris-HCl（pH9.5），置密闭容器中保存，此溶液较稳定。使用时取66μL NBT溶液与10mL碱性磷酸酶缓冲液混匀，加入33μL BCIP溶液，混匀后使用。

②辣根过氧化物酶底物溶液：用10mL的0.01mol/L Tris-HCl（pH7.6）溶液溶解6mg二氨基联苯胺，用滤纸过滤以除去沉淀杂质，加入30%过氧化氢10μL，混匀后立即使用。此溶液需在临用时配制。

五、植物病毒分子检测技术

（一）聚合酶链反应检测技术

聚合酶链反应（polymerase chain reaction，PCR）检测技术是通过扩增样品中的病毒核酸特异序列来检测病毒，可以将极微量的靶 DNA 分子特异地扩增上百万倍，从而大大提高了对 DNA 分子的分析和检测能力。一个病毒的 DNA 或 RNA 经过 20 轮循环扩增后，增量可以达到 10^6 个，所以灵敏度和特异性很高。对病毒的检测，ELISA 可达到纳克（ng；$1ng=10^{-9}g$）水平，分子杂交可达到皮克（pg；$1\ pg=10^{-12}g$）水平，PCR 可以达到飞克（fg；$1\ fg=10^{-15}g$）水平，即每个档次相差1 000倍。PCR 技术对待检测材料的要求也比较宽松，不一定非要新鲜材料，干燥的材料、微量材料、种子等均可以。PCR 产物也常用来作为分子杂交中探针合成的模板，同时 PCR 在病毒核酸测序及基因功能研究上也是最重要的方法手段。有关 PCR 的原理方法已有大量文献可供查阅。由于大多数病毒为正义 RNA 病毒，所以用 PCR 扩增病毒基因首先要进行病植株总 RNA 的提取，再反转录合成 cDNA 和 PCR 扩增，最后为电泳检测。以最常用的病毒 CP 基因扩增为例，PCR 检测病毒包括以下几个步骤。

1. 植物总 RNA 提取 采用酸性酚—异硫氰酸胍法提取。异硫氰酸胍溶液配方为 4mol/L 异硫氰酸胍、25mmol/L 柠檬酸钠（pH7.0）、0.5%十二烷基肌氨酸钠、0.1mol/L 巯基乙醇。RNA 提取步骤如下：

①取两只 50mL 离心管，各加入 10mL 异硫氰酸胍溶液，于冰上预冷。

②称取新鲜病植株材料 2g，于液氮中研磨成粉末，迅速将材料移入上述离心管中，混匀，置于冰上 10min。

③加入 2mL NaAC（2mol/L，pH4.0）、10mL 水饱和苯酚（pH4.0）以及氯仿与异戊醇（24∶1）混合液 3mL，每加一种试剂都轻轻振荡离心管混合均匀，最后将离心管盖紧，倒转几次混合均匀，冰浴 15min。

④离心（4℃，10 000r/min，15～25min），将上清液移至另一离心管中；向试管中加入等体积的异丙醇，混匀，置－20℃冰箱中冷冻 1h；同上离心，迅速倒出上清液，将离心管倒置于滤纸上片刻。

⑤加入异硫氰酸胍溶液 3mL（第一次使用体积的 1/3），溶解后再加入等体积的异丙醇，混匀后置－20℃冰箱中冷冻 1h。

⑥同上离心，沉淀用 70%乙醇洗一遍，稍微晾干后，溶于适量体积（约 300μL）二乙基焦碳酸盐（diethyl pyrocarbonate，DEPC）处理的水中分装，置－70℃超低温冰箱中保存，并取少量进行吸光度测定及电泳检测。

注意事项：所用玻璃器皿需经 180℃烘烤 6h，不能高温烘烤的，如离心管，要用 0.1% DEPC 浸泡 10h 后高压灭菌。为防止 RNA 酶的污染，要勤换手套，并尽可能使样品处于低温状态。所用溶液包括水，都要加 0.1% DEPC 处理，并灭菌。

2. 反转录 PCR（RT-PCR）**反应** 20μL 反应体系的操作步骤如下：

①取制备的 1～2μg 病植株 RNA，加入经 DEPC 处理的 1.5mL 离心管中，加入 1μL 第一链下游引物（0.5μg/μL），并加入无 RNA 酶的纯水至终体积为 10μL。

②70℃水浴 10min，迅速置冰上，低速离心 1min，使溶液集中于管底。

③依次加入 4μL 10 倍第一链合成缓冲液（购买反转录酶时厂家提供）、2μL 100mol/L 二硫苏糖醇（如合成缓冲液中有则可不加）、2μL 10mol/L dNTPs、0.5μL RNA 酶抑制剂（40U/μL），混合后 42℃温浴 2min。

④加入 1.5μL AMV 反转录酶（10U/μL），混匀后 42℃温浴 1h。

⑤将离心管转到 70℃水浴中，停留 15min 使反转录酶失活。管中的产物即为 cDNA，用于下一步的 PCR 反应。

⑥依次加入 2μL 上一步合成的 cDNA 溶液、5μL 10×PCR 缓冲液、4μL 10mmol/L dNTPs 混合液、3μL 25mmol/L $MgCl_2$（如果 PCR 缓冲液中带 Mg^{2+} 则不需要加），上、下游引物各 1μL（50nmol/L），加水至 50μL。

⑦盖上 PCR 反应管，放入 PCR 仪中，94℃预变性 5min；94℃变性 1min，58℃退火 1min，72℃延伸 7min，反应温度根据具体情况调整，共进行 35 个循环。反应完成后，取 5μL 用于电泳检测。

3. DNA 凝胶电泳　采用琼脂糖凝胶电泳，分 3 个步骤。

（1）*制胶*　称取 1g 琼脂糖，加入 100mL 的 0.5 倍 TBE（5 倍 TBE 溶液：54g Tris、27.5g 硼酸、20 mL 0.5mol/L pH8.0 的 EDTA，加纯水至 1L）缓冲液中，加热熔化，冷却至 50℃左右时加入 2.0μL 溴化乙锭（10mg/mL），插入合适的齿梳，倒制 3mm 厚度的平板，待凝固后备用。

（2）*点样*　凝胶板放入盛满 0.5 倍 TBE 缓冲液的电泳槽中，使缓冲液液面略高于凝胶表面，RT-PCR 产物与 1/3 体积的 6 倍加样缓冲液（25mg 溴酚蓝溶于 1mL 纯水，加入 4g 蔗糖，加水定容至 10mL，再加 1 滴 10mol/L NaOH）混匀，用微量加样器小心加入加样孔中，同时在邻近加样孔中加入标准分子质量 DNA。

（3）*电泳*　稳压 3～5V/cm，电泳 1～3h 或待染料带接近凝胶边缘为准。电泳胶在紫外灯下观察结果，对照分子质量标准判断样品中是否含有要检测的病毒核酸。

（二）分子杂交技术

分子杂交技术是近年发展起来的，也称为病毒的分子探针检测，用于检测、鉴定病毒的整个或部分遗传物质。由于植物病毒大多数是 RNA 病毒，因此杂交主要发生在病毒 RNA 及其互补 DNA 之间，在一定的温度和离子强度条件下，两者会形成稳定的异质 RNA-DNA 双链，这一过程称为分子杂交。被检测的植物病毒或类病毒核酸是目标核酸分子，用来检测病毒核酸的互补 DNA（complementary DNA，cDNA）分子称为探针或 cDNA 探针。DNA 探针在合成时掺入了放射性同位素或地高辛等标记的核苷酸，因此可以通过放射自显影、荧光显影或显色反应等方法在实验室内检测出来，以证明病毒核酸的存在，从而达到检测、鉴定的目的。

分子杂交技术的优点是简便、快速、经济，可以一次检测很多样品。可以根据不同需要制备探针，如根据一种病毒的保守序列和株系的特异序列分别制备的探针，前者可以检测样品中是否含有该种病毒，后者可以更深入检测是否含有某株系。同时该方法也存在同位素放射性污染、探针制备成本高、步骤繁琐、实验设备要求高等缺点。

具体过程是先得到已知序列的高纯度的病毒核酸，然后反转录得到 cDNA，cDNA 可以是完整基因的 DNA 或其中一个片段。cDNA 可通过 PCR 或通过克隆化重组载体的复制进行扩增、克隆，以便用作制作探针的模板。制作探针时 cDNA 合成要用同位素 ^{32}P 或地高辛等标记。杂交后经放射自显影或显色反应分析，确定哪些样本显示分子杂交正反应。在得到某种病毒的cDNA以后，就可以检测大量病株汁液的样本，确定其中哪些样本带有该种病毒。由于类病毒没有外壳蛋白不能通过血清学技术进行检测，因此这种方法比较适合类病毒和病毒分离物中带有卫星RNA（satellite RNA）的样本的检测。下面以^{32}P标记探针的分子杂交为例，介绍分子杂交的步骤。主要步骤包括病毒RNA提取、RT-PCR获得病毒基因的cDNA、标记探针的合成、杂交等。

1. 病毒RNA提取 探针的合成需要病毒基因序列为模板，因此首先应获得病毒的基因序列。植物病毒基因组大多为RNA，因此首先要获得病毒的RNA。

①取提纯病毒200μL（4μg/mL）加入DEPC处理的离心管中，加入蛋白酶K至终浓度为20μg/mL，加入等体积2×RNA提取缓冲液，混匀，37℃水浴1～2h。

②加入等体积的Tris-HCl饱和苯酚、苯酚：氯仿：异戊醇（25：24：1）混合液及氯仿：异戊醇（24：1）混合液各抽提1次，12 000g离心10min。

③上清液加入1/10体积的3mol/L NaAC和2～2.5倍体积的预冷（－20℃）无水乙醇，轻缓混匀。于－20℃条件下放置2h或过夜。

④10 000r/min离心15min，取沉淀，加入70％预冷的乙醇洗涤沉淀，室温干燥之后溶于适量的DEPC处理水中，－80℃保存备用。

2. 溶液与底物准备 配制如下两种溶液：①2×RNA提取缓冲液：20mmol/L Tris-HCl（pH8.0）、1％ SDS、200 mmol/L NaCl、5mmol/L EDTA。② 3mol/L NaAC（pH5.2）：40.81g $CH_3COONa \cdot 3H_2O$加水80mL溶解，冰醋酸调节pH至5.2，加水定容至100mL，灭菌备用。PCR底物包括4种脱氧核糖核酸，即三磷酸鸟嘌呤脱氧核苷酸（dGTP）、三磷酸腺嘌呤脱氧核苷酸（dATP）、三磷酸胸腺嘧啶脱氧核苷酸（dTTP）和三磷酸胞嘧啶脱氧核苷酸（dCTP），合称dNTP，从专门试剂公司购买。

3. 同位素标记探针的合成 通过RT-PCR合成探针，步骤与前述的PCR检测技术部分相同。主要目的是获得病毒基因的cDNA，因为病毒的RNA不能作为探针合成的模板。主要有缺口平移法和随机引物法两种方法，目前普遍采用生物技术公司的随机引物DNA标记试剂盒进行合成。如用Promega公司Prime-a-Gene™ labeling System试剂盒，其方法是依次往小离心管中加入5倍标记缓冲液10μL、dNTP（缺dCTP）混合物2μL、25 ng变性DNA模板、2μL去核酸酶的BSA（10mg/mL）、5μL［α-P^{32}］dCTP（同位素标记的dCTP，需另外购买）、5 U Klenow fragment酶，最后加入去核酸酶纯水至50μL混匀。室温（25℃）下放置60min，然后100℃煮沸2min，立即冰上放置5min后，加EDTA至终浓度为20mmol/L，用于杂交检测。同位素操作要在有防护设施的条件下进行。

4. 斑点杂交 斑点杂交是一种固相杂交技术，即将植物病毒的病汁液样品直接点到硝酸纤维素膜或尼龙膜上，经80℃高温变性固定，然后与杂交液中的同位素标记的特异DNA探针杂交，经过洗膜步骤后，在暗室经X光放射自显影，检测样品中是否存在特异性的病毒核酸。操作分4步进行。

（1）点样　将病汁液或核酸粗提样品用微量加样器点到经20倍SSC溶液浸泡数分钟后的膜上，每次点样量为3～5μL，点样后放入80℃温箱中烘烤2～3h。

（2）预杂交　将膜放入预杂交液（6倍SSC、5倍Denhardt's溶液、0.5％ SDS、100μg/mL变性的鲑鱼精DNA）中预杂交（42℃，3h）。预杂交的目的是封闭膜未与核酸结合的部分，减少杂交时探针与膜的非特异性结合。

（3）杂交　在预杂交液中加入准备好的变性探针，42℃杂交20h左右或过夜。

（4）洗膜和放射自显影检测　倒掉杂交液后用2×SSC+0.5% SDS室温下洗膜20min，然后加0.2×SSC与0.2% SDS混合液，保温65℃，洗膜0.5～2h，直到用探测器检查放射性信号明显变化为止。

溶液的配制：①20倍SSC溶液：3mol/L NaCl、0.3mol/L柠檬酸钠，pH7.0。可用水稀释成6倍、2倍等溶液。②50倍Denhardt's溶液：1g聚蔗糖（Ficoll）、1g聚乙烯吡咯烷酮（PVP）、1g牛血清蛋白（BSA组分V），加水至100mL。使用时可用水稀释成5倍溶液。

将膜用一张保鲜膜包上，并将膜叠加X光片放入暗盒中，置冰箱冷冻室曝光48h以上以获得放射自显影影像。暗室中将X光片显影，定影并分析结果，显影的斑点即表示阳性，表明样品中有与探针对应的病毒存在。

第五节　植物亚病毒

植物亚病毒（subvirus）是指一类不具备完整病毒结构或功能的分子生物，包括类病毒（viroid）、卫星病毒（satellite virus）、卫星核酸（satellite RNA和satellite DNA）等，卫星病毒和卫星核酸统称为病毒卫星（virus satellite）。

一、类病毒

类病毒是1971年由美国的Diener在研究马铃薯纺锤形块茎病时发现的。马铃薯纺锤形块茎病病原不具有病毒粒体，而是裸露的RNA，这种RNA分子能独立自我复制和侵染寄主细胞，并不需要其他病毒的存在，称为类病毒。侵染植物的类病毒存在于寄主细胞核中，相对分子质量为10^5左右，没有衣壳包被，一般由246～399个核苷酸组成，是低分子质量单链环状致病RNA，是目前为止最小的植物病原物。类病毒耐热，热稳定性高，对紫外线和辐射也有很高的抗性。类病毒侵染能力强、效率高，引起的病害症状主要有畸形、坏死、变色等类型，但隐症现象很普遍。典型的病原有马铃薯纺锤形块茎类病毒（potato spindle tuber viroid，PSTVd）、苹果锈果类病毒（apple scar skin viroid，ASSVd）、柑橘裂皮类病毒（citrus exocortis viroid，CEVd）、啤酒花矮化类病毒（hop stunt viroid，HSVd）等。

二、病毒卫星

病毒卫星是DNA或RNA核酸分子，总是伴随着某一种病毒一起侵染寄主，病毒卫星侵染和复制也要依赖于这种病毒，这种被依赖的病毒称为辅助病毒（helper virus），病毒卫星的核酸序列与辅助病毒基因组无明显的同源性。病毒卫星包括卫星病毒、卫星RNA和卫星DNA。卫星病毒是指依赖于辅助病毒才能进行复制和侵染，而自身能编码不同于辅助病毒的外壳蛋白进行包装，但其基因组与辅助病毒无序列同源性的一类亚病毒。如烟草坏死病毒的卫星病毒（tobacco necrosis satellite virus，STNV）伴随其辅助病毒——烟草坏死病毒（tobacco necrosis virus，TNV）一起侵染寄主，复制也依赖于辅助病毒。不能编码自身的外壳蛋白，只能用辅助病毒外壳蛋白装配的病毒卫星，则称为卫星核酸（卫星RNA和卫星DNA）。如番茄曲叶病毒卫星DNA（tomato leaf curl virus satellite DNA）、黄瓜花叶病毒卫星 RNA（cucumber mosaic virus satellite RNA）等。

三、亚病毒的鉴定

（一）鉴定方法

由于类病毒隐症侵染比较普遍，症状表现受环境的影响较大，而且几种鉴别植物对不同类病毒的反应症状类似，故难以应用生物学鉴定的方法。由于类病毒不能产生任何蛋白质，所以也不能应用检测病毒的血清学方法。因此，适合用 cDNA 探针杂交和 PCR 技术进行特异性的鉴定。另外，聚丙烯酰胺凝胶电泳也常用来检测类病毒。

病毒卫星中的卫星病毒有外壳蛋白，可以参照植物病毒的检测方法检测鉴定。卫星 RNA 和卫星 DNA 虽然也有外壳蛋白包被，但却是利用的辅助病毒的外壳蛋白。病毒卫星的核酸分子不同于辅助病毒，因此与类病毒一样可以通过分子杂交、PCR 和聚丙烯酰胺凝胶电泳的方法进行鉴定。

分子杂交和 PCR、RT-PCR 操作方法可以参照本章第四节。聚丙烯酰胺凝胶电泳法是 Morris 等人 1975 年首次应用于马铃薯纺锤形块茎类病毒的鉴定，随着对类病毒结构的了解，这项技术逐渐完善。该方法需要两次电泳，第一次是将类病毒的小分子 RNA 与植物的大分子 RNA 分开；第二次电泳在变性条件下进行，由于类病毒分子在变性条件下由棒状变为环状，使得在凝胶中移动变慢，这样可以将类病毒分子与植物其他小分子 RNA 分开，然后通过银染色观察核酸的有无，并与已知分子质量的类病毒核酸对照进行比较，即可推测样品中类病毒的有无。

目前较通用的方法为往返式正反向聚丙烯酰胺凝胶电泳，首先从待检测样品中抽提小分子 RNA，先在非变性聚丙烯酰胺凝胶上电泳，当染料指示带接近凝胶板末端时停止电泳。交换正负极后再次在变性条件下（使用煮沸的并保持 65～80℃的低盐电泳缓冲液）进行聚丙烯酰胺凝胶电泳，当染料指示带到达凝胶板的上端时停止电泳，通过银染观察结果。另一种方法是双电泳法，两次电泳时聚丙烯酰胺浓度不同，第一次胶浓度高便于将小分子 RNA 与植物大分子 RNA 分开；第二次电泳是变性电泳，需在缓冲液中加入尿素。但第一次电泳后，需要将类病毒的胶带切下，回收 RNA 后进行第二次电泳，而且要进行两次胶板的制作，比较繁琐。

（二）往复双向聚丙烯酰胺凝胶电泳

现以马铃薯纺锤形块茎类病毒的检测为例，介绍往复双向聚丙烯酰胺凝胶电泳的操作步骤。

1. 核酸提取 取试管苗植株 0.2g 放在研钵中，加 0.2mL 提取缓冲液（0.2mol/L 甘氨酸、0.1mol/L Na_2HPO_4、0.6mol/L NaCl、1%十二烷基硫酸钠，用 5mol/L NaOH 调到 pH9.5)，加入液氮充分研碎，再加入等体积水饱和酚（含 0.1% 8-羟基喹啉）：氯仿（1：1)，混匀，4℃条件下10 000r/min 离心 15min。取上清液加入 1/4 体积的 8mol/L LiCl，放在 4℃冰箱中停留 2h，取上层核酸液加入 2 倍体积的 95%乙醇、1/10 体积的 4mol/L 醋酸钠，在－20℃下放置 30min 以上，通过离心收集沉淀。空气中自然干燥，加入 TE 缓冲液（10mmol/L Tris-HCl 和 1mmol/L EDTA，pH8.0）回溶。

2. 制胶上样 在提取的核酸溶液中，加入 40%蔗糖和 10μL 溶有 1%二甲苯蓝和 1%溴酚蓝的指示剂。将电泳槽固定好，倒入配好的胶液［5%丙烯酰胺、0.125%甲叉双丙烯酰胺

(Bis)、0.75%过硫酸铵，灌胶前加0.05%的四甲基乙二胺（TEMED）]。每个样品孔加入核酸样品15～30μL。

3. 双向电泳　第一次电泳缓冲液是1倍TBE（89 mmol/L Tris、89mmol/L 硼酸、2.5mmol/L EDTA，pH8.3），电压100V。待染料指示带接近胶板末端时停止电泳。然后换成加热到沸腾的0.125倍的TBE电泳缓冲液，颠倒正负极进行第二次电泳，电泳电压为200V，并用恒温水浴或表面加热器保持电泳板的温度在70℃左右，也可将电泳槽放到恒温箱中保温，直到染料带接近胶板上端时停止电泳。

4. 染色　将凝胶板取下，放入含固定液（10%乙醇、0.5%乙酸）的容器（如玻璃缸或瓷盘）中，振荡固定15min。倒掉固定液，加入染色液（0.15%～0.2%硝酸银溶液）染色15～20min，将硝酸银溶液倒回瓶中，用蒸馏水漂洗4次，每次15s。漂洗后用显色液（1.5%氢氧化钠、0.5%甲醛）显色，轻轻振荡，直到显出清晰的核酸条带为止。

5. 照相　倒掉显影液，用自来水洗涤凝胶，加入0.75%碳酸钠溶液增色30min，然后将凝胶铺在干净的玻璃板上，分析结果，并用凝胶成像仪照相。

思考题

1. 简述病毒提纯的步骤及每一步骤所使用方法的原理。
2. 病毒的分离纯化与病毒提纯有何本质的不同？
3. 间接酶联免疫吸附试验的基本原理是什么？使用酶标记羊抗兔有什么好处？
4. 血清学技术在鉴定植物病毒上有哪些具体的技术方法？
5. 制作植物病毒样本超薄切片有哪几个步骤？
6. cDNA探针分子杂交过程中，预杂交的目的是什么？为什么类病毒检测比较适合用分子杂交的方法？

第六章　植物线虫与线虫病害常用研究方法

植物寄生线虫通常都有发达的口针，刺穿植物造成危害，引起的症状有瘿瘤、根结、坏死、腐烂、变色、畸形和萎蔫等多种类型。不同属线虫的为害部位和症状表现不同，是鉴定植物病原线虫的一个依据。

线虫的标本或标样采集是线虫学研究工作的基础，其中取样是十分重要的环节。症状标本和线虫标样采集的方法、时间、数量和部位等需要根据研究目的、线虫种类和实际情况等来确定。

分离植物线虫最基本的方法有贝曼漏斗法、卡勃过筛分离法和离心法 3 种，其他多种方法都是这 3 种基本方法经过改进后的灵活运用。例如，植物材料中线虫的分离主要采取直接观察分离法、漏斗分离法、培育分离法和组织捣碎分离法等；土样中线虫主要采取漏斗分离法、直接过筛法、线虫滤纸分离法、沉降分离法、漂浮淘析分离法和漂浮分离法进行分离。

线虫玻片标本有普通玻片、石蜡切片和电镜切片标本。玻片或切片既可制成临时标本，又可制成永久标本。玻片或切片的制作方法不同，但都经过线虫的杀死、固定、脱水和染色及制片和封固等操作步骤。

植物线虫大多是专性寄生的，只能在寄主植物上繁殖，但有些线虫也可以在培养基上繁殖。线虫的人工培养繁殖大致有以下几种情况：一是单独培养，无需其他生物存在；二是培养基需要加细菌作饲料；三是培养基加真菌作饲料；四是利用植物组织进行培养。线虫人工繁殖时，表面消毒和排除其他生物的污染十分重要。线虫的接种通常采用单独接种，如要证明线虫能传染其他病害，则要与其他病原物混合接种。

线虫的种群数量一般在解剖镜下借助计数皿计数，根据德曼氏公式和柯柏氏公式进行定量。常用刺激法、染色法和荧光检验法来鉴别线虫的死活。

第一节　植物线虫病害鉴别与线虫采集和分离

植物线虫病害是一类由低等的无脊椎动物线虫（nematode）引起的重要病害。几乎每种植物都可被一种或几种线虫寄生或危害。到 1990 年为止全世界已报道发现植物寄生线虫 207 个属，共4 832种。线虫除寄生植物引起植物病害外，还可以作为多种病原生物的传播介体，而且危害植物造成的伤口，还为其他病原生物提供了侵入途径。线虫作为一类低等动物，它的研究方法与植物其他病原生物的有所不同，而在某些方面与昆虫的研究方法有些相似。但由于植物寄生线虫的个体又要比昆虫小得多，所以研究方法也有所不同。

一、植物线虫病害鉴别

植物受到线虫为害后，可表现各种不同类型的症状，而且在病变部位往往能找到病原线虫。因此，正确认识线虫病害的症状特点，对采集和分离线虫有重要的指导作用。

线虫病害的症状有的表现为瘿瘤、叶斑、坏死、腐烂或整株枯死等，但多数线虫病害则表现为变色、褪绿、黄化、矮缩和萎蔫等症状，这多半是由于根部受害所致。

线虫可以寄生在植物的不同部位，如根系、幼芽、茎、叶、花、种子和果实内。寄生在根部的线虫，可造成根系的衰弱、畸形或腐烂，致使植物地上部分的茎和叶发育不良甚至枯死。线虫为害茎部可造成茎和叶发育不良、畸形矮化或整个地上部死亡；为害叶部可造成叶部变色、畸形或干枯；为害花可造成花变色、变形或枯死；为害种子，可使种子变成虫瘿；为害果实，可在荚果上形成褐色枯斑和局部坏死。

大多数病原线虫并不在地上部，往往生活在根部或根际的土壤中。植物的腐烂组织中，尤其是地下部分的器官，也常常发现有线虫，这就要注意区别是腐生线虫还是寄生线虫。腐生性线虫的主要特征是在水中十分活跃，口腔内没有吻针，食道多为双胃型或小杆型，尾部很长，多为丝状。植物寄生线虫通常都有发达的口针，尾部较短，尖削或钝圆。

重要的植物线虫有根结线虫、胞囊线虫、滑刃线虫、茎线虫、粒线虫及短体（根腐）线虫等。不同属线虫的为害部位和症状表现不同。根结线虫（*Meloidogyne*）为害植物根部形成根结，造成根系发育受阻和腐烂，地上部衰弱和枯死。胞囊线虫（*Heterodera*）主要为害根系，造成根系衰弱、发育不良，甚至腐烂，致使地上部分生长衰弱、矮化，叶片变色，开花少，甚至全株枯死。茎线虫（*Ditylenchus*）一般为害植物的地下部分如块茎、块根、鳞茎，造成畸形或腐烂，也为害植物地上部分，往往造成局部畸形。粒线虫（*Anguina*）和滑刃线虫（*Aphelenchoides*）通常为害植物的地上部分，虫体则常在茎秆的生长点或穗部，可为害幼芽、叶片、茎、树干和种子等部位，造成幼芽扭曲、畸形、变色，侵染叶片造成枯斑和叶尖干枯，为害树干造成整株迅速枯死。可以传染植物病毒病的长针线虫（*Longidorus*）、剑线虫（*Xiphinema*）和毛刺线虫（*Trichodorus*）等，在根部外寄生，在土中十分活跃，虫体较大，而且都有发达的口针。伞滑刃线虫（*Bursaphelenchus*）中的松材线虫主要为害松树枝干的木质部。

二、植物寄生线虫标本采集

线虫标本或标样采集是线虫学研究的基础，其中田间取样是十分重要的环节。如果想了解田间线虫的种类、分布和为害情况等，首先要进行田间取样。田间取样在整个线虫学研究中占有十分重要的地位，例如估计田间的线虫群体情况，如果取样方法不当、取样没有代表性或取样过程中有其他错误，则无论分离鉴定手段多么先进、投入的时间多么长，也不会得出正确的结论。线虫取样方法有许多不同的类型，按线虫的载体来分有植物组织内线虫取样、土壤内线虫取样和昆虫寄生线虫取样；按取样目的来分，有病害诊断取样、线虫分类取样、线虫病害普查取样、线虫田间种群消长取样和田间杀线虫剂药效试验定量取样等。不同类型的取样方法对取样内容都有具体的要求，但总的规则是相同的。首先根据取样目的及线虫的可能分布情况，制订取样计划，确定取样方法，然后进行标样的采集。

（一）线虫病害标本的采集

线虫病害标本是线虫危害症状最直观的记载和描述，也是开展线虫分离鉴定等研究最基础的实物资料。采集线虫病害标本时，既要考虑症状的典型性和复杂性，又要考虑线虫的存在部位和今后研究的需要。一般情况下，植物受线虫为害后发生明显病变的部位往往也是病原线虫存在的部位。例如，小麦粒线虫（*Anguina tritici*）在子粒虫瘿中，水稻干尖线虫（*Aphelenchoides besseyi*）在穗部子粒颖壳的内侧，草莓滑刃线虫（*A. fragariae*）存在于卷曲的芽顶端或长匍匐茎的芽中，根结线虫和胞囊线虫等都在根部，茎线虫则多在地下茎部。因此，可以直接采集症状明显的病变组织或器官。而有些线虫虽然在寄主植物根部外营寄生生活，却也能引起明显症状。例如，长针线虫和剑线虫能引起根尖结瘿，毛刺线虫引起粗短根，而这些病原线虫却大量存在于土壤中。还有一些线虫是内外寄生交替进行。因此对于这类线虫病害除采集症状标本外，还应采集根际土壤标样。

采集标本时应注意选择在作物发病期进行，新鲜病组织的线虫往往相对较多。例如松材线虫标本应取刚刚枯死或死亡不久的树木；小麦粒线虫在小麦开花后子房开始膨大时取样能得到大量成虫，而小麦黄熟期大量幼虫则存在于虫瘿中。同时，采集标本时一定要详细做好各方面的记录，并及时对标本或标样进行相关处理，以免标本霉烂等。

（二）病根和病土标样的采集

许多线虫存在于寄主的根部或土壤中，所以对线虫病害采集病根和病土（根际或大田土样）标样十分重要。对于在根部内寄生的线虫，需要采取根样；而对于在根外营寄生生活、大量存在于土壤中却能引起明显症状的线虫，则采集土样尤为重要，例如长针线虫、剑线虫和毛刺线虫。同时由于线虫世代的交替与重叠，内寄生线虫也有一段时期生活在土壤中，外寄生线虫在某一时期则在根部取食寄生，因此取样时应把根系和根际土壤一起采集。采集根部和根际土壤线虫标样应在作物生长期和线虫活动期进行。绝大多数线虫分布在耕作层中，15cm 以内土层中线虫较多。有些线虫，特别是寄生于树木根部的线虫可能出现在较深的土层中。

根系的生长活力影响线虫的数量。对外寄生线虫和迁移型内寄生线虫来说，地上部生长严重衰退、根系生长不良的植株无法吸引和供养大量线虫。因此，在采集线虫标本时不应当采集那些死亡的和濒于死亡的植株，要从邻近受害较轻的植株根部采集，这样的植物根能够维持较高线虫群体。采集土样应在湿润的土壤中进行，过于干燥和潮湿的土壤中线虫的存活率低。土样的采集最好是用特殊的采样器，有的是半筒状，长 20～30cm，宽 20～25mm。

取样时，先选定取样植株，刨除 3～5cm 的表土、杂草和表面杂物之后，再采集根和根际土壤。若为定性检查，要采集 5～10g 的细根（注意根部症状）和 100g 左右的根际土；若进行群体密度调查，则要在田间多点取样，每块地取土样 500～1 000g。多数线虫都是从根尖或根尖稍后部侵入，取样时要小心取出完整根，特别要挖出根尖。根样取出后，轻轻抖落表面土壤，切不可硬拔硬摔。采集一年生植物上的线虫，可以将根连同周围土壤整株采回；多年生植物或树木则要从不同部位取出样本。

采集样本的大小和数目要根据实际人力、设备条件和研究目的来确定。线虫在土中移动的距离很有限，在田间总是成团或成块状分布，所以宁可在多点采较多样本，每点样本的量少一些，而不要只从田边取样，或在少数几点上挖取大量土样。一般每块田挖取土样 0.5～1.0kg，分多点采集。植株较小的，根连同根际土壤一起采集；植株大的，则只取部分受害部的根系和土壤。取土的量视需要而定，用作虫口密度调查时要多一些。

（三）线虫标本或标样的保存

采集到的标本或标样要及时妥善处理。为了防止干燥，写好标签后随即放在聚乙烯薄膜袋中。注意不要用有色的或有气味的薄膜袋，袋口要用橡皮筋扎紧以保持湿润。每个样本都应附上标签，用铅笔详细记载寄主、地点、土类、症状和采集日期等。鉴定线虫新种或重要病原线虫，还需要注意采集其周围的作物、杂草等。对于根系或土壤样本，放在4℃冰箱中可保存一定时期而不致损坏。一般都在5～10℃温度下贮存。不同线虫对贮藏最适宜的温度要求不同，一般在5～20℃，但13℃时多数线虫都能活动。

需要注意的是，低温（5℃以下）对热带和亚热带土壤中某些线虫的活动能力会有不良影响。为了防止土壤中线虫在贮存期间发生变化和解决植物检疫有关问题，土样在分离或提取线虫前也可采用固定的办法，即将100mL福尔马林（40%甲醛溶液）、10mL甘油、890mL加热到约80℃的蒸馏水与土样混合提取，可比未固定的土壤回收到更多的线虫。对带胞囊线虫的土壤，采回实验室后应立即摊放在盘子内，使土壤和胞囊彻底风干后再装入塑料袋中，在室温条件下贮藏备用。

三、植物寄生线虫分离

分离线虫时要根据分离线虫的种类和数量、寄主植物种类、标本的固有属性、采集时间和所分离线虫的用途而选择适当的方法。分离线虫的方法很多，但最基本的有贝曼漏斗法（Baermann funnel）、卡勃过筛分离法（Cobb's sieving）和离心法（centrifuge）3种方法。多种具体应用的分离方法都是在这3种基本方法的基础上根据需要和具体条件加以改进或改良的灵活应用。

在分离线虫时，常遇到的是如何分离植物材料中和土壤中的线虫。分离植物材料和土壤中的线虫有多种方法，每种方法各有其优缺点和适用的范围。根据工作需要和设备条件，可以选用适合的分离方法。

（一）植物病组织中线虫的分离

1. 直接解剖分离法　这种方法简单易行、速度快，适用于分离胞囊线虫（*Heterodera* spp.）、根结线虫（*Meloidogyne* spp.）和球胞囊线虫（*Globodera* spp.）等内寄生线虫，也适用于分离虫体较大的线虫，如茎线虫（*Ditylenchus* spp.）和粒线虫（*Anguina* spp.）等。其方法是洗净根表面，放在盛有适量水的培养皿中，置于解剖镜下，用解剖针撕破根组织，可见根组织内线虫，有时线虫游离于水中，用细挑针挑取或毛细管吸取线虫，用软镊子拾取线虫和胞囊。

挑取和处理线虫的用具一般都可自行制作。竹针用于从水中挑取线虫，是一根削尖的竹丝，或者用一截削得很尖的细竹丝固定在持针器上。毛针就是将一根眉毛或头发，用蜡或万能胶粘在挑针的尖端，毛针的质地软而耐用，不易刺伤线虫。昆虫针固定在持针器上，可用于从水滴中挑取体型较大的线虫，针的前端弯成一个小钩，操作比较方便。体型很小的线虫或虫卵，可以用尖头的毛细管来吸取。解剖线虫要用很锋利的小刀，一般可用眼科白内障手术刀或小号注射针，也可以使用小块双面刀片的刃片，即将刃片固定在竹针前端，刃口要斜而锋利。

2. 漏斗分离法　这种方法操作简单，是目前从植物材料中分离线虫比较好的方法，适于分离植物材料和土壤中活跃性较大的线虫。它的装置是将玻璃漏斗（直径为10～15cm）架在铁架（图6-1）或木架（图6-2）上，下面接一段（10cm左右）橡皮管，橡皮管上装一个弹簧夹。植物材料切碎后用纱布包好，放在盛满清水的漏斗中。经过4～24h，由于趋水性和本身的重量，线虫离开植物组织，在水中游动，最后都沉降到漏斗底部的橡皮管中。打开弹簧夹，取底部约 5mL 的水样，其中含有样本中大部分活动的线虫。在解剖镜下检查，如果线虫的数量少，可以结合离心（1 500r/min，2～3min）沉降后再检查。也可在漏斗内衬放一个用细铜纱制成的漏斗状网筛，将植物材料直接放在筛网中。

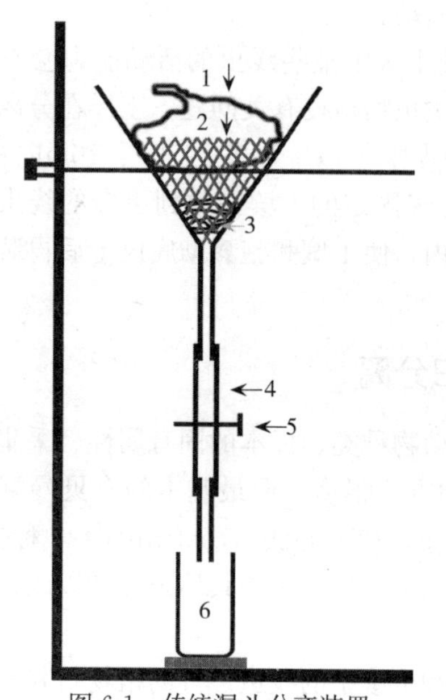

图 6-1 传统漏斗分离装置

1. 盛土样的纱布袋 2. 铜纱网 3. 水
4. 橡皮管 5. 弹簧夹 6. 小玻管或离心管
（仿方中达，1998；高蓉作图）

图 6-2 新式漏斗分离装置
（高蓉摄影）

用漏斗法分离土壤中线虫的做法是在漏斗的筛网上放一层细纱布或多孔疏松的纸，上面加一薄层土壤样本，加水后放置过夜。这种方法适用于分离活动性较大的线虫，如茎线虫、短体线虫（*Pratylenchus*），以及根结线虫和胞囊线虫的 2 龄幼虫。如果温度和时间控制得好，线虫的回收率比较稳定。

3. 浅盘分离法 这种方法的原理与漏斗分离法一样，但分离效果更好，而且泥沙等杂物较少。该方法的用具有两只不锈钢浅盘、特制的线虫滤纸和擦面纸，一只浅盘口径小，正好可套放于另一只口径较大的浅盘内，它的底部为 10 目筛网取代，特称为筛盘。另有一种设置，称为正常浅盘（图 6-3）。分离步骤如下：

①将线虫滤纸平放在筛盘网上，用水淋湿后加进 1～2 层擦面纸。

②把分离的土样或切碎的供分离植物材料均匀撒在擦面纸上，从两只浅盘夹缝间注水，以淹没供分离的材料为止。

③处理过的浅盘在室温下通常保持 3d，然后用烧杯收集盘中的水。土样或植物材料内较活跃的绝大多数线虫一般都在杯里水溶液中。

图 6-3 线虫浅盘分离法
（高蓉摄影）

④为除去过多的水和较大的杂物，用连接

的 25 目和 325 目两只小筛过滤。弃去 25 目小筛上的杂物，淋洗 325 目小筛上的残留物到计数皿中，过滤过的水在 325 目小筛上再通过两次，在筛上的残留物经同样淋洗后，也加进同一计数皿中待检。大多数植物寄生线虫都能通过 25 目筛网，而 325 目筛网却能截住包括 400μm 左右长的线虫。

浅盘法是分离效率较高的一种方法，它对土壤和植物中较活跃线虫的分离都适用。不仅如此，用这种分离方法也能除去样本中更多的有机和无机杂物，从而获得相当澄清的线虫悬浮液，有利于镜检。

4. 培育分离法　对于用漏斗分离法不易分离到的线虫，如根结线虫和胞囊线虫的雄性成虫等，可采用培育分离法。先将根部的土粒轻轻洗去，立即放在有螺旋盖的玻璃瓶中，加几毫升清水，盖不要旋紧，在室温下（20～25℃）放 3～5d，再加 50mL 清水，盖紧并轻轻振荡，顺序用 20～40 目、200～250 目、325 目的网筛，用清水轻轻地冲洗，直接观察两个筛上残留物中的线虫。或者将残留物取出，再经过漏斗法分离。瓶内的根还可加水继续培育，根据不同植物材料在 5d 到 4 周内可不断分离到线虫。在长期培育中要注意防止细菌和真菌的污染。

为了分离根结线虫和胞囊线虫等的雄性成虫，通常是在根结刚开始形成或雌虫还处在幼龄阶段时，将病根采回，洗去表面土粒，放在培养皿中湿润的滤纸上，3d 后用少量清水冲洗组织和皿底，然后检查水中的线虫。

（二）土样中线虫的分离

除漏斗分离法和浅盘分离法外，一般都是用不同孔径的网筛将线虫筛选出来。土壤线虫各种分离法的设计，主要是根据线虫的体形细长情况、是否具有活动能力或趋水性以及虫体的重量等性状，但几乎所有的方法都要经过过筛这一步。

1. 直接过筛分离法　过筛线虫的筛子一套有 7 个，其网目数分别为 16 或 20、25、50、100、160 或 200、250 和 325 或 400。过筛时不是每次都要用整套的筛子，最常用的是 20 目、100 目、200 目和 325 目。筛网多用黄铜丝或磷青铜丝制成，也可为尼龙丝网。筛网固定在铜圈或硬塑料箍上，以防腐蚀或生锈。筛子的直径是 10～28cm。

分离时先将土样混合均匀，取 250g 放在小铝桶或塑料桶内，加水 700～1 000mL，用力搅动使土块分散，沉降 10s 后，将上面的悬浮液通过 20 网目的筛子倒在第二个小桶内。网筛上的残余物和第一个桶底的泥沙用水冲洗后弃去。

按照上述步骤，顺序用 100 目、200 目和 325 目的网筛处理后，3 个筛上的残余物分别洗在 3 个容量 250mL 的烧杯中，然后取样检查和记数。用 325 目筛子过筛时，要尽量洗去细小的黏土颗粒，但注意不要把线虫冲掉。这种方法比较粗糙，但应用广泛，因为其操作简单方便，所花时间少，能分离出活动性和不活动的线虫。

2. 线虫滤纸分离法　这种方法适用于分离土样中活动能力强和趋水性强的线虫，尤其是一些大型的线虫，如剑线虫、毛刺线虫和长针线虫等。对活动能力很差的或不活动的线虫是不适用的。线虫滤纸是特制的，其成分是棉花和人造纤维的混合物，浸水后膨胀，质地疏松并有较大的孔隙，线虫可以穿过滤纸，而泥沙颗粒则阻留在纸上。

取土样约 50g，放在第一个搪瓷杯中，加水 500mL 浸泡，搅拌 15min，静置 10s，将上层悬浮液倒在第二个搪瓷杯中。土样中再加水 500mL，再次搅拌并静置后，将上层悬浮液也倒在第二个杯中。将铺有线虫滤纸的小筛放在浅盘中，然后将搅拌并静置 10s 后的悬浮液倒在小筛中。为了防止倒悬浮液时冲破滤纸，滤纸上可放表面皿，使水向四周慢慢溢出流到滤纸上。悬浮液倒完后，用清水仔细冲洗滤纸，待浑水全部滤出后，取出小筛，放在稍大一些的筛中，然后放在盛有清水的浅盘中。水的深度以刚好浸没滤纸为宜。浅盘放在冷凉处过夜，第二天取出筛子，线虫则留在水中，将水用吸管吸在培养皿或计数皿中观察。为了防止细菌或霉菌的生长，水中可加少量的杀菌剂，如0.05%的链霉素或乙氧基乙基氯化汞溶液。

3. 沉降分离法 沉降分离法又称Seinhorst法或双三角烧瓶法。该方法设备简单，只需容量1 000mL的三角瓶和烧杯各两只。使用沉降分离法可以获得清洁的分离物，并且通常用来分离像环科线虫那样不太活动的线虫，线虫回收率较高，一般可达75%以上。

取土样约250g，加水800mL，搅拌后倒在三角瓶中。瓶口上装一个小漏斗，用橡皮管（常用自行车内胎的一段）套接好，翻转倒插在另一盛有清水的三角瓶中。体型大的线虫和泥沙颗粒很快下沉，10min后将这两个三角瓶分别倒插在盛满清水的烧杯中，泥沙和线虫进一步分开，图6-4示意操作过程。

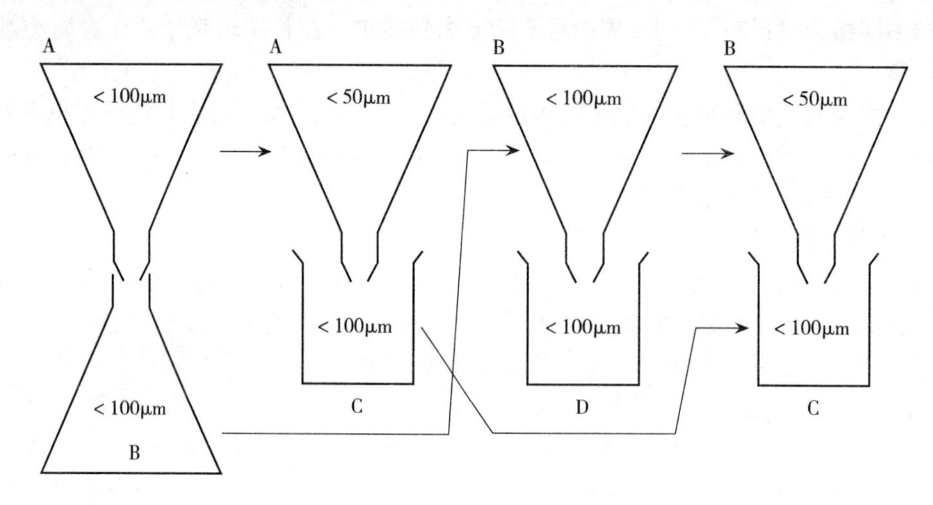

图6-4　沉降分离法示意图
（仿方中达，1998；高蓉作图）

每一操作步骤约需10min，4个容器上的数字表示在规定时间终了时容器内的线虫或土壤颗粒直径的大小（微米）。经过30min后，4个容器中的悬浮液分别过筛，两只三角瓶内的悬浮液通过250目的筛子，第一只烧杯（图6-4C）中的悬浮液通过100目的筛子，第二只烧杯（图6-4D）中实际上不含线虫，只有泥沙等的粗颗粒，可以弃去。

4. 离心漂浮分离法 离心漂浮分离法适用于分离土壤中的死线虫和活线虫，但对分离植物材料中的线虫效果较差。其原理是利用相对密度差异，使用高浓度的蔗糖液，使土样液中的线虫与土粒分开，前者漂浮在浓糖液中，后者沉底。具体步骤如下：在250mL的离心管内放混合均匀的土样40g加150～200mL水后，充分振荡成悬浮液；将包含土样的4只离心管在2 000～2 100r/min下离心5min，使线虫沉淀于管底的土粒内；取出离心管，迅速倾去管内漂浮的杂物和水；每管另加150～200mL 50%的蔗糖液，充分振荡，使原先沉底的土样重新悬浮起来。因为线虫在高浓度蔗糖液中不能持久，因此加蔗糖液以后，要立即进行后面的实验操作。按上面同样的方法离心5min，与上面土样水悬液的离心结果不同，此时仅土粒沉底，而线虫则悬浮于蔗糖液中；将蔗糖液倒进烧杯中，并通过连续的25目和325目两只小筛过滤。弃去 25 目小筛上的杂物，淋洗 325 目小筛上的残留物到计数皿中。用 325 目小筛再过滤蔗糖液两次，淋洗筛上残留物的水液也集中到同一计数皿中待检。

过筛法分离到的线虫，如果杂物太多，可以用离心漂浮法使之得到净化。离心漂浮法最大的优点是快，能分离到的线虫也多，获得的线虫悬液干净。

5. 漂浮分离法　胞囊线虫的雌虫膨大成球形或梨形，不活动，成熟后常分散在土壤中。在风干的土样中胞囊比水轻，可以用漂浮法分离后计算它的密度。

（1）简易漂浮法　取风干粉碎的土样 50g，用筛孔直径为 6mm 的粗筛筛去土块和草屑等杂物，然后放在1 000mL 的三角瓶中或容量瓶中。瓶内加水 700mL，振荡 30s 后，再将水加满但不外溢，静置 10min 后，胞囊和草屑等都浮在液面而附着在四周的瓶壁上，立即将上层漂浮物倒在 50 目的筛子上，冲洗以后将胞囊洗到铺有滤纸的漏斗上，滤纸折叠成波纹状，尽快将水滤去，摊开滤纸，晾干检查。

还有一种方法是将粗筛（50 目）筛过的土样放在宽边的白色搪瓷盆中，盆内加满清水，充分搅拌并静置 10min 后，胞囊和草屑等就浮在水面并黏附在盆壁四周。用排笔或小刷仔细地捞出胞囊，放在滤纸上晾干后检查。

（2）漂浮器分离法　漂浮器分离法也叫 Fenwick-Oostenbrink 改良漂浮法，其效率很高，一次可以处理 50～75g 土样，只需 10min 左右时间。

漂浮分离装置与使用方法如图 6-5 所示，数字代表不同用具。在分离线虫之前，喷水颈（1）接到附近的水龙头上，上筛（2）先淋湿，再放入土样（3）。同时，带有环颈水槽（4）

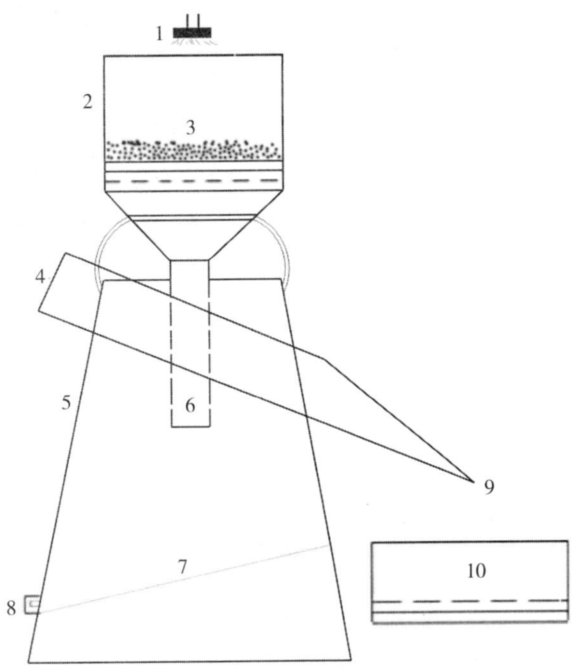

图 6-5　漂浮装置与线虫分离方法

左图：漂浮器照片　右图：线虫分离过程或用具

1. 喷水颈　2. 上筛　3. 土样　4. 环颈水槽　5. 漂浮筒

6. 漏斗　7. 斜床底　8. 排污出口　9. 出水口　10. 细筛

（右图仿方中达，1998；高蓉摄影、作图）

的漂浮筒（5）灌满清水。准备完毕，拧开水龙头，使用强水流，向上筛里喷水，冲洗土样；土壤通过漏斗（6）进入漂浮筒（5），沉积到斜床底（7），此时排污出口（8）要用塞子封口，以便保证漂浮筒水量，使线虫作为漂浮物通过环颈水槽的出水口（9），流进细筛（10）。土样冲洗完毕，摇动漂浮筒，打开排污出口，排水、排泥土。细筛静置2min后，把线虫胞囊集中到长颈烧瓶或三角瓶中，水加满而不外溢，胞囊等即漂浮到水面。将漂浮物倒在铺有波纹状滤纸的漏斗中滤去水，晾干后挑取胞囊观察。

漂浮分离的土样必须经过风干。从田间刚采回的土样，要在室内风干2～3周，或者在温度不超过40℃的烘箱中慢慢干燥。如果从湿土中直接分离，由于湿的胞囊的相对密度大于1，就要用相对密度小于1的溶剂，如四氯化碳或丙酮作漂浮液。这些溶剂比较贵，所以一般很少采用。

不同的分离方法分离的效率不同。一般离心沉淀法的回收率最高，其次是漏斗分离法和滤纸过滤法，直接过筛法最低。

第二节　植物寄生线虫标本制作

线虫病害标本有病害症状标本和病原玻片标本。线虫病害症状标本又可分为腊叶标本和浸渍标本，其制作方法与其他病害标本的制作方法一样。玻片标本的制作则有其特殊的制片方法。线虫的活体镜检，仅可以观察它的一般形态和结构，但其许多分类学特征，要经过杀死和固定以后，有的还需经过染色、制片才能看得清楚。制片的方法，因工作的性质而有所不同。在调查虫口密度或识别一般常见线虫时，可以制作临时玻片做活体镜检。为了进一步仔细观察，可将线虫杀死和固定后，制成半永久性玻片。在进行分类鉴定时，要经过脱水和染色，制成永久玻片保存。石蜡切片常用来观察线虫在植物体内的寄生和为害情况，以及植物组织发生的病理改变等。更深入的研究还需要制作电镜切片，进行扫描或透射观察。

一、线虫杀死和固定

（一）杀死

线虫分离后可以直接检查，如果样本需要保存，就要将线虫杀死并固定，防止变形、变质。线虫的一般杀死方法有物理的热力杀死和化学的制剂杀死两类，同时也可根据研究目的将两类方法结合使用。常用方法有以下3种。

1. 玻片加热法　少量线虫标本可用加热法杀死。先把线虫挑到单孔凹玻片或普通载玻片的一小滴水中，在酒精灯上用很小的火焰加热5～6s即可。加热时用体视显微镜观察，当弯曲的虫体突然伸直时，立即停止加热。加热过度会破坏一些内部器官。在可调温电热板上，达65～70℃能最有效地杀死线虫，并且可以防止因过热而损坏标本。

2. 试管加热法　杀死大量线虫标本时，可将线虫悬浮液放在试管或小烧杯中，加等量的沸水杀死，或者将悬浮液直接放在65℃的水浴中加热2min杀死。加热杀死的线虫，多呈僵直状态，便于观察和测量。药剂杀死的线虫，则常呈卷曲状。

3. 杀死固定法　在试管中加等量、煮沸、浓度双倍的固定液，如6%～8%甲醛溶液，即可同时杀死和固定线虫。这种杀死固定法对腺体和生殖腺有良好的固定作用，处理后细胞核趋于膨大且容易观察。

（二）固定

需要保存或需用电镜观察的线虫，应在杀死后立即进行固定。固定的目的是为了防止虫体的变形和变质。固定液的种类很多，有些与一般细胞和组织的固定液相似，可根据实际情况选用，特殊情况要查阅有关资料选择确定适合的固定液。

1. 福尔马林—冰醋酸（FA）固定液　FA 固定液可以长时间保存线虫原形，但虫体颜色可能变暗。如垫刃线虫（*Tylenchus*）在 FA 固定液中浸渍时间过长，其口针有变透明的倾向。常用两种配方，即 4∶1 和 4∶10 的甲醛、冰醋酸溶液（表 6-1）。

表 6-1　福尔马林—冰醋酸（FA）固定液

	4∶1 的用量	4∶10 的用量
福尔马林（40%甲醛）	10mL	10mL
冰醋酸	1mL	10mL
蒸馏水	89mL	80mL

2. 福尔马林—冰醋酸—乙醇（FAA）固定液　FAA 固定液的配方如下：福尔马林（40%甲醛）6mL、冰醋酸 1mL、乙醇（95%）20mL、蒸馏水 40mL。

福尔马林可以使虫体硬化，乙醇能使虫体表皮的角质膜收缩，而冰醋酸则可使角质膜膨胀。因此，这 3 种药品的比例要适当。标本在 FA 固定液或 FAA 固定液中保存的时间不能太长，否则虫体外形会有一些改变。经过固定后的标本，移到甘油乙醇溶液（甘油 2 份、90%乙醇 30 份、蒸馏水 68 份）中，可以长久保存。FAA 固定液可以保持线虫的刻线和环纹清晰，但可能使虫体皱缩变形。

3. 三羟基乙胺—福尔马林（TAF）固定液　TAF 固定液的配方为：三羟基乙胺 2mL、福尔马林 7mL、蒸馏水 91mL。这是目前比较好的固定液，优点是短时间内能较好的保持线虫弹性，使之与活虫相似，但时间过长，会导致一些线虫内部结构透明和表皮角质层质膜变质。

4. 波茵（Bouin）固定液　用于石蜡切片的材料，在经过 4∶1 的 FA 固定液固定后，再用波茵固定液固定 24h 后脱水。波茵固定液配方如下：苦味酸饱和水溶液 75mL、福尔马林 25mL、冰醋酸 5mL。经过波茵固定液固定的材料转移到 70%～80%的乙醇中，洗去苦味酸。这是研究线虫组织结构的良好固定液，在使用前临时配制，其效果更好。

5. 福尔马林固定液　福尔马林固定液就是 2%～4%的甲醛液，是一种常用的固定液。福尔马林固定液配制简单，使用方便，线虫在这种固定液中可以长期保存；缺点是时间长了会使虫体色泽变暗和内部形成颗粒，如在固定液中加入少量的碳酸钙粉，能中和甲醛中游离的甲酸，抑制颗粒的形成。福尔马林固定液广泛用于海水、淡水中自由生活线虫及动物寄生线虫，有人认为不适合用于土壤和植物寄生线虫，但美国线虫试验中大量使用。

二、线虫样本脱水

1. 甘油—乙醇脱水法　经过 FA 固定液（4∶1）固定的线虫，移到盛有 0.5mL 下述溶液的小玻皿中：95%乙醇 20mL、甘油 1mL、蒸馏水 79mL。小玻皿放在乙醇饱和蒸气（即 95%乙醇的容积占整个容器的一半左右）的密闭容器中，再盛入 35～40℃恒温箱中，经过 12h（或以上）标本中的水分大都被除去，然后在解剖镜下仔细吸去上层溶液，立即加少量甘油乙醇混合液（甘油5份、95%乙醇95份）。而后小玻皿再放在不密闭的培养皿中，放在40℃恒温箱内，乙醇完全蒸发后（需2～3h），将线虫移到纯甘油中。这样脱水的线虫可以长期保存。制成的永久玻片，其线虫形态不变。

2. 乳酚油快速脱水法 乳酚油脱水液配方如下：苯酚20mL、乳酸20mL、甘油40mL、蒸馏水20mL。把滴有乳酚油的凹玻片放在加热板上，加热至65～70℃，将已固定1d以上的线虫挑入热的乳酚油中，继续加热2～3min后，在解剖镜下观察标本是否清晰，若不够清晰，继续在65～70℃的加热板上加热片刻至清晰。

为了避免使用有毒的苯酚，尽可能不用乳酸而改用乳甘合剂（lactoglycerol），即用等容量的乳酸、甘油和蒸馏水混合液，加0.05%的酸性品红或棉蓝。

3. 甘油快速脱水法 线虫在棉蓝乳甘合剂中染色后，放在55℃左右的恒温箱中，通过下述一系列溶液处理、封固。处理、封固可以在1h内完成。

棉蓝乳甘合剂编号	1	2	3	4	5
甘油（mL）	50	70	82	90	100
乳酸（mL）	35	20	10	5	0
福尔马林（mL）	5	5	3	2.5	0
蒸馏水（mL）	10	5	5	2.5	0

线虫试样在每个溶液中处理的时间至少10min。移到纯甘油中后，立即放在干燥器中。如果线虫在处理过程中褪色，则可用含有0.000 5%棉蓝的纯甘油代替溶液5（甘油100mL）补染。以上配方，原来是加苯酚结晶的，现在介绍的是删去苯酚，相应增加了乳酸的用量。

4. 甘油缓慢脱水法 经过FAA固定液固定的线虫，移在稀的甘油溶液中（甘油1.5份、7.5%乙醇98.5份、硫酸铜或溴百里酚蓝少量），放入干燥器内缓慢地蒸发脱水。经过3～4周后，即可达到纯甘油的程度。某些线虫在快速脱水时，常常会变形或皱缩，缓慢脱水可以避免这方面的缺点。

三、线虫样本染色

植物线虫鉴定主要依靠线虫的形态特征，但由于线虫虫体透明，一些内部结构较难观察清楚，因此常需要对线虫染色，增强反差，更好地区分线虫的内部结构。同时，染色对有些工作是十分必需的，如观察植物体内的线虫，有时不易看清楚，将植物组织与线虫染成不同的颜色，就容易区别；有些线虫的某些器官或组织通过染色，更容易观察和鉴定。

（一）固定后线虫的染色

固定后线虫的染色方法有多色蓝染色、醋酸地衣红与丙酸地衣红染色、甲苯胺蓝或尼罗蓝B染色和氯化金染色等，其中多色蓝染色是最常用的方法。

线虫经过多色蓝染色后，肠呈绿色，生殖器官与卵原细胞或精原细胞呈蓝紫色，细胞核为浅红色，染色体为蓝紫色，其他器官如神经环、神经节细胞呈深蓝色或深紫色。性器官和阴门周围的特征，也可以清楚地显示出来。多色蓝染色的原理是根据线虫在固定时体内各器官的氢离子浓度和生理状态的不同而染成不同颜色。

多色蓝染液配制方法如下：在250mL的烧瓶中加1%亚甲蓝溶液100mL和碳酸钾结晶1g，在瓶壁上标好液面的位置，然后加95%乙醇20mL。烧瓶置于水浴上煮沸，直至液面低于原标记刻度为止。待染液冷却后用滤纸过滤，收集滤液，密闭3周即可使用。注意，染液应保存于棕色瓶内。

用多色蓝染色时，先挑取已固定的线虫若干条至盛有3mL蒸馏水的染色皿中，加入3～5滴多色蓝染液，置55～60℃水浴加热3～5min，挑取少量线虫进行检查。若虫体已染成暗紫色即可，否则延长染色时间。将染色完毕的线虫挑至滴有甘油溶液（16份纯甘油加1份多色蓝染液）的载玻片上，加盖玻片，仔细观察各内部结构。线虫染好后，放在载玻片上的甘油或甘油溶液中，加盖玻片经常观察，保持标本中在一天内没有气泡出现。如果出现气泡或空隙，立即加上述甘油溶液，排除气泡和填充空隙。颜色分化开始较慢，在颜色分化最清楚时观察。

（二）植物组织内线虫的染色

植物组织中线虫的染色方法有多种，其共同的特点是，经过染色处理，线虫着色，植物组织不着色或着色很浅。

1. 碘液染色法　根组织内的线虫（如短体线虫），一般可将根放在鲁戈氏碘液中染色10～15min，染色后用水洗，线虫着色，根组织无色。这是最简单的染色法。

2. 棉蓝乳甘合剂染色法　这是常用的染色法。有线虫的植物组织经过固定，放在预先加热到沸腾且含有0.05%～0.1%棉蓝（或酸性品红）的乳甘合剂（乳酸83份、甘油160份、蒸馏水100份）中，染色2～3min，取出冷却后用水冲洗，放在不加染料的乳甘合剂中观察。线虫染为蓝色，植物组织不着色。

3. 猩红R染色法　新鲜的或经过贮藏的嫩枝中的线虫，可以用猩红R染色。标本先放在热水（70～80℃）中处理2～3min杀死线虫，然后依次在30%、50%和70%的乙醇溶液中处理10min（70%乙醇溶液应更换1次）。然后，将材料再移在盛有猩红R的70%乙醇饱和溶液的指形管中，加2%丙酮后塞紧。静置过夜或几天后（不要染色过度）取出，用70%乙醇洗净后放在异丁醇中，组织中的乙醇被异丁醇取代后即可制片封固。线虫染成嫩红色，植物组织仍保持绿色。

4. 溴酚蓝或溴百里酚蓝染色法　植物组织内线虫用酸度指示剂染色，染色效果也很好，其步骤如下：①根组织洗净后，在0.5%～1%的次氯酸钠溶液中浸4～8h。②水洗后，在50%乙醇溶液中浸几分钟。③染液（溴酚蓝或溴百里酚蓝1g溶于100mL 50%乙醇中）染色4h。如要显示出微细结构，可用0.05%～0.1%的稀染液染色12～16h。④水洗后，依次用50%乙醇、70%乙醇、70%异丁醇处理2min，线虫染成蓝色。材料如用0.000 2%的藏红溶液负染，则线虫为蓝色，植物组织为红色。标本在2周后逐渐褪色，可重新再染。

除以上4种方法以外，还有次氯酸钠—酸性品红染色、McBryde染色法和Flemming染色等方法，可根据情况选用。

（三）线虫活体的染色

线虫有些器官，如神经环、角质膜和头部结构等，用活的线虫直接染色观察更好。常用的活体染色方法有苏木精染色和硝酸银染色。

苏木精染色方法是线虫先用苏木精染色，再用0.1%藻红或地衣红水溶液负染。苏木精染液常用的有以下两种配方：配方Ⅰ为苏木素结晶1g、碘酸钠0.2g、硫酸钾铝50g、水合氯醛50g、柠檬酸1g、蒸馏水100mL；配方Ⅱ为苏木素结晶1g、硫酸钾铝50g、冰醋酸5mL、甘油50mL、无水乙醇50mL、蒸馏水50mL。

角质膜上的沟纹可用0.1%洋蓝或地衣红染色，而生殖器官则可以在甘油乙醇混合液

（60%～70%乙醇85mL，加甘油15mL）中加几滴尼罗蓝染色。整个线虫的活体染色，还可用醋酸卡红或苦味酸卡红染色。自由生活的线虫和一部分植物寄生线虫，也可以在甘油乙醇液内加几滴蓝墨水染色。

硝酸银染色方法是用挑针将活线虫先后移入盛有适量10%硝酸钠和0.5%硝酸银溶液的染色皿中，室温下各自染色15min，而后用蒸馏水反复漂洗数次，按甘油脱水法将线虫脱水，制片观察、保存。

四、制片和封固

制片方法因线虫的种类、研究目的和要求而有所不同。一般的田间调查和显微观察，常采用临时制片法；为进一步仔细观察和进行分类鉴定，需要长期保存，常采用永久制片法；介于二者之间也可采用半永久制片法。这3种制片方法主要的区别在于所选的浮载剂和封固剂不同，以及制片过程简繁有别而已。不管哪种制片方法，基本过程都是在载玻片上滴适量适合的浮载剂（水、福尔马林以及其他合适的固定剂如TAF、FA、FAA等），用适当的方法将没经过处理的活线虫或经过固定、染色等处理的死线虫挑到载玻片中央的浮载剂中，再在浮载剂边缘放上适宜的支撑物，轻盖盖玻片，吸取多余的浮载剂，最后加适当的封固剂，干燥后观察、保存。石蜡制片常用来观察线虫在植物体内的寄生和为害情况，以及植物组织病变等。电镜制片常用来观察线虫更细微的结构或细胞组织结构等。

（一）临时玻片的制作

一般挑取发病部位的线虫，或将经过固定或染色后的线虫，放在载玻片上水滴的中央，并使它全部沉没，然后将3根与线虫粗细相仿的玻璃丝或盖玻片碎片的支撑物呈三角形排列在水滴的边缘，加盖玻片，四周再用熔化的烛蜡封固。对于活线虫，有时由于游动过快会影响观察，可用麻醉剂（每50mL水中加2滴二氯乙醚或氯仿）麻醉或将玻片在小火焰的酒精灯上方轻烤5s，即可使线虫暂时停止活动。

（二）半永久玻片的制作

固定的线虫体内仍然含有一定的水分，消化系统和生殖系统往往含许多颗粒物，不利于线虫标本保存和观察。因此，制作线虫的半永久性玻片标本时需用乳酚油、乳酸甘油进行脱水和透明，然后封藏于玻片中。

标本制作步骤：在单孔凹玻片的孔内加满棉蓝乳酚油（或棉蓝乳酸甘油），放到电热板上（也可以在酒精灯的三脚灯架上放一块黄铜板或石棉网代替电热板）加热至60℃；把经过固定12～24h以上的线虫用挑针从固定液中转移到热棉蓝乳酚油中染色2～3min，染色后的标本放在体视显微镜下检查，标本呈现中等蓝色为止；然后把标本转移到载玻片上的一小滴无色乳酚油或含0.002 5%棉蓝的乳酚油中，封固，方法参照永久玻片的制作。

（三）永久玻片的制作

1. 一般制片封固法 永久玻片以纯甘油作浮载剂为宜，有时在纯甘油中加0.002 5%的棉蓝或酸性品红，使染色后的线虫不致褪色。浮载剂的用量要少，以加上盖玻片后不致外溢为度。盖玻片要在火上稍加热后再用，这样可以使甘油很快展开，盖玻片平衡地落在支撑物（如玻璃丝支架等）上，而不留有气泡。最后用封固剂封固，封固剂要分2～3次使用，当前一次的封固剂完全干燥后，用封固剂再加封一次。

石蜡切片大都是用香脂封闭，但线虫玻片标本一般不用香脂封闭，因为它常使制好的标本变质而损坏。线虫玻片常用硬甘油明胶封固，有时可兼作浮载剂。硬甘油明胶封固剂成分如下：明胶 8g、苯酚 1g、纯甘油 49mL、蒸馏水 42mL。配制时，先将明胶捣碎，在蒸馏水中浸约 2h，软化膨胀后加甘油，在 60～70℃水浴中加热熔化（10～15min），再加苯酚作防腐剂。

制作线虫永久玻片的过程中，有时用薄的铝片（12～13 号铝片，厚度为 0.3mm）代替载玻片。铝片的大小是 80mm×33mm，中央有一直径 22mm 的圆孔，两侧卷边 3.5mm，载玻片的实际宽度是 26mm。将 25mm×25mm 的方形盖玻片盖在铝片中央，上面加浮载剂和线虫标本，然后加盖玻片（直径为 20mm 的圆形盖玻片）封固。盖玻片的两侧用前缘略呈倾斜的硬纸板压住，硬纸板则用铝片两侧的卷边压紧，硬纸板上可以贴写标签。铝载双层玻片的优点是可以从正反两面观察虫体的形态特征，玻片标本可以叠放在一起而不致磨损，跌落在地上也不会破损。

2. 阿拉伯胶混合液封固法　阿拉伯胶混合液的成分为阿拉伯胶 50g、福尔马林 40mL、纯甘油 40mL、冰醋酸 3mL、95%乙醇 50mL、蒸馏水 100mL。先将阿拉伯胶溶于水中，过滤后再加入其他成分，如需要同时染色，还可在混合液中加地衣红 BB 的 3%冰醋酸饱和溶液 6 滴。

将活的线虫放在凹穴玻片上的混合液中，加热到出现蒸气为止，然后把线虫移放到载玻片上的混合液中，盖上稍微加热的盖玻片封固。这是将临时封固与永久玻片相结合的方法，玻片可以保存 2～3 年而不变质。

3. 其他特殊永久玻片的制作　线虫胞囊玻片标本以及为了观察线虫会阴等特殊结构的永久玻片，可用以下方法处理。

（1）硬甘油明胶封固标本的制作　胞囊线虫的雌虫膨大成球形或肾形，可用有机玻璃片来制片保存。载玻片规格为 76mm×26mm×3mm，中央用直径 8mm 的麻花钻钻一深 1.5～2.0mm 的小孔，用棉布抛光。将充分干燥的胞囊 15～20 个放在圆孔中，加盖玻片后用甘油明胶胨等封固。载玻片两侧用锉刀稍微锉毛，表面用丙酮擦净后，用墨汁写好标签，上面涂一层胶水防潮。

（2）线虫横断面标本的制作　为了观察线虫某一部分（头、生殖孔或尾部）横断面的详细结构，可将线虫切断，制成横断面的玻片标本。操作要在解剖镜下进行，先用挑针刺住虫体，移在载玻片（最好是有机玻璃的）上的纯甘油滴中，用锋利的小刀切下虫体的某一段备用。在另一载玻片上，放一小块硬甘油明胶胨，用热的钢针使甘油明胶胨展开成平面，绕周放 3 根玻璃丝作支架，同时埋入一截尾毛或毛发作指示针。在指示针前端的胶胨平面上，用微热的钢针刺一小孔，将切下的一段虫体很快埋入孔内，断面向上。当胶胨开始凝固时，抽出处理针，加上温热的盖玻片，再一次检查虫体位置，如体质直立而断面向上，即用松香石蜡或其他封固剂封固。

（3）异皮线虫会阴部分标本的制作　异皮线虫（包括胞囊线虫、根结线虫等）的分类主要是依据雌虫会阴部分的形态特征，因此，要求玻片标本必须清楚地显示出从肛门到阴门之间及邻近部分的各种特征。

①根结线虫会阴花纹标本的制作：先在解剖镜下从病根内分离出雌虫。为了便于区别雌虫与植物组织，可以用含有 0.1%的棉蓝或酸性品红的乳酚油浸病根 72h，线虫着色为蓝色或红色，再分离雌虫。选择发育健壮的雌虫若干，移到透明塑料载片的 45%乳酸中，用锋

利小刀切下虫体后端，包括肛门、阴门及其周围的角质膜块。用专用细铁挑针或竹针尖端的纤丝仔细剔除附在内侧的卵及其他粘连物，并稍加修整，留下需要的角质膜块。移角质膜块到另一滴乳酸中，漂洗1～2次，转移到干净的载玻片的纯甘油滴内，使表面向上，加盖玻片，用封固剂封固边缘。制片中要注意的是，一切操作在解剖镜下进行，切下的虫体后端一定要包含会阴部，在剔除内含物、修整和清洗时，不能弄破会阴部角质膜。

会阴部分标本的制作也可用挤压的方法。将雌虫放在载玻片上的水滴中，加上盖玻片后在解剖镜下观察，用钢丝从虫体后端轻压盖玻片（从后端缓慢地向头部方向挤压），使虫体前半部破裂，内脏器官挤出体外。反复挤压几次，挤空体内物质只留下空壳，两层表皮叠合在一起，会阴部分的特征即显现出来。这种方法操作比较方便，但标本不能长期保存。

根结线虫在FA固定液中固定后，体壁往往收缩，虫体移到甘油或乳酸甘油合剂中时，虫体有时会很快破碎。为了克服这一缺点，可以将新鲜标本放在塑料口袋中，在4℃的冰箱中存放2～3周，然后将标本直接浸在沸腾的0.1%棉蓝乳酸甘油中，冷却后移放在乳酸甘油中，即可长期保存。切下的会阴部分也可以放在0.03%棉蓝乳酸甘油中，然后封固保存。

②胞囊线虫肛阴门小板标本的制作：胞囊线虫会阴部分的饰纹与根结线虫有很大的差别，也是主要的分类特征。切割虫体的方法同上。由于胞囊线虫的体壁较厚，颜色较深，不便于观察。因此在切割之前，胞囊应先放在水中泡软，切下的肛阴门小板先放在90%的过氧化氢中褪色，然后再依次通过70%、95%和100%的乙醇溶液，在丁香油中透明后封固，也可以通过70%乙醇溶液和异丁醇溶液后封固。

（四）石蜡切片

植物组织、线虫虫瘿或根结等材料，用徒手切片直接观察检查，可以了解线虫的侵染和为害。为了进一步了解线虫侵染和寄主组织的变化过程，有时要用石蜡切片的方法。石蜡切片过程比较复杂，有常规和快速石蜡切片法。石蜡切片的步骤和程序一般包括固定、脱水、渗蜡、包埋、切片、粘贴、脱蜡、染色、封固等过程，每一步骤可根据切片材料的具体情况选择适合的方法。

一般情况下，线虫固定材料的脱水、石蜡渗透和包埋以正丁醇最好。脱水的方法很多，乙醇脱水是最常用的一种方法。材料用加热到95℃的FA固定液固定，再用波茵固定液固定24h，然后按以下步骤脱水：①50%乙醇3次，每次30min；②60%乙醇，30min；③70%乙醇，过夜；④80%乙醇，30min；⑤90%乙醇，50min；⑥95%乙醇换2次，每次15min。

将脱水的材料取出，放在苯甲酸甲酯中，等材料全部下沉（5～60min）后，再移入火棉胶溶液（火棉胶片2g溶于98mL的苯甲酸甲酯）中。经过3～5d，移至苯中，更换苯2次，每次10min，再移入加热到70℃的熔化石蜡中，10min后再换石蜡1次，即可移到熔化的纯石蜡中包埋切片。脱蜡后的切片用Casons染液（磷钨酸1g、苯胺蓝1g、酸性耐光橙2g、酸性品红3g、蒸馏水200mL）染5min，然后水洗，脱水（通过70%、80%、90%、96%乙醇溶液），用二甲苯处理，再用香脂加盖玻片封固。植物组织不着色，线虫虫体染成紫色，虫卵染成紫红色。

（五）电镜制片

线虫的电子显微镜观察分扫描电子显微镜（SEM）和透射电子显微镜（TEM）观察，扫描电子显微镜主要用来观察线虫表面的细微形态和结构，透射电子显微镜主要用来观察线虫内部器官的结构和引起的病变等超微结构等。

1. 扫描电镜制样方法　扫描电镜制样一般包括取样、清洗、固定、脱水、干燥、样品导电处理几个过程，其中脱水干燥是关键环节。取样时一定要注意不要破坏观察部位的表面形态，观察面应十分清洁，常用蒸馏水（或重蒸水）漂洗。可以用FA、FAA、TAF等固定液固定，但一般用1%～6%的戊二醛缓冲液进行前固定，再用浓度为1%～2%的四氧化锇液进行后固定，使用的浓度与组织的含水量有关。脱水干燥的方法有空气干燥法、冷冻干燥法、临界点干燥法和环氧树脂包埋法等。导电处理有表面镀膜法和导电液处理法。处理线虫较好的组织导电液有亚甲基蓝碳酸钾（MPA）和棉蓝乳酚油（GLPG）导电液。

2. 透射电镜制样方法　样品的制备是透射电子显微技术的关键。目前使用较多的是超薄切片技术，它一般包括取样、固定、清洗、脱水、浸渍、包埋、聚合、切片和染色几个过程。取样要快，样品要小，要低温操作，避免损坏，取位要准确。固定是一个复杂的化学过程，影响因素多。固定一般在0～4℃下进行，用3%～6%的戊二醛缓冲液进行前固定，再用锇酸液进行后固定。脱水前必须用缓冲液把固定液清洗干净，常用脱水剂有乙醇和丙酮，一般采用梯度脱水法。脱水后要用包埋剂浸渍，然后使包埋剂聚合，制作超薄切片。超薄切片的制作是关键。染色可在切片前或切片后进行。切片后的染色采用常规的醋酸铅和硝酸铀双染色。

第三节　植物寄生线虫培养和接种

一、线虫培养

植物寄生线虫大多属于专性寄生的，需要在相应的寄主上才能繁殖。许多线虫学方面的研究需使用大量的线虫，这就需要在人工培养基上进行繁殖。在培养基上人工繁殖，大致有以下几种情况：一是无需其他生物存在的单独培养；二是用细菌作饲料的培养基繁殖；三是在培养基上生长的真菌作饲料的繁殖；四是利用植物组织进行培养。

（一）线虫表面消毒

要想获得植物线虫的纯培养，线虫的消毒工作是极为重要的一个步骤。消毒所用药剂和方法要因线虫种类而异（表6-2）。

表6-2　植物寄生线虫常用消毒剂种类和用法

消毒剂名称及使用浓度	处理时间	线虫种类
0.1%硫酸链霉素溶液	15min	根腐线虫、茎线虫、滑刃线虫
0.1%鲸蜡三甲基溴化铵	5min	根结线虫卵
0.1%孔雀绿	15min	根腐线虫、茎线虫、滑刃线虫
20%过氧化氢	8h	胞囊线虫卵
0.5%双氯苯基双胍基己烷双醋酸盐	15min	根结线虫卵
0.05%～0.1%乙氧基乙基氯化汞（EEMC）	10min	根腐线虫、滑刃线虫、胞囊线虫幼虫
0.1%氯化汞	2～3min	菊花叶线虫、相似穿孔虫

在表6-2的药剂中，EEMC得到广泛采用，对许多线虫都有效果，如加适当湿润剂加速线虫的沉降则效果更好。

线虫消毒时，先将线虫集中于指形管中，加入消毒液，加塞后振荡1min。经过几分钟后，线虫沉降到管底部后，用细吸管小心吸去上层药液，加入灭菌水洗涤2～3次。

为了防止其他微生物的污染，0.002%放线菌酮和0.1%硫酸链霉素的混合消毒液效果明显。用于少量线虫的消毒，可在灭菌的载玻片上滴2滴上述混合消毒液和1滴灭菌水。将线虫挑在消毒液中，经过1min后挑至第二滴消毒液，再经1min挑至灭菌水中，经过1min即可用于接种培养。

除使用消毒剂外，还有许多方法可获得无其他生物污染的线虫，如有时将线虫用灭菌水洗数次，对少量的线虫可以用针挑取在灭菌水中洗几次，对大量的线虫可以放在下面有细孔（孔径5～10μm）的短塑料管（直径15～20mm）内用灭菌水洗，更大量的线虫则用不断离心沉降和灭菌水洗的方法。

（二）线虫的培养方法

不同种类的线虫的食性、适应力有一定差异，培养的方法也不同，下面介绍几种常见的线虫培养技术。

1. 在培养基上单独培养 将线虫单独在培养基上培养称为非寄生培养。一般植物寄生线虫都不能单独培养，只有一些兼性寄生的小杆属（*Rhabditis*）线虫和垫刃属（*Tylenchus*）线虫可以单独培养，所用的培养基和方法如下。

（1）卵磷脂琼脂培养基 硫酸镁（$MgSO_4 \cdot 7H_2O$）75mg、卵磷脂100mg、磷酸氢二钾（K_2HPO_4）75mg、酵母膏少量、氯化钠（NaCl）275mg、琼脂1.5g、硝酸钾（KNO_3）300mg、蒸馏水100mL、蛋白胨250mg，pH7.2。卵磷脂用5mL的无水乙醇溶解，3～4h后加到培养基中。培养基灭菌后制成平板，接种线虫，20℃恒温培养。

（2）麦芽粉琼脂培养基 麦芽粉10g加水500mL，用小火煮沸1h，加水补足到500mL。用纱布过滤，加琼脂14g，熔化后分装在三角瓶中灭菌。

许多小杆属线虫和一些植物寄生线虫都可以用这种培养基培养（每个平板上接种5条线虫，在接种点旁边放一些灭菌的马铃薯碎片），在20℃下培养。7d以后虫数增加，21d以后即充满全皿。将培养皿翻转放在线虫滤纸上，加水浸泡，线虫即都集中在滤纸下水中。

（3）其他培养基 一些滑刃线虫可以在甜菜榨粕（榨粕加等量的水，灭菌后接种线虫）上培养，在25℃下培养2～3周以后即有大量的线虫。滑刃线虫也可以在稻米培养基上培养，而后移到琼脂培养基[磷酸氢二钾0.1g、硝酸钾2g、蔗糖20g、硫酸镁（$MgSO_4 \cdot 7H_2O$）0.5g、琼脂20g、蒸馏水100mL]上，可存活1～2个月。

2. 使用真菌作饲料进行培养 真菌上培养是人工繁殖植物寄生线虫的主要方法，真滑刃线虫（*Aphelenchus*）、滑刃线虫（*Aphelenchoides*）、伞滑刃线虫（*Bursaphelenchus*）、拟滑刃线虫（*Paraphelenchus*）、茎线虫（*Ditylenchus*）、拟茎线虫（*Neotylenchus*）、六垫拟茎线虫（*Hexatylus*）和显拟茎线虫（*Deladenus*）属中的许多种都很容易在真菌上取食和繁殖。食真菌伞滑刃线虫（*Bursaphelenchus fungivorus*）和燕麦真滑刃线虫（*Aphelenchus avenae*）可以在近50种寄生的或腐生的真菌上繁殖。目前培养线虫应用最多的是灰葡萄孢（*Botrytis cinerea*）。这种真菌生长快，也不会使培养基变色而便于镜检，但缺点是产生孢子太多，使镜检时有些不便。不产生孢子的茄丝核菌（*Rhizoctonia solani*）也可用来培养线虫，但使用广度不如前者。一般菌龄的影响不大，但也有少数例外，菌龄不宜超过

3周。

培养真菌常用玉米粉琼脂培养基。配制方法是玉米碎粒300g，加水1 000mL，70℃水浴1h，纱布过滤后补足水量，加琼脂20g加热熔化，分装三角瓶中灭菌。培养基倒成平板，在24℃下培养。平板上菌丝长满后接线虫，再在24℃的条件下继续培养，10d后从培养皿背面用解剖镜检查，在菌丝生长好的地方可以看到线虫从菌丝取食的情况，还能看到吻针和食道球内瓣门的活动情况。在27℃下培养2～3周，每培养皿可以繁殖到几千条线虫。还可改用玉米粒上繁殖的方法，将玉米粒水浸2d，装入50mL的三角瓶中，每瓶15g，加水约10mL，加棉塞高压灭菌后接种真菌，培养4～5d后接种线虫。同样的方法也可用试管代替三角瓶接种真菌，而后接种线虫，在试管中更便于线虫的培养保存。

3. 使用细菌作饲料进行培养　土壤中的有些线虫需要用细菌作为饲料在培养基中培养。培养的方法是将回收标样放在有利于细菌生长的培养基中。这些线虫都不是植物寄生性线虫，但有人利用这些线虫来筛选杀线虫剂。

有人建议用特殊的培养基，如Nigon氏设计的培养基：硫酸镁（$MgSO_4 \cdot 7H_2O$）0.75g、磷酸氢二钾0.75g、氯化钠2.75g、硝酸钾3g、蛋白胨3g、卵磷脂1g、琼脂15g、水1 000mL。卵磷脂先在25mL无水乙醇中溶解，经过9h的溶解，然后加在培养液中。但是LA培养基一般也是适用的。

应该指出，前面提到的将玉米粒作为繁殖真菌的培养基来繁殖线虫以及用混合消毒液处理接种用的材料，已经广泛用于松材线虫（*Bursaphelenchus xylophilus*）、拟松材线虫（*Bursaphelenchus mucronatus*）、水稻干尖线虫（*Aphelenchoides besseyi*）、草莓芽线虫（*Aphelenchoides fragariae*）和破坏性茎线虫（*Ditylenchus destructor*）等，都得到很好的结果，说明其在应用上的广泛性。

4. 在植物组织上培养　许多植物寄生线虫可以在琼脂培养基上的植物组织上培养，使用较多的是愈伤组织和离体根（图6-6）。例如，在紫花苜蓿的愈伤组织上可以培养茎线虫、滑刃线虫、短体线虫和矮化线虫等，在番茄的离体根组织上可以培养根结线虫和胞囊线虫等植物寄生线虫。

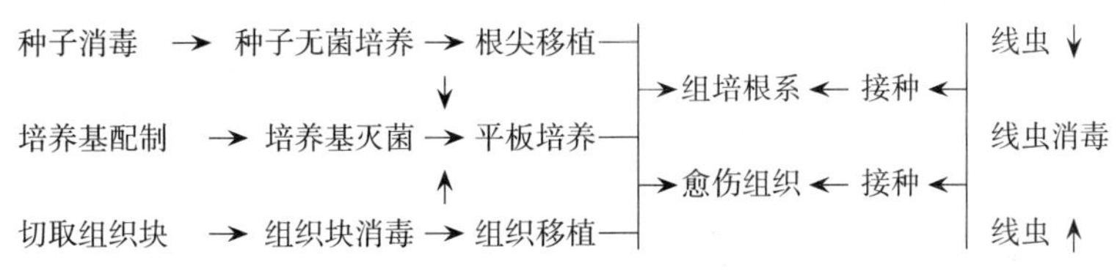

图6-6　用愈伤组织或离体根繁殖植物寄生线虫的试验过程
（高蓉作图）

将胡萝卜和马铃薯等植物愈伤组织在合成培养基（表6-3）上生长，然后再接种消毒的线虫，许多植物寄生线虫均能良好生长、繁殖。培养基通常分装在粗试管中，灭菌后就移植愈伤组织或离体的根，而后再接种线虫。培养线虫的愈伤组织要经过表面消毒。离体根要求也是无菌的，可将种子消毒后在无菌条件下培养。种子和组织的消毒是在0.1%氯化汞溶液中处理3～5min，或用氯化汞乙醇溶液（0.1%氯化汞水溶液3份，加95%乙醇1份）处理3～4min。

表 6-3　合成培养基配方

化合物	使用量	化合物	使用量
硫酸钠（Na_2SO_4）	800mg	硫酸锌（$ZnSO_4 \cdot 7H_2O$）	6mg
酒石酸铁	40mg	2,4-D	2.0mg
硝酸钙［$Ca(NO_3)_2 \cdot 4H_2O$］	400mg	磷酸二氢钠（$NaH_2PO_4 \cdot H_2O$）	33mg
甘油	3mL	蔗糖	20g
硫酸镁（$MgSO_4 \cdot 7H_2O$）	180mg	硫酸锰（$MnSO_4 \cdot 4H_2O$）	4.5mg
维生素 B_1	0.1mg	硼酸（H_3BO_3）	0.375mg
硝酸钾（KNO_3）	80mg	椰子汁	150mL
泛酸钙	2.5mg	碘化钾（KI）	3mg
氯化钾（KCl）	65mg	琼脂	15g
α-萘乙酸	0.1mg	蒸馏水	定容至1 000mL

二、线虫接种

为了证明一种线虫的致病性，必须进行接种实验。同时线虫学许多方面的研究都需要进行线虫的接种。线虫接种的方法很多，不同类型线虫病的接种方法不同。除单独接种线虫外，如果要证明线虫能传染其他病害，还要与其他病原生物混合接种。

（一）线虫单独接种

1. 带虫材料的混播混栽法　由种苗传播的线虫病，一般可采用带虫材料混播混栽的方法接种。如小麦粒线虫的接种，是将虫瘿与麦种混播；甘薯或马铃薯茎线虫，可用混插混栽接种。胞囊线虫或根结线虫的接种，可采用大田混播法，也可在温室或温床中接种。方法是先在床底铺好湿沙，厚约 20cm，沙中混有 20%的线虫胞囊；在播种沟内也填上线虫和湿沙的混合物，厚约 1cm。播种后盖以细沙或木屑，保温保湿，植株生长过程中就被胞囊线虫或根结线虫侵染。

2. 喷雾接种法　为害幼芽或叶片的线虫，可以将线虫悬浮液用滴注或喷雾的方法接种。

3. 伤口接种法　在健组织上钻几个小孔，将带有线虫的材料埋在孔中，或者用培养的线虫悬浮液灌注或注射到孔内。伤口用脱脂棉保湿，也可用熔化的蜡或原来钻下的组织封住。

马铃薯茎线虫等可以接种在块茎上培养。方法是用直径为 3mm 左右的平头锥子或木塞穿孔器刺入块茎表面约 5mm 深，拔出锥子，将线虫悬浮液滴在锥孔内，用熔化的石蜡封口。一个薯块可以刺很多孔，接种后放在玻缸内保湿培养。

（二）线虫与其他病原物的混合接种

要证明线虫传播其他病害，必须用混合接种的方法。例如小麦蜜穗病的接种，就是将小麦线虫的虫瘿和蜜穗病细菌与健粒混合拌匀后播种。证明线虫传播真菌病害，通常是将病菌拌入灭菌的土壤中，种上植物后，再接种线虫，同时设不接种线虫的作对照。

第四节　植物寄生线虫计测

一、线虫计数

1. 计数装置　数量不多的样品可以放在小培养皿或线虫计数皿中，在解剖镜下计数。

虫数过多的，样品经充分搅匀（最好是通气搅匀）和适当稀释后，吸取5～10mL线虫悬浮液，在计数皿中计数。计数皿为一特制的小玻皿，底部有分格的刻度，四周边缘适当倾斜（图6-7）。土壤中胞囊线虫胞囊的计数，一般以200g风干土壤，用漂浮法分离胞囊，晾干后用计数板计数。

计数皿有的是专为线虫计数而设计的一种小玻皿。但是，一般的线虫实验室所用的线虫计数皿通常是自制的。用玻璃刀或小砂轮在小平底培养皿底部划出一定规格的格子，用于指导计数。如果有塑料培养皿或有机玻璃培养皿更好，可以用解剖针直接在底部划出格子。由于要检查计数皿中全部标本，因此格子线之间的距离应小于所用放大率中的镜头视野。检查大型线虫（剑线虫、长针线虫等），一般使用15×放大率，计数皿标线之间的距离约为1cm；一般大小的线虫通常使用50×放大率，标线之间的距离约为3mm。

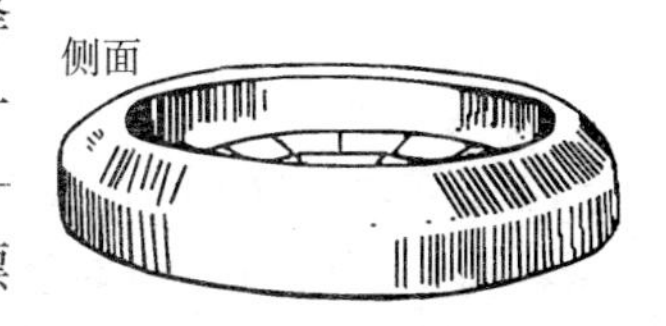

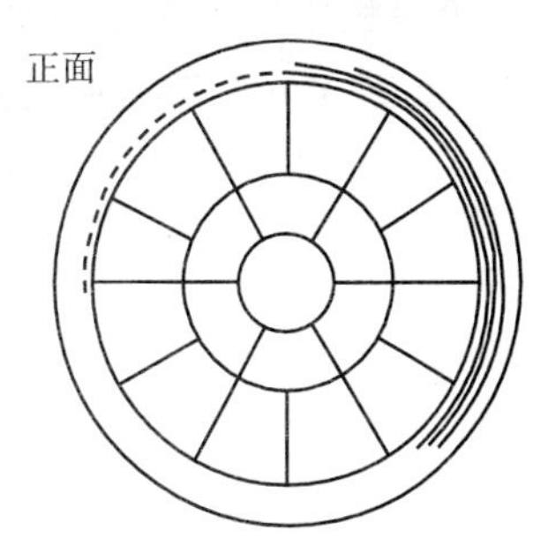

图6-7　线虫计数皿
（仿方中达，1998）

2. 根部胞囊线虫的计数　仔细掘起受害根和根周围的土壤，放在盛有4%福尔马林溶液的容器内，浸渍30min后，将根移到盛有清水的容器内，用毛笔或小刷子把根表的胞囊仔细刷落到水中。将根取出，晾干后称其湿重。福尔马林溶液和清水则全部过筛（100目），筛中的胞囊和其他残余物移在盛有饱和硫酸铵溶液的玻瓶中，胞囊全部上浮。收集胞囊并晾干后计数，最后计算每100g根（湿重）上的胞囊数。

3. 根组织内线虫的计数　根组织在煮沸的酸性品红（或棉蓝）乳酚油中染色和透明后，切成1cm长的小段，放在氯化锌的浓盐酸溶液（12mol/L浓盐酸1.7mL，加入氯化锌1g）中，在25～30℃的温度下浸泡，然后在解剖镜下计数每段根组织中的虫数。

二、线虫死活的鉴别

在药剂或热力防治实验中要正确判断线虫的死活，除去接种幼苗观察外，常用的还有以下鉴别方法。

1. 刺激法　将线虫挑在载玻片上的水滴中，在解剖镜下用毛针刺触虫体，观察是否活动。这种方法在实际工作中很少采用，不仅操作麻烦，而且也不能鉴别虫卵的死活，有些不活动的线虫也并不表示就失去活力。

2. 染色法　染色是鉴别线虫死活比较好的方法，死的线虫可以被染上颜色，而活的线虫不容易被染上颜色。鉴别线虫死活的染料很多，常用的有甲基蓝、甲烯蓝或新蓝R（Newbluer）水溶液（浓度均为0.5%）。死的线虫和卵被染成栗色或深紫色，活的无色。这是目前认为最好的染料。虫体染色可长达24h，胞囊线虫的卵染色可长达7d。

3. 体形的变化　死的线虫多呈僵直状态，或者弯曲呈弓状，而活的线虫是弯曲或扭动的。观察时呈僵直状态的死虫，有时应放在适宜于线虫活动的条件下，5～7d后再核查一次。此外，还可以将线虫放在2%氯化钠溶液中，2min后观察，死虫僵直，活虫则卷曲或扭动。

4. 荧光检验法　荧光检验法是快速鉴别线虫死活的方法。将线虫在0.5%吖啶溶液（pH6.0～7.5）中放1d，再用荧光显微镜检查，活虫的荧光为绿色，死虫的荧光为赤铜色。碱性菊橙溶液染色，可用于鉴别胞囊线虫。

三、线虫体征计测与表述

1. 德曼氏（DeMan）公式 用德曼氏公式对线虫体征作数字化表述经常使用的符号有 L、a、b、c、V、T，有时还有 b'、O、R、Ran、G_1 和 G_2 等项，其中 L 代表虫体总长度。在研究过程中，首先分别观测虫体和各个特征器官的位置、长度或宽度，长度或宽度计测单位为 μm 或 mm。然后通过德曼氏公式进行计算，赋予上述每个符号以一定数值，使用同一个公式时计测单位要一致。德曼氏公式如下：

$$a=L\div\text{虫体最大宽度（μm 或 mm）}$$

$$b=L\div\text{头顶至食道球基部的长度}$$

$$b'=L\div\text{头顶至中食道球末端的长度}$$

$$c=L\div\text{尾长（肛门至尾尖端）}$$

$$V=\text{头顶至阴门的长度}\div L$$

$$T=\text{精巢长度}\div L$$

$$O=\text{口针基球至背食道腺开口的长度}\div\text{口针长度}$$

$$R=\text{体表角质膜的纹数}$$

$$Ran=\text{自肛门至尾尖体表的环纹数}$$

$$G_1=\text{自阴门至前卵巢顶端的长度}\div L$$

$$G_2=\text{自阴门至后卵巢顶端的长度}\div L$$

此外，有的还专门测量吻针、交合刺、引带等器官的长度等。

2. 柯柏氏（Cobb）公式 柯柏氏公式常用 5 对数字进行计算，每对数字都以体长的百分数表示，公式上部的数字是测量点距头顶的距离，下部的数字是该测量点的体宽。第一对数字是在吻针基部的测量值；第二对是在神经环处；第三对在食道与肠连接处；第四对在阴门（♀）或虫体中部（♂）[第四对上部数值两角的数字是卵巢（精巢）的长度对体长比例的百分数]；第五对在肛门或泄殖腔处；最后一个数字是虫体的总长，以毫米（mm）表示。例如，小麦粒线虫的成虫，按柯柏氏公式测量的数值如下：

$$♀=\frac{0.2\quad 2.8\quad 4.3\quad 91.7\quad 94.4}{0.3\quad 0.8\quad 2.0\quad 2.1\quad 0.6}5.5\text{mm};\quad ♂=\frac{0.3\quad 4.1\quad 7.7\quad \text{M}\quad 96.5}{0.4\quad 3.5\quad 3.6\quad 4.1\quad 1.2}2.6\text{mm}$$

公式中的 M 代表雄虫（♂），如有指数也可附在 M 的两角，如${}^{70}\text{M}^{65}$，即指前后精巢的长度占虫体长的百分率。

思考题

1. 植物线虫病害的症状有哪些？重要的植物线虫引起的病害症状特点是什么？
2. 如何采集和保存线虫标本和标样？应注意什么？
3. 线虫的分离有哪些方法？比较各种分离方法的优缺点。
4. 线虫标本有哪些类型？不同类型标本制作的基本过程是什么？
5. 线虫的杀死、固定、脱水和染色有哪些方法？
6. 如何培养线虫？线虫的接种方法有哪些？
7. 如何鉴定线虫的死活？
8. 如何进行线虫的计数和计测？

第七章　植物病原物致病性研究方法

致病性（pathogenicity）是指病原物侵染寄主并引起危害的特性，是一个定性的概念。一种病原物往往只能对寄主植物中一定的属、种或品种具致病性，而对其他属、种或品种则无致病能力，这种差异称为致病性分化。通过测定作物品种对病原物生理小种（physiological race）侵染表现抗病或感病的差别，可以对抗病性与致病性进行定性、定量评价。病菌侵染型与寄主反应型是病原物与寄主互作表型的定性表述；而发病率、病情指数、病害严重度等指标经常用于比较分析植物抗病或感病的程度，同时反映病原物致病力强弱或小种分化。

生理小种是病原物种内的一个分类单元，一种病原物的某个生理小种仅与该病原物寄主植物的某个或少数品种发生相互作用。植物病原真菌生理小种的概念是该小种对寄主某品种有致病能力，植物病毒株系的概念与此类似，但植物病原细菌生理小种则指该小种在寄主某品种上可以诱发抗病性。因此，对不同植物病原物生理小种进行鉴定，往往使用不同的方法。病原真菌和细菌生理小种或病毒株系经常采用鉴别寄主反应法进行鉴定，根据供试菌株或株系在鉴别寄主上的致病力表现来确定小种或株系的归属。

病原物致病性分化取决于致病相关基因的功能，通常从分子遗传、生理生化与组织病理学等方面进行研究。在植物病原物致病相关基因尚未克隆或信息不详的情况下，可以根据正向遗传学研究策略，用辐射诱变、化学诱变、插入等方法产生致病性发生变化的病原物突变体。从突变体细胞中找到对应的突变基因，用多种方法克隆这个基因，通过遗传回补使突变体回复致病性，从而研究揭示该基因对致病性的贡献。如果病原物某个基因已经克隆、序列已知，可以根据反向遗传学研究策略研究这个基因在病原物致病过程中的作用机制。先对这个基因进行改造，将改造的基因引入病原物野生型菌株的细胞，获得突变体，然后比较突变体与野生型菌株致病性的差异，由此判断基因对致病性的作用。无论利用正向遗传学还是反向遗传学策略，致病相关基因产物或致病相关蛋白的功能都是一项重要研究内容，涉及致病相关蛋白从病原物细胞向周围环境分泌、向寄主植物细胞转运以及在植物细胞内的作用动态与功能调控。

第一节　致病性研究的基本环节

病原物致病性分化反映了致病机制的差别，致病机制包括遗传与生理生化两方面的因素。对致病机制进行研究，旨在了解病原物控制致病性的遗传与生理生化基础，揭示遗传与生理生化因子在病原物致病过程中的作用或相互影响。

一、致病性分化的表述与鉴定

（一）生理小种及其命名与鉴定原则

根据致病性分化，病原物种下往往有变种（variety，var.）、专化型（forma specialis，

f. sp.）或生理小种（physiological race）、生物型（biotype）、致病变种（pathovar，pv.）等区别。生理小种是表述植物病原真菌、卵菌、细菌或线虫致病性分化共同使用的种下单元，根据基因型命名。生理小种的基因型与鉴别寄主基因型相对应，而鉴别寄主的基因型根据主效基因来认定。在术语使用方面，含有主效基因 *R1*、*R2*、*R3*……的品种，分别称为R1、R2、R3……品种。在鉴定方法上，如果某个生理小种不能侵染任何含有主效基因的品种，这个生理小种就命名为小种 0；能侵染带有主效基因 *R1* 的品种的，称为生理小种 1；如果一个小种既能侵染带有主效基因 *R1* 的品种，又能侵染带有主效基因 *R2* 的品种，那么这个小种就称为生理小种 1,2。如果用 4 个不同主效基因的品种作为鉴别寄主，就可能有 16 种不同的组合。因此，为了有效鉴定确有差别的生理小种，避免把问题复杂化，鉴别寄主品种的数目应适当控制。另外，同一个生理小种还可以分为不同菌系，菌系代表一个生理小种内致病力类似的一组菌株。

（二）不同病原物致病性分化的特殊表述

生理小种是最常用的种下单元，适用于植物病原真菌、卵菌和细菌，但致病型也是一个经常使用的术语。致病型表示某种病菌或其小种在寄主植物上引起特定症状类型，如坏死斑或褪绿斑。用致病型来表述致病性分化的植物病原细菌主要是青枯病菌（*Ralstonia solanacearum*），原因在于它与寄主植物不存在亲和性与非亲和性分化。这些情况应预先了解，以便理解针对不同病原物致病性分化所使用的不同术语和测定方法。

二、致病性试验研究要点

病原物致病性测定试验不仅需要使用寄主（host）植物，而且还要用到非寄主（non-host）植物。非寄主植物的概念是：在自然条件下，这种植物对某种特定的病原物不发生任何反应，或不受侵染；但在人工接种的条件下，这种植物被迫发生排斥反应，典型的排斥反应就是过敏反应（hypersensitive reaction，HR）。非寄主植物的过敏反应与寄主植物抗病品种（抗病型）的过敏反应表现相似，都是植物防卫反应的表现，但寄主植物过敏反应可以在自然条件下受病原物非亲和小种侵染而诱导发生，并引导对病原物在此侵染的抗病性，如系统性获得抗性（systemic acquired resistance，SAR）。因此，致病性测定试验需要考虑病原物与植物的互作关系，选用适宜的研究方法。

（一）致病性表型测定

致病性表型测定主要在病原物个体与群体水平上对致病性及其分化进行研究，其重要性在于迅速了解病原物是否引起植物过敏反应，并由此判断病原物与寄主植物互作关系是否有亲和性与非亲和性分化，同时为了解植物抗病性类型提供信息。对植物过敏反应进行测定通常使用叶片注射渗透法，现以烟草注射为例，对一个常用的注射方法加以说明（图 7-1）。考虑到病原物类别或致病性分化，可以使用任何不同的模式烟草种类，包括本氏烟（*Nicotiana benthamiana*）和普通烟（*N. tabacum*），试验常用的普通烟有烤烟（flue-cured tobacco variety）品种 NC89、香料烟（oriental tobacco variety）品种 Xanthi 或 Samsun（参见第五章第四节表 5-1）。如果不考虑烟草对不同病害感病阶段的差别，烟草开花前任何时期都可以注射接种。选择顶部第二、三叶，在中脉两侧、侧脉之间均匀选 4～6 个注射点，先用针头对准第一个点刺一小口，用去掉针头的 1mL 注射器吸取菌悬液，左手中指对准刺口、贴紧叶片下表皮，右手握注射器，使之下端出液口对准刺口、贴紧叶片上表皮，用拇指把菌

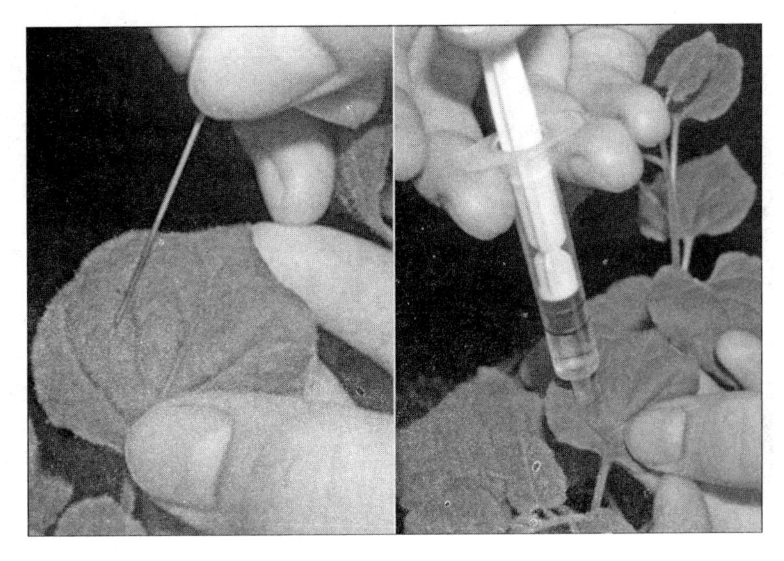

图 7-1　一种常用的叶片注射方法示范
（高蓉试验、作图）

悬液推入叶片细胞间隙。按此方法，在其他注射点上依次注射。

过敏反应是植物细胞程序化死亡（programmed cell death）的结果，通常表现为肉眼可见的组织细胞死亡，称为可视过敏反应（macro-HR）（图 7-2A）；但植物组织有时只有少数细胞死亡，通过特殊染色才能分辨，例如用 trypan blue（台盼蓝，又译锥虫蓝）进行染色，显示为微敏反应（micro-HR）（图 7-2B）。

过敏反应是一种非常重要的防卫反应，通常伴随系统性获得抗性的发生发展。过敏反应与系统性获得抗性不仅可以发生于病原物非亲和小种侵染的寄主植物抗病品种或品系，还可以发生在非寄主植物上，由多种激发子诱导。激发子是指具有诱导植物防卫反应能力的化合物，性质各种各样，有生物与非生物激发子之别，前者如病原物的无毒蛋白或次生代谢产物，后者包括诸如水杨酸、茉莉酸等小分子化合物。另外，量化很重要，即对致病能力进行定量化，如量化为病斑面积、病原物生长速率等。

（二）致病性分子机理研究

1. 致病相关因子类别与功能　植物病原物依赖 3 类致病相关因子与植物发生相互作用，决定与寄主植物的亲和性以及致病性的发生发展过程。

（1）*病原物关联分子模式*　病原物关联分子模式（pathogen-associated molecular pattern，PAMP）特指病原物细胞表面保守性结构组分，如细菌的鞭毛蛋白（flagellin）、脂多糖（lipopolysaccharide，LPS）、通过Ⅲ型分泌途径分泌的蛋白质以及真菌或卵菌细胞壁糖蛋白。Ⅲ型分泌途径是革兰氏阴性植物病原细菌分泌致病相关因子的一条重要渠道，通过纤毛或鞭毛，用类似注射器注射的方式，把致病相关蛋白分泌到细胞外围空间，或注射到植物细胞内。

（2）*无毒或毒性蛋白*　无毒（avirulence，Avr）或毒性（virulence，Vir）蛋白由病原物无毒基因（*avr*）和毒性基因（*vir*）编码，与寄主植物抗病（resistance，*R*）基因产物即抗病蛋白（R）发生专化性相互作用，从而决定病原物与植物的亲和性（compatibility），即

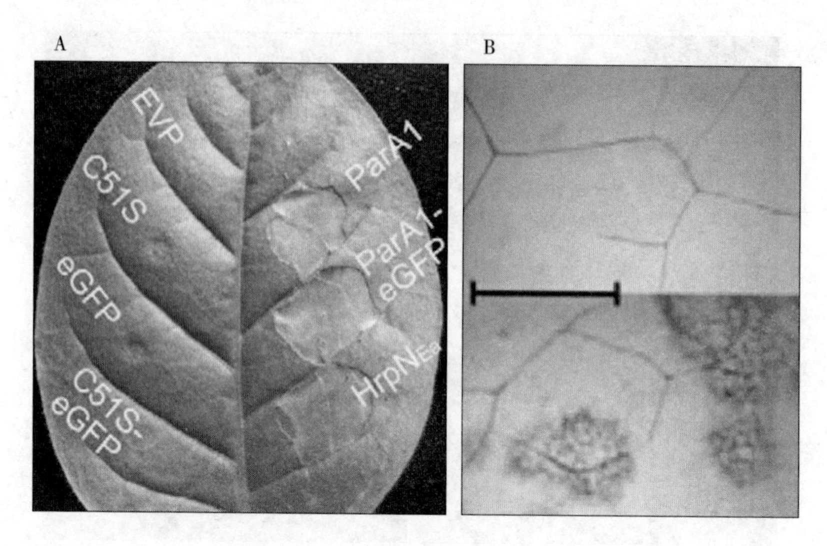

图 7-2　烟草叶片过敏反应

A. 左半叶用 3 种无激发子活性的对照化合物注射渗透，无过敏反应发生，对照包括无活性蛋白 EVP。在右半叶上，无论用烟草黑胫病菌（*Phytophthora parasitica*）的激发子蛋白 ParA1、ParA1 与强化型绿色荧光蛋白（eGFP）二者的融合蛋白，还是用水稻白叶枯病菌（*Xanthomonas oryzae* pv. *oryzae*）的激发子蛋白 $HrpN_{Ea}$溶液注射，都能在 12h 以内诱导可视过敏反应

B. 上部图片来自用无活性蛋白 EVP 注射渗透的叶片；下部图片来自用 ParA1 溶液注射渗透的叶片，在可视过敏反应发生之前，trypan blue 染色后可见微敏反应。标尺代表 3mm

（董汉松课题组试验结果，高蓉作图）

亲和（compatible）或不亲和（incompatible），决定植物抗病（resistance）或感病（susceptibility）。按照植物病理学术语使用习惯，*avr* 或 Avr 用于植物病原原核生物，主要是细菌；*vir* 或 Vir 用于植物病原真核生物，主要是真菌和卵菌。

（3）*致病效应因子*　致病效应因子指病原物侵入寄主植物以后对植物有毒性作用的因子。致病效应因子涵盖的化合物范围很宽泛，既包括具有植物毒性的小分子化合物，如引起植物氧化胁迫的过氧化氢等活性氧（reactive oxygen species，ROS）分子，又包括致病相关蛋白，对细菌来说与病原物关联分子模式有所重叠，如通过Ⅲ分泌途径分泌的 harpin 蛋白和类似转录激活因子的蛋白质（transcription activator-like protein，TAL），还有参与生长发育调控的因子，如 GTP 结合蛋白（G 蛋白）。致病效应因子虽然类别有异，但功能相似，即参与植物—病原物互作的信号传导及其调控。

2. 致病相关因子功能研究要点　上述 3 类因子对致病性的作用不同，研究方法也有差别。

（1）PAMP *功能测定要点*　PAMP 与寄主细胞受体分子识别，诱导植物抗病防卫反应，包括基本防卫反应（basal defense）和先天免疫（innate immunity）。基本防卫反应发生在病原物侵染以后，对各类病原物的致病性都有抵抗作用，属于广谱抗病性（图 7-3A）。先天免疫是指可以阻止病原物侵染的专化性防卫反应，决定于 PAPM 与植物受体分子的特异识别（图 7-3B）。无论基本防卫反应还是先天免疫，都包括多种激素与非激素信号传导及其相互作用。最常见的激素信号有水杨酸（salicylic acid，SA）、乙烯（ethylene）、茉莉酸（jasmonic accid，JA）、生长素（auxin）和脱落酸（abscisic acid，ABA），最常见的非激素信号是 ROS。一种信号含量的变化引起一系列生理生化变化，生理生化变化受不同信号传导调控因子制约，信号分子与信号传导因子这种前后关联的作用组成一个信号传导通路（signal transduction pathway）。不同激素信号或信号传导通路之间会发生复杂的相互作用，互作有协同（synergism）与对抗（antagonism）两种截然不同的方式（图 7-3），称为信号传导交叉调控（crosstalk）。根据图 7-3 提供的信息，研究致病相关因子时需要考虑植物防卫反应，根据防卫反应的变化判断致病相关因子的作用。

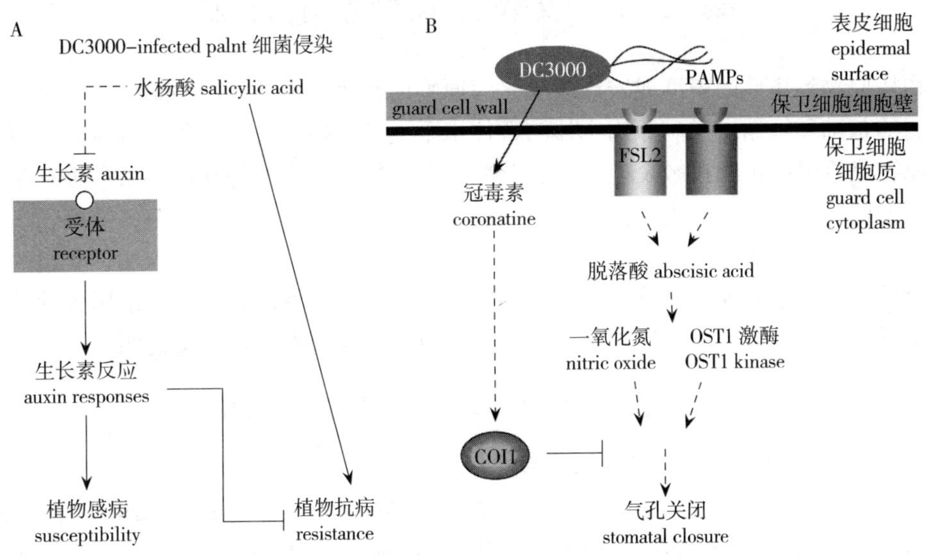

图 7-3　病原细菌 *Pseudomonas syringae* pv. *tomato* 毒性菌株 DC3000（简称 DC3000）诱导植物防卫反应信号传导的两种调控机制

箭头指反应顺序，T 形线条表示抑制作用，实线表示主要反应途径，虚线表示交替途径

A. 水杨酸通过抑制生长素反应而诱导植物抗病性；在水杨酸不足、生长素含量较高的情况下，植物表现感病（Xinnian Dong/董新年课题组研究结果）

B. 病原物关联分子模式诱导气孔关闭，从而抵御病菌侵染，这一过程受多种因素调控（Shengyang He/何胜阳课题组研究结果）

COI1 是茉莉酸信号传导调控蛋白；FSL2 是 PAMP 的一种受体

（高蓉作图）

（2）*Avr 或 Vir 功能测定要点*　Avr 或 Vir 与寄主植物相应的 R 蛋白互作，结果导致植物过敏反应与抗病性。过敏反应实际上表示病原物与植物之间的非亲和关系，按图 7-1 示意的方法进行测定，根据图 7-2 示意的反应加以确认。抗病性强弱同时说明病原物致病性的差别，通过致病性或抗病性表型测定（参见本章第二节）加以确认，同时需要考虑图 7-3 提示的因素。

（3）*致病效应因子功能测定要点*　致病效应因子功能测定可以从诱导防卫反应和先天免疫机制的角度，按照图 7-3 的模式进行测定，反观致病效应因子作用机制。例如，侵入期细胞壁降解酶的作用、侵入后对植物抗病防卫反应的抑制作用。后者的例子有植物表皮毛发育调控蛋白基因 *TTG2*，它通过抑制水杨酸信号传导而抑制系统性获得抗性的发生发展。相应地，植物动用不同的防卫反应机制、调节防卫反应信号传导，来抵御病原物侵染。

3. 病原物致病性与生长发育关系的研究 最典型的情况是植物病原真菌孢子的产生与萌发，既是一个生长发育的过程，又是侵染的必需环节，其间受多种基因或产物调节，也涉及诸如G蛋白及活性氧信号传导的调控作用。植物病原细菌许多致病相关因子也具有调控致病性与生长生殖的双重功能，如harpin及类似蛋白，是病原细菌致病分子进入寄主细胞所必需的因子，同时也有助于病菌从寄主植物获取营养物质。不同病原物的致病因子或同一种病原物的不同致病因子对致病性与生长发育所产生的影响及其机理差别很大，需要有针对性地进行研究。

第二节 致病性表型鉴定方法

植物病原物致病性的表型或宏观表现是病原物内在致病机制作用的结果，也是深入研究致病机制的基础和依据。在病原物个体与群体水平上对致病性及其分化进行研究，便于迅速了解病原物是否引起植物过敏反应，并由此判断病原物与寄主植物互作关系是否有亲和性与非亲和性分化，同时为了解植物抗病性类型提供信息。本节按真菌、卵菌、细菌、病毒、线虫的顺序，选择有代表性的植物病原物，说明致病性测定与小种鉴定的方法，介绍的这些方法经修改后可以用于其他病原物。致病性测定离不开人工接种试验，需要使用各种常用培养基，常用培养基配方和配制方法参见第一章第五节，特殊培养基将随文说明。

一、植物病原真菌致病性鉴定六例

（一）小麦锈菌致病力分化的研究方法

小麦锈菌包括条锈病菌（*Puccinia striiformis* West. f. sp. *tritici* Eriks.）、叶锈病菌（*P. recondita* Rob. f. sp. *tritici* Eriks.）和秆锈病菌（*P. graminis* Pers. f. sp. *tritici* Eriks.），它们都是寄生性很强的高等真菌，致病力分化明显，可以分为许多生理小种。通常采用人工接种与田间调查两种方法对锈菌致病性及其分化进行研究。人工接种首先需要按特定方法分离、纯化菌种，制备侵染体。

1. 锈菌菌种的制备与保存

（1）锈菌繁殖与菌种纯化 从大田、病圃或温室取病样，随即将病样上的夏孢子接种到温室麦苗上繁殖。有的样本需先保湿一定时间，然后取上面成熟的孢子进行接种、繁殖。最简单的纯化方法是从某一鉴别品种上进行分离即可（参见第八章第二节）。麦苗只留第一片叶，用自来水洗掉叶片表面的夏孢子，加罩玻璃筒，以后采集新长出的夏孢子进行繁殖或保存。要得到纯度较高的菌种，还需进行单孢子分离纯化，方法有3种。

①洋菜培养基方块法：把盛有一薄层琼脂培养基的培养皿放入沉降塔内，通过L形管在2.03×10^5 Pa气压下将夏孢子吹入沉降塔上方，再沉降到培养基上。把培养基切成小方块，在低倍显微镜下检查，选取只有1个孢子的方块反贴到感病品种铭贤169幼苗叶片上，保湿潜育，繁殖出单孢子菌系。

②拉丝法：将玻璃丝黏在针杆上，蘸水，蘸取稀释在玻片上的夏孢子干粉，在低倍镜下镜检，只有1个孢子时，将玻璃丝转换不同角度在铭贤169幼苗的叶片上拉3次使单个孢子留在叶片上，然后喷雾或人工结露保湿，繁殖单孢菌系。

③沉降塔稀释法：将若干盆铭贤169幼苗喷雾后置于沉降塔内，夏孢子通过L形管被

喷到塔的上方，孢子沉降后取出幼苗保湿潜育。叶片出现透明病斑时，选取只有单个病斑的叶片保留，其余的拔掉，从而获得单病斑系。此法快速、简便。沉降孢子量可预先测定，以低倍镜下每视野1～4个孢子为宜。

（2）菌种繁殖　由于测定的单个夏孢子堆菌株的数量有限，测出混杂的几率很小。比较好的方法是将原始样本先接种在抗性不同的小麦品种或鉴别寄主上，如果在同一个品种上出现不同类型夏孢子堆，很可能是混杂的。分离不同反应型的夏孢子堆，往往可以得到不同的生理小种。锈菌菌种纯化以后，可以连续在温室培养的麦苗上繁殖和保存。为了得到较大的繁殖量，一般都是用极感病的品种繁殖。条锈菌一般用高感品种铭贤169作繁殖母株。

（3）菌种保存　田间采到的锈病标本只要保持干燥和低温，其中的孢子就能存活一定时期，满足接种需要，但是不能长期保存。实验用的锈菌菌株，可以接种在麦苗上繁殖保存，但必须定期转株。锈菌夏孢子在低温（4～5℃）和相对湿度40%～50%的条件下可以存活数月，可将夏孢子试管样本放入小干燥器，干燥器用氯化钙或适当浓度的硫酸控制相对湿度，置4～5℃冰箱内保存，保存时间很难超过1年。如需保存更长时间，可将夏孢子放入体积适合的小试管，置室温，干燥48h，然后加与孢子等量的重结晶氯化血红素，充分混合后真空干燥2h，用丙烷火焰封口，冷却后放入冰箱，可保存5年以上。另外，也可采用冷冻干燥或液氮保存，夏孢子可存活数年。

2. 锈菌接种　麦类锈菌接种方法因工作目的不同而有差异，可酌情选用。

（1）注射接种　注射接种主要用来繁殖锈菌夏孢子。如果夏孢子样本量少或萌发率低，可以菌悬液注射麦苗叶鞘，繁殖增量。注射接种也常在病圃小麦孕穗期进行，诱导感病保护行植株发病。注射接种效率很高，但不适于品种抗性测定和生理小种鉴定。

（2）幼苗叶面接种　小麦品种苗期抗性的测定和锈菌生理小种的鉴定，以及锈菌的繁殖，都用这种方法接种。在直径12cm的花盆中均匀播种小麦（15株/盆），于一叶一心期接种麦苗第一叶。接种前，手指蘸水，轻轻摩擦叶片，除去表面蜡质层，用水喷雾，然后接种夏孢子，再次喷水保湿。幼苗接种后保温6～13℃，保湿12～24h，然后移入温室。温室温度保持在14℃±3℃，日照10～14h。叶面接种主要有以下3种方法：

①涂刀接种：涂刀接种是常用的表面接种法，尤其适合夏孢子的量少或单个夏孢子的接种。涂刀用夏孢子悬浮液沾湿，或用水沾湿后蘸取夏孢子粉，均匀涂抹叶面。

②撒布接种：撒布接种方法适于接种大量的幼苗或使用量大的夏孢子进行接种。待接种的小麦幼苗置保湿箱中，用水喷雾，将发病叶或秆上的夏孢子抖在麦苗上，来回掸动几次，使孢子分布更加均匀，然后再喷水保湿。

③喷粉接种：待接种麦苗用水喷雾湿润，将夏孢子用滑石粉稀释15～20倍，管口蒙一层纱布，管口朝下，以小棒轻敲管壁，使孢子粉均匀振落于湿麦苗上进行接种。

3. 小麦锈菌生理小种鉴定方法　生理小种通过温室或病圃试验进行鉴定。

（1）温室苗期鉴定　温室苗期鉴定是一种比较准确的鉴定方法。将纯化的锈菌夏孢子样本接种于一套鉴别寄主上，根据品种侵染型，确定样本的生理小种归属或是否是新的生理小种。目前我国鉴定条锈菌生理小种的标准鉴别寄主是24个小麦品种。关于苗期接种的方法和侵染型的记载与品种苗期抗性的测定方法相同。到2003年为止，已经鉴定了32个生理小种（表7-1）。

表 7-1 我国小麦条锈菌主要生理小种在鉴别寄主上的反应

生理小种	鉴别寄主																				
	条中1号	条中2号	条中8号	条中10号	条中13	条中17	条中18	条中19	条中20	条中21	条中22	条中23	条中24	条中25	条中26	条中27	条中28	条中29	条中30	条中31	条中32
Trigo Eureka	R	S	R	R	S	S-R	R	R	R	S-R	S	S	S-R	S-R	S-R	S	S	S	S	S	S
Fulhard	R	S	S	S	S	S	R	S	S	S	S	S	S	S	S	S	S	S	S	S	S
碧蚂1号	S	R	R	S	R-	S	S	S	S	S	S	S	S	S	S	S	S	S	S	S	S
保加利亚 L. 128	S	R	S-R	R	R	R	S	S	R	S	S	S	S	S	S	S	S	S	S	S	S
西北丰收	S	R	R	S	R	S	S	S	S	S	S	S	S	S	S	S	S	S	S	S	S
西北54	S	R	R	S	R	S	S	S	S	S	S	S	S	S	S	S	S	S	S	S	S
玉皮	R	R	S	S	S	S	S	S	S-R	S	S	S	S	S	S	S	S	S	S	S	S
南大2419	R-S	R	R	R	S	S-R	R-S	S	S	S-R	S	S	S	S	R	S	S	S	S	S	S
甘肃96	R	R	S	S	S	S	S	S	R	S	S	S	S	S	S	S	S	S	S	S	S
维尔	R	N	R	R	N	R	R	R	R	R	R	R	R	S	R	S	S	S	S	S	S
阿勃	R	R	R	R	S	S-R	S	S	R	S	S	S	S	S	S	S	S	S	S	S	S
早洋	R	R	R	R	S	S	R-	S	R	S	S	S	S	S	S	S	S	S	S	S	S
阿夫	R	N	R	R	R	R	R-S	S	S	S-R	S-R	S	S	S	S	S	S	S	S	S	S
丹麦1号	R	N	R	R	R	R	S	S	R	S-R	S-R	S	R	S	S	S	S	S	S	S	S
尤皮Ⅱ号	R	N	R	R	R	R	R	R	R	S	S	R	R	R	R	S	R	R	R	R	S
北京8号	R-S	R	R	R-S	R-S	S	S	S	S-	S	S	S	S	S	S	S	S	S	S	S	S
丰产3号	R	N	R	R	R	R-S	R-S	S	S	S	S	S	S	S	S	S	S	S	S	S	S
洛夫林13	R	N	R	R	R	R	R	R	R	R	R	R	R	R	R	R	R	S	S	S	S
抗引655	R	N	R	N	R	R	R	R	R	R	S	R	R	R	R	S	R	R	R	R	S
泰山1号	R	N	R	N	N	S	S	S-R	R	S-R	S-R	S-	S-	S-	S-	S	S	S	S	S	S
水源11	R	N	R	R	N	R	R	R	R	R	R	R	R	R	R	R	R	R	R	S	S
中四	R	N	R	R	N	R	R	R	R	R	R	R	R	R	R	R	R	R	R	R	R
洛夫林10	R	N	R	R	N	R	R	R	R	R	R	R	R	R	R	R	S	S	S	S	S
Hybrid46	N	N	N	N	N	N	R	R	R	N	R	R	R	R	R	R	R	R	S	S	S

注：R＝抗病；S＝感病；S-＝轻度感病；S-R＝抗感变异较大；N＝未测定。

一些出现频率低、对生产影响较小的小种多未命名，根据其致病特点，称为某种致病类型，具有共同致病特征的小种和类型统称为某致病类群。目前我国条锈菌已鉴定到40多个不同的致病类型，如尤皮致病类型1、2，洛10类型2～6，洛13类型2～12，Hybrid46类型3～9，水源类型1～12等。现在用于鉴定小种的品种，基本采用我国自己选出的品种。

（2）病圃试验　将一套标准鉴别品种和其他辅助品种播种在不同地区，观察它们在自然条件下的发病情况，可以由此判断生理小种的组成以及是否有新的生理小种出现。如果发现可能是新的小种，可通过苗期接种进一步鉴定。

（二）白粉菌致病力分化的研究方法

白粉菌分属不同种，都是高等植物的专性寄生菌，寄主范围十分广泛，可为害近1 300个属7 000多种植物，其中90%以上为双子叶植物。许多作物都有白粉病发生，禾布氏白粉菌［*Blumeria graminis*（DC.）Speer］为害麦类和某些其他禾本科植物，大麦白粉菌（*B. graminis* f. sp. *hordei*）和小麦白粉菌（*B. graminis* f. sp. *tritici*）是它的两个专化型。有3个属6个种的真菌都可以引起瓜类白粉病，分别是二孢白粉菌（*Erysiphe cichoracearum* DC ex Mecat）、普生白粉菌［*E. communis*（Wallr.）Link］、蓼白粉菌［*E. polygoni*（DC）St.-Am.］、多主白粉菌（*E. polyphaga* Hammarlund）、鞑靼内丝白粉菌［*Leveillula taurica*（Lev.）Arnaud］和单丝壳［*Sphaerotheca fuliginea*（Schlecht. ex Fr.）Poll.］。我国瓜类白粉病病菌主要属于二孢白粉菌和单丝壳。

1. 白粉菌接种体制备 白粉菌专性寄生，只能在植物活体上存活；白粉菌分生孢子寿命短，很难保存。因此，接种试验可以利用自然发病叶片上产生的孢子。但为了常年都能进行试验，一般用感病作物品种对白粉菌进行培养繁殖。白粉菌分生孢子很轻，容易随气流飞散，要保存特定的菌株或生理小种必须注意隔离。

麦类白粉菌繁殖的最适宜温度为15～20℃，高于25℃或低于5℃则繁殖很慢。菌种繁殖方法是先把感白粉病寄主播种于花盆，用纱布罩住花盆口，再用橡皮筋套紧，待麦苗长到二叶一心时，用菌种单孢子菌系在隔离室内接种，接种完毕立即罩上纱布，置于培养箱，保温15～20℃进行繁殖。麦类白粉菌的生理小种可以在试管麦苗上保存，方法是：把麦苗置于30.0cm×2.5cm的大试管中培养，然后将孢子接种到麦苗上，发病后置于2～4℃、日光灯照明的冰箱中，可以保存4～6周。

2. 白粉菌生理小种鉴定方法 白粉菌表现出明显的寄生专化性，根据若干鉴别品种的病斑类型、是否表现过敏反应，可以分为不同的专化型或生理小种。

（1）苗期鉴定 白粉菌的生理小种是在鉴别品种上经过苗期接种鉴定的，国际上还没有形成统一的鉴别品种。接种方法与苗期抗性测定相同。由于白粉菌的孢子轻而容易飞散，测定时要做好隔离，避免生理小种混杂。在温室内同时测定许多生理小种也有一定的困难，因为温室条件非常有利于白粉菌滋生、繁殖，应特别注意温室清洁。可在鉴定工作开始前或定期用硫黄粉熏蒸，清除残留的白粉菌。温室有加温设备的，可将硫黄粉撒在加热器上。

（2）叶片离体鉴定 麦类白粉菌生理小种致病性和品种抗病性还可用离体叶片接种进行测定。在塑料培养盒（12cm×24cm）内放50个小塑料盒（2cm×2cm），小塑料盒内盛50μg/mL的苯并咪唑（benzimidazole）溶液。将麦苗第一叶或第二叶切成3～5小段，每段长1～2cm，叶面向上漂浮在小塑料盒内的溶液上。一个培养盒放不同品种的叶片小段，叶片小段设置适当重复，用来鉴定一个生理小种。接种时，将病叶上繁殖的孢子吹落在叶面上，封闭，保持20℃、16h光照［450μE/（m^2·s）］。接种后7d左右，根据苗期抗性的分级标准记载品种的反应。叶片离体与原位测定的结果是一致的，同样可以用来鉴定品种抗性或保存白粉菌菌种。

（三）黑粉菌致病性研究方法

绝大多数黑粉菌都是高等植物上的寄生菌，在寄主苗期、花期和其他生长期均可侵入，多半引起全株性侵染。黑粉菌是一类寄生性较强的非专性寄生菌，大多数可以在人工培养基上生长，少数为腐生菌。在自然界条件下，黑粉菌只有在一定的寄主上寄生才能完成其生活史。许多禾本科作物都被1种或几种黑粉菌危害，重要的黑粉菌有小麦散黑穗病菌［*Ustilago tritici*（Pers.）Rostr.］、小麦3种腥黑穗病菌［*Tilletia foetida*（Wallr）Liro.、*T. caries*（DC.）Tul. 和 *T. contraversa* Kühn］、小麦秆黑粉病菌（*Urocystis tritici* Koern）、大麦坚黑穗病菌［*Ustilago hordei*（Pers.）Lagerh.］、高粱散粒黑穗病菌［*Sphacelotheca cruenta*（Kühn）Potter］和玉米黑粉病菌［*Ustilago maydis*（DC.）Corda］。

1. 黑粉菌接种体制备 黑粉菌以双核菌丝侵染寄主植物，在病株的特定部位形成双核的黑色粉状冬孢子（厚垣孢子），作为下一季侵染的来源。因此，黑粉菌冬孢子成为常用的接种体。接种用的冬孢子样本是遗传性状不一致的群体，所谓黑粉菌的生理小种，也是这种群体，它们在若干鉴别品种上表现不同程度的致病性。

黑粉菌冬孢子萌发产生的小孢子很容易在人工培养基上繁殖，对小孢子进行单孢子分离和培养，可以分别得到单个小孢子菌株。许多黑粉菌是异宗配合的，两个可交配的单个小孢子菌株混合后也能用于接种，这种接种物的遗传性状是一致的。从一种黑粉菌可以分离到许多性状不同的单个小孢子菌株，而以不同的组合来接种，情况就很复杂，要选出具有广泛代表性的一个组合比较困难。因此，单个小孢子菌株主要用来研究黑粉菌的遗传特性。对一般接种工作，只有少数黑粉菌有时需要用两个小孢子菌株混合接种。

由于发病部位的局限性，品种对黑粉病的抗性很难通过调查自然发病而很快作出判断，一般都借助人工接种。接种用的冬孢子从发病部位取下后，充分干燥分散，筛去杂质，在室温下可以长期保存。小麦秆黑粉菌冬孢子在叶片和叶鞘等组织内产生、堆积，可以将病组织剪碎，加水充分搅动，用纱布滤去植物组织，然后将冬孢子悬浮液用滤纸过滤。冬孢子留在滤纸上，充分晒干后分散成粉状就可以长期保存。冬孢子在保存过程中需要防潮，必要时可以保存在氯化钙上。大麦散黑穗病菌和小麦散黑穗病菌冬孢子寿命较短，2～3个月后萌发能力就明显降低，但在低温（0℃）干燥条件下能保存1年以上。大麦散黑穗病菌和小麦散黑穗病菌冬孢子在低温下（2～4℃）萌发，只形成先菌丝，先菌丝的细胞可以互相分开。分离单个先菌丝细胞，可以得到单倍体菌株，混合交配后用来接种。一般来说，大麦散黑穗菌和小麦散黑穗菌的接种都是用当年病株的冬孢子。

2. 黑粉菌致病力分化研究方法 黑粉菌根据致病性的差异，可分为若干生理小种。丝黑穗菌（*S. reiliana*）可以危害高粱、苏丹草和玉米等作物，高粱上的丝黑穗菌可以危害高粱和某些玉米品种，但玉米上的丝黑穗菌则只能危害玉米，所以有人将其分为两个变种（危害高粱的是 var. *reiliana*，危害玉米的是 var. *zeae*）。变种的下面，根据对不同品种致病性的差异，再分为生理小种。各种黑粉菌致病力分化的程度不同。各种麦类和高粱等作物的黑粉菌一般都分化为明显的生理小种，但是甘蔗和玉米的黑粉菌致病性的分化不很显著。

黑粉菌的生理小种有两种情况，一种是在若干鉴别品种上致病力表现一定差异的冬孢子样本，多数黑粉菌是这样区分生理小种的。另一种是分离和培养冬孢子萌发产生的小孢子，以两个可交配的小孢子菌株组合的致病力差异，来区分生理小种，如玉米和高粱丝黑穗菌的生理小种就是这样区分的。黑粉菌生理小种的鉴定，是根据接种在鉴别品种上的反应（发病率），接种的方法与抗性测定相同。

抗黑粉病的品种，因新生理小种而丧失抗性的情况并不像锈病那样严重，因此，黑粉病的研究还是着重于抗性的测定，病菌致病力分化的研究很少。

(四) 稻瘟菌致病力分化的研究方法

稻瘟菌［*Pyricularia grisea*（Cooke）Sacc，有性阶段为 *Magnaporthe grisea*（Herbert）Barr］在繁殖过程中就可以发生变异。稻瘟菌繁殖很快，一个病斑可连续产孢 7～14d，每天产2 000～6 000个孢子。因此，稻瘟菌的变异性很大，一块病田中往往可以分离到许多不同的生理小种。对稻瘟菌生理小种进行鉴定，一般用若干抗性不同的水稻品种作为鉴别寄主，根据病斑型鉴别生理小种。由于各国所用的鉴别品种不同，鉴定的生理小种很难相互比较。

1. 稻瘟菌接种体制备　稻瘟菌菌株不同，产生分生孢子的能力与数量各有差别，有的菌株在培养过程中逐渐降低产孢能力。孢子的产生与培养基的关系很大，而不同菌株的要求又有所不同，还没有普遍适用的培养基。一般来说，在有些植物的茎秆或其他组织上培养可以促进产孢，如稻秆、香蕉的茎和水浮莲的叶柄等，特别是带有茎节的稻秆，都是很好的培养基。

稻瘟菌有的菌株在水稻、大麦、高粱等子粒上培养，可产生较多的孢子。用大麦粒培养孢子的方法是：在 100mL 三角瓶内放大麦粒 12g，加蒸馏水 20mL，经高压蒸汽灭菌（120℃，18min）后使用。把在试管或培养皿中培养的稻瘟菌菌丝体连同培养基一起挑取，接种到大麦粒上，保持 26℃，培养 1～2d。当菌丝体扩展到四周的麦粒上以后，充分振动使麦粒散开，26℃保育 7d 左右，麦粒上就长满菌丝体，并且产生孢子。每瓶加清水 60mL 将孢子洗下，经纱布过滤，得到孢子悬浮液。洗过的麦粒除去多余的水分，摊在培养皿上，麦粒上又能形成大量孢子；麦粒干燥后还可在低温下保存。

培养稻瘟菌比较适合的固体培养基有淀粉琼脂培养基、燕麦片琼脂培养基和米糠琼脂培养基等。先将稻瘟菌在适当培养液（如酵母浸膏 5g、蔗糖或葡萄糖 20g、水1 000mL）中振荡培养，得到菌丝体悬浮液。每个培养皿接种菌丝体悬浮液 5mL，在 26℃条件下培养 7d 左右，琼脂平板上即长满菌丝体。除去培养皿盖，用毛笔刷或流水洗，剔去气生菌丝，在荧光灯下照 1～2d，表面就产生大量孢子。

接种前用清水或 0.2%明胶液从培养基上洗下孢子，也有用 0.05%油酸钠溶液的，将孢子含量调节到 2×10^5～5×10^5 个/mL。病叶上的孢子也能用以上方法洗下配成悬浮液接种。大田接种需用大量的孢子，可以先将稻瘟菌在温室内接种在非常感病的黑麦品种上，14d 后上面产生大量的孢子，洗下配成悬浮液。

2. 稻瘟菌生理小种鉴定　在日本和美国，通常使用 8 个统一的品种作为鉴别品种，测定的菌株可分为 8 个生理小种群，每个生理小种群包括若干生理小种。表 7-2 是简化的定性分析符号，S 表示感病，R 表示抗病，S,R 表示生理小种群中不同生理小种的反应，有的反应是感病，有的反应是抗病。生理小种群用 IA、IB……表示，I 代表国际（international），表示鉴定为国际生理小种群。每一生理小种群中的生理小种用编号表示，如 ID6 表示国际生理小种群 ID 中的 6 号生理小种。

我国对稻瘟菌生理小种也形成了有效的鉴定体系，鉴别寄主针对 7 个生理小种群（表 7-3），各个地区可以确定其主要流行群。对菌种进行鉴别时，凡对 A 品种（特特勃）有致病性并显示感病反应的，均属 ZA（Z 代表中国）群小种；凡对 A 品种无致病性，而在 B 品种（珍龙 13）上表现感病反应的，均属 ZB 群小种；依此类推，可鉴别出 ZC、ZD、ZE、ZF 和 ZG 群小种。ZA、ZB 和 ZC 群小种对籼稻鉴别品种具致病性，称为籼型小种；ZD、ZE、ZF

和ZG群小种称为粳型小种。同一类群的小种，根据在分群品种后面的各品种的反应来予以区别，用数字表示。根据菌株对7个鉴别品种的病斑反应，查对模式表（表7-3）即可确定小种归属。

表7-2 国际稻瘟菌8个生理小种群在8个鉴别寄主上的反应

生理小种群	鉴别寄主							
	Raminad	Zenith	NP125	UseN	Dular	Kanto 51	Shatito Saos	Caloro
IA	S	R	R	S	S，R	S，R	S	S，R
IB	R	S，R	S，R	S，R	S，R	S，R	S，R	S，R
IC	R	R	S，R	S，R	S，R	S	S，R	S
ID	R	R	R	R	S，R	S，R	S，R	S，R
IE	R	R	R	R	S	S	S，R	S
IF	R	R	R	R	R	S	S，R	S
IG	R	R	R	R	R	R	S	S，R
IH	R	R	R	R	R	R	R	S

表7-3 中国稻瘟菌7个小种群在7个鉴别寄主上的反应

中国小种群	鉴别寄主						
	特特勃	珍龙13	四丰43	东农363	关东51	合江18	丽江新团黑谷
中A群（ZA）	S	S，R	S，R	S，R	S，R	S，R	S，R
中B群（ZB）	R	S	S	S	S	S	S
中C群（ZC）	R	R	S	S	S	S	S
中D群（ZD）	R	R	R	S	S	S	S
中E群（ZE）	R	R	R	R	S	S	S
中F群（ZF）	R	R	R	R	R	S	S
中G群（ZG）	R	R	R	R	R	R	S

3. 稻瘟菌毒力测定 毒力或致病力是指病原物生理小种在寄主植物不同品种或品系上致病能力的差别，根据植物品种或品系的发病程度来衡量，用病斑数目或面积加以定量。但需注意，病斑数目较少的，既可能是不同生理小种的反应，也可能由于病菌孢子的来源较少的缘故。故可用毒力频率和联合致病性分析的方法，评价稻瘟菌生理小种的毒力或水稻品种对稻瘟菌菌株的抗性。使用毒力频率进行分析时，用数字1、2分别指代品种1和品种2，用联合毒性系数（VAC）和联合抗病性系数（RAC）分析品种两两搭配与一系列菌株的相互作用：

毒力频率VF（%）＝强致病力菌株数÷菌株总数×100

RAC1,2＝弱致病力RAC1菌株数÷弱致病力RAC2菌株数÷菌株总数

VAC1,2＝强致病力VAC1菌株数÷强致病力VAC2菌株数÷菌株总数

（五）玉米小斑病菌致病力分化的研究方法

玉蜀黍平脐蠕孢［*Bipolaris maydis*（Hisik.）Shoem.］引起玉米小斑病，俗称玉米小斑病菌。小斑病菌至少有两个生理小种，即常见的O小种和T小种。两个小种最明显的区别是危害部位和症状不同。O小种只危害叶片，形成比较小的病斑。T小种危害叶片，形成较大的边缘黄色的纺锤形黄褐色病斑，病斑发生后几天，整个叶片会枯萎；叶鞘和苞片上也发生类似的病斑；果穗和穗柄也能受害，果穗腐烂；病菌可侵入到子粒内，病种不能萌发或

出苗后即枯死。两个生理小种的繁殖率和对温度的要求也不同。T 小种繁殖快，侵染后很快形成病斑，产生孢子，因此在田间的蔓延快。O 小种在南方或较温暖地区发生重，T 小种则在较低温度下也能发展。

两个小种对寄主细胞质的专一性不同。T 小种专门侵害含有雄花不育 T 型细胞质的植株，而 O 小种没有专一性。T 小种在人工培养基上和含有雄花不育 T 型细胞质的病株中，可以产生同样对细胞质专一性的毒素。O 小种也能产生少量毒素，但是它对细胞质没有专一性。含有 T 型细胞质的植株，对 T 小种的感病程度也是不同的，从中也可以通过接种测定选出抗 T 小种的品种，也可以利用 T 小种产生的专一性毒素来测定。玉米种子萌发形成初生根后，浸在毒素配制液中，具有感病 T 细胞质的，初生根的生长受到抑制，往往随即死去；将切下的叶片漂浮在毒素配制液中或者将毒素注入植株体内或叶片中，也能发现两种细胞质类型株的不同反应。

（六）棉花枯萎菌致病力分化的研究方法

尖孢镰刀菌（*Fusarium oxysporum* Schlecht）不同专化型侵染不同植物，如棉、西瓜、黄瓜、豌豆、蚕豆、番茄、香蕉等，引起枯萎病。枯萎菌的各个专化型都存在致病力不同的生理小种，生理小种也是在若干品种上用人工接种的方法进行鉴定。例如，棉花枯萎病菌生理小种的鉴定，在美国除用海岛棉、陆地棉、亚洲棉外，还用烟草和大豆作为鉴别寄主（表 7-4）。根据在棉花各类品种上进行测定的结果，我国棉花枯萎病菌分为 3 个生理小种（表 7-5）。

表 7-4　棉花枯萎病菌生理小种鉴别性状

生理小种	鉴别寄主上的致病力			
	海岛棉	陆地棉	亚洲棉	烟草、大豆
1	弱	强	不侵染	弱
2	弱	强	不侵染	不侵染
3	强	不侵染	弱或不侵染	不侵染
4	不侵染	不侵染	强	不侵染

表 7-5　我国棉花枯萎病菌 3 个生理小种的分布及鉴别性状

生理小种	分　布	鉴别寄主上的致病力		
		海岛棉	陆地棉	亚洲棉（中棉）
1	辽宁、四川、陕西、山东、江苏等地	强	强	中等
2	浙江、湖北、河北等地	强	中等	弱或不侵染
3	新疆	强	不侵染	不侵染

二、植物病原卵菌致病性鉴定两例

（一）疫霉菌致病性鉴定

1. 疫霉菌分离纯化　疫霉属（*Phytophthora*）卵菌大多为两栖类型，几乎都是植物病原菌，大多是兼性寄生的，寄生性从较弱到接近专性寄生，少数种类至今仍不能在人工培养基上培养。疫霉菌寄主范围很广，可以侵染植物地上部分和地下部分。致病疫霉［*P. infestans*（Montagne）de Bary］是寄生性较强的非专性寄生菌，危害马铃薯、番茄等作物，引起晚疫病。

疫霉菌寄生水平很高，采集的病样很难保存。疫霉菌在人工培养基上生长缓慢，并容易受其他微生物抑制。由于这些原因，疫霉菌分离培养十分困难，使用常规方法很难分离培养并得到纯菌种。所以，疫霉菌培养基需要使用选择性培养基，以 V8 培养基最为适宜，还可以使用常用培养基，添加抗生素抑制杂菌，尤其是细菌。可以将黑麦培养基、燕麦片培养基或马铃薯—葡萄糖培养基经高压灭菌后冷却至 45℃左右，加入利福平（rifampicin）20μg/mL、氨苄青霉素（ampicillin）200μg/mL 和制霉菌素（nystatin）100μg/mL，用来抑制细菌生长。也可用 75%五氯硝基苯可湿性粉剂 67mg/mL 替代制霉菌素制成选择性培养基，分离辣椒疫霉比较理想。

分离疫霉菌时，可以直接从田间采回的新鲜病叶或病果上挑取纯净的霉层，或用琼脂块小心蘸取孢子囊，置于选择性培养基上，18℃保温培养。也可将采回的病叶或病果用自来水冲洗干净，灭菌水漂洗 2～3 次，用吸水纸吸干病样上的余水，叶背朝上置于燕麦片琼脂培养基上，保持 18℃，保湿培养。待长出新霉层，直接挑取霉层或用琼脂块蘸取孢子囊，置于选择性培养基上培养，其中黑麦培养基较为适宜。在燕麦片培养基上培养的疫霉长出菌落后，挑取菌落边缘菌丝置于黑麦培养基斜面进行纯化，菌落长满斜面后移置于 4℃冰箱中保存；为保证病原菌活性，一般 4～6 个月移植 1 次。

2. 疫霉菌孢子悬浮液制备 下面介绍 3 种疫霉菌孢子悬浮液制备方法，可酌情选用。

（1）使用马铃薯块 可以用马铃薯薯块培养并保存致病疫霉菌菌种，即选健康的感病品种薯块，切一很深的口，将有新鲜病斑的小叶插入裂口内，用橡皮筋缚紧防止干燥，可放入 12℃冰箱储存备用。薯块保存的菌种每隔 6 周按以上步骤移一次。准备接种时，用无菌操作的方法，将病薯切成小薄片，放在培养皿中的湿润的滤纸上，保持 18℃培养 4～5d，薯块上即产生大量的孢子囊。收集孢子囊，放在蒸馏水中，13℃保持 30～60min，即可释放出游动孢子，得到供接种用的游动孢子悬浮液。

（2）使用 V8 培养基 用 V8 琼脂培养基培养辣椒疫霉菌游动孢子，7d 后从菌落上切取菌块或菌饼，移植到无菌水或盛有土壤浸出液（200g 土溶于1 000mL 水中）的培养皿中，保持 25℃，诱发孢子囊产生。3～4d 后，将产生孢子囊的培养物置于 4℃下培养 10～20min，或置于 10℃下培养 45～90min，诱发孢子囊释放游动孢子，当游动孢子足量时，用两层纱布过滤，除去菌丝块。

（3）使用燕麦培养基 将燕麦培养基上培养 7d 的辣椒疫霉，在 28℃下荧光照射 48h，诱发孢子囊。培养皿中加入无菌水，用毛笔刮动平板培养基表面，收集菌丝和孢子囊，置于 4℃下保持 40～50min，诱发游动孢子的形成；然后放回到室温，保持 30～60min，诱发游动孢子的释放，经两层纱布过滤后即得孢子悬浮液。

3. 致病疫霉菌致病力分化的研究方法 致病疫霉菌的生理小种根据对寄主鉴别品种过敏性反应的诱导能力加以鉴定，也需观察病变情况。过敏性反应一般在 48h 以内发生，如果此时未见过敏反应，可继续观察是否发生病变。鉴别寄主一般在温室生长，切取叶片，置放在培养皿中的湿润滤纸上，叶片背面朝上，滴注 25μL 游动孢子悬浮液（1×10^4～5×10^4 个/mL）。最好在下午接种，次日上午将叶片翻过来放在光照培养箱中，保持 18℃，培养 48h，检查过敏反应；继续培养 3～5d，用 15 倍放大解剖镜检查接种点是否有孢子产生、是否发生褪绿或坏死病变。

关于辣椒疫霉菌生理分化的研究较少。有人将不同来源的23个辣椒疫霉菌接种到番茄、茄子、南瓜、西葫芦、西瓜和6个不同的辣椒品系上，根据致病力的不同，将供试菌株分为14个致病型。致病疫霉生理小种的反应和命名见表7-6，R表示抗病，S表示感病。为了便于说明问题，表7-6只用4个单基因品种，实际上发现的*R*基因不只4个，而用于鉴别生理小种的品种不完全是单基因品种。

表7-6　致病疫霉菌生理小种与鉴别寄主抗病基因的对应关系

抗病基因	生理小种														
	0	1	2	3	4	1，2	1，3	1，4	2，4	3，4	1,2，3	1,2，4	1,3，4	2,3，4	1，2，3，4
R1	R	S	R	R	R	S	S	S	R	R	S	S	S	R	S
R2	R	R	S	R	R	S	R	R	S	R	S	S	R	S	S
R3	R	R	R	S	R	R	S	R	R	S	S	R	S	S	S
R4	R	R	R	R	S	R	R	S	S	S	R	S	S	S	S

（二）大豆疫霉菌生理小种鉴定

大豆疫霉病菌（*Phytophthora sojae* Kauf. et Gerde）生理分化十分明显，新小种不断出现，现已报道53个生理小种。不同国家或地区的优势小种组成不尽相同，需要通过特定鉴别寄主反应进行鉴定，表7-7列出了比较有效的鉴别寄主。

表7-7　大豆疫霉菌8个鉴别寄主及其携带的抗病基因

鉴别寄主	抗病基因	鉴别寄主	抗病基因
Harlon	*Rpsla*	Williams 82	*Rpslk*
Harosoal3XX	*Rpslb*	L83-570	*Rps3a*
Williams79	*Rpslc*	Harosoy 62	*Rps6*
P. I. 103	*Rpsld*	Harosoy	*Rps7*

大豆疫霉病菌生理小种鉴别方法主要有下胚轴注射接种、下胚轴伤口菌丝块接种、游动孢子或菌丝体土壤接种、游动孢子子叶接种等。分别将8种鉴别寄主的种子播于装有健康土壤的塑料钵内，每个鉴别寄主播12粒种子，待植株长至真叶展开时，挑选其中的10株，用菌丝块下胚轴伤口接种法接种，同时以感病品种Sloan为对照，每种鉴别寄主均设不接菌对照。接种后的植株在20～25℃下用塑料罩保湿2d，每天观察发病情况，待感病品种完全发病后，调查并记录鉴别寄主的抗感反应。

死苗率≥70%记为感病（S），死苗率≤30%记为抗病（R），死苗率在30%～70%之间记为中间类型（I）；根据病原菌与鉴别寄主的互作表现记录病原菌的毒性型，并从表7-8中查出对应的生理小种序号。接种时温度的改变可导致完全相反的结果，为避免此类问题发生，建议采用统一的标准化接种方法和标准化接种条件，另外还要用一个或几个已知的生理小种作对照，以便保证试验结果的可比性和精确度。

表7-8　大豆疫霉生理小种及其毒性型

生理小种	毒性型	生理小种	毒性型	生理小种	毒性型
1	7	3	1a，7	5	1a，1c，6，7
2	1b，7	4	1a，1c，7	6	1a，1d，3a，6，7

（续）

生理小种	毒性型	生理小种	毒性型	生理小种	毒性型
7	1a，3a，6，7	20	1a，1b，1c，1k，3a，7	33	1a，1b，1c，1d，1k
8	1a，1d，6，7	21	1a，3a，7	34	1a，1k，7
9	1a，6，7	22	1a，1c，3a，6，7	35	1a，1b，1c，1d，1k
10	1b，3a，6，7	23	1a，1b，6，7	36	3a，6
11	1b，6，7	24	1b，3a，6，7	37	1a，1c，3a，6，7
12	1a，1b，1c，1k，3a	25	1a，1b，1c，1k，7	38	1a,1b,1c,1d，1k，3a，6，7
13	6，7	26	1b，1d，3a，6，7	39	1a，1b，1c，1k，3a，6，7
14	1c，7	27	1b，1c，1k，3a，6，7	40	1a，1c，1d，1k，7
15	3a，7	28	1a，1b，1k，7	41	1a，1b，1d，1k，7
16	1b，1c，1k	29	1a，1b，1k，6，7	42	1a，1d，3a，7
17	1b，1d，3a，6，7	30	1a，1b，1k，3a，6，7	43	1a，1c，1d，7
18	1c	31	1b，1c，1d，1k，6，7	44	1a，1d，7
19	1a,1b,1c,1d，1k，3a	32	1b，1k，6，7	45	1a，1b，1c，1k，6，7

三、植物病原细菌致病性鉴定两例

（一）水稻白叶枯病菌致病型鉴定

水稻黄单胞菌水稻致病变种（*Xanthomonas oryzae* pv. *oryzae*）通常经伤口或水孔进入寄主维管束，沿维管束扩展，然后进入木质部大量繁殖，引起白叶枯病。不同菌株致病力强弱不同，通常使用抗性不同的若干水稻品种，在苗期或成株期用针刺或剪叶的方法接种进行测定。首先制备病菌接种体，把代表菌株移植在LA培养基斜面，保持28℃，培养72h后，用无菌水洗下菌液，配制成3×10^{8}cfu/mL细菌悬浮液，现配现用。根据对5个鉴别品种致病力的差别，来自我国不同地区的菌株分为8个致病型（表7-9）。同一个致病型还有菌系的分化，鉴定菌系使用中感品种和中抗品种可以提高鉴别力，而使用高抗品种和高感品种则可以对致病性极强或极弱的菌系进行有效鉴定。

表7-9　我国水稻白叶枯病细菌8个致病型在5个鉴别品种上的反应

致病型	在鉴别品种上的反应				
	金刚30	Tetep	南梗15	Java14	IR26
0	R（抗）	R	R	R	R
Ⅰ	S（感）	R	R	R	R
Ⅱ	S	S	R	R	R
Ⅲ	S	S	S	R	R
Ⅳ	S	S	S	S	R
Ⅴ	S	S	R	R	S
Ⅵ	S	R	S	R	R
Ⅶ	S	R	S	S	R

（二）青枯病菌致病力分化

茄青枯劳尔氏菌［*Ralstonia solanacearum*（Smith）Yabuuchi］是一个比较复杂的种，根据寄主范围与引起的症状类型，一般分为3个小种（表7-10）。虽然世界不同地区的测定结果并不完全一致，但总的来说，小种 1 的寄主范围较广，小种 2 和小种 3 的寄主范围比较窄。小种 2 只能侵染香蕉，而所有属于小种 1 的菌株都能侵染茄子，所以香蕉和茄子可以作为区别小种的鉴别寄主。小种的鉴别还可使用注射渗透法（参见图 7-1），即将细菌悬浮液（1×10^7～5×10^7cfu/mL）注射到烟草叶片细胞间隙，12～24h 后就可出现症状。

表 7-10　青枯菌 3 个小种的寄主范围和在烟草叶片的反应型

小种	寄　主	在烟草叶片上的反应型
小种 1	番茄、烟草、马铃薯、茄子、花生等	深褐色坏死，周围有黄色晕圈
小种 2	香蕉	过敏性反应
小种 3	马铃薯、番茄	渗透组织为黄色

青枯病菌同一个小种还可分为不同菌系，不同菌系表现的致病性强弱不同。不同菌系对温度的反应有时也有差异，一般生长最适宜的温度是 35～37℃，也发现有适应低温的菌系，可在温度较低的地区引起病害。因此，测定菌株对温度的反应是必要的。青枯病细菌很容易发生变异，在人工培养基上培养后，其致病性会减弱，甚至完全丧失。青枯病菌在三苯基四唑化氯（TTC）培养基上培养时，菌落的形状和颜色与致病性强弱有关，可以用来选择致病性强的菌系。将稀释的细菌悬浮液在 TTC 培养基平板上点样，保持 36℃，培养 36h。有致病性的菌落形状不规则，带黏性，白色，中央浅粉红色；致病性丧失的菌株菌落很小，呈圆形，乳黄色或深红色，边缘颜色较浅。

四、植物病原线虫小种鉴定一例

大豆胞囊线虫（*Heterodera glycines*）生理小种的数目取决于鉴别寄主的数目及采用的分级系统，增加鉴别寄主的数目及复杂的分级系统无疑会增加线虫生理小种的数目而使问题复杂化。对大豆胞囊线虫生理小种进行鉴定，目前广泛采用的鉴别寄主品种是 Pickett、Peking、Pi88788、Pi90763、Lee（感病对照），按发病（＋）与不发病（－）简单记录（表 7-11）。最好将各鉴别寄主品种单粒繁殖，以保证种质纯度，提高生理小种鉴定试验之间的可比性。

如果计划对大豆胞囊线虫分离物的小种归属进行鉴定，需先培育上述 5 个鉴别寄主品种。种子播种前一般先在蛭石上萌发 2～3d，胚根长至 3～4cm 时选取胚根长度一致者移栽。采用盆栽鉴定方法进行接种，保持 28℃、16h 光照，培育 30d 后，计测根部雌虫和胞囊数，判断待测线虫小种归属（表 7-11）。

表 7-11　大豆胞囊线虫鉴别寄主反应

小种	Pickett	Peking	Pi88788	Pi90763
1	－	－	＋	－
2	＋	＋	＋	－
3	－	－	－	－
4	＋	＋	＋	－

注：－表示鉴别寄主根上雌虫和胞囊数小于感病品种 Lee 根上的 10%；＋表示鉴别寄主根上雌虫和胞囊数大于或等于感病品种 Lee 根上的 10%。

第三节 致病相关基因克隆与鉴定

过去十多年来，功能基因组学方法在植物病理学研究中得到广泛应用，成为研究植物病原物致病相关基因功能的必要手段。功能基因组研究策略主要包括正向遗传学（forward genetics）和反向遗传学（reverse genetics）。正向遗传学的研究策略在于，通过生物个体或细胞的基因组的自发突变或人工诱变，寻找相关的表型或性状改变，然后从这些特定性状变化的个体或细胞中找到对应的突变基因，研究揭示基因功能。反向遗传学正好相反，首先改变某个特定的基因或蛋白质，然后再去寻找有关的表型变化。

一、基因克隆材料和技术要素

研究基因功能离不开基因克隆，克隆是从生物细胞把某个基因分离出来的过程，属于分子生物学研究的基本试验操作，也是研究植物病原物致病性分子机理所必需的技术。根据某种生物已知基因的序列合成引物，利用聚合酶链反应（polymerase chain reaction，PCR），可以对其他生物的同源基因进行克隆，这种方法称为同源克隆法。引物（primer）是人工合成的核苷酸片段，通常含 20 个左右的碱基对（base pair，bp），分上游引物与下游引物，分别与目的基因核苷酸 $5'\rightarrow3'$和 $3'\rightarrow5'$的末端的碱基互补，通过 PCR 复制目的基因序列。由于基因组信息日益丰富，使用也日益方便，同源克隆法已成为基因克隆最常用的方法。基因克隆的目的是研究其结构与功能，需要使用基因载体，还需要使用工程微生物，特别是细菌。本节简要介绍基因克隆与功能研究常用的宿主菌与基因载体，简要介绍 PCR 技术的重要参数，帮助学生理解技术原理，顺利进行试验研究。

（一）宿主菌

宿主是用来复制目的基因的生物，主要是细菌和酵母，其中细菌使用较广。用作宿主的动植物病原细菌都经过了改造，去掉了致病因子。最常用的宿主菌有大肠杆菌（*Escherichia coli*）和根癌土壤杆菌（俗称农杆菌，*Agrobacterium tumefaciens*），也都经过改造而失去了对动植物的致病性。宿主大肠杆菌的主要用途是原核表达，即把目的基因转入宿主细胞，继以人工培养，借此复制或表达这个基因。常用的宿主大肠杆菌菌株有 BL21、DH5α 和 Top10 等，不同菌株对不同生物来源的基因在表达水平上有一定的差别。例如 DH5α 用于表达 *Erwinia* 和 *Pectobacterium* 属的细菌基因比较有效；而对 *Xanthomonas* 属的细菌，BL21 和 Top10 则比较常用。常用的宿主农杆菌菌株是 EHA105，主要用来介导植物、植物病原卵菌与真菌以及其他真核生物的遗传转化。转化即把某个外源基因引入真核生物细胞并使之表达，这一技术称为基因工程。众多生物试剂公司都出售各种宿主菌株，并配套实验指导，可根据研究对象和公司的实验指导适当选用。

（二）基因载体

1. 载体类型 基因载体即目的基因的承载物，由多组分重组 DNA 构成，能额外插入适当大小的目的基因或其他 DNA 片段，有自动转座能力，可以携带插入片段进入受体细胞；还有自动复制能力，可以在受体细胞内复制。基因载体主要有质粒（plasmid）和 DNA 病毒载体，分别由动物或植物病原细菌的质粒和 DNA 病毒的遗传组分改造而成。质粒是细菌细胞内一种可以自我复制的环状双链 DNA 分子，能独立于染色体而稳定遗传，常含抗生素抗性基因和转座组件。病原细菌质粒的转座组件介导质粒其他组分向寄主细胞转移并插入寄主基因组，转移和插入寄主基因组的组分除了抗生素抗性基因以外，还有致病因子。动物病原细菌质粒如大肠杆菌的 pBR322，植物病原细菌质粒如农杆菌的 Ti 质粒（tumor-inducing plasmid），都是重要的基因载体来源。可以改造为基因载体的病毒除了 DNA 病毒，还有噬菌体。噬菌体是侵染细菌、真菌、放线菌等多种微生物的病毒的总称，如大肠杆菌的 λ 噬菌体。λ 噬菌体需要整合进寄主染色体才能复制，而动植物 DNA 病毒并不与寄主染色体整合，只需进入寄主细胞核就可复制。无论细菌质粒还是 DNA 病毒，一经改造成为基因载体，原有致病组分或被去除，或经修饰而降低了致病能力。最早使用的质粒与病毒载体分别从 pBR322 和 λ 噬菌体改造而来，后来将 λ 噬菌体的黏性（cos）末端与质粒 pBR322 的复制起点相连接，构成了第三类载体，即黏粒（cosmid）载体。基因载体多种多样，但不外乎这 3 种类型。

2. 载体要素　基因载体必须具备 3 个重要特征：①保留了转座组件和抗生素抗性基因，去掉了对受体细胞有害的组分；②添加了 1 个或多个限制性内切酶识别碱基，用来插入外源 DNA 片段，多个酶切识别位点称为多克隆位点；③带有选择标记，用来对转基因受体细胞进行筛选鉴定。

选择标记主要有两种，即抗生素抗性和 β-半乳糖苷酶（β-galactopyranosidase，LacZ）活性。LacZ 底物是 5-溴-4-氯-3-吲哚-β-D-半乳糖苷（5-bromo-4-chloro-3-indolyl-β-D-galactopyranoside）或其 α 型，均简称 X-Gal。当细菌在含 X-Gal 的培养基上生长时，LacZ 分解 X-Gal，产生吲哚，使细菌形成蓝色菌落。但外源 DNA 插入质粒载体多克隆位点以后，LacZ 丧失活性，重组细菌于是形成白色菌落。根据这一原理进行筛选，称为蓝白斑筛选。

3. 载体用途　载体有基因克隆、转化、表达以及基因诱变等多种用途。根据用途的不同，载体一般有克隆载体、原核表达载体以及植物转化与表达双元载体（binary vector）之别。克隆载体主要用于克隆目的基因，插入目的基因以后，转入宿主细菌，继以人工培养，使目的基因复制，用于测序，验证克隆序列正确与否。原核表达载体用来转化宿主细菌，通过繁殖宿主细胞，使目的基因复制、表达，产生蛋白质。双元载体用来转化植物或真核微生物，获得表达目的基因的转基因后代。除上述用途，载体还经常用来对植物或病原物进行诱变，包括插入突变、基因敲除和基因沉默，获得突变体，用作目的基因功能研究的重要材料。

（三）PCR 技术要点

PCR 技术主要有两个要点，一是反应物准备，二是程序设计。PCR 反应物最重要的成分有引物（primer）、DNA 模板、热稳定 DNA 聚合酶以及底物。DNA 模板（template）是指含有目的基因序列的 DNA 试样。底物包括 4 种脱氧核糖核酸，即三磷酸鸟嘌呤脱氧核苷酸（dGTP）、三磷酸腺嘌呤脱氧核苷酸（dATP）、三磷酸胸腺嘧啶脱氧核苷酸（dTTP）和三磷酸胞嘧啶脱氧核苷酸（dCTP），合称 dNTP。此外还有辅助成分，如 $MgCl_2$，提供 PCR 反应必需的阳离子环境。PCR 程序决定于目的基因核苷酸组成与特性，体现在引物与 PCR 程序设计两个方面。

1. 引物设计　引物的定义是：在 PCR 运行过程中通过碱基互补与模板 DNA 核苷酸序列最上游（N 端）和最下游（C 端）的一段发生特异结合，从而引导 DNA 复制的一对人工合成的核苷酸短链，称为上游引物与下游引物。上游引物和下游引物通常约由 20 个碱基组成，分别与模板DNA序列N端与C端的碱基严格互补。此外，引物设计有两条基本原则：①引物与模板DNA两端序列要紧密互补，不能错配，即不能结合到模板DNA在N端与C端以外的任何序列上。②上、下游引物之间避免形成稳定的二聚体或发夹结构。要达到这两点要求，初步设计的引物需用专门软件（http：//www.lynnon.com；http：//www.premierbiosoft.com）进行分析确认才能合成使用。但是，几乎没有任何一对引物完全达到软件分析的理想指标，相反，引物有时与软件分析的理想指标略有差别，实际使用以后也能获得良好结果，准确扩增模板DNA序列。无论引物如何理想，保证PCR产物准确性的因素还有PCR程序设计，而PCR产物是否正确，还需要进行测序分析。

2. PCR程序设计 PCR运行必须有一个预先设计的程序，称为PCR程序（PCR program），包括预变性、扩增循环和延伸延续3个过程。

（1）预变性 预变性的目的是破坏DNA二级结构或更复杂的结构，使之成为链状，通常95℃反应5min即可。

（2）扩增循环 扩增循环是通过引物与模板DNA末端互补启动PCR反应，对模板DNA进行匹配复制与含量扩增的过程。扩增循环是PCR程序的核心，包括变性（melting）、退火（annealing）、延伸（elongation）3个环节，通常循环25～30次。

①变性：变性的作用是使双链DNA解链，温度通常为95℃。

②退火：退火是使引物与模板DNA单链互补，温度需要根据模板DNA序列鸟嘌呤（G）与胞嘧啶（C）的含量适当选择。

③延伸：延伸是DNA聚合酶催化的反应过程，从引物与模板DNA互补的末端开始，脱氧核糖核酸与模板DNA单链结合，形成新链。延伸温度通常为72℃。

（3）延伸延续 上述扩增循环完成以后，再保持72℃，运行10min。延伸延续有两个作用，一是保证扩增循环反应充分，提高PCR扩增的产量；二是在PCR产物末端加上数个到十多个胸腺嘧啶（A），称为A尾，便于后续的基因克隆。需要指出，是否添加A尾，取决于研究目的；A尾是否能够添加上去，取决于使用的DNA聚合酶，可以根据试剂公司产品使用说明进行选择。

（4）影响PCR产物特异性的关键因素 有多种因素影响PCR产物特异性，主要影响因素除了引物特异性外，PCR扩增循环参数也至关重要。在PCR扩增循环程序中，延伸时间与退火温度非常重要。延伸时间影响DNA扩增是否充分，通常1min/kb模板DNA。退火温度影响DNA扩增是否有特异性，影响PCR结果的精确度。退火温度主要取决于模板DNA序列鸟嘧啶与胞嘧啶（GC）所占的比例，GC比例越高，需要的退火温度就越低，反之亦然。另外，循环数也很重要，无论何种基因，超过25个循环都有可能产生非特异扩增产物。所以，PCR程序需精心设计，而且PCR扩增产物一定要测序确认。PCR产物测序都是委托专业技术公司完成，但公司反馈的测序结果必须与目的基因或同源物已知序列进行比较才能确认。序列比较需使用专门的计算机软件，常用的软件是National Center for Biotechnology Information（NCBI；http：//www.ncbi.nlm.nih.gov/）数据库的Blast工具。

3. 酶切位点的选择 如果PCR扩增的目的不单是检测某个基因是否存在于某种生物，另外还要进一步研究基因功能，基因克隆将用于构建转化或表达载体，那么，上、下游引物N端则需要添加限制性内切酶识别碱基。在基因核苷酸序列上，内切酶识别碱基称为酶切位点。在载体DNA序列上，酶切位点称为克隆位点，克隆位点就是内切酶可以识别的碱基小片段，通常包括 4～8 个碱基，内切酶在其中两个碱基之间把 DNA 序列切成两段。

因此，选择酶切位点的原则有 3 条：①根据载体上可供使用的克隆位点选用内切酶；②所选用内切酶的识别碱基不能存在于目的基因序列，可以使用专门软件（如 Primer Finder，http：//Mbiol-tools. ca/PCR. htm）；③根据克隆的基因数目搭配内切酶种类。如果计划把两个或多个外源 DNA 序列（基因或基因元件）插入到同一个载体，就需要使用多种内切酶。在此情况下，PCR 产物先酶切，再用 DNA 连接酶接起来，构成一个融合基因单元。必须保证插入片段原样连接，连接点碱基正确无误。最简单的情况是克隆两个基因，对内切酶的要求见图 7-4，依此类推。另外，添加到引物上的内切酶识别碱基之前通常再加上 1～4 个保护碱基，保护碱基种类可以任意选择，还可以同时用来调节退火温度。

第一个基因的上游引物：　5′ – 保护碱基→内切酶 1 识别碱基→20 个左右碱基 –3′
第一个基因的下游引物：　5′ – 保护碱基→内切酶 2 识别碱基→20 个左右碱基 –3′
第二个基因的上游引物：　5′ – 保护碱基→内切酶 2 识别碱基→20 个左右碱基 –3′
第二个基因的下游引物：　5′ – 保护碱基→内切酶 3 识别碱基→20 个左右碱基 –3′

图 7-4　构建一对融合基因引物对酶切识别位点的要求
（李小杰作图）

二、产生突变体常用的方法

辐射诱变、化学诱变和插入突变是生物诱变最常用的方法，广泛用于微生物和高等植物突变体的产生与基因功能研究，也是产生植物病原物突变体的常用方法。这 3 种方法属于正向遗传学研究策略，使用其中任何一种方法，都可以产生各种致病相关基因发生变异的突变体，这些突变体构成突变体库，是研究致病性分子机制的重要材料。反向遗传学策略主要有同源交换和基因沉默，用来产生某个已知基因缺失或基因表达受到抑制的突变体。

（一）正向遗传学诱变策略

正向遗传学诱变策略主要有辐射诱变、化学诱变和插入突变 3 种方法，下面简要介绍各自的技术原理。

1. 辐射诱变　用快中子（fast neutron）、γ 射线、X 射线或紫外线辐射，可以引起病原物基因组 DNA 变异，导致基因全部或部分缺失，从而影响生长发育和抗病性等重要性状，产生各种各样的突变体。通常是基因缺失，有利于进一步研究基因功能。一般来说，快中子产生的缺失大，而其他 3 种射线产生的缺失小或仅是点突变。进行诱变处理时，高剂量往往造成遗传物质的严重损害，所以多选用较小剂量。病原物辐射诱变的理想效果是变异基因数量和变异程度尽可能小，最好是单基因或少数基因发生突变，而且基因缺失片段尽可能小，这一要求可以通过定向筛选来实现。

2. 化学诱变　化学诱变是利用化学诱变剂处理生物体以诱发基因突变，从而引起性状的变异。化学诱变剂是用其烷基置换其他分子中的氢原子，也有的本身是核苷酸碱基的类似物，造成 DNA 复制中的错误，使生物基因发生突变。常用化学诱变剂有二氧环丁烷（diepoxybutane，DEB）、N-乙基-N-亚硝基脲（N-ethyl-N-nitrosourea，ENU）、甲基磺酸乙酯（ethylmethane sulfonate，EMS）、乙烷基亚硝基脲（ethylnitrosourea）、二环氧辛烷（diepoxyoctane，DEO）、紫外活性三甲呋苯吡喃酮（ultraviolet-activated trimethylpsoralen，

UV-TMP)、六甲基磷酰三胺（hexamethyllphosphoramide，HMPA），其中以 EMS 最为常用。化学诱变的效应往往是基因位点突变，有利于研究核苷酸序列变化对基因功能的影响。

3. 插入突变 可用作插入突变的元件主要有转座子（transposon）与插入序列（insertion sequence，IS），它们插入受体基因组以后破坏了插入位点上基因序列的连续性，中断原有基因的表达。所以，插入引起的基因变异也称为基因序列重编突变（sequence-indexed mutation）。由于插入元件的序列已知，所以也称为 DNA 标签，这给基因分离带来极大方便。由于这些优点，插入突变广泛用于各种微生物和高等植物的基因功能研究。

（1）Tn5 插入突变 转座子 Tn5 插入是诱变原核微生物首选的插入突变方法，也是产生植物病原细菌突变体最常用的方法。Tn5 两端含有反向重复序列，右端的 IS50R 序列对转位作用有功能，而左端的 IS50L 则无功能。这一对反向重复之间的差异仅为一个碱基对。IS50R 的同一读框可以产生两种蛋白质，即蛋白 1 和蛋白 2。两者的不同仅在于蛋白 1 在 N 端要比蛋白 2 长出约 40 个氨基酸残基。在正常情况下，蛋白 2 的产量要比蛋白 1 高。IS50L 序列一个碱基对的差异能同时影响这两种蛋白质的翻译，还能控制中央区基因的转录。这种差异产生了一个终止密码子，从而使蛋白 1 和蛋白 2 均提前终止翻译，生成截短了的蛋白质，丧失了转位活性，同时还产生了诱导中央区基因转录的启动子。中央区基因编码新霉磷酸转移酶，赋予新霉素或卡那霉素抗性（图 7-5）。蛋白 1 和蛋白 2 的功能互相关联，但并不相同。蛋白 1 是一种典型的顺式作用因子，是 IS50 或完整 Tn5 转位的必要因子。蛋白 2 是转位作用的抑制因子，是一个反式作用因子。蛋白 1 和蛋白 2 可能形成某种寡聚复合物而使蛋白 1 的活性被抑制。

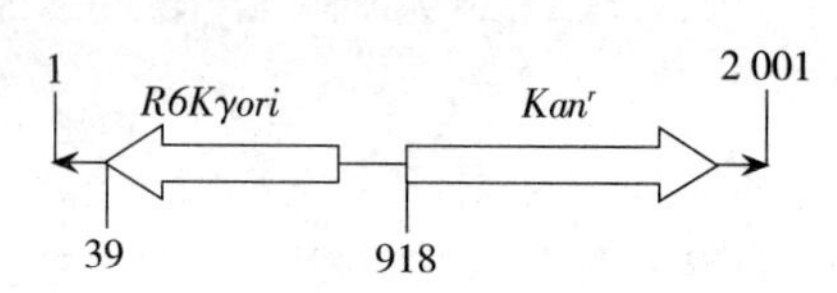

图 7-5 Tn5 转座子及其遗传标记

Tn5 转座子长度2 001bp，自身携带复制起始位点 *R6Kγori*，可在宿主菌细胞内复制，具卡那霉素抗性基因（Kan^r），自我复制与转录起始点分别是 39 和 918

（李小杰作图）

Tn5 在进入一个新的宿主菌时，其转位频率很高。但一旦 Tn5 插入某一位置后，转位频率立即下降，同时还能抑制新进入菌内的其他 Tn 的转位。这种反式抑制作用是由于此时已产生了相当量的蛋白 2，足以抑制不论是新进入的还是早已存在的 Tn5 所产生的蛋白 1 的顺式激活作用。因此，Tn5 插入突变有利于产生单突变位点，这对基因功能研究非常有利。

（2）T-DNA 插入突变 T-DNA 是农杆菌诱导植物冠瘿瘤的 Ti 质粒的一部分，两端带有很短的一段不完全重复的边界序列，具有向真核生物基因组转位的能力。由于这一特性，T-DNA 能稳定地整合进植物或微生物基因组，并在受体细胞内稳定表达。T-DNA 在植物中一般都以低拷贝插入，多为单拷贝，有利于产生具有孟德尔单基因遗传特征的突变位点。单拷贝 T-DNA 一旦整合到植物基因组中，就会表现出孟德尔遗传特性，在后代中长期稳定表达，且插入后不再移动，便于保存。另外，T-DNA 往往偏向于整合在染色体中基因丰富、转录活性高的区域，以及包括启动子在内的非翻译区，而在重复区插入频率较低，在基因类型上也没有偏向性。借助于农杆菌介导的遗传转化技术，T-DNA 插入技术已被广泛应用于高等植物的突变体库构建，近年来扩大到真核微生物，包括植物病原真菌。图 7-6 示意的是一个常用的插入突变载体，含卡那霉素抗性基因，用于突变体筛选鉴定。

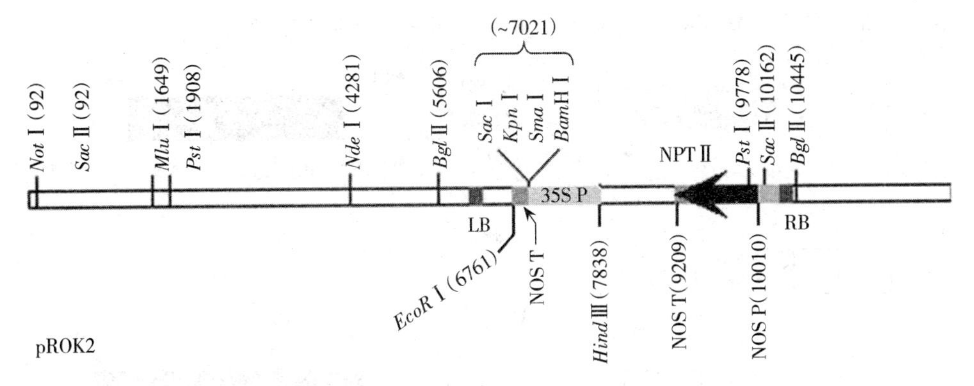

图 7-6 T-DNA 插入突变常用载体 pROK2 的主要组分

LB 和 RB 分别表示插入序列的左、右边界，中间的区域插入受体细胞基因组。NPTⅡ是卡那霉素抗性选择标记；35S P 是来自花椰菜花叶病毒 35S 启动子；NOS P 和 NOS T 分别是来自农杆菌生物碱 *nopaline* 基因的启动子和种植者；酶切位点及其位置也做了标注

（李小杰作图）

（二）反向遗传学诱变策略

利用同源重组敲除目的基因，利用反义基因与基因沉默（gene silencing）技术抑制目的基因表达，是反向遗传学研究策略最常用的技术方法。这类方法不仅适用于各类植物病原物，也适用于其他所有生物。本节介绍这 3 种诱变策略的技术原理，并举例说明基因敲除与同源重组的试验环节，对反义基因与基因沉默技术环节将在第八章第二节举例说明。

1. 基因敲除与同源重组 如果某个致病相关基因序列已知，为了研究基因功能，常常需要把这个基因从病原物基因组敲除。基因敲除载体的构建非常重要，有多种方法可以选用，图 7-7 示意通过重叠 PCR 技术构建敲除载体的基本步骤，载体、试剂与基因序列信息均来自试剂公司，无须在此详述。

（1）基因敲除载体构建 要敲除某个目的基因，需要把特定载体改造成基因敲除载体。可供使用的载体很多，但载体成分越简单越好，如克隆载体 T-simple 或 T-easy，很多生物试剂公司都有供应，并配套载体、基因信息和实验指导手册。载体通常带有选择标记，即报告基因。在报告基因两端连接上目标基因侧翼序列，侧翼序列是指目的基因左右两边的基因组 DNA 片段，但不包括目的基因序列。

①卡那霉素抗性基因（Kan^r）克隆：按图 7-7A 的示意，使用 Kan^r 特异的上游（forward）引物 KF、下游（reward）引物 KR，以 pKD13 质粒为模板，经过 PCR 扩增，获得卡那霉素抗性基因 cDNA 产物，长度为 1 408 bp。质粒载体 pKD13（GenBank 登录号 AY048744；http：//cgsc. biology. yale. edu/Strain. php? ID＝64700）是一个 cDNA 高效克隆载体，含卡那霉素与氨苄青霉素抗性基因两个选择标记，引入到大肠杆菌菌株 BW25141 保存。用 LA 培养基培养繁殖，培养基事先加 100μg/mL 氨苄青霉素或 50μg/mL 卡那霉素，也可以同时加入这两种抗生素。

②目的基因片段克隆：按图 7-7B 的示意，使用目的基因左翼序列特异的上游引物 F1、下游引物 R1 与 KF 反向互补序列（iKF）的融合序列（RliKF），以病原物基因组 DNA 为模板，经过 PCR 扩增，获得目的基因的左翼片段 LF。同时，使用目的基因右翼序列特异的上游引物 F2 与 KR 的融合序列（KRF2）下游引物 R2，以病原物基因组 DNA 为模板，经过

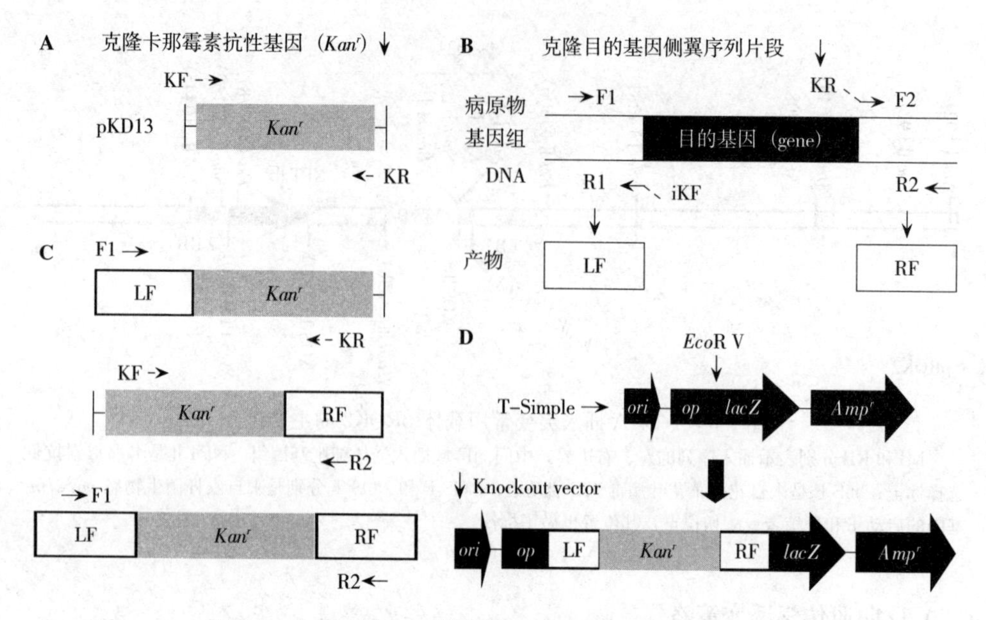

图 7-7 利用重叠 PCR 技术构建基因敲除载体的试验步骤

A. 使用上、下游特异引物 KF、KR，PCR 扩增卡那霉素抗性基因（Kan^r）

B. 用于扩增目的基因（gene）侧翼序列片段的特异引物有 2 对，第一对是 F1 和 R1iKF，F1 即目的基因左侧序列的上游引物，R1iKF 由目的基因左侧序列的下游引物与 KF 的反向互补序列（iKF）相连接，这对引物用来扩增目的基因左侧序列片段（LF）；第二对引物是 KRF2 和 R2，KRF2 系由 KR 与目的基因右侧序列的上游特异引物连接而成，R2 即目的基因右侧序列的下游特异引物，这对引物用来扩增目的基因右侧序列片段（RF）

C. 重叠 PCR 分 3 步进行，获得融合基因 LF-Kan^r-RF

D. T-Simple 是一种基因克隆载体，通过 *Eco*R V 酶切插入目的基因，获得敲除载体。*ori* 和 *op* 分别是转录起点与操纵子区；*lacZ* 和 Amp^r 为报告基因，分别编码 β-半乳糖苷酶和氨苄青霉素

（李小杰作图）

PCR 扩增，获得目的基因的右翼片段 RF。LF、RF 长度以 400～500bp 为宜，可以保证下一步即重叠 PCR 的精确度。

③重叠 PCR：按图 7-7C 的示意，分 3 步进行。第一步：使用引物 F1 与 KR，以 LF 和 Kan^r cDNA 的混合物为模板，经过 PCR 扩增，获得 LF 和 Kan^r cDNA 的融合序列。第二步：使用引物 KF 与 R2，以 RF 和 Kan^r cDNA 的混合物为模板，经过 PCR 扩增，获得 RF 和 Kan^r cDNA 的融合序列。第三步：使用引物 F1 和 R2，以第一步和第二步产生的两个融合 cDNA 的混合物为模板，获得的产物为最终融合基因 LF-Kan^r-RF，即 Kan^r 左右两端加上了目的基因左、右翼序列的片段。

④载体重组：按图 7-7D 的示意，通过酶切与连接，LF-Kan^r-RF 克隆到 T-Simple 载体上，把它转化大肠杆菌工程菌株，测序确认，即获得敲除载体。

（2）同源重组　按照图 7-8 示意的原理，通过电转化，将敲除载体引入病原物细胞，得到重组体。按照本章第二节介绍的病原物繁殖的方法，繁殖重组体，重组体细胞在 DNA 复制过程中发生同源交换，把目的基因置换成报告基因 Kan^r，得到基因敲除突变体。

2. 反义基因技术　反义基因技术即利用反义基因干扰基因复制或抑制基因表达的技术，依据是根据核酸杂交原理设计针对特定靶序列的反义核酸从而抑制特定基因的表达。简单地说，反义基因是指一段与 mRNA 或 DNA 特异结合并阻断其基因表达的人工合成的 DNA 分子。众所周知，DNA 是由两条核苷酸链扭成的双螺旋结构，按中心法则控制蛋白质合成。在 DNA 控制蛋白质合成时，两条链解旋，将指令通过信使 RNA 转录翻译，指导蛋白质合成。一种蛋白质只是按两条链中的一条链的指令合成，另一条链好像是个外壳。能指令蛋白质合成的链称为有意义的链或正义链，而另一条链则为反义链。反义基因包括反义 RNA、反义 DNA 及核酶（ribozyme），都是通过人工合成和生物合成来制备。

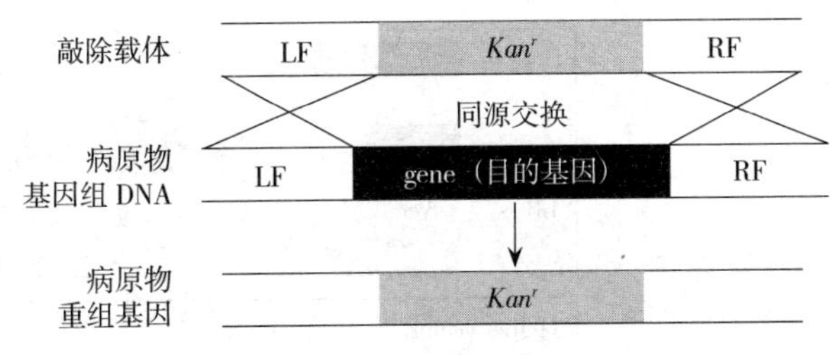

图 7-8　同源重组原理

按图 7-7 示意的步骤获得的敲除载体引入受体（病原物或其他生物）细胞以后，与受体染色体通过同源的 F1 和 F2 序列发生交换，把中间的目的基因置换成 Kan^r

（李小杰作图）

（1）*反义 RNA*　反义 RNA 按作用机制分为 3 类。Ⅰ类反义 RNA 直接作用于靶 mRNA 的糖体的序列，或作用于部分编码区，直接抑制翻译，或与靶 mRNA 结合形成双链 RNA，从而易被 RNA 酶Ⅲ降解。Ⅱ类反义 RNA 与 mRNA 的非编码区结合，引起 mRNA 构象变化，抑制翻译。Ⅲ类反义 RNA 则直接抑制靶 mRNA 的转录，比较适合反义基因技术。

（2）*反义 DNA*　反义 DNA 是指一段能与特定的 DNA 或 RNA 核苷酸序列以碱基互补配对的方式结合，并阻止其转录和翻译的短核苷酸片段。反义 DNA 在医学上具药用价值而备受重视，也是研究植物或病原物基因功能最常用的一类反义基因。

（3）*核酶*　核酶是具有酶活性的 RNA，主要参加 RNA 的加工与成熟过程。天然核酶可分为 4 类：①异体催化剪切型，如 RNaseP；②自体催化剪切型，如植物类病毒、拟病毒和卫星 RNA；③第一组内含子自我剪接型，如四膜虫大核 26S rRNA；④第二组内含子自我剪接型。其中第二类对研究植物抗病相关基因或病原物致病相关基因有重要应用价值，通常用于构建基因沉默载体。

3. 基因沉默技术　基因沉默技术即利用基因沉默原理，通过基因操作，抑制目标基因表达的技术。反义基因的作用属于基因沉默的一种类型，称为反义基因沉默（antisense gene silencing）。转录后基因沉默（posttranscriptional gene silencing，PTGS）机制应用更广，如植物病毒诱导的基因沉默（virus-induced gene silencing，VIGS），不仅对植物病理学而且对其他生物科学研究都有重要意义。VIGS 单元使用植物病毒载体进行构建，给植物病毒载体加上目的基因的一段序列，用来抑制内源基因表达（图 7-9）。

图 7-9 示意利用组病毒载体 DNA1 构建的一个基因沉默载体，也示意了对基因沉默效果进行测定的方法。DNA1 系由周雪平课题组利用烟草曲茎病毒（tobacco curly shoot virus）株系 Y35 的遗传组分构建的一个十分有效的基因沉默载体，包括 Y35 基因组成分 DNA1 与 Y35 的卫星 DNA-β 两个组件。DNA1 具有自我复制能力，但需要 DNA-β 的帮助才能在植物组织内扩展，而 DNA-β 则需要 Y35 的另一个基因组分，即 1.9A，进行复制和组装。因此，DNA1 载体实际上是一个双组分基因沉默载体。这套载体主要用于植物，也可用于植物病原真核微生物，如卵菌、真菌或线虫。

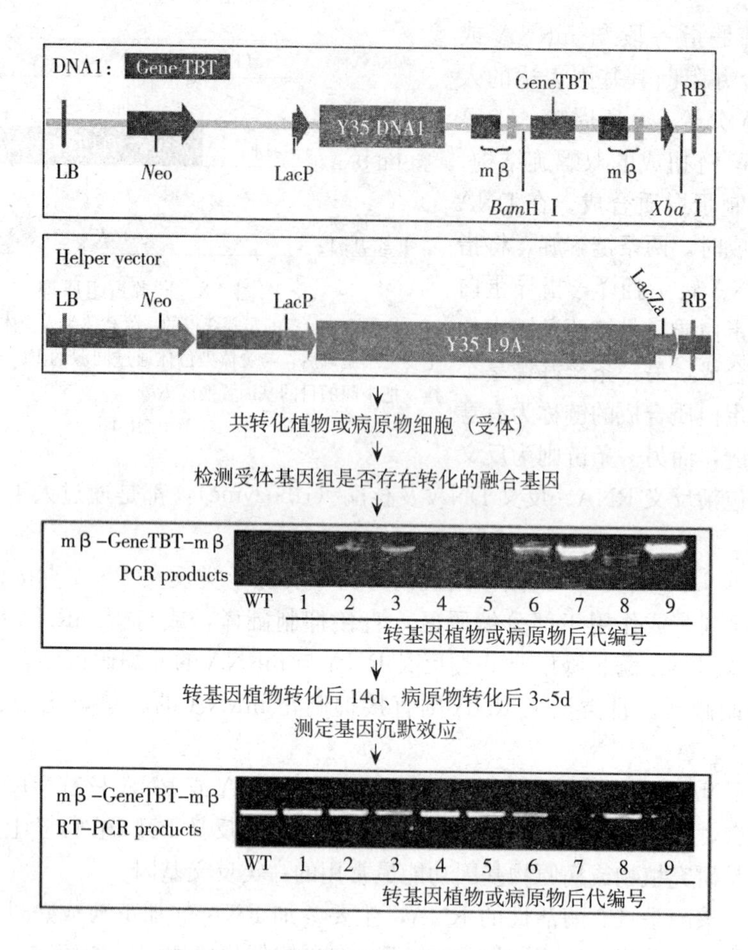

图 7-9 植物病毒介导的基因沉默技术环节

DNA1 载体由周雪平提供，董汉松课题组改造使用。GeneTBT = gene to be tested，即目的基因，使用部分序列即可；*Neo* = neomycin resistance gene，即新霉素抗性基因；LacP 为启动子；LacZa 是选择标记；*Bam*H Ⅰ和 *Xba* Ⅰ是 GeneTBT 片段插入载体所使用的限制性内切酶。用基因沉默载体 DNA1::GeneTBT 与帮助质粒（helper vector）共同转化植物或病原物，利用新霉素抗性筛选转基因植物或病原物（transformant）。挑选 9 个转基因系，以野生型（wild type）植物或病原物（受体）为对照，通过 PCR 测定，验证 mβ-GeneTBT 是否整合到受体基因组；RT-PCR 测定基因沉默效果

（董汉松课题组研究结果，高蓉作图）

三、突变体筛选与目的基因克隆

（一）突变体筛选鉴定

对以上介绍的诱变方法，应根据具体研究进展适当选用。在植物病原物致病相关基因尚未克隆或信息不详的情况下，可以根据正向遗传学研究策略，对病原物进行人工诱变，产生致病性发生变化的病原物突变体。根据反向遗传学研究策略，先对病原物某个基因进行改造，将改造的基因引入病原物野生型菌株的细胞，获得突变体，然后比较突变体与野生型菌株致病性的差异，由此判断基因对致病性的作用。

无论使用何种方法诱变植物病原物，目的都是产生致病性发生变异的病原物突变体，为进一步克隆致病相关基因、研究基因功能奠定基础。通过接种病原物进行测定，比较突变体与野生型致病性的差异，可以筛选出致病力发生变异的突变体。具体试验方法需要根据研究的病原物进行选择（参见本章第二节），使用类似病原物生理小种鉴定的方法进行试验研究，差别仅在于突变体相当于一个生理小种，病原物野生型是不可缺少的对照。根据突变体致病性、生长发育等性状表现及与野生型的差别，初步判断突变基因原来的功能，为进一步研究提供信息。

1. 突变体命名　无论使用何种方法诱变，都可以产生很多突变体株系，突变体通常以病原物菌株与基因命名。例如，水稻白叶枯病菌菌株 PXO99 无毒基因 *avrBs2* 突变体系，可以命名为 PXO99/*avrBs2*⁻1、PXO99/*avrBs2*⁻2、PXO99/*avrBs2*⁻3 或 PXO99/*avrBs2*⁻1-1、PXO99/*avrBs2*⁻1-2、PXO99/*avrBs2*⁻1-3 等，连字符前的号码表示突变体属于某个类型，连字符后的号码表示在这个性状上有差异的株系。

2. 突变体类型　植物病原物突变体通常按以下 4 类进行筛选，类型鉴定还可以初步判断目的基因的功能。

（1）过敏反应诱导能力改变的突变体　按图 7-1 所示方法测定寄主植物或烟草过敏反应，如果某个突变体丧失了诱导过敏反应的能力，说明目的基因控制病原物与植物互作的非亲和性。

（2）影响致病性的突变体　针对特定病原物，根据本章第二节选择适当方法，对突变体致病性进行测定。如果某个突变体致病力丧失，说明目的基因的功能主要是调控致病性；如果某个突变体致病力减弱而不是丧失，说明目的基因是致病性的部分因素，或属于功能冗余的基因。

（3）影响生长发育的突变体　在测定致病性时，可以同时观测生长发育性状。如果某个突变体在寄主植物上生长赋予的能力发生变化，说明目的基因控制病原物生长发育。

（4）多种性状发生改变的突变体　病原物的致病性与生长发育密切相关，通过比较测定，可以筛选出抗病性与生长发育都受到影响的突变体。病原物的致病性与其运动能力，特别是决定运动能力的基因功能密切相关。例如，真菌芽管对寄主植物细胞向性生长的能力影响侵染；细菌和卵菌鞭毛及其控制基因决定它们对寄主植物的趋性运动与在植物细胞表面定殖的能力。通过比较测定，可以筛选出病原物趋性运动或向性生长以及定殖能力发生变化的突变体。突变体可用来研究病原物致病性的分子机理，包括致病相关基因的功能及与生长发育的关系。

（二）目的基因克隆技术举例

如果使用插入诱变的方法，由于插入的 Tn5 或 T-DNA 及其载体上的基因（如 Kan^r，图 7-5、图 7-6）序列已知，因此可以通过这种已知的外源基因序列，使用不同方法克隆目的基因。例如，利用反向 PCR 或热不对称 PCR（thermal asymmetric interlaced PCR，TAIL-PCR）等方法，对插入序列及其侧翼目的基因部分序列进行克隆，得到的融合基因片段经过测序确认，可以全部或截除载体基因那段序列，制备成分子杂交探针，用来从病原物 DNA 文库钓取目的基因。融合基因片段也可直接用于基因表达分析，比较突变体与野生型基因表达差异，由此推测基因功能。

1. 反向 PCR 技术　PCR 只能扩增两端序列已知的基因片段，而反向 PCR 用来扩增一段已知序列旁侧的 DNA，反向 PCR 反应体系不是在一对引物之间而是在引物外侧合成 DNA。反向 PCR 可用于研究与已知 DNA 区段相连接的未知染色体序列，因此又可称为染色体缓移或染色体步移。这时选择的引物虽然与核心 DNA 区两末端序列互补，但两引物 3′端相互反向。扩增前先用限制性内切酶酶切样品 DNA，然后用 DNA 连接酶连接成一个环状 DNA 分子，通过反向 PCR 扩增引物的上游片段和下游片段。

2. TAIL-PCR 技术 TAIL-PCR 技术用来从突变体中克隆外源插入基因的旁侧序列。根据目的基因序列旁侧的插入序列设计 3 个嵌套的特异引物（special primer，长度各 20bp 左右），用它们分别和一个具有低解链温度并且较短的随机简并引物（arbitrary degenerate prime，AD，长度 20bp 左右）相组合，以基因组 DNA 为模板，根据引物的长短和特异性的差异设计不对称的温度循环，通过分级 PCR 程序反应进行扩增，获得的产物是一个融合基因片段，包括插入序列的一部分及其侧翼目的基因的部分序列（图 7-10）。

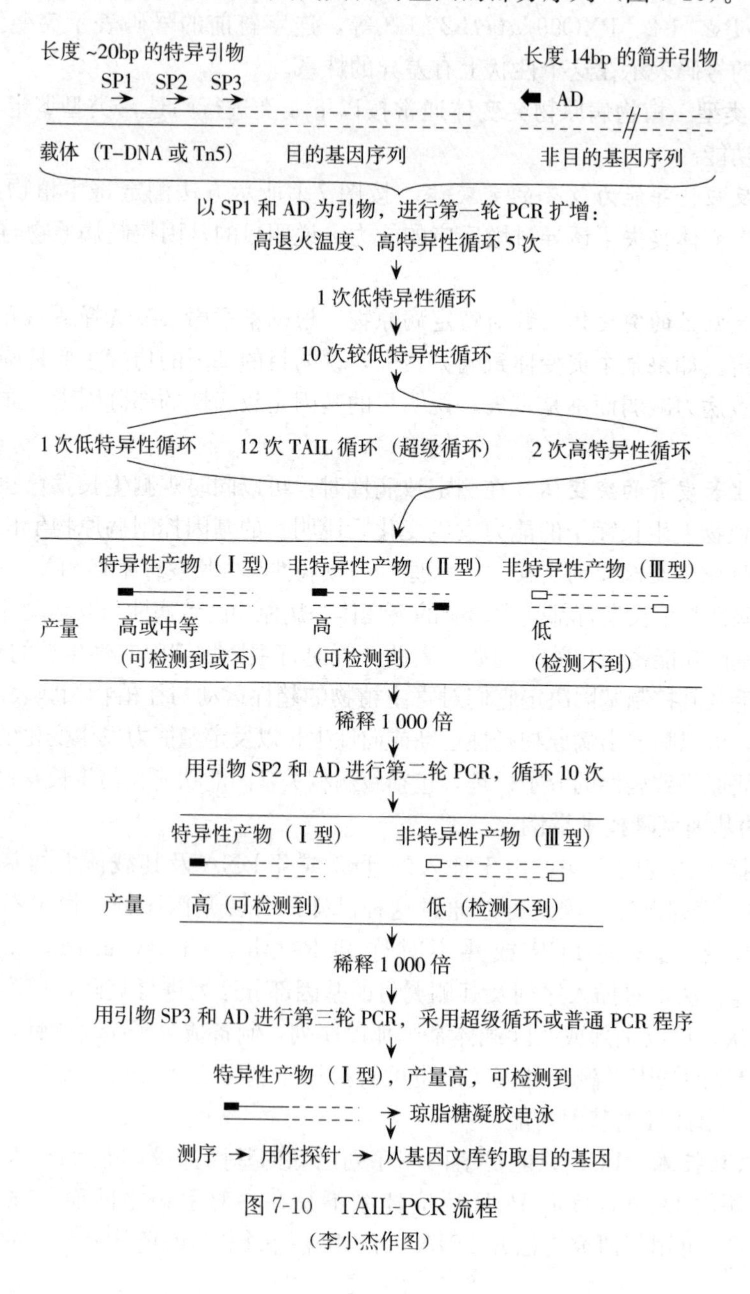

图 7-10 TAIL-PCR 流程

（李小杰作图）

四、病原物诱变与突变体筛选示例

（一）EMS 诱变大豆疫霉菌

1. 用 EMS 处理游动孢子　取 900μL 疫霉菌游动孢子悬浮液（>50 个孢子/μL）置于 2mL 离心管中，2 200r/min 涡旋振荡 10～15s，以使游动孢子完全休止。加入 100μL 浓度为 1mol/L 的磷酸钠缓冲液（pH7.0），使磷酸盐的终浓度为 0.1mol/L，混匀后分装离心管，分别加入 EMS 溶液：1mol/L 原液 100μL、0.1mol/L 溶液 400μL、0.1mol/L 溶液 100μL，使 EMS 工作浓度分别为 0.1mol/L、0.04mol/L、0.01mol/L。反应 20min，1 000*g* 离心 3min，弃去上清液（注意：含有 EMS 的上清液用 8% $Na_2S_2O_3$ 处理后丢弃），沉淀物加入适当的无菌水漂洗 3 次，然后加入 500μL 无菌水，借助漩涡混合器充分悬浮诱导孢子。

2. 诱变效果检查　将经过诱变处理的休止孢悬浮液与胡萝卜汁液（终浓度为 2.5%）培养基等量混合，取混合液 100μL 滴加到载玻片上，置于培养皿中保湿培养，2～5h 后观察孢子萌发，分析化学诱变剂对大豆疫霉菌休止孢萌发的影响。

3. 卵孢子萌发观测　将经 EMS 处理的大豆疫霉菌休止孢悬液涂板于 V8 培养基上，25℃黑暗培养 35d 后收集卵孢子，将培养了 35d 左右的固体培养物划成小块置于研钵中，加适量无菌水研磨至糊状，用 200 目纱布过滤，得到卵孢子粗提液。将滤液经 800*g* 离心 15min，弃去上清液，加入 5mL 无菌水。充分悬浮后，加入 1% $KMnO_4$ 至终浓度为 0.4%，室温下静置 20min，800*g* 离心 15min，弃去上清液，用无菌水反复悬浮并漂洗沉淀，直到洗脱 $KMnO_4$ 的颜色，得到处理后的卵孢子悬浮液。将卵孢子悬浮液置于 25℃，光暗交替培养 3～5d 后观察卵孢子萌发。如有萌发，则调整卵孢子悬浮液至 2～4 个孢子/μL，在浓度 1/2 的 V8 琼脂培养基上点样（每液滴有 1～2 个卵孢子），镜检其是否为单孢。标记单卵孢子后，继续培养 3～5d，待菌落形成转移至 V8 培养平板上。培养 1 周后，记载突变体菌落形态变化特征，2 周后镜检观察卵孢子产生情况。将培养好的单卵孢子突变体菌系转至 V8 菌种瓶中，待菌落覆盖培养基表面后，用石蜡油封存，16℃保存备用。

4. 变异性质分析　大豆疫霉菌是二倍体、多核微生物，其中只有无性阶段的游动孢子、休止孢和有性阶段的卵孢子是单核的，其他繁殖体均为多核的。卵孢子萌发率很低，很难获得高频率的同步萌发；游动孢子需要经过短暂的休止孢阶段才能萌发，直接以游动孢子进行萌发试验，也很难获得高频率的同步萌发；而经过诱导休止的游动孢子在试验条件下可达到近 100%的萌发率。休止孢经过 EMS 处理后，由于变异多为隐性，诱变位点多为杂合，直接在 CA 培养基上单孢培养难以观察到形态上发生变异的突变体。大豆疫霉菌有性生殖为同宗配合，休止孢经过 EMS 处理后，于 CA 培养基上黑暗培养，经有性生殖产生的卵孢子中，有些变异位点是纯合的，可直接表现变异的性状。通过收集单卵孢子，一方面可以直接获得表型发生变异的突变体，另一方面也可通过表型变异发生的情况确认 EMS 的诱变效果。EMS 为饱和诱变剂，可大量诱导基因组中的隐性突变，在所获得的突变体中多达50%的突变。

（二）水稻白叶枯病菌 Tn5 突变体库的构建

水稻白叶枯病菌 Tn5 突变体库的构建这一示例用来说明根据正向遗传学方法诱变产生植物病原细菌突变体的试验方法，也是 Tn5 用于诱变植物病原细菌的一个例子。下述试验使用水稻白叶枯病菌菌株 $POX99^A$，它有 3 个特征：①基因组已经测序，便于获得致病相关基因信息；②含利福平抗性基因，便于分离培养；③不含无毒基因 *avrXa-10*，既能侵染含

有抗病基因 *Xa-10* 的水稻品种（如 IR-BB10），又能侵染不含 *Xa-10* 的水稻品种（如 IR24）。这 3 个特征非常有利于致病性研究，POX99^A 因此成为国际通用的一个菌株。

1. 感受态制备 把 POX99^A 移植到含利福平 75μg/mL 的 NA 培养基上，保温 28℃培养 2～3d。取一环菌落转接 NB 培养液，28℃、220r/min 振荡培养 16～18h，获得起始菌悬液。吸取起始菌悬液 500μL，滴入 50mL 新鲜配制的 NB 培养液体，同上振荡培养 16～18h，监测确认至 *A*（600nm）达到 0.8 左右，离心（4℃，5 000r/min）收集菌体，用 10%甘油洗涤，连续洗 3 次，最后用 10%甘油 1mL 悬浮菌体，试管分装，50μL/管，－70℃保存备用。

2. 转座子电转化 向 50μL 感受态细菌悬浮液中加入 0.5μL 转座子混合物，电转化（电阻 200Ω、电容 25μF、电压 15kV/cm）。

3. 培养 电转化完成后，立即向菌液加入 NB 培养液 1mL，并转移到 2mL 试管，28℃、220r/min 振荡培养 2～4h。

4. 挑取突变体 培养液稀释 20 倍，涂到含 25μg/mL 卡那霉素的 NA 培养基平板上，28℃培养 2～3d，把长出的所有菌落挑取出来，就形成一突变体库。

（三）稻瘟病菌 T-DNA 插入突变体库的构建

稻瘟病菌 T-DNA 插入突变体库的构建这一示例用来说明根据正向遗传学方法诱变产生植物病原真菌突变体的试验方法，也是 T-DNA 用于诱变植物病原真菌的一个例子。

1. 农杆菌转化 按上述类似方法制备农杆菌感受态，用 pROK2 载体进行电转化（图 7-6）。培养转化的重组子，根据卡那霉素抗性标记选择阳性克隆。

2. 农杆菌培养 把阳性克隆单菌落移植到含利福平和卡那霉素的 MM 液体培养基中，28℃振荡培养 48h，离心（室温，4 000r/min 离心 6min）收集菌体。菌体用 IM 液体培养基重新悬浮，再次离心（室温，4 000r/min 离心 6min）收集菌体。再次用 IM 液体悬浮菌体，28℃振荡培养 6h，调节农杆菌含量，使之 *A*（600nm）达 0.8 左右。

（1）MM 液体培养基 K_2HPO_4 2.05g、KH_2PO_4 1.45g、NaCl 0.15g、$MgSO_4 \cdot 7H_2O$ 0.5g、$CaCl_2 \cdot 2H_2O$ 0.067g、$FeSO_4 \cdot 7H_2O$ 0.002 5g、$(NH_4)_2SO_4$ 0.5g、$C_6H_{12}O_6$ 2.0g，加水至1 000mL。培养液高压蒸汽灭菌，使用前加过滤灭菌的利福平至 25μg/mL、卡那霉素至 100μg/mL。

（2）IM 液体培养基 K_2HPO_4 2.05g、KH_2PO_4 1.45g、NaCl 0.15g、$MgSO_4 \cdot 7H_2O$ 0.5g、$CaCl_2 \cdot 2H_2O$、0.067g、$FeSO_4 \cdot 7H_2O$ 0.002 5g、$(NH_4)_2SO_4$ 0.5g、$C_6H_{12}O_6$ 2.0g、MES［2-（N-马啉）乙基磺酸］8.54g、乙酰丁香酮（acetosyringone，AS）2mL、100mmol/L 甘油 5mL，加水定容至1 000mL，高压蒸汽灭菌。

3. 稻瘟病菌培养 按本章第二节介绍的方法培养稻瘟病菌分生孢子，含量调节到 5×10^8 个孢子/mL。

4. 共培养 将农杆菌菌液与稻瘟病菌孢子液等体积混合，吸取 200μL 混合液，滴加到孔径为 0.45μm 的纤维素微孔滤膜上，涂抹均匀，吹干，28℃暗培养 48h。

5. 印迹培养 将纤维滤膜取出，反向贴于含 200μg/mL 头孢霉素、50μg/mL 四环素、100μg/mL 硫酸链霉素和 200μg/mL 潮霉素的燕麦培养基表面，28℃培养 2d。

6. 接合子挑选 撕弃滤膜，继续保持 28℃培养 2～3d，挑选生长正常的菌落转接于含上述抗生素的燕麦培养基中。光照培养 7～10d 待孢子产生，单孢分离，并移植到含抗生素的燕麦培养基上，培养36～48h后，挑取单菌落转接到含抗生素的燕麦培养基中，28℃培养48h，随即进行致病性测定。如果准备以后使用，可制成试管菌种，置于4～8℃的冰箱中保存，每半年移植1次。

（四）水稻白叶枯病菌基因敲除与同源重组

1. 使用重叠PCR技术构建敲除载体　图7-7示意的技术原理适用于任何生物，可以用来敲除任何基因。培养含质粒pKD13的大肠杆菌菌株BW25141，提取质粒DNA。登录NCBI数据库，找到pKD13载体序列（登录号AY048744.1），再找到*Kan*^{r}序列（Complement 111-905），据此合成*Kan*^{r}的上游引物KF1和下游引物KF2。使用这对引物，按图7-7A的示意，以pKD13质粒DNA为模板，通过PCR扩增*Kan*^{r}基因。假如试验目的是敲除水稻白叶枯病菌菌株POX99^{A}无毒基因*avrBs2*，则需要把图7-7B所示目的基因指定为*avrBs2*。从黄单胞菌数据库（http：//xanthomonas. or/）的Gene引擎查找*avrBs2*序列（登录号pxo _ 03330），根据*avrBs2*在POX99^{A}基因组序列中的位置查找侧翼序列，根据左翼、右翼序列分别设计引物F1与R1、F2与R2。然后按图7-7C的步骤进行操作，获得*avrBs2*敲除载体T-Simple::*avrBs2*LF-*Kan*^{r}-RF。

2. 同源交换产生突变体　按图7-7D的示意，用电转化的方法将敲除载体转入POX99^{A}细胞，获得转化子。在含卡那霉素的NA培养基平板上繁殖转化子，挑取阳性克隆。通过PCR或RT-PCR对阳性克隆进行验证，敲除了*avrBs2*的突变体表现为：①无*avrBs2*；②有*Kan*^{r}；③表达*Kan*^{r}。

第四节　致病相关基因功能研究方法

如本章第一节所述，植物病原物致病相关因子包括病原物关联分子模式（PAMP）、无毒或毒性蛋白与效应分子3类。它们的性质因病原物种类而异，但研究策略和技术方法大致相似。本节仍以水稻白叶枯病菌菌株PXO99的*avrBs2*基因为例，说明对致病相关基因功能进行研究的主要试验环节。介绍的技术方法适用于病原细菌其他致病相关基因，也适用于其他病原物的致病相关基因。假设通过图7-7示意的方法敲除了PXO99^{A}的*avrBs2*基因，通过同源重组技术获得病菌突变体PXO99/*avrBs2*$^-$，需要进一步研究的问题是*avrBs2*基因或*AvrBs2*蛋白在病菌侵染和致病过程中的作用及其调控机制。对此，通常从遗传和生理生化入手进行研究。

一、基因功能遗传分析

水稻白叶枯病菌突变体POX99^A/*avrBs2*$^-$与野生型菌株POX99^{A}相比致病性会发生变化，假设致病能力降低80%，说明*avrBs2*基因对致病性有重要作用或起主导作用，但不是决定致病性的唯一因子。这种表型差异还不是说明*avrBs2*致病功能的充分证据，还需要用野生型*avrBs2*基因回补POX99^A/*avrBs2*$^-$，进一步测定回补是否能使突变体的致病性回复到野生型POX99^{A}的水平。

（一）回补菌株POX99^A/*avrBs2*/*avrBs2*$^-$的产生

1. *avrBs2*基因克隆　*avrBs2*基因克隆分以下4个步骤完成。

（1）PXO99^{A}基因组DNA提取　将黄单胞菌在含100μg/mL利福平的NA培养基平板

上划线，保温28℃暗培养，直至长出单菌落。准备含100μg/mL利福平的NB培养液，取20mL装入试管，移入挑取单菌落，28℃振荡培养24～36h。取1mL菌液用来提取POX99^{A}基因组DNA，使用捷倍思生物公司出售的细菌基因组试剂盒提取细菌DNA，并参照公司的试剂盒说明书进行操作。

(2) 电泳检查　提取的基因组DNA用高纯度水定容至30μL，用Eppendorf小试管(250μL容积)分装(6μL/管)，置－20℃冰箱中保存备用。另取DNA溶液1～3μL，在1%琼脂糖凝胶上点样，按常规方法进行电泳，检查DNA的完整性。

(3) PCR扩增　登录NCBI数据库，从PXO99^{A}全基因组序列查找*avrBs2*基因序列，根据序列设计引物，在上、下游引物上加*Kpn* Ⅰ和*Sac* Ⅰ酶切位点，便于后续载体的连接。上游引物为5′-GGGGTACCGTGCCATTGAACGACAGCG-3′，下游引物为5′-CGAGCTC-CTCCGGCTCGGTCTGGTTG-3′。使用这对引物，以PXO99^{A}基因组DNA为模板，通过PCR扩增*avrBs2* cDNA。PCR反应物按常规比例准备，即模板DNA 100ng、引物1μL、Extaq酶0.25μL、10mmol/L dNTP溶液2μL、缓冲液12.5μL，加重蒸水补足25μL。PCR程序为：95℃预变性4min；设置循环条件（变性，95℃、45s；退火，62℃、45s；延伸，72℃、2min)，循环25次；72℃延伸10min。

(4) 电泳检查　取PCR产物溶液1～3μL，同时取分子质量标准（DNA ladder）溶液1μL，分别在1%琼脂糖凝胶上点样，按常规方法进行电泳，通过分子质量标准判断PCR产物是否符合基因长度。

(5) 回收　用1%琼脂糖凝胶电泳常规检测，使用TaKaRa Agarose Gel DNA Purification Kit回收目的DNA片段。

2. 基因回补转化载体构建　基因回补转化载体构建先后使用2种载体，分2步完成。

(1) 载体　克隆载体pMD19-T-simple，它含有氨苄青霉素抗性基因。表达载体pHM1，它是一个宿主范围很广的黏粒载体，含LacZ和另外两个选择标记，即壮观霉素（spectinomycin，Sp）和硫酸链霉素（streptomycin sulfate，Sm）抗性基因（GenBank登录号EF059993.1）。

(2) pMD19-T-simple克隆　将回收的目的片段4μL与pMD19-T-simple载体1μL与Solution Ⅰ溶液5μL依次装入Eppendorf小试管，置连接炉中，16℃保育12h或过夜，然后转化大肠杆菌菌株Top10细胞。重组菌用含氨苄青霉素的LA培养基培养，挑取单菌落，通过PCR进行初步验证。取候选菌落进行培养，提取质粒，通过*Kpn* Ⅰ和*Sac* Ⅰ双酶切和电泳验证，选出阳性克隆，委托公司测序，分析确认克隆正确，说明获得了重组质粒pMD19-T::*avrBs2*。

(3) pHM1::*avrBs2*构建　用*Kpn* Ⅰ和*Sac* Ⅰ分别对pMD19-T::*avrBs2*和pHM1进行双酶切，回收并确认目的片段，用T4连接酶连接。连接以后转化Top10细胞，按上述方法进行验证，获得重组载体pHM1::*avrBs2*。

用pHM1构建转化载体的原理参见图7-11，作为外源插入序列的目的基因可以只使用CDS。但如果要研究基因产物Ⅲ型分泌，则需使用含启动子和CDS的完整序列。pHM1::*avrBs2*是指把*avrBs2*编码序列（coding sequence，CDS）克隆到pHM1载体上而产生的重组载体，用于回补POX99^A/*avrBs2*$^-$。

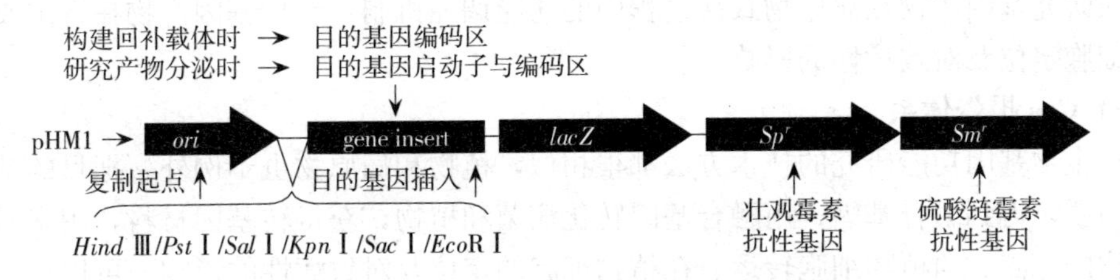

图 7-11　使用黏粒载体 pHM1 构建转化载体示意图

按照研究目的克隆基因编码区（CDS）或启动子与 CDS 的完整序列，从图上指示的部位插入载体。特别注意可以使用的酶切位点，必须根据具体基因加以选择，避免识别碱基出现在目的基因序列。另外，*lacZ* 序列包含多种稀有酶切识别位点，包括 *Hgi* Ⅰ、*Nde* Ⅰ、*Nar* Ⅰ、*Kas* Ⅰ、*Bgl* Ⅰ、*Fsp* Ⅰ、*Pvu* Ⅰ、*Pvu* Ⅱ和 *BceF* Ⅰ的识别碱基，不可使用

（高蓉作图）

（二）互补菌株 POX99^{A}/*avrBs2*/*avrBs2*$^{-}$的产生与鉴定

含 pHM1::*avrBs2* 的重组 Top10 细胞必须使用可以诱导水稻黄单胞菌Ⅲ型分泌蛋白的培养基（*Xanthomonas oryzae* type Ⅲ protein-inducing medium，XOM）。从 XOM 培养基培养的重组 Top10 细胞提取质粒，电转化 POX99^{A}/*avrBs2*$^{-}$细胞。

XOM 由南京农业大学陈功友课题组研制，配方是：10%蔗糖、650μmol/L DL-甲硫氨酸、10mmol/L L-（+）-谷氨酸钠、15mmol/L KH_2PO_4、20μmol/L $MnSO_4$、240μmol/L 乙二胺四乙酸铁盐（Fe_2-EDTA）、5mmol/L $MgCl_2$，pH6.5。XOM 培养液加琼脂（18g/L），即成固体培养基。

如果图 7-11 示意的构建稍加修改，目的基因启动子前再加 T7 启动子，重组菌培养就可用 NB 培养液，加异丙基硫代-β-D-半乳糖苷（isopropylthio-β-D-galactoside，IPTG）即可。T7 启动子来自细菌噬菌体名为 T7 的 RNA 聚合酶基因，受 IPTG 诱导。

（三）互补菌株 POX99^{A}/*avrBs2*/*avrBs2*$^{-}$的筛选与鉴定

1. 筛选　POX99^{A}/*avrBs2*$^{-}$电转化完成后，立即向菌液加入 XOM 培养液 1mL，并转移到 2mL 试管，28℃振荡（220r/min）培养 2～4h。转接到含硫酸链霉素（100μg/mL）和壮观霉素（50μg/mL）的 XOM 琼脂培养基上，保持 28℃培养3d，挑取单菌落用于 PCR 验证。

2. 验证　按上述方法进行 PCR 验证，确认回补菌株 POX99/*avrBs2*/*avrBs2*$^{-}$含有 *avrBs2* 基因。然后对野生型 POX99^{A}、敲除突变体 POX99/*avrBs2*$^{-}$和回补菌株 POX99/*avrBs2*/*avrBs2*$^{-}$进行同步比较测定，通过 PCR 测定 *avrBs2* 基因，在含抗生素的 XOM 琼脂培养基上培养，测定对抗生素的抗性。这 3 种菌株的差别是：①野生型和回补菌株含 *avrBs2*，敲除突变体则否；②抗生素抗性不同，野生型菌株只抗利福平，敲除突变体抗利福平和卡那霉素，回补菌株抗利福平、卡那霉素、硫酸链霉素和壮观霉素。

（四）致病性遗传分析

根据本章第一节与第二节介绍的有关方法进行测定，比较野生型 POX99^{A}、敲除突变体 POX99/*avrBs2*$^{-}$和回补菌株 POX99/*avrBs2*/*avrBs2*$^{-}$的致病性差别，包括诱导过敏反应和引起白叶枯病的能力。通过这些试验，明确 *avrBs2* 基因对病菌致病性的作用。

二、基因产物生化分析

根据本章第二节介绍的方法，在明确了一个致病相关基因对病原物致病性的作用之后，

可以深入研究基因产物在病原物致病过程中的功能调控机制，包括基因产物在寄主或非寄主植物亚细胞定位及对致病性的影响。

（一）Cya报告体系

所有生物基因功能研究的技术方法都很相似，植物和病原物也不例外。把目的基因与报告基因串联，得到融合基因；用融合基因转化病菌和植物，获得转基因材料，用来研究目的基因产物的分泌、向植物细胞转运、在植物细胞的定位及对致病性的影响。可以选用的报告基因主要有编码β-葡萄糖醛酸酶（β-glucuronidase，GUS）的基因 *uidA* 以及编码绿、红、黄、蓝荧光蛋白（green，red，yellow，and blue fluorescent proteins；分别缩写为 GFP、RFP、YFP、BFP）的基因，它们用途非常广泛，技术方法成熟，很容易查找、遵循。现介绍一个特别有用的报告体系，即依赖钙调蛋白的腺苷酸环化酶（calmodulin-dependent adenylate cyclase，Cya）报告体系。

革兰氏阴性动植物病原细菌Ⅲ分泌蛋白从细菌细胞向环境分泌及向寄主细胞运转的过程称为Ⅲ型转位（type Ⅲ translocation），研究Ⅲ型转位的一项理想技术是使用Cya报告体系。该体系就是为研究Ⅲ型转位而专门建立的，首例证明叶尔森肠杆菌（*Yersinia enterocolitica*）的 YopE 向动物细胞转运。最近，Cya 报告体系引入植物病理学领域，用来研究病原细菌Ⅲ型转位问题，证明了辣椒细菌性斑点病菌［*Xanthomonas campestris* pv. *vesicatoria* (Doidge) Dye］的 AvrBs2 蛋白向寄主植物细胞转运。

Cya 之所以能够有效报告Ⅲ型转位，原因有 5 个方面：①细菌不产生钙调蛋白，因此没有 Cya 活性。②在自然条件下，Ⅲ型分泌途径既不能分泌也不能转运 Cya。③当 Cya 与某个效应分子 N 末端序列融合并转化细菌以后，重组细菌就可以把融合蛋白转运到寄主细胞质。④由于植物可以产生钙调蛋白，融合蛋白与钙调蛋白结合，降解腺苷三磷酸（ATP），产生环腺苷酸（cAMP）。⑤通过测定环腺苷酸含量或检测融合蛋白，试验证明融合蛋白转位。

（二）用 Cya 报告体系探测致病相关基因产物的方法

下文仍以水稻白叶枯病菌菌株 $POX99^A$ 为例，说明使用 Cya 报告体系研究 *avrBs2* 基因及 AvrBs2 蛋白功能调控的基本方法。由于基因克隆、遗传转化、转化子筛选鉴定等方法已在前文举例说明，此处只简单说明关键研究环节，差别仅限于基因不同，具体有关技术方法可参照前文稍加修改。

1. 融合基因 *avrBs2P-CDS*::*cya* 构建　按图7-11的示意，利用 pHM1质粒载体构建 *cya* 基因与 *avrBs2*基因启动子与 CDS 完整序列(*avrBs2P*-CDS)的融合基因单元 *avrBs2P-CDS*::*cya*。

（1）*cya 基因克隆*　登录 NCBI 数据库，搜索 *cya* 基因序列（登录号 DQ102773），据此设计上、下游特异引物，引物前加适当的酶切识别位点和保护碱基；*avrBs2P-CDS* 下游引物与 *cya* 上游引物所加的酶切识别位点要相同（图 7-4）。使用 *cya* 特异引物，以支气管炎鲍特菌（*Bordetella hinzii*）菌株 BC-306 基因组 DNA 为模板，通过 PCR 扩增 cya 基因。

（2）*avrBs2P-CDS 的克隆*　根据 *avrBs2P-CDS* 序列设计特异引物，下游引物所加的酶切识别位点与 *cya* 上游引物所加的酶切识别位点相同；*avrBs2P-CDS* 上游引物另外适当选择，但必须异于 *cya* 下游引物所加的酶切识别位点。使用 *avrBs2P-CDS* 特异引物，以 $POX99^A$ 基因组 DNA 为模板，通过 PCR 扩增 *avrBs2P-CDS*。

因此，把 *avrBs2P-CDS* 与 *cya* 融合，并把融合基因克隆到 pHM1 载体上，需要使用 3 种内切酶。内切酶种类根据图7-4所示原则，从图 7-11 所示 pHM1 载体多克隆位点进行选择。

（3）pHM1::*avrBs2P-CDS*::*cya* 构建　*cya* 和 *avrBs2P-CDS* 的 PCR 产物经过测序验证，按图 7-4 的示意，用内切酶 2 分别酶切，回收目的片段，用 T4 连接酶连接，产生 *avrBs2P-CDS*::*cya* 融合基因。按图 7-4 的示意，用内切酶 1 和内切酶 3 分别对载体 pHM1 与 *avrBs2P-CDS*::*cya* 进行双酶切，继以 T4 连接酶连接，产生重组载体 pHM1::*avrBs2P-CDS*::*cya*。

2. 原核表达与融合蛋白分析　用重组载体 pHM1::*avrBs2P-CDS*::*cya* 转化水稻白叶枯病菌菌株 POX99^{A} Top 10 细胞，转化的细胞用 XOM 培养液 37℃振荡培养 16～18h，即培养到对数生长期，收集菌体，提取蛋白质，按常规方法进行十二烷基磺酸钠-聚丙烯酰胺凝胶电泳（dodecyl sulfate-polyacrylamide gel electrophoresis，SDS-PAGE）分析。同时，按常规方法进行蛋白质印迹，即 Western 印迹，用 Cya 蛋白质抗体进行分子杂交检测。可以使用生物素、地高辛或辣根过氧化物酶标记的 Cya 抗体进行直接杂交，也可以使用 Cya 抗体与二抗进行双重杂交检测。Cya 抗体与二抗都是商业化产品，Cya 可从有关生物试剂公司（如美国 Cyagen Biosciences，Inc. 和 Santa Cruz Biotechnology，Inc.）在中国的当地代理商购买，二抗可以从国内有关公司购买。

3. POX99^{A}/*avrBs2P-CDS*::*cya* 重组　用重组载体 pHM1::*avrBs2P-CDS*::*cya* 转化 POX99^{A} 细胞，获得重组子。重组子用 XOM 琼脂培养基培养繁殖，培养基事先加 X-Gal、壮观霉素或硫酸链霉素，利用 LacZ 与抗生素抗性进行筛选鉴定（图 7-11），确认阳性重组子（表 7-12）。阳性重组子再用 XOM 培养液培养繁殖，按上述方法对融合蛋白进行分析。还有必要研究融合蛋白从细菌细胞向外泌出的情况，可以用常规方法进行免疫金标记检测（图 7-12）。

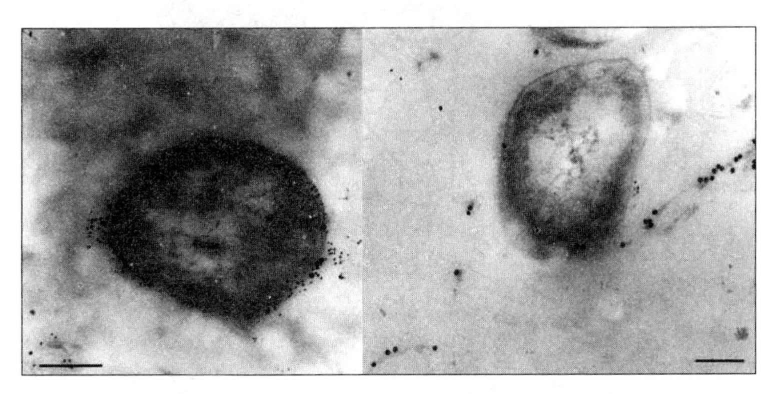

图 7-12　梨火疫病菌脂多糖（LPS）与一种Ⅲ型分泌蛋白（T3P）免疫金标记检测（NCBI PubMed PMID：11207547）

左图：LPS 和 T3P 双标记；右图：T3P 单标记。标尺＝0.2μm

表 7-12　水稻白叶枯病菌 *avrBs2* 基因致病功能的遗传与生化分析

菌　株	*avrBs2*	Rf^{r}	Kan^{r}	Ap^{r}	Sm^{r}	lacZ	CA	Cya	致病性
POX99^{A}	有	有	无	无	无	无	无	无	有
POX99/*avrBs2*$^{-}$	无	有	有	无	无	有	无	无	N/A
POX99/*avrBs2*/*avrBs2*$^{-}$	有	有	无	有	有	有	无	无	N/A
POX99^{A}/*cya-avrBs2P-CDS*	有	有	无	有	有	有	有	有	N/A

注：Rf^{r}、Ka^{r}、Ap^{r} 和 Sm^{r} 依次为利福平、卡那霉素、氨苄青霉素、硫酸链霉素抗性；lacZ 指菌落白色；CA 表示 Cya-AvrBs2 融合蛋白；Cya 表示 Cya 酶活性；N/A 表示根据病情进行判断

三、基因功能组织病理学研究

（一）基因产物在植物体内的活性测定

1. 植物蛋白测定 按本章第二节介绍的有关方法，用表 7-12 所示菌株悬浮液剪叶接种水稻，同时注射接种拟南芥和烟草，以灭菌水同样处理为对照。接种后定时（如 0、6h、12h、18h、24h）取样，提取叶片蛋白质，进行 SDS-PAGE 和 Western 杂交，检测 AvrBS2-Cya 融合蛋白。

2. 植物体内 Cya 活性测定 水稻、拟南芥和烟草接种后定时（如 0、6h、12h、18h、24h）取样，称重，每个样本取 0.5g，立即液氮冷冻，研磨成粉，加 0.1mol/L HCl 溶液 600μL 悬浮。悬浮液试样分成两组，一组加钙调蛋白 5μL，另一组加 0.1mol/L HCl 溶液 5μL。试样 cAMP 含量用试剂盒（Correlate-EIA cAMP immunoassay kit，Assay Designs）参照试验说明书进行测定。

（二）组织病理学测定

水稻白叶枯病菌可以从水稻水孔侵入，通过通水组织进入木质部繁殖扩展（图 7-13）。通水组织是水孔最有活力的部分，测定通水组织内病菌繁殖情况与通水细胞内外 *avrBs2* 的表达情况，可以为基因对致病性作用的机制提供信息。水稻用表 7-12 所示菌株悬浮液喷雾

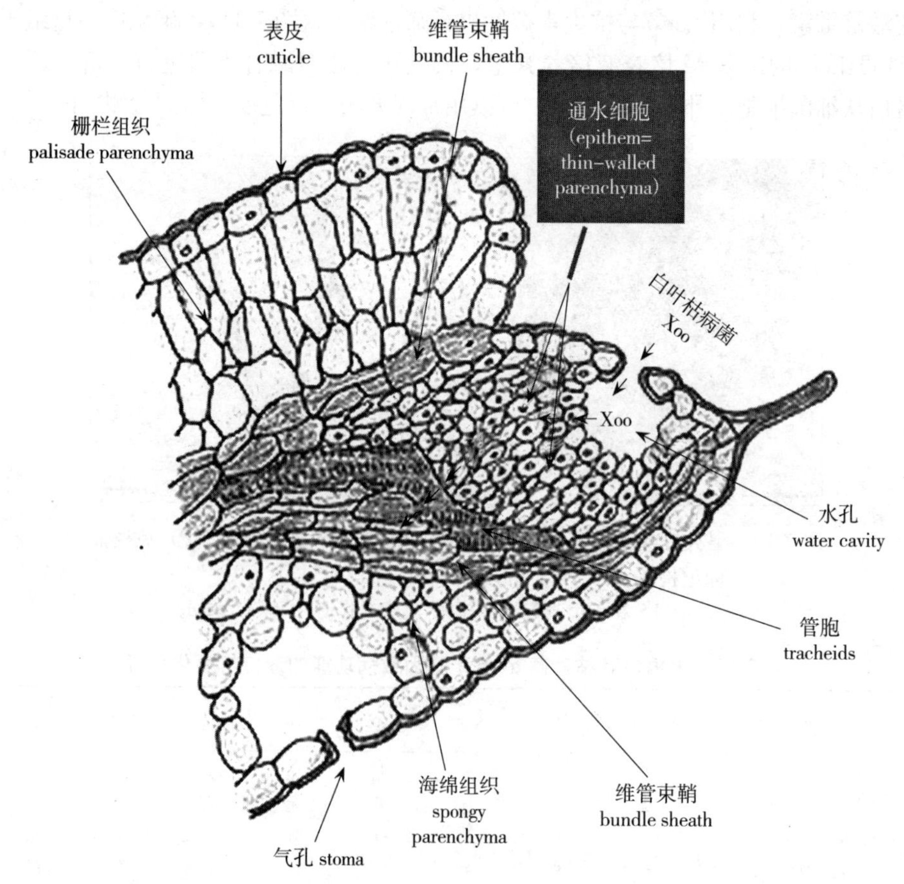

图 7-13 水稻白叶枯病菌侵染水稻叶片水孔及随后繁殖扩展情况示意图

（高蓉作图）

接种，保温（28℃）保湿 24h，接种后定时（如 0、1d、2d、3d）取样，从叶尖、叶缘起取 1cm 宽的组织，参考第二章第二节制备石蜡切片或冷冻切片。一部分切片试样直接进行扫描电镜观察，另一部分切片用 *cya* 和 *avrBs2* 探针分别进行杂交，然后再用扫描电镜观察，均注意观察水孔通水组织。

（三）致病性表型观测

水稻、拟南芥、烟草接种后 20h、7h、3h 左右，按本章第二节有关介绍，分别观测致病性表型，主要包括水稻白叶枯病症状观察、拟南芥叶片黄化与坏死症状、烟草过敏反应发生情况，对症状进行分级与定量分析，另外测定病菌在水稻组织内的繁殖量。比较表 7-12 所列病菌菌株致病程度差别，判断 *avrBs2* 对致病性的贡献。

思考题

1. 植物病原物致病性研究需要经过哪些关键环节？

2. 植物病原物与致病性相关的种下单元有哪些？它们各自的含义是什么？

3. 植物病原真菌、卵菌、细菌和线虫致病性评价标准有何异同？

4. 什么是基因载体？一个基因载体有哪些必要的组分？

5. 产生植物病原物突变体常用方法有哪些？病原物致病相关突变体通常有哪几类？筛选和鉴定的依据各是什么？

6. 病原物致病性遗传分析包括哪些主要试验环节？每个试验环节可以说明什么问题？

7. 植物病原物致病相关基因产物生化分析需要经过哪些试验环节？有哪些蛋白质可以用来探测致病相关基因产物在病原物和植物细胞内的作用动态？如何测定？

8. 说明病原物某种蛋白对致病性的作用需要哪些试验证据。如何获得这样的证据？

第八章　植物抗病性研究方法

植物抗病性是指植物避免、中止或阻滞病原物侵入、扩展与危害的能力，是植物与病原物相互作用（pathogen-plant interactions，简称互作）的结果。互作是指从病原物接近或接触植物到植物表现感病或抗病整个过程中双方互动或相互影响、制约的现象。互作是决定植物病程进展与结果的最重要的因素，影响病原物能否成功侵染并引起病害或植物表现感病或抗病。

抗病性研究有两个目的，一是了解抗病机制，可以使用模式植物（如拟南芥、烟草等）或作物进行研究；二是利用抗病机制防治作物病害。有些植物，如水稻和烟草，既是重要作物，又用作模式植物。关于水稻，根据2002年完成的水稻粳稻（japonica rice）和籼稻（indica rice）全基因组测序结果，水稻基因组约26 000个基因包括约700个抗病相关基因，只有少数基因的功能得到充分研究。国际水稻基因组计划（International Rice Genome Sequencing Project，IRGSP）数据库（http://rgp.dna.affrc.go.jp/IRGSP/index.html）以及世界各国水稻基因组数据库都有大量比较基因组学信息可供查询并有待研究、发掘和利用。由于这些原因，水稻作为模式作物在植物病理学与其他植物学科研究中占有重要地位。关于烟草，常用模式种有本氏烟（*Nicotiana benthamiana*）和普通烟（*N. tabacum*），普通烟包括烤烟（flue-cured tobacco variety）品种如NC89、香料烟（oriental tobacco variety）品种如Xanthi和Samsun，而普通烟目前在世界很多国家仍然是重要的经济作物。本章从机制研究与生产应用两方面出发，概括介绍关于植物抗病机制研究的基本方法。

第一节　植物抗病性类型与研究环节

植物抗病性有遗传学、分子生物学、生理或生物化学以及细胞学等不同层面的机制，需要使用不同的技术方法进行研究。

一、重要抗病性类型的表述

植物病理学使用不同术语表述互作的性质或程度，表述的角度各不相同，对理解和研究植物抗病性有指导作用，既是对植物抗病性进行定性、定量研究的依据，又是对作物品种抗病性鉴定与利用的依据。

（一）互作与抗病机制的统一

在遗传机制上，植物抗病基因（resistance gene，*R*）与病原物无毒基因（avirulence gene，*avr*）或毒性基因（virulence gene，*vir*）决定双方不亲和性互作（incompatible interaction），导致植物专化性抗病性，此即基因对基因假说（gene-for-gene hypothesis）所指的情形。但发生更为普遍的是亲和性互作（compatible interaction），导致非专化性或广谱抗病性，受多个过程中的多种基因控制，包括编码效应分子（effector）的效应基因。对植物抗病性来说，效应基因就是防卫反应基因（defense gene）。在分子生物学机制上，互作最重要的过程是信号传导，包括从识别开始到特定的防卫反应基因诱导表达的整个过程，即信号通路（signal transduction pathway）。从生化基础来看，病原物依赖酶、毒素、生长调节物质、多糖类化合物等致病因子侵染植物并引起病害，而植物则使用天然与诱导抗病机制进行抵抗；诱导抗病因子包括酚类化合物、病程相关蛋白（pathogenesis-related protein，PR protein）、植物保卫素（phytoalexin）等防卫反应基因的产物。双方依赖这些因子的互作引起植物呼吸作用、光合作用、物质代谢、水分生理等发生重要变化，还会导致双方细胞行为和结构的变化。植物细胞病变涉及细胞质膜和许多细胞器，重要结果之一是由细胞、亚细胞变化导致细胞和局部组织的快速死亡，称为过敏反应（hypersensitive response，HR）或过敏性细胞死亡（hypersensitive cell death，HCD），属于细胞程序化死亡（programmed cell death）。过敏性细胞死亡可以引发系统性获得抗性（systemic acquired resistance，SAR），而系统性获得抗性是导致非专化性抗病性的植物防卫基本信号通路（plant basal defense pathway）最重要的一种。

（二）基因对基因抗性

根据基因对基因假说（gene-for-gene hypothesis），如果寄主中有一个调节（condition）抗病性的基因，那么病菌中也有一个相应基因调节致病性；寄主中如有 2 个或 3 个基因决定（determine）抗病性，那么病菌中也有 2 个或 3 个基因决定无毒性。在这里寄主的 *R* 和病菌的 *avr* 是显性的，而寄主的感病基因和病菌的毒性基因是隐性的。只有具有 *R* 的植物品种与具有 *avr* 的病菌小种互作时，植物才表现抗病，其他情况均表现为感病。因此，基因对基因抗病性由植物 *R* 基因控制，*R* 基因产物（R 蛋白）通过与病原物 *avr* 基因产物（Avr 蛋白）直接或间接相互作用，引发植物抗病防卫反应，使植物呈现特定抗病表型，为定性、定量观测提供了依据（参见本章第二节）。

（三）诱导抗性

植物病理学对植物抗病性类型还有其界定，比较常用的术语是被动抗病性（passive resistance）和主动抗病性（active resistance）。被动抗病性是由植物与病原物接触前即已具有的性状所决定的，主动抗病性则是植物受病原物侵染、生物与非生物激发子或来自环境的物理刺激所诱导的防卫反应。植物抗病防卫反应是多种因素顺序表达、共同作用的过程，根据其表达的病程阶段不同，又可划分为抗接触、抗侵入、抗扩展、抗损失和抗再侵染。其中，抗接触又称为避病（disease escape），抗损失又称为耐病（disease tolerance）；而病原物侵染、激发子处理或物理刺激等因子可以诱导植物抗病性，这种抗病性即诱导抗性（induced resistance），系统性获得抗性是其中最重要的一种机制。系统性获得抗性调控因子，如水杨酸信号传导与含锚蛋白结构域的 NPR1 以及防卫反应基因，也参与病原物关联分子模式（pathogen-associated molecular pattern，PAMP）诱导的抗病性。另外还有植物抗病毒的交叉保护，属于特殊的主动抗病性，包括了系统性获得抗性和病毒基因沉默（silencing）的作用。

二、抗病性研究的基本环节

（一）抗病表型鉴定

抗病表型鉴定分为两类。一是过敏反应测定，在有亲和与非亲和分化的植物—病原物互作体系，非亲和小种在抗病寄主植物品种上引发过敏反应。通常采用病原物接种体悬浮液注射叶片的方法进行测定（参见第七章图 7-1），接种体类型因病原物种类不同而异。二是植物品种抗病性测定，根据寄主植物与病原物种类的不同，采用不同方法进行测定，确认品种反应型或抗病类型，如免疫、抗病或感病级别（参见本章第二节），为进一步研究专化性抗病机理奠定基础。

（二）抗病性分子基础研究

抗病性分子基础研究主要包括两方面内容，一是植物由何种基因控制抗病性的发生发展，二是基因产物（抗病相关蛋白）如何行使功能。对于第一个方面，通常采用分子遗传学方法对抗病性遗传基础进行研究，其中必需的工作包括产生植物突变体、分析突变性质、克隆基因、用它回补突变体，研究这些遗传操作对抗病性的影响。对于第二个方面，需要研究抗病相关蛋白结构与功能的关系、与病原物致病相关蛋白的相互作用、在植物组织内的亚细胞定位、激素或非激素信号的影响、与植物其他抗病相关蛋白功能关联，这些内容可以概括为抗病相关蛋白对植物防卫反应信号传导的调控作用与作用环节。

（三）防卫反应信号传导研究

根据细胞信号传导过程，对植物防卫反应信号传导进行研究需要考虑 3 个关键环节。一是信号识别与转导机制，即植物如何识别抗病性诱导因子并把诱导因子的刺激转化为可以在细胞内传递的信息。二是信号传导调控因子及其作用机制，主要包括何种激素或非激素信号参与作用，有哪些调控因子参与作用，它们的作用机制是什么。三是防卫反应启动机制，主要防卫反应基因表达的转录调控及与抗病性的关系，其他防卫反应，如胼胝质沉积、韧皮部蛋白产生等，对抗病性的影响，通常根据研究的问题有选择地进行测定。

第二节　抗病表型鉴定

本节按真菌、卵菌、细菌、病毒、线虫病害的顺序，选择有代表性的植物病害体系，说明植物抗病性表型测定方法，介绍的方法经适当修改可以普遍适用。研究中用到的培养基配方参见第一章第五节，特殊培养基另作说明。

一、植物对真菌病害抗性研究七例

（一）小麦对锈病抗性的研究方法

小麦锈病包括叶锈病（病菌 *Puccinia triticina* Eriks）、秆锈病（病菌 *P. graminis* Eriks）和条锈病（病菌 *P. striiformis* West），抗病性测定基本形成了一套标准模式，其中许多方法可以用于其他锈病。

1. 反应型鉴定　苗期抗性测定可使用特定生理小种，或分别测试多个生理小种。为了快速选出抗多个生理小种的小麦品种，可以使用混合接种的方法。品种抗性差别表述为反应型，根据锈菌侵染型来评价，分为 0（免疫）、R（抗病）、MR（中抗）、MS（中感）和 S（感病）等级别（表 8-1、图 8-1）。侵染型与反应型均根据病情分级加以界定，病情按 6 级法记载，有时用正号（＋）和负号（－）分别表示偏重或偏轻。

注意事项：①锈菌侵染型因环境条件的不同而发生变化，要在适宜、一致的条件下进行鉴定，一般有效积温达到 180～200℃时条锈病才能充分发病。②多数品种苗期抗性与成株期抗性一致，但有例外，需分别测定。

表 8-1　小麦条锈病分级标准

侵染型	反应型	抗　病　级
0	免　疫	叶色正常，完全无病状
0—	近免疫	在叶片上产生枯死斑点或失绿斑，不产生夏孢子堆
1	高　抗	夏孢子堆少、小，常不破裂，周围有清晰坏死区
2	中　抗	夏孢子堆小到中等，周围有枯死或失绿区，部分形成绿岛
		感　病　级
3	中　感	夏孢子堆中等大小，周围组织有轻微失绿
4	高　感	夏孢子堆大而多，周围组织无枯死，条件不适时可能失绿

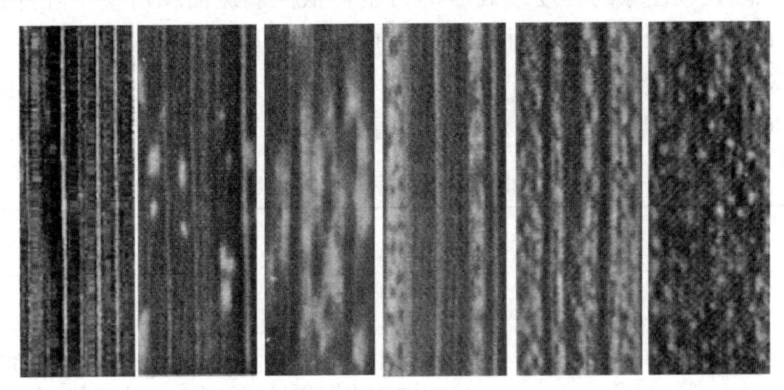

图 8-1　小麦条锈病菌侵染型鉴定标准

照片从左到右代表病情等级 0、0—、1、2、3、4

（仿 Line and Qayoum，1992）

2. 病圃试验　病圃是指用来研究病害发生规律与防治方法等问题的小面积试验田，病菌侵染来源为积年重复侵染或人工接种。锈病病圃在每 2 行感病保护行之间播种待测品种，每个品种占 1m²。保护行植株在孕穗期接种，接种一般使用该地区优势生理小种，有时使用特定生理小种，测定小麦品种的反应。小麦条锈、秆锈、叶锈等不同锈病均使用国际统一锈病病圃和病情分级标准，记载发病情况，认定侵染型和反应型（表 8-2）。

表 8-2　小麦对秆锈病抗性程度分级标准

侵染型	反应型	抗　病　级
0	免疫	没有夏孢子堆和任何其他症状
0—	近免疫	没有夏孢子堆，但有过敏性斑点
1	高抗	夏孢子堆很小，周围有清晰的坏死区
2	中抗	夏孢子堆小到中等，往往产生在绿岛中，绿岛周围有明显褪绿或坏死的边缘
		感　病　级
3	中感	夏孢子堆中等大小，合并现象很少见，无坏死，但可能有褪绿区，尤其在生长条件不适宜时
4	高感	夏孢子堆大，常常合并在一起，无坏死，但在生长条件不适宜时可能有褪绿现象
		中　间　型
X	混合型	夏孢子堆形状不一致，在有些叶片表现以上各侵染型和共同的中间型，不可能机械分开，如分离小的夏孢子堆再接种，可能形成大的夏孢子堆，反过来也是如此

（二）作物对白粉病抗性的研究方法

作物品种对白粉菌的抗性主要根据病斑类型来评价，但也有些品种抗感反应表现在病斑数量上的差异。下面以麦类和瓜类白粉病作为单子叶植物和双子叶植物白粉病的代表，说明抗病性表型鉴定方法。

1. 苗期抗性测定 苗期接种可以将孢子吹于叶面或者抖落在叶面上，或者用孢子悬浮液（$2\times10^5\sim3\times10^5$ 个孢子/mL）喷雾接种。接种后只要将保温箱的四壁稍微润湿或盖润湿的纱布罩就足以保湿，因为许多白粉菌的孢子只需相对湿度 70%左右就能萌发和侵入。环境温度为 20℃左右时，麦类白粉病接种后 7d 就可以记载，品种抗性表现为叶面菌丝体和孢子的量以及组织坏死或褪绿的程度（表 8-3）；也可依照病斑面积占整个叶片面积的百分比进行分级（表 8-4），判别小麦品种对白粉病的抗性。

瓜类植物对白粉病抗性可以分别在子叶期和第一张真叶展开时进行测定。一般接种 2 次，间隔 2～3d，在接种后 16～20d 观察记载病情（表 8-5）。

表 8-3 小麦对白粉病的抗性分级标准Ⅰ

病情级别	抗感类型	发 病 程 度
0	免疫	没有可见症状
1	高抗	叶面只有有限的菌丝体
2	中抗	叶面菌丝体量中等，有一些孢子，组织轻微坏死和褪绿
3	中感	菌丝体的量中等或很多，孢子产生的量有限，有一些坏死和褪绿
4	高感	孢子堆很大，产生大量孢子，没有坏死

表 8-4 小麦对白粉病的抗性分级标准Ⅱ

病情级别	抗病级别	发 病 程 度
0	8	无病
1	7	病斑面积占整个叶片面积的 1%以下
2	6	病斑面积占整个叶片面积的 2%～5%
3	5	病斑面积占整个叶片面积的 6%～10%
4	4	病斑面积占整个叶片面积的 11%～20%
5	3	病斑面积占整个叶片面积的 21%～40%
6	2	病斑面积占整个叶片面积的 41%～60%
7	1	病斑面积占整个叶片面积的 61%～80%
8	0	病斑面积占整个叶片面积的 81%～100%

表 8-5 瓜类植物对白粉病的抗性分级标准

病情级别	抗病级别	症 状 表 现
0	4	没有可见症状
1	3	少量菌丝体，不产生孢子，组织有些过早坏死现象
2	2	菌丝体的量少，有些孢子产生，组织有些过早坏死现象
3	1	菌丝量很多，有些孢子产生，组织没有过早坏死现象
4	0	菌丝量很多，产生大量孢子，组织没有过早坏死现象

2. 大田调查测定 小麦有些品种对白粉病抗性在苗期和成株期表现不一致，这类品种往往只能抗特定的生理小种，需要通过观测自然发病，或辅以人工接种。大田接种可以将病

叶上的孢子抖落在待测植物上，或配成孢子悬浮液喷洒叶片。白粉菌孢子在水滴中萌发反而不好，但仍需保持较高的湿度，最好在傍晚接种。接种田可以多施一些氮肥，有利于白粉病发生。根据表8-6的标准，分不同生育期记载病害严重程度；也可以参照表8-7的分级标准进行记载，观察发病叶片数和叶片发病的程度。

表8-6　小麦对白粉病抗性分级标准Ⅲ

拔节期到抽穗期			抽穗期到成熟期		
病情级别	抗病级别	分布程度	病情级别	抗病级别	分布程度
0	4	无病	0	5	无病
1	3	基部叶发病率>50%	1	4	倒4叶发病率>50%
2	2	中下部叶发病率>50%	2	3	倒3叶发病率>50%
3	1	中上部叶发病率>50%	3	2	倒2叶发病率>50%
4	0	顶部叶发病率>50%	4	1	旗叶发病率>50%
			5	0	穗部发病

表8-7　小麦对白粉病抗性分级标准Ⅳ

病情级别	抗病级别	发　病　程　度
0	5	无病
1	4	倒4叶轻度到中度发病（菌丝层占叶片面积5%～25%），倒3叶轻度发病（5%）；或整株仅个别叶片上有零星菌丝层（1%以下）
2	3	倒4叶和倒3叶轻度到中度发病（5%～25%），倒2叶或旗叶轻度发病（1%以下）；或整株叶片均轻度发病（5%）
3	2	倒4叶和倒3叶严重发病（50%以上），倒2叶和旗叶轻度到中度发病（5%～25%）
4	1	下部3片叶严重发病（50%以上），旗叶发病显著（5%～25%），穗部一定程度发病
5	0	整株叶片严重发病，全穗为菌丝层所覆盖

图8-2所示0～9级体系是记载作物叶部病害病情的国际通用方法，适当修改后适用于小麦白粉病。依据小麦白粉病的发生规律是下重上轻，病情由下向上发展的特点，把株高分为9等份，病情每上升一段，即增加一级。调查时，据小麦群体病情的病位高度和不同高度叶片病情严重程度来定级别。

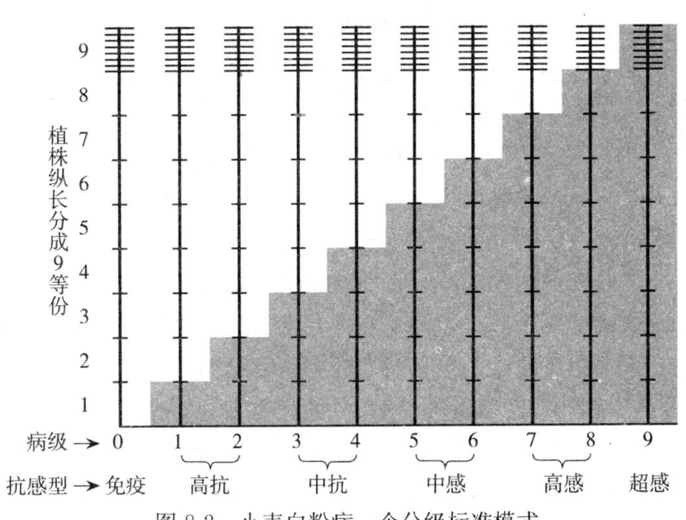

图8-2　小麦白粉病一个分级标准模式

图中示意小麦植株从基部到顶部分成9等份，用来衡量发病进程与病害等级。阴影显示发病进程，表示病害已经到达的植株高度；顶部多条横线处代表麦穗；小麦抗感类型与对应的病级标注在图的下方

（高蓉作图）

（三）麦类作物对黑粉病抗性的研究方法

各种黑粉菌由于侵入时期和部位不同，有的还要有特殊条件，所以抗性测定时接种的方法也不尽相同。

1. 注射与喷雾接种测定法 注射与喷雾接种测定法适于花期侵入系统发病的黑粉病，如小麦散黑穗病和大麦散黑穗病。一般是在抽穗后1～2d用冬孢子悬浮液注射或用干的冬孢子喷到花内的方法接种。注射的方法是将冬孢子0.5～1.0g，加水100mL配成孢子悬浮液，放在牙科医生用的橡皮球中，球上接一橡皮管，管上装上一个25号注射针；接种时先将麦芒剪去，针从花外稃或内稃刺入花内，每花注入1滴孢子悬浮液。喷雾的方法是把干的冬孢子放在橡皮球内，用同样的方法针刺，将孢子喷入花内，干孢子接种对花的损伤更小。

2. 冬孢子拌种测定法 冬孢子拌种测定法适于幼苗侵入系统发病的黑粉病，包括小麦腥黑穗菌和秆黑粉菌、裸大麦坚黑穗菌、高粱两种粒黑穗菌和粟粒黑穗菌。每100g种子加冬孢子0.5g，充分混匀后播种。按这一孢子量接种腥黑穗菌，每粒种子上孢子数可达35 000～150 000个。种子上附着冬孢子的量影响发病率，若每粒种子上小麦腥黑穗菌的冬孢子数低于500个，一般不发病。

对于系统感染黑粉菌，发病程度是记载病穗或病蘖的百分率。品种抗性的分级，一般将发病率1%～10%视为抗病，11%以上视为感病，也有将发病率11%～40%的作为中间类型，41%～100%视为感病。

3. 菌沙接种测定法 菌沙接种测定法适于局部侵染的黑粉病，如玉米黑粉菌局部侵染植株地上部，品种抗病性大田测定的最佳接种时间为6叶期。接种前，将上一年保存的黑粉瘤外膜破碎，用50目细箩过筛，每100g菌粉拌100kg过筛的细沙，配成0.1%菌沙用于接种。接种时，将菌沙撒入玉米心叶中，接种量控制在每株5g。接菌后用手指隔着喇叭口轻捏幼叶，以造成伤口，促进病原菌的侵染。也可将每100g冬孢子粉对水4 000mL，充分搅拌后用300目筛网过滤，冬孢子含量以7×10^3～8×10^3个/mL为宜，用连动注射器吸取制好的孢子悬浮液，把针头刺入玉米植株的中下部，注入菌液1mL左右，见液体从心叶往外冒即可。抗性评价一般根据肿瘤的数目和大小等分级，在玉米乳熟期逐株调查植株是否发生黑粉瘤，有瘤则记为发病株，记载调查总株数、发病株数，计算发病株率。

(四) 水稻对稻瘟病抗性的研究方法

水稻从苗期到成熟期的各个阶段都能发生稻瘟病［病菌 *Pyricularia grisea*（Cooke）Sacc，有性阶段为 *Magnaporthe grisea*（Herbert）Barr］，有叶瘟与穗颈瘟的区别。抗叶瘟的品种不一定抗穗颈瘟，反之亦然。所以，对稻瘟病菌致病性的研究需要考虑叶瘟与穗颈瘟的不同。水稻品种对穗颈瘟的抗性很难从一般自然发病田的观察作出判断，最好在稻穗未露出或露出一半时，将特定生理小种的孢子悬浮液（1mL）注射到剑叶的叶鞘内。穗颈瘟的记载可以计算穗的发病率，但是穗的发病程度有所不同，如茎节可全部或部分坏死，还可在主枝或侧枝发病，侧枝发病率也不尽相同。根据这种情况，穗颈瘟有必要考虑分级记载。相比之下，水稻对叶瘟的抗性易于定量，可以在病圃和温室进行测定。

1. 病圃试验 病圃是有计划地将大量品种集中测定，每个品种种1行（行长0.5～1.0m）或$0.5m^2$的小区。稻瘟病的国际统一病圃，规定在旱地接种测定，土壤重施肥料［每公顷施180kg氮（N）、49.5kg磷（P_2O_5），需要时施适量的钾］。小区宽约1.2m，长10m左右。测定品种的行长0.5m，行距10cm，播种量5g，每隔2个测定品种播1行感病品种，每隔10个测定品种行播1行抗病品种作为对照。播种行离小区的一边是30cm，另一边是20cm。距离播种行30cm的一边，播3行感病品种作为保护行，行距也是10cm；距离播种行20cm的一边，播2行感病品种作为保护行。试验区每天浇水保持很高的湿度，最好是用喷雾装置每天定时喷几次。播种后 30d 左右记载病情，抗病性参照国际稻瘟病圃（IBN）使用的分级标准（表 8-8）进行评价。病圃测定主要根据稻苗的发病程度判断品种的抗性，不能用来测定穗颈瘟的抗性。同时，它是利用自然发病的条件测定的，病圃中生理小种很复杂，必要时可以取样分析其中发生的生理小种和小种的变化。

表 8-8　水稻对稻瘟病抗性病圃测定分级标准

病情级别	抗病级别	症　状
1	极抗	叶片上只出现针头大小的褐点，数量不等，有时很少，甚至不容易看到，没有坏死斑
2	高抗	褐点稍大，直径约 0.5mm，没有坏死斑
3	抗病	出现灰色圆形坏死斑，直径 1.2mm，四周有圆形或带椭圆形的褐色圈；坏死斑可以很多，但叶片受害很少枯死
4	中抗	出现典型的稻瘟病病斑，病斑椭圆形，长 1～2cm，一般局限在两个主脉间；病斑中间是很大的灰色坏死区，四周有褐色或红色的边缘；每张叶片上病斑的数目不很多，受害叶片数不到 5%
5	偏感	病斑的形状与前一级相似，数量较多，并且病斑一般要大一些和宽一些，4～5 叶的苗有 1～2 张叶片的上端因病斑相互合并而枯死，但枯死叶片比例小于 25%
6	感	病斑形状与前一级相同，但数目更多，少数叶片凋萎，枯死叶片比例小于 50%；病斑边缘比前一级更加明显地表现为黄色或灰褐色
7	极感	病斑大，扩展快，边缘基本上是灰色，稍微带一点褐色；展开的叶片大都枯死，只有嫩叶未枯死，枯死叶数达 50%～100%

2. 温室苗期接种测定　品种的抗性最好是在温室内苗期接种测定。接种的适期大致在播种后 9～12d，第一叶开始展开的时候，用稻瘟菌的已知生理小种（或特定的菌株）的孢子悬浮液接种。接种后保湿 48h，6～8d 后记载。记载的标准主要是根据病斑型，分为 6 级（表 8-9）。除温室苗期接种外，苗期到成株期也可以在田间接种测定。根据植株生长的大小，每平方米喷孢子悬浮液 80～150mL，接种后在蒙有双层布的木架内保湿（布上经常喷水），24h 后除去保湿架，发病后的记载方法同上。

3. 其他接种测定法　叶鞘接种法是切取长 7～10cm 的成株叶鞘小段，在它的背面加 1 滴孢子悬浮液，在 24～28℃下保湿培养 40h。将叶鞘背面的表皮剥下，在显微镜下检查，用 1 个孢子形成的菌丝体在表皮细胞中发展量的多少来表示品种感病程度。

有人将孢子悬浮液注射到幼苗的叶鞘内，几天后病斑出现在展开的叶片上。还有先穿刺成株的叶片，在刺口处加 1 小滴孢子悬浮液，根据刺口处是否形成病斑及病斑的形状确定品种的抗性。叶片针刺接种的好处是可以在一张叶片上同时测定许多生理小种的反应。

表 8-9　水稻对稻瘟病抗性苗期测定分级标准

病情级别	抗感类型	症　状
0	免疫	无
1	高抗	很小的褐色小点
2	抗病	直径约 1mm 的褐色病斑
3	中抗	直径 2～3mm 椭圆形病斑，中央灰色，边缘褐色
4	感病	长 1～2cm 的椭圆形病斑，中央灰色，边缘褐色
5	高感	形成长而宽的大椭圆形病斑，后期或条件不适宜时病斑边缘褐色

（五）禾本科作物对叶斑病抗性的研究方法

禾本科作物有多种叶斑病，比较突出的是大斑突脐蠕孢［*Exserohilum turcicum*（Pass.）Leonard et Suggs］引起的大斑病和玉蜀黍平脐蠕孢［*Bipolaris maydis*（Hisik.）Shoem.］引起的小斑病。尽管病菌不同种，但玉米抗性测定方法类似。

1. 玉米对大斑病、小斑病抗性的测定 玉米品种或品系对大斑病、小斑病的抗性可以在自然发病田观察，辅以人工接种则效果更好。在大田成株期进行测定时，玉米对大斑病和小斑病的抗性可以根据病斑数和病斑型加以判断，对小斑病的抗性还可以用病斑大小来衡量。通过人工接种诱发大斑病、小斑病，鉴定玉米品种抗病性，这一方法在玉米苗期和成株期均可使用。

（1）苗期接种测定 苗期接种的方法是选择产孢多和致病性较强的菌株，在培养基上繁殖，洗下孢子用清水或2%蔗糖液配成悬浮液，接种时将孢子悬浮液喷在幼苗上，保湿12～16h，一般在接种后7～14d观察记载病情。病叶采回保湿，促使孢子产生，也可用来接种。接种时，可以感病和抗病品种作为对照。苗期鉴定应在5～8叶期接种，接种后保湿24h，14d后调查发病情况。

苗期接种只适用于测定品种病斑型的抗性，根据病斑形状确定抗性。玉米大斑病在感病品种上表现为没有明显黄色晕圈的萎蔫性病斑，抗病品种则表现为褪绿斑。玉米小斑病则记载病斑的大小和形状。还可以将小段有病斑的叶片剪下保湿或浮在水面上，检查孢子的产生。

（2）成株期抗性测定 在雄穗抽出后4～6周，从感病的品种上采取病叶，在空气中充分干燥后磨成粉状，在低温干燥的条件下保存。待测玉米生长到40～60cm高时，将少量粉状病叶组织放在喇叭口中，或撒在叶面上，最好是在降小雨时或降雨前，或者有露水的时候接种。在整个生长季节中，可以接种2～3次。试验田最好布置若干感病品种，接种发病后作为再侵染的菌源。也可以将孢子用清水稀释到100倍镜下每个视野有10～20个孢子，将孢子悬浮液喷于叶面或者灌在喇叭口中。玉米小斑病的分级，可以采取相似标准，或以病斑占叶面的百分率来表示（参见第九章第一节）。田间调查如果用病斑数来反映玉米抗病性，可以在雄穗抽出后分级记载。在鉴定玉米品种对大斑病、小斑病的抗性时，可以按照表8-10反应型的分级标准予以记载。

表8-10 玉米对大斑病和小斑病反应型的分级标准

	玉米对大斑病反应型的分级标准
高感	病斑大，呈典型梭形，周围无黄色晕圈，霉层较明显
中感	病斑基本为梭形，周围有褐色边线，或有黄色晕圈，霉层较明显
中抗	病斑长条形，一般不呈典型梭形，周围有黄色晕圈，霉层较明显
高抗	病斑为褐色线状或窄条状坏死斑，周围有黄色晕圈，不产生霉层
	玉米对小斑病反应型的分级标准
感病	病斑椭圆形或近圆形，较大，扩展不受叶脉限制
中抗	病斑椭圆形或长梭形，较大，但不越过叶脉
抗病	病斑小，圆形或椭圆形

2. 禾本科作物对叶斑病抗性的测定 关于禾本科作物有许多叶斑病病情分级与调查记载，国际上尚未形成统一标准。表8-10的标准经过适当修改，适用于禾本科作物多种叶

斑病。

另外，可根据病害发生发展规律设立病级标注。禾本科作物的叶部病害大都是植株下部叶片发病早而重，以后逐渐发展，向上蔓延。根据这一规律，成株期发病程度可分为10级，调查时先确定植株基部到顶部一半的地方作为中点。病害从基部发展到中点，不再向上发展，作为第5级；病害没有发展到中点的作为1～4级，完全不发病的为0级；病害发展到中点以上的为6～9级，发病最重的是第9级。每个级别发病的情况见表8-11。

表8-11　禾本科作物对叶斑病抗性评价分级标准

病情级别	抗感类型	植株自下往上叶片发病情况
0	免疫	所有叶片无病
1	抗病	第1叶有少数分散的病斑
2	抗病	第1叶轻度发病，第2叶见有分散的病斑
3	抗病	第3叶轻度发病，第1、2叶发病中等或较重
4	中抗	靠近植株中部的叶片轻度发病或只有分散的病斑，下部叶片中度到轻度发病
5	中感	靠近植株中部的叶片轻度或中度发病，下部叶片严重发病，植株中部以上叶片尚未发病
6	中感	植株下部1/3的叶片严重发病，中部叶片中度发病，中部以上叶片有零星病斑
7	感病	植株中部和中部以下叶片严重发病，上部病害扩展到剑叶以下的叶片，或剑叶也有少量病斑
8	感病	植株中部和中部以下叶片严重发病，植株上部1/3的叶片中度或严重发病，剑叶发病明显
9	高感	所有叶片都严重发病，穗状花序也见有病斑

（六）作物对枯萎病抗性的研究方法

尖孢镰刀菌（*Fusarium oxysporum* Schlecht）不同专化型侵染不同植物，如棉、西瓜、黄瓜、豌豆、蚕豆、番茄、香蕉等，引起枯萎病。尽管病菌专化型与作物种类不同，但抗性测定方法大致相似。

1. 苗期接种测定　枯萎菌用查氏培养液振荡培养，或在马铃薯葡萄糖琼脂培养基平板上静止培养，培养基配方见第一章第五节。在适温（28℃）下振荡培养10d左右，静止培养时间略长。静止培养的菌丝体用灭菌接种针与培养基分开，振荡培养的菌丝体通过离心（1 000r/min，10min）收集，各加适量水，用组织捣碎器打碎，配成菌丝段悬浮液。固体培养物也可以加适量灭菌水，将菌丝体连同培养基一起打碎，配成菌丝体悬浮液。菌丝体悬浮液适宜含量为$1\times10^{7}\sim5\times10^{7}$菌丝段/mL，通常用灌根或蘸根方法接种，也可使用叶片滴注或注射接种的方法。

（1）切根灌注接种　靠近待测植物幼苗划一深约3cm的沟，伤及根系，将菌丝体悬浮液灌入沟内覆土，一般10d后用同样的方法再接种一次。保温24～30℃，30d左右检查病情。接种时也可以不切根，改为直接灌根。

（2）蘸根接种　用适当容器装石英砂，加适量灭菌水或查氏培养液，种子密播撒在石英砂上，24～28℃保育。待子叶展开后，用适量菌丝体悬浮液浸透石英砂，灌根接种，接种后10d左右观察记载幼苗萎蔫情况，作为植物抗病性或病菌生理小种鉴定的依据。

2. 田间测定　作物对枯萎病抗性的测定和选育通常是在自然发病田进行。除去比较品种的抗性外，从病田中选出不发病的植株，往往可以繁殖而得到抗病品系。许多作物抗枯萎病的品种，就是从病田中选出不发病的单株繁殖而得到的。

测定品种抗性的强弱，可以记载病株百分率，有时还可记载死苗数，以表示品种感病程度有所不同。抗病程度的划分没有统一的标准，有的是以发病率在10%以下作为抗病的，50%以上是感病的，10%～50%为中等抗病的。品种的反应也可以分级记载，在完全不发病和发病最重植株枯死之间，再分2～3个轻重程度不同的级别，类似棉花黄萎病的分级。

病田测定值得注意的问题，首先是在自然发病的条件下，一个品种或植株的抗性，有时是不能经过一年测定就作出判断。其次，植物的根部因土壤中线虫的危害而受伤，有利于枯萎病菌的侵入而可以加重发病。最后，病田测定有它的局限性，有时只能测出某一种类型的抗性。不论是枯萎病还是黄萎病，由于它们的发生受许多因素的影响，病田测定还是主要的途径，尤其是在不同地点设立病田选育则效果更好。

对黄萎病抗性的测定方法，基本上与枯萎病相同。病田测定是很好的方法，苗期人工接种则用切根灌注或蘸根接种的方法。无论是在温室的苗期或大田，还可用快速的茎部穿刺接种的方法。此外，将幼苗浸在含枯萎菌或黄萎菌滤液的培养液中，观察苗的萎蔫，以初步筛选抗病植株。要注意培养液成分对滤液中引起萎蔫毒素量的影响。

（七）作物对纹枯病抗性的研究方法

纹枯病是一种由立枯丝核菌（*Rhizoctonia solani* Kuhn）侵染所致的土传病害，可以危害水稻、玉米和小麦等作物，小麦纹枯病也可以由禾谷丝核菌（*Rhizoctonia cerealis* Varder Hoeven）引起。

1. 纹枯病菌接种体制备 采集纹枯病菌菌核，在室内无菌条件下进行分离纯化得到病原菌，然后把病原菌接种到经高温湿热灭菌后的麦粒沙培养基上进行扩大培养，25～28℃保温培养20～25d，至形成大量褐色菌核时备用。

2. 作物品种对纹枯病抗性的测定 分作物介绍对纹枯病抗性进行测定的方法，这些方法稍作修改后在作物之间可以互用。

（1）小麦对纹枯病抗性的测定 小麦对纹枯病抗性的测定分为室内测定和田间测定两种。

①室内测定：将经次氯酸钠消毒、催芽露白后的小麦粒播于培养7d后的接菌平板上，25℃培养24h，盖上无菌石英砂，置于浅水瓷盘中，采用透明保鲜薄膜框架式结构保湿，然后放于光照培养箱中，温度保持20℃，光照12h。待病情相对稳定后，起苗调查病级，记载发病率和严重度。

②田间测定：在小麦返青期，按每1m行长接种备好的小麦粒沙菌种50g于麦茎基附近，浅土覆盖，视天气和土壤湿度情况适量灌水，于小麦乳熟期调查病情。小麦田间抗病性鉴定以病情指数为基础，以相对抗病性指数进行抗、感级别划分（表8-12）。其中，相对抗病性指数=1－相对病情指数；相对病情指数=待测品种平均病情指数÷对照品种平均病情指数，以病情指数最高者为对照品种。

表8-12 小麦品种对纹枯病抗性的评价标准

	免疫	高抗	中抗	中感	感病	高感
级值	0	0.01～0.50	0.51～1.50	1.51～2.00	2.01～2.50	>2.50
相对抗性指数	1	0.80～0.99	0.40～0.79	0.20～0.39	<0.20	

（2）玉米对纹枯病抗性的田间测定 于玉米拔节期将麦粒沙培养物接入玉米近地面的健

康叶鞘内，每株玉米接入 3 粒培养物，接种后田间灌水保湿 7d，30d 后调查病情。病害调查分级参照国际玉米小麦改良中心标准，用病情指数评价其抗病性（表 8-13）。

表 8-13　玉米纹枯病抗性鉴定分级标准和抗性评价标准

病情级别	症　状	抗感类型	病情指数
0	无	高抗	≤20
1	果穗下第 4 片叶鞘以下部位发病	抗病	21～30
2	果穗下第 3 片叶鞘以下部位发病	中抗	31～40
3	果穗下第 2 片叶鞘以下部位发病	感病	41～50
4	果穗下第 1 片叶鞘以下部位发病	高感	＞50
5	果穗及其以上叶鞘发病		

（3）水稻对纹枯病抗性的田间测定　根据品种成株期在自然发病田的发病程度，可以看出品种抗性的不同。为了提高测定效率，使发病普遍而均匀，还可以人工接种。接种的适当时期是在分蘖盛期以后，方法是将病菌在灭菌的稻秆上培养，然后将稻秆插在稻丛的分蘖间。

发病程度的记载，比较简便的方法是计算分蘖受害的百分率，但以分级记载较好。分级的标准很多，可将分蘖上没有病斑的作为最轻的 1 级，分蘖上所有的叶鞘都发病的作为最重的 4 级，两者之间再分为轻重程度不同的 2、3 级。

也可在病圃苗期进行接种测定，设置与稻瘟病相仿的病圃，保护行播种较抗病的品种。接种用的病菌也是在灭菌的稻秆上繁殖，在苗龄 3 周左右，将稻秆放在苗基部的土表上。接种后 2 周，根据种苗叶鞘发病的百分率分为 10 级（0～9）记载，0 级是完全不发病的（免疫），1 级为发病率 1%～10%，2 级为 11%～20%，依此类推。

二、植物对卵菌病害抗性研究两例

（一）作物对霜霉病抗性的研究方法

霜霉菌是高等植物重要的病原卵菌，专性寄生，仅危害植物地上部分，植物受侵染后在病斑表面形成典型的霜状霉层，引起的病害通常称霜霉病。如古巴假霜霉［*Pseudoperonospora cubensis*（Berkeley et Curtis）Rostovtsev］引起瓜类霜霉病，寄生霜霉［*Peronospora parasitica*（Persoon）Fries］可以危害许多十字花科植物。关于抗病性鉴定，针对霜霉菌与针对白粉菌的方法相似，此处以黄瓜霜霉病和萝卜霜霉病为例加以说明。

1. 接种体准备　霜霉菌专性寄生，很难人工保存，必须从发病植物上获得接种体。选取被霜霉病菌侵染的植株，病叶采回后，在实验室用蒸馏水冲洗表面着生的霉层及附生物，然后于 18～22℃下保湿 12～24h，诱发产生孢子囊，待长出新鲜的孢子囊之后，用消毒软毛刷将孢子囊刷入无菌水中。取孢子悬浮液 5μL 置载玻片上，显微镜计数，据此调节悬浮液至 1×10^6～5×10^6 个孢子/mL。孢子悬浮液用涂抹法接种于感病品种叶片上繁殖，在寄主活体上保存备用。

2. 品种抗病性测定　品种抗病性测定分苗期和成株期进行。

（1）室内幼苗抗性鉴定　鉴定用的幼苗一般在温室或光照培养箱内保育。盆栽营养土需经过消毒后装入花盆，以防止其他幼苗病害发生而影响鉴定。种子在播种前用 0.3%氯化汞溶液消毒 4min，或用 30%次氯酸钠溶液进行表面消毒 5min，清水冲洗干净。每个花盆播种量根据待鉴定材料而定，保证有足够的幼苗可用即可，但不同花盆幼苗数目要一致，待子叶展平心叶露出时进行接种。

接种前一天，将新鲜病叶表面霜霉层洗去，避光保湿培养 24h，诱发产生新鲜孢子囊。用无菌毛笔将孢子囊刷洗到无菌水中，制成一定浓度的孢子囊菌悬液，用移液器吸取 25μL 孢子悬浮液，滴注到子叶上表皮中央。接种完毕立即用水或 0.03%的 Silwet-77 水溶液喷雾，覆盖保鲜膜或用其他方式密闭，保湿 12h，避光 48h。此后每天喷水保持空气相对湿度达到 80%～100%，温度保持 18～24℃，待子叶充分发病时计测病情与品种抗性情况（表 8-14）。

表 8-14　黄瓜霜霉病与寄主抗病性分级标准

病情级别	症　状	抗感类型	病情指数
0	无病症	抗病	0～20
1	接种点有轻微病斑，其直径小于 0.5cm	耐病	21～40
2	病斑直径 0.5～1.3cm	中感	41～60
3	接种点黄化面积占子叶面积的 1/2 以下，坏死面积占 1/3 以下	高感	>60
4	坏死斑面积占叶面积的 1/3～2/3		
5	坏死斑面积占叶面积的 2/3 以上或全株枯死		

测定群体发病时，记载病级，计算病情指数（参见第九章第一节），指认品种抗感类型，然后按标准定级。鉴定前先用水喷雾，以便区别没发病单株和没接种上的单株，没发病单株子叶表面有一圆形水膜附着。

此外，十字花科蔬菜霜霉病病情及抗病性级别分类参照表 8-15 的标准。

表 8-15　十字花科霜霉病与寄主抗病性分级标准

病情级别	症　状	抗感类型	病情指数
0	无病症	免疫	0
1	接种部位过敏性失绿或有小侵染斑，病斑上无孢囊梗或孢子囊	高抗	0～11
2	坏死斑直径 1mm 左右，病斑上无孢囊梗或孢子囊	抗病	11～33
3	病斑边缘清晰，病斑上有稀疏的孢囊梗及孢子囊	中抗	33～55
4	病斑周围小部分组织褪绿，病斑上有大量孢囊梗及孢子囊	感病	55～77
5	病斑周围大部分组织褪绿，病斑上有大量孢囊梗及孢子囊	高感	77～100

（2）成株期抗性测定　成株期抗性测定可在温室或大田进行。黄瓜在第一片真叶展开时接种最为适宜，萝卜品种抗性鉴定时间以出苗后 50d 为宜。温室接种的植株要保湿一夜，田间接种则在傍晚进行。抗病程度可以分为免疫到高感 5 级，与白粉菌相似。另外，黄瓜霜霉菌的致病力也有分化现象，但在育种上不是很突出的问题。

（二）作物对疫病抗性的研究方法

疫霉属（*Phytophthora*）卵菌大多为两栖类型，几乎都是植物病原菌，大多是兼性寄生的，寄生性从较弱到接近专性寄生，少数种类至今仍不能在人工培养基上培养。疫霉菌寄主范围很广，可以侵染植物的地上部分和地下部分。致病疫霉［*P. infestans*（Montagne）de Bary］是寄生性较强的非专性寄生菌，危害马铃薯、番茄等作物，引起晚疫病。辣椒疫霉（*P. capsici* Leonian）与大豆疫霉（*P. sojae* Kauf. et Gerde）分别引起辣椒和大豆疫病。现以马铃薯晚疫病、辣椒疫病和大豆疫病，介绍寄主抗病性的主要研究方法。

1. 马铃薯对晚疫病抗性的测定　马铃薯对晚疫病抗性的测定分室内测定与田间测定。

（1）室内测定　室内测定分薯块试验和叶片试验。

①薯块试验：将薯块用清水冲洗，晾干，再用75%乙醇表面消毒，然后切成厚度2～5cm的薯片，薯片放置在底层铺有湿润滤纸的消毒培养皿内，每皿放2～3片。接种时，每个薯片上滴1滴孢子悬浮液，两块接种的薯片叠合在一起，放入18～20℃恒温箱进行培养。2～3d后查看病情，测定薯块组织坏死面积和孢子产生量，确定马铃薯品种抗病或感病。

②叶片试验：分别在植株上、中、下部各取几张叶片，将离体叶片背面朝上放入铺有吸湿滤纸的消毒培养皿，接种时每张叶片上滴1滴孢子悬浮液，或在上面放一小团蘸有游动孢子悬浮液的棉花球，接种后置16～18℃恒温箱内培养。另一种方法是将整片叶连同叶柄一起切下，叶柄浸在三角瓶内的蒸馏水中，喷雾接种叶片，继之在接种箱内保湿培养4～5d。叶片接种3～4d后就可出现枯斑，4～5d产生孢子，如果孢子产生量很大，植株可视为感病反应。按表8-16表述的5级标准，从接种后第3天开始逐日调查。

表8-16　马铃薯对晚疫病抗性评价分级标准

抗感类型	症　状
免疫	无症状或在叶片上出现针尖大小的枯死斑
抗病	病斑直径在0.5cm以内，但周围无褪绿圈或仅水渍状，不继续扩展
轻度感病	病斑直径大于0.5cm，周围有褪绿圈或水渍状，可见到白色霉状的菌丝体
中度感病	病斑继续扩大，占叶片的1/2，有褪绿圈并可明显见到白色霉状菌丝体
重度感病	病斑扩大至叶片的2/3，可见到大量的白色霉层，出现组织坏死

（2）田间测定　对大田植物进行抗病性测定可采取仿离体叶片测定法和仿病圃试验法两种方法。

①仿离体叶片测定法：从大田植株取小叶或整叶在室内接种，观测病斑扩展，测定孢子形成的速度和数量。也可在苗期用孢子悬浮液喷雾接种，如果环境条件适合病害发生发展（温度18℃，湿度较高），接种7d后病情就比较明显。按表8-17的标准调查病情，分析马铃薯品种抗感级别。

表8-17　马铃薯对晚疫病抗性评价标准

病情级别*	病斑类型	估计受害面积	抗感级别
1	受到抑制	≤3%	高抗
2	部分受到抑制	4%～10%	中抗
3	发展慢	11%～30%	低抗
4	正常扩展	31%～60%	感病
5	扩展极快	61%～100%	高感

* 等级还可以用正号（+）、负号（-）表示。例如，3+表示比3级更感病，而3-则表示比3级更抗病。

②仿病圃试验法：如果计划在大田自然发病条件下进行抗病性测定，马铃薯移栽时在每2行待测品种之间种1行感病品种，任其自然发病。在晚疫病发生流行期，按第九章第一节介绍的马铃薯晚疫病田间病情分级标准对病情进行调查，每14d调查记载1次。

2. 辣椒对疫病抗性的测定　在一定条件下，辣椒苗期与成株期抗性一致，对温室培育的辣椒幼苗通过人工接种进行抗病性鉴定，可保准确迅速，适于大批量鉴定。温室温度保持在25℃左右，一般7～10d后调查发病情况。

表 8-18 辣椒疫病分级标准和病情划分标准

病情级别	症 状	抗感类型	病情指数
0	无	免疫	0
1	≤5%的叶面积被侵染，形成小的坏死斑	高抗	0～10.0
2	6%～15%的叶面积被侵染，形成限制性坏死斑	抗病	10.1～30.0
3	16%～30%的叶面积被侵染，茎部不形成坏死斑	中抗	30.1～50.0
4	31%～60%的叶面积被侵染或茎部形成小的坏死斑	感病	50.1～70.0
5	61%～90%的叶面积被侵染或茎部形成扩展斑	高感	≥70.1
6	91%～100%的叶面积被侵染或茎部损坏或植株死亡		

(1) 苗期接种测定　在温室内或田间用 3 种方法接种辣椒，诱发疫病，按 7 级标准（表 8-18）调查发病程度，分析抗病性。

①灌根接种：一般用营养钵育苗，每钵 1 株，置温室内生长。至 4～6 叶期，用含量 10^3～10^4 游动孢子/mL 的悬浮液接种。接种有两种方法，一是在辣椒茎基部土壤表面均匀浇灌 20mL 游动孢子悬浮液；二是距幼苗根颈约 3cm 处扎一个深 3cm 左右的洞，注入 3mL 菌液。

②伤口接种：可以用断头或破口接种法，使用 10^4～10^5 游动孢子/mL 的悬浮液，在植株 6～7 叶期进行断头或破口接种。断头接种：在第 4 片真叶处将茎部横切，将在平板培养基上培养 7d 的、直径与辣椒植株茎部直径相似的菌落片贴于茎上的断口，用湿棉球外裹保鲜膜保湿 3～4d，检查茎部坏死的长度。破口接种：在育苗钵土壤表面上方 1～2cm 处的茎部切一长约 1cm 的切口，用含菌的棉球接种。棉球先灭菌，再用孢子悬浮液浸透，然后贴在切口上。接种处用保鲜膜包裹保湿，4～6d 后调查记录茎部病斑的长度。

③喷雾接种：由于辣椒疫霉菌不仅可引起辣椒根部和茎部发病，而且还可导致叶部发病，故喷雾法可用来诱发辣椒叶片疫病。植株长至 6～8 片叶时，用 10^4 游动孢子/mL 的悬浮液喷雾接种上部叶片，保温 28℃左右，避光，保湿 24h，4～5d 后调查发病情况。

(2) 田间成株期测定　用喷雾法或茎部破伤法进行接种。采用后一种方法时，先在植株上部分杈处用刀划一浅口，将在培养基平板上生长 7d 的疫霉菌连同培养基切成小片塞入切缝，保湿。接种后 7～10d，待充分发病，调查发病情况，用茎部坏死的长度与茎长度之百分比划分病级，根据病情指数评价辣椒品种抗病性（表 8-19）。

表 8-19 辣椒疫病田间分级标准与寄主抗病性评价标准

病情级别	症 状	抗感类型	病情指数
0	无	抗病	≤20
1	叶片稍显萎蔫，茎部出现淡褐色坏死斑	中抗	20.1～40.0
2	茎部坏死长度为茎长度的 30%～50%	中感	40.1～60.0
3	茎部坏死长度为茎长度的 50.1%～70%	感病	60.1～80.0
4	茎部坏死长度为茎长度的 70.1%～90%	高感	>80.0
5	全株死亡		

三、植物对细菌病害抗性研究三例

植物对病原细菌的抗性除了根据病情进行分析，还经常用病原细菌在植物组织内的繁殖能力来衡量。细菌繁殖能力可以量化为细菌种群数量，用菌落形成单位（colony forming unit，cfu）来表示，1个cfu可以在固体培养基上形成1个菌落。

（一）水稻对白叶枯病抗性的研究方法

水稻白叶枯病是由稻黄单胞菌水稻致病变种（*Xanthomonas oryzae* pv. *oryzae*）引起的一种维管束病害，病原菌通常经伤口或水孔进入寄主维管束，沿维管束扩展，然后进入木质部大量繁殖，最后蔓延至整个植株。

1. 接种体的准备　将代表菌株移植在NA培养基上，保持28℃，培养72h后，用无菌水洗下菌液，配制成3×10^8cfu/mL细菌悬浮液，现配现用。

2. 水稻品种抗性测定　介绍3种抗性测定方法，可酌情选用。

（1）大田喷雾接种测定　水稻孕穗期抗性最弱，这时接种最好，可以连续3d每天傍晚喷一次。如果只是接种诱发行，接种的时期可适当提早。接种后5～7d发病，20d后或在成熟前14d左右记载发病程度，参照白叶枯病全国统一分级标准记载（表8-20）。这种方法接种的效率受操作技术和环境条件的影响，优点是接近大田自然感染的情况，可以同时测定品种抗侵入和抗扩展的性能，但不能保证接种的叶片都发病，所以严格掌握病情分级标准非常重要。

表8-20　白叶枯病全国统一分级标准

病情级别	病斑面积/叶片面积	或病斑长度（cm）	感抗类型
0	0	仅有黑褐色伤痕	高抗
1	<1%	2以内	抗
2	1%～5%	2.1～5.0，或小于叶长的1/4	中抗
3	6%～25%	5.1～12.0，或占叶长的1/4～1/2	中感
4	26%～50%	12.1～20.0，或占叶长的1/2～3/4	感
5	51%以上	20.0以上，或大于叶长的3/4	高感

（2）成株期剪叶接种测定　剪叶接种鉴定法是鉴定水稻品种对白叶枯病抗性的最好方法。将解剖剪在细菌悬浮液中浸一下，用来剪去接种叶片的小段叶尖，病菌随即从剪口侵入叶片。剪去叶尖的长度，大致是叶片长度的1/10。剑叶长度不到20cm的，剪去2～3cm；长度超过20cm的，剪去4～5cm。剪刀每浸1次细菌悬浮液，可剪叶5片左右。为了一致起见，无论是测定品种的抗性或病菌致病性的差异，剪叶法规定接种剑叶。剪叶接种操作方便，效率也高。叶片一般在剪叶接种5d后开始发病，以后10～15d病情不断发展，到20d左右病情趋于稳定，即可记载发病程度（表8-21）。

表8-21　水稻剑叶剪叶接种后白叶枯病发病程度分级标准

病情级别	感抗类型	发病情况
0	高抗	剪口下无病斑
1	高抗	剪口下有很小病斑，很少下伸，长度不超过2～3cm
2	中抗	病斑向下扩展3cm以上，病斑占剩余叶面积的1/4左右
3	中感	病斑占剩余叶面积的1/2左右
4	高感	病斑占剩余叶面积的3/4左右
5	高感	全叶发病，有时叶梢也枯黄

（3）苗期伤口接种测定　苗期一般都是针刺或剪叶进行伤口接种。苗期接种规定在5叶

期，接种第5叶片。由于秧苗叶片窄而嫩，针刺接种常用较细的单针，接种在叶片的中脉上。苗期发病程度一般是在接种后第15天记载病情，针刺接种病情分级标准见表8-22。

表8-22 水稻苗期针刺接种白叶枯病菌发病程度的分级标准

病情级别	感抗类型	发病情况
0	高抗	接种处无病斑
1	高抗	接种点有小变色斑，病斑长度不超过1cm
2	中抗	病斑纵向扩展，超过1cm，可占叶面的1/4左右
3	中感	病斑面积占叶面的1/2左右
4	高感	病斑面积占叶面的3/4左右
5	高感	叶片枯死，呈急性凋萎状，甚至全株枯死

苗期剪叶接种的方法与成株期同，病情也可以参照成株期的标准来记载。苗期和成株期接种测定的结果存在明显的相关性，例如，苗期针刺接种发病的级别与剑叶接种病斑长度的相关系数可达0.85。国际水稻研究所将苗期和剑叶针刺接种的发病程度都分为10级，两者的比较分析见表8-23。

表8-23 水稻对白叶枯病抗性程度分级标准

病情级别	苗期症状	剑叶症状
0	全株无病斑	全株无病斑
1	接种点周围有≤2mm的斑点	接种点周围有1～2mm的斑点
2	病斑椭圆形，长度不超过3cm	病斑椭圆形，长度不超过2～3cm
3	病斑纵向扩展到叶片长度的1/2或不到1/2	病斑纵向扩展长度不到叶片的1/2
4	病斑向纵横方向扩展，最多占叶面的1/2	病斑宽而相互连接，接种点上部叶片枯死，并向接种点扩展到下半部叶片的1/4左右
5	病斑扩展和破坏整个叶片	叶片上半部枯死
6	病斑扩展和破坏整个叶片和1/2的叶鞘	病斑扩展到接种点下半部叶面的3/4
7	整张叶片和1/2的叶鞘产生病斑，少数幼苗呈浅黄色	病斑扩展到叶片基部，破坏整个叶片
8	叶片和叶鞘全部破坏，许多苗呈浅黄色，不到25%的苗枯死（急性型死苗）	病斑破坏整个叶片和1/2的叶鞘
9	50%以上的苗枯死（急性型死苗）	病斑破坏整个叶片和叶鞘

（二）作物对青枯病抗性的研究方法

茄科植物劳尔氏菌（*Ralstonia solanacearum*），寄主范围非常广，可以侵染44个科数百种植物，引起植物细菌性青枯病。受害植物包括许多重要作物，如马铃薯、番茄、茄子、烟草、香蕉和花生等。

1. 接种体制备 用LA培养基培养青枯病菌（28～30℃，48h），分离流动性强的白色菌落，移植，再培养24h。菌落用灭菌水洗脱，7 000r/min离心10min，用灭菌水悬浮，并调节到$1\times10^{7}\sim5\times10^{7}$cfu/mL的菌悬液，用于接种。

2. 通过田间调查或接种试验测定作物品种抗性 番茄和烟草等作物的待测品种在大田生长，定期调查自然发病情况。但有些作物自然发病很不均匀，病田中青枯病细菌致病性强弱的差异也有一定影响，可借助人工接种。例如番茄即可采用浸根法接种，移栽前拔起植株，洗去泥土，放到细菌悬浮液中浸 15min 后，植入土穴。接种后 28d 调查发病情况，记载发病率及严重度（表 8-24）。

表 8-24　番茄青枯病田间抗性分级标准

病情级别	抗性级别	发病情况
0	5	无症状
1	4	1 张叶片半萎蔫
2	3	2～3 片叶片萎蔫
3	2	除顶端 1～2 片叶片外，其余叶片均萎蔫
4	1	所有叶片均萎蔫
5	0	叶片和植株枯死

3. 烟草对青枯病抗性的苗期鉴定　烟草在 5～6 叶期，用病菌悬浮液注射接种（参见第七章图 7-1）。接种后定期观察病情，分别在第 10 天和第 20 天记载病级，计算病情指数，分析烟草品种抗感类型（表 8-25）。

表 8-25　烟草苗期对青枯病抗性分级标准

病情级别	发病情况	抗感类型	平均病级
0	无明显症状	高抗	≤1
1	注射区褪绿变黄	中抗	1.1～1.5
2	注射区形成黄色坏死斑	感病	1.6～2.5
3	注射区形成褐色坏死斑	高感	>2.5
4	注射区坏死斑明显扩展或叶片萎蔫		

4. 马铃薯对青枯病抗性的鉴定　7～8 叶期植株去除主茎顶芽，促使侧芽生长至 5～6 片展叶时，用锋利的手术刀片垂直切取带有 4～5 片展开叶的主茎或侧枝，先放入自来水中保湿，待取完全部所需的主茎或侧枝后，同时插入不同浓度（10^5～10^8cfu/mL）的菌悬液内进行浸泡，做好标记。接种后从第 2 天开始持续观察发病情况，以发病高峰期且最能反映抗、感病差异的调查记载数据，将植株发病严重度分为 5 级（表 8-26）。

表 8-26　马铃薯和茄子对青枯病抗性分级标准

病情级别	马铃薯发病情况	茄子发病情况	抗感类型	病情指数
0	不发病	无症状	免疫	0
1	1～2 片叶片萎蔫	1 片叶片萎蔫	高抗	≤15
2	3～4 片叶片萎蔫	2 片叶片萎蔫	抗病	16～30
3	全部叶片萎蔫	3 片及 3 片以上叶萎蔫	中抗	31～45
4	茎枝死亡	植株完全死亡	感病	46～60
			高感	60 以上

5. 茄子对青枯病抗性的苗期鉴定　待测材料播种于双层育苗穴盘中，至 3～4 片真叶展开时，采用伤根—蘸根法接种。接种时，提起上层育苗盘，剪断下部细根，然后将育苗盘下部浸入配制好的菌液中，浸泡 20min。接种的幼苗保湿（相对湿度 95%以上）、保温（昼温

28℃±2℃、夜温20℃±2℃）生长15d，观测发病情况，根据病情指数判定抗病性（表8-26）。

（三）拟南芥对丁香假单胞菌抗性研究的基本方法

拟南芥（*Arabidopsis thaliana*）是广泛使用的模式植物，对研究植物病理学问题有重要价值。拟南芥最重要的病原物有两种，一是卵菌，即淡色砖格霜霉（*Hyaloperonospora arabidopsidis*）；二是细菌，即丁香假单胞菌（*Pseudomonas syringae*）。在国外，这两种病菌普遍用于研究植物抗病性的分子机理。在国内，淡色砖格霜霉尚未引进，从野生芥菜（*Brassica juncea*）上分离的寄生霜霉（*Peronospora parasitica*）不能侵染拟南芥，所以，有关研究主要使用丁香假单胞菌。通常用丁香假单胞菌番茄致病变种（*P. syringae* pv. *tomato*）菌株DC3000不含任何无毒基因的菌系，所以主要用于研究非小种专化性抗性。现以DC3000为例，说明使用拟南芥研究植物抗病性最常用、最基本的方法。

1. 拟南芥培养 拟南芥有众多生态型（ecotype = accession），Col-0使用最广。拟南芥都是播种在花盆里生长，根据条件使用不同的营养基质。在美国、英国等发达国家，市场上有各种拟南芥专用基质供应，培育拟南芥非常方便有效。

由于我国生物科学总体上还比较落后，国际先进的试验材料的引进比较滞后，拟南芥专用基质等利润偏低的生物材料尚未开发，因此，用于培育拟南芥的基质都是不同研究人员自行配制、调试。其中一种比较成功的基质是蛭石与营养土按体积比1∶2的比例混合。播种前，拟南芥种子先均匀分布于灭过菌的0.07%琼脂糖悬浮液，可先保持4℃低温处理3～5d，以便促进种子萌发，然后用移液器吸取种子琼脂糖悬浮液，均匀洒播到蛭石—营养土上。由于大多数植物病理学试验研究只需要营养生长阶段，拟南芥通常短日照（12h光暗交替）生长，光照度250～300μE/（m^2·s），温度24℃，一般30～40d后可以接种DC3000。

2. DC3000接种 DC3000在NA培养基上平板划线，28℃培养24h，挑取单菌落转接于NB培养液，28℃振荡培养16～18h，以*A*（600nm）达到1.0以上为准，此时细菌处在对数生长期，活力最强，可用来制备接种用的菌悬液。

制备菌悬液的方法一般是：DC3000培养液先经7 000r/min离心10min，弃上清液，沉淀的细菌细胞加磷酸缓冲液（0.2mmol/L，pH7.2）或$MgCl_2$溶液（0.2mmol/L）悬浮，调节到1×10^7～5×10^7cfu/mL，用喷雾法或叶片注射法接种拟南芥，同时用磷酸缓冲液或$MgCl_2$溶液同样处理作为对照。注射接种通常选在拟南芥上部第2、3叶，方法参见第七章图7-1。喷雾接种后需要保湿，国外使用专用透明塑料罩，国内没有销售，所以最好使用保鲜膜，保湿24～48h，揭去保鲜膜。拟南芥接种后7d以内测定抗病性。

3. 抗病性测定 测定DC3000在拟南芥体内的繁殖能力（cfu/g新鲜组织），接种后立即测1次，然后1～5d内每天测1次，方法参照图8-3。接种后7d左右，观察拟南芥发病程度。一般情况下，接种后第1天拟南芥野生型可见轻微黄化，随后黄化加重，演变为褪绿斑，到第7天前后出现坏死斑。喷雾接种时，褪绿、坏死症状从叶尖、叶缘向下、向内发展；注射接种时，症状从接种点向外扩展。如果拟南芥事先做了不同处理，例如用某种新研制的产品处理，与未处理或水处理进行比较，测定对拟南芥抗病性的诱导作用，DC3000在拟南芥体内繁殖量（cfu/g）的高低，褪绿、坏死症状程度，可用来说明拟南芥的抗性程度。

一定重量或体积的植物组织研磨液直接使用（稀释度为 0），或 10 倍稀释到 10^7 稀释度

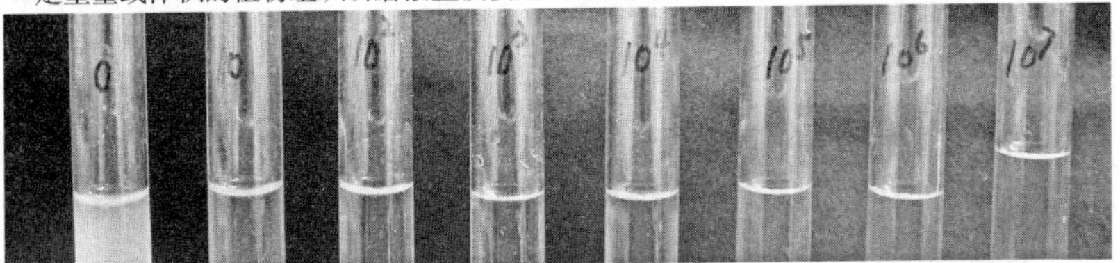

↓ 从右到左依次吸取 5μL，分别滴加到肉汁胨琼脂培养基平板上　　➔ 培养 2d，选择单菌落可辨的稀释度计测菌落形成单位（cfu）数目

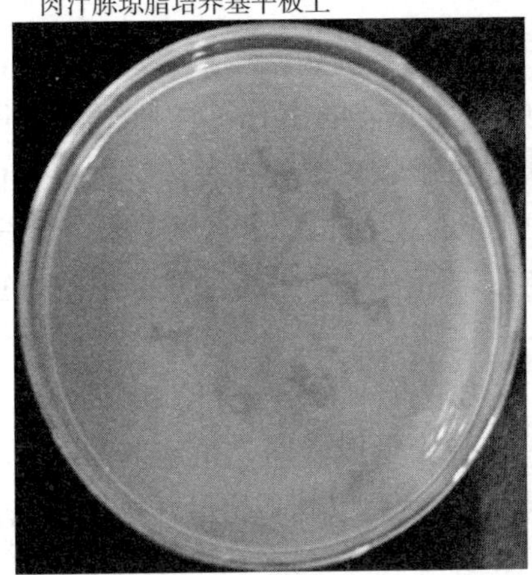

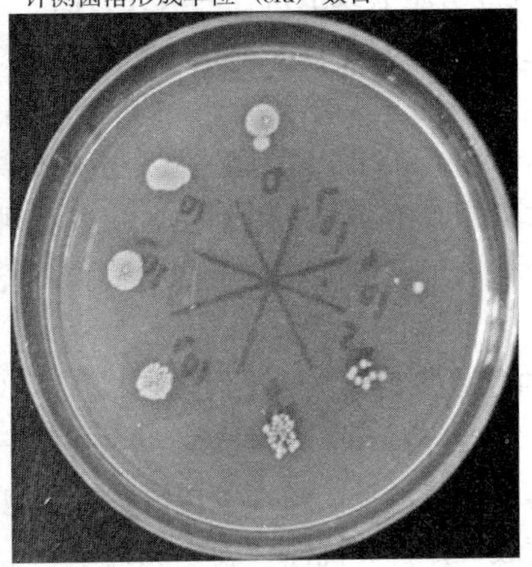

图 8-3　DC3000 在拟南芥叶片内繁殖量测定方法

（高蓉试验、作图）

四、植物对病毒与线虫抗性研究各一例

（一）烟草对花叶病毒抗性的研究方法

烟草花叶病病原物主要是烟草花叶病毒（TMV），病株与健株机械接触以及沾染有病毒的手或工具都能传染。试验可用汁液摩擦接种，方法参考第五章第二节。

烟草品种对烟草花叶病毒的抗性反应主要有过敏性反应与高抗或免疫两种情况，测定方法大致相同，但评价标准略有差别。通过苗期接种测定可以很快筛选出抗病的植株，筛选出的植株再移植到大田观察其他性状。温室苗期接种时间选择大十字期至猫耳期，接种病毒浓度为 1μg 衣壳蛋白/mL，接种方法参照第一章第二节介绍的有关方法，接种后定期调查病情，根据病情指数评价抗感情况（表 8-27）。大量幼苗的测定可用病毒稀释过滤液，用 pH7.0 磷酸缓冲液稀释，高压喷枪在距烟苗约 30cm 处喷射，每个点喷两下。

田间接种可用汁液摩擦法，但用高压喷射比较方便。大田接种一般也是在 1～3 片真叶期进行。田间接种后要在整个生长期观察病害发展，参照表 8-27 的分级标准记载病情，计算病情指数，分析品种抗性。

表 8-27　烟草花叶病毒单株病情的分级标准

病情级别	发　病　情　况	抗感类型	病情指数
0	不发病	免疫	0
1	明脉，轻花叶	高抗	≤2

（续）

病情级别	发 病 情 况	抗感类型	病情指数
2	心叶及中部叶片花叶	抗病	2.1～15.0
3	心叶及中部叶片花叶，少数叶片畸形、皱缩或植株轻度矮化	耐病	15.1～30.0
4	重花叶，多数叶片畸形、皱缩或植株矮化	感病	>30.0
5	重花叶，畸形，植株明显矮化，甚至死亡		

（二）大豆对胞囊线虫抗性的研究方法

大豆胞囊线虫（*Heterodera glycines*）是大豆最重要的病原线虫，选育抗病品种是防治大豆胞囊线虫病的重要途径，抗性测定是其中一项必需的工作。参照第六章第一节，用Fenwick-Oostenbrink改良漂浮法从病土中分离线虫胞囊，制备接种体，把接种体含量调节到每毫升水含400个卵和2龄幼虫，每盆接种10mL。另外，100g风干土中含线虫胞囊20个以上的土样用于鉴定试验也可取得满意的结果，而感病对照品种根部平均雌虫数最好在30个以上。

1. 室内盆栽鉴定 将病土混匀，掺入1/3热力消毒沙，装入直径10cm的花盆。每品种播10盆，每盆留苗2株，播种后35d左右第一代胞囊出现盛期，扣盆洗根，即小心抖掉根上沙土，露出完整根系，调查各株根系着生胞囊数，然后取其平均值，按根系胞囊数划分鉴定品种的病级，评价其抗性（表8-28）。

也可将壤土和沙混合（81%沙、14%淤泥、5%黏土）灭菌，装入直径7.5cm的花盆。大豆种子先经25℃催芽，3d后选取胚根等长的幼苗移栽。在盆中央打直径1.3cm的孔，将制备好的卵和2龄幼虫接种体倒入。保持28℃、16h光照，培育30d后，将土从根上轻轻洗下，用20目和60目筛收集雌虫，洗入计数皿计数，评价大豆品种抗性（表8-28）。

表8-28 大豆品种对胞囊线虫病抗性盆栽试验评价标准

病情级别	抗感类型	每株平均胞囊数
0	免疫	0
1	抗病	0.1～3.0
2	中抗	3.1～10.0
3	感病	10.1～30.0
4	高感	30.1以上

2. 病圃鉴定 病圃选择重茬、发病较重的地块，用来对大豆品种抗性进行鉴定。如果种植一套鉴别寄主，可以同时监测生理小种。每份材料种5m行长，于大豆胞囊线虫发生盛期进行调查，每份材料随机挖取10株，记录生长情况，计测单株胞囊数，计算病情指数，根据单株胞囊数或病情指数将大豆品种归为不同的抗感类型（表8-29）。

3. 大豆品种对胞囊线虫抗性的鉴定方法 通常使用感病品种Lee，待测品种与之对比，通常以10%为界划分抗或感。计测雌虫指数（FI）或单株雌线虫数，待测品种与Lee对比，若IF≥10，则定为感病；若FI<10，则定为抗病。任何已知大豆品种的抗性都是不完全的，即FI=0是不现实的；FI≥10时，线虫会在大豆上迅速建立起较高的种群密度，导致明显的产量损失。

表 8-29　大豆品种对胞囊线虫病抗性病圃测定分级标准

病情级别	根部胞囊数量与植株发病情况	抗感类型	单株胞囊数
0	无胞囊（0个/株），植株生育正常	高抗	0
1	1～5个胞囊/株，植株生育正常，无明显变化	抗病	1～4
2	6～10个胞囊/株，植株部分叶片变黄	中抗	5～8
3	11～50个胞囊/株，植株矮小，多数叶片变黄	中感	9～13
4	>50个胞囊/株，植株明显矮化、枯黄或枯死	感病	14～20
		高感	>21

第三节　植物抗病性离体测定

离体测定的优点是条件易于控制，快速，在短时间内研究大量样本；但是离体测定的结果必须符合植株或田间测定结果才有价值。本节介绍研究植物抗病性和病原物致病性经常使用的离体测定方法。

一、用接种体进行离体测定

1. 小麦对赤霉病抗性的离体测定　在小麦抽穗扬花期将麦穗剪下，剪去剑叶，保留剑叶鞘，插在清水瓶内，保持22℃，备接种之用。赤霉菌经振荡培养产生分生孢子，滤去菌丝体，通过显微镜观察检查孢子含量，将悬浮液孢子含量调节到100×视野下有15～20个孢子。拨开穗中部或下部小穗的颖壳，用注射器或滴注器将孢子悬浮液注入颖内。小穗接种后用保鲜膜包裹保湿，22℃保育24h，然后移至塑料盘中。在塑料盘中盛水，上面盖白色泡沫塑料板，板上每隔2～3cm打直径5mm的小孔，用于安插麦穗。安插了麦穗的塑料盘置于光照培养室或培养箱，温度保持22℃，相对湿度保持92%，5～10d以后观察记载病情。这种方法可使麦穗均匀发病，也可同时测定大量品种，有的接种穗还能形成种子，可用来繁殖后代。

2. 小麦对白粉病抗性的离体测定　供试小麦品种播种在花盆内，避免外来白粉菌污染。待叶片展开后，将叶片剪成3～5cm长的叶段，叶面朝上摆在培养器内的脱脂棉铺垫物上，按10μg/g用量加入大量元素以维持叶段营养，用2,4-D水溶液（10～100μg/g）喷雾保绿。叶片顺序摆好，用涂抹法接种白粉菌，然后盖上培养器盖子，保温（18～22℃）、光照[250～300μE/（m^2·s）、6h/d]培养。用同样的试验方法，剪取田间成株旗叶叶段带回室内进行离体鉴定。接种后5～7d进行观察，按小麦白粉病5级分级标准进行记载，0级为免疫、1级为高抗、2级为中抗、3级为中感、4级为高感。

3. 番茄对青枯病抗性的离体测定　番茄用营养杯育苗，生长25～30d，将营养杯适当稀疏排开，浇透营养杯土壤，用小刀从植株两侧插入土中伤根，每杯接入25～30mL菌悬液（5×10^7cfu/mL），遮阴2d后转入正常培养。接种后30d，每份材料拔取长势均等的10株幼苗，洗净泥土，分别在距离根颈部向上10cm、15cm、20cm、25cm和30cm处切断，将茎的一端蘸95%乙醇灼烧，杀灭表面杂菌，再用灭菌的刀片将端部切去少许，将横截面点在含0.5%甘油的TTC培养基（配方和配制方法参见第一章第五节）平板上，保持5s，使切口渗出的细菌黏附在培养基上，茎移开后培养基上出现茎部横截面的印迹，同一切口在同一培养皿内均匀留下5个印迹。印迹培养皿平板保温30℃，培养48h，观察印迹处是否长出菌落，根据菌落有无或密度，初步判断待测品种抗病性。

4. 甘薯对茎腐线虫病抗性的薯片测定法 将薯块切成薄片，放在铺有滤纸的培养皿中，加水保湿，线虫放在薯片表面的几个点上。抗病品种的薯片放置线虫的点可形成突起的愈伤组织。徒手切片用饱和番红水溶液染色，观察愈伤组织是否可形成木栓化组织。木栓化可限制线虫的进一步扩展，是抗病的表现。必须指出，有些甘薯薯片测定的抗病性与田间调查结果不一致。因为薯皮比较厚的品种抗侵入，线虫接种在完好的薯块表面，薯块的表现类似过敏性反应，可限制线虫的侵入。所以，用完整的甘薯或带皮的部分进行测定，结果更可靠一些。

二、用粗毒素快速测定抗病性

植物病原真菌毒素的生物测定与作物的抗病性鉴定有着内在的联系，粗毒素制备物用于抗病品种的筛选具有快速、准确、简易等特点。取一定量的真菌孢子置于含有蒸馏水的培养皿中，待孢子萌发48h后收集萌发液，即可作为粗毒素制备物使用。也可根据不同真菌最适生长条件，选择适宜的方法制备毒素（参见第三章第五节）。

（一）通过毒素对植物器官或组织的影响评价植物抗病性

按第三章第五节介绍的方法原理，根据植物或作物品种对毒素的反应，评价植物抗病性及作物抗病性在品种间的差异。

1. 抑制初生根生长的效应 将待测作物品种的种子25℃催芽48h，选取根长一致（5～10mm）的幼苗，放入盛有一定浓度的毒素培养皿内，以放在蒸馏水中的幼苗为对照。48h后测定初生根的长度，初生根生长抑制率越高，品种对毒素的敏感度越高，抗病性越差。

2. 抑制花粉萌发的效应 取待测植物花粉，放在加有一定浓度毒素的培养基上萌发，可观察到毒素对敏感品种花粉萌发和芽管伸长有抑制作用。

3. 叶片测定 将待测叶片剪成2cm小段，用针刺破叶表面，每个伤口上加1滴毒素稀释液，保湿培养，24h后测量伤口周围的坏死面积。

（二）电解质渗漏的测定

电解质渗漏测定法是以毒素破坏膜结构而导致电解质渗漏为依据，使用比较广泛。取10片叶片置于小烧杯中，往烧杯里加10μg/mL毒素溶液至浸没叶片，抽真空10min，放气，交替数次，直到叶片完全渗透。取出叶片，用蒸馏水冲洗3次，置于装有10mL蒸馏水的50mL试管中，以适当角度固定到适当型号的水平摇床上，低速振荡，保温28℃。至于摇床，可以选择通常用来蛋白电泳胶振荡脱色或类似功能的摇床，如北京市六一仪器厂生产的WD-9405B型水平摇床。培养过程中一般在72h之内定时对叶片毒素处理液进行测定，用电导仪定时测定电导率。对试验数据进行分析，比较同一浓度、同一时间不同品种叶片的电导率。抗毒素品种的电导率小，电解质渗漏少；感病品种反之。

三、根冠细胞测定

植物根冠细胞分生能力强、生长旺盛，由于这些细胞彼此易于分离，在试验过程中细胞状态可以计数。因此，通过测定毒素对根冠细胞活力的影响，可以了解毒素的生物活性，也可以判断植物或作物品种对毒素的抗性。这种方法简单、重复性强，对毒素的生物活性或植物的抗病性易于定量。测定方法是先将待测植物种子用0.1%氯化汞溶液消毒5min，用无菌水冲洗3次，再用75%乙醇消毒30s，用无菌水冲洗3次，置培养皿中的湿滤纸上，25℃保育。当初生根生长至1～2cm时，切取0.5cm初生根置于离心管，用液体混合器振荡1min，加入适量毒素溶液，25℃保育3h，1 000r/min离心10min。弃上清液，留细胞沉淀物，用适量纯水悬浮。取1滴细胞悬浮液滴到载玻片上，加1滴0.01%中性红磷酸缓冲液（pH6.5）染色5min，再加1滴0.2%伊文思蓝（Evans blue）染色5min。中性红只染活细胞，把活细胞染成红至橘红色；伊文思蓝只染死细胞，把死细胞染成蓝色。通过显微镜观察计数，记录红色、蓝色细胞数量，白色（不着色）细胞不计数，计算死细胞百分数：蓝细胞数÷（红细胞数＋蓝细胞数）×100%。另外，死细胞染色更多的是用台盼蓝（trypan blue，又译为锥虫蓝），染色液的配制复杂一些，但染色效果比伊文思蓝好。

第四节　抗病相关基因功能研究

植物抗病性分子机理主要涉及两方面研究内容，一是植物由何种基因控制抗病性的发生发展，二是基因产物（抗病相关蛋白）如何行使功能。第一方面研究的核心问题是抗病相关基因的功能，根据对基因信息了解的程度，使用正、反向遗传学技术策略，或从植物突变体鉴定入手，通过PCR、反向PCR或TAIL-PCR技术克隆基因，或从基因表达与抗病性的关系入手，然后通过功能互补、过表达（overexpression）或基因沉默效应分析，阐释基因对抗病性的贡献。第二方面研究的核心问题是抗病相关基因产物（抗病相关蛋白）对植物防卫反应信号传导的调控作用与作用环节，涉及基因产物即抗病相关蛋白结构与功能的关系、与病原物致病相关蛋白的相互作用、在植物组织内的亚细胞定位、激素或非激素信号的影响、与植物其他抗病相关蛋白功能关联。

一、基因功能遗传分析

第七章第三节介绍的基因诱变方法大都适用于植物，但插入诱变有个例外，即Tn5插入诱变仅限于微生物，而植物插入突变一般使用T-DNA载体（参见第七章图7-6）。过去20多年来，利用化学诱变、快中子轰击、T-DNA插入等方法对水稻、小麦、拟南芥等植物进行了诱变，产生了各种各样的突变体，但只有拟南芥突变体比较容易获得，可以从The Arabidopsis Information Resource（TAIR，http://www.arabidopsis）注册购买。拟南芥诱变的基因覆盖整个基因组共约25 000个基因，其中约25%的基因突变影响抗病性。T-DNA插入突变一般使用pROK2或pCSA110载体，选择标记（报告基因）分别是卡那霉素抗性基因和抗除草剂草甘膦（BASTA）的基因，引以为例，说明对突变体基因鉴定的基本方法。

（一）基因突变位点分析

如果用于科研而非商业化，TAIR有偿提供拟南芥载体、突变体种子等非常有用的试验材料。实验室需要先登记注册，获得使用TAIR试验材料的权限，然后可随时订购试验材料。材料从订购到寄达，需时约40d，所以试验时间需周密安排。订购前需向国家海关和检疫检验部门提出申请，获得批准后才能订购；订购清单提交以后，需要先付费，TAIR才邮寄材料。

表 8-30 拟南芥胼胝质合成基因突变位点

（董汉松课题组分析结果，吕贝贝制表）

基因	异名	登录号	突变体	插入位点	种子代码
AtGSL1	*GSL01*，*T32N4. 8*，*T32N4 _ 8*	AT4G04970	*atgsl1-1*	Promoter-120	SALK _ 021172
			atgsl1-2	Intron 5788	SALK _ 040711
			atgsl1-3	Exon 5457	SALK _ 045624
AtGSL2	*ATGSL02*，*Callose Synthesis-like 5*（*CalS5*），*CASL5*	AT2G13680	*atgsl2-1*	Exon 3850	SALK _ 009227
			atgsl2-2	Intron 4278	SALK _ 009234
			atgsl2-3	Intron 617	SALK _ 072226
			atgsl2-4	Exon 3772	SALK _ 026354
AtGSL3	*F22D22. 29*，*F22D22 _ 29*	AT2G31960	*atgsl3-1*	Exon 438	CS331075
			atgsl3-2	Intron 8186	SALK _ 131153
			atgsl3-3	Intron 216	SALK _ 011560
AtGSL4	*ATGSL4*，*ATGSL04*	AT3G14570	*atgsl4-1*	Exon 7135	SALK _ 015030
			atgsl4-2	Intron 157	CS358972
			atgsl4-3	Exon 6991	SALK _ 000507
			atgsl12-2	Promoter -986	SALK _ 003469

涉及具体基因，需查阅 TAIR 数据库，分析基因突变位点。表 8-30 是用 pROK2 载体转化拟南芥，T-DNA 插入胼胝质合成酶基因（glucan synthesis-like，*GSL*）产生的突变体，插入位点有基因非编码区与编码区的内含子与外显子。编码区插入可能影响基因功能，但非编码区插入是否发生影响，则取决于是否插入到某个反应元件上。这需要用专门软件查找基因序列顺式反应元件，对照 T-DNA 插入位点是否在某个顺式反应元件之内。笔者推荐 AtcisDB 软件，见于 TAIR 网站（http：//arabidopsis. med. ohio-state. edu/AtcisDB/），图 8-4 举例说明使用该 AtcisDB 软件查找基因顺式反应元件的方法。

按 Ctrl 键点击，可查阅元件性质 ↓

*IPPI*d (AT3G59020)

SA-inducible (ASF1MOTIFCAMV)	site 1064 (+) TGACG	S000024
	site 1070 (+) TGACG	S000024
	site 2192 (+) TGACG	S000024
SA-inducible (WBOXATNPR1)	site 780 (+) TTGAC	S000390
	site 1139 (+) TTGAC	S000390
	site 1422 (+) TTGAC	S000390
	site 1606 (+) TTGAC	S000390
	site 1790 (+) TTGAC	S000390
	site 2007 (+) TTGAC	S000390
	site 2925 (+) TTGAC	S000390
	site 48 (–) TTGAC	S000390
	site 822 (–) TTGAC	S000390
	site 1261 (–) TTGAC	S000390
ET-inducible (ERELEE4)	site 202 (+) AWTTCAAA	S000037
	site 2601 (–) AWTTCAAA	S000037
SA-inducible (ELRECOREPCRP1)	site 780 (+) TTGACC	S000142
	site 1422 (+) TTGACC	S000142
ET-, JA-inducible (GCCCORE)	site 436 (+) GCCGCC	S000430
ET-, JA-inducible (AGCBOXNPGLB)	site 435 (+) AGCCGCC	S000232

图 8-4 拟南芥基因 DNA 序列激素反应元件排查示例

突出水杨酸（SA）、乙烯（ET）和茉莉酸（JA）反应元件

（董汉松课题组分析结果，吕贝贝作图）

（二）突变体纯合性鉴定

TAIR 提供的突变体种子很少是插入位点纯合的，大都是 T2 或 T3 代杂合，引入的报告基因可能已经沉默。因为 T-DNA 插入的影响一般都是显性的，如果用来测定抗病表型，可以直接繁殖使用。如果用于转基因、基因沉默或与其他基因型杂交等试验，应进行自交，获得纯合突变体以后才能使用。含卡那霉素或 BASTA 的无机盐合成（MS）培养基倒入 9mm 培养皿，撒播突变体种子，30 粒种子/培养皿，24℃保育 15d 左右。如果报告基因能够表达，幼苗会转绿，可以移植到花盆生长；如果报告基因沉默，幼芽会逐渐黄化、枯死。在后一种情况下，需要对插入基因进行检测及抗病表型鉴定。

（三）插入基因检测

蛭石与营养土按 1∶1 的比例混合灭菌，装入直径 9cm 的花盆，分别撒播突变体和野生型种子，5 粒/盆，在常规生长条件［24℃、光照 8～12h/d、250～300μE/（m^2·s）］下培育 20d 左右。幼苗单株编码，提取叶片 DNA，PCR 检测插入基因。以 pROK2 插入为例，PCR 分析结果如图 8-5 所示。在 PCR 试验过程中，每个突变体通常分 3～5 次重复，每个重复测定 10 株幼苗，必须单株标号，PCR 检测结果记入表 8-31，与抗病性测定结果一起进行分析。

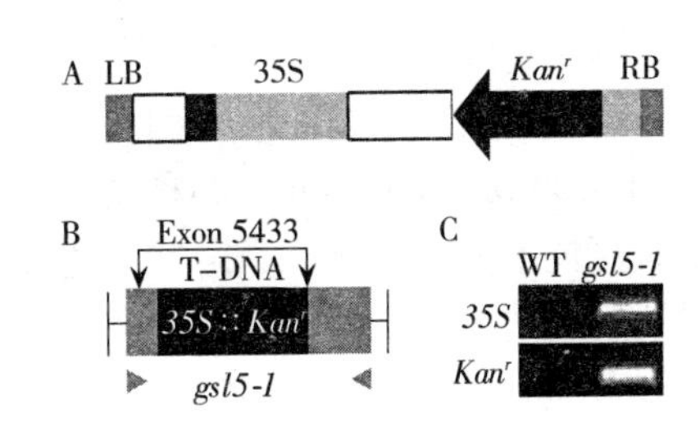

图 8-5　拟南芥 pROK2 插入基因 PCR 检测

A. 试验用到的 pROK2 载体构建：35S 指花椰菜花叶表达 35S 启动子；*Kan^r* 为卡那霉素抗性基因；LB、RB 为插入序列左右边界

B. 拟南芥突变体 *gsl5-1*（参见表 8-30）T-DNA 插入 *GSL* 基因的部位

C. PCR 检测结果。WT（wild type）即野生型

（董汉松课题组分析结果，吕贝贝作图）

（四）抗病性鉴定

按前文介绍的方法接种 DC3000，根据细菌繁殖量和叶片症状判断抗感类型，结果记入表 8-31，与 PCR 检测结果一起进行分析。表 8-31 列入对两个突变体与野生型比较测定的结果，初步表明：突变体 *gsl5-1* 抗病性减弱，*atgsl10-1* 抗病性不受影响；另个突变体 T-DNA 插入位点都可能遵循孟德尔单基因遗传规律，对此，需要通过回交和卡平方（χ^2）测验进行验证。

表 8-31　拟南芥突变体插入基因与抗病性分析

（董汉松课题组试验结果，吕贝贝制表）

植物基因型	PCR 阳性比例	感病植株比例	结果分析
野生型	0/30	对照	
突变体 *gsl5-1*	（8～10）/10	（8～10）/10	插入位点纯合，抗病性减弱，可能遵循孟德尔单基因遗传规律
突变体 *atgsl10-1*	（4～6）/10	0/10	插入位点杂合，抗病性无明显变化，可能遵循孟德尔单基因遗传规律

（五）回交和 χ^2 测验

拟南芥野生型与突变体 *gsl5-1* 在长日照［光照 16h/d、250～300μE/（m^2·s）］和 24℃条件下生长至开花期，用野生型给突变体授粉，产生种子，单株收种，严格编号。F_1 和 F_2 代在常规生长条件下培育，均单株收种。然后，F_1 和 F_2 代均单株播种，同时播种野生型对照，常规培育，至 30～40 日龄进行测定，结果记入表 8-32，通过 χ^2 测验分析插入突变与抗病性遗传特性。

表 8-32 突变体回交后抗病性 χ^2 测验

	WT/*gsl5-1* 性状比例			结　论
	*Kan*ʳ	抗病性	χ^2	
F_1 代	0/45	42/（3～5）		*gsl5-1* 的插入突变位点与抗病性降低的性状遵循孟德尔单
F_2 代	0/45	（28～32）/（13～17）	3∶1	基因遗传规律

二、基因病理功能研究

抗病相关基因虽然不同，但试验研究的基本环节都很相似。通常通过突变体遗传回补（genetic complementation，亦称基因功能回补）、基因过表达或沉默效应分析等常规分子遗传学研究技术进行试验，测定这些遗传背景对防卫反应与抗病表型的影响，阐释抗病相关基因对抗病性的贡献。现以拟南芥转录因子基因 *AtMYB44*（登录号 AT5G67300）为例，主要采用图示的方式，简要说明突变体遗传回补与基因抗病作用的研究方法。植物 MYB44 具有调控生长发育、抗病虫与耐旱、耐盐的功能，每种功能的调控机制均需分别研究。

（一）基因突变特性鉴定

基因突变特性鉴定的目的在于了解 T-DNA 插入数目即拷贝数，了解基因功能回补的遗传背景，便于转基因植物筛选、鉴定等后续工作。按图 8-6 示意的步骤进行分析和试验测定，先了解 T-DNA 插入突变位点及用于分析的基因（图 8-6A），通过 PCR 检测基因或基因片段是否存在于 *atmyb44* 突变体或野生型（图 8-6B），再通过 Southern（DNA）印迹杂交予以证实（图 8-6C）。

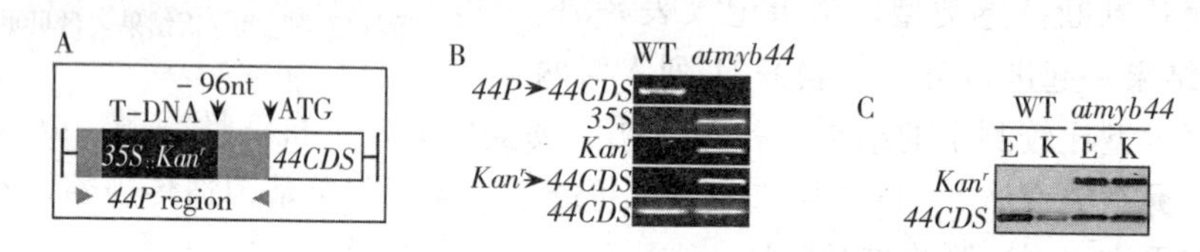

图 8-6 拟南芥突变体 *atmyb44* 遗传分析的主要试验步骤

A. 突变体 *atmyb44* 插入图表位点分析。T-DNA 位于 *AtMYB44* 基因启动子（*44P*）区，从下游第 96 个核苷酸（nt）插入，基因编码区（*44CDS*）未受影响

B. 使用特异引物进行 PCR 分析，分别从野生型和突变体基因组 DNA 扩增图的左侧示意的基因或融合基因，箭头指 PCR 扩增产物覆盖范围，从前一个基因的下游到后一个基因的上游。根据基因核苷酸序列和第七章第三节介绍的原则设计特异引物，*Kan*ʳ 的序列可登录 NCBI（http://www.ncbi.nlm.nih.gov/）数据库（登录号 AB082961），从克隆载体序列查找（3719-4534 nt）；*AtMYB44* 可登录 NCBI 或 TAIR（http://www.arabidopsis.org）数据库（登录号 AT5G67300）查阅

C. 使用图左侧示意的基因特异性探针，分别对野生型和突变体基因组 DNA 进行 Southern 杂交。基因组 DNA 事先用 *EcoR* I（E）和 *Kpn* I（K）双酶切，然后印迹到尼龙膜上。*Kan*ʳ 与 *44CDS* 特异性探针分别用地高辛标记，分别与 DNA 印迹的尼龙膜杂交，结果表明，突变体 *atmyb44* 的 T-DNA 插入序列是单拷贝

（董汉松课题研究结果，吕贝贝作图）

（二）基因病理功能回补

按图 8-7A 的示意，使用双元载体 pCAMBIA1301、*AtMYB44* 编码序列（*44CDS*）及

其自身启动子（$44P_{2000}$）构建回补载体，44*CDS* 事先与绿色荧光蛋白基因（*GFP*）及6个组氨酸串联的标签（His-tag）编码序列（*His*）融合。*GFP* 基因从 pEGFP-C1 载体（Clontech Laboratories，Palo Alto，CA）上克隆，pEGFP-C1 含有水母（*Aequorea victoria*）*GFP* 基因，并改造成强化表达型 *eGFP*。先登录 NCBI 数据库查找 *GFP* 基因序列（登录号 NCO11512.1），根据序列设计特异引物，使用特异引物，以 pEGFP-C1 载体（Clontech Laboratories，Palo Alto，CA）DNA 为模板，通过 *PCR* 克隆 *GFP* 基因。各特异引物按图 8-7A 所示添加适当的内切酶识别碱基，基因融合通过酶切与 T4 连接酶依次连接而完成，最后克隆到 pCAMBIA1301 上，形成重组载体 pCAMBIA1301:: $44P_{2000}$:: 44*CDS*:: *GFP*:: *His*。用重组载体转化农杆菌，获得重组菌，培养重组菌，用菌悬液转化 *atmyb44*，获得 complemented *atmyb44*（*Cmyb44*）转基因植株。对 *Cmyb44*、野生型和 *atmyb44* 突变体进行抗病性测定，接种 DC3000，保育 7d 左右，观察比较褪绿与坏死症状差异（图 8-7B）。

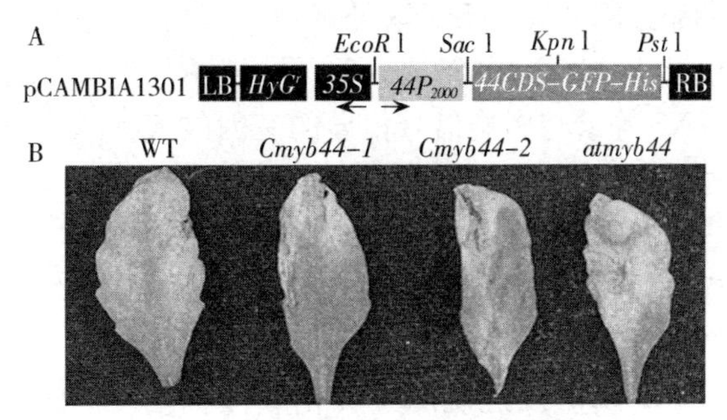

图 8-7　拟南芥突变体 *atmyb44* 遗传回补与回补效应分析

A. 互补载体上的潮霉素抗性基因（Hyg^r）由 *35S* 驱动；融合基因 44*CDS*:: *GFP*:: *His* 由 *AtMYB44* 启动子 *44P* 驱动

B. 用回补载体转化突变体，产生 *Cmyb44*，以突变体及野生型为对照进行测定，喷雾接种 7d 后照相

（董汉松课题组试验结果，吕贝贝作图）

三、基因转录调控功能研究

植物很多抗病相关基因产物是转录因子，对其他抗病相关基因表达起调控作用。现以 AtMYB44 调控 *EIN2* 基因表达为例，说明转录调控研究方法。EIN2 是乙烯信号传导的一个重要调控因子，参与植物防卫反应的调控。因为 *AtMYB44* 受 harpin 蛋白诱导，试验植物用一种 harpin 蛋白即 $HrpN_{Ea}$进行处理。$HrpN_{Ea}$通过质粒载体原核表达来制备，以无活性蛋白制备物 EVP（empty vector preparation）为对照（参见本章第五节）。

（一）基因诱导表达

对 *EIN2* 与 *AtMYB44* 同步表达进行测定，有助于了解 *AtMYB44* 与乙烯信号传导之间的关系及对防卫反应的影响。用 $HrpN_{Ea}$或 EVP 水溶液（15μg/mL）对 30 日龄拟南芥进行喷雾处理，处理后第 5 天提取叶片总 RNA，用于测定 *AtMYB44* 与 *EIN2* 基因表达。先登录 NCBI 或 TAIR 数据库（网址与 *AtMYB44* 登录号见图 8-6；*EIN2* 登录号为 AT5G67300），很容易查到基因序列，根据 cDNA 序列和第七章第三节强调的原则来设计引物。分别使用 *AtMYB44* 与 *EIN2* 特异引物进行反转录 PCR（reverse transcriptase-PCR，RT-PCR）分析。图 8-8 显示，*AtMYB44* 属于诱导表达的基因，而 *EIN2* 显示比较明显的组成型表达，但在诱导处理的情况下，其表达量明显提高。

（二）核定位诱导与观测

转录因子通常需要先进入细胞核，然后启动目标基因表达，核定位可能受细胞内外信号影响。对此，可以通过两种方法进行研究。第一，用激发子或激素对植物进行处理，观察转录因子的动态。HrpN$_{Ea}$处理植物以后，可以刺激乙烯合成，诱导 *ETR1*、*EIN2* 等参与影响信号传导的基因的表达。因此，HrpN$_{Ea}$对研究信号传导是一个非常理想的外源信号蛋白质。第二，使用基因瞬时表达或常规转基因技术，观测转录因子的亚细胞定位。

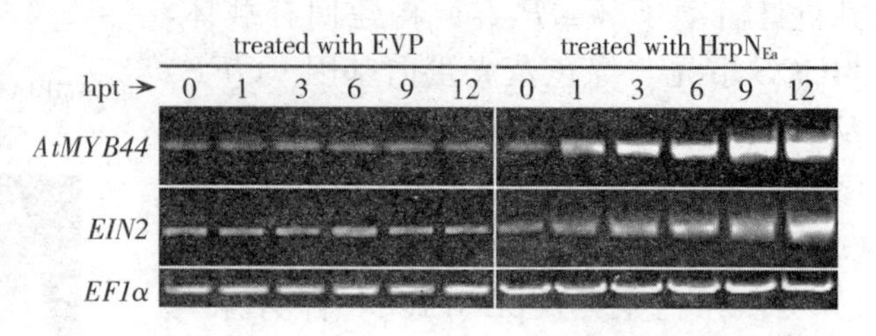

图 8-8 *AtMYB44* 与 *EIN2* 基因诱导表达测定

拟南芥用 EVP 或 HrpN$_{Ea}$处理，定时（hourage posttreatment，hrt，即处理后小时数）取样，提取 RNA 用于 RT-PCR。*EIN2* 参与乙烯信号传导调控；*EF1α* 组成型表达，用作参比

（董汉松课题组研究结果，吕贝贝作图）

1. 瞬时表达观测 转化载体包括 pCAMBIA1301:: *44P*$_{2000}$:: *44CDS*:: *GFP*:: *His* 与组成型表达对照载体 pCAMBIA1301:: *35S*:: *GFP*，用这两种载体分别转化农杆菌，培养重组菌，制备菌悬液，用悬浮液注射 30 日龄拟南芥上部第 2 叶和第 3 叶（方法参见第七章图 7-1），注射处理分两组。第一组：菌悬液分别加 HrpN$_{Ea}$和 EVP 水溶液（15μg/mL）。第二组：在菌悬液注射之后，幼苗分别置于水和释放乙烯的条件下保育。乙烯由前体化合物氨基环丙烷羧酸（1-aminocyclopropane-1-carboxylate，ACC）释放，方法是：把 ACC 片剂放入小烧杯（25mL），小烧杯放进较大的烧杯（250mL），大烧杯加适量水，放入体积适当的玻璃容器，幼苗也放入玻璃容器，容器加盖并用凡士林封严，保育。水处理液如法炮制，但小烧杯不加任何化合物。同时使用洋葱表皮，用菌悬液浸泡，其余处理同拟南芥注射。

拟南芥和洋葱处理均保持 48h，取样检查。试样用激光共聚焦显微镜进行观察，结果如图 8-9 所示，表明 AtMYB44 核定位受 HrpN$_{Ea}$或乙烯诱导。

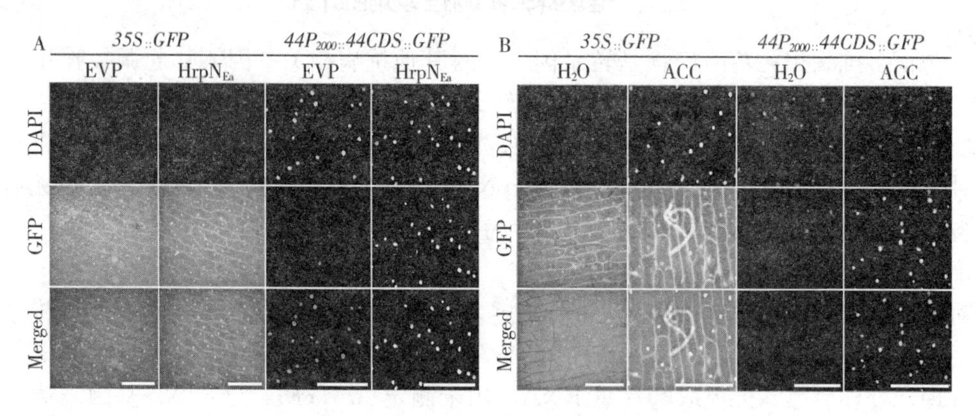

图 8-9 HrpN$_{Ea}$和乙烯诱导 AtMYB44 核定位情况

A. HrpN$_{Ea}$的诱导效果 B. 乙烯的诱导效果

A、B 的左边两列照片为洋葱表皮，右边两列是拟南芥叶片。*35S*::*GFP* 是组成型表达的对照；图像包括：GFP 荧光，用 4,6-二氨基-2-苯基吲哚（4,6-diamidino-2-phenylindole，DAPI）染成蓝色的细胞核，二者叠合

（董汉松课题组研究结果，吕贝贝作图）

2. 常规转基因观测 所谓常规，是针对基因瞬时表达技术而言。使用常规转基因技术，用重组双元载体 pCAMBIA1301:: *44P*$_{2000}$:: *44CDS*:: *GFP*:: *His* 转化拟南芥 *atmyb44* 突变体（图 8-7A），获得转基因植物 *Catmyb44*（图 8-7B）。

（1）转基因植物分子鉴定　主要鉴定两个性状，即转基因拷贝数（图 8-10A）与基因产物（图 8-10B），分别通过 Southern（DNA）和 Western（蛋白质）印记杂交技术进行测定。

（2）核定位观察　人们广泛使用根系观测绿色荧光蛋白或融合蛋白，可以排除叶绿体荧光的干扰。转基因植物 *Catmyb44* 用 EVP 或 $HrpN_{Ea}$处理，取根尖，使用荧光显微镜或激光共聚焦显微镜观察 AtMYB44-GFP 融合蛋白（图 8-10C）。

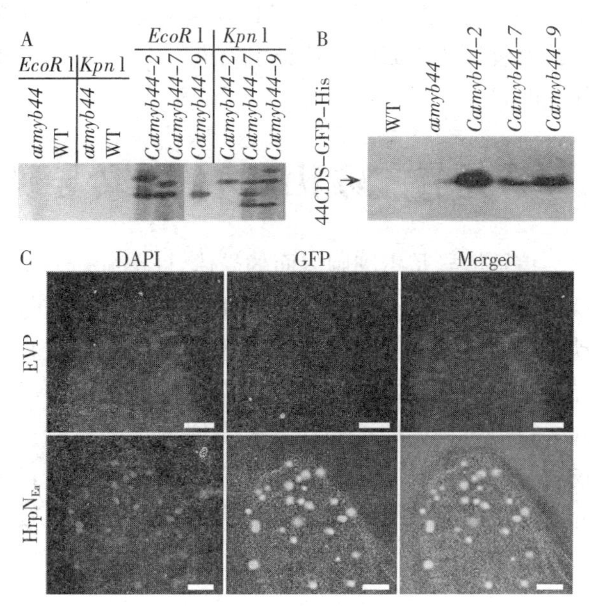

图 8-10　拟南芥突变体 *atmyb44* 遗传回补与 AtMYB*44* 细胞核定位检测

A. Southern 印迹杂交检测 *AtMYB44* 基因 DNA。从拟南芥野生型（WT）、突变体 *atmyb44* 和遗传回补的转基因植物 *Catmyb44* 提取基因组 DNA，双酶切以后进行琼脂糖凝胶电泳，转印到尼龙膜上，印迹尼龙膜并用地高辛标记的 *AtMYB44* 探针杂交，杂交带数目代表转基因拷贝数

B. 蛋白质印迹杂交使用荷兰兔 His 抗体与辣根过氧化物酶标记的羊抗兔第二抗体

C. 遗传回补的转基因品系 *Catmyb44-2* 用 EVP 或 $HrpN_{Ea}$溶液浸根处理，取根尖，用 DAPI 染色，激光共聚焦显微镜观察。图示根冠细胞 DAPI 染色的细胞核、GFP 荧光与二者图像叠合情况

（董汉松课题组研究结果，吕贝贝作图）

（三）转录调控研究

1. 染色质免疫沉淀继 PCR 扩增技术　有多种方法用来研究转录因子对目标基因的转录调控机制，此处介绍染色质免疫沉淀（chromatin immunoprecipitation，ChIP）继 PCR 扩增（ChI PPCR）技术。染色质是染色体与蛋白质结合形成的复合体，如果某种蛋白质是某种基因的转录调控因子，那么两者就可以形成复合体，机理在于蛋白质结合到基因非编码区的特异识别区域，以便启动基因转录。这一特异分子互作可以通过 ChI PPCR 技术进行检测，方法是使用转录因子蛋白的抗体，把转录因子与目标基因的复合体沉淀出来，沉淀物再用目标基因特异引物进行 PCR 扩增，PCR 产物反映了转录因子与目标基因的结合，也反映了两者在染色质内实际结合的情况，还反映了目标基因表达受转录因子调控的机制。在试验研究过程中，通常利用类似于图 8-7A 的基因构建，给转录因子蛋白加上 His 标签或 GFP，无论 His 还是 GFP，都有现成的抗体可以购买。

2. AtMYB44-*EIN2* 互作 ChI PPCR 检测　图 8-11 是 AtMYB44∷His 融合蛋白与 *EIN2* 基因互作的 ChI PPCR 研究结果，用来说明 ChI PPCR 技术最简单的情形。试验使用 AtMYB44∷His 融合蛋白（基因）回补的 *atmyb44* 转基因植株 *Cmyb44-1*（图 8-7B），从顶叶提取染色质，用于 4 组试验：①染色质加 His 抗体，充分反应后进行离心，EIN2 的 DNA、AtMYB44-His、His 抗体三者形成的复合体就沉淀出来，弃上清液，收集沉淀，加超纯水悬浮，用于后续 PCR 扩增，即为图 8-11 第一泳道；②染色质不加 His 抗体，同样离心，弃上清液，加超纯水，用于后续 PCR 扩增，即为图 8-11 第二泳道；③染色质加 His 抗体，不离心，直接用于 PCR 扩增，即为图 8-11 第三泳道；④染色质不加 His 抗体，不离心，直接用于PCR扩增，即为图8-11第四泳道。分别以这4种试样为模板，使用*EIN2*特异引物进行PCR扩增，即得结果如图8-11。

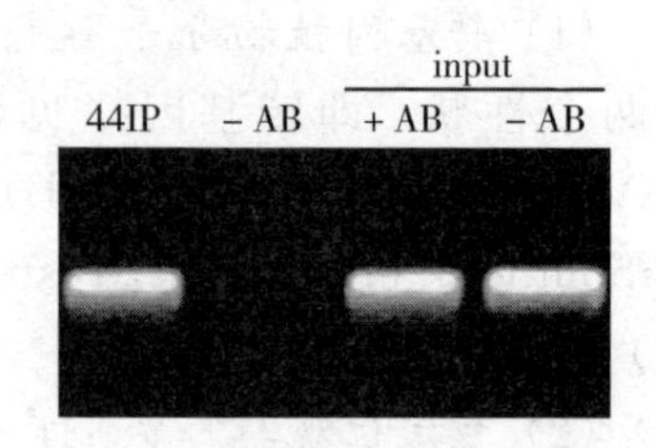

图8-11　AtMYB44与*EIN2*基因互作的ChIP PCR分析

4个泳道使用的PCR扩增模板分别是：44IP＝*EIN2* DNA＋AtMYB44＋His抗体三聚体；－AB＝染色质不加His抗体，离心，弃上清液，加超纯水；input＋AB＝染色质加His抗体，不离心；input－AB＝染色质不加His抗体，也不离心

（董汉松课题组研究结果，吕贝贝作图）

第五节　防卫反应信号传导研究

信号传导是指细胞表面的受体（receptor）与外来配体（ligand）发生分子互作，给予细胞一个刺激信号，从而启动细胞内连续并逐级强化的生理生化反应的过程。信号传导是生物细胞调控生长发育、应对环境变化的一种普遍方式，也是植物调控抗病性发生发展的重要机制。信号传导过程与调控机制非常复杂，研究方法多种多样，本节简要介绍防卫反应信号传导试验研究环节，针对比较重要的环节举例说明研究方法。

一、信号传导表述与研究要点

（一）细胞信号传导的表述

生物细胞间及细胞与环境之间的信息交流、细胞内信号传导，影响生命活动的不同过程。植物与其他生物一样，通过信号传导来应对环境变化，调节生长发育和防卫反应。按通常的模式，细胞膜识别外源信号，刺激细胞内信号的生成与消长，引发级联反应和特定的生物表型，这一过程构成一个信号通路。植物与动物信号传导的差别主要在于植物有细胞壁，细胞壁许多结构组分具有产生或传导信号分子的功能，产生信号分子的细胞壁结合组分如NADPH氧化酶与过氧化物酶，可以产生活性氧（reactive oxygen species，ROS）；可以传导信号的细胞壁结构组分有富含羟基脯氨酸的糖蛋白（富羟糖蛋白）以及壁—膜联络蛋白。同时，作用于植物的许多外源信号也都需要首先接触细胞壁，要经历细胞壁—膜联络，细胞内信号传导才能开始。无论动物还是植物，细胞内信号传导要穿越细胞质和不同细胞器，由多种因子参与作用、传递并放大原初信号，激活信号传导调控因子（通常是转录调控因子）。转录调控因子被激活后进入细胞核，调控效应基因表达，导致抗病、抗虫、抗逆、发育转型、生长促进或抑制等反应。

为了健康成长，植物要把环境应答、防卫反应与生长发育协调到一个信号网络，根据发育阶段或面临的挑战，选择执行某个信号通路或协调执行多个通路。这依赖于通路间的交叉对话（crosstalk），关键点在信号传导跨细胞壁—膜与核膜的调控（信号传导跨相调控）。原初信号如何在细胞壁与细胞膜之间发生联络、信号传导调控因子跨核膜的行为和其他因子的影响，决定一个信号通路的分支或不同通路的汇集，对植物协调环境应答、防卫反应与生长发育至关重要。

信号传导是植物抗病防卫的重要机制，可以由病原物侵染、物理因子、生物或非生物激发子等外源信号的刺激引发，导致对不同类别病原物的抗性。信号传导通常开始于细胞对外源信号的识别，信号识别是实现信号转换的过程，在这一过程中，细胞膜接受的外源信号通过内源信号（第二信使）的介导，转换为细胞内的可传递信息。细胞内信息传递由多种信号传导因子（级联因子）接力完成，信息最终传递给信号传导调控因子，信号传导调控因子通常是转录调控因子，它们调控效应基因（结构基因）的表达，引导抗病性表型。一个信号传导过程组成一个信号通路，不同信号通路的交叉对话，是生物细胞协调、平衡生长发育的重要手段，也是各种生物高效应对外源刺激的一种精确机制。植物依赖不同信号通路发展对不同类别病原物的抗性。

（二）信号传导研究的主要环节

1. 信号识别与转导　信号识别是指植物特定受体分子对作为信号分子的外源化合物的特异结合，信号转导是指这种分子识别作用引发细胞内信号传导的中介环节、分子或结构。因此，信号转导专指施加到细胞壁或细胞膜上的外源信号刺激转化为可在细胞内传导的信息的反应，是信号跨越细胞膜进行传导的一个中介性质的瞬间反应。

2. 内源信号性质与作用机制　细胞内信号或内源信号也称为第二信使，即能把施加到细胞膜上的外源刺激转化为细胞内传递信息的小分子化合物，在功能上与信号转导前后衔接。参与植物防卫反应的信号有激素与非激素化合物，前者主要包括水杨酸（salicylic acid，SA）、茉莉酸（jasmonic acid，JA）、乙烯（ethylene）、生长素（auxin）、脱落酸（abscisic acid，ABA），后者如活性氧（reactive oxygen species，ROS）、维生素、环腺苷酸（cAMP）。凡是信号分子都有双重效应：外源使用时可以诱导植物防卫反应，在植物细胞内产生或含量提高以后可以介导防卫反应。每种信号传导过程组成一个信号通路（signal transduction pathway），调控某个防卫反应过程；不同信号通路可以发生相互作用（crosstalk），对不同的防卫反应过程或防卫反应与生长发育进行交叉调控。

3. 信号传导调控因子及其作用机制　信号传导及其交叉调控由不同调控因子（signaling component 或 signaling regulator）参与作用，信号传导调控因子有两种功能：在功能上前后衔接，完成信号传导过程；在不同条件下交叉调控不同防卫反应或生长发育过程，交叉调控有合作增效（synergism）和相互抑制（antagonism）两种情况（参见第七章图 7-3）。许多信号传导调控因子是转录因子，启动效应基因表达。植物参与抗病防卫反应的效应基因即防卫反应基因，通常都是诱导表达的，并与特定信号通路密切相关。病程相关（pathogenesis-related，*PR*）基因属于水杨酸信号通路的分子标志，如果某种外源信号能够诱导 *PR* 基因表达，通常认为是启动了水杨酸信号传导的结果。乙烯和茉莉酸信号传导的标志基因是 *PDF1.2*，生长素信号传导的分子标志有多种 *ARF*（auxin-responsive factor）基因，不一而足。

4. 信号传导交叉调控的机制　交叉调控的机制比较复杂，就目前所知，一般来说有细胞氧化还原（cellular redox）调控与核质转运（nucleocytoplasmic trafficking）调控两种。

（1）*细胞氧化还原调控*　含锚蛋白（ankyrin）结构域的 NPR1 是水杨酸信号传导最重要的调控蛋白，启动 *PR* 基因表达，*PDF1.2* 的表达受到抑制；而茉莉酸信号传导因子 COI1 作用正好相反。NPR1 在植物细胞中以单体、二聚体、寡聚体等多种形态存在，不同形式之间可以相互转化，形态的转化与抗病防卫功能由细胞氧化还原状态来决定。当细胞处于氧化状态时，NPR1 氨基酸序列中的半胱氨酸通过 S-亚硝酰基化作用形成二硫键，单体之间相互结合，形成寡聚体。寡聚体在硫氧还蛋白的作用下打破二硫键，还原成单体，从而激活目标基因的转录。当细胞处于氧化状态时，NPR1 以寡聚体形式存在于细胞质；而在 SAR 防卫通路执行的过程中，NPR1 受水杨酸氧化还原作用的调控，寡聚体解离成单体，从而进入细胞核，参与防卫反应基因的转录调控。可见，SAR 防卫通路执行与否取决于细胞信号环境及其对 NPR1 形态转变及细胞定位的影响。在植物不受病原物侵染或诱导因子刺激的情况下，细胞中有少量的 NPR1 单体从细胞质持续性地转移到细胞核，结合到防卫反应基因 *PR1* 的启动子上，这时，NPR1 与 TGA 转录因子不能相互作用，所以 *PR1* 基因不能被激活。

（2）核质转运调控　乙烯信号传导的重要因子包括乙烯受体（如 ETR1）、膜蛋白 EIN2、磷酸酶 EIN5 和下游转录因子（如 EIN3 和 ERF1），茉莉酸信号传导涉及茉莉酸受体 JAR1、调控蛋白 COI1 以及 COI1 的抑制因子 COS1，它们都需要经过核质转运才能发挥作用。对 NPR1 核质转运已有初步了解，在结合目标基因启动子之前，NPR1 单体与 E3 泛素连接酶重要组成部分 CUL3 通过接头蛋白相互结合，NPR1 进而发生泛素化，泛素化的 NPR1 通过蛋白酶体途径被降解，从而防止 NPR1 目标基因的激活。在植物受病原物侵染或诱导因子刺激的情况下，SAR 信号通路得到执行，大量的 NPR1 单体进入细胞核。其中一部分 NPR1 分子在调控基因表达之前就受激酶的作用发生磷酸化。磷酸化和未磷酸化的 NPR1 都可以与 TGA 转录因子结合，结合的结果是激活 *PR1* 基因表达。没有被磷酸化的 NPR1 也可以在转录因子的作用下形成转录起始复合体，进而激活目的基因的表达。这些 NPR1 也可能被激酶磷酸化，磷酸化的 NPR1 与 CUL3 有高度的亲和性，泛素化的 NPR1 通过蛋白酶体途径被降解，再有新的 NPR1 从细胞质进入细胞核，这样就可以使新的 NPR1 进入下一循环的转录调控，持续发挥作用，这是植物受诱导、SAR 得到执行的最佳状态。这一机制使植物体在受病原物侵染时可以通过这种蛋白酶体介导的 NPR1 的降解作用来增强对防卫反应基因的有效表达，并且可以防止防卫基因在植物未受侵染时的不合时宜地表达所造成的浪费。

5. 信号传导交叉调控的表现与判别　交叉调控的表现及其判断方法有 3 方面：①在两种信号协作增效的情况下，一种信号分子一旦产生或含量提高，可以诱导两个信号传导过程，可以通过检测它们分子标志基因的表达来确认。②在两种信号相互抑制的情况下，一种信号分子一旦产生或含量提高，在诱导自身信号传导的同时，对另一种信号传导过程发生抑制作用，可以通过检测分子标志基因是否表达来确认。③交叉调控有其最终结果，即可见的表型。例如，水杨酸介导 SAR，主要针对专性寄生病原物（包括病毒、卵菌和真菌）以及从叶片侵染的病原细菌。而乙烯与茉莉酸介导的抗病性主要抵抗从根系侵入的病原物和某些引起叶斑症状的兼性寄生病原真菌，如 *Alternaria alternata*。由促进植物生长的根围细菌（plant growth promoting rhizobacteria，PGPR）在植物根系定殖诱导的抗病性，称为诱导的系统抗病性（induced systemic resistance，ISR），显示乙烯与茉莉酸介导的抗病性的特征。但信号与抗病范围的关系并不绝对，如水杨酸、茉莉酸和乙烯对拟南芥 *cpr*（constitutive *PR* gene expresser）突变体的抗病性起不同作用。

（三）信号传导研究的主要技术方法

1. 信号分子动态测定　信号分子动态测定有 3 种方法：①测定信号分子在植物体内的含量变化（图 8-12）。②特殊染色，直接观察，如 ROS 可以使用多种化合物探针予以检测（参见下文）。③使用转基因植物，最著名的转基因植物是 NahG，由于表达来自细菌的水杨酸过氧化酶基因，水杨酸分解成无活性的儿茶酚。

2. 遗传上位性分析　遗传上位性分析（epistasis analysis）是一种基于突变体遗传分析的方法，使用单突变体、双突变体或多重突变体，通过对突变性状的测定，分析双突变或多重突变作用相加或相互抑制的效应，由此判断突变基因的正调控或负调控作用，或不同基因作用的顺序。现举两例（图 8-13、图 8-14）予以说明，可举一反三。

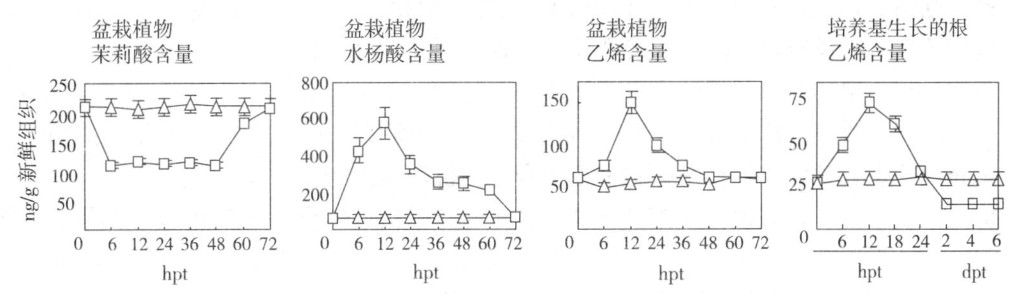

图 8-12　拟南芥受 $HrpN_{Ea}$处理后 3 种激素含量的变化

hpt =hourage posttreatment，即处理后小时数；dpt = day posttreatment，即处理后天数

（董汉松课题组研究结果，吕贝贝作图）

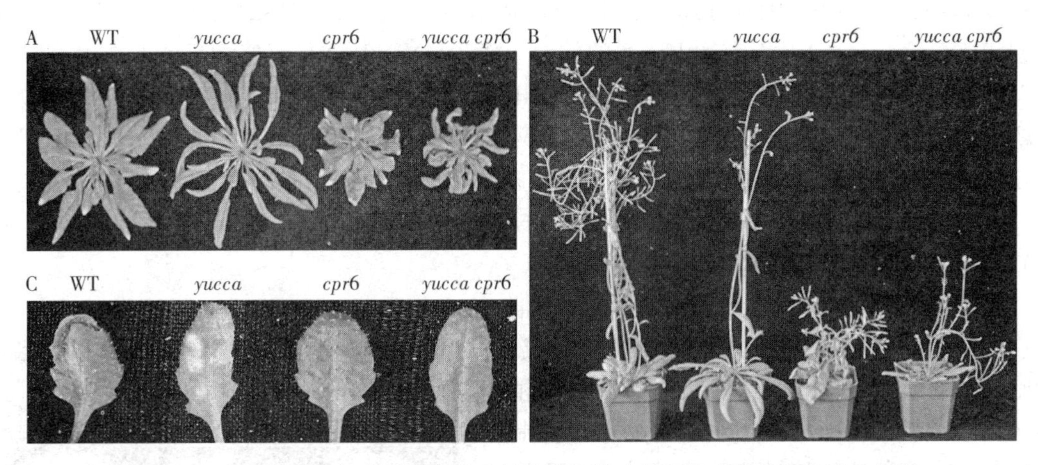

图 8-13　水杨酸与生长素对拟南芥生长发育与抗病性调控对抗作用的遗传分析

A、B. 营养生长与生殖生长情况　C. 病原细菌 *Pseudomonas syringae* pv. *tomato* 引起的叶片症状

（吕贝贝作图）

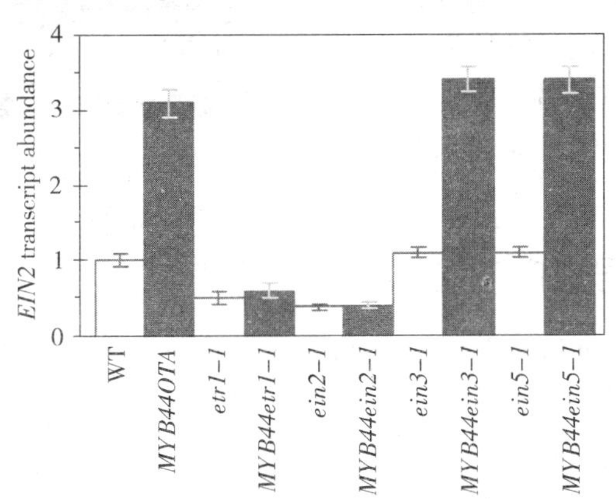

图 8-14　乙烯信号传导调控因子对 *EIN2* 基因表达调控作用的遗传分析

拟南芥在 30 日龄去叶片提取总 RNA，通过实时定量 RT-PCR 测定 *EIN2* 转录本的相对含量，用看家（组成型表达）基因 *Actin2* 和 *EF1α* 为参比，并使用不加模板 cDNA 的反应为空白对照，用来校正每个反应的 *EIN2* 转录本水平。柱状图代表 3 次试验重复的平均结果，每个基因型每次试验重复各测定 15 株幼苗，基因相对表达水平进行 ANOVA 测定（$P<0.01$），标准差显示在柱状图上方

（董汉松课题组研究结果，吕贝贝作图）

例一见图 8-13，显示拟南芥两个突变体与野生型相比生长发育的差别。*yucca* 与 *cpr6* 分别是生长素与水杨酸含量增高的突变体，分别表现叶片窄长和生长发育受阻的特性，双突变体兼有两种表型（图 8-13A）。同时，与野生型相比，*yucca* 感病，*cpr6* 抗病，*yucca cpr6* 介于二者之间（图 8-13B）。这两方面的结果说明，水杨酸与生长素相互对抗，水杨酸抑制生长素介导的生长发育，生长素抑制水杨酸介导的抗病性。

例二见图 8-14，用来说明拟南芥 AtMYB44 与乙烯信号传导因子对 EIN*2* 基因表达的调控作用及其上下游关系。测定的拟南芥基因型有两类，一是单基因修饰或突变，包括过表达 *AtMYB44* 的转基因拟南芥（*AtMYB44* overexpression transgenic *Arabidopsis thaliana*）植株 MYB44OTA、乙烯受体 ETR1 突变体 *etr1-1*、乙烯信号转录调控因子 EIN2、EIN3、EIN5 突变体 *ein2-1*、*ein3-1*、*ein5-1*；二是 MYB44OTA 与乙烯信号传导突变体的杂交后代 MYB44OTA *etr1*、MYB44OTA *ein2-1*、MYB44OTA *ein3-1*、MYB44OTA *ein5-1*。与野生型相比，*etr1-1*、*ein2-1* 表达 EIN*2* 的能力下降，MYB44OTA 正好相反，*ein3-1* 和 *ein5-1* 表达 *EIN2* 的能力无明显变化；与 MYB44OTA 相比，MYB44OTA etr*1*、MYB44OTA *ein2-1* 表达 *EIN2* 的能力明显降低，但 MYB44OTA *ein3-1* 和 MYB44OTA *ein5-1* 无明显变化。这些结果说明：①AtMYB44 与 ETR1 对 *EIN2* 表达有增效作用；②EIN2 在乙烯信号传导过程中的作用在 AtMYB44 之后；③EIN3 与 EIN5 对 EIN2 表达无影响，对 AtMYB44 促进 *EIN2* 表达的作用也无影响。

3. 药理学试验 无论激素还是非激素信号，大都有特殊的抑制物，抑制其生物合成、细胞内运输或信号传导。这一策略广泛用于植物药理学试验（pharmacological study），抑制信号产生或阻断信号传导的某个环节，从而影响植物始终发育或防卫反应。根据药理学效应，可以阐释信号化合物或信号传导调控因子的生物学、生理生化功能以及赋予植物新表型的能力。图 8-15 示例拟南芥抗病性药理学试验的一种简单情形，用来说明抑制细胞内信号分子的积累对抗病性的影响。

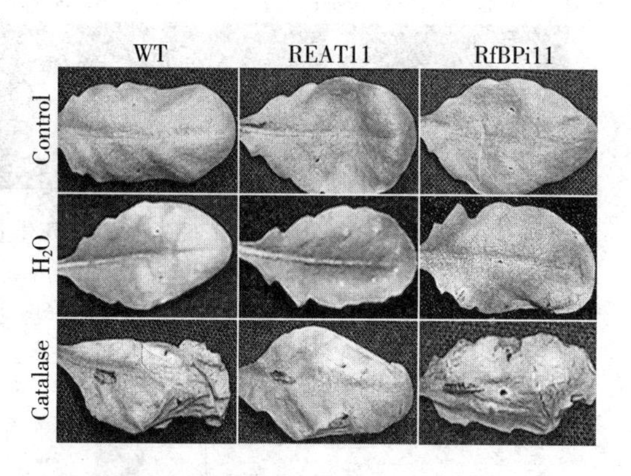

图 8-15　拟南芥抗病性药理学研究示例

WT 指野生型，REAT1 为 H_2O_2 含量提高的转基因植物，RfBPi11 为 H_2O_2 含量回复到野生型水平的转基因植株。试验目的是用过氧化氢酶（catalase）清除 H_2O_2，观察对抗病性的影响。植物在 35 日龄接种 *Pseudomonas syringae* pv. *tomato* DC3000，菌悬液单独或与过氧化氢酶溶液混合，注射叶片，用水注射作对照，接种后第 7 天照相

（董汉松课题组研究结果，吕贝贝作图）

二、外源信号蛋白制备

诱导植物防卫反应的外源信号蛋白可以来自植物病原物和其他各种生物，首推 PAMP，例如细菌的 harpin 和卵菌的 elicitin。PAMP 与植物细胞表面的受体分子识别，诱导植物防卫反应。研究信号识别与转导的一种方法是先制备外源信号蛋白，用来处理植物，进而解析植物防卫反应信号传导。外源信号蛋白通过原核表达制备，先将目的基因克隆到原核表达载体上，转化大肠杆菌，获得重组菌；培养重组菌，产生目的蛋白。为叙述方便，目的基因，即编码外源蛋白的基因，用 *EPEG*（exogenous protein-encoding gene）表示，EPEG 表示相应蛋白质。

（一）原核表达载体构建

1. 载体　原核表达最常用的载体是 pET30a（＋）质粒载体（EMD Bioscience，Darmstadt，Germany），它有 3 种重要组件。一是多克隆位点，包括 *EcoR* Ⅰ和 *Hind* Ⅲ酶切位点。二是卡那霉素抗性基因（Kan^r），用作选择标记，卡那霉素使用浓度通常为 50μg/mL。三是 T7 启动子，与插入的目的基因相连接，可以放在目的基因序列的 N 端或 C 端。T7 启动子受异丙基硫代-β-D-半乳糖苷（isopropylthio-β-D-galactoside，IPTG）强烈诱导，驱动目的基因表达，IPTG 使用浓度通常为 1mmol/L。

2. 原核表达载体构建　pET30a（＋）通常由大肠杆菌携带，先培养大肠杆菌，提取质粒。质粒用 *Eco*R Ⅰ、*Hind* Ⅲ双酶切，回收目的片段。同时，根据具体 *EPEG* 的核苷酸序列设计引物，上游引物加 *Eco*R Ⅰ识别碱基，下游引物前端加 6 个组氨酸（histidine）密码子，构成 His-tag，His-tag 前端再加 *Hind* Ⅲ识别碱基。使用这对引物，以 *EPEG* 来源生物基因组 DNA 为模板，通过 PCR 产物克隆 *EPEG*。PCR 扩增产物先通过琼脂糖凝胶电泳，用荧光染料染色，判断产物条带大小是否正确，如果正确，即用 *Eco*R Ⅰ、*Hind* Ⅲ双酶切，回收目的片段，随即与载体 *Eco*R Ⅰ、*Hind* Ⅲ酶切片段连接。连接使用 T4 连接酶，16℃保温 12h 或过夜，即获得 pET30a（＋）::*EPEG*::*His* 重组载体。

（二）宿主菌重组

用常规方法制备大肠杆菌菌株 BL21 的感受态细胞，感受态细胞用 pET30a（＋）::*EPEG*::*His* 转化，转化后在含卡那霉素的 LA 培养基上培养，挑取阳性克隆，委托公司测序。测序结果与 *EPEG* 的已知序列比较，检查是否正确，序列正确的阳性克隆即为表达 *EPEG* 的重组菌。重组菌用含卡那霉素的 LB 培养液培养，制成悬浮液，按 1∶1 的比例加 50%丙三醇（甘油），置超低温冰箱（−80℃）中保存备用。

（三）融合蛋白制备

带有 pET30a（＋）::*EPEG*::*His* 质粒的 BL21 重组菌在含卡那霉素的 LA 培养基上活化，37℃保育 12h。挑取单菌落，接入含卡那霉素的 LB 培养液，培养液装入体积适当的离心管，37℃振荡培养 12h。加入 IPTG 溶液，继续培养 3h 或略长，以菌液 *A*（600nm）＞0.8 为准，离心（10 000r/min，10min）收集菌体沉淀物。沉淀物用灭菌水轻轻漂洗 2 次，再加适量灭菌水悬浮。含菌悬液的离心管冰浴，加蛋白酶抑制剂苯甲基磺酰氟（phenylmethyl sulfonyl fluoride，PMSF），再加溶菌酶至5 000U/mL，用超声波细胞破碎仪进行破碎，运行 10min，停 5min，加泡沫消除剂与 IPTG，连续 3 次。破碎的菌体沸水浴 10min，离心（4℃，10 000r/min，10min），上清液视为 EPEG-His 融合蛋白制备物，置超低温冰箱中保存备用。

（四）融合蛋白纯化

使用专业试剂盒 HisTrap HP Kit（Amersham Biosciences），通过镍柱层析（nickel chromatography）对来自原核表达体系的蛋白质进行纯化，纯化在室温条件下进行。按 HisTrap HP Kit 说明书制备蛋白试样，试样用 0.45μm 滤膜过滤，去除细胞碎片或其他杂质，以免阻塞镍柱。镍柱即填充了次氨基三乙酸镍（nickel-nitrilotriacetic acid，NTA）填料的特殊玻璃柱，使用过程中要经过预处理、上样、洗脱，需要多次滴加溶液，均使用容量适当的注射器。

1. 镍柱预处理　HisTrap HP Kit 配套了填充好的镍柱，镍柱第一次使用时，先用 5mL

蒸馏水过柱，用水反复冲洗，消除空气。加 5mL 偶联缓冲液（binding buffer，即 20 mmol/L 咪唑磷酸缓冲液，pH 7.4）过柱，再加 5mL 洗脱缓冲液（elution buffer，即 40mmol/L 咪唑磷酸缓冲液，pH7.4）过柱，最后用 10mL 偶联缓冲液过柱饱和。

2. 蛋白试样层析 镍柱用 10mL 偶联缓冲液过柱平衡，加 10mL 蛋白试样溶液上样过柱，用试管收集洗脱液；加 10mL 偶联缓冲液洗脱过柱，收集洗脱液；加 5mL 洗脱缓冲液过柱，收集洗脱液，1mL/试管；提高咪唑浓度，依次过柱，并分别收集相应的洗脱液，每次分 5 管收集。图 8-16 示例水稻细菌性条斑病菌（*Xanthomonas oryzae* pv. *oryzicola*）harpin 蛋白 $HpaG_{Xooc}$镍柱层析的情况，蛋白质通过原核表达体系产生，按上述步骤进行纯化。

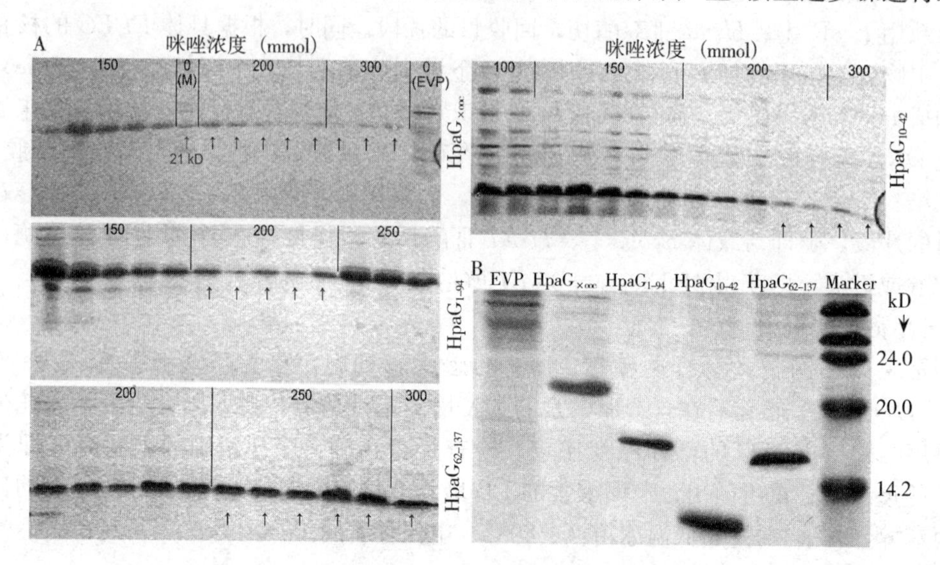

图 8-16 水稻细菌性条斑病菌 $HpaG_{Xooc}$及其片段镍柱层析与 SDS-PAGE 分析

A. 层析的咪唑浓度与洗脱效果 B. 纯化蛋白电泳图谱

蛋白质通过载体 pET30a（+）原核表达制备；EVP 为对照蛋白试样（empty vector preparation）；M（marker）为分子质量标准

（董汉松课题组研究结果，吕贝贝作图）

3. 镍柱再生 用过的镍柱加 10mL 偶联缓冲液过柱，过柱后即可再次使用，但为防止蛋白质交叉污染，镍柱最好只用于同种蛋白质的纯化。如果用来纯化不同蛋白质，玻璃柱需进行清洗，并重新装柱，即填充 NTA。在此之前，先去除用过的填料，空柱子先用 10mL 清洗液清洗，去除遗留 NTA 填料。清洗液配方是 20mmol/L 磷酸钠、0.5mol/L NaCl、0.05mol/L 乙二胺四乙酸（ethylene diaminetetraacetic acid，EDTA），pH7.4。空柱子用 1mol/L 的 NaOH 溶液荡洗，去除蛋白质遗留物，再浸入 1mol/L 的 NaOH 溶液，浸泡 2h。浸泡过后，柱子用蒸馏水和磷酸缓冲液（pH7.0）浸洗，直至 pH7.0。最后，柱子用 10mL 蒸馏水清洗一次，然后可装柱，即用蒸馏水配制 NTA（0.1mol/L），取 0.5mL 填充柱子。装好的镍柱先后加 5mL 蒸馏水和 5mL 偶联缓冲液过柱，即可用于蛋白质试样纯化。

（五）电泳分析

层析收集的洗脱液进行 SDS-PAGE 分析，确认洗脱缓冲液最佳咪唑浓度。SDS-PAGE 采用常规方法，蛋白质试样与分子质量标准同时电泳，然后用 0.025%考马斯亮蓝 R-250 染色，显示蛋白质条带。纯化效果较好的融合蛋白组分一般集中出现洗脱液的第 2 管和第 3 管

（图 8-16A），根据蛋白质条带与分子质量标准在 SDS-PAGE 的位置，确定蛋白质的分子质量（图 8-16B）。纯化的蛋白质经超低温浓缩成冻干粉，置于超低温冰箱中保存。

（六）蛋白质生物活性测定

PAMP 大多能诱导植物过敏反应，通常据此测定蛋白质试样的生物活性，方法参见第七章第一节及图 7-1。

三、分子识别研究示例

（一）示例的目的和意义

蛋白类激发子（elicitin）是由卵菌分泌的一类小分子蛋白质，可以诱发植物的过敏反应（hypersensitive response，HR）和系统性获得抗性（systemic acquired resistance，SAR）。ParA1 是由寄生疫霉 *Phytophthora parasitica* var. *nicotiana* 分泌产生的一种激发子。用 ParA1 蛋白注射烟草叶片可以引起强烈的过敏反应，喷施叶片后可引起微敏反应（micro-HR）和一系列防卫反应的快速启动。利用 ParA1 处理烟草叶片的表皮毛，可以引起表皮毛细胞发生一系列的相关反应。这表明，表皮毛内存在着一套接受外源激发子 ParA1 信号的分子机制。本研究示例旨在说明针对 ParA1 如何被植物体识别、表皮毛如何参与 ParA1 引发的微敏反应等问题进行试验阐释的方法，着重剖析表皮毛在 ParA1 引发的烟草过敏反应中的作用机制，鉴定烟草表皮毛发育相关蛋白 NtTTG1，证明它是烟草与来自植物病原卵菌的激发子 ParA1 互作的蛋白质；测定 ParA1-NtTTG1 分子互作；试验证明 NtTTG1 及 ParA1-NtTTG1 分子互作在过敏反应与系统性获得抗性信号从表皮毛向叶肉细胞传导的过程中起重要作用。现以 ParA1 与 NtTTG1 相互作用为例，说明研究分子识别的主要技术方法。

（二）研究分子识别的主要技术方法

1. 基因诱导表达及其组织专化性　如果某种基因受某种激发子诱导而表达，一般表明激发子启动了引导这种基因转绿的信号通路，而基因表达的器官或组织特异性则关系基因发挥作用的部位。为了研究 ParA1 是否诱导 *NtTTG1*（GenBank 登录号 S67432）表达，需先通过原核表达制取 ParA1 蛋白质。原核表达遵循常规方法，使用 pET30a（+）载体（EMD Bioscience，Darmstadt，Germany），由大肠杆菌产生，同时制备无活性蛋白 EVP（Empty Vector Preparation），用作对照。在 ParA1 处理的烟草中，*NtTTG1* 的表达只限于表皮毛（图 8-17A）。显示基因表达的测定方法有 RT-PCR、Northern 杂交以及组织原位杂交，对基因表达水平进行定量分析，比较准确的方法是实时定量 RT-PCR（图 8-17B）。是否需要对基因表达水平进行定量分析，取决于研究材料和目的，可酌情对待。

2. 分子结构域分析与突变设计　蛋白质空间结构决定其生物活性，NtTTG1 和 ParA1 也是如此（图 8-17C）。NtTTG1 依赖 WD40 功能域与其他蛋白互作，第 94 位的丝氨酸（serine，S），即 94S，对 WD40 的功能有重要影响。ParA1 氨基酸序列 2S 与 71S、27S 与 56S、51S 与 95S 形成 3 对二硫键，用其他氨基酸替换任何一个半胱氨酸，都会破坏二硫键，导致 ParA1 生物功能完全丧失。NtTTG1 的 WD40 与 ParA1 的二硫键功能依赖于蛋白质三维结构的疏水中心（hydrophobic cavity），而 NtTTG1 序列的 94S 与 ParA1 序列的 51S 对维持疏水中心的结构至关重要（图 8-17C）。定点诱变 ParA1和 NtTTG1，用丝氨酸替换51S，用苯丙氨酸（phenylalanine，F）替换 94S，分别得到变异蛋白 C51S 和 S94F，用于后续研究。

3. 酵母双杂交试验　如果一种蛋白基因序列已知，试图证明与另一种基因序列已知的蛋

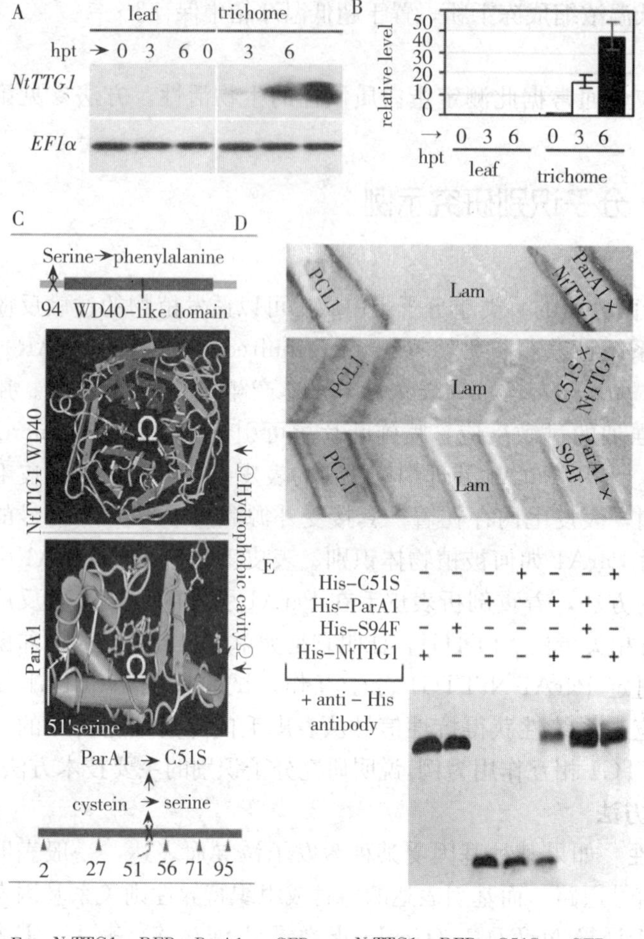

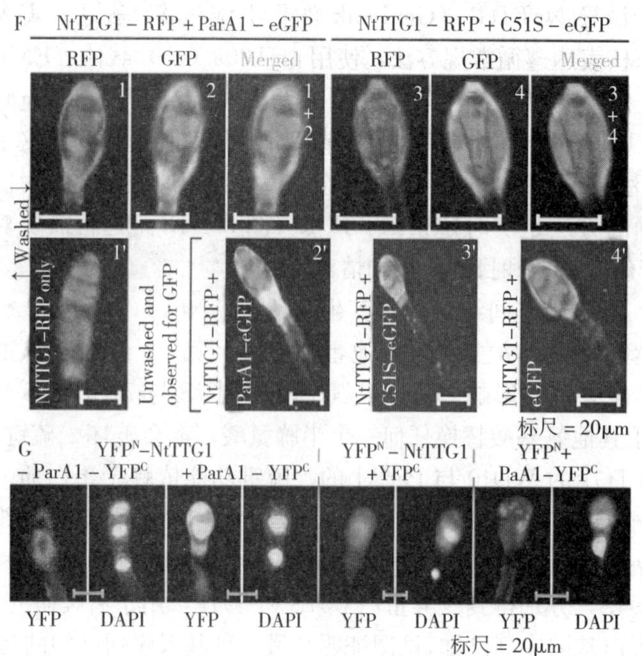

图 8-17　分子识别研究示例

A.烟草用 ParA1 溶液喷雾定时（hpt），通过 Northern 杂交检测叶片（leaf）和表皮毛（trichome）是否表达 *NtTTG1*。*EF1α* 用作参比

B.实时定量 RT-PCR 检测 *NtTTG1* 相对表达量（relative level，即平均值 ± SD）。黑白柱状图分别代表 ParA1 处理与对照

C.NtTTG1 和 ParA1 疏水中心（Ω）及 94S 和 51S 影响蛋白质功能，通过定点突变可以分别获得 NtTTG1 突变蛋白 C94F 和 ParA1 突变蛋白 C51S

D.用 Y2H 测定 NtTTG 与 ParA1 或突变蛋白是否发生互作。互作显蓝色；PCL1 和 Lam 分别为阳性和阴性对照

E.体外 pull-doww 测定

F.NtTTG1-RFP 与 ParA1-eGFP 体内互作。植物叶片用 *NtTTG1*::*RFP* 转化，5d 后，心叶用 ParA1-eGFP 融合蛋白溶液喷雾，室温保育 15min 后分成两组，一组用超纯水浸泡洗涤（1~4）3 次，各 0.5min；另一组不洗（1′~4′）。两组试样通过荧光显微镜和激光共聚焦显微镜观察，RFP 和 GFP 的背景分别为黑色与红色，图像直接显示或使用 PhotoShop 工具进行叠合（merged），叠合后 NtTTG1-RFP 与 ParA1-eGFP 互作的区域呈橘色

G.用双分子荧光互补技术研究 NtTTG1 与 ParA1 在表皮毛上的互作关系。YFP^N 和 YFP^C 分别表示黄色荧光蛋白（YFP）的前半段和后半段；YFP^N-NtTTG1 融合蛋白通过瞬时表达在表皮毛细胞产生，ParA1-YFP^C 融合蛋白通过原核表达而产生，用类似微注射的方法（图 8-18）施加到表皮毛顶部细胞（+），或表皮毛不处理（-）。YFP 荧光以 DAPI 染色为对照，通过荧光显微镜进行观察

（董汉松课题组研究结果，吕贝贝作图）

白质互作，或通过筛选某种 cDNA 文库寻找互作蛋白，那么酵母双杂交（yeast two-hybrid，Y2H）就是首选方法。Y2H 体系主要组分有两个质粒载体，一个是诱饵载体（bait vector），另一个是猎物载体（prey vector）。通常将已知蛋白基因序列构建到诱饵载体上，将待测蛋白的基因序列或某种 cDNA 文库构建到猎物载体上，共同转化酵母，通过培养性状进行筛选，验证两个蛋白的互作，或筛选 cDNA 文库克隆，鉴定与已知蛋白互作的基因序列。Y2H 有两种体系，一种是用于细胞质可溶性蛋白的普通体系，另一种称为膜酵母双杂交体系（membrane yeast two-hybrid，MYTH），专门用于膜蛋白。

图 8-17D 显示采用普通 Y2H 体系研究 ParA1 与 NtTTG1 互作的结果，杂交组合野生型蛋白与蛋白可以降低假阳性的机会。假阳性几率偏高是 Y2H 的一个缺陷，有 3 种排除方法：①同时使用野生型蛋白与同伴蛋白，ParA1 与 NtTTG1 互作就是这样；②使用诱饵和猎物双重组合，如用 ParA1 作诱饵、NtTTG1 作猎物或相反；③对 Y2H 结果用其他方法进行验证，下文予以介绍。

4. 亲和吸附共沉淀试验

亲和吸附共沉淀试验即 pull-down assay，是研究蛋白质互作的一种体外测定技术，通常用来对 Y2H 试验结果进行验证，即验证两个已知蛋白之间的互作。这种技术准确可靠，可以弥补 Y2H 假阳性偏高的缺陷。

（1）技术关键　Pulldown 免疫电泳试验的技术关键在于亲和吸附，使用谷胱甘肽亲和树脂吸附两种互作蛋白中的一种蛋白（称为诱饵蛋白），捕获与之互作的另一种蛋白（称为猎物蛋白）。所以，试验对象包括诱饵蛋白与猎物蛋白两种试样。

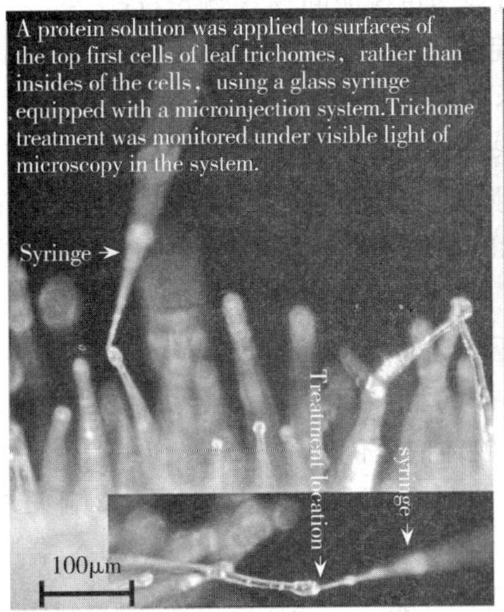

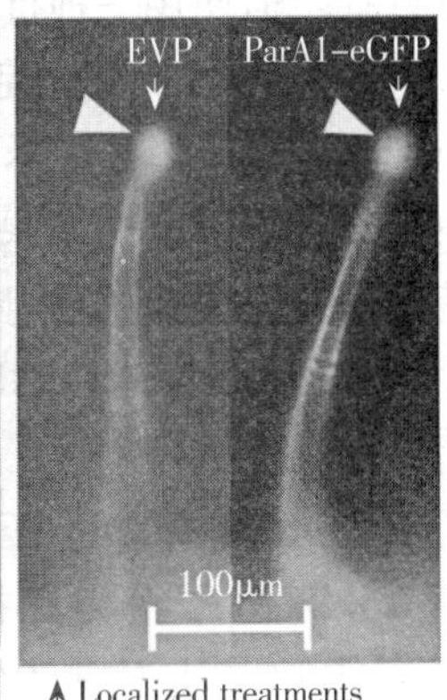

↑ Localized treatments (triangle heads) were confirmed by fluoluminescence observed under a fluorescence binocular microscope

图 8-18　用蛋白质溶液处理表皮毛顶部细胞的方法

左图：用玻璃微吸管吸取溶液，通过注射仪电脑屏幕进行监控，滴加到表皮毛最顶端细胞上

右图：用无活性对照蛋白 EVP 溶液处理，反衬 ParA1-eGFP 融合蛋白溶液处理显示的绿色荧光，表明使用类似微注射的方法可以把蛋白溶液限制在表皮毛顶部细胞

（董汉松课题组研究结果，吕贝贝作图）

（2）试材准备　在准备试验材料时，两种蛋白试样应分别制备。诱饵蛋白必须事先与谷胱甘肽巯基转移酶（glutathione S-transferase）标签（GST-tag）连接，形成融合蛋白。把含 GST-tag 密码子序列的重组载体引入试验生物，产生转基因后代，用来提取诱饵蛋白试样。与诱饵蛋白不同，猎物蛋白不必加任何标签，试样来源既可以是转基因生物，又可以是未经遗传改造的自然生物体。诱饵与猎物两种蛋白试样可以用多种方法制备，如组织液氮研磨、细胞裂解、原核或真核表达体系以及体外转录翻译系统等技术，蛋白纯化程度可高可低。

（3）试验步骤　使用试剂盒 ProFound GST Pulldown Assay（PIERCE，Rockford，IL），下面介绍试验环节，但不是操作细节，操作细节依据 PIERCE 配套说明书。

①亲和吸附：把含 GST-tag 融合蛋白的诱饵蛋白试样溶液施加到谷胱甘肽亲和树脂柱

上，再加 ProFound^{TM} Lysis 洗液，离心（1 250g，5min），GST-tag 融合蛋白与树脂结合，其他蛋白组分随溶液流出。再向亲和树脂加猎物蛋白试样溶液，加洗液并离心（同上），试样如果含有能与诱饵蛋白互作的某种蛋白，那么这种蛋白就留在亲和树脂上，所有其他蛋白都随溶液流出。

②洗脱：亲和吸附完成后，向亲和树脂柱加 BupH^{TM}谷胱甘肽洗脱液。

③电泳检测：收集洗脱液，通过 SDS-PAGE 电泳进行分析。最好分 4 个泳道，依次加蛋白质分子质量标准、诱饵蛋白试样溶液、猎物蛋白试样溶液、亲和吸附洗脱液。电泳胶用 0.025%考马斯亮蓝 R-250 染色，显示分子质量标准梯级条带，另外在 3 个泳道下方各显示 1 种条带，分别代表诱饵蛋白、猎物蛋白及诱饵蛋白—猎物蛋白复合体，复合体迁移率最低，位于电泳胶的最上方。

④印迹杂交：为了提高检测的灵敏度，电泳胶蛋白质可以印迹到尼龙膜上，用 GST 抗体杂交。如果诱饵蛋白除了 GST-tag，另外还加了 His-tag 或与荧光蛋白融合，抗体可以任意选择，但使用一种抗体即可说明问题（图 8-17E）。

5. 融合蛋白荧光定位 可以通过瞬时表达或常规转基因技术对互作蛋白畸形亚细胞定位观察，图 8-17F 显示使用瞬时表达技术对 NtTTG1-RFP 融合蛋白与 ParA1-eGFP 融合蛋白互作进行研究的结果。构建 pCAMBIA1301:: *35S*:: *NtTTG1*:: *RFP* 载体（参见图 8-7A），转化农杆菌，获得重组菌，培养重组菌，制备菌悬液，用菌悬液注射拟南芥顶部半伸展的叶片，5d 后用 ParA1-eGFP 或 C51S-eGFP 融合蛋白溶液喷雾心叶，15min 后直接观察，或用超纯水浸洗后再观察。通过荧光显微技术和激光共聚焦显微技术分别显示 RFP 和 GFP 荧光，使用 PhotoShop 工具进行叠合（图 8-17F）。

6. 双分子荧光互补试验 双分子荧光互补（bi-molecular fluorescence complementation，BiFC）是检测生物体内或体外蛋白质互作的一项新技术。研究发现，GFP 或 YFP 氨基酸序列有 10 个位点可以任意插入外源片段而不影响荧光活性。根据这一特性，将 GFP 或 YFP 在特定位点裂解为无荧光活性的两个片段，即 N 端片段（GFP^{N} 或 YFP^{N}）和 C 端片段（GFP^{C} 或 YFP^{C}）。将两个可能发生互作的待测蛋白质基因序列分别与 GFP^{N}（或 YFP^{N}）和 GFP^{C}（或 YFP^{C}）基因序列连接，分别构建到合适的载体上，同时转化生物细胞，在转化的细胞中共同表达，待测的两个蛋白分别与 GFP^{N}（或 YFP^{N}）和 GFP^{C}（或 YFP^{C}）形成融合蛋白。如果 GFP^{N}（或 YFP^{N}）与 GFP^{C}（或 YFP^{C}）能够相互靠近，形成荧光蛋白生色团重新发出荧光，则表明这两个蛋白发生了互作。

图 8-17G 显示用 BiFC 技术对 NtTTG1 与 ParA1 互作进行研究的情况，使用了 YFP，NtTTG1-YFP^{N} 通过瞬时表达技术引入植物表皮毛细胞，ParA1-YFP^{C} 则通过喷雾施加到表皮毛上，结果表明二者可以互作并显荧光。这一改进的意义有两方面：①BiFC 技术未必需要用两个载体同时转化植物；②BiFC 技术可以用来测定植物蛋白对外源信号蛋白的识别与结合。

四、信号传导研究示例

仍以烟草表皮毛 H_2O_2 信号传导为例，着重说明技术要点。

（一）外源信号蛋白诱变与融合

ParA1 氨基酸序列含有 6 个保守的半胱氨酸，且两两结合形成 3 对二硫键维持着 ParA1 特异的空间构象，此结构对于 ParA1 的功能行使是必要的，由此入手对 ParA1 信号传导进行研究。

使用 MutanBEST 试剂盒（Takara Biotech，中国大连代理处），通过 PCR 对 *parA1* 基因核苷酸序列 151～153 密码子进行定点诱变，以便通过原核表达使 ParA1 氨基酸序列第 51 位半胱氨酸替换为丝氨酸，获得突变蛋白 C51S。从 pEGFP-C1 载体上克隆 *eGFP* 基因，参照图 8-6A 示意的方法，分别构建 *parA1*::*eGFP* 与 *C51S*::*eGFP* 融合基因。融合基因构建使用原核表达专用的 pET30a（+）载体（EMD Bioscience，Darmstadt，Germany），它含有来自细菌噬菌体的 T7 启动子，该启动子受异丙基硫代-β-D-半乳糖苷（isopropylthio-β-D-galactoside，IPTG）诱导。

将 *parA1*::*eGFP* 与 *C51S*::*eGFP* 融合基因分别克隆到 pET30a（+）载体上，形成重组载体 pET30a（+）::*parA1*::*eGFP* 与 pET30a（+）::*C51S*::*eGFP*。用这两个重组载体分别转化大肠杆菌菌株 BL21 细胞，获得重组菌。培养重组菌，加 ITPG 诱导目的基因表达，培养 16～18h 到细菌对数生长期，收集细菌细胞，提取蛋白质，通过 SDS-PAGE 确认蛋白质分子质量（图 8-19A）。

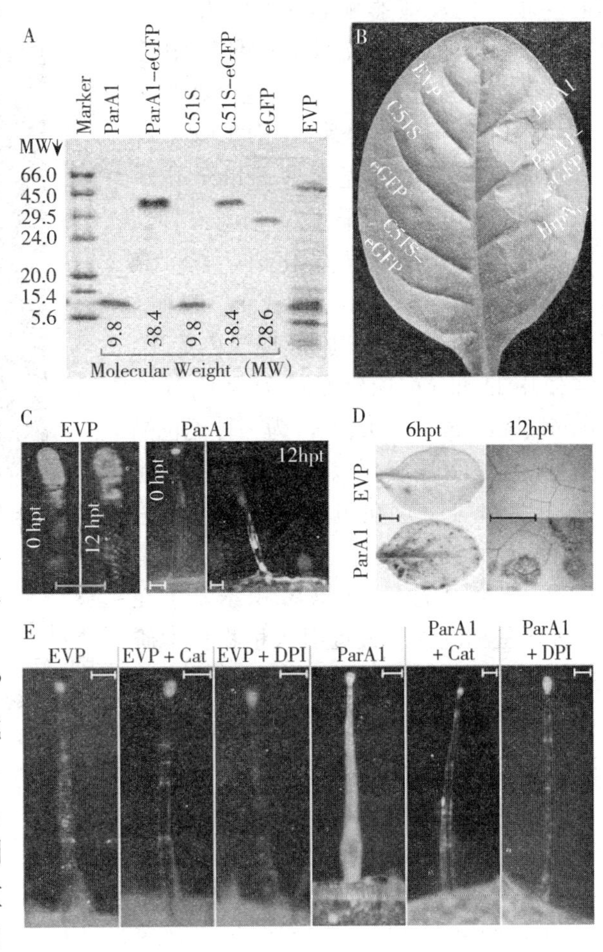

图 8-19　ParA1 蛋白电泳与活性分析

A. SDS-PAGE 分析。Marker 即分子质量标准，MW＝molecular weight，即相对分子质量

B. 蛋白试样过敏反应诱导能力测定。蛋白溶液注射后 24h 照相；$HrpN_{Ea}$用作阳性对照

C. H_2O_2 荧光显示。用类似微注射的方法（图 8-18）把 ParA1 与无活性对照蛋白 EVP 溶液分别施加到表皮毛顶端细胞上。处理后立即（0hpt）及 12hpt 取样，切取 1mm 叶蝶，用乙酰乙酸二氯荧光素（dichlorofluorescein diacetate，DCFH-DA）处理，荧光显微镜或激光共聚焦显微镜观察，背景红色，有 ROS 积累的组织或细胞发绿色荧光。标尺＝20μm

D. 用蛋白溶液喷雾幼苗，取叶片，用二氨基联苯胺（diaminobenzidine，DAB）染色，H_2O_2 显示锈红色（左）；用台盼蓝染色，显示微敏反应（右）。标尺＝1cm

E. 蛋白溶液试样与过氧化氢酶（catalase，Cat）或联苯碘氯化物（diphenyleneiodonium chloride，DPI）混合，施加到表皮毛顶部细胞上，12h 后取样，用 DCFH-DA 处理，荧光显微镜观察。标尺＝20μm

（董汉松课题组研究结果，吕贝贝作图）

（二）过敏反应诱导能力测定

用第七章图 7-1 示意的方法对图 8-19A 所显示的蛋白质试样进行测定，比较它们诱导烟草过敏反应的能力（图 8-19B）。结果表明，ParA1-eGFP 融合蛋白与 ParA1 有诱导过敏反应的能力，C51S 完全丧失了这种能力。

（三）ROS 探针

ROS 包括多种类型，如超氧阴离子（superoxide anion，$O_2^{\cdot-}$）和过氧化氢（hydrogen peroxide，H_2O_2），其中 H_2O_2 比较稳定，对防卫反应及

其他生理生化反应影响也最大。植物组织、细胞积累的ROS或H_2O_2可以使用多种化合物进行显色观察，这类化合物称为ROS（H_2O_2）探针。经常使用的ROS探针是乙酰乙酸二氯荧光素（dichlorofluorescein diacetate，DCFH-DA），为一种红色染料，受ROS氧化而转化成二氯荧光素（dichlorofluorescein，DCF），因此，有ROS积累的组织或细胞呈现绿色荧光。经常使用的H_2O_2探针是二氨基联苯胺(diaminobenzidine，DAB)，为一种无色晶体染料，受H_2O_2氧化以后转化成棕色化合物，因此，H_2O_2在组织或细胞中积累呈现棕色沉淀。无论DCFH-DA还是DAB，一般都无法区分ROS积累发生在细胞内还是细胞外。最近引入植物科学研究的H_2O_2探针Amplex Red（AR）和Amplex Utra Red（AUR）可以分别探测细胞内与细胞外的H_2O_2（图8-20）。AR和AUR都是商品名，作为H_2O_2探针有3个优势。

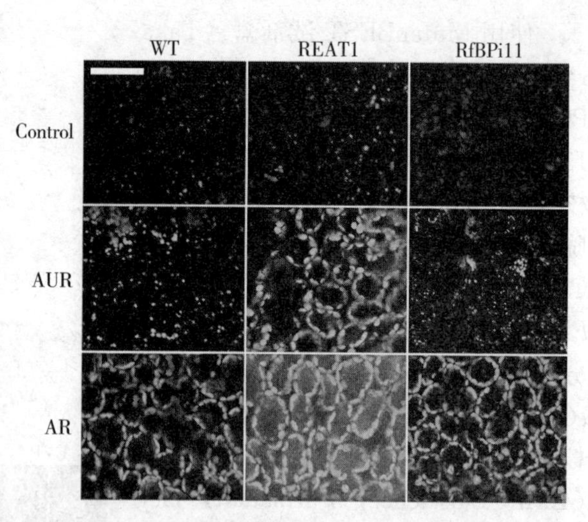

图8-20　使用AR和AUR探测拟南芥叶片H_2O_2示例

WT指野生型，REAT1为H_2O_2含量提高的转基因植株，RfBPi11为H_2O_2含量回复到野生型水平的转基因植株。AR与AUR（Invitrogen）用乙醇溶解，用pH7.4磷酸缓冲液将溶液稀释至10μmol/L，缓冲液作对照，分别浸泡直径1mm的叶圆片，室温避光保育3h。试样用ZEISS LSM700激光共聚焦显微镜进行观察，使用波长543nm的氩光源产生激发光，荧光发射光波长为585～610nm。标尺＝50μm

（董汉松课题组试验结果，吕贝贝作图）

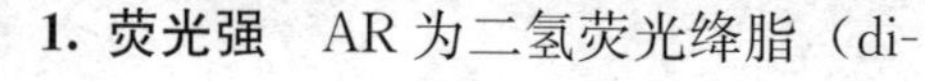

1. 荧光强　AR为二氢荧光绛脂（dihydro-resorufin，又译二氢试卤灵）衍生物，10-乙酰基-3,7-二羟基吩噁嗪（10-acetyl-3,7-dihydroxyphenoxazine），本身无色，也不发荧光，但可以受过氧化物酶催化，与H_2O_2发生反应，生成强荧光化合物resorufin（荧光绛脂，又译试卤灵）。AUR是AR改良的产物，也受过氧化物酶催化，与H_2O_2发生反应，生成强荧光的resorufin结构类似物，灵敏度和稳定性都高于AR。

2. 抗干扰　Resorufin激发与发射最大波长与叶绿体波谱不相重叠，用于探测植物叶片H_2O_2时，可以避免叶绿体荧光的干扰。

3. 甄别细胞内外H_2O_2　AR能穿过细胞膜，因此可以探测细胞内膜上或溶于细胞质的H_2O_2；AUR对细胞膜无穿透能力，因此只能探测附于细胞外膜或分布在质外体空间的H_2O_2（图8-20）。

（四）表皮毛ROS的探测与微敏反应检测

采用类似微注射的方法，把蛋白溶液试样施加到表皮毛顶部细胞（图8-18），ParA1处理12h后取样，用DCFH-DA处理，荧光或激光共聚焦显微镜观察（图8-19C）。用蛋白溶液试样对烟草幼苗喷雾，6～12h取样，用DAB染色，探测H_2O_2（图8-19C）；用台盼蓝染色，观察微敏反应（图8-19D）。

（五）表皮毛信号传导药理学试验

通常使用药物抑制试验研究H_2O_2在ROS总量中所占的比例，经常使用的抑制剂有联苯碘氯化物（diphenyleneiodonium chloride，DPI）和过氧化氢酶（catalase）。过氧化氢酶直接清除 H_2O_2，DPI 通过抑制 NADPH 氧化酶活性而抑制 H_2O_2 产生。NADPH 氧化酶位于细胞膜，直接作用是通过分解底物而产生超氧阴离子，超氧阴离子应再经历过氧化物歧化酶的催化作用，才能转化为 H_2O_2。因此，DPI 通过抑制 NADPH 氧化酶活性而抑制 H_2O_2 在细胞质外体空间的产生。

按图 8-18 示意的类似微注射的方法对表皮毛进行处理，蛋白溶液试样与过氧化氢酶或联苯碘氯化物 DPI 混合，施加到表皮毛顶部细胞上，12h 后取样，用 DCFH-DA 处理，荧光显微镜观察。根据绿色荧光强度，判断 H_2O_2 在 ParA1 诱导的 ROS 总量中所占的比例（图 8-19E）。这一方法适用于任何其他材料体系，用来测定不同植物材料 ROS 或 H_2O_2 积累量的差别。

思考题

1. 植物抗病性有哪些主要类型？研究抗病性需要经过哪些关键环节？

2. 用发病率或病情指数来衡量植物某种病害危害程度，您认为哪种标准更准确？您认为哪种标准在何种条件下可以优先使用？为什么？

3. 植物过敏反应或坏死斑症状的发生都以植物细胞死亡为特征，二者细胞死亡有何不同？如何鉴别细胞死活？

4. 对植物抗病相关基因突变进行遗传分析，需要注意哪些问题？对基因突变位点遗传规律如何进行 χ^2 测验？

5. 阐释抗病相关基因的病理功能至少需要哪些试验证据。

6. 如何研究抗病相关基因产物的转录调控？

7. 对防卫反应信号传导进行研究，需要经过哪些环节？使用哪些技术？

8. 何谓原核表达、酵母双杂交、亲和吸附共沉淀试验、双分子荧光互补？

9. 使用镍柱层析对蛋白质进行纯化的原理是什么？

第九章　植物病害流行研究方法

病害在植物群体水平上广泛发生，并对农业生产造成显著损失，这种情况通常称为植物病害流行，经常发生流行的植物病害称为流行性病害。病害的流行和植物个体发病的规律有所不同，但对植物群体病害流行的研究是以个体病理学为基础而开展的，需要针对具体病害和具体的环境条件选用适当的研究方法。在充分了解各种不同病害流行规律的基础上，才能总结出病害流行的一般规律。本章主要介绍植物病害调查与损失测算、植物病害流行因素分析、病害流行模式与计算机模拟等方面的常用研究方法。

第一节　植物病害调查与损失测算

一、植物病害调查

（一）调查类别

植物病害调查是植物病理学研究的一项基本工作，可以为植物病害分布、危害及发生发展规律提供基本信息。在开展调查之前应有充分准备，调查后对掌握的材料应及时分析研究。许多问题不是一次调查就能得出结论，而在调查工作中由于一些环节上的失误，往往会发生如下一些情况：①没有或缺乏代表性，调查的地点选择不合适，因此调查结果不能反映当地的真实情况；②资料不完全，由于调查准备工作不充分，无明确要收集的资料，造成部分资料缺失；③发病程度记载不一致，由于多人调查，标准不规范，造成记载不一致，导致各方面的资料不能分析和比较；④损失估计偏差，主要原因一是估计没有根据，二是带有主观片面性。

植物病害调查分一般调查和系统调查，两者没有明显的界限，区分的意义在于明确调查目的和取样方法。

1. 一般调查　一般调查是在病害发生盛期进行的发病情况调查，因调查面积较大，又称为普查。大面积的调查能使调查结果有较好的代表性，但是它对调查的精度要求并不很严。如对小麦散黑穗病进行调查，一定要在抽穗以后进行；对棉花黄萎病的调查，要在现蕾期以后进行。调查面积要尽可能大，以便反映该区域病害的发生和分布情况。调查取样时要注意样点的随机性和代表性，针对不同的病害，一般有1～2次这样的普查即可得到较全面的发病概况。一般性病害调查，主要目的在于植物病害的分布和发病程度，可以按表9-1进行记录，适用于玉米也适用于其他作物。

表9-1　玉米病害调查记载格式表

调查地点：　　　　　　　　　　调查日期：　　　　　　　　调查人：

病害名称	发病率*										
	第1田	第2田	第3田	第4田	第5田	第6田	第7田	第8田	第9田	第10田	平均
大斑病											
小斑病											

（续）

病害名称	发　病　率*										
	第1田	第2田	第3田	第4田	第5田	第6田	第7田	第8田	第9田	第10田	平均
灰斑病											
弯孢菌叶斑病											
粗缩病											
矮花叶病											
茎基腐病											
圆斑病											
纹枯病											
黑粉病											
丝黑穗病											
褐斑病											

* 重要病害记载发病率，次要病害和很少发现的病害记载有或无。

2. 系统调查　系统调查是定时、定点、定量的病害调查，强调的是数据的规范性和可比性。病害的发生和流行要受到寄主的抗病性、病原物生理小种组成以及气候条件的影响。因此，在病害调查过程中，还要对这些因素加以记录，以便进行相关分析、病害预测和产量损失估算等。在病害流行学研究上经常采用系统调查，根据病害潜育期的长短，定期调查，这样在一个生长季节内即可得到系列数据。如果以时间为横坐标，以病情为纵坐标，即可绘出病害发展曲线。在研究病害细微的动态变化时，有时需要逐日观察或逐小时观察。例如，在研究马铃薯晚疫病的流行时，如果几天观察一次，在绘图时将各个数据连接起来往往只能得到一条平滑的病害发展曲线，这样的曲线只能反映病害流行的全貌，所提供的其他信息并不是很多。实际上，病害在流行过程中，由于气候的变化，每日病害的发展速率是不同的。条件好时可以发展很快，相反病害会停止发展。如果在生长季采用逐日调查的方式，再将每日病情数据连接起来，此时就会得到一条跳跃式的病害发展曲线，每一次跳跃都是由一个潜育期之前病菌大量的侵染造成的，通过分析即可得到在一个生长季中哪些日期属于病原菌的大量侵染日。如果同时也记录着每日的天气变化，那么还可总结出导致病原菌大量侵染所需要的量化天气条件，反过来，这些量化的天气条件是否出现以及出现次数多少，对于病害的预测是至关重要的。

（二）取样方法

病害调查的取样方法影响着结果的准确性。各种病害的取样方法不同，同时还要看调查的性质和要求准确的程度，原则是可靠而又可行。

1. 样本数目　样本的数目要看病害的性质和环境条件。空气传播而分布均匀的病害如麦类锈病等，样本数目可以少一些。土壤传染的病害样本要多，如地形、土壤和耕作条件的差别较大，取样更要多一些。一般的方法是一块田随机调查4～5个点，在一个地区调查10块田。取样不一定要太多，重要的是有代表性。

2. 取样地点　避免在田边取样，田边植株往往不能代表一般发病情况，应离开田边5～10步（田小的可以近些），在4～5处随机取样，或者从田块四角两条交叉线的交叉点和交叉点至每一角的中间 4 个点，共 5 个点取样。植株较大的条播作物如棉花等，可以在田间随机选若干行进行调查。在一个区内调查，要随机选田，避免专门选择重病田，可规定每隔一定距离调查一次。

3. 样本类别 样本可以整株（苗枯病、枯萎病、病毒病等）、穗秆（黑粉病）、叶片（叶斑病）、果实（果腐病）等作为计算单位。枝干病害要看发病情况，主干发病而影响全株生机的，应以植株计算；发病而不影响全株生机的，可以计算有多少枝干发病，或者以整株作单位，但分级后计数。

取样单位问题，应该做到简单而能正确地反映发病情况。同一种病害，由于危害时期和部位不同，必须采取不同的取样方法。棉花角斑病可危害叶片和棉铃，就要分别以叶片和棉铃取样。

叶片病害的取样比较复杂，大致有以下 3 种方法：①田里随机采取叶片若干，分别记载，求得平均发病率；②从植株的一定部位采取叶片，以此叶片代表植株的平均发病率；③记载植株上每张叶片（必要时也可采下）的发病率，求得平均数。第一种方法比较省时省事，用得最多；后两种方法只适合于植株叶片较少的作物。事实上，后两种方法是有关联的，如先用第三种方法，找出哪一张叶片能代表植株的一般发病率，就可以改用比较省时的第二种方法。

4. 调查规模 一个基本要求是样本要小而可靠。进行黑粉病的调查时，以在田间每一点观察 200～300 穗或秆，或者观察一定的面积（0.45m²）或行长（1.67m 左右），求得发病率。植株较大的作物，行长和面积要大一些。果实病害要观察 100～200 个；全株性病害观察 100～200 株；叶片病害则由分布情形决定，分布很不均匀的病害，每一样本要有 20 片左右叶片，发病比较均匀的如锈病，可观察 7～8 片叶片。麦类锈病发生的早期，田间不易发现，但早期发生的微量锈病，对以后锈病发展的影响很大，每次应观察数百至数千片叶片。

5. 取样时间 调查取样的适当时期，一般是在田间发病最盛期。谷粒病害和果实腐烂病等，可在收获后取样。假如在收获时已将烂果剔除，谷粒在脱粒后经过扬弃，得到的发病率则比实际情况要低。贮藏中的病害，则可以在贮藏过程中不断取样记载。

二、病情统计方法

病害调查中要对病情进行记载，此外还要记录一些相关的情况，有条件的地方还要记录天气的变化。病情通常用病害的普遍率、严重度和病情指数来表示。

（一）普遍率

病害普遍率（disease incidence）代表植物群体中病害发生的普遍程度，一般以发病单元数占调查总单元数的百分率来表示。发病单元可选叶片、果实、枝干、穗或植株，分别用病叶率、病果率、病穗率、病株率反映病害发生的普遍率。

（二）病害严重度

病害严重度（disease severity）是指已发病单元（植株或器官）发病的程度，通常用发病面积占该单元总面积的百分比表示。如小麦条锈病严重度是以叶片上条锈菌夏孢子堆所占据的面积与叶片总面积的相对百分率表示。对于小麦条锈病来说，100%的严重度并不是指叶片完全被夏孢子堆覆盖，而是叶片已经容纳不下更多的孢子堆，实际上无论孢子堆排列多紧密，孢子堆之间仍然有绿色叶面积。对于某些果实来说，有时虽然严重度只有50%，但很可能已经失去了食用价值；而在商业上则要求更严，1%的严重度都会使该果实失去出口或销售价值。

严重度有时还用发病等级的方式来表示，尤其是对于一些系统侵染的病害。如对于番茄花叶病毒病严重度的分级标准如下：0级，无病；1级，仅上部叶片有轻微花叶或条斑；2级，上部叶片明显花叶或条斑，叶变形，植株轻度矮化；3级，叶片畸形，茎秆条斑较多，扭曲，植株矮化；4级，植株严重矮化，上部叶片枯死。

（三）病情指数

病情指数（disease severity index）将普遍率和严重度结合起来，用一个数值全面反映植物群体发病程度，可用下式计算：

病情指数＝普遍率×平均严重度

式中平均严重度是多个严重度调查值的平均，以百分率表示，其中不包括未发病即严重度为0的记载。如果严重度以级别来表示，则改用下式计算病情指数：

病情指数＝100×$\sum$（各病级调查样本数×病级代表值）

÷调查总样本数÷最高病级代表值

注意，由此计算的病情指数不是百分数。例如，白菜软腐病（*Erwinia carotovora* subsp. *carotovora*）的病株，可根据发病程度分为4个级别，假如结果如表9-2，则：

病情指数＝100×（42×0＋23×1＋11×2＋9×3）÷85÷3＝28.2

表9-2　白菜软腐病病情分级调查结果

病级	代表值	发病情况	株数
1	0	完全无病	42
2	1	外叶茎部有局部腐烂斑	23
3	2	外叶茎部腐烂部分在1/3以下，或外叶少数萎蔫（脱帮），叶球不脱落	11
4	3	全株1/3以上腐烂或茎基腐烂，叶球脱落	9

三、病情分级标准

根据长期调查研究，对不同作物病害发生程度的评价已经形成了比较固定的分级标准并广泛使用，国家行政管理部门也制定了相应的法规或行业标准，对规范作物病害调查研究有指导意义、行业权威性或法律效力。本节针对病害损失估算的需要，收集了主要作物病害发生程度的分级标准，可以用来对这些病害发生程度进行调查研究，也可用作参照，对未列入的作物病害自行制定分级标准。在调查研究过程中，先使用分级标准获得病情数据，再按上述病情指数公式计算病害严重程度。如果病情分级用于病菌致病性或寄主抗病性的研究，综合体现这些信息的评价标准在第九章第一节（本节）介绍。另外，此处介绍的病害分级标准主要适用于田间调查，对人工接种诱发的病害，分级标准参见第八章第二节。

1. 小麦病害分级标准

（1）小麦秆锈病分级标准　0级，没有夏孢子堆和任何其他症状，或有过敏性斑点；1

级，夏孢子堆很小，周围有清晰的坏死区；2级，夏孢子堆小到中等，往往产生在绿岛中，绿岛周围有明显褪绿或坏死的边缘；3级，夏孢子堆中等大小，合并现象很少见，无坏死，但可能有褪绿区，尤其在生长条件不适宜时；4级，夏孢子堆大，常常合并在一起，无坏死，但在生长条件不适宜时可能有褪绿现象。代表值依次为0～4。

（2）小麦白粉病分级标准　0级，没有可见症状；1级，叶面只有有限的菌丝体；2级，叶面菌丝体量中等，有一些孢子，组织轻微坏死和褪绿；3级，叶面菌丝体量中等，有一些孢子，组织轻微坏死和褪绿；4级，菌丝体的量中等或很多，孢子产生的量有限，有一些坏死和褪绿；5级，孢子堆很大，产生大量孢子，没有坏死。代表值依次为0～5。

（3）小麦纹枯病分级标准　0级，无症状；1级，叶鞘发病，但不侵茎秆；2级，病菌侵茎秆，病斑绕茎不超过1/4；3级，茎秆上病斑绕茎1/4～3/4；4级，病斑绕茎3/4以上，或软腐易折，但未枯死；5级，枯孕穗或白穗。代表值依次为0～5。

（4）小麦立枯病分级标准　0级，全株无病；1级，茎基部轻微变褐，稻苗生长基本正常；2级：茎基部明显变褐，伴有软化和轻微腐烂；3级，茎基部明显变褐和腐烂，心叶萎垂卷缩；4级，茎基部变褐腐烂，全株青枯或黄褐色枯死。代表值依次为0～4。

（5）小麦根腐病分级标准　0级：茎基部和主、须根均无病斑；1级：茎基部和主根上有少量病斑，病斑面积占茎和根总面积的1/4以下；2级：茎基部和主根上有较多病斑，病斑面积占茎和根总面积的1/4～1/2；3级：茎基部和主根上有病斑，多且较大，病斑面积占茎和根总面积的1/2～3/4；4级：茎基部和主根上病斑连片，但根系并未死亡；5级：根系坏死，植株地上部分萎蔫接近死亡或死亡。代表值依次为0～5。

2. 水稻病害分级标准

（1）病圃稻瘟病分级标准　病圃是指一定面积的标准试验田，用来观察和评价病害发生程度，病害或自然发生，或经过人工接种来诱发。分级标准由宗兆锋提供。0级，无症状；1级，叶片上只出现针头大小的褐点，数量不等，有时很少，甚至不容易看到，没有坏死斑；2级，褐点稍大，直径约0.5mm，没有坏死斑；3级，出现灰色圆形坏死斑，直径约1.2mm，四周有圆形或带椭圆形的褐色圈，坏死斑可以很多，但叶片受害很少枯死；4级，出现典型的稻瘟病病斑，病斑椭圆形，长1～2cm，一般局限在两个主脉间，病斑中间是很大的灰色坏死区，四周有褐色或红色的边缘，每张叶片上病斑的数目不很多，受害叶片数不到5%；5级，病斑的形状与前一级相似，数量较多，并且病斑一般要大一些，4～5叶的苗有1～2片叶片的上端因病斑相互合并而枯死，但枯死面积不到25%；6级，病斑的形状与前一级相似，但是数目更多，少数叶片凋萎，枯死的不超过50%，病斑边缘比前一级更加明显地表现为黄色或灰褐色；7级，病斑大，扩展快，边缘基本上是灰色，稍显褐色，展开的叶片大都枯死，只有嫩叶未枯死，叶枯死数达50%～100%。代表值依次为0～7。

（2）田间穗颈瘟病分级标准　0级，无病；1级，1/4以下枝梗发病或穗颈有斑点；2级，1/4以上枝梗发病或主轴中部发病，或颈部有病；3级，主轴中部或颈部发病；4级，穗颈发病，造成白穗。代表值依次为0～4。

（3）水稻白叶枯病分级标准　水稻白叶枯病全国统一分级标准见表9-3，根据病斑面积或长度进行分级。

表 9-3　水稻白叶枯病全国统一分级标准

病级	代表值	病斑面积	病斑长度
0	0	无	仅有黑褐色伤痕
1	1	<1%	2cm 以内
2	2	1%～5%	2.1～5.0cm，或小于叶长的 1/4
3	3	6%～25%	5.1～12.0cm，或占叶长的 1/4～1/2
4	4	26%～50%	12.1～20.0cm，或占叶长的 1/2～3/4
5	5	51%～100%	20.0cm 以上，或大于叶长的 3/4

3. 棉花黄萎病与枯萎病叶片症状分级标准　0 级，真叶无症状；1 级，1 片真叶发病，或 2 片真叶上只出现少数边缘清晰的微小病斑；2 级，2 片真叶发病较重，叶脉间出现掌状花叶，呈西瓜皮状，或 3 片真叶发病较轻；3 级，3 片真叶发病，下部叶片枯死，上部叶片呈掌状花叶；4 级，全部真叶发病，植株落叶或枯死。代表值依次为 0～4。

4. 玉米大斑病、小斑病分级标准　0 级，全株叶片无病斑；0.5 级，全株叶片有零星病斑，占叶面积的 1%左右；1 级，全株叶片有少量病斑，占叶面积的 1%～10%；2 级，全株叶片有中量病斑，占叶面积的 10%～25%；3 级，植株下部叶片有多量病斑，占叶面积的 50%以上，出现大片枯死现象，中上部叶片有中量病斑，占叶面积的 10%～25%；4 级，植株下部叶片干枯，中部叶片有多量病斑，出现大片枯死现象，上部叶片有中量病斑；5 级，全株基本枯死。代表值依次为 0～6。

5. 蔬菜病害分级标准

（1）*黄瓜霜霉病分级标准*　以叶片为单位进行考察：0 级，无病斑；1 级，病斑面积占整个叶面积的 5%以下；2 级，病斑面积占整个叶面积的 6%～10%；3 级，病斑面积占整个叶面积的 11%～25%；4 级，病斑面积占整个叶面积的 26%～50%；5 级：病斑面积占整个叶面积的 50%以上。代表值依次为 0～5。

（2）*黄瓜黑星病分级标准*　①叶片病情分级方法：0 级，无症状；1 级，叶片出现可见的水渍状褪绿小点或黄色小点；2 级，叶片出现少数枯斑，病斑占叶面积的 10%以下；3 级，叶片枯斑占叶面积的 11%～30%，叶柄出现枯斑；4 级，叶片枯斑占叶面积的 31%～60%或叶柄出现凹陷斑，有时叶柄开裂；5 级，叶片枯斑占叶面积的 61%以上或叶柄折断。代表值依次为 0～5。②果实病情分级方法：0 级，无症状；1 级，每个瓜上有病斑 1～2 个；2 级，每个瓜上有病斑 3～4 个；3 级，每个瓜上有病斑 5～6 个；4 级：每个瓜上有病斑 7～10 个或部分病斑相连占果面积的 20%以下；5 级：每个瓜上有病斑 11 个以上，病斑相连占果面积的 20%以上。代表值依次为 0～5。

（3）*番茄病毒病分级标准*　0 级，无症状；1 级，明脉、轻花叶；2 级，心叶及中部叶片花叶；3 级，心叶及中部叶片花叶，少数叶片畸形、皱缩或植株轻度矮化；4 级，重花叶，多数叶片畸形、皱缩或植株矮化；5 级，重花叶，叶片明显畸形、线叶，植株严重矮化，甚至死亡。代表值依次为 0～5。

（4）*马铃薯晚疫病分级标准*　0 级，无症状；1 级，很难看到病斑，每株只有 5～10 个病斑；2 级，病斑很显著，但植株发病的不超过 25%；3 级，植株中度发病，将近 50%的叶片发病；4 级，植株严重落叶，但未枯死；5 级，植株枯死。代表值依次为 0～5。这是国际通用的大田试验记载标准，适用于晚疫病的调查、防治以及马铃薯抗病性等多种研究。

（5）*茄子黄萎病分级标准*　0级，无症状；1级，病叶占总叶数的25%以下；2级，病叶数占总叶数的26%～50%；3级，病叶数占总叶数的51%～75%；4级，病叶数占总叶数的76%以上；5级：病株叶片脱落成光秆至植株死亡，有时出现急性萎蔫症状。代表值依次为0～5。

（6）*辣椒病毒病分级标准*　0级，无任何症状；1级，心叶明脉或轻度花叶；2级，心叶及中部叶片花叶，有时叶片出现坏死斑；3级，多数叶片花叶，少数叶片畸形、皱缩，有时叶片或茎部出现坏死斑，或茎部出现短条斑；4级，多数叶片畸形、细长，或茎秆、叶脉产生系统坏死，植株矮化；5级，叶片严重花叶、畸形，或有时严重系统坏死，植株明显矮化，甚至死亡。代表值依次为0～5。

（7）*莴苣、生菜菌核病分级标准*　0级，无症状；1级，植株叶片出现病斑，茎部尚未发病；2级，茎部发病，病斑面积占茎部面积的5%以下；3级，茎部发病，病斑面积占茎部面积的6%～25%；4级，茎部发病，病斑面积占茎部面积的26%～50%；5级，茎部发病，病斑面积占茎部面积的51%以上。代表值依次为0～5。

6. 烟草青枯病分级标准　0级，无症状；1级，开始出现萎蔫症状，病叶显症面积占叶面积的10%以下；2级，明显萎蔫，病叶显症面积占叶面积的11%～25%；3级：病叶颜色变成浅绿，病叶显症面积占叶面积的26%～50%；4级：病叶叶肉变黄、叶脉变黑，病叶显症面积占叶面积的51%～75%；5级：病叶萎蔫变黄，病株表皮腐烂，病叶显症面积占叶面积的76%以上。代表值依次为0～5。

四、病害损失测算

（一）病情与损失的关系

病害发生程度与所造成的损失大小之间存在种种关系。有些比较简单，而另外一些就很复杂。有时即使是同一种作物上的同一种病害，由于发生时期和部位的不同，所造成的损失量也不同。归纳起来，病情与损失之间的关系有两种类型。

1. 敏感型　损失与病情呈现近似的简单直线关系，多见于危害期较晚或直接损害结实或收获器官的病害，如小麦赤霉病、小麦散黑穗病、小麦腥黑穗病等。

2. 耐病型　损失与病情大体呈S形曲线关系。这种关系较为常见，而且前后两端出现两个阈值 T_1 和 T_2。病情在达到 T_1 以前，并不会造成损失，T_1 称为损害阈值（damage threshold）。病情达到 T_1 以后损失才开始发生并随之增大。病情达到 T_2 以后损失量减慢或趋于平缓，或不再增加而趋于饱和。收获物为果实或种子的叶部病害中，往往出现这种情况。如小麦灌浆期叶片受害而光合面积减少时，叶鞘、颖片可起某种程度的补偿作用，这种补偿作用发生在个体水平上，如小麦条锈病、苹果早期落叶病等多属此类情况。

（二）损失测算模型

以病情为自变量，作物损失为依变量，根据大量实测数据，可导出损失估计的回归预测式。按照自变量的不同，回归模型又可分为关键期病情模型、多期病情模型、病害流行曲线下面积模型和多因子模型。这些模型都用到到回归系数（b），它是根据病情与产量损失之间的回归关系，通过计算获得的值。

1. 关键期病情模型　关键期病情模型仅根据某一时期的病情预测损失，认为此时的病情在决定产量损失上的作用最大，称为关键时期。例如，小麦赤霉病有人以灌浆期病穗率为关键期病情，稻瘟病、小麦条锈病也都以灌浆期的病情指数来预测损失等。关键期病情模型的形式为：

$$y=b_0+b_1x$$

式中：y——产量损失；

x——关键期病情。

这种损失估计模型的研制和应用都最为简便，某些场合也能作出可靠的预测；其缺点是未考虑病害流行曲线的形式，不计流行开始早晚和流行速度快慢，它只能适用于季节流行曲线的形式相当固定、仅用关键期病情就可以反映流行过程与病害损失关系的场合。

2. 多期病情模型　多期病情模型能补充上述模型之不足，它利用作物生长季节中两个时期或更多期的病情来预测损失，其模型式为多元回归式：

$$y=b_0+b_1x_1+b_2x_2+\cdots+b_nx_n$$

式中：y——产量损失；

x_1，x_2，…，x_n——不同时期调查的病情。

多期病情模型适用于病情在整个流行期间变化多端、不同时期危害减产机制有所不同的病害。比如小麦丛矮病可根据秋苗期、拔节期和抽穗期 3 期病情来预测损失。

3. 病害流行曲线下面积模型　病害流行曲线下面积模型是多期病情模型的进一步扩展，它以病害流行曲线下面积为自变量导出如下模型：

$$y=b_0+b_1AUDPC$$

式中：y——产量损失；

$AUDPC$——病害流行曲线下面积（area under disease progress curve）。

表面看来，病害流行曲线下面积模型似乎反映的最为全面，预测效果应该最好，但实际上有时并非如此。因为它也有缺点，即它把同一病情在生育期间的减产作用错误地同等对待，实际上不同形式的流行曲线可以有相同的流行曲线下面积，造成的损失未必相同。另外，在病害流行的后期对病害流行曲线下面积进行计算时，每延长 1d，病害流行曲线下面积会增加很多，但是它对产量的影响未必增加相同的比例。

4. 多因子模型　多因子模型的自变量除病情外，还有品种特性（包括耐病型、相对抗性等）、栽培条件、气候条件、播种密度等。多因子模型的通式为：

$$y=b_0+b_1x_1+b_2x_2+\cdots+b_nx_n$$

式中：y——产量损失；

x_1，x_2，…，x_n——病情、品种、栽培、气候等因素。

第二节　植物病害流行因素分析

一、基本影响因素

植物病害流行的分析要从病害三角说起，即一种病害的发生与流行决定于寄主、病原物和环境 3 方面的条件：①寄主植物抗病性的强弱，寄主植物发育时期与抗性；②病原物的活动和致病力的差异，以及传染病原物介体的活动习性等；③环境条件，主要是气象因子和土壤的肥力等方面的分析。此外，还应该有时间的因素以及人类的作用，人的作用至关重要。人类活动可能无意识地促进病害发生流行，也可能对那些在一定条件下几乎可以肯定要发生的流行病，由于人们的干预而有效地制止了病害的流行。人们常用病害四面体（disease tetrahedron）来表现这种关系。

（一）寄主植物

寄主的内部和外部因素在病害流行中起着重要作用。高抗（垂直抗性）的寄主植物能够阻止病原物在其内部定殖，因而不能发生病害的流行，否则需要出现一个能够侵染这种抗性寄主的病原菌新小种，而使该寄主感病。较低抗性（水平抗性）的寄主植物可能受到侵染，但发病程度往往较低。

寄主植物的遗传一致性越高（抗病基因单一），对于病害流行越有利。当同一种抗病寄主植物大范围种植时，常导致能够克服寄主抗性基因的病原菌生理小种出现，从而造成病害流行。这种现象在我国小麦条锈病、稻瘟病以及美国的玉米小斑病上都曾有发生。在自然界中，病害流行发生比例最高的情况通常是在营养繁殖的作物上，如马铃薯晚疫病；其次发生在自花授粉作物上，如小麦锈病、白粉病；而异花授粉植物发生病害流行的比率似乎最低，从这一现象中也能够看出寄主遗传一致性对病害流行的影响。

寄主不同类型和不同生育期对病害流行也可造成影响。在一年生作物如水稻、蔬菜、烟草和棉花上，病害的发展和流行一般比那些多年生木本植物上的病害要快。由腐霉菌引起的猝倒病和根腐病，以及霜霉病、桃缩叶病、梨锈病等多在植物生长前期发生侵染；由灰霉病、青霉病和小丛壳菌引起的花或果实的侵染都发生在植物接近成熟时或收获以后。梨黑星病在春季容易侵染幼叶，常造成发病高峰，盛夏随着叶片的老化侵染率降低，在采收之前果实的感病性增加，如不抓紧防治，容易导致病害在果实上的大发生。还有一些病害，如马铃薯晚疫病和番茄早疫病，植株在生长早期感病，成熟早期较抗病，而到成熟后期又感病。

（二）病原生物

病原生物方面的影响是多方面而且比较复杂的。

1. 最初侵染来源的分析　种子带菌程度的分析只是一个方面，更重要的是土壤中菌源的检测。洋葱白腐病的病菌（*Sclerotium cepivorum*）是以菌核在土壤中存活，田间发病的轻重与土壤中菌核多少有关：

$$y=6.41+12.38x-0.65x^2$$

式中：y——白腐病发生的百分率；

x——100g 土壤中菌核的量。

引起棉花和多种作物黄萎病的轮枝菌（*Verticillium dahliae*）是以很小的菌核在土壤中存活，可用淘洗的方法计数。许多疫霉菌也可用类似的方法分析土壤中的卵孢子。马铃薯的金线虫（*Globodera rostochiensis*）是很重要的病害，可以淘洗测定田块土壤胞囊的量预测将来发病的轻重。苹果疮痂病（*Venturia inaequalis*）的流行是研究得最早的病害，病菌是以子囊壳在地面枯叶中越冬，测报的方法就是早春检测子囊孢子释放时期，由此确定喷药防治的时间表，这是病害预报中最成功的事例。最初侵染来源检测的另一个值得提出的事例是油菜菌核病（*Sclerotinia sclerotiorum*），病菌是以菌核在土壤中越冬，菌核翌年春季产生子囊盘危害油菜，药剂防治的时间一般是在油菜花瓣脱落前后；更精确的方法是测定气象因子中的露点，这是子囊孢子释放最多的时间。

2. 最初感染量的分析　许多病害田间最早出现发病中心的多少，如小麦条锈病和白粉病初期发病的迟早和多少，影响后期发病的轻重。条锈病菌只能在高纬度和高海拔地区越夏，然后远距离传播到不能越夏的地区。小麦秆锈病菌大都是在南方越冬，然后传播到北方。这些事例都是流行分析的依据。

3. 空中真菌孢子的检测　采取玻片黏着的方法或者效率更高的抽气收集的方法，可以检测病原真菌孢子发生的量，是许多植物病害如稻瘟病和花生锈病等预测的手段。

4. 病毒传染介体的检测　病毒传染介体的方法与上述空中真菌孢子检测的方法相似，例如，马铃薯的许多病毒病是由蚜虫传播，因此检测其有翅蚜迁飞的量和时期，是预测病害发生的重要依据。

5. 病原物致病力分化的分析　植物病害流行与病原物小种的变化有关，经常检测生理小种的变化，可以预测病原物小种毒性的变化和栽培品种是否保持其抗性。

（三）环境条件

多数植物病害在大部分寄主生长的地区都不同程度地发生着，但通常又达不到广泛流行的程度，其中环境对病害的发展起着控制作用。环境可以影响寄主植物的生长发育和抗病性，环境也可以影响病原物的存活、生活力、繁殖率、产孢率、传播方向、传播距离以及孢子的萌发率和侵入率。另外，环境也可能影响病原物传播介体的数量和活动性。影响植物病害流行最重要的环境因素是湿度和温度。

雨、雾、露、灌溉所促成的长时间的高湿度不但促进了寄主长出多汁和感病的组织，更重要的是它增加了真菌孢子的产生和细菌的繁殖；湿度促进了许多真菌孢子的释放和细菌菌脓在叶表的流动传播；湿度能使孢子萌发，使游动孢子、细菌和线虫活动。持续的高湿度能使上述过程反复发生，进而导致病害流行。反之，即使是几天的低湿度，亦可阻止这些情况的发生而使病害的流行受阻或完全停止。由病毒和菌原体导致的病害仅仅间接受到湿度的影响，一些病毒的介体是真菌和线虫，高湿度使其活动增强；如这些病毒和菌原体的介体是蚜虫、叶蝉和其他昆虫，高湿度则使它们的活动减弱，所以在雨季这些介体的活动明显降低。

高于或低于植物最适范围的温度有时有利于病害的流行。因为在那样的温度下降低了植物的水平抗性，在某些情况下甚至可以减弱或丧失受主效基因控制的垂直抗性。生长在这种温度下的植物变得容易感染病害，而病原物却仍保持活力或比寄主受到不良温度的压力较小。寒冷的冬季能减少真菌、细菌和线虫接种体的存活，炎热的夏季亦能减少病毒和菌原体存活的数量。此外，低温还能减少冬季存活的介体数目，在生长季节出现的低温能减弱介体的活动。然而，温度对病害流行最常见的作用是在致病的各个阶段对病原物的作用，也就是孢子萌发或卵孵化、侵入寄主、病原物的生长和繁殖、侵染寄主和产生孢子。温度适宜，病原物完成每一个过程的时间就短，这样在一个生长季节里就会导致更多的侵染循环。由于经过每一次循环，接种体的数量增加许多倍，新的接种体可能传播到其他植物上，多次循环导致更多的植物受到越来越多的病原物侵染，很容易造成病害的流行。

（四）人为因素

人类的活动对植物病害的流行有着直接或间接的作用。其中一些活动有利于提高病害的发生频率和流行速率，另外一些则起相反的作用。地势低洼、排水不良以及无隔离的田块，特别是靠近病害侵染源的田块，都有利于病害的流行；带病的繁殖材料不加处理就增加了病害发生的几率，如果应用无菌或经过处理的繁殖材料即能减少病害的流行机会；连续单一的大面积栽培同一种作物品种、施用高水平的氮肥、免耕栽培、深灌以及不良的田间卫生状况，都可增加病害流行的可能性和严重程度；施用化学药剂、采取生物防治和农业栽培防病措施都可减少病害流行的可能性，然而连续施用某些药剂能导致病原菌抗药性的产生；通过人为引种还能将危险性病害带入新区，导致病害的严重流行。

二、病害流行主导因素分析

病害流行程度是因时因地而异的，那些影响植物病害的因子在植物病害流行中的作用并不是等同的。对一种病害，在一定的时间和地点，当其他因素已基本具备并相对稳定，而某一个因素最缺乏或波动变化最大时，往往对病害的流行起决定作用，这个因素被称为该病害流行的主导因素（key factor for disease epidemic）。如当寄主、病原物条件具备时，环境因素便成为主导因素；而当病原存在，环境条件又利于发病时，寄主抗性便成为主导因素。主导因素往往是病害流行必要因素中的易变因素，或大或小的变化都可能导致寄主与病原物相互作用的不同后果。主导因素常是病害预测中的主要因子，对它的分析也可为制订防病战略战术提供科学依据。

流行主导因素的时空条件性很强。主导是相对的概念，同一种病害，处在不同的时间和地点，其流行主导因素可能全然不同。从长远的观点来看，种植制度的变更、品种的更换、病原物致病性的变化以及抗药性的产生往往是病害流行的主导因素。然而，就一个生长季节而言，环境条件是否满足往往是促成当年病害流行的主导因素。

例如，小麦条锈病在我国近半个世纪内的几次流行，主要是因为大面积推广单一抗病品种而导致具有毒性的新生理小种产生的缘故。该病能在1950年、1964年和1990年大流行，而不是在相邻的哪一个年份发生，则是由于冬暖、春雨多的气象环境造成的。20世纪70年代，河北省中南部地区大面积推广棉麦套种，由于在棉田里套种冬小麦未能切断越夏后的灰飞虱及病毒的生活循环，从而使小麦丛矮病的发生比平作地严重6～10倍，使得棉麦套种推广几年后不得不终止。灰霉病过去是一种次要病害，然而，近年来由于保护地蔬菜大面积的种植，灰霉病迅速上升为十几种蔬菜的主要病害。大量化学农药的使用，使得灰霉菌产生了抗药性，所以灰霉病已经成为当前菜农面临的主要问题。玉米大斑病于1899年首次在东北发现，1963年以前很少大面积流行，1966年以后连续在东北和华北地区大流行，分析原因主要是品种抗病性的变化。原来，在1963年以前我国种植的玉米多为农家品种，抗性基因比较丰富，后来大规模地开展杂交育种，大面积推广了一些对大斑病高度感染的杂交种（如维尔165），遇到7、8月降水较多的年份，该病很快大面积发生，通过筛选抗病亲本和推广抗病的杂交品种，问题又逐步得到解决。小麦赤霉病流行的主导因素是气象因素，更确切地说是小麦扬花期的湿度和降水次数。因为其他因素如温度、菌源条件比较容易满足，品种抗病性虽有差异，但缺乏免疫品种。

其他方面的因素也需考虑，如介体数量和带毒率是某些病毒病流行的主导因素，种子带菌率是种传病害流行的主导因素，连作是各类枯萎病流行的主导因素等，需要对具体的病害作具体分析。

第三节　病害流行模式与计算机模拟

根据植物病害发生和流行规律原始资料的积累，分析它们初次侵染和再次侵染的作用，以及病害发展的时间和空间的变化，提出植物病害流行的模式，并根据这些模式设计了许多精密的研究，创造了许多计算公式。

一、植物病害流行的时间动态

（一）积年流行病害的逐年流行

积年流行病害在一个生长季中的数量增长都是越冬菌源侵染产生的。有些积年流行病害，如小麦散黑穗病、腥黑穗病等侵染和发病时间都比较集中，就不会形成流行曲线。但有些病害，其越冬菌源发生期长，陆续接触寄主植物，侵入期有先有后，也呈现出一个发病数量随时间而增长的过程。如棉花枯萎病、棉花黄萎病等土传病害，以及苹果和梨的锈病、柿圆斑病等气传病害就属于这一类型。将田间越冬菌量视为常数，病害潜育期亦不变化，设 x_i 为 t 日的发病数量，r_i 为积年流行病害的平均日增长率，则 $x_i=1-e^{-r_s \cdot t}$，其图形为 e 形指数曲线（图 9-1），r_s 值高低取决于寄主和环境等因素，也受越冬菌量的影响。

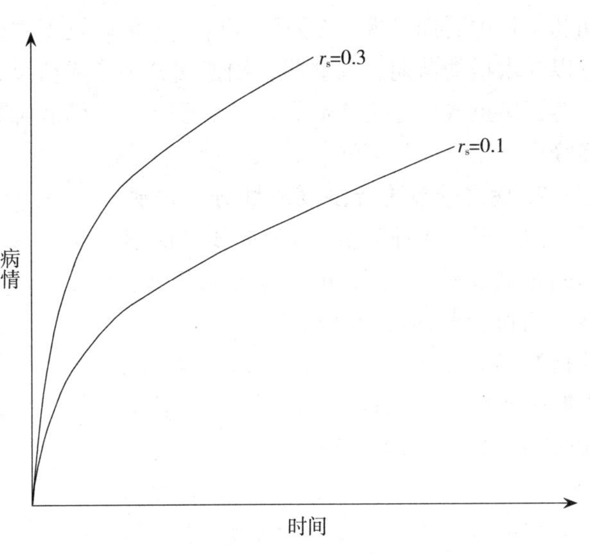

图 9-1　积年流行病害季节变化曲线

植物病害的逐年流行动态是指病害几年或几十年的发展过程。积年流行病害有一个菌量的逐年积累，发病数量逐年增长的过程。如果在一个地区，品种、栽培和气象条件连续多年基本稳定，可以仿照多循环病害季节流行动态的分析方法，配合逻辑斯蒂模型或其他数学模型，计算出病害的平均年增长率。若年代较长，寄主品种和环境条件有较大变动时，则可用各年增长速率和相应的有关条件建立回归模型，用于年增长率的预测和分析。单年流行病害年份间流行程度的波动大，相邻两年的初始菌量或增或减，很不稳定，因此多年平均的年增长率无实际意义。

（二）季节流行病害的变化模式

1. 病害季节流行曲线　在一个生长季中，如果定期系统调查田间发病情况，取得发病数量（发病率或病情指数）随病害流行时间而变化的数据，以时间为横坐标，以发病数量为纵坐标，绘制成发病数量随时间而变化的曲线，该曲线称为病害的季节流行曲线（disease progress curve）。曲线的起点在横坐标上的位置为病害始发期，曲线反映了发生过程，曲线最高点表明流行程度。不同病害或同一病害在不同条件下，可有不同形式的季节流行曲线（图 9-2）。

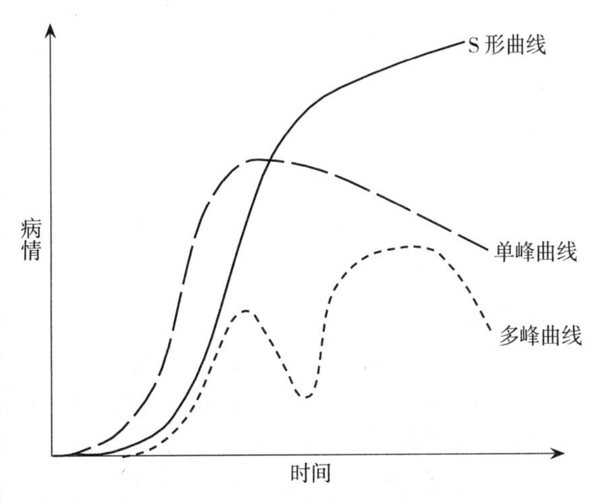

图 9-2　季节流行曲线的几种常见形式

（1）S形曲线　S形曲线是最常见的一种形式。初始病情很低，以后病情随着时间不断上升，直至饱和点，且寄主群体不再增长。很多病害一年（季）中只有1个高峰，多属于这种S形曲线。如马铃薯晚疫病、小麦3种锈病、白粉病、玉米小斑病等。

（2）单峰曲线　同为上述这类病害，如果后期或由于寄主抗病性增强，或由于气候条件已变为不利病害发展，而且寄主群体却仍在继续生长，则新生枝叶上发病轻微甚至无病，流行曲线大体上呈马鞍形，而有一个明显高峰。如棉苗黑斑病、甜菜褐斑病、大白菜白斑病等。

（3）多峰曲线　一个季节中病害出现2个或2个以上的高峰。病情的起落可以是因环境条件的变化所造成的，如小麦叶锈病、小麦纹枯病受小麦越冬期间的低温影响，分别在秋苗期和生长中后期出现2个发病高峰；也可以是寄主生育阶段抗性的变化而引起的，如稻瘟病可以在水稻幼苗期、分蘖期、抽穗期分别形成苗瘟、叶瘟、穗颈瘟3个发病高峰；还可以由于传毒昆虫多次迁飞所造成，如早播油菜田的病毒病，可因有翅蚜多次迁飞而出现多个发病高峰。

2. 病害季节流行阶段的划分　病害流行曲线虽有多种类型，S形曲线是最基本的形式。流行过程可划分为始发期、盛发期和衰退期，分别相当于S形曲线的指数增长期（exponential phase）、逻辑斯蒂增长期（logistic phase）和衰退期（decline phase）（图9-3）。

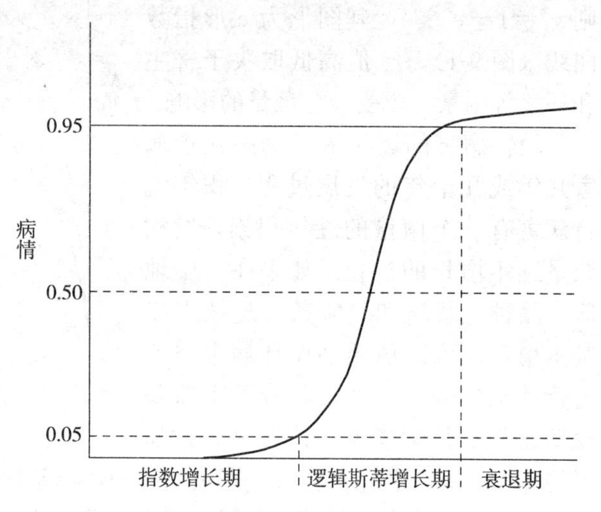

图9-3　病害S形流行曲线及流行过程3阶段

（1）指数增长期　指数增长期是从田间初见微量病害开始，至病情普遍率达5%的一段时期。此期间田间的病情的绝对值很低，寄主群体中可侵染的位点充裕，发生重叠侵染的可能性很少，病情发展的自我抑制作用不大，病害基本上呈指数增长。

（2）逻辑斯蒂增长期　逻辑斯蒂增长期是从病情5%发展到95%的一段时期。田间绝对病情增长很快，使人有盛发的感觉，但从流行速度看，绝对病情增长倍数不大。此期间随着病害数量不断增大，寄主群体可侵染的位点逐渐减少，重叠侵染增多，病害的自我抑制作用不断增强，故病害呈逻辑斯蒂增长。

（3）衰退期　衰退期也称流行末期。逻辑斯蒂增长期后，寄主可供侵染的部分已近饱和，病情增长趋于停止，流行曲线也渐趋水平。

在上述3个时期中，指数增长期是流行过程中占时间最长的一期，也是病原物菌量积累的关键时期。但是，它却正是常被人忽视的时期。因为这一期间病情十分轻微，病情增长也似乎很慢。这里存在着一个主客观之间的矛盾，表面看来，在指数增长期中病情增长数量不大，充其量不超过5%，时间却拉得较长，因而人们感觉发展很慢无足轻重，甚至称之为缓慢增殖期。但是深入分析其增长速度，就会发现这一期间菌量积累的倍数是流行全程中最大的，它为以后的盛发期奠定了菌量基础。比如，假定初始菌量$x_0=0.001\%$，从0.001%增长到5%，菌量增长5 000倍，而盛发以后从5%增长到100%，不过20倍。因此，菌量一旦达到5%左右，病害流行多半已成定局。可以说，客观上最重要的阶段恰恰是人们难于观察易于忽略的，而人们最易于观察而给以重视的盛发期，反而不是流行学上最关键的阶段。因此，不论是预测预报、喷药防治或栽培防治，还是流行规律的分析研究，都应当抓住关键的指数增长期，错过这一阶段，预测预报往往失实，防治措施往往将事倍功半，规律研究也将失去意义。

二、植物病害流行的空间动态

病害流行空间动态（spatial development of epidemic）是指病害的传播及传播所致病害空间格局的变化，其本质是病原物的传播。病原物的个体小、数量大，很难做到准确、系统的定量研究。病害流行空间动态的研究内容和方法一般涉及3个方面：①传播机制，从病原物传播体、传播途径入手，分析病害传播过程和影响传播的物理因素和生物因素。②传播结果，即病害在某一时刻的空间分布状态的研究，包括侵染梯度、传播距离、传播速度和病害的空间格局。③中程传播和远程传播分析，研究实现中、远程传播的必要条件等。

侵染梯度（infection gradient）又称病害梯度（disease gradient），是指传播发病后，子代病害数量（或密度）随着与菌源中距离的增加而递减的现象或状况。在由本地菌源引起的病害流行早期，在寄主个体感病性和生态环境都较一致的情况下，从菌源中心飞散出的孢子以及由这些孢子的侵染所诱发的新一代病害的分布往往有明显的分布梯度，一般在菌源中心处病害密度最大，距离越远密度越小。

根据实地观测可知，侵染梯度可以用多种数学模型来拟合。这里仅选用清泽茂久（1972）提出的模型来说明。

$$x_i=\frac{a}{d_i^b}$$

式中：a——传播发病后菌源中心处的病情或由于传播而产生1个病斑的概率；

x_i——距离为d_i处的病情或传播发病的概率；

d_i——调查点离菌源中心的距离，$d_i \geqslant 1$；

b——梯度系数，取决于病害种类、传播条件(如风速)等因素，一般为$1<b<3$。

使用这个模型，d_i不能等于0，菌源中心点的d_i必须作为1，当$d_i=1$时，$x_i=a$，符合a的定义。d_i的单位取cm或m均可，但其相应b的数值也因之而异。根据这种模型，当发病中心病情一定时，侵染梯度值越小，说明病害分布越平缓，病害的传播距离就越远。

侵染梯度是一种比较普遍的现象，除气传病害以外，土传病害、水传病害也有，一旦发病中心形成以后，病害向四周的扩展都会造成侵染梯度。实际上病害的传播和分布要受许多因素的影响，对气传病害来说，如果有强大风力时，或湍流、旋风较多时，梯度就不明显，随着病害再侵染的发生，田间病情会逐渐趋于同等水平，此时侵染梯度会趋于0。

三、植物病害流行规律计算机模拟

（一）计算机模拟的意义

建立模型并利用模型去研究原型的做法，称为模拟（simulation）。由于模型（model）是指将系统信息集合起来，并与系统有相似的物理属性或数学描述的实体，因此模型能把试验调查和抽象逻辑思维结合在一起，能有效地突破空间和时间的限制，成为植物病害流行学研究的一种主要方法。它同计算机技术结合进行模拟，称为计算机模拟（computer simulation）模型，它可以对那些复杂的大系统或难于进行实际试验的系统，迅速而大量地做出模拟试验（simulation experiment），更有利于加深对系统的辨识和新系统的开发。在病害流行和预测研究中图形（或逻辑）模型、数学模型和计算机模型已经成为互相联系的 3 种模拟方式。

模拟方法的特点在于它能处理涉及众多变量的复杂问题，通过运行模型来进行试验，当给定不同的输入条件时，就能获得接近客观的输出结果。因而对于复杂问题的决策，模拟方法是一个很好的手段。

1969 年霍斯福尔发表了第一个植物病害流行的系统模型 EPIDEM，即番茄早疫病流行的模拟模型。此后，人们已越来越普遍地运用模拟模型对病害流行系统的结构和功能进行分析与综合，加深对病害流行整体及动态规律的认识，以提高病害预测和病害管理水平。在国内，曾士迈等 1981 年首次发表小麦条锈病春季流行动态模拟模型 TXLX，之后陆续发表的病害流行预测或决策模型有 30 多个，涉及小麦、水稻、玉米等主要农作物上多种病害，其功能包括描述病害流行的时空动态、作物生长及损失估计、病原物与作物互作关系等影响植物病害发生发展的关键因素。

（二）计算机系统的功能要求

为了便于进行计算机模拟，系统要符合（或使之符合）以下 4 点。

①系统的界边要明确，何为输入项、何为输出项要规定清楚。

②系统的组分要都可测量，组分间的相互关系（变化率）也是可测量的。

③研究的目的要明确，即计算机模拟的目的何在？要解决什么问题？对输出项的精度要求如何？这些都影响到①、②两项的落实。

④输入项可分可控和不可控（或易控和不易控）因素。前者对管理决策至为重要，是可人为控制并主要靠它们来进行系统管理的；而后者则不能或难于人为控制，而且它们本身和它们所引致的随机性很大，也会影响到系统管理的效果。根据实际情况，这两类输入项也都要考虑周到。举例来说，假如要进行某种真菌性叶斑病流行的模拟，由于实际情况是气候条件和品种抗病性对流行影响最大，药剂防治有效，而栽培条件作用很小和消灭初始菌量尚无良策，模型模拟的目的在于预测病情、指导药剂防治的时机和综合防治的最优化。那么，气候条件和初始菌量便是不可控输入项，品种抗病性、药剂防治便是主要的可控输入项，病情、产品损失、经济收益便是输出项。

（三）计算机模拟的工作步骤

计算机模拟的一个完整工作周期（一轮）包括两大阶段，即模型组建和模型使用。当然，两大阶段都需要周而复始，进行多轮次分析，以求不断提高精确度。每一轮分析又可细分为 6 个环节：①明确目标；②总体设计和取得数据；③组建模型；④模型可靠性检验；⑤灵敏度分析；⑥模型的应用。

1. 明确目标 首先要明确模拟的目的和用途，即应用上对模型性能的要求。系统是客观存在，但它又是等级层次无穷、结构多种多样的，模拟时则只抽取其某个层次、某些内容，这取决于目的和用途。例如，如果只要求解决一般的病情预测，则系统较为简单；如果要求预测新小种的流行或抗药性形成等，则必须把品种抗病性对小种的专化性、药剂的选择性、病菌的变异速度，以及有关选择压力、病菌适合度等种种因素考虑在内，列为组分。在明确目标的同时，系统的边界和输入项、输出项自应一并明确规定。

2. 总体设计 一般来说，要对某一病害系统进行模拟，事先必已取得基本的定性知识以及或多或少的定量数据，即病害的侵染过程、周年循环、流行主导因素，以及温湿度对某些过程的影响的定量数据等资料。当然，已有知识可能是不完整的，数据质量可能还不符合模拟之用。

根据已有知识先定出系统的基本结构、基本组分，勾画出一个基本的总体框图。根据总体框图即可定出所需要的数据项目。如果现有数据（本人的和文献中的）已符合要求而种类够用，即可进入下一阶段；如尚有不足，就需要进行实地试验，以取得所需数据。总体设计十分重要，决定以后诸阶段工作的具体内容、方法和效果。但是，以后诸阶段的进行情况也常常有反馈作用，反过来促进总体设计的修订。

总体设计也是个分析和综合的过程，现以一个病程为例加以说明。把一个连续发展的过程分解成若干子阶段（子过程），比如按常规习惯，真菌病害的病程可分为侵入期、潜育期和发病期（或传染期），更细一些又可分为接触、孢子萌发、压力胞形成、侵入、菌丝形成、潜育前期、潜育后期、症状显露、产孢和病斑枯死等子过程。这种按时序先后及事物发展中有一定质的变化而进行的分析，可称为顺序分析（sequential analysis）。顺序分析不仅包括纵向分析（仅按时序），还包括横向分析，即在每个子阶段（子过程）分析它进展速率如何受当时有关环境条件的影响，比如侵入受温度和湿度的影响，潜育受温度和寄主抗病性的影响等等。

上面所说只是一条线索的顺序分析，但实际上常有多种事件平行进展，它们之间时而发生相互作用。比如，接触受空中孢子量、寄主叶面积系数、气流条件等影响，而空中孢子量又取决于当时正处于产孢期（传染期）的病斑数量和有关气象因子，寄主叶面积系数则是寄主生长发育过程因环境因素、栽培条件而变的另一过程，这些都需要作另外几条线索的顺序分析。各种平行线索之间又发生种种互作联系，这样就形成了一套网络系统，其中的主要线索（主轴）是病程。网络中，各个联结点便是事物过程中各侧面各阶段的状态，联结点之间的线便是物质、能量或信息的流通渠道，它们共同决定着事物由前一状态演变为下一状态的变化速率。

上述网络也就是系统的结构，这个网络一旦合理地组成，总体设计也就有了基本框架。然而，这个网络（框架）究竟要分析到何种细致程度，以上例而论，病程究竟要分成多少个子过程？每个子过程的横向分析究竟要考虑到多少个有关因素？这一方面取决于客观过程的复杂程度，更主要的还取决于计算机模拟的目的要求。理论上，对复杂过程，顺序分析越细越好，但实际上，也要考虑工作量和测量精度的限制，仍以满足实用要求为度，并非越细越好。

从理论上看，顺序分析有一条定理：事物发展在对全过程而言的平均最适条件下的进展速度，要比各子阶段均各处于其自己的最适条件下为慢。举例来说，假定某病害侵入最适温为9℃，潜育期最适温为15℃，产孢最适温为20℃，而对全过程而言平均最适温为14℃。那么，当分期给以最适温时，病程进展要比全期处于14℃下的快些。下列公式可以表达这一定理：

$$\sum_{i=1}^{n} = \Delta t_i \times f_i(T_i) < f_c(T_c)$$

式中：n——子阶段数目；

T——温度；

t——时间；

f_i（T_i）——各子阶段在其各自最适温 T_i 下的所需日数；

f_c（T_c）——全过程在其平均最适温 T_c 下的所需日数。

或写作：

$$\Pi[r_i \times f_i(T_i)] < f_c(T_c) \times \Pi r_i$$

式中：r——进展速度。

上述定理虽目前尚缺少严格的试验数据证明，但从理论上看是合理的。这也正说明了系统分析模型要比整体经验模型更为精细和准确。

3. 组建模型 组建模型是计算机模拟的关键阶段，是在分析基础上的综合，是由定性转入定量，工作内容较为复杂。它本身又可分为几个步骤：①总体设计示意图；②系统框图设计；③数据精选及格式化；④数学表达和数学模型；⑤计算机程序的编制和调试。

组建并非一次完成，组建过程中往往会发现数据资料或定性认识之不足，而需退回到前一阶段。在以后的检验和应用中又会发现模型结构或组分上的缺点错误，就又需修改原有模型乃至重新组建。

4. 模型检验 广义的检验包括真实性或合理性检证（verification）和可靠度检验（validation）。前者是检查模型的结构和行为的合理性，看它是否合乎原订目的、原有根据（流行学既有理论和一般逻辑）；后者是检验模型在应用上的可靠程度，即预测值和实测值的相符程度。

5. 灵敏度分析 灵敏度分析是分析检查模型中各个因素（参量、子模型）对外界输入项的反应的灵敏程度，表现为输出项量变的大小。一个灵敏度大的因素，它的微小变化也会导致输出项的较大变化。当把一个个因素的灵敏度加以比较后，一方面有助于检验模型的真实性（合理性），即是否符合客观规律，另一方面也指出进一步改进模型的方向，那些灵敏度较大的因素也就需要较严格的精度，包括实验测量和数据分析。

6. 模型的应用 模型的应用是计算机模拟的目的。它可以用于预测，用于进行模拟试验，还可用于决策最优化研究。模型的应用也可看做是模型的更高一级的检验。检验后会进一步发现模型的优缺点，从而提出改进方案，进入系统模拟的第二轮工作。

思考题

1. 名词解释：单年流行病害、积年流行病害、病情指数、S形曲线、模拟模型。

2. 病害一般调查和系统调查有何区别？

3. 多循环病害季节流行一般分几个阶段？各阶段有什么特点？哪个阶段对病害预测和防治更加重要？

4. 植物病害流行计算机模拟模型建立一般需要哪几个工作步骤？

第十章 作物病害控制方法

作物病害控制是指以作物为中心，合理有效运用各项措施预防或控制病害的发生发展，将病害造成的损失控制在经济允许水平之下，并且力求做到以最小的投入，获得最大的效益，使作物生产符合高产、优质、高效的要求，使农产品达到无公害农产品质量标准。

作物病害控制的基本策略包括改变农业生物群落的种类和组成、改变有害生物的生存条件、提高作物品种的抗病性、控制病原物生长发育或直接杀灭病原物。改变农业生物群落的种类和组成可以通过植物检疫、抗病品种的利用、农业防治、生物防治、物理防治和化学防治来实现；改变有害生物的生存条件可以通过抗病品种的利用、农业防治和生物防治来实现；提高作物品种的抗病性可以通过抗病品种的选育利用和农业防治来实现；直接杀灭或控制病原物可以通过植物检疫、抗病品种的利用、农业防治、生物防治、物理防治和化学防治来实现。

生物技术方法用于作物病害控制已行之有效，成为有效控制作物病害、同时兼顾农业安全生产与持续发展的重要途径。可以使用的生物资源多种多样，但重点是对来源和功能不同的基因（目的基因）进行改造利用。使用生物技术防治植物病害要考虑作物种类、病害类型、传统防治方法（化学防治、物理防治、农业防治、生物防治）是否仍然安全有效以及如何与生物技术结合使用，还要考虑使用何种技术手段、选择什么基因、最终产品是什么以及如何用于生产实践。另外，对于国家有关法律、法规规定的以及双边或多边植物检疫协定规定的危险性特别大的、国内未发生或分布不广的、一旦传入可能引起重大经济损失的有害生物，必须通过植物检疫的方法控制。

为了评价病害控制效果，按生物统计学的要求设置标准化田间小区试验，每小区对角线5点取样，每点取10～20株（叶、果），依据病害严重度分级标准记载（参见第九章第一节），用下列公式计算防治效果：

$$防治效果=(1-CK_0\times PT_1\div CK_1\div PT_0)\times 100\%$$

式中：CK_0——空白对照区处理前病情指数；

CK_1——空白对照区处理后病情指数；

PT_0——处理区处理前病情指数；

PT_1——处理区处理后病情指数。

若处理前未调查病情基数，则按下列公式计算防治效果：

$$防治效果=(CK_1-PT_1)\div CK_1\times 100\%$$

假如防治前后黄瓜霜霉病病情数据如表10-1所示，按照病情指数公式计算病情指数：

表10-1 防治前后黄瓜霜霉病病情数据

各病级叶片数	空白对照组						处理组					
	0级	1级	3级	5级	7级	9级	0级	1级	3级	5级	7级	9级
防治前	45	5					45	5				
防治后			12	20	15	3		12	20	15	3	

$CK_0=(45\times0+5\times1)\div(50\times9)\times100=1.11$

$CK_1=(12\times3+20\times5+15\times7+3\times9)\div(50\times9)\times100=59.56$

$PT_0=(45\times0+5\times1)\div(50\times9)\times100=1.11$

$PT_1=(12\times1+20\times3+15\times5+3\times7)\div(50\times9)\times100=37.33$

代入下列公式：

防治效果$=(1-CK_0\times PT_1\div CK_1\div PT_1)\times100\%=(1-1.11\times37.33\div59.56\div1.11)\times100\%=37.32\%$

这种计算方法可用来对作物病害控制不同方法的效果进行评价。

第一节　抗病育种

利用抗病品种控制作物病害是最经济、有效和易行的措施之一。对于许多难以运用农业措施，而又缺乏有效农药或其他生防制剂的病害，如土传病害、病毒病害以及大面积流行的气传病害，选育和利用抗病品种尤为重要。抗病品种的培育涉及植物群体中抗病基因的利用，需要对大量的种质资源进行抗性鉴定，然后将筛选到的抗病种质直接用于生产或通过育种手段培育新的优良抗病品种。

一、种质资源

（一）植物抗病种质资源

1. 地方品种　地方品种中避病性（早熟性）、慢病性和耐病性资源较多，适应性和抗逆性较强，应注意搜集保存。

2. 改良品种　国内育成的改良品种和由国外引进的改良品种综合性状好，多具有抗病效能高的主效抗病基因，又易于通过常规杂交育种方法转移抗病基因，因而是当前利用最多的抗源。

3. 近缘植物　栽培植物的近缘属、种具有高度的抗病性和抗逆性，有极大的潜在应用价值，导入近缘植物的抗病基因可极大地丰富农作物的遗传基础。但是利用近缘植物的主要障碍是杂交困难、杂种不育、抗病基因与不良性状连锁等。

4. 抗病中间材料　已有的种质资源经加工和创新后得到可直接用于育种的抗病新物种、新类型。抗病中间材料的来源主要有种内杂交、远缘杂交和诱发变异3个途径。

（二）植物抗病种质资源鉴定方法

抗病性鉴定是植物抗病育种工作的重要环节，其主要任务是在病害自然流行或人工接种发病条件下，鉴别植物材料的抗病性类型和程度。抗病性鉴定主要用于抗源筛选、杂交后代选择和高代品系、品种的比较评定。植物抗病性鉴定的方法很多，但最基本的是田间鉴定和室内鉴定。

1. 田间鉴定　田间鉴定需在特设的抗病性鉴定圃即病圃中实施。病圃分为天然病圃和人工病圃两种类型。天然病圃不进行人工接菌，依靠自然菌源造成病害流行，因此应设在病害常发区和老病区的重病地块，并采用调节播期、灌水、施肥等措施促进发病。天然病圃可以按统一的设计，用同样试验材料的同批种子在不同地区多点设置，称为统一病圃，若设在多个国家，则称为国际统一病圃。利用统一病圃可以在多种生态条件下，针对病原物的不同群体，对品种抗病性进行更全面、更细致的研究。

人工病圃用病原物进行接种，造成人为的病害流行。人工病圃应设置在不受或少受自然菌源干扰的地区。例如，鉴定对气传病害的抗病性，人工病圃应设在病害的偶发区，或外来菌源较少、到达较晚的地区；鉴定对土传病害的抗病性，则应设在无病地块。人工病圃应有灌溉设施，地势、土壤和气象条件要适于病害发生。病圃内一般接种混合小种，但在确实需要、又有隔离条件时也可分设多个相互隔离的小区，各种植一套鉴定材料，分别接种不同生理小种，鉴定对各小种的抗病性，称为小种圃。病圃一旦建立，可以长期使用，逐年改进；土传病害的病圃连年使用后，土壤带菌量增高，分布更趋均匀，鉴定结果也更为可靠。

2. 室内鉴定 在温室以及人工气候室、植物生长箱或其他人工设施内鉴定植物抗病性，不受生长季节和自然条件的限制，且主要在苗期鉴定，周期短，可以在较短时间内进行大量育种材料的初步筛选和比较。在室内人工控制条件下更便于使用多种病原物或多个小种（包括危险性病害和稀有小种）进行鉴定。室内鉴定可精细测定单个环境因子对抗病性的影响与分析抗病性因素，但室内鉴定结果不能完全代表品种在生产中的实际表现。

3. 离体鉴定 如果所要鉴定的抗病性能够在器官、组织和细胞水平表达，那么就可利用离体的器官、组织、细胞作材料进行抗病性鉴定。离体材料需用培养液或水培养并补充细胞激动素、苯并咪唑等植物激素，以保持其正常的生理状态和抗病能力。例如，利用小麦离体叶片鉴定对秆锈病的抗病性时，可将幼苗第1叶片切成一定长度的叶段，放入培养皿内湿滤纸上，滤纸用保鲜液（40mg/L的6-苯氨基嘌呤）浸透，用秆锈菌夏孢子涂抹接种叶段，在适宜温度和光照条件下培养10d后记载反应型。用玉米离体叶片接种鉴定对大斑病的抗病性，既迅速又准确。从苗龄2周左右的植株上摘取叶片，剪成5～10cm叶段，置于铺有吸水纸的培养皿内，喷布大斑病菌孢子悬浮液接种，在28℃温箱内培养48h后取出鉴定。

（三）田间试验设计

病圃应设在地势平坦、土质与土壤肥力均匀、排灌方便的田块内，四周无高大建筑物或树木。土传病害受土壤差异影响较大，对试验地要求更为严格，应多次耕耙匀地，接菌量务求均匀。试验小区的大小、形状、种植方式、排列方式需按试验材料的种类和试验目的而定。总的要求是要有足够的重复次数，设标准感病品种和抗病品种对照。病圃周围设保护行。在每1排或2排试验区之间与株行垂直的方向设一诱发行，诱发行种植对目标病害高度感染、对其他病害高抗的品种，先接种诱发行，发病产孢后，均匀地侵染试验区。

二、育种途径

（一）引种

由国外或国内其他省区引入抗病品种直接用于生产，是一项收效快而又简便易行的防病措施。用于生产的引种应有预见地进行，要有明确的引种目的，事先需了解有关品种的谱系、生态特点、性状特点和原产地的生产水平等基本情况，并与本地生态条件和生产水平进行比较分析，评价引种的可行性。特别应注意品种的区域适应性。一般来说，气候相似的地区间引种成功的可能性大，由纬度相近的国家间东西引种，比同一国家内南北引种更易于成功。

由于原产地和引进地区的病害种类和小种区系不同，原产地的抗病品种引入后可能表现感病，而在原产地感病的品种引入后也可能抗病。引种时必须按照检疫要求严格检疫，以防引入危险性病虫害。应当先引入少量种子，在当地标准栽培条件下鉴定抗病性并评价其适应性和稳产性，在取得试验数据并确认其使用价值后，再试种示范和繁殖推广。

作物品种引入与原产地生态条件不同的地区后，其群体可能发生明显的分离现象，出现少数抗病性变异植株或其他退化类型，这类抗病性变异植株有可能成为病原菌适应整个群体的桥梁。因而对引入品种应采取保纯措施，搞好提纯复壮工作。

引入后在生产上大面积种植的品种不宜在当地作为抗源用于抗病育种。因为抗病品种大面积种植后，能对病原菌群体中的稀有毒性小种发挥强大的定向选择作用，使其数量迅速增长，甚至成为优势小种，从而有可能使以该品种为抗源的育成品种在未能发挥作用之前就丧失了抗病性。

（二）系统选种

系统选种法又称单株选择法，是一种改进品种抗病性的简便方法。该法特别适于在大面积推广的感病丰产品种群体中选择抗病单株，培育成兼具丰产性和抗病性的新品种。作物品种的群体遗传背景不会绝对纯合，常有遗传异质性存在。在感病品种群体中，因遗传性的分离、异交、突变以及其他原因会出现极少数抗病的单株、单穗、单个块茎或块根以及由芽变产生的枝条、茎蔓等。使用系统选种法首先要准确选择抗病单株或单穗，要在病害自然流行和人工接种造成严重发病的条件下，选择抗病单株或单穗。供选品种群体要大，以增加选择的机会；群体要充分发病，以避免误选逃避发病的个体；入选个体抗病程度要高，最好达到近免疫或免疫。第二年将入选的单株或单穗在病圃内分别种成株行，接菌严格鉴定，淘汰不抗病的株行，由抗病株行或抗病性发生分离的株行中选优良单株或单穗。第三年仍种成株行，接种鉴定，视抗病性稳定程度，选株或选行，入选的株行还要测产、考种。在以后各代根据需要继续接种选择，并考查农艺性状。入选材料经比较试验和多点试种后选出抗病性强、产量水平和农艺性状优于或至少不低于原品种或当地生产品种的品系，即可推广应用。

（三）杂交育种

有性杂交是基因重组，扩大遗传变异，创造新类型、新品种的有效途径。作物种内品种间的有性杂交是最基本、最重要的育种途径。

1. 品种间杂交 种内品种间杂交育种，亲本容易选配，也容易杂交，子代群体不需过大，个体间性状差异较小，性状较早稳定，育成良种的机会较多。迄今所选育和推广的抗病品种绝大部分是通过品种间杂交育成的。

品种间杂交育种亲本选配的一般原则为：亲本应在适应性、产量水平、综合性状和抗病性诸方面具有突出的优点，且遗传力高，缺点较少又较易克服；亲本间的主要性状要互补，亲本之一应为综合性状好的当地适应品种，即农艺亲本，另一亲本具有高度抗病性，即抗病亲本；亲本间亲缘关系要较远，遗传差异要较大，一般配合力要较强。

关于抗病亲本的选配，有两方面的问题需要注意：第一，抗病亲本应尽量选全生育期免疫或高度抗病的材料，农艺亲本也尽量选用抗病或耐病的品种，至少避免选用高度感病的品种。多亲本杂交时，抗病亲本应占较高的比例。第二，亲本的抗性谱应较宽，能抗多种病害或多个小种。

亲本组配方式以两亲本单交应用最广泛，单交杂种早代群体可以较小，育种过程也较短，能够育出具双亲优良性状以及个别性状超亲的后代。两亲本以上复交有利于综合多个亲本的优良性状，扩大杂交后代的遗传基础。复交包括三交、四交以及 4 个亲本以上的序列杂交等。

三交有两种方式，一种为单交 F_1 代与第三亲本杂交，另一种是从单交的分离世代中选优与第三亲本杂交。四交可以组合更多的抗病基因于杂交后代中，适于选育多抗性品种，但杂交方式复杂，需要更大的杂种群体和较长的育种过程。

抗病育种时，在 F_1 代一般不进行抗病性鉴定，以免抗病性为隐性或不完全显性时，因发病过重，收不到种子。有些病害，F_1 代病情与后代抗性直接相关，F_1 病轻的组合后代抗病株比例高，在 F_1 代就可接种鉴定，淘汰病重的组合。F_2 至 F_5 代需人工接种鉴定抗病性，选择抗病单株。高代品系根据需要亦可在病圃中考验。小区比较试验和大区比较试验以测定产量为主，必要时也要包括抗病性鉴定。

在选育过程中，有的株系在较早世代即表现纯合，可提早在 F_6 代或 F_5 代进入品系鉴定，有的品系经初步鉴定表现突出，可不必通过 3 代的小区试验，而在 F_{11}代或 F_{10}代结束大区产量试验。

异交作物群体中个体间遗传差异很大，在杂交之前需要自交若干代。杂交育种时，先经抗病性鉴定，选出抗病个体，自交选择一定代数，每代都经病圃鉴定，淘汰病株和不良个体，建立抗病自交系，作抗病亲本与另一农艺亲本自交系杂交，在子代中继续选择抗病丰产的品系。

2. 回交　回交法是品种间杂交的一种特殊类型，适于将主效抗病基因快速转入农艺性状优异的品种，选育出抗病丰产的优良品种。

回交抗病育种时，选用具有优良抗病性的抗病品种作供体亲本。两者杂交后，得到杂交一代（F_1）。若供体亲本的抗病性由单个显性基因控制，杂交 F_1 代直接与轮回亲本回交，得到第一次回交的 F_1 代后进行抗病性鉴定，淘汰隐性组合的感病植株，选出杂合的抗病植株，再与轮回亲本回交，如此重复回交 6～10 代，即可选育出具有轮回亲本基本性状的抗病品种。当抗病性由隐性基因控制时，则回交 F_1 代必须自交，在 F_2 代进行抗病性鉴定，选取纯合抗病植株，再与轮回亲本回交。

回交法除用以进行品种改良外，还可用一优良共同轮回亲本分别与具有不同抗病基因的多个供体亲本连续回交，从而选育出一套具有共同遗传背景但分别具有不同抗病基因的品系，称为单基因系，或者选育出分别具有等位抗病基因与感病基因的近等位基因系。抗病单基因系用于组成抗多个小种的多系品种。

回交法除用于品种间杂交外，还用于远缘杂交、杂种优势利用和遗传研究。

3. 远缘杂交　农作物的近缘野生种属具有对多种病害的高度抗病性，通过远缘杂交，可以将异源抗病基因转移到农作物中，选育出高抗和多抗品种，同时还可极大丰富农作物的遗传基础。

4. 杂种优势利用　有效地利用作物的杂种优势，是提高作物产量的重要途径。杂交一代的抗病性与亲本抗病性有密切关系，配置抗病杂交种的基础是选育抗病自交系。已经大规模利用杂种优势的作物，特别是玉米、水稻、十字花科蔬菜等都很重视抗病自交系的选育。在利用杂种优势时，需选育具有各种抗病性类型的自交系，合理选配组合，以充分发挥各种抗病性的作用。对于控制数量抗病性的微效基因，最好采用轮回选种的方法，将抗病基因集中到优良品系中；对于控制低反应型抗病性的主效基因，可以分别转育到亲本自交系中。

（四）诱变育种

人工诱变与自然突变相比，突变率高，突变谱广，人工诱变适于打破植物性状间的不利连锁，能促进基因重组，所诱致的突变性状遗传稳定，育种年限较短。诱变育种具有其他育种途径所没有的特点。

对于多种植物病害，人工诱发抗病性突变体的效果很显著，诱变育种已成为抗病育种的有效途径，世界各国已诱变育成了许多重要抗病品种。抗病诱变育种除了诱发和鉴定、筛选有利用价值的突变体外，其他方法和程序基本上与常规育种相同。

1. 诱变材料 抗病诱变处理材料往往是当地推广品种，其丰产性和适应性良好，但抗病性需要改良。诱变处理时，需用选定植物材料的纯系单株后代。诱变处理一般以种子为对象，但种子突变率较低。处理萌动种子、幼苗、孕穗期植株、配子、合子等材料，突变率都有所提高，其中，以处理配子和合子的效果较好。

2. 诱变因素 人工诱变手段有电离辐射、紫外光辐射，以及用甲基磺酸乙酯（EMS）、硫酸二乙酯（DES）或其他种类的化学诱变剂处理等。电离辐射易引起染色体畸变，而化学诱变剂多引起点突变。当前应用最广泛的是γ-射线诱变，其他手段如热中子和快中子辐照、激光处理以及化学诱变剂应用还不多。应当根据处理材料的种类、诱变目标和设备条件来选用诱变因素。诱变因素的剂量依植物和病害的种类不同，为了不至于同时产生多种不需要的性状，给筛选和育种造成困难，诱变处理应采用中等剂量或低剂量。

3. 突变体筛选和利用 诱变处理的材料中大部分的分离发生在M_2代，因此可从M_2代开始筛选。据测定，M_2代抗病突变体出现的频率低，大致为10^{-5}～10^{-4}或更低，因此M_2的群体应足够大。按植物材料和病害种类不同，抗病性筛选可在室内或田间病圃接种条件下进行。有时，诱变处理M_1代发生隐性突变或微突变，M_2代尚未修正和复原，往往需由M_3代开始接种鉴定和选择。筛选到的抗病突变体，少数综合性状优异而抗病性有显著提高的可以直接用于生产，大部分突变体用作抗源，进行杂交育种。

（五）细胞与基因工程

应用细胞工程、基因工程等生物技术方法培育抗病作物新品种，已成为当代生物学和农业科学交叉的一个重点研究领域。对于许多缺乏抗源、现有抗源抗病性水平较低或抗病性与恶劣农艺性状连锁的情况来说，利用生物技术创造新抗源，是病害防治寄予厚望的一种策略，有关技术原理和试验环节在本章第五节介绍。

三、抗病品种合理利用

选育一个优良抗病品种很难，尤其是选育一个丰产、优质、兼抗多种病害的品种更难，一般需要7～8年甚至10年以上的时间才能育成。一个优良抗病品种在推广应用过程中，除个别或少数品种的抗病性可维持较长时间外，一般在生产上应用5年左右就会丧失其抗病性，造成巨大的损失。因此，在植物抗病性的利用中，必须重视品种抗病性的保持，以期尽最大可能延长品种使用年限。此外，采用栽培的、物理的、化学的方法提高植物抗病性，尤其是应用生物措施，使之产生诱导抗性有着广阔的发展前景，因而也应大力加强研究。保持植物的抗病性，使之在综合防治中发挥应有作用，必须采取如下策略和原则。

1. 用植物遗传多样性控制病菌的多变 病菌的毒性变异是引致品种抗病性丧失的主要原因。病菌之所以较易克服品种的抗病性，主要是由于过去所应用的品种抗病性多是由单基因或寡基因所控制。因此为了解决品种抗病性丧失的问题，必须用遗传多样性即多基因来控制病菌的多变，使病菌群体的毒性结构相对稳定下来，才能使品种的抗病性取得相对的稳定。

2. 综合应用主效基因抗性和微效基因抗性　主效基因抗性与微效基因抗性两者取长补短，协调应用，才能有效地克服病菌的多变，使品种的抗病性相对保持稳定。

3. 有利因素综合利用　在充分发挥品种本身抗性的基础上，协调应用栽培的、化学的、生物的技术措施以及其他措施，提高植物的抗病性和控制植物病害的发生与发展。

4. 控制影响病菌变异的关键环节　因地制宜地进行品种合理布局、品种轮换，协调应用栽培、化学等措施，使病菌新小种不易产生和发展，才宜于使品种的抗病性保持稳定，不致发生变异。

第二节　农业治理

一、种子处理

利用种子处理可以控制种传病害和土传病害。植物病原物中的一些真菌、细菌、病毒和线虫可以通过附着在种子表面或潜伏在种子内部而进入下一个病害循环，在田间引起最初的病害感染，如小麦散黑穗病、番茄细菌性萎蔫病、大豆花叶病毒病、小麦粒线虫病等就是通过种子带菌（毒、虫）传病的。有些病害带病种子是唯一的初侵染来源，称为种传病害，通过种子处理可以有效杀灭或钝化其中（上）的病原物，使其失去传病的作用。用化学药剂处理种子后还可以保护种子和幼苗在一定时期内免受土壤中的病原物的侵袭。

（一）物理方法

采用接近于寄主植物能忍受的最高温度和时间处理种子以杀灭种子内外的病原菌。热水处理通常用来控制大麦和小麦散黑穗病、十字花科的黑胫病、甘蓝黑腐病、芹菜叶斑病、根状茎上的细菌疫病、水稻上的寄生线虫、大豆上的茎线虫等。温汤浸种对洋葱、番茄和其他一些种子进行处理也同样有效。

种子浸于水中保持一段时间，也可以发挥防病效果。例如，大麦种子浸在24℃和28℃水中保持6h，然后排去水并放在密闭的容器中，种子量调节为容器的一半，分别保持40h和30h，可以有效地防治散黑穗病。

（二）化学方法

化学防治有拌种、浸种、闷种等多种方法。用药剂拌种可使种子表面附着一层药剂，不仅可以消灭种子表面的病原物，有的也可以消灭种子内部的病原物，播种后还可以在一定的时间内防止种子周围土壤中的病原物对幼苗的侵染。现已开发出种衣剂专门用于拌种。浸种是以一定浓度的药液浸渍种子或苗木，浸渍时间随药液的浓度和温度不同而调整。闷种是用少量的较高浓度药液均匀喷洒于种子表面，然后加覆盖堆闷一定时间后再播种。浸种和闷种对杀死种子内部的病菌有较好的效果，但只可以在播种前消灭种子内外的病原物，对播种后的幼苗不能起保护作用。此外，采用浸种或闷种时必须严格掌握药剂的浓度和处理的时间，否则会发生药害。

拌过药的种子可以立即播种，也可以贮藏一段时期，这样，不但对种子不会产生不良的影响，甚至可获得更好的防病效果。经浸、闷的种子则应随即播种，如堆积不用就有影响发芽或霉烂的危险。如土壤干旱不宜于播种，不应把湿种子播在干土里，否则会影响种子发芽或引起死苗。

种子处理常用的药剂有无机汞制剂如氯化汞，其他无机类药剂如 10%磷酸三钠，有机硫化合物如属于氨基甲酸盐类的福美双（thiram）和代森锰，醌类如四氯对醌（chloranil）和二氯萘醌，甲基溴，杂环氮化合物如克菌丹（captan）和涕必灵［2-（4-噻唑基）-苯并咪唑］，抗菌素如链霉素、放线酮、灭瘟素、春日霉素和印度抗菌素等，杂环类化合物（内吸杀菌剂）如萎锈灵（商品名为 Vita vax3）、苯菌特（商品名为苯来特）和比锈灵。

二、土壤处理

土壤处理是控制土传病害的途径之一。土壤处理包括物理方法、化学方法以及通过种植非寄主植物来调控土壤中病原物种群数量的方法。

（一）物理方法

土壤蒸汽消毒，无论是在温室还是在苗床中都普遍使用。通常用 80～95℃蒸汽处理 30～60min。经过蒸汽处理的土壤，绝大部分病原菌可以被杀死，只有一些芽孢和耐高温的微生物能继续存活。盛夏可以用聚乙烯薄膜覆盖潮湿土壤，利用太阳能使土表 5cm 温度升至 52℃，持续数天至数周，可以有效降低土壤中尖孢镰刀菌、轮枝菌接种体数量和致病能力。

（二）化学方法

化学方法是将药剂施在土里，以消灭土壤中的病原物，保护幼苗免受病原物的侵染。一般最好使用有挥发性的或有熏蒸作用的药剂，这类药剂蒸气压比较大，进入土壤后挥发成气体在土壤颗粒之间扩散，增加药剂与病原物的接触机会，达到杀菌的目的。若施用挥发性药剂防治幼苗病害，最好采用拌种和土壤处理相结合。施用土壤熏蒸剂应特别注意安全，因为有些药剂对人、畜有毒。一般在施药后要等候一段时期，待药剂散发后才能播种，否则会产生药害，影响种子发芽和幼苗生长。等候时间的长短，应根据药剂的种类、用量和土壤性质等决定，通常为 15～30d。内吸性药剂施于土壤经根部吸收后，进入植物体内并传导至地上部，控制植株不受气流传播病原物的侵染。

土壤处理的方法有穴施、沟施、浇灌、毒土等。使用时期分为播前处理、播时处理和植株生长期处理。土壤处理受土壤类型、理化性质、微生物等多种因素影响，因此必须从要控制的靶标病原物、使用的药剂、土壤等多方面全盘考虑。

（三）轮作倒茬

作物长期连作，土壤中病原物逐年不断积累，使病害逐年加重。轮作是防治土传植物病害一项有效的措施，由于病原物没有遇到适宜的寄主使得接种体数量降低。同时，轮作也可以改变土壤中微生物区系，造成不利于病原微生物增长的土壤环境条件，还可以促进土壤中拮抗微生物的活动，抑制病原物的滋长，病害会逐渐减轻。轮作还可以调节地力，改善土壤理化性能，有利于作物的生长发育，提高寄主植物抗病性。

轮作要全面考虑，既要减轻病害，又要符合生产要求。首先要考虑用哪些作物轮作，不能用病原物的寄主作物来轮作。其次需考虑轮作的年限，要根据病原物在土壤中存活时间的长短而定，有的 2～3 年即可，有的需要 4～5 年或更长的时间。根据生产的要求，一种作物不能多年不种，所以一般都是进行较短年限的轮作，达到减轻发病的程度即可。

三、苗期喷灌

苗期喷灌是在植物表面喷洒农药，以保护植物免受气流和雨水传播病原物的侵染。施药的方法有喷雾、喷粉（控制气流和雨水传播病害）和灌根（控制土传根部病害和维管束病害）。喷雾施药根据用药量、使用器械的压力、雾滴大小又分为常量喷雾、低量喷雾、超低量喷雾。要获得良好的防治效果，应注意用药量、用药时间和次数，防止药害，同时注意不同药剂搭配使用。

（一）用药量

用药时，往往用水将药剂配成或稀释成适当的浓度。浓度过高会造成药害和浪费，浓度过低则无效。用药量要适当，过少就不可能保护植株各部位，过多则浪费，甚至造成药害。

（二）用药时间和次数

用药时间过早会造成浪费或降低防效，过迟则大量病原物已侵入寄主，即使用内吸性药剂收效也不大。应根据发病规律和当时情况，或根据短期预测，在未发病或刚刚发病时及时用药保护。用药次数主要根据药剂残效期的长短和气象条件来确定。喷雾一般隔 10～15d 喷施 1 次，共 2～3 次，雨后补喷；灌根则视病害发生情况确定用药次数。

（三）药害防治

喷药对植物造成药害有多种原因。水溶性较强的药剂容易发生药害。不同作物对药剂的敏感性不同。例如波尔多液一般不会造成药害，但对铜敏感的作物也可能产生药害。豆类、马铃薯、棉花则对石硫合剂敏感。作物的不同发育阶段对药剂的反应也不同。一般在幼苗期和孕穗开花阶段容易产生药害。如用稻脚青防治水稻纹枯病，在分蘖期使用安全有效，若在抽穗期使用，会造成谷粒畸形和不结实。气象条件与药害的产生也有关，一般以气温和日照的影响较为明显，高温、日照强烈或雾重、高湿都容易引起药害。

（四）药剂混合使用

在植保工作中往往需要病虫兼治，有时还需要用除草剂兼除杂草，因此就有哪些药剂适合或不适合混合使用的问题。一般来讲，遇碱性物质易分解失效的农药不能与碱性物质混用，混合后产生化学反应而引起药害的农药也不能混合使用，混合后产生乳剂破坏现象或产生大量沉淀的农药也不能混合使用。具体哪些农药能或不能混合，在植物化学保护教材中有具体的表可查。

四、田园卫生

（一）汰除种子中的病残体

有些真菌的菌核和菌瘿、线虫的虫瘿、菟丝子的种子以及病株残体经常与种子混杂在一起进入病害循环，可以采用机械汰除和相对密度汰除的方法除去。机械汰除法可以根据混杂物的形状、大小、轻重采用风选、筛选和汰除机汰除。相对密度汰除法是根据混杂物相对密度的大小用清水、盐水、泥水汰除，这种方法能同时将相对密度较轻的病种子和秕粒汰除干净，起到选种的作用。

（二）搞好田园卫生

许多病原物可以在田间遗留的病株残体上越冬、越夏。搞好田园卫生可以减少多种病害的侵染来源。在作物生长期，应及时清除病枝、病果、病叶或田间病株，减少病害在田间扩大蔓延的机会。在采收后，要彻底清除田间遗留的病株残体，减少病害的初侵染来源，包括修剪果树的病枝干、刮除病树皮、清除田边地头的杂草，因为它们可以作为一些病原物或传毒介体的越冬场所。清除出的病株残体不要堆在田间地头，更不要堆放在水渠中，要集中烧毁或通过机耕将残株深翻入土，也可用作积肥，但要使粪肥充分腐熟，以消灭其中的病菌。

第三节 化学防治

用于防治植物病害的杀菌剂均以某种方式影响病原菌的生长过程，因此测定其抗菌活性对杀菌剂的研究具有重要意义。关于杀菌剂药效试验有室内生物测定及田间药效试验。

一、室内生物测定

（一）供试材料及试验方法的选择

1. 供试材料 要了解某种药剂对某种病原菌的抗菌活性，药剂和病原菌自然没有选择余地。但是，有时某种药剂是在转化为另外一种化合物之后才对病原菌产生抑制作用，这种情况则以转化物进行试验为好。另外，有些供试菌培养比较困难，或繁殖速度慢，试验结果难于重复，在这种情况下，采用另外一种对药剂具有同样敏感性的病原菌进行模拟试验更为妥当。

对多种化合物进行筛选测定抗菌力时，选择供试菌应考虑到抗菌活性因菌种而异，特别是近年来要求农药对人畜及有益生物必须低毒。这种选择性高的农药，抗菌活性常因菌种不同而有显著的区别。例如，苯来特、甲基托布津对子囊菌有特效；萎锈灵、氧化萎锈灵、灭锈胺对担子菌有特效；瑞多霉、Promecarb 对藻状菌有特效。许多植物病原菌属半知菌，分类学位置尚未确定，有些半知菌如 *Pyricularia oryzae*、*Botrytis*、*Fusarium*、*Cercospora*、*Monilinia* 等接近子囊菌，*Rhizoctonia* 接近担子菌。

2. 病菌的发育阶段 许多植物病原菌进行无性繁殖，因此很早以来人们常以分生孢子的发芽率高低作为药剂抑菌作用的指标，这种方法也便于将试验结果从数量上进行整理。然而近年来抑制菌体构成成分的生物合成抑制剂逐渐增加。一般认为，具有这种作用的药剂容易具有选择性，所以预料今后还会继续增加。但这种类型药剂多不抑制孢子发芽，而是以某种形式抑制菌丝的生长，药剂对菌丝生长的抑制能力对田间效果影响很大，因此抑制菌丝生长的室内测定法在药剂筛选时十分重要。

3. 药剂处理的方法 通常采用将药剂充分地、均匀地溶解或分散在培养基中的方法。将药剂添加在振荡培养的培养基中观察其抗菌活性，由于菌和药剂接触机会多，与静止试验法相比，可减少药剂溶解度对结果的影响。采用抑菌圈或抑菌带法进行试验时，由于不同的药剂在琼脂培养基中具有不同的扩散速度，因此即使是抗菌力强的药剂有时也可能产生小的抑菌圈。

综上所述，在考虑药剂的添加方法时，对那些溶解度小或者在琼脂培养基里扩散性差的药剂，应作相应的处理。

（二）室内生物测定试验方法

1. 孢子萌发抑制测定 此处介绍凹玻片法、Wadley 法和孙云沛法。

（1）凹玻片法 凹玻片法是以抑制孢子萌发为指标测定药剂抗菌活性的方法，该方法有如下优点：只要获得孢子的方法简单，试验就能在短时间内进行；供试药剂的需要量极少；试验结果便于在数量上进行归纳。但此法也有缺点：虽然操作简便，但试验条件只要有微小的不同，结果就有可能出现偏差；空白对照处理的萌发率若不是百分之百或接近百分之百，就不能获得准确的结果；目前不抑制孢子萌发的杀菌剂正在增加，因此该法不是适用于所有的杀菌剂。

［试验例一］杀菌剂抑制真菌孢子萌发试验（凹玻片法）　将培养好的病原真菌孢子配成每毫升 10^5～10^7 个孢子的悬浮液。水溶性药剂直接用水溶解稀释；其他药剂选用合适的溶剂（如甲醇、丙酮、二甲基甲酰胺或二甲基亚砜等）溶解，用0.1%吐温-80 或 0.03%Silwet-77 水溶液稀释成系列浓度。有机溶剂最终含量不超过2%。

从低浓度到高浓度依次吸取药液 0.5mL 分别加入小试管中，然后吸取制备好的孢子悬浮液 0.5mL，使药液与孢子悬浮液等量混合均匀。用微量加样器吸取上述混合液滴到凹玻片上，然后架放于带有浅层水的培养皿中，加盖保湿培养于适宜温度的培养箱中。每个处理不少于 3 次重复，并设不含药剂的处理作空白对照。当空白对照孢子萌发率达到 90%以上时，检查各处理孢子萌发情况。

每处理各重复随机观察 3 个以上视野，调查孢子总数不少于 200 个，分别记录萌发数和孢子总数。孢子芽管长度大于孢子的短半径视为萌发。

本试验还应观察记录芽管生长异常情况、附着胞形成数等。

根据调查数据，按下列公式计算各处理的孢子萌发相对抑制率。

$$R=\frac{N_g}{N_t}\times 100\% \tag{10—1}$$

式中：R 表示孢子萌发率；N_g 表示萌发的孢子数；N_t 表示调查的孢子总数。

$$R_e=\frac{R_t}{R_0}\times 100\% \tag{10—2}$$

式中：R_e 表示处理校正孢子萌发率；R_t 表示处理孢子萌发率；R_0 表示空白对照孢子萌发率。

$$I=\frac{R_0-R_e}{R_0}\times 100\% \tag{10—3}$$

式中：I 表示孢子萌发相对抑制率；R_0 表示空白对照孢子萌发率；R_e 表示处理校正的孢子萌发率。

根据各药剂浓度对数值及对应的孢子萌发相对抑制率的几率值作回归分析，计算各药剂的 EC_{50}、EC_{90} 等值及其 95%置信限。

进行药剂联合毒力测定时，根据 Wadley 法或孙云沛法计算混剂的增效系数（SR）或共毒系数（CTC），评价混剂的联合作用类型。

（2）Wadley 法　根据增效系数（SR）来评价药剂混用的增效作用，即 $SR<0.5$ 为拮抗作用，$0.5\leqslant SR\leqslant 1.5$ 为相加作用，$SR>1.5$ 为增效作用。增效系数按下列公式计算：

$$X=(P_A+P_B)/(P_A/A+P_B/B) \tag{10—4}$$

式中：X 表示混剂的 EC_{50} 理论值，单位为 mg/L；P_A 表示混剂中 A 的百分含量；P_B 表示混剂中 B 的百分含量；A 表示混剂中 A 的 EC_{50} 值，单位为 mg/L；B 表示混剂中 B 的 EC_{50} 值，单位为 mg/L。

$$SR=\frac{X}{X_1} \tag{10—5}$$

式中：SR 表示混剂的增效系数；X 表示混剂的 EC_{50} 理论值，单位为 mg/L；X_1 表示混

剂的 EC_{50} 实测值，单位为mg/L。

(3) 孙云沛法　根据共毒系数（CTC）来评价药剂混用的增效作用，即 $CTC \leqslant 80$ 为拮抗作用，$80 < CTC < 120$ 为相加作用，$CTC \geqslant 120$ 为增效作用。共毒系数按下列公式计算：

$$ATI = \frac{S}{M} \times 100 \qquad (10—6)$$

式中：ATI 表示混剂实测毒力指数；S 表示标准药剂的 EC_{50}，单位为mg/L；M 表示供试混剂的 EC_{50}，单位为mg/L。

$$TTI = TI_A \times P_A + TI_B \times P_B \qquad (10—7)$$

式中：TTI 表示混剂理论毒力指数；TI_A 表示A药剂毒力指数；P_A 表示A药剂在混剂中的百分含量，单位为%；TI_B 表示B药剂毒力指数；P_B 表示B药剂在混剂中的百分含量，单位为%。

$$CTC = \frac{ATI}{TTI} \times 100 \qquad (10—8)$$

式中：CTC 表示共毒系数；ATI 表示混剂实测毒力指数；TTI 表示混剂理论毒力指数。

2. 菌丝生长抑制测定（琼脂平板培养法）　所谓琼脂平板培养法，就是将药剂以某种形式添加到培养基中观察对菌生长的影响。因为其培养基表面积大，可几种菌同时试验。根据添加药剂的方法，又可分为琼脂稀释法和琼脂扩散法。前者是将药剂均匀地溶解或分散到琼脂培养基中，后者是将药剂局部放在琼脂平板上观察药剂在琼脂中的扩散对菌生长的影响。

(1) 琼脂稀释法　琼脂稀释法是最近被广泛应用的离体测定药剂抗菌力的方法。水溶性药剂可很容易地添加到琼脂培养基中。对于非水溶性药剂，经常采用将供试药剂溶解在丙酮等低沸点而且溶于水的溶剂中，然后将药剂的丙酮溶液混合到40～50℃琼脂培养基中，在药剂充分分散过程中使溶剂挥发。

[试验例二] 杀菌剂抑制真菌菌丝生长试验（平皿法）　杀菌剂抑制真菌菌丝生长试验适于在人工固体培养基上菌丝能沿水平方向有一定生长速率且周缘生长较整齐的真菌，如番茄灰霉病菌（*Botrytis cinerea*）、水稻纹枯病菌（*Rhizoctonia solani*）、小麦赤霉病菌（*Fusarium graminearum*）、辣椒疫病菌（*Phytophthora capsici*）、辣椒炭疽病菌（*Colletotrichum capsici*）和番茄早疫病菌（*Alternaria solani*）等。

在无菌操作条件下，根据试验处理将预先熔化的灭菌培养基定量加入无菌锥形瓶中，从低浓度到高浓度依次定量吸取药液，分别加入上述锥形瓶中，充分摇匀。然后等量倒入3个以上直径为9cm的培养皿中，制成相应浓度的含药平板。试验设不含药剂的处理作空白对照，每处理不少于3个重复。将培养好的病原菌，在无菌条件下用直径5mm的灭菌打孔器，自菌落边缘切取菌饼，用接种器将菌饼接种于含药平板中央，菌丝面朝上，盖上皿盖，置适宜温度的培养箱中培养。根据空白对照培养皿中菌的生长情况调查病原菌菌丝生长情况。用卡尺测量菌落直径，单位为mm。每个菌落用十字交叉法垂直测量直径各1次，取其平均值。根据调查结果，按下列公式计算各处理浓度对供试靶标菌的菌丝生长抑制率。

$$D = D_1 - D_2 \qquad (10—9)$$

式中：D 代表菌落增长直径；D_1 代表菌落直径；D_2 代表菌饼直径。

$$I = (D_0 - D_t) \times 100\% \qquad (10—10)$$

式中：I 表示菌丝生长抑制率；D_0 表示空白对照菌落增长直径；D_t 表示药剂处理菌落

增长直径。

根据各药剂浓度对数值及对应的菌丝生长抑制率几率值作回归分析，计算各药剂的 EC_{50}、EC_{40} 等值及其 95%置信限。

进行药剂联合毒力测定时，根据 Wadley 法或孙云沛法计算混剂的增效系数（*SR*）或共毒系数（*CTC*），评价混剂的联合作用类型。

（2）*琼脂扩散法（抑菌圈法）*　将不锈钢圆筒（外径 8mm、内径 6mm、高 10mm）放在琼脂培养基表面，筒内注入药剂水溶液；也可将滤纸片侵入药液，然后置于琼脂平板表面。上述琼脂平板要事先均匀接种供试菌，这样在不锈钢圆筒或滤纸片周围病原菌生长受抑而产生抑制圈。

［试验例三］杀菌剂抑制真菌菌丝生长试验（抑菌圈法）　将 PSA 培养基加热熔化，冷却到 40～50℃。取 9mL 培养基和 1mL 孢子悬浮液（1mL 孢子液中约有 10^4 个孢子）注入 9cm 培养皿内，慢慢转动培养皿使充分混匀，然后水平放置制成平板。

将滤纸条浸于含供试药剂的水或丙酮溶液中（滤纸种类无特殊要求，切成 7cm×8cm 长方形或直径 1cm 的圆片，干热灭菌后备用），在无菌条件下风干后置于上述琼脂平板表面，在 27℃下放置 2d 即可测量抑菌带或抑菌圈宽度，以不含药剂的水或丙酮溶液作对照，最后按相应公式计算抑菌效果。

将滤纸浸于药剂丙酮溶液时，必须将全部滤纸同时放入丙酮溶液中，如果只浸入一部分滤纸然后使其渗透到滤纸全部，那么将发生纸层析现象使药剂在滤纸上分布不匀，影响试验效果。丙酮溶液药剂浓度大约 3mmol/L 即可，药量即便是该浓度的数倍或其数分之一，都可获得同样的抑菌带。只是药量多时抑菌带离滤纸片远些，量少时抑菌带离滤纸片近些。

3. 测定抗菌活性的其他方法

（1）*液体培养试验法*　液体培养试验法是在添加药剂的液体培养基中培养病原菌，然后测定菌量并与不加药处理相比较求生长抑制率。

这种方法适于容易配成均匀菌悬液的细菌，对于真菌则可以采取接种孢子悬浮液的办法，或将孢子悬浮液振荡培养一夜后使其萌发然后接种，或者是在无菌条件下用匀浆器把菌丝弄匀再进行接种，培养一定时间后，用比浊法（比色法）和直接测定菌量的方法测定菌量，计算抑制率。

（2）*采用寄主组织或代替物的试验方法*　实际上几乎所有的杀菌剂都是在病原菌与寄主共存的情况下发挥药效，因此，在病原菌与作物共存的条件下进行试验，可以保证结果的客观性、准确性。目前已经建立了若干种易于操作管理并可在室内实施的试验方法。

［试验例四］水稻稻瘟病菌（*Pyricularia oryzae*）**侵入寄主试验**　此试验可观察药剂对病原菌侵入寄主的抑制作用。具体药剂处理方法有以下几种：①试验前先在稻叶上喷洒药剂或进行水中施药。②用毛笔在叶鞘内侧涂药或在叶鞘管内注入药液，一定时间后再除去药液。③叶鞘管内注入孢子悬浮液进行接种，一定时间后除去孢子悬浮液再注入药液。④用含药的孢子悬浮液接种。

还可用赛璐玢法观察稻瘟病菌侵入寄主的过程。这是一种用人造膜代替寄主组织的试验方法。具体方法是将 Visking 公司制用于透析的纤维素管水洗后切成赛璐玢小片，然后浮在稻草煎汁（稻草 200g 用水煮沸提取后补水至 1L）10 倍稀释液上，或放置在浸透稻叶汁的海绵或滤纸表面。在赛璐玢片表面放置孢子悬浮液，27℃下保存 48h，然后在显微镜下观察菌丝穿入赛璐玢膜过程。药剂多添加到稻草煎汁稀释液或稻叶汁内，但因试验目的不同也有的将药剂加到孢子悬浮液中。为防止赛璐玢膜上的孢子流失，可将纱布片放在膜上。显微镜观察时可用氯化锌、碘化钾混合试剂（ZnCl 50g、KI 20 g、I_2 0.5g、水 100mL）滴在赛璐玢膜上染色，由于穿入膜内部分不能染色，所以很容易观察。这种方法除稻瘟病菌外，也适用于水稻胡麻斑病菌（*Cochliobolus miyabeanus*）或柑橘黑腐病菌（*Alternaria citri*）。

［试验例五］用蚕豆叶筛选防治稻纹枯病药剂的试验方法 稻纹枯病菌可侵染蚕豆叶，经过短暂的潜育期后即可形成清晰的病斑，而且蚕豆容易栽培，摘下叶片不易黄化，因此，在培养皿内用蚕豆叶检定药效的方法被广泛应用。选用蚕豆感病品种盆栽，剪取相同部位、长势一致、带有叶柄的叶片，置培养皿中，保湿培养备用。将叶片在预先配制好的药液中充分浸润 5s，沥去多余药液，自然风干后，按处理标记后保湿培养。试验设不含药剂的处理作空白对照。用接种器将直径 5mm 菌饼有菌丝的一面接种于处理叶片中央。每处理接种 30 片叶。保护性试验在药剂处理后 24h 接种，治疗性试验在药剂处理前 24h 接种。接种后置于恒温室、人工气候箱或光照培养箱内，在温度 26～28℃、相对湿度 80%～90%的条件下培养。视空白对照发病情况，用卡尺测量记录每个接种点病斑长度和宽度，以长、宽平均值表示病斑直径（mm）。根据调查数据，按相应公式计算防治效果。

黄瓜霜霉病菌抑菌试验可在上述方法基础上进行改进。将药液均匀喷施于叶片背面，待药液自然风干后，将各处理叶片叶背向上，按处理标记后排放在保湿盒中。用准备好的新鲜孢子囊悬浮液点滴 10μL 接种于叶片背面。每叶片接种 4 滴，每处理不少于 5 片叶。接种后盖上皿盖，置于人工气候箱或光照培养箱，12h 光暗交替培养，保持温度在 17～22℃、相对湿度 90%以上。

［试验例六］用于防治小麦白粉病试验的盆栽法 选用感病小麦品种盆栽，待幼苗长至 2～3 叶期备用。用喷雾法将药剂均匀喷洒于备用的小麦苗上，自然晾干。试验设不含药剂的处理作空白对照。将发病小麦叶片上 24h 内产生的白粉菌新鲜孢子均匀抖落接种于处理的 2～3 叶期盆栽小麦苗上。每处理不少于 3 盆，每盆 10 株。保护性试验在药剂处理后 24h 接种，治疗性试验在药剂处理前 24h 接种，然后置适宜条件下培养。根据空白对照发病情况分级调查。根据调查数据，计算各处理的病情指数和防治效果。

［试验例七］用于防治黄瓜霜霉病试验的盆栽法 选用感病黄瓜品种盆栽，幼苗长至4～6 片真叶期备用。选择病源叶片，用 4℃蒸馏水洗下叶片背面霜霉病菌孢子囊，配成悬浮液（浓度为每毫升含 10^5～10^7 个孢子囊），4℃下存放备用。将药液均匀喷施于叶片两面至全部润湿，待药液自然风干后，将新鲜孢子囊悬浮液喷雾接种于叶片背面。每处理不少于 5 盆，每盆 2 株。保护性试验在药剂处理后 24h 接种，治疗性试验在药剂处理前 24h 接种。接种后在 12h 光暗交替、17～22℃、相对湿度 90%以上的条件下培养。根据空白对照发病情况，对接种叶片进行分级调查。根据调查数据，计算各处理的病情指数和防治效果。

［试验例八］采用黄瓜条法对多寄主病原菌进行药效鉴定 对多寄主病原菌，如灰霉病菌（*Botrytis cinerea*）、菌核病菌（*Sclerotinia sclerotiorum*）、白绢病菌（*Corticium rolfsii*）及立枯丝核菌（*Rhizoctonia solani*）等，用平板测定药剂抗菌活性，往往与田间防治效果不一致。后来建立了以四季均易获得的黄瓜条为材料进行药效鉴定的方法。将供试菌在琼脂培养基上培养，待菌丛全面扩展后，将经药剂处理并风干的黄瓜条放在菌丛上，在 20～25℃下培养。对灰霉病菌和菌核病菌来说，空白对照黄瓜条从下部开始褐变，而白绢病菌和立枯丝核菌菌丝向上

扩展，如果药剂有效，则不会发生褐变或菌丝扩展的现象，可据此鉴定有无药效。

4. 药剂联合作用方式与测定方法

（1）*药剂联合作用的方式* 药剂的联合作用基本上有4种情况，但实际上很多情况是介于它们之间。

①独立作用：供试的两种药剂具有不同的作用机制，而且发挥作用时相互不干涉。

②相加作用：供试的两种药剂具有相同的作用机制，当A剂药量等于A剂药量与B剂药量分别乘以一定系数之和时，产生的效果与AB两药混剂的效果相等。换句话说，其中一种药剂的效果与将该药的一部或全部按一定比例换成另一种药剂时，效果完全相同。

③增效作用：混剂的效果比上述A或B的效力都大，其中一种药剂对另一种药剂的抗菌活性具有增效作用。其机理多数情况是一种药剂能抑制另一种药剂的钝化反应（解毒反应）。还有的认为两药剂的增效作用是由一种药剂能促进另一种药剂的活化作用而引起，但这种实例几乎没有。

④拮抗作用：有时发现两种药剂的抗菌活性比其中任何一种药剂都小的联合作用。这种情况是由于一种药剂抑制了另一种药剂发挥抗菌活性。一般认为有下列几种可能，如一种药剂使另一种药剂抗菌活性发生钝化或促进其钝化、一种药剂与另一种药剂产生竞争性抑制、一种药剂抑制另一种药剂的活化作用等情况。

（2）*不同杀菌剂之间联合作用测定方法* 不同杀菌剂之间联合作用的测定是指对独立作用、相加作用、增效作用或拮抗作用进行定量测定。

①独立作用定量测定：设A剂抑制率为$m\%$的药量为LD_m，B剂抑制率为$n\%$的药量为LD_n。两药混用的情况下，A剂的抑制率为$m\%$，B剂抑制率等于A剂未抑制部分（$100-m$）的$n\%$，即$n\times(100-m)\div100$，结果单位为%。这样一来，它们的联合作用可表示如下：

由LD_m的A剂与LD_n的B剂显示的抑制率$=m+n\times(100-m)\div100=m+n-m\times n\div100$

如果A、B两药剂以LD_{50}的剂量混合，抑制率则为75%；若两药剂以$LD_{29.3}$的剂量混合，抑制率应为50%。

②相加作用定量测定：如果A、B两药剂作用机制相同，那么若将抑制率为$m\%$的A剂（LD_{mA}）和抑制率为$m\%$的B剂（LD_{mB}）混用，则抑制率应与2倍药量的A剂即$2\times LD_{mA}$抑制率相同，也与2倍药量的B剂即$2\times LD_{mB}$抑制率相同。另外，1/2的LD_{mA}与1/2的LD_{mB}混合，总抑制率则为$m\%$。

具有相加作用的两种药剂混用的效果不一定比具有独立作用两种药剂混用效果大。如果实测结果不符合上述假设，那么应考虑具有其他的相互作用。当抗菌活性异常提高时可考虑具有增效作用，异常降低时具有拮抗作用。

③定性测定法：在均匀接种病原菌的琼脂平板上放置含有杀菌剂的滤纸片，其周围将产生一抑菌带。如果将含有另一种药剂的第二个滤纸片与上述滤纸片交叉放置，那么在滤纸片交叉部周围共存两种药剂。这样，根据联合作用的性质就会产生如下所述的各种形状的抑菌带，这种方法称为滤纸片交叉法（图10-1）。如果两药剂抑菌带互不干涉，抑菌带交叉部形成锐利的直角，为独立作用。但是，如果两药剂形成的抑菌带不很清晰，那么将与如下所述的相加作用难以区别；若两药剂具有相加作用，那么两药剂抑菌带交叉部形成的角将呈圆形。最容易解释的例子是，若供试的两药剂是同一种药剂的话，那么将沿培养基等浓度曲线

周围形成一抑菌带。滤纸交叉部外围呈现异常隆起的抑菌带，为增效作用。交叉部抑菌带变狭，为拮抗作用。这种情况被拮抗的药剂形成的抑菌带变窄，若两药剂互相拮抗则抑菌带两侧均变窄。

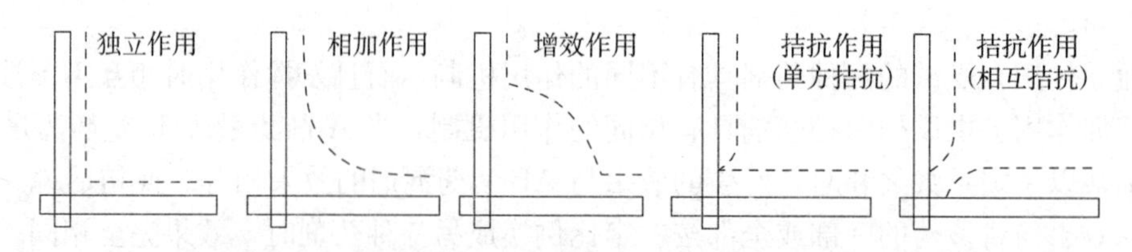

图 10-1 用于杀菌剂联合作用测定的滤纸片交叉法与杀菌剂相互作用方式

交叉实线表示含药滤纸片，虚线表示抑菌带

另外，药效测定在室内试验的基础上还需要进行田间试验。田间药效试验设计应符合生物统计学要求，选择发病初期，参照第九章第一节介绍的病害分级标准与病情定量分析方法，通过公式药剂对病情的影响，对药效进行评价。同时，应根据病害流行或病菌传播方式以及病害发生部位确定施药方法及用药部位，考查田间防治效果以及药效的田间稳定性，并得出最佳施药浓度、施药时间、施药次数和施药技术，以及应注意的事项。

二、抗药性测定

病原菌的抗药性测定与药剂抗菌活性测定是一种表里关系，试验方法几乎相同。病原菌的抗药性测定可以看做是抗菌力已知的药剂对感受性未知的供试菌株进行抗菌力试验。

（一）抗药性测定的要点

尽管病原菌的抗药性测定与药剂抗菌活性测定在方法上没有很大区别，但由于二者试验目的不同，因此在实施上应注意的事项也不相同。

1. 测定标准 抗药性测定并不是观测其绝对数值，而是将测定值与标准菌株进行比较，因此标准菌株的选择十分重要。标准菌株是指历来存在于自然界中的普通菌株或菌株群。测定时无论标准菌株还是供试菌株都必须以多个菌株为一组进行测定，看供试菌株（群）与标准菌株（群）是否存在差异。标准菌株的选择可采用下列方法：①从未曾喷洒过该药剂或有关药剂的地区分离病原菌；②在药剂使用之前分离保存的菌株；③选用选择敏感性最高的菌株群。

2. 检测菌的采集和处理 采集检测菌应根据试验目的而定。如以掌握抗性菌分布的实际情况或动态为试验目的，就应从不同地区、不同作物、不同田块、不同病斑等分离病菌进行检测。但是要想将这些项目均调查清楚需要设置相当多的试验处理，实际上不可能实现，所以应该有计划地确定调查重点。

采集的菌株最好尽快地进行单孢或单细胞分离培养，使其基因纯化。若检测菌混有两种以上不同的菌株，那么采集后到测定之前的期间将只有一种菌株占优势，抗药性测定往往只反映一种菌株的结果。但是进行单孢或单细胞分离培养常需要花费很长的时间。一种有效的办法是将植株病斑上菌体直接放到含药培养基上进行测定。这样，从测定结果可对已产生的抗性菌迅速地采取对策。另外，灰霉病菌通常由多核细胞组成，即使进行单细胞培养往往也不能保证获得基因纯化的菌株。

3. 试验方法的选择 最普通的抗药性测定方法是将田间采集的病原菌进行离体测定，

可采用抗菌活性测定法。但是白粉菌等专性寄生菌只能在作物体上进行测定（与药剂防病效果试验方法相同）。需要注意的是，即便有些菌可以用离体的方法进行测定，也应随时与作物体上的防病效果进行比较。离体测定只是在能够反映在作物体上防治效果的前提下才能认为合理。因此一般认为，在讨论田间抗药性时采用植株测定最为适合。不过，药剂在植株上的效果常受多种条件影响，缺乏准确性而且难于重复。从这一点来说离体测定又有其优越之处。

（二）抗药性测定示例

示例为水稻稻瘟病菌（*Pyricularia oryzae*）的分离及其抗药性测定。从田间采集的病稻样本放在聚氯乙烯或聚乙烯袋内用橡皮圈封住。分离之前保存在5℃冰箱内（可保存1年左右）。分离时首先切取病斑及其外围部并浸于80%乙醇中，然后再浸于0.1%氯化汞中，最后用无菌水洗净，进行表面消毒。消毒液也可用20倍安替佛民（antiformin）液代替。培养皿中注入一薄层琼脂平板（9cm培养皿中注入10mL灭菌的1.5%琼脂液），平板表面放置病组织块并使其充分附着琼脂表面。在20～27℃下用近紫外光（约360nm）照射，2～7d后病斑部即产生孢子。将放置稻病组织琼脂平板上的病斑与琼脂一起切下，贴在另一个琼脂平板培养皿盖的内表面并使病斑部朝下，这样孢子将落在琼脂平板表面。放置适当时间后将培养皿翻转过来。落在琼脂表面的孢子可在立体显微镜下用眼科手术刀进行单孢分离并接种到PSA或PDA培养基平板上，26～27℃保育，经过10d左右菌丝扩展，然后用打孔器打成圆块，菌丝朝上移置含药PSA培养基和不含药PSA培养基表面，在26～27℃下培养4～7d，通过测量菌落直径求药剂对菌丝生长的抑制率。

第四节　生物防治

植物病害生物防治就是利用有益微生物及其代谢产物来影响或抑制病原物的生存和活动，从而降低病害的发生率或严重度。

一、生物防治原理

1. 抗菌作用　抗菌作用是拮抗生物通过其代谢产物来影响病原物的生存活动，这种代谢产物称为抗菌物质或抗菌素。抗菌作用在自然界普遍存在。真菌、细菌、放线菌等均可产生抗菌素，是目前植物病害生物防治中利用最多的一种机制。抗菌物质大多可提取，而且可大规模生产，并作为生物农药制剂出售。如国内用来防治水稻纹枯病的井冈霉素是吸水放线菌井冈变种产生的对立枯丝核菌有毒的葡萄糖苷化合物。

2. 竞争作用　有些具有拮抗作用的生物可以迅速占据植物上一切可能被病原物侵染的空间，包括植物表面、自然孔口和维管束，从而与病原物在氧气、水分和营养等方面发生竞争。许多有效的空间竞争者同时具有其他拮抗机制，如抗菌作用等。

3. 重寄生作用　一种病原物可以寄生于另一种非病原物，这些重寄生生物可以是真菌，也可以是细菌或放线菌，甚至是病毒。病原物被重寄生后，可以导致致病力下降，甚至发生溶菌现象。

4. 溶菌作用　植物病原真菌和细菌的溶菌现象是很普遍的，溶菌的发生有自溶性的和非自溶性的。生物防治中涉及的溶菌现象属于后一种，是由另一种不同生物所产生的酶的作用而引起的溶菌。溶菌现象的发生，可直接导致病原物细胞组织破坏，但是在植物病害的生物防治方面，还很难找到一种单纯由于溶菌作用的成功事例。细菌的噬菌体可以溶菌，应用噬菌体进行生物防治虽然进行了不少尝试，但成功的例子不多。

5. 交互保护作用 交互保护作用是用预先接种一种微生物的方法，保护植物不受或少受后接种的病原物的侵染和危害。这一现象最早是在植物病毒中发现的，作为测定病毒株系亲缘关系的一种方法。交互保护可发生在同种真菌或细菌的不同菌株之间、同种病毒的不同株系之间，也可发生在不同种甚至不同类的病毒之间。当植物病毒的两个有亲缘关系的株系感染植物时，植物在感染一个株系后就不再感染另一个株系。进一步研究发现，植物感染一个弱毒的株系后就可以受到保护而不再感染强毒株系的侵害，以弱毒株系作为生物防治的一种手段在生产上已经大量利用。在植物细菌病害中，利用交互保护作用最成功的例子是用无致病力的放射农杆菌来防治果树的根癌病。

6. 捕食作用 在植物病害生物防治中，捕食作用主要是指在土壤中的一些原生动物和线虫可以捕食真菌的菌丝和孢子以及细菌等，从而影响土壤中真菌的种群密度。另一种为食线虫真菌，通过其菌丝体束缚线虫虫体并使其逐步消解，或真菌寄生在线虫虫体内使虫体瓦解，从而起到防病作用，但大多还处于实验室研究阶段。

二、生物防治研究方法

（一）拮抗菌鉴定

土壤是微生物生存和繁殖的重要场所，是拮抗菌的重要来源。因此这里只论述如何从土壤中分离具有拮抗性的微生物。

1. 土壤样品采集 真菌和细菌存在于土壤的表层，放线菌则在较深处。链霉菌在比较干燥、偏碱性以及含有机质丰富的土壤中数量较多。一般北方地区的土壤中链霉菌的种类比南方地区土壤中较多。采样季节以春、秋两季为宜，采集时间以土壤较为干燥时较好，不宜在雨季采样。

在局部地区选择未经人为扰动的区域（耕地上采样要在灌溉前和施肥前采集），除去地面植被和枯枝落叶，铲除表面1cm左右的表土，从表层2～15cm处取样100～200g，装入随身携带的灭菌的容器中。土样在空气中干燥5～9d或在无菌条件下吹风干燥，可以减少细菌的数量，而放线菌的孢子不受影响。

2. 土壤微生物分离 采集到的土壤经预处理后应尽早分离。实践证明，新鲜土样和存放2周后的土样相比，出菌率和菌的种类都显著提高。一时尚不能及时分离的土壤或认为重要的土样可放在4～8℃冰箱中保存备用。

（1）*稀释法* 称取采集的土壤样品5g或10g，倒入盛有50mL或100mL无菌水的三角瓶中，振荡5～10min，即成10^{-1}g/mL悬浮液，静止后取1mL上清液，依次稀释成10^{-2}g/mL、10^{-3}g/mL、10^{-4}g/mL等不同浓度的稀释液作分离用。将熔化好的选择性培养基倒入灭菌培养皿内，待凝固后，用无菌吸管吸取选定稀释浓度的稀释液0.05mL，滴在凝固的培养基表面上，用无菌的玻璃刮子涂匀，然后将培养皿倒置于28℃温箱中培养。

（2）*喷土法* 将各种分离培养基熔化后，分别倒入培养皿内，待凝固后，取研碎的土壤，在一定距离外，用喷土机直接喷在分离培养基平面上，置28℃温箱中培养。

（3）*混土法* 将适量土样加入到已熔化并冷却至45℃左右的培养基中，摇匀倒皿培养。

另一种方法是双层分离法：底层培养基为2%的琼脂，每皿15mL；上层培养基为分菌培养基，每皿5mL。将20mL分菌培养基熔化后，冷却至45℃，取研碎的土壤1～2mg，放入这20mL上层培养基内，轻轻摇动混匀，再将这上层培养基分别而平均地倒在盛有底层培养基的培养皿内（即在每个培养皿底层培养基上放5mL混土的上层培养基），凝固后置28℃温箱中培养。

3. 挑菌　接种土样的培养皿在28℃温箱中培养3～7d，即可挑菌。为了减少链霉菌单菌落被真菌与细菌污染，培养后第3～6天每天各挑取一次单菌落，及时转接到改良高氏合成1号琼脂培养基（可溶性淀粉20g、NaCl 0.5g、KNO_3 1g、$K_2HPO_4 \cdot 3H_2O$ 0.5g、$MgSO_4 \cdot 7H_2O$ 0.5g、$FeSO_4 \cdot 7H_2O$ 0.01g、琼脂17g、水1 000mL，pH7.4）或葡萄糖天门冬素琼脂培养基斜面上。培养7～14d后，根据链霉菌的气生菌丝与基内菌丝体的颜色和孢子丝的形状进行分群编号。

4. 放线菌鉴定　放线菌很多类群都可以拮抗植物病原菌，对植物病害生物防治有重要作用。放线菌是一类介于细菌和真菌之间的单细胞分枝状微生物，直径0.1～1.2μm，革兰氏阳性，菌丝很少分隔。菌丝体由分枝状的气生菌丝和基内菌丝组成，以外生孢子的形式繁殖；在培养基表面，菌落中的菌丝常从一个中心向四周呈放射状生长。放线菌与细菌同属原核生物，其细胞构造和细胞壁化学组成与细菌相似，其菌体（营养体）又与霉菌相似，呈纤细的丝状，且分枝，所不同的是纤细的菌丝发育为菌丝体后仍属单细胞。放线菌的产孢丝各种各样，有直丝、螺旋丝等。产孢丝的形态和结构是鉴定放线菌的主要依据。放线菌菌丝常密集成崎岖、褶皱、皮革等状的菌落。气生菌丝发育到一定阶段，在其顶端形成直的或螺旋形的孢子丝。基内菌丝体和孢子丝产生不同的色素，这些色素成为链霉菌属划分种群的主要依据。

菌丝体向四面八方分裂，呈立体形细胞为嗜皮菌科（Dermatophilaceae）；菌丝体沿菌丝长轴成垂直方向分裂，菌丝体有横隔，断裂成杆状和球状小体的是放线菌科（Actinomycetaceae）；孢子呈长链的是链霉菌科（Streptomycetaceae）；孢子长在孢囊内的则为游动放线菌科（Actinoplanaceae）；孢子以单个或短链形式着生在孢子梗上的为寡孢菌科（Paucisporaceae）[或称小单孢菌科（Micromonosporaceae）]。

各科分属的标准不完全一致。如链霉菌科中孢子丝多种多样（直、螺旋、轮生等）者为链霉菌属（*Streptomyces*），除孢子丝外尚形成菌核者为钦氏菌属（*Chainia*），形成孢器者为孢器放线菌属（*Actinopycnidium*）。游动放线菌科分属是以孢囊的形状和孢囊孢子的形状及鞭毛的有无为标准，如孢囊球形、孢囊孢子无鞭毛的为孢囊链霉菌属（*Streptosporangium*），孢囊球形、孢囊孢子有鞭毛的为游动放线菌属（*Actinoplanes*），孢囊瓶状的为小瓶菌属（*Ampullariella*），孢囊像一朵花的为无定形孢囊菌属（*Amorphosporangium*）。寡孢菌科是以孢子的多少、气生菌丝体的有无和基内菌丝体是否断裂来分属，如每一孢子梗上着生1个孢子的为小单孢菌属（*Micromonospora*），着生2个孢子的为小双孢菌属（*Microbispora*），着生4个孢子的则为四个孢菌属（*Microtetraspora*），着生1个和多个孢子的为小多孢菌属（*Micropolyspora*），如果孢子梗上也着生1个孢子且基内菌丝体有横隔断裂的为原小单孢菌属（*Promicromonospora*）。

放线菌定种是一项细致而复杂的工作。以链霉菌属为例，分种的依据是：以形态（孢子丝直、螺旋或轮生，孢子表面光滑、疣状、带刺或带毛发）和培养特征（在合成培养基和有机培养基上气生菌丝体的颜色，主要指孢子堆的颜色；基内菌丝体的颜色；培养基中的可溶性色素的颜色）为主，生理生化特征（有机培养基内是否产生黑色素、糖的利用、明胶液化、牛奶凝固和胨化、分解纤维素和形成抗菌素等）为辅。

链霉菌科及链霉菌属的主要特征：链霉菌科基丝一般无横隔，直径 0.5～0.8μm；气丝生长丰茂，通常比基丝粗 1～2 倍；孢子丝呈长链，成熟时呈现各种颜色；链霉菌科是放线菌中最大、最重要的一个科，广泛分布在自然界中。这个科以孢子丝特征或其他器官形态作为划分属的主要依据。

链霉菌属孢子丝单生，直、弯曲或螺旋状。该属现分为 12 个类群：孢子丝自溶吸水的为吸水类群（Hygroscopicus）；孢子丝非自溶，无吸水斑，且气生菌丝白色的为白孢类群（Albosporus）；气生菌丝黄色的为黄孢类群（Flavus）；气生菌丝玫瑰粉红的为粉红孢类群（Roseosporus）；气生菌丝淡紫灰色的为淡紫灰类群（Lavendulae）；气生菌丝青色的为青色类群（Glaucus）、气生菌丝灰色且基丝无色的为烬灰类群（Cinereus）；气生菌丝灰色且基丝绿色的为绿色类群（Viridis）；气生菌丝灰色且基丝蓝色的为蓝色类群（Cyaneus）；气生菌丝灰色且基丝红橙色、紫色的为灰红紫类群（Griseorubroviolaceus）；气生菌丝灰色且基丝褐色、黑色的为灰褐类群（Griseofuscus）；气生菌丝灰色且基丝黄色、金色、黄褐色的为金色类群（Aureus）。

放线菌对人类最突出的贡献就是它能产生大量的、种类繁多的抗生素。到目前为止，在医学和农业上使用的大多数抗生素都是由放线菌产生的，如链霉素、土霉素、金霉素、庆大霉素、卡那霉素、庆丰霉素、井冈霉素（农用防治水稻纹枯病）等。根据不完全统计，人类已经从各种放线菌中分离到的各类抗生素达4 000余种。另外，放线菌在土壤生物菌肥、甾体转化、烃类发酵和污水处理等方面也有应用，如菌肥 5406 就是由泾阳链霉菌产生的一种土壤肥料。

（二）抗生素的筛选方法

抗生素是放线菌、细菌及真菌在生长代谢过程中所产生的次生物质，它可以杀死或抑制病原细菌、病原真菌、昆虫、病毒和肿瘤的生长。如何从大量待筛微生物（土壤微生物）中尽快筛选鉴别出具有应用价值的抗生素产生菌是广大研究者所关注的重点。抗生素的筛选和制备一般包括以下主要内容：抗生素生产菌的采集和分离及其筛选；抗生素的早期鉴别、生物测定、生产工艺、提取和精制、效价估计和毒性测定、理化性质和结构确定等。

1. 拮抗菌筛选 在筛选拮抗菌株时，供试的病原菌菌株依据不同的筛选目的，选用具有代表性的菌株进行筛选试验。

（1）*平板琼脂移块法* 将病原菌的菌苔打成直径 5～6mm 的小菌块，移到琼脂平板中央，周围对称接种 4 个待测菌株，距中心 2.5cm，置一定的温度下培养，3d 后观察有无抑菌带。对有抑菌作用的菌株再次筛选，平板中心接种病原菌，两边对称接种待测菌株，蘸取菌悬液在距中心 2.5cm 处各划一条直线，3d 后测抑菌带宽。

上述方法只能测定出该菌株是否产生胞外抗生素，而那些只产生胞内抗生素的菌株通过这种方法很容易漏掉。另外，这种方法重现性很差。因此，在有条件的情况下，可以直接采用摇瓶发酵进行活性测定，也就是将发酵样品通过纸片法测定。

（2）*纸片法或发酵液扩散法* 先将待测菌株的单菌落分别接种在三角瓶液体发酵培养基中摇瓶培养 4～7d。将无菌的圆形滤纸浸至待测发酵滤液中，取出后贴在已接种病原菌的琼脂平面上；或者将发酵液离心，分别测定菌丝体和离心上清液的抗菌活性。菌丝体可用等体积的95%丙酮破坏菌体，再用甲醇抽提抗菌物质，然后用滤纸片测定。在适宜的温度下培养后，观察纸片周围有无抑菌圈及抑菌圈的大小，确定待测菌株的取舍。

2. 农用抗生素复筛　在完成了体外皿内测定试验后，应马上进行盆栽活体试验和田间小区试验。因为在农用抗生素的研究中，不应单方面追求皿内杀菌效果，还应考虑植物能否吸收，以及喷洒到田间后，环境因子包括光、热、酸、碱等对该药剂是否具有破坏作用。农用抗生素的复筛方法有离体组织测定、活体抗性测定和田间药效试验，具体方法参照本章第三节植物病害化学防治研究方法中的试验例五至试验例八。

第五节　生物技术

生物技术是建立在分子生物学、微生物学、生物化学等多种学科理论与技术基础上的一个多重技术领域，允许人们在不同水平上对生物资源进行改造、优化和重组，以改良医药、禽畜和农业生产。按技术手段划分，生物技术包括细胞工程、基因工程、蛋白质工程（生物源农药工程）和重组微生物技术；按技术输出的形式来分，生物技术产品有重组微生物（基因工程微生物）、转基因动植物、基因医药、基因农药、重组疫苗等。生物技术的发展和应用是解决当今世界关系人类生存和生活质量的粮食紧缺、生态恶化、资源匮乏、疾病肆虐等重大问题的有利途径，推动了很多新兴产业的发展，例如基因药物、重组疫苗、基因治疗、诊断试剂、转基因农作物、基因工程微生物农药等。

生物技术在农业上的应用是有效控制作物病害、同时兼顾农业安全生产与持续发展的重要途径，可以使用的生物资源多种多样，但重点是对来源和功能不同的基因进行改造利用。使用生物技术防治植物病害要考虑作物种类、病害类型、传统防治方法是否仍然安全有效以及如何与生物技术结合使用，还要考虑使用何种技术手段、选择什么基因、最终产品是什么以及如何用于生产实践。本节简要说明如何遵循这个原则开展工作，主要介绍如何根据作物与病害类型选择基因以及生物技术类型与基本试验程序及技术手段。

一、技术策略

（一）针对病原物与植物互作的机理和环节选择基因与技术手段

病毒、真菌、细菌等病原物与植物互作可以是亲和的也可以是不亲和的，这是由不同病原物与植物间特异的生理生化因子和遗传互作决定的。针对各自病理过程，可设计可行的抗病策略。

病毒的外壳蛋白可以诱导植物对病毒的免疫性，可能与病毒的脱壳有关；卫星RNA能干扰辅助病毒的复制并延缓症状的表达，病毒的反义RNA能抑制病毒基因的表达，抗体在植物细胞中能结合病毒而阻止病毒的进一步侵染，植物正链RNA病毒的复制酶是依赖于RNA的RNA聚合酶，转入复制酶基因可干扰病毒复制酶的正常功能。上述蛋白、酶的编码序列和核酸序列可作为抗病毒基因工程中选用的目的基因。

使植物获得抗真菌病害能力，可以从提高植物抵御病原真菌入侵的能力及对释放的致病因子的解毒能力，提高植物获得性系统抗性及对病原物的免疫能力等几方面入手。采用的目的基因有：植物内、外来源的能分解真菌细胞壁主要成分的几丁质酶基因，使植物获得分解菌体的能力，如来自木霉的几丁质内切酶基因转化马铃薯和烟草后植株能抵抗 4 种病原真菌；病原物无毒基因产物或次生代谢物即激发子能诱导植物产生防卫反应，但实际应用时发现，转激发子基因的植物若含相应的抗病基因，则易发生过敏反应，细胞死亡，再生植株较困难，所以使植物的获得性抗性能组成、稳定地表达还需进一步解决。国内用病原细菌的无毒基因转化烟草后植株表现出对病原真菌的抗性，其理论基础尚待进一步证实；将病原物或其特定致病因子的抗体基因转入植物，使植物中和病原物而获得免疫力。

抗细菌基因工程的目的是使植株获得直接杀菌或分解毒素的能力，如 T4 融菌酶基因成功转化的马铃薯获得了对细菌软腐菌的抗性；转烟草野火病菌乙酰转移酶基因的烟草对病原细菌毒素有解毒能力。Harpin 是近来发现的由细菌产生的诱导过敏反应的蛋白质，在非寄主上引起过敏反应，并有促进生长、诱导抗病抗虫等优良表型。水稻黄单胞菌 harpin 诱导植物抗病的蛋白基因的研究开始在植物病害防治中显示出良好的应用前景。

无论是亲和互作还是非亲和互作，植物与病原物都存在生理生化接触识别和信号传递过程，防卫反应随之都会发生，只是速度和强度有区别，导致植物表现出感病还是抗病。水杨酸信号途径可以诱导植物表达与病程相关的基因，在拟南芥中超量表达该途径中调控基因 *NIM1/NPR1*，使拟南芥对某病原细菌和某真菌表现抗性。设想组成性开通植物防卫反应信号途径来维持植物持久的抗病能力，但持续开通防卫反应信号系统会影响植物正常的生长发育，其他信号途径则相应被抑制，导致植物只对一些病原物有抗性，对其他病原物却较敏感。将此类基因置于受病原物侵染诱导的启动子下来转化植物，适时表达防卫反应基因，植物表现类似过敏反应的高水平广谱抗性，可以抗多种病原物。

（二）针对病害特点选择基因种类和利用方式

对病原物和植物亲和互作、不亲和互作的种种现象和原理的研究发现，病原物存在着致病相关基因，包括毒性基因、无毒基因、决定寄主范围的基因；植物则有抗病基因和防卫基因。转基因植物在植物抗病工程中运用较成功，使用了植物参与防卫反应的内源基因，也有来自微生物和动物的基因。

1. 植物抗病基因 根据基因—基因理论，寄主抗病基因与病原物无毒基因显性互作表现不亲和，抗病基因具有识别、信号传递、识别病原物新小种的功能。寄主与病原物互作的分子机制研究有了进一步的发展，为抗病基因在生产中的应用提供理论依据。克隆抗病基因工作难度较大，最近克隆的典型抗病基因有玉米的 *Hm1* 基因，番茄的 *Pto*、*Cf2*、*Cf9* 基因，水稻的 *Xa21*、*Xa1* 基因，烟草的 *N* 基因，其中有些并不符合经典遗传学上的抗病基因。根癌土壤杆菌介导 R 基因转化到异源植物中后，抗病基因仍表现活性。抗病基因可用来转化植物得到抗病转基因植物。病原物在非寄主上表现不亲和的原因之一是寄主中有决定非寄主抗性的基因。如 *EDS1* 基因是拟南芥对霜霉病菌的 R 基因诱导的信号途径的关键成员，*EDS1* 基因的突变使拟南芥对原先亲和及不亲和的病原物都表现易受侵染，因此推断过量表达该基因能使植物产生抗病性。

2. 植物防卫反应基因 非亲和互作中，病原物激发子诱导植物的主动抗性，防卫反应基因表达，产生修饰细胞壁的结构屏障、抑制子、水解酶类、病程相关蛋白类。目前克隆到的防卫基因有涉及植保素和木质素合成的关键酶基因、几丁质酶基因、β-1,3-葡聚糖酶基因、富含羟脯氨酸的糖蛋白基因、富含甘氨酸的糖蛋白基因、PR 基因等。防卫基因本身结构和功能较复杂，参与的植物内部代谢和生理过程更加难以着手分析。目前一些基因已成功转化植物，并获得抗病植株。

3. 病原物无毒基因　无毒基因编码的产物多是蛋白激发子。植物病理学家利用抗病基因和无毒基因双组分系统这一新策略应用于抗病基因工程。将一对互补的抗病基因和无毒基因置于一个受病原物诱导的启动子之下，共同来转化待改造的植物。受诱导时转基因植物表达两种基因，其产物相互识别后启动植物内在的抗病机制，对病原物产生广谱抗性。这一策略最有望在马铃薯抗晚疫病的基因工程中取得成功。番茄抗病基因 *Cf9* 和番茄叶霉病菌无毒基因 *avr9* 是一对互补基因，马铃薯与番茄亲缘较近，鉴于 *Cf9* 可诱导番茄对叶霉病菌的抗性，考虑 *Cf9* 能在马铃薯中启动植物内在的抗病机制，因此将 *Cf9*、*avr9* 置于马铃薯中被病原菌特异性诱导的启动子 *PRP-1* 后导入马铃薯，以期解决晚疫病对马铃薯造成的巨大损失。

4. 其他基因　其他微生物对植物病原物有拮抗和毒杀作用基因，如从昆虫和哺乳动物中分离到的抗菌肽，与微生物的细胞膜相互作用而有抗菌功能。用抗菌肽的编码基因或人工设计的功能类似基因转化植物，转基因植物获得了对特定病原物的抗性。用动物病原物抗体基因转化的植物，如转洋蓟斑驳皱叶病毒的抗体基因 *scFv* 片段，转基因原生质和植株表现对病毒的抗性，在烟草中同样发现转抗体基因片段后对细菌产生抗性。

5. 利用基因沉默　基因沉默机制能特异的抑制某基因的表达，植物抵抗病毒侵染时可能利用了该防卫机制。科学家将根癌土壤杆菌 Ti 质粒上的致癌基因制成发夹互补结构，转化拟南芥和番茄，转基因植物表现对冠瘿病的高度抗性。因此已知病原物独有的生长或发育中的必需基因，就能通过成熟的基因沉默技术使植物获得抗性。这种机制也可以运用到真菌和线虫的抗性工程中。

（三）单倍体作为育种选择单位

传统的系谱育种法常遇到两个问题，一是这种杂交一代的种子萌发后有 99.9%在子叶期死亡，成活的植株杂混有单倍体和各种非整倍体，可供对改良性状进行鉴定的植株选择频率非常低。二是秋水仙碱加倍的频率通常只有 20%，而且效果不稳定。系谱选育中通常是在加倍后的植株群体中对目标性状进行选择，不仅选择量大，而且具有盲目性，选中的几率非常低，许多研究者试图用 DH 系产生程序取代系谱育种法，以单倍体的配子体作为育种选择单位对待改良的性状进行选择。这一方法的改良除了具有前文所述的优势，可增强选择的目标性之外，由于花药培养可产生大量的单倍体植株，这种选择因而具有很大的数量优势。

单倍体作为育种选择的可行性，必须以性状选择的有效性和准确性为前提。对 *Nicotiana glutinosa* 烟草种 DH 系利用的研究中，分别用加倍体和单倍体植株的离体叶片测定对烟草花叶病毒、线虫（*Meloidogyne incognita*）和野火病的抗性，发现单—双倍体测定的一致性为 90%以上。在对马铃薯 Y 病毒抗性的测定中也获得相似的结果。对黑胫病和赤黑病的研究，均表明离体叶片测定法与苗期和田间鉴定的结果是一致的。

为了把对 DH 系产量性状的改良与单倍体作为选择单位的有效性验证结合起来，先从普通烟和 *N. africana* 间的杂交种子中筛选可存活的单倍体植株，在病圃中测定它们对黑胫病的抗性；从抗病植株取顶芽经生根处理后获得成长植株，由此成长植株的叶中脉取叶蝶经体外培养获得 DH 系，再在病圃中对 DH 系植株作抗病性测定。结果是，单倍体植株与 DH 系植株的抗病反应高度一致。因此，以单倍体为单位选择对多种病原物的抗性具有很高的有效性和可信性，还可以排除异质性显性抗病基因的影响，同时使对 DH 系抗病性的进一步鉴定得到简化。对转基因植物进行单倍体抗病性选择，就把基因工程与细胞工程结合起来了。

二、基因工程

基因工程改造的对象和工作起点是目的基因，所以也叫重组 DNA 技术。植物抗病基因工程利用重组 DNA 技术改良植物抗病性，已成为抗病育种的重要手段。针对小麦、水稻、玉米、棉花、烟草及多种果蔬上的重要病害，抗病基因工程的研究都取得成效。其中，抗环斑病毒的转基因木瓜的成功应用，拯救了夏威夷等地区濒危的木瓜产业。

抗病基因工程已形成成熟的技术流程。通过一系列基因操作把克隆到的、控制抗病性的目的基因用生物、物理或化学的方法导入植物细胞；转基因植物材料经过组织培养与植株再生或直接产生种子，借助分子鉴定筛选出转基因植物品系；按照严格的试验规范，对转基因植物品系的抗病性、安全性与生产适应性进行试验，产生抗病品种。

（一）植物转化和表达单元

目的基因适当加工和重组，形成完整的功能单元，才能被转移到植物中并在植物的遗传背景下表达并发挥功能。这需要有一个植物转化和表达载体，靠它携带目的基因，协助目的基因转入到植物并在植物中表达。常用的生物载体有来自根癌土壤杆菌和病毒的质粒及不同来源的转座子，这些载体插入了目的基因后，就称为植物转化和表达单元或植物转基因单元。完成该单元的构建需要一系列 DNA 操作，不少步骤依赖限制性内切酶和连接酶来完成。一个构建好的植物转化与表达单元包括 5 种基本元件。

1. 启动子 启动子用来带动目的基因的表达。较常用的是花椰菜花叶病毒（CaMV）35S 启动子，也可以使用植物内源启动子。植物内源启动子有组成型和诱导型，还有组织器官专化性，表达调节很复杂，多用作与其他生物来源的启动子构建嵌合基因。特殊启动子有病菌侵染诱导启动子、组织器官专化表达启动子。实践表明，在目的基因前加 2～3 个启动子，可提高目的基因的表达强度。

2. 目的基因 目的基因可以来自任何植物、微生物甚至动物，可以用多种 PCR 方法和图位克隆法得到，通常插到启动子的后面。

3. 转录起始与终止元件 目的基因的 5′和 3′末端要包括转录起始密码子和终止密码子，终止密码子后面还要加入转录的加尾序列（通常是 AATAAA），这样可以保证正常转录与终止，形成有活性的 mRNA 链。

4. 内含子和增强子 内含子是真核生物基因组结构特点之一，参与转录而在 mRNA 中被剪除。增强子是基因非编码区提高启动子活性的序列。内含子和增强子在多数情况下是基因产物功能非必需的。某些载体在目的基因的适当位置插入内含子或增强子序列，可使目的基因表达量提高几十到几百倍。

5. 选择标记基因和报道基因 选择标记基因主要编码抗生素或非抗生素类的特殊化合物，用在含选择性浓度的抗生素或特定营养物质的培养基上对阳性重组体进行筛选。报道基因与目的基因相连，本身的表达可定量检测，多数产物可以染色，定量和直观地反映目的基因在受体中的表达。

（二）植物转化

把含有目的基因的植物转化和表达单元引入植物的过程称为植物转化。转化技术大致分为两类，即生物载体介导的基因转化和无载体介导的或直接的 DNA 转移技术。在生物载体介导的基因转化过程中，首先要用含有目的基因的植物转化和表达单元转化根癌土壤杆菌或病毒，然后再通过土壤杆菌或病毒的介导来转化植物。目的基因被转移并整合到植物基因组后，就称为转基因（transgene）。

1. 土壤杆菌介导的转化 根癌土壤杆菌含 Ti（tumor-induced）质粒，质粒上的 T-DNA 区会整合进入植物基因组，T 区的左右两端尤其是右端的反向重复序列起主导作用，*vir* 区则协助 T 区的转移。Ti 质粒和发根土壤杆菌（*Agrobacterium rhizogenes*）的 Ri 质粒经过修饰后，去掉引起植物病害的部分基因，不能诱导瘤或发根的形成，从而用于植物转化和转基因表达，所以称为缴械质粒。目前转化中使用的土壤杆菌载体有共整合载体、双元载体，前者需要位于供体载体的目的基因经同源重组到缴械的 Ti 质粒上，后者中存在着两种质粒载体，含 T 区（夹带目的基因）的穿梭载体及含 *vir* 区的辅助质粒。土壤杆菌介导以缴械 Ti 质粒或 Ri 质粒为基础构建的植物转化和表达单元。

对植物的外植体如细胞原生质体、愈伤组织、完整或部分器官进行接种和转化包括侵染受伤植株、共培养、叶蝶转化和花序渗入 4 种方法，都需要首先制备转化的土壤杆菌细胞悬浮液，然后用悬浮液处理外植体。悬浮液中经常加入帮助附着和渗透的表面活性剂，如吐温-20 和 Silwet-77。

侵染受伤植株属传统方法，幼苗摘去顶芽后，在形成的新鲜伤口表面接种过夜培养的土壤杆菌。接种处形成的瘤切下作愈伤组织培养，筛选后进行再生。共培养方法，先分离原生质体，在细胞壁重建时期的悬浮培养液与土壤杆菌共培养 24～40h 和 100 个细菌/原生质体，接着连续几天在含选择剂的培养液中共培养发生转化。叶圆片转化法使用新长出的叶子，切下部分组织在土壤杆菌悬浮培养液中共培养适当的时间，然后依次转接到土壤杆菌可生长的固体培养基、抑制菌生长的培养基，含合适抗生素的筛选转化子的培养基，筛选到的外植体再重生成植株。花序渗入法在转化拟南芥时最常用，借助真空泵压力，把土壤杆菌细胞悬浮液送到发育中的花序。土壤杆菌转化系统在双子叶植物中应用较广，T-DNA 可以整合很大的片段，拷贝数低，可稳定地遗传给后代。单子叶植物不易转化，已运用一些方法如加入乙酰丁香酮等加以改善，水稻、小麦等植物都有成功转化的例子。

2. 病毒介导的转化 病毒基因在植株细胞内高效率复制转移和迅速侵染全株而有望成为理想的转基因载体。最早的植物病毒载体是用烟草花叶病毒构建的，随后一年马铃薯 X 病毒也被成功改造。这两类载体存在下列缺点：插入序列容易在病毒复制和转移的过程中丢失；在病毒基因组 RNA 全长的 cDNA 克隆中插入目的基因后，要在试管内转录获得用来接种植物的 RNA，这一步非常昂贵且得到的量很低；重组病毒在自然界扩散的可能性很大。解决办法之一，是把病毒的基因组构建在 35S 启动子控制之下的转基因单元转化植物，转基因的表达产生病毒 RNA，然后按照病毒的方式复制，感染全株。植物细胞中都会有转入基因，所以不必担心序列丢失。但病毒的复制受其自身诱导的基因沉默现象的制约，使植物细胞中 RNA 的含量反而低于用试管转录出的 RNA 感染原生质体。日本科学家尝试用可诱导的启动子来控制植物病毒转基因，使其在植物生长到一定阶段时表达，克服基因沉默，让目的基因适时发挥作用。

3. 非载体介导及直接转化方法 非载体介导及直接转化方法包括化学物质介导转化法和物理转化法。化学物质聚乙二醇（PEG）可介导转化，目标植物原生质体悬浮于含目的

DNA 的介质中，用20%浓度的相对分子质量为4 000～6 000的 PEG 在 pH8～9 下促进 DNA 的摄取使细胞转化。PEG 法使用较多，费用低廉，实验结果较稳定，重复性较好，只是有些植物的原生质体对 PEG 处理很敏感。磷酸钙共沉淀法、聚-L-鸟氨酸（PLO）法也有运用。物理转化法有多种。电穿孔法利用新鲜分离的原生质体在高压电脉冲作用下在质膜上形成可逆的瞬间通道，促使外源 DNA 的摄取。此法操作简便，特别适用于瞬间表达的研究，但易造成原生质的损伤，仪器也较昂贵。微注射法是先将原生质体或培养的细胞固定在琼脂、低熔点的琼脂糖中，用极细的毛细管将一定量的 DNA 注入细胞内。微注射法目前已形成一整套完善的技术，转化效率高，无须特殊的选择系统，无土壤杆菌宿主范围的局限性，但精细的显微操作技术要求极大的细心和耐心。基因枪法又称微弹轰击法，将 DNA 或构建好的 Ti 质粒嵌合载体包被在微小的金粉或钨粉表面，在高压的作用下穿透受体细胞或组织，外源 DNA 随之进入细胞，整合进基因组中并进行表达。此法避免了分离培养原生质体的复杂程序，可直接转化各种外植体、愈伤组织及胚性细胞器。另外，花粉管导入法是使目的基因通过受体植物萌发的花粉管进入胚囊，实现与胚囊细胞的结合，整合到细胞核中。这些方法需要根据植物种类与试验条件选择使用。

（三）转基因植物的筛选鉴定与应用试验

转化后的植物外植体要在含抗生素的培养基上进行组织培养，经过愈伤组织阶段，得到再生植株，由再生植株产生 T_0 代种子；用花序渗入法和花粉管导入法转化的植株则直接产生 T_0 代种子。加到培养基中的抗生素其抗性基因已经构建到转基因单元中。T_0 代种子在含抗生素的培养基上筛选，含转基因的种子成长为原生苗，原生苗移栽到土壤中以后，结的种子为 T_1 代种子。其后再经过类似筛选，得到 T_2 代种子。从 T_0 到 T_1 代种子都要经过自交，所以对异花授粉的植物要套袋防止杂交。T_0 代种子是混合的，有的含转基因，有的不含。T_1 代种子是杂合的，T_2 代种子是纯合的；如果转基因在植物中只有 1 个拷贝，T_1 和 T_2 代种子表达与不表达转基因的比例分别是 3∶1 和 100%。种子或植株的转基因拷贝数，通常由特定的酶切及 PCR 或 Southern 杂交进行鉴定。转基因是否表达，除了根据种子是否能在抗生素培养基上长成幼苗，还可以用 RT-PCR 法或 Northern 杂交来检测，同时根据报道基因加以验证。这些分析方法，通常还用于对愈伤组织和各代幼苗转基因的稳定性及其表达进行跟踪检测。

经过以上程序选出的转基因植株要经过室内和田间试验，测定抗病性和有关性状。纯合的转基因种子经过田间试验后，可确定为转基因品系。田间试验的另一个重要内容是对转基因品系进行安全性评价，对此，国家有严格的要求和规范。

三、细胞工程

植物抗病细胞工程是指通过细胞或组织培养改造植物的抗病性，产生抗病再生植株并最终培养出抗病新品种的过程。新的抗病基因源的产生、原有抗病基因的易于改造、不需要分离和改造基因，是细胞工程的 3 大优势。

（一）细胞工程中基因变异的途径

细胞工程利用两种途径产生基因变异，即无性系变异与配子体单克隆系变异。原生质体融合（体细胞杂交）可以改善植物种间杂交的不亲和性，使种间、野生种、甚至属间抗病基因向作物栽培品种的引入成为可能，对雄性不育的利用尤为重要。当以双倍体的体细胞为材料进行培养时，这种变异就称为无性系变异（somatic hybridization，SV）。在通常的细胞或组织（双倍体体细胞）培养过程中，也有无性系变异发生。无性系变异包含可供选择的抗病性变异，而它可以与胁迫变异相加权而提高抗病性变异的程度和选择频率。配子体单克隆系变异（gametoclonal variation，GV）发生在单倍体的配子体（如花药）细胞系培养过程中，包含可以利用的基因变异，更重要的是作为单倍体育种的一种技术，可以对变异的基因在单倍体（1条染色体）和纯合的双倍体（dihaploid）上进行鉴定，它不仅使隐性的变异基因得到选择，还可以通过加性变异（重复培养）淘汰不良性状并强化目标性状。在许多研究中，施加不同因子处理可增加无性系变异和配子体单克隆系变异的频率和程度，又可诱发新的变异。细胞工程对这些基因源的改造和利用包括抗病基因的选择或诱发它们在再生植株上表达及向后代遗传到品种化等一系列过程，在不同的病害中已形成一整套技术。下面着重讲述无性系变异的发生、筛选和抗病性鉴定，对无性系变异的利用情况以及配子体单克隆系变异作为单倍体育种的基础等方面的研究情况。

1. 体细胞杂交与无性系变异　体细胞杂交即原生质体融合，用不同种类的细胞壁降解酶处理植株细胞而得到裸露的原生质体，然后经体外培养促进细胞壁再生、细胞生长和分化与植株的再生。在适当的条件下，来自不同种的原生质体可以融合产生细胞杂合子。原生质体融合法可以产生对病原物和各种环境胁迫具有抗性的细胞杂合子。

从理论上讲，体细胞杂交技术作为向栽培作物转移多种（抗病）基因的方法具有极大的潜力。第一，由于亲本的原生质体是双倍体，或拥有体细胞染色体数，这就在遗传上保证了种间体细胞杂合子至少是部分可育的。第二，体外培养技术可以做到仅对培养的细胞施加有利于杂合细胞生长的选择力，并可以对不易存活的杂合子进行营救处理以增强其存活力。第三，原生质体融合程序可以导致来自两个种的细胞器的混合，而雄性不育或雄性可育受细胞质而非核遗传基因的控制，因此这一技术雄性作为雄性不育的转移方法具有特殊意义。

由原生质体融合程序已经获得不同类型的体细胞杂合子的再生植株，包括两个亲本间细胞器的融合或杂合子含有一个亲本的细胞核而补以另一个亲本细胞器等情况。后一种情况表明细胞质携带的雄性不育可通过原生质体融合从一个种转移到另一个种。基本做法是，作为细胞质供体的原生质体经适量的X射线处理，在不发生细胞器损失的情况下消除细胞核的整合；射线处理后的原生质体再与基因型待转化为雄性不育的原生质体（受体）融合；胞质雄性不育以及与其连锁的基因（如线粒体携带的基因）间重组的发生，可在再生植株上得到表达。利用这一程序可以获得具有新型雄性不育或雄性可育的种间体细胞杂合子的再生植株，这种再生植株的细胞壁也同时表现出两个亲本的特征。

体细胞杂交技术虽具以上多方面的应用潜力，但在实践上对改良烟草性状的价值目前还非常有限。主要问题是体细胞杂合子的存活能力很低，大多数不能存活到种子阶段，甚至有少数杂合子只能存活几个细胞周期。普通烟与 *Nicotiana repanda* 间的体细胞杂合子虽然可以从后一个亲本中获得对多种病害具有高抗能力的基因，但在接合子阶段就死亡了。体细胞杂合子的存活有两个条件，一是两个亲本在体细胞杂交中的总体亲和力比较强，种间体细胞杂交容易发生；二是对难以保持持续存活能力的杂合子胚胎施行体外营救处理。将普通烟与 *Nicotiana nesophila* 进行体细胞杂交，得到了两类体细胞杂合子。其中一类可借助一般育种措施而获得后代植株；另一类含有来自后一个亲本的抗黑胫病基因，需在一般杂交程序之后，对体外培养的细胞进行特殊处理，或促使未成熟胚萌发才能获得有存活力的种子。

种间染色体的非同源性是遗传学上的根本限制，这使得种间染色体难以获得对等重组，导致杂合子难于产生，或者即使产生了杂合子，其重组基因的表达也往往难以协调。因此，着眼于改善非同源染色体间的亲和性，在杂合子阶段前就进行营救，有可能从根本上解决杂合子的自我致死问题。对不同的杂交组合来说，营救措施有必要施用于从体细胞培养到再生植株产生种子这一整个过程。目前人们已从调节细胞培养的外加激素、离子等条件来实现这一目的，同时对培养细胞和杂合子的跟踪检测方法也做了不少研究。

体细胞杂交后培养过程可以导致无性系变异。无性系变异被定义为由体外培养而产生的再生植株的基因变异，包括染色体数目的变异、染色体结构畸变和基因突变3种类型。体细胞较植株发生这种变异的频率增高；从单倍体植株的叶蝶长成的枝条表现出高比率的可育性，而且培养和再生过程中可以自行发生染色体的加倍。因此，体外培养现已被用作烟草单倍体和种间杂合子加倍的手段。另外，体外培养中还发现各种非整倍体，约占再生植株的10%，需借助细胞质分析法加以鉴定和剔除。染色体结构畸变包括染色体互换、倒位、亚染色体交换和缺失等多种类型。单一基因的突变发生的频率通常很低，约每10^6个细胞分裂发生1次。研究表明，体外培养可以提高基因突变的频率，这对作物基因的改良显然是很有用的。

2. 自发变异　无性系变异在多种作物上都有发生，而且由多种外植体如愈伤组织、原生质体、胚细胞及分生组织，经培养都可得到各类变异体。据统计，在由离体培养得到的突变体中，有56%是自发突变，另44%是经诱变处理得到的。有人认为通过组织培养得到的变异与有性繁殖产生的变异没什么不同，但许多研究者发现组织培养产生的变异类型远多于有性繁殖过程的变异类型。变异可以发生在单基因控制的性状上，也可以发生在多基因控制的性状上，并可同时发生在胞质基因和核基因控制的性状上，变异类型有染色体数目变化、染色体异位缺失、倒位等结构变化点突变。这些无性系变异类型产生的原因尚未清楚，但普遍认为组织培养用的激素如2，4-D、细胞分裂素既可以导致染色体数目变化，又可使染色体畸变；也有人认为变异部分是来自外植体细胞中早已存在的突变。

3. 诱发变异　诱变处理通常可以提高材料的变异率，一般比未经诱变处理的细胞群高几倍到几十倍；通过诱变处理还能获得在自发变异中极难产生的新的变异。诱变因子的种类依材料及选择目的不同而不同。在常用的诱变因子中，物理诱变因素有X射线、γ射线、紫外线和中子辐射等，化学诱变因素有甲基磺乙酯（EMS）、亚硝基乙基脲（NEH）、N-甲基-N-硝基-N-亚硝基胍（NG）、亚硝基甲基脲烷（NMU）、叠氮化钠（NaN_3）和乙烯亚胺（EI）等。近年来，我国生产的平阳霉素被认为是一种有效的强诱变剂，诱发蚕豆根尖染色体畸变频率比EMS和EI都好，但在诱发植物细胞突变方面尚未见报道。

（1）配子体单克隆系变异（GV）　花药体外培养可从微孢子或未成熟花粉产生大量的单倍体植株，染色体加倍后产生同源的加倍单倍体（doubled haploild），这种加倍的单倍体植株群体及其后代被称为DH系（dihaploid line）。这一技术作为烟草基因源的利用途径具有很大价值，表现出5个方面的优势。

①变异的可加性：对来自普通烟品种的DH系农艺性状以及*Nicotiana sylvestris*近缘系的最初研究表明，DH系产生程序可导致不可预测的基因变异。对第一个周期的DH系重复花药培养过程，可使基因变异继续发生，同时使第一周期发生的变异基因的表达加强。这就可以对理想的基因变异进行定向选择，同时可对伴随的不良性状进行改良。

②农艺性状简化：对 *N. sylvestris* 近缘系的研究表明，DH 系产生程序可使农艺性状的表达得到简化，有利于对抗病性的单目标选择。DH 系的基因互作关系比较简单是性状简化的主要原因。同时，农艺性状的简化还可通过对单倍体的定向选择实现。

③隐性突变基因和多抗基因型组合的表达：花药培养中隐性抗病性基因突变，可在高度同源的 DH 系基因中得到表达。对高感马铃薯 Y 病毒（PVY）的烟草品种 McNair944 的单株进行花药培养，得到了对 PVY 坏死株系（NN）表现耐病的单倍体植株，加倍后的 DH 系定名为 NC602。它对 PVY 的其他株系和烟草蚀纹病毒（TEV）不具耐性和抗性，这种抗性和耐性存在于烤烟品种 Virgin A 突变体（VAM）中。VAM 的抗病（耐病）基因与 NC602 的 NN 耐病基因同为隐性但非等位关系，把这两种基因结合后对 PVY 的各种株系表现广泛抗性。另一个品种 NC152 是 *Nicotiana africana* 花药培养产生的 DH 系，它带有对 TEV 和 PVY 的双抗基因（TPR）。TPR 是显性基因，但与 NC602 的耐 NN 基因和 VAM 的抗 PVY 基因不是等位关系。如果把这 3 个基因结合在 1 个基因型中，可以获得对各种病毒的广泛抗性或耐性。

④基因变异的稳定性：多种研究表明，DH 系的产生过程中的基因变异一般发生在核染色体上，伴随着染色体的扩增，但染色体数目不变。这就使得染色体加倍易于进行，同时使得 DH 系基因组成稳定。

⑤可控性：花药细胞悬浮培养易于定量和控制，还可在染色体加倍处理中施行控制。有研究表明，控制秋水仙碱的施用量，可以获得预期的加倍效果。

（2）*问题和解决方法*　DH 系产量严重降低是配子体单克隆变异利用中的限制性问题。来自烤烟品种 NC95 花药培养的自交系 NC95-DH 与亲本自交后代相比，产量降低 25%；上述 NC602 较其亲本 McNair944 产量也显著降低。常用体外重复培养的方法克服这一缺陷。对烟草 NC95-DH 重复 3 个周期的花药培养程序，可使产量达到 NC95 的水平；对 NC602 作同样处理，也获得类似效果。重复培养对 DH 系的增产作用是变异的可加性所致，还是产量性状的表达对 DH 系产生程序适应的结果，目前还在研究。

（二）抗病细胞系的定向选择

无论是自发的无性系变异还是无性系产生过程中诱发的变异，都包含抗病性的变异类型。在不同植物上已形成一套技术，用于鉴定和筛选有利用价值的体细胞无性系变异。

1. 胁迫选择　胁迫选择是指在细胞系产生过程中施加病原物因素增强变异而获得抗病细胞系的过程，而从细胞系到再生植株，因植物和病害的不同，可以用病原物直接接种或致病分子处理而进行抗病性鉴定。抗病性变异胁迫选择的方法有 3 种：①用病原物接种体外培养产生的再生植株；②用常规剂量的病原物毒素对有繁殖能力的细胞（表明抗毒素）加以筛选；③用病原物接种培养的细胞或愈伤组织。方法的选用应以抗病性基因表达的阶段而定。由普通烟和 *N. africana* 杂交的后代经体外培养产生的加倍的单倍体无论在组织培养阶段还是在再生植株阶段均对烟草矮花枯萎病毒（TSWV）表现抗性；由普通烟和 *N. plumbaginifolia* 杂交产生的杂合子同时带有来自两个亲本的抗黑胫病基因，它们的表达情况与上相似。在这种情况下以上述 3 种方法均可用。对霜霉病抗和感的烟草基因在愈伤组织阶段均不表达，显然不能用方法②和③进行测定。

方法②在操作和抗病性定向选择两方面均有很大的优越性。一是植物细胞既可定量，又可获得很高的群体用于选择；二是可通过调节毒素的施加量对细胞进行定向选择。用作用机制和效应与野火菌毒素和赤星毒素相似的物质——硫代肟基甲硫氨酸（MSO）施用于敏感的烟草培养细胞，已筛选出抗野火病和赤星病的再生植株。国内用病原物毒素对诱变后烟草培养进行选择，已筛选出了对黑胫病具有抗性的细胞系。抗病性定向选择是以细胞系或它的再生植株及其后代对病原物或致病因子的反应表型为依据筛选抗病性强的细胞系或植株个体，同时包括对不良变异的淘汰。

对离体培养的细胞群体接种病原物，是选择抗病突变体最直接的途径，但目前很少应用，主要原因有二：一是对离体细胞处理难以一致，在健康愈伤组织上或培养细胞上接种病毒，接种率最高达90%左右，而病原真菌、细菌也不可能均匀地侵染愈伤组织的每个细胞；二是胁迫处理梯度不好控制，容易把所有细胞杀死，有的甚至是抗病品种的组织在培养中也有病原物生长。为克服接种不全面的缺点，前人在研究烟草抗马铃薯X病毒（PVX）时，首先进行体内接种，然后从系统感染PVX的烟草植株上取外植体进行组织培养，获得了4 000株再生烟苗，经测定大约有8%的植株体内不含PVX病毒粒体，但仅有1株对PVX表现抗性，表明病毒侵染并不能有效地诱发植株的抗病性。前人在研究烟草抗烟草花叶病毒（TMV）的黄化株系时，预先使烟草在高温、高湿、黑暗条件下长成黄化苗，然后接种病毒，待系统侵染后用γ射线照射处理烟苗，从该处理过的植株上取材料，通过组织培养得到了7株抗TMV黄化株系的再生株，抗病性表现为限制病毒在体内的增殖和扩增速度，显症时间推迟3～8周，而且抗病性可以遗传。在此法中，物理诱变的作用主要被用于抗病毒突变或增加它的频率（加权性）。

在植物真菌和细菌病害中，用病原物作为筛选因子的许多研究结果不一。用 *Phoma lingam* 及 *Plasmodiophora brassicae* 的孢子处理小油菜的愈伤组织，不能筛选出抗病突变系。但用 *Fusarium oxysporm* f. sp. *apii* 成功地筛选出了芹菜抗病突变体，虽然未弄清在选择过程中起主导作用的是病原物本身还是其代谢产物。从系统感染霜霉病菌（*Sclerospora graminicola*）的谷子幼花序上取材料，经组织培养也筛选出了抗霜霉病的再生株。这些研究说明，病原物是可以用来作为筛选因子的，但依病原物种类而变化。

病原物毒素作为抗病性筛选因子的作用依赖于它作为致病因子或感染诱导因子的作用，对毒素的抗性与对病原物侵染的抗性相一致。以毒素代替病原物作为筛选因子有许多优点：很容易把病原物与植物组织（细胞）分开培养；毒素易于传导，可均匀地分散在培养基或培养液内，并可以控制选择浓度。许多研究者用毒素筛选都成功地获得了抗病的再生株，而且抗病性是可遗传的。

类毒素化合物有与毒素相同或相似的结构基因，可以代替毒素作为筛选因子选出毒素突变体。前人用与烟草野火病毒（*Pseudomonas tabaci*）毒素结构相似的化合物蛋氨酸磺基肟（methionine sulfoximine）为筛选因子，从经过甲基磺酸乙酯（EMS）诱变处理的单倍体烟草细胞中筛选出了野火病突变体，抗病性可通过二倍体再生植株遗传给后代。

毒素选择法能够选出高抗病水平的突变体，但需要几个条件。首先，为确保用毒素筛选出的抗毒素外植体的再生植株具有抗病性，在使用毒素前，必须搞清楚毒素在病程中的作用，即毒素是否引起典型症状。其次，需要弄清楚病原物在寄主体内外产生的毒素是否一致。能产生毒素的病原物有100多种，产生寄主专化性的毒素很少，而且有些毒素在病程中的作用尚不明了，这必然限制了用毒素选择突变体的范围。有的毒素如尾孢素（cercosporin）尽管在病害中起主导作用，但用它很难筛选出抗毒素细胞系。尾孢素是一光敏型毒素，可被光活化产生活性氧，氧化细胞膜上的不饱和脂肪酸，改变膜流动性引起膜渗漏，导致细胞死亡，目前无论使用何种材料及是否诱变，都未分离出抗毒素突变质系。

2. 非胁迫选择　由于并非所有的病原物都可产生特异毒素以及病原物作为筛选因子的种种限制，非胁迫选择就成为筛选抗病突变体的另一种方法，而且有不少成功的例子。这种方法的依据是体细胞无性系的多向性和可遗传性。有些研究表明，非胁迫选择与用毒素或病原物胁迫选择的结果无差异。利用该方法最成功的例子是在甘蔗抗病育种上，对高感斐济病毒（Fiji disease virus）的品种 Pindar 进行筛选，培育出了抗病且高产优质的 Ono 栽培品种，已应用于生产实践。

非胁迫选择法有许多优点。离体培养的细胞本身可以发生高频率的突变，对获得突变体显然是一个有利的条件。用病原物或毒素筛选抗病突变体并非适用于所有的病害，且需要首先明确病原物与寄主的关系、毒素的作用及胁迫条件等，而直接对再生株作抗病性选择就无须关心这些问题，也不必研究细胞水平与整株水平抗性是否有差异。

抗性鉴定工作量大，难于筛选抗病突变体株是非胁迫选择法一个主要的缺点。当施用胁迫因子时，在细胞水平可进行定向初步选择，一般抗毒素的突变细胞系，其再生株抗病可能性要大；而在成株期筛选抗病突变体，工作量大并且有时劳而无功。如前人曾从高感锈病的甘蔗品种 B_{4362} 培养出70 000株再生苗也未筛选出 1 株有抗性者。与此相似，有人从甘蔗 6 个高感黑粉病的品种诱发再生植株30 000株，也未筛选出 1 株抗病性较好的突变体。

四、生物农药研制技术

（一）基因农药

生物源农药指直接利用生物活体或生物代谢过程中产生的具有生物活性的物质或从生物体提取的物质作为防治病虫草害的农药，包括植物源、动物源、微生物源等具有农药生物化学活性的化合物。生物源农药基因工程是对具有农药活性的化合物改造表达的过程，通常的工作步骤包括：克隆控制该类化合物合成的关键基因，构建微生物或植物表达载体，然后转化微生物或植物，最后以不同方式制取产物。

自然界中存在一些植病防治微生物，能抑制和干扰植物病原微生物的活动，机理有如下几种：向环境中释放一些化学物质即抗生素抑制其他微生物的生长，土壤中很多微生物菌种中存在这样的拮抗作用；可寄生在植物病原微生物体内，影响病原微生物的正常生理活动；微生物间争夺有限的营养和生存空间而相互竞争和抑制；与植物共生的真菌在植物体外形成外生菌根，保护植物免受其他病害的侵染。在生物防治中，很多具有上述功能的微生物被制成菌剂向田间投放，取得了良好的防治效果。

很多真菌、细菌和放线菌可产生有活性的能以极小的浓度选择性抑制或杀灭其他微生物、抑制酶活性的抗生素。农用抗生素用量少，半衰期短，不易在植物体内积累，对环境无污染。井冈霉素是吸水链霉菌井冈变种产生的一种葡萄糖苷类抗生素，广泛用于水稻纹枯病的防治；绿色木霉产生的抗生素对茄丝核菌等多种病原物有抑制作用；假单胞杆菌属的很多细菌能产生硝吡咯霉素；生活在洋葱鳞茎中的 *Pseudomonas gladioli* 对萎蔫病菌有很好的抑制作用，防治草莓、黄瓜、西瓜的萎蔫病及白绢病时可在植物四周种植接种该假单胞的洋葱。另外，防治真菌病害还有灭瘟素、春雷霉素、多抗霉素、农抗 120、中生菌素等。

抗生素有广阔的应用前景，但微生物种类繁多、数量庞大、变异复杂多样，筛选的劳动强度很大；找到合适的目标菌株后，面临抗生素的大规模发酵生产的问题。一种抗生素的合成通常包括10～30个独立的酶促反应步骤，克隆某一特定抗生素生物合成的全部基因是很难的。通常采用功能互补法，把能产生该抗生素的野生型菌株的核DNA酶解，建立基因文库，再分别将文库转化到一种或多种丧失产生该抗生素的突变体菌株中，筛选能产生抗生素的重组子，得到的质粒DNA作为探针从更大的野生型菌核基因组中筛选质粒DNA附近的可能参与抗生素合成的基因；也可通过抗生素合成酶的序列人工合成简并DNA引物来筛选核基因文库，克隆基因。研究人员若用DNA重组技术对现有抗生素生物合成途径中的基因进行改造，就可能产生一些具独特性质的、专一性的新型抗生素。另外，还可以通过DNA重组技术达到提高抗生素产量生产效率问题，如利用链霉菌产生抗生素常受氧含量的限制，从改进生物反应器的设计结构入手，从嗜氧菌中克隆到跟真核生物血红蛋白类似的血红素基因，转到链霉菌的质粒载体上，改进链霉菌对环境中氧的利用效率。但是，抗生素的大量使用必然导致抗药性的产生，新的问题不断涌现，期待有更新、更巧妙的生物技术手段去解决。

（二）重组微生物技术

重组微生物技术以DNA重组技术为核心，通过微生物基因元件的重组，构建理想的工程菌，直接用于作物病害防治。重组微生物农药、肥料、饲料用酶在农业上都有应用，获准在田间释放。在植物病害防治中有以下成功的案例。土壤杆菌属的放射性土壤杆菌（*Agrobacterium radiobacter*）K84菌株分泌的土壤杆菌素84迄今运用最多也最成功，它能抑制含胭脂碱型Ti质粒的根癌土壤杆菌，达到防治根癌病的作用。但是，曾经在田间施用发现治病能力大幅下降，找到原因是K84细菌细胞内含有质粒pAgk84，其上携带有一段控制质粒转移的基因 *tra* 和土壤杆菌素抗性基因。*tra* 能使抗性质粒转移到致病的 *A. tumefaciences* 中，病原菌株因此获得对土壤杆菌素的抗性，从而使放射性土壤杆菌K84的防治能力大为下降。解决这一问题的方法是将pAgk84质粒上的长约5.7kb的 *tra* 基因敲除，土壤杆菌素的合成能力依然存在，这样改造后的重组菌有良好的防病效果。另外，荧光假单胞菌CN12对小麦全蚀病有明显的抑制作用，运用转座子诱变的方法进一步获得了抑菌效果大幅度提高的重组菌。目前，可以通过重组微生物技术加以生产利用的基因非常丰富，上文涉及的harpin和elicitin都是其中比较成功的例子。

思考题

1. 植物病害控制可以通过哪些环节来实现？

2. 利用抗病品种控制病害是最经济、有效和安全的措施之一。是否所有的植物病害均可以通过使用抗病品种来解决？为什么？

3. 谈谈抗病品种使用多年后抗病性下降甚至丧失的原因及解决的对策。

4. 植物病害生物防止的依据是什么？依赖哪些原理？各采用哪些研究方法？

5. 可用于植物病害控制的生物技术途径有哪些？各自的技术原理是什么？

6. 开展植物病害生物技术控制研究的策略有哪些？

附　　录

附录一　植物病害中英文名称及病原物学名

附表 1 按植物病害中文名称汉语拼音字母升序排列，病害名称与病原物学名主要依据 http：//www. apsnet. org/，选择 Publications，点击 Common Names of Plant Diseases 选项；细菌学名根据《伯杰氏系统细菌学手册》（Bergey's Manual of Systematic Bacteriology）第二版予以更新。病原物属名首字母相同的情况很多，某个属名第一次出现时用全称；第二次出现时，在确保不会混淆的情况下用首字母缩写，否则一律用全称。如果一种病害有 1 种以上病原物，最重要的病原物先列出，学名之间用分号隔开。病害异名放入括号，病原物拉丁异名用等号表示。

附表 1　植物病害中英文名称及病原物学名

病害中文名称	病害英文名称	病原物拉丁名或英文名
板栗干枯病	chestnut blight	*Cryphonectria parasitica*
菠萝黑腐病	pcineapple black rot	*Chalara paradoxa*
菠萝黑心病	pcineapple black heart rot	*Thielaviopsis paradoxa*
菠萝小果褐腐病	pcineapple fruitlet brown rot	*Erwinia ananas*
菠萝心腐病	pcineapple heart rot	*Phytophthora parasitica*
菜豆白粉病	bean powdery mildew	*Erysiphe polygoni*；*Sphaerotheca fuliginea*
菜豆胞囊线虫病	bean cyst nematode	*Heterodera glycines*
菜豆根线虫病	bean root nematode	*Heterodera schachtii*
菜豆猝倒病	bean damping-off	*Pythium aphanidermatum*
菜豆根结线虫病	bean root-knot nematode	*Meloidogyne arenaria*；*M. hapla*；*M. javanica*
菜豆褐纹病	bean cercospora leaf spot	*Cercospora cruenta*；*C. canescens*
菜豆茎腐病	bean ashy-stem blight	*Macrophomina phaseoli*
菜豆菌核病	bean sclerotinia blight	*Sclerotinia sclerotiorum*
菜豆普通花叶病	bean common mosaic	bean common mosaic virus；subterranean clover red leaf virus
菜豆霜霉病	bean downy mildew	*Phytophthora nicotianae*
菜豆炭疽病	bean anthracnose	*Colletotrichum lindemuthianum*；*Glomerella lindemuthiana*
菜豆褪绿斑驳病	bean chlorotic mottle	bean chlorotic mottle virus
菜豆细菌性疫病	bean bacterial common blight	*Xanthomonas phaseoli*
菜豆锈病	bean rust	*Uromyces appendiculatus*
草莓灰霉病	strawberry gray mould	*Botrytis cinerea*
葱紫斑病	onion violet leaf spot	*Alternaria porri*
大豆胞囊线虫病	soybean cyst nematode	*Heterodera glycines*
大豆豆荚斑驳病	soybean pod mottle	bean pod mottle virus
大豆根结线虫病	soybean root knot nematode	*Meloidogyne arenaria*
大豆和性花叶病	soybean mild mosaic	soybean mild mosaic virus

（续）

病害中文名称	病害英文名称	病原物拉丁名或英文名
大豆褐斑病	soybean brown spot	*Septoria glycines*
大豆花叶病	soybean mosaic	soybean mosaic virus
大豆灰斑病	soybean frogeye leaf spot	*Cercospora sojina*
大豆荚枯病	soybean pod blight	*Macrophoma mame*
大豆菌核病	soybean sclerotinia stem rot	*Sclerotinia sclerotiorum*
大豆枯萎病	soybean fusarium wilt	*Fusarium oxysporum*
大豆立枯病	soybean rhizoctonia root	*Rhizoctonia solani*
大豆霜霉病	soybean downy mildew	*Peronospora manshurica*
大豆菟丝子	soybean dodder	*Cuscuta chinensis*
大豆褪绿斑驳病	soybean chlorotic mottle	cowpea chlorotic mottle virus
大豆纹枯病	soybean hypochnus blight	*Pellicularia sasakii*＝*Corticium sasakii*
大豆细菌性斑枯病	soybean bacterial blight	*Pseudomonas glycinea*；*P. syringae* pv. *g-lycinea*
大豆细菌性斑疹病（角斑病）	soybean bacterial pustule	*Xanthomonas phaseoli* var. *sojensis*；*Xanthomonas campestris* pv. *glycines*
大豆小菌核病（白绢病）	soybean sclerotium blight	*Sclerotium rolfsii*
大豆锈病	soybean rust	*Phakopsora pachyrhizi*
大豆叶枯病	soybean stemphylium leaf blight	*Stemphylium botryosum*
大豆疫霉根腐病	soybean phytophthora root rot	*Phytophthora sojae*＝*P. megasperma*＝*P. megasperma*
大豆紫斑病	soybean purple spot	*Cercospora kikuchii*
豆类枯萎病	legume fusarium wile	*Fusarium oxysporum*
豆类炭疽病	legume anthracose	*Colletotrichum lindemuthianum*
豆类锈病	legume rust	*Uromyces appendiculatus*
番木瓜黑霉病	pcapaya rhizopus rot	*Rhizopus nigricans*
番木瓜环斑病	pcapaya ring spot	papaya ring spot virus
番木瓜灰褐斑	pcapaya cercospora leaf spot	*Cercospora papayae*
番木瓜炭疽病	pcapaya anthracnose	*Colletotrichum papayae*
番木瓜细菌性软腐病	pcapaya bacterial soft rot	*Pectobacterium papayae*
番茄白粉病	tomato powdery mildew	*Leveillula taurica*；*Sphaerotheca fuliginea*；*Erysiphe polygoni*
番茄斑枯病	tomato septoria leaf spot	*Septoria lycopersici*
番茄斑萎病	tomato spotted wilt	tomato spotted wilt virus
番茄根癌病	tomato crown gall	*Agrobacterium tumefaciens*
番茄根结线虫病	tomato root knot nematode	*Meloidogyne* spp.
番茄根线虫病	tomato cyst nematode	*Heterodera schachtii*；*H. radicicola*
番茄褐斑病	tomato brown spot	*Ascochyta lycopersici*
番茄褐纹病	tomato phomopsis rot	*Phomopsis vexans*
番茄花叶病	tomato mosaic	tomato mosaic virus
番茄灰斑病	tomato gray leaf spot	*Phyllosticta lycopersici*；*Stemphylium botryosum*；*S. lycopersici*；*S. solani*
番茄灰霉病	tomato gray mold	*Botrytis cinerea*
番茄蕨叶病	tomato fern leaf	cucumber mosaic virus；tobacco mosaic virus
番茄溃疡病	tomato bacterial canker	*Clavibacter michiganense* subsp. *michiganense*
番茄立枯病	tomato rhizoctonia rot	*Rhizoctonia solani*
番茄曲顶病	tomato curly top	curly top virus

（续）

病害中文名称	病害英文名称	病原物拉丁名或英文名
番茄霜霉病	tomato downy mildew	*Peronospora tabacina*
番茄炭疽病	tomato anthracnose	*Colletotrichum coccodes*; *C. dematium*; *C. lycopersici*; *C. phomoides*
番茄晚疫病	tomato late blight	*Phytophthora infestans*
番茄叶霉病	tomato leaf mold	*Fulvia fulva*; *Cladosporium fulvum*; *Laetiporus sulphureus*
番茄早疫病	tomato early blight	*Aternaria dauci*; *A. solani*
甘薯白锈病	sweet potato white rust	*Albugo ipomoeae-panduranae*
甘薯疮痂病	sweet potato scab	*Elsinoe batatas*
甘薯根腐病	sweet potato root rot	*Fusarium solani*
甘薯根结线虫病	sweet potato root knot nematode	*Meloidogyne incognita*
甘薯和性斑驳病	sweet potato mild mottle	sweet potato mild mottle virus
甘薯褐腐病	sweet potato brown rot	*Trichoderma koningi*
甘薯黑斑病	sweet potato black rot	*Ceratocystis fimbriata*
甘薯花叶病	sweet potato mosaic	sweet potato mosaic virus A and B
甘薯灰霉病	sweet potato gray mold	*Botrytis cinerea*
甘薯基腐病	sweet potato foot rot	*Plenodomus destruens*
甘薯茎线虫病	sweet potato stem nematode	*Ditylenchus dipsaci*; *Ditylenchus destructor*
甘薯曲顶病	sweet potato curly top	sweet potato curly top virus
甘薯软腐病	sweet potato soft rot	*Rhizopus nigricans*; *Rhizopus stolonifer*
甘薯叶点枯病	sweet potato leaf blight	*Phyllosticta batatas*
甘薯紫纹羽病	sweet potato violet root rot	*Helicobasidium purpureum*
甘蔗白条（叶灼）病	sugarcane leaf scald	*Xanthomonas albilineans*
甘蔗鞭黑穗病	sugarcane culmicolous smut	*Ustilago scitaminea*
甘蔗赤腐病	sugarcane red rot	*Colletotrichum falcatum*
甘蔗赤条病	sugarcane red stripe	*Pserdomonas avenae*; *P. rubrilineans*
甘蔗凤梨病	sugarcane pineapple disease	*Ceratocystis paradoxa*
甘蔗根枯病	sugarcane basal stem rot	*Marasmius plicatus*
甘蔗褐条病	sugarcane stripe mosaic	*Cochliobolus stenospilus*
甘蔗黑腐病	sugarcane black rot	*Ceratocystis adiposa*
甘蔗黑条病	sugarcane black stripe	*Cercospora atrofiliformis*
甘蔗流胶病	sugarcane gumming	*Xanthomonas campestris* pv. *vasculorum*
甘蔗梢枯病	sugarcane sheath rot	*Cytospora sacchari*
甘蔗霜霉病	sugarcane downy mildew	*Sclerospora sacchari*
甘蔗锈病	sugarcane rust	*Puccinia erianthi*; *P. kuehnii*
甘蔗眼斑病	sugarcane eye spot	*Bipolaris sacchari*
甘蔗叶枯病	sugarcane leaf blight	*Leptosphaeris taiwanensis*
柑橘白粉病	citrus powdery mildew	*Odium tingitaninum*
柑橘棒孢叶斑病	citrus corynespora leaf spot	*Corynespora citricola*
柑橘赤衣病	citrus pink mold	*Corticium salmonicolor*
柑橘疮痂病	citrus scab	*Elsinoe fawcettii*
柑橘膏药病	citrus felt disease	*Septobasidium pseudopedicellatum*
柑橘根腐线虫病	citrus lesion nematode	*Pratylenchus thornei*; *P. coffeae*; *P. brachyurus*; *P. vulnus*
柑橘根结线虫病	citrus root-knot nematode	*Meloidogyne incognita*
柑橘黑腐病	citrus black rot	*Alternaria citri*
柑橘黑色蒂腐病	citrus diplodia stem-end rot	*Diplodia natalensie*

（续）

病害中文名称	病害英文名称	病原物拉丁名或英文名
柑橘黄龙病	citrus yellow shoot	*Phytoplasma* sp.
柑橘氯霉病	citrus green mildew	*Penicillium digitatum*
柑橘煤污病	citrus sooty mold	*Capnodium tanakae*；*C. citri*；*C. citricola*
柑橘青霉病	citrus blue mold	*Penicillium italicum*
柑橘桑寄生	citrus loranthus parasite	*Loranthus parasiticus*
柑橘树脂病	citrus melanose	*Phomopsis cytosporella*
高粱长黑穗病	sorghum long smut	*Tolyposporium ehrenbergii*
高粱粗斑病	sorghum rough leaf spot	*Ascochyta sorghina*
高粱大斑病	sorghum leaf blight	*Exserohilun turcicum*
高粱褐叶斑病	sorghum ascochyta leaf spot	*Ascochyta sorghi*
高粱黑穗病	sorghum head smut	*Spoisorium reilianum* = *Sphacelotheca reiliana*
高粱灰斑（紫斑）病	sorghum grey leaf spot	*Cercospora sorghi*
高粱坚黑穗病	sorghum covered smut	*Sphacelotheca sorghi*
高粱散黑穗病	sorghum loose smut	*Sphacelotheca cruenta*
高粱炭疽病	sorghum anthracnose	*Colletotrichum graminicola*
高粱细菌性条斑病	sorghum bacterial leaf streak	*Xanthomonas holcicolas*
高粱细菌性条纹病	sorghum bacterial leaf stripe	*Pseudomanas andropogonis*
瓜类白粉病	cucurbits powdery mildew	*Erysiphe cucurbitacearum*
瓜类灰霉病	cucurbits mould	*Sclerotinia fuckeliana*
瓜类枯萎病	cucurbits fusarium wilt	*Fusarum oxysporum*
瓜类炭疽病	cucurbits anthracnose	*Colletotrichum orbiculare*
核桃黑斑病	walnut bacterial blight	*Xanthononas campestris* pv. *juglandis*
核桃炭疽病	walnut anthracnose	*Glomerella cingulata*
花生矮化病毒病	peanut stunt viral disease	peanut stunt virus
花生白绢病	peanut southern blight	*Sclerotium rolfsii*
花生斑驳病毒病	peanut mottle virus disease	peanut mottle virus
花生大菌核茎腐病	peanut stem rot	*Sclerotinia miyabeana*
花生根腐线虫病	peanut nematode root-lesion	*Pratylenchus brachyurus*
花生根结线虫病	peanut root-knot nematode	*Meloidogyne arenaria*；*M. javanica*；*M. hapla*
花生冠腐病	peanut crown rot	*Aspergillus niger*
花生褐斑（早斑）病	peanut cercospora brown spot	*Cercospora arachidicola*
花生黑斑（晚斑）病	peanut cercospora black spot	*Cercospora personata*
花生黄萎病	peanut verticillium wilt	*Verticillium dahliae*
花生灰霉病	peanut botrytis blight	*Botrytis cinerea*
花生茎腐病	peanut diplodia collar rot	*Diplodia gossypina*
花生茎枯病	peanut stem blight	*Phomopsis sojae*
花生壳二孢叶斑病	peanut ascochyta leaf spot	*Ascochyta arachidis*
花生立枯病	peanut rhizoctonia rot	*Rhizoctonia solani*
花生镰孢根腐病	peanut fusarium root rot	*Fusarium* spp.
花生轮斑病	peanut alternaria spot	*Alternaria alternata*
花生青枯病	peanut bacterial wilt	*Ralstonia solanacearum*
花生炭腐病	peanut charcoal rot	*Macrophomina phaseolina*
花生炭疽病	peanut anthracnose	*Colletotrichum arachidis*；*C. dematium*；*C. truncatum*
花生条纹病毒病	peanut stripe viral disease	peanut stripe virus

（续）

病害中文名称	病害英文名称	病原物拉丁名或英文名
花生菟丝子	peanut dodder	*Cuscata campestris*
花生晚叶斑病	peanut leaf spot late	*Cercospora personata*
花生网斑病	peanut web blotch	*Ascochyta arachidis*
花生小菌核根腐病	peanut sclerotinia root rot	*Sclerotinia arachidis*
花生锈病	peanut rust	*Puccinia arachidis*
花生芽枯病	peanut bud necrosis	peanut spot wilt virus
花生叶点霉叶斑(灰斑)病	peanut phyllosticta leaf spot	*Phyllosticta arachidis hypogaea*；*P. sojicola*
花生叶枯病	peanut phomopsis foliar blight	*Phomopsis phaseoli*；*P. sojae*
花生早叶斑病	peanut leaf spot early	*Cercospora arachidicola*
花生紫纹羽根腐病	peanut purple root rot	*Helicobasidium mompa*
黄瓜黑星病	cucumber scab	*Cladosporium cucumerinum*
黄瓜菌核病	cucumber sclerotinia rot	*Sclerotinia sclerotiorum*
黄瓜霜霉病	cucumber downy mildew	*Pseudoperonospora cubensis*
黄瓜细菌性角斑病	cucumber angular leaf spot	*Pseudomonas syringae*
黄瓜疫病	cucumber phytophthora blight	*Phytophthora melonis*
姜瘟病	ginger bacterial blight	*Pseudomanas solanacearum*
辣椒白粉病	pepper powdery mildew	*Leveillula taurica*
辣椒疮痂病	pepper bacterial spot	*Xanthomonas campestris* pv. *vesicatoria*
辣椒猝倒病	pepper damping off	*Pythium aphanidermatum*
辣椒褐斑病	pepper brown leaf spot	*Cercospora capsici*
辣椒褐纹病	pepper phomopsis blight and fruit rot	*Phomopsis vexans*
辣椒黑色炭疽病	pepper black anthracnose	*Colletotrichum nigrum*
辣椒红腐病	pepper pink rot	*Fusarium moniliforme*
辣椒环斑病	pepper ringspot	tobacco ringspot virus
辣椒灰霉病	pepper gray mold rot	*Botrytis cinerea*
辣椒枯萎病	pepper fusarium wilt	*Fusarium oxysporum*
辣椒青枯病	pepper southern bacterial wilt	*Ralstonia solanacearum*
辣椒软腐病	pepper soft rot	*Pectobacterium aroideae*；*P. carotovora*
辣椒炭疽病	pepper anthracnose	*Glomerella cingulata*；*G. piperata*
辣椒细菌性斑点病	pepper bacterial spot	*Xanthomonas vesicatoria*
辣椒锈病	pepper rust	*Puccinia capsici*
辣椒疫病	pepper phytophthora blight	*Phytophthora capsici*
梨白粉病	pear powdery mildew	*Phyllactinia corylea*；*Podosphaera oxyacanthae*；*P. leucotricha*；*Sphaerotheca pannosa*
梨白纹羽病	pear white root rot	*Rosellinia necatrix*
梨大星病	pear alternaria leaf spot	*Alternaria mali*
梨腐烂病(腐皮壳溃疡病)	pear valsa canker	*Valsa ambiens*；*Valsa ceratosperma*
梨根癌病（冠瘿病）	pear crown gall	*Agrobacterium tumefaciens*
梨褐斑病	pear brown spot	*Mycosphaerella sentina*
梨褐腐病	pear brown rot	*Monilinia fructicola*；*M. laxa*；*Sclerotinia l-axa*；*S. fructigena*
梨黑斑病	pear black spot	*Alternaria gaisen*；*A. kukuchiana*
梨黑星病	pear scab	*Venturia pirina*
梨轮纹病	pear ring rot	*Botyosphaeria berengeriana* f. sp. *piricola*
梨青霉病	pear blue mold	*Penicillium expansum*；*P. italicum*

（续）

病害中文名称	病害英文名称	病原物拉丁名或英文名
梨树疫腐病	pear blight	*Phytophthora cactorum*
梨缩叶病	pear leaf curl	*Taphrina bullata*
梨炭疽病	pear bitter rot	*Glomerella cingulata*
梨锈病	pear rust	*Gymnosporangium haraeanum*
梨紫纹羽病	pear purple root rot	*Helicobasidium mompa*
荔枝灰斑病	lichi grey spot	*Phyllosticta* sp.
荔枝煤污病	lichi sooty mold	*Phaeosaccardinula javanica*
荔枝霜疫病	lichi downy blight	*Peronophythora litchic*
荔枝酸腐病	lichi sour rot	*Oospora* sp.
荔枝藻斑病	lichi algal spot	*Cephaleuros mycoidea*
龙眼鬼帚病	longan witches' broom	*Phytoplasma* sp.
龙眼褐斑病	longan brown blotch	*Pestalozzia* sp.
龙眼槲寄生	longan viscum parasite	*Viscum orientale*
龙眼煤污病	longan sooty mold	*Phaeosaccardinula javanica*
龙眼桑寄生	longan loranthus parasite	*Loranthus chinensis*; *L. parasiticus*
龙眼菟丝子	logan cuscuta parasite	*Cuscuta japonica*
龙眼藻斑病	logan algal	*Cephaleuros virescens*
马铃薯疮痂病	potato scab	*Streptomyces scabies*
马铃薯纺锤块茎病	potato spindle tuber	potato spindle tuber viroid
马铃薯粉痂病	potato powdery scab	*Spongospora subterranea*
马铃薯和性花叶病	potato mild mosaic	pcotato virus A
马铃薯黑胫病细菌软腐病	potato blackleg and bacterial soft rot	*Pectobacterium carotovora* subsp. *atroseptica*; *P. carotovora* subsp. *carotovora*
马铃薯环腐病	potato ring rot	*Clavibacter michiganensis* subsp. *sepedonicum*
马铃薯灰霉病	potato gray mold	*Botrytis cinerea*
马铃薯茎线虫病	potato stem nematode	*Ditylenchus dipsaci*
马铃薯卷叶病	potato leaf drop	pcotato leaf roll virus
马铃薯青枯病	potato brown rot	*Ralstonia solanacearum*
马铃薯软腐病	potato soft rot	*Pectobacterium carotovora* subsp. *atroseptica*; *P. chrysanthemi*
马铃薯炭疽病	potato anthracnose	*Colletorichum atramentarium*
马铃薯晚疫病	potato late blight	*Phytophthora infestans*
马铃薯细菌性软腐病	potato bacterial soft rot	*Pectobaterium carotovora*
马铃薯早疫病	potato early blight	*Alternaria solani*
马铃薯帚顶病	potato mop-top	pcotato mop-top virus
芒果白粉病	mango powdery mildew	*Erysiphe polygoni*
芒果疮痂病	mango scab	*Elsinoe mangiferae*
芒果褐腐病	mango brown rot	*Physalospora perseae*
芒果炭疽病	mango anthracnose	*Glomerella cingulata*
芒果弯孢霉叶斑病	mango curvularia leaf spot	*Curvularia lunata*
芒果细菌性叶斑病	mango bacterial leaf spot	*Pseudomonas mangifera-indicae*
猕猴桃溃疡病	kiwifruit canker	*Pseudomonas syringae* pv. *actinidiae*
猕猴桃叶枯病	kiwifruit leaf blotch	*Cercospora iteodaphnes*
棉褐斑病	cotton brown spot	*Phyllosticta gossypina*; *P. malkoffii*; *Mycosphaerella gossypina*
棉花（铃）曲霉病	cotton aspergillus boll rot	*Aspergillus niger*
棉花猝倒病	cotton damping-off	*Pythium debaryanum*; *P. aphanidermatum*

（续）

病害中文名称	病害英文名称	病原物拉丁名或英文名
棉花根结线虫病	cotton root-knot nematode	*Meloidogyne incognita*；*Meloidogyne marioni*；*M. incognita acrita*
棉花黑斑（轮纹斑）病	cotton black leaf spot	*Alternaria tenuis*；*A. gossypina*；*A. macrospora*；*Macrosproium* spp.
棉花黑根腐病	cotton black root rot	*Thielaviopsis basicola*
棉花黄萎病	cotton verticillium wilt	*Verticillium dahliae*；*V. albo-atrum*
棉花茎枯病	cotton ascochyta leaf spot	*Ascochyta gossypii*
棉花枯萎病	cotton fusarium wilt	*Fusarium oxysporium* f. sp. *vasinfectum*
棉花立枯病	cotton rhizoctonia rot	*Rhizoctonia solani*
棉花铃腐病	cotton boll rot	*Fusarium moniliforme*；*Gibberellac fujikuroi*；*Fusarium equiseti*
棉花霜霉病	cotton downy mildew	*Peronospora gossypinia*
棉花炭疽病	cotton anthracnose	*Colletotrichum gossypii*
棉花细菌性角斑病	cotton angular leaf spot	*Xanthomonas campestris* pv. *malvacearum*
棉花锈病	cotton rust	*Phakopsora gossypii*
棉苗红腐病	cotton seeding rot	*Fusairum* spp.
棉曲叶（缩叶）病	cotton leaf curl roll	cotton leaf roll virus
苹果白粉病	apple powdery mildew	*Podosphaera leucotricha*
苹果白纹羽病	apple white root rot	*Rosellinia necatrix*
苹果斑点落叶病	apple alternaria blotch	*Alternaria alternate*=*Alternaria mali*
苹果干腐病	apple botryosphaeria canker	*Botyosphaeria dothidea*
苹果根朽病	apple armillariella root rot	*Armillariella tabescens*
苹果褐斑病	apple leaf brown spot	*Marssonina coronaria*
苹果褐腐病	apple brown rot	*Monilinia fructigena*
苹果黑星病	apple scab	*Venturia inaequalis*
苹果轮纹病	apple ring rot	*Botyosphaeria berengeriana* = *Physalospora piricola*
苹果霉心病	apple moldy core and core rot	*Trichothecium roseum*；*Alternaria laternata*；*Fusarium moniliforme*
苹果树腐烂病	apple canker	*Valsa mali*
苹果炭疽病	apple anthracnose	*Glomerella cingulata*
苹果锈病	apple rust	*Gymnosporangium yamadai*
苹果锈果病	apple scar skin	apple scar skin viroid
苹果疫腐病	apple collar rot	*Phytophthora cactorum*
苹果紫纹羽病	apple violet root rot	*Helicobasidium mompa*
葡萄白粉病	grape powdery mildew	*Uncinula necator*
葡萄白腐病	grapevine white rot	*Coniothyrium diplodiella*
葡萄铬黄花叶病	grapevine chrome mosaic	grapevine chrome mosaic virus
葡萄根癌病	grape tumor	*Agrobacterium tumefaciens*
葡萄冠瘿病	grape crown gall	*Agrobacterium tumaciens*
葡萄褐斑病	grape brown spot	*Pseudocercospora vitis*；*Cercospora roesle*
葡萄黑痘病	grape spot anthracnose（grape elsinoe anthracnose）	*Elsinoe ampelina*
葡萄黑腐病	grape black rot	*Guignardia bidwelli*；*Phoma uvicola*；*Phyllosticta ampelicida*
葡萄灰霉病	grape gray mould blight	*Botryotinia fuckeliana*
葡萄角斑（叶焦枯）病	grape angular leaf scorch	*Pseudopezicula tetraspora*

（续）

病害中文名称	病害英文名称	病原物拉丁名或英文名
葡萄脉坏死病	grapevine vein necrosis	grapevine vein necrosis virus
葡萄蔓割病	grape dead-arm	*Cryptosporella viticola*
葡萄皮尔斯病	grape piierce's disease	*Xylella fastidiosa*
葡萄扇叶病	grape fan leaf	grapevine fanleaf virus
葡萄霜霉病	grape downy mildew	*Plasmopara viticola*
葡萄穗轴褐枯病	grape alternaria rot	*Alternaria viticola*
葡萄炭疽病	grape anthracnose	*Colletorichum ampelinum*
葡萄褪绿花叶病	grape chlorotic mosaic	grapevine chlorotic mosaic virus
葡萄锈病	grape rust	*Pakopsora ampelopsidis*；*Physopella ampelopsidis*
茄白粉病	eggplant powdery mildew	*Sphaerotheca fuliginea*
茄斑枯病	eggplant septoria leaf spot	*Septoria lycopersici*；*S. melongenae*
茄胞囊线虫病	eggplant cyst nematode	*Heterodera schachtii*；*H. rostochiensis*
茄猝倒病	eggplant damping-off	*Pythium aphanidermatum*；*P. debaryanum*
茄根结线虫病	eggplant root knot nematode	*Meloidogyne hapla*；*M. incognita*；*M. javanica*
茄褐纹病	eggplant phomopsis rot	*Phomopsis vexans*
茄黄萎病	eggplant verticillium wilt	*Verticillium albo-atrum*；*V. dahliae*
茄灰霉病	eggplant gray mold	*Botrytis cinerea*
茄立枯病	eggplant web blight	*Pellicularia filamentosa*
茄绵疫病	eggplant phytophthora rot	*Phytophthora nicotianae*；*P. taihokuensis*
茄炭疽病	eggplant anthracnose	*Gloeosporium melongenae*；*Colletotrichum coccodes*
茄晚疫病	eggplant late blight	*Phytophthora infestans*
茄早疫病	eggplant early blight	*Alternaria dauci*
芹菜斑枯病	celery septoria leaf spot	*Septoria apiicola*
芹菜早疫病	celery early blight	*Cercospora apii*
山楂花腐病	Japanese hawthorn blossom blight	*Monilinia johansonii*
十字花科蔬菜根肿病	crucifers club rot	*Plamodiophora brassicae*
十字花科蔬菜黑斑病	crucifers alternaria leaf spot	*Alternaria brassicae*
十字花科蔬菜黑腐病	crucifers black rot	*Xanthomonas campestris* pv. *campestris*
十字花科蔬菜菌核病	crucifers sclerotinia rot	*Sclerotinia sclerotiorum*
十字花科蔬菜软腐病	crucifers soft rot	*Pectobaterium carotovora* subsp. *carotovora*
十字花科蔬菜霜霉病	crucifers downy mildew	*Peronospora parasitica*
柿角斑病	persimmon angular leaf spot	*Cercospora kaki*
柿炭疽病	persimmon anthracnose	*Glomerella cingulata*
柿圆斑病	persimmon leaf spot	*Mycosphaerella nswae*
粟白发病	millet downy mildew	*Sclerospora granimicola*
粟长黑粉病	millet long smut	*Tolysporium penicillariae*
粟甘蔗花叶病	millet mosaic	sugarcane mosaic virus
粟黑粉病	millet smut	*Sphacelotheca lanaka*；*Ustilago striiformis*；*Tolyposporium bullatum*
粟黑鞘病	millet black sheath	*Cochliobolus sativus*
粟黑叶斑病	millet black leaf spot	*Alternaria tenuis*
粟红叶病	millet red leaf	barle yellow dwarf virus
粟胡麻斑病	millet helminthosporium leaf spot	*Helminthosporium setariae*
粟粒黑粉病	millet kernel smut	*Ustilago neglecta*；*U. crameri*

（续）

病害中文名称	病害英文名称	病原物拉丁名或英文名
粟麦角病	millet ergot	*Claviceps purpurea*
粟炭疽病	millet anthracnose	*Colletotrichum graminicola*
粟条纹叶枯病	millet stripe	rice stripe virus
粟弯胞叶斑病	millet bend leaf spot	*Curvularia lunata*
粟尾胞叶斑病	millet tail leaf spot	*Cercospora setariae*
粟瘟病	millet blast	*Piricularia setariae*
粟细菌性褐斑病	millet bacterial brown spot	*Xanthomonas indica*
粟细菌性叶斑病	millet bacterial leaf spot	*Pseudomonas syringae*
粟线虫病	millet nematode	*Aphelenchoides besseyi*
粟腥黑粉病	millet kernel smut	*Neovossia setariae*
粟叶斑病	millet phyllosticta spot	*Phyllosticta sorghina*
粟叶锈病	millet leaf rust	*Uromyces setariae-italicae*
桃白粉病	peach powdery mildew	*Podosphaera clandestine*；*Sphaerocheca pannosa*
桃穿孔病	peach perforation	*Clasterosporium carpophilum*（霉斑穿孔病菌）；*Pseudocercospora circumscissa*（褐斑穿孔病菌）
桃根癌病	peach root knot	*Agrobacterium tumefaciens*
桃褐锈病	peach brown rust	*Tranzschelia pruni-spinosae*
桃木腐病	peach wood rot	*Fomes fulvus*；*Schizophyllum commune*；*Coriolus versicolar*
桃树腐烂病	peach valsa canker	*Valsa lercostoma*
桃缩叶病	peach leaf curl	*Taphrina deformans*
桃炭疽病	peach anthracnose	*Glomerella cingulata*
桃细菌性穿孔病	peach shot hole	*Xanthomonas campestris* pv. *pruni*
桃杏黑星病	stone fruits scab	*Venturia carpophila*
桃杏李褐腐病	stone fruits brown rot	*Sclerotinia fructicola*；*S. laxa*；*S. fructigena*
桃银叶病	peach silver leaf	*Chondrostereum purpureum*；*Stereum purpureum*
甜菜斑枯病	beet septoria leaf spot	*Septoria betae*
甜菜丛根病	beet rhizoctonia disease	beet necrotic yellow vein virus
甜菜根腐病	beet root rot	*Fusarium culmorum*；*Rhizoctonia solani*；*Athelia rolfsii*；*Phoma betae*
甜菜褐斑病	beet cercospora leaf spot	*Cercospora beticola*
甜菜黄萎病	beet verticillium wilt	*Verticillium albo-atrum*
甜菜西方黄化病	beet western yellowing	beet western yellow virus
香蕉褐缘灰斑病	banana cercospora leaf spot	*Cercospora musae*
香蕉黑根病	banana thanatephorus root	*Thanatephorus cucumeris*
香蕉黑星病	banana macrophoma spot	*Macrophoma musae*
香蕉黄萎病	banana choke	*Verticillium theobaomae*
香蕉茎基腐病	banana stem-end rot	*Colletotrichum musar*
香蕉流胶病	banana squirter	*Nigrospora sphaerica*
香蕉束顶病	banana bunchy top	banana bunchy top virus
香蕉炭疽病	banana anthracnose	*Colletotrichum musae*
向日葵白粉病	sunflower powdery mildew	*Erisiphe cichoracearum*
向日葵猝倒病	sunflower damping off	*Pythium debaryanum*

(续)

病害中文名称	病害英文名称	病原物拉丁名或英文名
向日葵黑斑病	sunflower alternaria black spot	*Alternaria helianthi* = *Helminthosporium helianthi*
向日葵黑茎病	sunflower phoma black stem	*Phoma macdonaldii*
向日葵剑线虫病	sunflower dagger nematode	*Xiphinema americanum*
向日葵菌核病	sunflower sclerotinia rot	*Sclerotinia sclerotiorum*
向日葵镰刀菌干腐病	sunflower fusarium stalk rot	*Fusarium equiseti*
向日葵镰刀菌萎蔫病	sunflower fusarium wilt	*Fusarium moniliforme*
向日葵列当	sunflower broom rapes	*Orobanche cumana*；*O. cumana*
向日葵霜霉病	sunflower downy mildew	*Plasmopara halsledii*
向日葵炭疽病	sunflower anchracnose	*Colletotrichum helanthi*
向日葵叶黑粉病	sunflower leaf smut	*Entyloma polysporum*
小麦矮缩病	wheat dwarf	wheat dwarf virus
小麦矮腥黑穗病	wheat dwarf bunt	*Tilletia controversa*
小麦白粉病	wheat powdery mildew	*Erysiphe graminis* f. sp. *tritici*
小麦白秆病	wheat white stem	*Selenophoma* spp.
小麦白绢（菌核根腐）病	wheat sclerotium wilt	*Sclerotium rolfsii*
小麦胞囊线虫病	wheat cyst nematode	*Heterodera avenae*
小麦北方禾谷花叶病	wheat northern cereal mosaic	northern cereal mosaic virus
小麦赤霉病	wheat head blight（scab）	*Fusarium graminearum*；*F. culmorum*；*F. avenaceum*
小麦丛矮病	wheat rosette dwarf	northern cereal mosaic virus
小麦粉色雪腐病	wheat pink snow mold	*Fusarium nivale*
小麦腐霉根腐病	wheat pythium root rot	*Pythium aphanidermatum*；*P. arrhenomanes*；*P. myriotylum*
小麦秆黑粉病	wheat flag smut	*Urocystis agropyri*
小麦秆枯病	wheat stem blight	*Gibellina cerealis*
小麦秆锈病	wheat stem rust（black rust）	*Puccinia graminis*=*P. graminis* f. sp. *tritici*
小麦根腐病	wheat rhizoctonia root rot	*Rhizoctonia solani*
小麦根结线虫病	wheat root-knot nematode	*Meloidogyne* spp.；*M. naasi*
小麦禾谷胞囊线虫病	wheat cereal cyst nematode	*Heterodera* spp.；*H. avenae*
小麦和性褪绿斑驳病	wheat mild chlorotic mottle	wheat mild chlorotic mottle virus
小麦黑颖病	wheat black chaff	*Xanthomonas translucens*；*X. camfestris*
小麦黄矮病	wheat yellow dwarf	barley yellow dwarf virus
小麦灰霉病	wheat grey mold	*Botrytis cinerea*
小麦剑线虫(美洲线虫)病	wheat dagger(American nematode)	*Xiphinema americanum*
小麦壳二孢叶斑病	wheat ascochyta leaf spot	*Ascochyta tritici*
小麦粒(瘿)线虫病	wheat gall nematode	*Anguina tritici*
小麦（链格孢）叶枯病	wheat alternaria leaf blight	*Alternaria triticina*
小麦麦角病	wheat ergot	*Claviceps purpurea*
小麦蜜穗（流胶）病	wheat spike blight	*Clavibacter tritici*；*Corynebacterium michiganense* pv. *tritici*
小麦普通根腐病	wheat common root rot	*Biopolaris sorokiniana* = *Helminthosporium sativum*
小麦全蚀病	wheat take-all	*Gaeumannomyces graminis* var. *tritici*
小麦散黑穗病	wheat loose smut	*Vstilago nuda*
小麦霜霉病	wheat downy mildew	*Sclerophthora macrospora*
小麦炭疽病	wheat anthracnose	*Colletotrichum graminicola*

（续）

病害中文名称	病害英文名称	病原物拉丁名或英文名
小麦条锈病	wheat stripe rust (yellow rust)	*Puccinia striiformis*=*Uredo glumarum*
小麦土传花叶病	wheat soil-borne mosaic	wheat soil-borne mosaic virus; wheat yellow mosaic virus; wheat spindle spot mosaic virus
小麦褪绿条纹病	wheat chlorotic streak	wheat chlorotic streak virus
小麦纹枯病	wheat sharp eyespot	*Rizoctonia cerealis*
小麦细菌性叶枯病	wheat bacterial leaf blight	*Pseudomonas syringae*; *P. syringae* pv. *syringae*
小麦腥黑穗病	wheat common bunt	*Tilletia caries*（网腥黑穗病菌）; *T. foetida*（光腥黑穗病菌）
小麦雪腐病	wheat speckled snow mold	*Typhula ishikariensis*; *T. idahoensis*; *T. incarnata*
小麦叶枯病	wheat leaf blotch	*Septoria tritici*
小麦叶锈病	wheat leaf rust (brown rust)	*Puccinia triticina* = *P. recondita* f. sp. *tritici* =*P. tritici-duri*
小麦颖基腐病	wheat basal glume rot	*Pseudomonas atrofaciens*; *P. syringae* pv. *atrofaciens*
烟草白粉病	tobacco powdery mildew	*Erysiphe cichoracearum*
烟草赤星病	tobacco brown leaf spot	*Alternaria alternata*
烟草猝倒病	tobacco damping off	*Pythium debaryanum*
烟草根结线虫病	tobacco root knot nematode	*Meloidogyne incognita*; *M. javanica*; *M. hapla*; *M. arenaria*
烟草根线虫病	tobacco root knot nematode	*Meloidogyne marioni*
烟草黑根腐病	tobacco black root rot	*Thielaviopsis basicola*
烟草黑胫病	tobacco black shank	*Phytophthora parasitica* var. *nicotianae*
烟草花叶病毒病	tobacco mosaic	tobacco mosaic virus
烟草角斑病	tobacco angular leaf spot	*Pseudomonas syringae* pv. *angulata*
烟草镰刀菌萎蔫病	tobacco fusarium yellow wilt	*Fusarium oxysporum*
烟草青枯病	tobacco bacterial wilt	*Ralstonia solannacearum*
烟草蚀纹病	tobacco etch	tabacco etch virus
烟草霜霉病	tobacco blue mold	*Peronospora tabacina*
烟草炭疽病	tobacco anthracnose	*Colletotrichum destructivum*
烟草野火病	tobacco wildfire	*Pseudomonas syringae* pv. *tabaci*
杨梅褐斑病	myrica mycosphaerella leaf spot	*Mycospharerella myricae*
杨梅壳二孢叶斑病	myrica ascochyta leaf spot	*Ascochyta* sp.
杨桃赤斑病	carambola cercospora leaf spot	*Cercospora averrhoi*
杨桃炭疽病	carambola anthracnose	*Colletotrichum* sp.
椰子红环病	coconut red ring	*Aphelenchoides cocophilus*
椰子红环线虫(红根腐)病	coconut nematode	*Rhadinaphelenchus cocophilus*
椰子灰斑病	coconut pestalotia leaf spot	*Peslatotia palmarum*
椰子茎流汁病	coconut stem bleeding	*Ceratocystis paradoxas*
椰子细菌芽腐病	coconut bacterial bud rot	*Xanthomonas vasculorum*
椰子芽腐病	coconut bud rot	*Phytophthora palmivora*
油菜白斑病	rapeseed white leaf spot	*Cercosporella albo-maculens*
油菜白粉病	rapeseed powdery mildew	*Erysiphe polygoni*
油菜白锈病	rapeseed white rust	*Albugo candida*
油菜根肿病	rapeseed club root	*Plasmodiophora brassicae*
油菜黑斑病	rapeseed alternaria black spot	*Alternaria brassicae* var. *macrospora*

（续）

病害中文名称	病害英文名称	病原物拉丁名或英文名
油菜花叶病毒病	rapeseed mosaic viral disease	rape mosaic virus
油菜菌核病	rapeseed sclerotinia rot	*Sclerotinia sclerotiorum*
油菜枯萎病	rapeseed fusarium wilt	*Fusarium averaceum*
油菜软腐病	rapeseed bacterial soft rot	*Erwinia aroideae*
油菜霜霉病	rapeseed downy mildew	*Peronospora parasitica*
油菜炭疽病	rapeseed anthracnose	*Colletotrichum higginsianum*
油菜细菌性黑斑病	rapeseed bacterial black spot	*Pseudomonas maculicola*
油菜细菌性黑腐病	rapeseed bacterial black rot	*Xianthomonas campestris*
油菜叶斑病	rapeseed leaf spot	*Phyllosticta brassicae*
玉米矮花叶病	corn（maize）dwarf mosaic（玉米译名可用 corn，也可用 maize，下同）	maize dwarf mosaic virus
玉米胞囊线虫病	corn cyst nematode	*Heterodera* spp.
玉米胞囊线虫病	corn cyst nematode	*Heterodera avenae*；*H. zeae*
玉米粗缩病	corn rough dwarf	maize rough dwarf virus（MRDV）
玉米大斑（北方叶枯）病	northern corn leaf blight	*Exserohilum turcicum* = *Helminthosporium turcicum*
玉米根腐线虫病	corn meadow nematode	*Pratylenchus zeae*
玉米根结线虫病	corn root-knot nematode	*Meloidogyne* spp.；*M. chitwoodi*；*M. javanica*
玉米褐斑(黑斑、秆腐)病	corn brown spot	*Physoderma maydis*
玉米黑粉病	corn smut	*Ustilago maydis*
玉米灰斑病	corn gray leaf spot	*Cercospora zeae-maydis*
玉米镰刀菌茎腐病	corn fusarium stalk rot	*Fusarium moniliforme*
玉米南方锈病	corn southern rust	*Puccinia polysora*
玉米普通黑粉病	corn common smut	*Ustilago maydis*
玉米丝黑穗病	corn head smut	*Sporisorium reilianum* = *Sphacelotheca reiliana*
玉米炭疽病	corn anthracnose	*Colletotrichum graminicola*
玉米炭疽(叶枯、秆腐)病	corn anthracnose leaf blight(anthracnose stalk rot)	*Colletotrichum graminicola*
玉米褪绿矮缩病	corn chlorotic dwarf	maize chlorotic dwarf virus(MCDV)
玉米褪绿斑驳病	corn chlorotic mottle	maize chlorotic mottle virus（MCMV）
玉米弯胞霉叶斑病	corn curvularia leaf spots	*Curvularia lunata*；*Curvularia inaeguacis*
玉米尾胞菌叶斑病	corn cercospora leaf spot	*Cercospora zeae-maydis*；*C. sorghi*
玉米纹枯病	corn sheath blight	*Rhizoctonia solani*
玉米细菌条纹病	corn bacterial stalk rot	*Enterobecter dissolvens*；*Erwinia dissolvens*
玉米细菌性枯萎病	corn bacterial wilt	*Erwinia tewartii*；*Pseudomonas stewartii*；*Xanthomonas stewartii*
玉米细菌性条斑病	corn bacterial stripe	*Pseudomonas andropogonis*
玉米细菌性叶枯(秆腐)病	corn anthracnose leaf blight(anthracnose stalk rot)	*Pseudomonas avenae* subsp. *avenae*
玉米小斑病	southern corn leaf blight	*Bipolaris maydis*
玉米圆斑病	corn helminthosporium leaf spot	*Bipolaris carbonum*
枣疯病	rujube witche's broom	*Phytoplasma ziziphi*
枣缩果病	rujube fruit shrink disease	*Pectobaterium jujubovara*
枣锈病	rujube rust	*Phakopsora zizyiphi*
芝麻白粉病	sesame powdery mildew	*Erysiphe cichoracearum*

（续）

病害中文名称	病害英文名称	病原物拉丁名或英文名
芝麻褐斑病	sesame brown spot	*Ascochyta sesami*
芝麻黄萎病	sesame verticillium wilt	*Verticillium albo-atrum*
芝麻灰斑病	sesame gray speck	*Cercospora sesami*
芝麻茎点枯病	sesame stem spot	*Macrophomina phaseoli*；*Macrophoma phaseoli*；*M. sesami*
芝麻茎腐病	sesame stem rot	*Macrophomina phaseoli*
芝麻茎枯病	sesame stem blight	*Phoma sesami*
芝麻枯萎病	sesame fusarium wilt	*Fusarium oxysporum* f. sp. *sesami*
芝麻立枯病	sesame rhizoctonia wilt	*Rhizoctonia solani*
芝麻普通花叶病	sesame common mosaic	turnip mosaic virus
芝麻青枯病	sesame bacterial wilt	*Ralstonia solanacearum*
芝麻细菌性角斑病	sesame bacterial angular leaf spot	*Pseudomonas syringae* pv. *sesami*

附录二　植物检疫病害控制措施

对于国家有关法律、法规规定的以及双边或多边植物检疫协定规定的危险性特别大的、国内未发生或分布不广的、一旦传入可能引起重大经济损失的有害生物，必须通过植物检疫的方法进行有效控制。

一、检验与检疫

(一) 现场检验

防止植物检疫病害流入的基本措施是现场检验，即检疫人员在车站、码头、机场等现场对货物所做的直观检查。现场检验是植物检疫的重要环节之一，其主要任务在于检查并发现有害生物，根据行业标准进行取样并对货物及其所在环境进行检查。

(二) 检疫监管

检疫监管是检疫机关对出入境或调运的植物与植物产品的生产、加工、存放等过程实行监督管理的检疫程序，主要措施包括产地检疫、预检、隔离检疫和疫情监测等。

1. 产地检疫和预检　产地检疫和预检都是在植物生长期间进行的检验、检测过程。经过产地检疫和预检合格的植物和植物产品，在进出境时一般不需再检疫。

2. 隔离检疫　隔离检疫是将拟引进的植物种子、苗木和其他繁殖材料，于植物检疫机关指定的场所内，在隔离条件下进行试种，在其生长期间进行检验和处理的检疫过程。隔离检疫的一般要求主要包括 3 个方面：一是对隔离材料的要求，即引进的植物繁殖材料必须实施隔离检疫；二是对隔离场所人员的要求，即隔离期内，除检疫人员可进入场内取样观察外，其他人员不许进入；三是对隔离时间的要求，即植物繁殖材料至少试种 1 个生长周期。

3. 疫情监测　植物检疫措施国际标准（International Standards for Phytosanitary Measures，ISPM）的第 6 号标准是监测准则。该准则要求国家植物保护组织建立一个信息收集系统来收集、证实或汇编需要注意的有害生物的有关信息。要求各国以有害生物风险分析为基础来调整植物检疫措施。

二、检疫处理措施

检疫处理是指采用物理或化学的方法杀灭植物、植物产品及其他检疫物中有害生物的法定程序。经检疫检验，一旦发现有害生物，则必须根据有关规定进行有效处理，包括除害处理、退回或销毁、禁止出口等。下面以我国主要植物检疫病害为例，说明对危险性植物病原生物进行检疫检验和控制的方法。

(一) 小麦矮化腥黑穗病和小麦印度腥黑穗病

1. 检验与检测　将样品充分混匀后，抽取 50g 样品加 100mL 蒸馏水，再加 2 滴土温-20 进行洗涤，振荡 5min，将洗涤液倒入灭菌的 10～20mL 刻度离心管内，1 000r/min 离心

3min，弃上清液，重复离心，直至用完全部离心液。视沉淀物的多少用席尔氏液定容至 1～3mL，制片观察，根据冬孢子形态进行鉴定。

2. 防治　主要采取以下 3 种方法进行防治。

（1）高温灭菌　麦麸和下脚料可采用 130℃处理 30min，或 120℃处理 1h。在温度 85℃、相对湿度 80%条件下，处理 3min 可杀灭印度腥黑穗病菌的冬孢子，处理 5min 可以杀灭菌瘿，处理 5～6min 可以杀灭麸皮中的病菌。此方法适用于对原粮的处理。

（2）化学防治　用王铜、苯莱特等药剂拌种可杀死种子表面的孢子，但不彻底。用五氯硝基苯超量拌种（用药量为种子重量的 1%）或敌萎丹拌种，对于印度腥黑穗病的防效均在 96%左右，但不适于大批商品粮。环氧乙烷熏蒸（200g/m³，密闭 3～5d），仅适用于原粮处理，不适于种用材料。甲醛熏蒸仅限于种用材料。用三唑类和苯并吡咯类可以降低印度腥黑穗病菌冬孢子的萌发率，对矮化腥黑穗病也有一定防效，但是防治效果不彻底。印度腥黑穗病具有气传性，在抽穗扬花期应辅助必要的药剂防治。

（3）农业防治　小麦与鹰嘴豆（chickpea）间作可以使印度腥黑穗病减少发病 60%；用聚乙烯膜于分蘖期在行间覆盖可减少发病 75%。冬小麦不同品种对矮化腥黑穗病的抗性有明显差别，春小麦则不受感染。

（二）烟草霜霉病

1. 检验与检测　检验与检测有以下 4 种方法。

（1）症状检查　对进境干烟叶，用肉眼逐叶检查，对光透视，可见明显病斑，叶背病斑上密生灰白色或灰褐色霉层。将可疑烟叶保湿，取叶背的霉状物制片，镜检病原菌的孢囊梗和孢子囊形态。

（2）洗涤检验孢子囊　对未发现有霉状物的可疑病叶，剪碎、水洗，水洗液1 000r/min 离心 5min，弃上清液，镜检沉淀物中有无病菌的孢囊梗或孢子囊。

（3）组织透明检验卵孢子　从老病斑周围组织剪取若干小块置小烧杯中，加适量 10%氢氧化钾（或其他叶组织透明剂），煮沸 5～10min 至叶片透明，加 0.05%苯胺蓝（棉蓝）乳酚油作浮载剂，镜检有无卵孢子。

（4）种苗检验　观察种苗叶片上有无霜霉病的症状，症状明显的可镜检病原菌形态；症状不明显的，取叶片保湿（18℃、黑暗条件）24h 后检查有无霉层产生。

2. 检疫与防治　烟草霜霉病的防治难度大，所需费用高，因此必须严格禁止从疫区输入烟属植物繁殖材料和烟叶。疫区则应以选用抗病品种为主，配合相应的化学药剂防治。

（三）玉米霜霉病

1. 检验与检测　一是产地检疫，对发病幼苗或成株进行调查诊断，镜检病原菌。二是室内检验，用吸水纸保湿培养未充分干燥的玉米种子，诱导出霜霉病菌繁殖体并确切诊断。将来自疫区的玉米种子中夹杂的高粱或甘蔗病残体保湿 7d，或埋于灭菌土中，使组织腐烂后镜检卵孢子。将带菌甘蔗插条或携带卵孢子的带颖壳高粱种子播于灭菌土壤中，当幼苗产生症状时，将病叶上老的孢囊梗和孢子囊用水冲洗掉，在 1%～4%葡萄糖溶液中浸 5min，室温下培养 14h 后将孢子悬浮液接种于 1 叶期玉米幼苗上，待 4～5 叶期表现系统侵染的症状时，镜检病原菌。

2. 检疫及防治　选用无病甘蔗插条，严禁使用病蔗作种苗；将玉米种植在无甘蔗和高粱种植的地区；发现病株立即拔除并销毁；选育和种植抗病品种。

(四)大豆疫病

1. 检验与检测 检验与检测有以下 5 种方法。

(1) 种子检验 挑出可疑病粒，用 10%氢氧化钾水溶液或自来水浸泡，取种皮进行组织透明处理，镜检观察有无卵孢子。对卵孢子活性测定可选用 0.05%噻唑蓝（Sigma）染色，35℃处理 48h，休眠后可萌发的卵孢子呈蓝色，休眠中的卵孢子呈玫瑰红色，死亡的卵孢子不着色或呈黑色。

(2) 生长检验 将可疑病粒直接播种于灭菌的保湿土壤中，或将检测的病土、植物残体与灭菌土混合，加水至饱和状态，当土壤湿度适宜时播入不含任何抗病基因品种（如 Haro 17、Williams、Sloan、合丰 25）的种子，出苗后灌水浸泡 24h，然后立即排水，2 周后可出现病株。然后采用半选择性培养基进行分离培养和病原菌鉴定。适合疫霉菌生长的培养基有黑麦培养基、玉米粉琼脂培养基、V8 培养基等（参见第一章第五节），其中可加入氯霉素、万古霉素、青霉素、链霉素、利福霉素、新丝链霉素和黏多霉素等抗生素，抑制细菌生长；或加入五氯硝基苯、匹马霉素、恶霉灵、制霉菌素、苯莱特和多菌灵等杀菌剂，抑制真菌生长。

(3) 土壤检验 目前口岸检测大豆疫霉菌多采用土壤叶蝶诱集法。诱集前先将土样在 −7℃条件下处理 10h，以减少杂菌污染，取风干土样 10mg，碾碎过筛（孔径 2mm）。诱集时加蒸馏水至饱和或过饱和状态，保温 20～25℃，培养 1 周，然后加 5～10mL 蒸馏水淹没土壤，将不含任何抗病基因的感病品种的 2 龄期幼叶，用打孔器切成 0.5～0.7cm 的叶蝶，漂浮于水面2h 左右(强光照射)，取出晾干，置半选择性培养基上培养 3～7d，镜检病原菌。

(4) 血清学检验 将可疑病根或诱集后的叶蝶磨碎（抗原），得到匀浆后用 ELISA 分析。国外已制备有大豆疫霉菌的单克隆抗体。用 ELISA 法可以快速检测土壤中的卵孢子、菌丝体及病组织中的病原菌。

(5) 分子生物学检验方法 利用分子生物学技术，制作适当的 DNA 探针，可以鉴别一些病原菌的种、变种或生理小种。

2. 检疫与防治

(1) 种植抗病品种 大豆品种对疫霉病的抗性有单基因抗病性和部分抗病性之分，两类抗病性在生产应用上各有其优缺点。据报道，一些抗病性基因在生产中已经有 10～15 年防病效果。

(2) 化学防治 防治大豆疫霉病的药剂有瑞毒霉、克露等。用瑞毒霉进行种子处理，可有效抑制苗期猝倒，但对成株期无效。

(3) 耕作栽培措施 病田不能连作，可与非寄主作物轮作 4 年以上，水旱轮作和起垄栽培也可减轻病害的发生。

(五)马铃薯癌肿病

1. 检验与检测

(1) 土壤检验 根据土壤受感染程度，采用漂浮法提取休眠孢子囊，并检查休眠孢子囊的活性。

(2) 直接检验 凡从疫区来的薯块，检查有无肿瘤物，特别注意观察芽眼部位。

(3) 染色检验 将病组织于蒸馏水中浸 30min，吸 1 滴上层液置载玻片上，加 1 滴 0.1%氯化汞或 1%锇酸液固定，使其干燥，再加 1 滴 1%酸性品红或 3%龙胆紫染色 1min，然后用水冲洗，镜检有无单鞭毛的游动孢子和双鞭毛的接合子。

(4) 病菌形态观察　取芽眼及周围组织制作切片，镜检观察寄主组织细胞中有无夏孢子囊堆和休眠孢子囊，并依据形态、颜色及大小加以区分。

2. 检疫与防治　禁止用有病的薯块作种薯；强化低海拔无病区的保护措施；选育和推广抗病品种；改进栽培措施，采用双行垄作，降低田间湿度和拔除自生薯苗，也可以与非茄科植物实行 4 年以上轮作。

(六) 苜蓿黄萎病

1. 检验与检测

(1) 产地检疫　病害的诊断和检验较难，引种时需要进行产地检验。在病害症状最明显时期进行田间调查，注意与苜蓿细菌性枯萎病和镰刀菌枯萎病等症状类似的病害区分。

(2) 种子带菌检验　将样品置试管内，加无菌水振荡 15min，取定量洗涤液在 Zapek 培养基上培养，保持 22℃，15d 后将菌丝移至梅干煎汁培养基上培养，7d 后观察病原菌形态，从培养皿背面可清晰观察到暗黑色休眠菌丝形成的辐射状结构；内部带菌种子则需用自来水冲洗 24h，用 2%次氯酸钠表面消毒，再剪成小块，置 PDA 培养基上 22℃培养，15d 后用实体显微镜观察轮枝状病原菌形态及菌落中央的黑色休眠菌丝体。

(3) 吸水纸检验法　吸水纸检验法在鉴定大量样品时简便、快速，同时可避免常规分离的污染问题。用 2～3 层吸水纸铺于培养皿内，并用灭菌水浸湿，取带菌种子或病株茎秆，用自来水冲洗后，经 2%次氯酸钠表面消毒 5min，再用灭菌水冲洗 3 次，置吸水纸上，于 22℃、日光灯照明（12h）与黑暗交替条件下培养。用实体显微镜可清晰看到分生孢子梗基部呈褐色，以及吸水纸与皿底玻璃之间形成的黑色休眠结构。

2. 检疫与防治　一是严禁从疫区调运种子或苜蓿制品，严防病害传入无病区。二是选育和种植抗病品种。目前美国、加拿大、德国、丹麦已选育出多个抗黄萎病并兼抗其他病害的苜蓿品种，如加拿大的阿尔冈金、紫花苜蓿 8925MF，美国的亮苜 5 号等。三是加强栽培措施，建立无病种田。在病区收获时要先收无病田，后收病田，同时对收获农具用 10%次氯酸钠消毒；收获的带病牧草，切勿放入无病田块；对零星发病田块，尽早拔除病株，并用杀菌剂处理病土；发病严重的田块，可用小麦、大麦、玉米等禾本科作物轮作 2～3 年，轮作时必须清除田间病菌的中间寄主（自生苜蓿苗和阔叶杂草）。

(七) 榆树枯萎病（荷兰榆病）

1. 检验与检测

(1) 外观症状检验　对来自疫区的榆属苗木、原木和木制品，首先查看树皮上有无虫孔或蛀孔屑，然后再剥去树皮或解剖观察木质部外侧有无褐色条斑，或从纵剖面和横断面靠近外侧的年轮附近观察有无褐色长条纹或连续圆环，同时在枝杈纵面注意有无小蠹的蛀食坑道。

(2) 病菌鉴定　从可疑病木的变色部位取样，表面消毒后，置麦芽浸膏培养基上，20℃黑暗条件下培养，待病菌长出子实体后镜检，鉴定 *Sporothrix* 和 *Craphium* 的分生孢子形态。酵母状芽殖孢子的形成需要在有特定营养的培养液中培养。*Ophiostoma ulmi* 在 33℃条件下生长速度快，20℃生长慢，菌落蜡质光滑，白色酵母状，具弱晕环；*Ophiostoma novo-ulmi* 在 20℃条件下生长速度快，33℃生长慢，菌落绒毛型，晕环明显。

2. 检疫与防治　凡从疫区携带有病菌及昆虫介体的榆属苗木、原木、木制品和包装箱垫的榆木，都要严格执行检疫程序，严防病菌尤其是致病性强的种和传病昆虫介体传入中国境内。欧美疫区主要以培育和选育抗病品种为根本防病措施。春季苗圃榆苗萌发前，对树干或干基部注入多菌灵、苯莱特等内吸杀菌剂有一定预防效果。积极防治传病介体昆虫，彻底砍伐并烧毁病株，切断传播源。

（八）梨火疫病

梨火疫病的检验与检测方法有以下几种。

1. 产地检验 主要是看梨树当年生新梢有无枯死、下垂呈牧羊鞭状，梢上有无溃疡斑以及有无黏性的菌胶存在。

2. 幼梨切片接种 以菌苔或菌悬液接种幼梨切片，*Erwinia amylovora* 在梨片上形成乳白色高度隆起的球状菌脓，而其他细菌不产生菌脓或菌脓平铺不隆起。

3. 过敏性枯斑反应 火疫病菌在幼嫩石楠、烟草和蚕豆叶片上产生典型的过敏性坏死反应，可作为快速鉴定的辅助手段。

4. 病菌检验 火疫病菌在CVP培养基（参见第四章第二节）上，29℃培养48h后，形成凹陷的菌落。

5. 血清学检验 免疫荧光、ELISA、琼脂双扩散和凝集试验等方法灵敏、快速，可有效地检测。

6. PCR检测 利用pEA29质粒上0.9kb的*Pst* Ⅰ酶切片段，经部分测序，合成寡核苷酸引物，对火疫病菌DNA进行特异性扩增，检测灵敏度可达50个菌体细胞，并在6h内可得结果。利用基因组DNA、16S核糖体基因等序列，相继开发出多种检测梨火疫病菌的方法。

7. 其他检测方法 其他检测方法还有传统的生理生化反应测试、噬菌体技术、菌体脂肪酸分析以及国内外自动或半自动的专家鉴定系统等。噬菌体技术具有简单快速的优点，但受限于噬菌体的专化性，并且有些细菌对噬菌体有抗性或耐性，一般只作为辅助手段。Biolog细菌自动鉴定系统是一种快速、并具有较高自动化程度的鉴定系统，通过分析细菌的代谢过程，根据代谢指纹图谱对待测菌株快速检测。

（九）柑橘黄龙病

柑橘黄龙病的检验与检测方法有以下几种。

1. 产地检验 每年于10～12月症状表现最明显的时期检查春梢叶片的斑驳症状。由于柑橘在田间往往复合感染2种或2种以上病害，所以根据田间症状诊断易误诊，要特别注意。

2. 生物学诊断 柑橘黄龙病在鉴别寄主椪柑上呈典型的新梢黄化或斑驳型黄化症状。方法是将病树或待测树上的冬芽枝段侧接在椪柑实生苗上，接种后截去实生苗顶部促其长出新梢，然后根据出现的典型症状作出诊断。

3. 电镜检查 用电镜方法检查病树或待测叶片叶脉筛管细胞内的病原细菌。

4. 荧光显微镜检查 在荧光显微镜下检查茎、叶柄韧皮部切片，可见有多个发黄色荧光的团块，这在健株和真菌及细菌病害的组织中均不存在，因此是黄龙病特有的。

5. 化学诊断 嫩茎、叶柄、叶脉的横切面用FA染液染色5～8min，在韧皮部筛管细胞中可见到红褐色的细菌。

（十）椰子致死黄化病

1. 检验与检测

（1）*生物学方法* 利用介体昆虫麦蜡蝉在可疑植物上取食后，再接种到长春花上，诱发长春花产生植原体病害的典型症状，但潜育期较长。

（2）电镜观察　用常规电镜方法观察植物韧皮部组织中是否有 LY-MLO 菌体。

（3）核酸杂交　制备 MLO-DNA 探针，检测感病组织和介体昆虫中的 MLOs。

2. 检疫与防治　植原体极难人工培养，迄今没有分离培养成功的报道，无有效的防治方法，控制介体昆虫对减轻病害的发生流行有一定的作用。

（十一）菜豆细菌性萎蔫病

1. 检验与检测

（1）产地检验　对繁种供种基地应在菜豆开花期进行田间检查，根据症状特征可比较准确地进行诊断鉴定。

（2）症状诊断　菜豆种子受害后常有斑点出现。在种脐上有一黄色菌膜或菌脓，尽管其他细菌病害侵染后，种子上也可能有菌膜，但可根据细菌学特征做进一步鉴定，如革兰氏染色呈阳性反应。

（3）细菌学检验　对种子上分离到的细菌做常规检验，该菌是好气性革兰氏阳性菌，老龄菌可能为阴性，不抗酸，菌体单生或成对，大小为 0.3～0.5pm×0.6～3.0pm，无荚膜，能游动，1～3 根侧生鞭毛，菌落黄白色，在葡萄糖、麦芽糖、乳糖、蔗糖、半乳糖、果糖和丙三醇中产酸，但不产气，明胶液化缓慢，淀粉水解弱或阴性，不还原硝酸，不产 3-羟基丁酮和吲哚，过氧化氢酶阳性。

（4）致病性试验　纯化病菌用伤口接种法接种菜豆幼苗的嫩茎或幼叶，很快出现水渍状病斑和萎蔫症状。

（5）血清学检验　常规的免疫荧光技术和酶联免疫或双扩散技术均可用于检测。

2. 检疫与防治　病菌一旦在病区定殖就很难根治，病菌在土中和种子内的存活期都很长，尚缺乏有效的防治办法。病种可用次氯酸钠进行表面消毒，或用热的醋酸铜加抗菌素浸种处理，对表面污染的病菌十分有效，但对内部病菌仍不能根治。

（十二）水稻细菌性条斑病

1. 检验与检测

（1）产地检验　在国内调种引种前，尽量到产地进行实地考察，尤其是在孕穗抽穗期，对繁种田块进行产地检验，十分有效，且完全必要。

（2）种子检验　对调运中的种子，按种子重量的 0.01%～0.1%抽样检查，检验程序：取种子 100～500g，脱壳或粉碎后用 0.01mol/L 磷酸缓冲液（pH7.0）按 1∶2 比例浸泡 2～4h（4℃），过滤或离心，上清液经高速离心（10 000r/min，10min）浓缩，上清液用于噬菌体检验，沉淀经悬浮后做血清学检验和接种试验。噬菌体检验：分别于 3 个培养皿中加上清液和指示菌液各 1mL，混匀后加 NA 培养基，摇匀后在 26℃恒温下培养 12～16h，如出现噬菌斑，即可判断该种子来自病区。血清学检验：取沉淀的悬浮液做双扩散、ELISA 或荧光抗体检验。致病性检验：取沉淀的悬浮液用针刺法接种在感病品种（汕优 63）5 叶龄稻叶上，若含病菌，5d 后即可出现透明条斑。免疫分离检测：利用抗血清对病原菌的专化吸附功能，将样品中的细菌吸附在固相载体上，通过半选择性培养基，使细菌在培养基上生出特征性菌落，即可证明种子样品是否带菌。

2. 检疫与防治　病原细菌可以在种子和稻草中存活，因此，要禁止从病区调运种子。田间发病时要用叶枯唑等药剂防治。

（十三）根癌病（冠瘿病）

1. 检验与检测

（1）产地检验　对繁种和供种基地应在生长期进行实地检查，根据病瘤的症状特征可较准确地进行诊断鉴定。

（2）致病性试验　用向日葵幼苗伤口接种试验可进行快速诊断。在20～27℃和较高的相对湿度条件下接种幼苗，约7d后可观测到癌肿症状。

（3）血清学检测　常规的免疫荧光技术、ELISA和双扩散技术均可用于根癌病菌的检测。

2. 检疫与防治　根癌病是土传和种苗传的细菌性病害，寄主范围广，难以进行轮作。该病的防治以建立无病种苗繁育基地及伤口保护为关键，利用生防菌K84结合抗性品种进行预防，抗性品种要同时具有抗寒的特性，减少冻害为根癌菌侵染提供的机会。

（十四）玉米细菌性枯萎病

玉米细菌性枯萎病的检验与检测方法有以下几种。

1. 产地检验　在调种前尽可能直接在产地进行检验，重点检查甜玉米叶片上的病斑。

2. 病原菌分离检验　用伊凡诺夫培养基或改良魏氏培养基（酵母膏3g、蛋白胨5g、蔗糖10g、磷酸二氢钾0.5g、硫酸镁0.25g、抗坏血酸1g、pH7.3），玉米枯萎菌在该培养基上黏性大，易拉成丝；也可在黑色素培养基上培养，7d后（30℃）菌落中心呈黑色，边缘透明。对分离到的病菌还应进行致病性测定和血清学检测或噬菌体反应检验。

（十五）番茄环斑病毒（ToRSV）

番茄环斑病的检验与检测方法有以下几种。

1. 鉴别寄主反应　将ToRSV分离物摩擦接种于以下鉴别寄主上，2～3周后出现明显症状，症状因指示植物的不同而有差别。苋色藜（*Chenopodium amaranticolor*）和昆诺藜（*C. quinoa*）：为局部褪绿或坏死斑，系统性顶端坏死。黄瓜（*Cucumis sativus*）：接种叶局部褪绿或坏死斑点，系统性斑驳。菜豆和豌豆：局部褪绿斑，系统性皱折，顶部叶片坏死。番茄（*Lycopersicum esculentum*）：接种叶局部坏死斑块，系统性斑驳和坏死。克里夫兰烟（*Nicotiana clevelandii*）：局部坏死斑，系统性褪绿、坏死。普通烟（*N. tabacum*）：局部坏死或环斑，系统性环斑或线状条纹。矮牵牛（*Petunia hybrida*）：接种叶表现局部坏死斑，嫩叶表现系统的坏死和枯萎。豌豆、烟草、苋色藜及昆诺藜是该病毒有效的枯斑寄主，黄瓜是线虫传毒试验的毒源和诱饵。黄瓜、烟草、矮牵牛都可作为繁殖寄主。

2. 电镜观察　将病样按常规方法制片在电镜下观察，ToRSV病毒粒体为等轴多面体，直径约28nm。

3. 血清学和PCR检测　琼脂双扩散、免疫电镜、ELISA技术均可有效地检测出ToRSV。也可合成特异引物采用PCR法检测，PCR法的灵敏度较ELISA更高。ToRSV存在较多株系，株系特异性很强，没有任何一个ToRSV株系的抗血清可以有效地检测所有的ToRSV分离物，因此检测时应将几个株系的抗血清混合使用，避免漏检。此外，ToRSV与另一检疫性病毒即烟草环斑病毒病（TRSV）较易混淆，ToRSV和TRSV同处于一个病毒属，其寄主范围、症状、传播途径和粒体形态均非常相似，均可侵染豆科植物、花卉和果树，两者在鉴别寄主上的表现也相似，采用生物学方法有时也难以鉴别，但这两种病毒并无血清学相关性，采用血清学方法可有效地将它们区分开来。

（十六）南方菜豆花叶病毒（SBMV）

1. 检验与检测　SBMV抗原性较强，容易获得高效价的抗血清。目前，病毒提纯鉴定、电镜观察、血清学和分子生物学技术都可用于SBMV检验。

（1）症状观察　在隔离条件下种植，生长期观察植株的症状表现，鉴别是否有该病毒病发生。

（2）电镜观察　SBMV病毒粒体为轴对称多面体，直径30nm，在豇豆病株细胞中形成晶状排列，病毒粒体存在于感病细胞的细胞质和细胞核中。

（3）血清学和PCR检测　利用标准抗血清或单克隆抗体，通过免疫双扩散、ELISA检测诊断。也可合成该病毒特异引物，采用PCR技术检测。

（4）鉴别寄主反应　①菜豆：随品种不同产生多种不同症状，包括坏死、系统花叶、褪绿斑驳型花叶、皱缩和沿脉变色。Pinto品种接种后3～5d，单叶出现2～3mm局部坏死斑，斑多时可成片枯死，或出现叶脉坏死，在叶柄基部与主茎相连处有紫褐色条纹，长1.0～1.5cm。②大豆：系统性斑驳，症状轻重取决于品种。如猴子毛品种，接种后5～7d，单叶褪绿，有时出现1mm左右的病斑，以后幼叶出现斑驳。③豇豆：在有些品种上产生小的坏死性局部病斑，无系统感染；在另一些品种上产生局部褪绿斑，随后出现明显的斑驳、皱缩、花叶或沿脉变绿。该病毒不侵染昆诺藜和番杏等植物。

2. 检疫与防治　不在病区繁种与制种，禁止调用病种；做好治虫防病的工作。

（十七）蚕豆染色病毒（BBSV）

蚕豆染色病毒的检验与检测方法有以下几种。

1. 症状观察　部分蚕豆品种上表现的最典型症状是外种皮出现坏死色斑；苗期感染的植株常表现矮化或顶枯；病叶表现为褪绿、花叶或畸形，严重时叶片表现轻度花叶至褪绿斑块或皱缩扭曲。豌豆表现出系统性褪绿斑驳，冬季伴有茎叶坏死。但种传病苗有时不表现症状，必须采用其他的室内检验方法进一步确认。

2. 血清学技术　可采用琼脂免疫双扩散、酶联免疫吸附法（ELISA）或免疫电镜等技术检测。

3. 电镜观察　BBSV的粒体为等轴球状，直径约28nm，属豇豆普通花叶病毒属，三分体基因组，沉降系数分别为59S（T）、92S（M）、113S（B）。

4. 鉴别寄主　人工接种时，一般不侵染苋色藜和昆诺藜，也不侵染烟草。在有些菜豆品种（Canadia Wonder、Tendergreen）上表现局部枯斑和系统轻花叶症状。豌豆北京早丸品种表现系统褪绿斑驳，冬季伴有茎叶坏死，潜育期短（5～7d），症状稳定。蚕豆成胡10号表现系统褪绿斑驳和花叶。

（十八）香石竹环斑病毒

香石竹环斑病毒的检验与检测方法有以下几种。

1. 鉴别寄主反应　①美国石竹（*Dianthus barbatus* L.）：汁液摩擦接种4～7d后，接种叶表现局部坏死斑和环斑，以后产生系统褪绿、坏死和环斑。②苋色藜和昆诺藜：汁液摩擦接种，2～4d后产生局部坏死斑，通常无系统症状。③千日红：汁液摩擦接种，2～4d后产生局部坏死斑，接着出现系统斑驳和畸形。④番杏：汁液摩擦接种，2～3d后产生局部白色坏死点，有时可发展为系统褪绿斑。⑤豇豆：汁液摩擦接种，2～4d后产生局部坏死斑，以后出现系统斑驳、坏死斑，叶片厚而卷曲。⑥克氏烟、菜豆：均出现局部枯斑。

繁缕是其自然寄主；石竹、豇豆和克氏烟是良好的繁殖寄主。

2. 电镜观察 病毒粒体为球状，直径34nm。

3. 血清学检测 该病毒有很强的免疫原性，在制备抗体后，对病毒标样进行检测，凝胶扩散和双抗体夹心ELISA均为有效的检测手段。香石竹环斑病毒与三叶草坏死花叶病毒在间接ELISA试验中表现弱血清学交叉反应；也有报道，该病毒与芜菁黄花叶病毒有血清学交叉反应。

（十九）马铃薯帚顶病毒

马铃薯帚顶病毒的检验与检测方法有以下几种。

1. 症状观察 将薯块种植于隔离的温室或网室中，保持发病适宜温度，观察幼苗症状。

2. 鉴别寄主反应 直接取薯块，或将薯块种植待发芽后取芽或长出的叶片，汁液摩擦接种鉴别寄主，观察症状特征。①苋色藜：接种6d（15℃）后，在接种叶上出现蚀纹状坏死环纹，以后连续出现同心环纹，单个病斑最终扩展至整个叶片的大部分。②烟草（Xanthi-nc或Samsun-NN）：20℃下接种叶坏死或形成褪绿环斑，高温时常无症状。病斑类型随环境而变，冬季侵染明显。③德伯纳依烟：接种叶产生坏死斑或褪绿环斑，早期系统感染的叶片出现褪绿或坏死栎叶纹，接种叶上散生坏死斑。冬季所有植株均被系统感染，夏季只有少数植株被系统感染。④曼陀罗：接种叶上为坏死斑或同心坏死环，仅冬季有系统感染。⑤马铃薯：汁液接种Arran Pilot和Ulster Sceptre品种，仅接种叶上出现散生的坏死斑，无系统侵染。⑥墙生藜（*Chenopodium murale*）：可出现明显的坏死斑或环纹。

3. 土壤中病毒测定 马铃薯收获季节，从发病田块约25cm深的土层中取样，经风干后，用孔径为50μm、65μm或100μm的筛子过筛，保留筛下物。以白肋烟（White Burley）、克里夫兰烟、德伯纳依烟幼苗作诱病寄主，种植于过筛后的病土中，在温室中20℃条件下生长4～8周，然后洗去植株根部的土壤，用根部和幼苗榨出的汁液摩擦接种指示植物，确定是否存在侵染性。

4. 电镜观察及血清学检测 病毒粒体为直杆状或杆菌状，长100～150nm或250～300nm，宽18～20nm。此外，采用免疫电镜法可提高检测灵敏度，能有效地检测出接种的烟草病汁液和自然侵染的具初生症状的薯块中的病毒粒体。ELISA是检测马铃薯病叶中马铃薯帚顶病毒的快速、有效的方法。

5. 分子杂交 用cDNA探针进行分子杂交能成功地检测具初生症状薯块中的马铃薯帚顶病毒。

6. 组织病理学鉴定 受侵染的珊西烟细胞中可见束状聚集的长度小于300nm的杆状病毒粒体，表现奥古巴花叶症状。病薯叶片中有成束的微管。

（二十）马铃薯胞囊线虫

1. 检验与检测 检验与检测分为产地检验与口岸检测。

（1）产地检验 产地检验可以采用下述3种方法。

①重筛过滤检验：将从田间采的湿土样放入容器内加水搅匀后，倒入孔径分别为30目、60目、100目，直径10～20cm的3层筛中，在水池上用细喷头冲洗，使杂屑碎石留在粗筛内，胞囊留在细筛内，然后把细筛网上的胞囊用清水冲入白搪瓷盘内，滤去水即得到胞囊。

②漂浮法检验：将采回的土样摊开晾于纸上，风干后，照前述方法漂浮分离出胞囊。

③挖根法检验：直接挖取田间植株根系，在室内浸入水盆中，使土团松软，脱离根部，

或用细喷头仔细把土壤慢慢冲洗掉，用放大镜观察，病根上有大量淡褐色至金黄色或白色的球形雌虫和胞囊着生。

(2) 口岸检测　口岸检测可以采用下述3种方法。

①隔离种植检查：经特许审批允许进口的少量马铃薯必须在指定的隔离圃内种植。在种植期间，可经常观察其症状，经常取土样或根检查。土样经自然风干后进行漂浮分离检验。获取的根样，直接在体视显微镜下解剖观察。在形态学特征无法准确鉴定时，可用特异性的DNA探针来鉴定马铃薯胞囊线虫。

②简易漂浮法检验：先用毛刷把少量薯块芽眼内和外皮沾带的干土刷下，集中起来，倒入三角瓶内加水搅拌成泥浆，再加水至瓶口静置沉淀，等土液稍清，即把上浮杂质倒入放有滤纸的漏斗内过滤，待滤纸晾干后，用放大镜观察，检出胞囊，保存于小瓶内备鉴定。

③漂浮器法检验：干土壤样品用金属制作的芬威克漂浮器分离胞囊备作鉴定。用毛刷刷下马铃薯芽眼及外皮沾带的土壤，并收集装载马铃薯的容器内散落的土壤，倒入三角瓶，加水后充分搅拌，再加水。待泥浆稍清时将上浮杂质过滤，待滤纸晾干后，收集滤纸上的杂质，置立体显微镜下检查。如收集到的土壤较多，可直接用Fenwick胞囊漂浮器分离并收集胞囊。

2. 检疫与防治　禁止从疫区调运种薯。

(二十一) 香蕉穿孔线虫

香蕉穿孔线虫的检验和鉴定方法如下。

1. 幼苗检验　先将根表皮黏附的土壤洗净，仔细观察挑选根皮有淡红褐色痕迹，有裂缝，或有暗褐色、黑色坏死症状的根，剪成小段，放入玻皿内加清水，置解剖镜下，用针和镊子挑开皮层观察是否被破坏及有无游离在水中的线虫，或把根剪成碎段，用漏斗法或浅盘法分离。

2. 鉴定方法　用水清洗进境植物的根部，仔细观察根部有无淡红色病斑，有无裂缝或暗褐色坏死斑。体视显微镜下在水中解剖可疑根部，观察是否有线虫危害。也可直接将根组织用漏斗法分离。将分离获得的线虫制片后观察，按前述形态特征进行鉴定。

(二十二) 松材线虫

松材线虫的检疫与检验方法如下。

1. 产地检疫　松材线虫（*Bursaphelenchus xylophilus*）通过松墨天牛（*Monochamus alternatus*）等介体昆虫传播侵染松树，引发针叶变色（黄褐色或红褐色）、萎蔫下垂、树脂分泌停止，导致病松树整株逐渐干枯死亡。根据线虫危害后造成的症状，看该地区有无线虫危害的病株。在未发现典型症状的地区，先查找有天牛危害的虫孔、碎木屑等痕迹的植株，在树干任何部位弄一伤口，几天后观察，如伤口充满大量的树脂为健树，否则为可疑病树。半个月后再观察，如发现针叶失绿、变色等症状，并在45d内全株枯死，则表明有松材线虫病发生。接着可在树干、树皮及根部取样切成碎条，或用麻花钻从天牛蛀孔边上钻取木屑，用贝尔曼法或浅盘法分离线虫。凡从有病国家进口的松苗、小树（如五针松等）及粗大的松材、松材包装物，视批量多少抽样，切碎或钻孔取屑分离线虫。如发现线虫则制成临时玻片，在显微镜下进一步鉴定。如发现幼虫，可用灰葡萄孢霉（*Botrytis cinerea*）等真菌饲喂，待获得成虫后再作鉴定。

2. 病原线虫的检验　松材线虫与拟松材线虫（*Bursaphelenchus mucronatus*）属于近似

种，检测时要注意区别：松材线虫雌虫尾部圆锥形，末端钝圆，五指状尾尖突，或少数尾端有微小而短的尾尖突，长度约 1μm；雄虫尾端抱片为尖状卵圆形，致病力强，危害重，发病后不到 2 个月树即枯死。拟松材线虫雌虫尾部圆锥形，末端有明显的指状尾尖突，长达 3.5～5.0μm；雄虫尾端抱片为方状铁铲形，致病力微弱，危害较轻。

（二十三）鳞球茎茎线虫

1. 检测与检验

（1）症状观察　郁金香、风信子、洋葱等鳞球茎受害，剖开后常可见环状褐色特征性病症。有时在鳞球茎基部还可见 L4 线虫团。

（2）线虫分离　抽取样品或可疑植株，切成小块后置于浅盘中，室温下加水过夜，用 400 目筛收集线虫液。在解剖镜下用尖细的竹针或毛针将线虫从病组织中挑出，放在凹玻片上的水滴中镜检。或将植物病组织用清水冲洗后，放入铺有线虫滤纸的小筛上，再将小筛放在盛有清水的浅盘中，水的深度以刚好浸没滤纸为度，浅盘放在冷凉处过夜，第二天取出筛子，线虫则留在水中，用吸管将线虫吸放在培养皿中，解剖镜下观察其形态特征。还可以将玻璃漏斗（直径 10～15cm）架在铁架上，下面接一段（10cm 左右）橡皮管，橡皮管上装一个弹簧夹，植物材料切碎后用纱布包好，放在盛满清水的漏斗中，经 4～24h，由于趋水性和本身的重量，线虫离开植物组织，并在水中游动，最后都沉降到漏斗底部的橡皮管中，打开弹簧夹，取底部约 5mL 的水样，其中含有样本中大部分活动的线虫。在解剖镜下检查，如果线虫数量少，可以离心（1 500r/min，2～3min）沉降后再检查。

2. 检疫与防治　①严禁带线虫的种苗、花卉调运，防止茎线虫病传播蔓延。②对花卉如水仙球茎内的茎线虫可进行温汤处理，在 50℃温水中浸 30min，或在 43℃温水中加入 0.5%福尔马林浸 3～4h。③选用较抗病的品种。④重病地用药剂消毒土壤。重病而又不能轮作的田块，可用滴滴混剂熏杀土内线虫。还可用 80%二溴乙烷每公顷 40～60kg，加水 30 倍左右消毒土壤。根据以往的经验，严格的检疫和土壤消毒是最有效的方法，轮作也有一定的效果。清除田间病残株，留种鳞球茎必须充分晒干后堆放，可防治茎线虫侵染。

主要参考文献

安德荣 . 2002. 生物制药的原理及方法［M］. 香港：中国科学文化出版社 .

陈炯，陈剑平 . 2003. 植物病毒种类分子鉴定［M］. 北京：科学出版社 .

陈新建，陈梅英，赵会杰 . 1998. 免疫学技术在植物科学中的应用［M］. 北京：中国农业大学出版社 .

董汉松 . 1995. 植物诱导抗病性［M］. 北京：科学出版社 .

方中达 . 1998. 植病研究方法［M］. 第 3 版 . 北京：中国农业出版社 .

冯志新 . 2001. 植物线虫学［M］. 北京：中国农业出版社 .

康振生 . 1995. 植物病原真菌的超微结构［M］. 北京：中国科学技术出版社 .

李光博，曾士迈，李振岐 . 1990. 小麦病虫草鼠害综合治理［M］. 北京：中国农业科技出版社 .

李振岐 . 1995. 植物免疫学［M］. 北京：中国农业出版社 .

林钧安，高锦梁，洪健 . 1999. 实用生物电子显微术［M］. 沈阳：辽宁科学技术出版社 .

刘维志 . 2000. 植物病原线虫学［M］. 北京：中国农业出版社 .

陆家云 . 1997. 植物病害诊断［M］. 北京：中国农业出版社 .

农业部农药检定所生测室 . 2000. 农药田间药效试验准则（一）［M］. 北京：中国标准出版社出版 .

农业部农药检定所生测室 . 2004. 农药田间药效试验准则（三）［M］. 北京：中国标准出版社出版 .

裘维蕃 . 1985. 植物病毒学［M］. 北京：科学出版社 .

任欣正 . 1992. 植物病原细菌的分类和鉴定［M］. 北京：农业出版社 .

孙广宇，宗兆锋 . 2002. 植物病理学实验技术［M］. 北京：中国农业出版社 .

田波，斐美云 . 1987. 植物病毒研究方法（上册）［M］. 北京：科学出版社 .

王金生 . 1999. 分子植物病理学［M］. 北京：中国农业出版社 .

王金生 . 2000. 植物病原细菌学［M］. 北京：中国农业出版社 .

吴云锋 . 1999. 植物病毒学原理与方法［M］. 西安：西安地图出版社 .

谢辉 . 2005. 植物线虫分类学［M］. 北京：高等教育出版社 .

谢联辉，林奇英 . 2004. 植物病毒学［M］. 第 2 版 . 北京：中国农业出版社 .

谢联辉 . 2006. 普通植物病理学［M］. 北京：科学出版社 .

邢来君，李明春 . 1999. 普通真菌学［M］. 北京：高等教育出版社 .

许光辉，等 . 1986. 土壤微生物分析方法手册［M］. 北京：农业出版社 .

许文耀 . 2006. 普通植物病理学实验指导［M］. 北京：科学出版社 .

许志刚 . 2003. 植物检疫学［M］. 北京：中国农业出版社 .

许志刚 . 2009. 普通植物病理学［M］. 北京：高等教育出版社 .

杨清香 . 2008. 普通微生物学［M］. 北京：科学出版社 .

杨占秋，刘建军，肖红 . 2002. 诊断与实验病毒学［M］. 郑州：郑州大学出版社 .

袁丽红 . 2010. 微生物学实验［M］. 北京：化学工业出版社 .

张绍升 . 1999. 植物线虫病害诊断与防治［M］. 福州：福建科学技术出版社 .

章元寿 . 1996. 植物病理生理学［M］. 南京：江苏科学技术出版社 .

宗兆峰，康振生 . 2002. 植物病理学原理［M］. 北京：中国农业出版社 .

Alberts B，Johnson A，Lewis J，et al. 2007. Molecular Biology of the Cell［M］. Oxford，UK：Garland Science Taylor & Francis Group.

Bollag D M，Rozycki M D，Edelstein S J. 1996. Protein Methods［M］. 2nd edition. New York，USA：

Willey-Liss，Inc.

Celis J E，Carter N P，Simons K，et al. 2008. Cell Biology，A Laboratory Handbook[M]. Amsterdam，Netherlands：Elsevier.

Cowell I G，Austin C A. 1997. cDNA Library Protocols ［M］. Totowa，USA：Humana Press.

Datta SK，Muthukrishnan S. 1999. Pathogenesis-Related Proteins in Plants ［M］. Boca Raton，USA：CRC Press.

Dieffenbach C W，Dveksler G S. 2003. PCR Primer：A Laboratory Manual[M]. 2nd edition. New York，USA：Cold Spring Harbor Laborotary Press.

Glick B R，Pasternak J J，Patten C L. 2009. Molecular Biotechnology ［M］. New York，USA：ASM Press.

Harding S E. 2010. Biotechnology and Genetic Engineering Reviews. Nottingham，UK：Nottingham University Press.

Hedden P，Thomas S G. 2006. Plant Hormone Signaling ［M］. Oxford，UK：Blackwell Publishing.

Howe C. 1995. Gene Cloning and Manipulation ［M］. Cambridge，UK：Cambridge University Press.

Kreuzer H，Massey A. 2008. Molecular Biology and Biotechnology ［M］. New York，USA：ASM Press.

Lewin B. 2008. Gene IX ［M］. London，UK：Jones & Bartlett Publishers.

Lewin B. 2009. Cells ［M］. Subburry，USA：Jones and Bartlett Publishers.

Line R F，Qayoum A. 1992. Technical Bulletin. Virulence，aggressiveness，evolution and distribution of races of *Puccinia striiformis*（the cause of stripe rust of wheat）in North America，1968—1987 US Dept. of Agriculture ［M］ Washington D. C，USA：Agricultural Research service.

Mahesh S. 2009. Plant Molecular Biotechnology ［M］. Kent，UK：New Age Science.

Snyder L，Champness W. 2006. Molecular Genetics of Bacteria ［M］. New York，USA：ASM Press.

Waever R F. 2008. Molecular Biology ［M］. New York，USA：The McGraw-Hill Companies.

Wu W，Welsh M J，Kaufman P B，et al. 2004. Gene Biotechnology ［M］. Florida，USA：CRC Press.